TERAPIA COGNITIVO-COMPORTAMENTAL PARA
TRANSTORNO DA PERSONALIDADE BORDERLINE

Marsha M. Linehan É professora de Psicologia e professora adjunta de Psiquiatria e Ciências do Comportamento na University of Washington, em Seattle, e Diretora do Behavioral Research and Therapy Clinics na mesma cidade. É fundadora do Marie Institute of Behavioral Technology e da empresa Behavioral Tech, LLC.

L735t	Linehan, Marsha
	Terapia cognitivo-comportamental para transtorno da personalidade borderline : guia do terapeuta / Marsha Linehan; tradução Ronaldo Cataldo Costa ; revisão técnica Melanie Ogliari Pereira. – Porto Alegre : Artmed, 2010.
	512 p. ; 25 cm.
	ISBN 978-85-363-2209-4
	1. Psiquiatria – Transtorno de Personalidade Borderline. 2. Psicoterapia. 3. Terapia Cognitivo-comportamental. I. Título.
	CDU 616.89

Catalogação na publicação Renata de Souza Borges – CRB 10/1922

MARSHA M. LINEHAN
University of Washington

TERAPIA COGNITIVO-COMPORTAMENTAL PARA
TRANSTORNO DA PERSONALIDADE BORDERLINE

Tradução:
Ronaldo Cataldo Costa

Consultoria, supervisão e revisão técnica desta edição:
Melanie Ogliari Pereira
Pisiquiatra. Terapeuta Cognitiva com formação
no Instituto Beck, Filadélfia, Pensilvânia
Membro da Academia de Terapia Cognitiva
– Porto Alegre/ RS

artmed®

2010

Obra originalmente publicada sob o título *Cognitive Behavioral Treatment of Borderline Personality Disorder*
ISBN 978-0-89862-183-9

© 1993 The Guilford Press
A Division of Guilford Publications, Inc.

Capa: *Tatiane Sperhacke*

Leitura final: *Cristine Henderson Severo*

Editora sênior – Saúde mental: *Mônica Ballejo Canto*

Editora responsável por esta obra: *Amanda Munari*

Projeto e editoração: *Techbooks*

Reservados todos os direitos de publicação, em língua portuguesa, à
ARTMED® EDITORA S.A.
Av. Jerônimo de Ornelas, 670 - Santana
90040-340 Porto Alegre RS
Fone (51) 3027-7000 Fax (51) 3027-7070

É proibida a duplicação ou reprodução deste volume, no todo ou em parte, sob quaisquer formas ou por quaisquer meios (eletrônico, mecânico, gravação, fotocópia, distribuição na Web e outros), sem permissão expressa da Editora.

SÃO PAULO
Av. Angélica, 1091 - Higienópolis
01227-100 São Paulo SP
Fone (11) 3665-1100 Fax (11) 3667-1333

SAC 0800 703-3444

IMPRESSO NO BRASIL
PRINTED IN BRAZIL
Impresso sob demanda na Meta Brasil a pedido de Grupo A Educação.

*A
John O'Brien,
Al Leventhal
e
Dick Gode.
A maioria das estratégias verdadeiramente
boas contidas neste livro aprendi com eles.*

AGRADECIMENTOS

Este livro e esta forma de tratamento, a terapia comportamental dialética (TCD), são produtos de muitas mentes e corações. Fui influenciada pela maioria dos meus colegas, alunos e pacientes, e apropriei-me das ideias de muitos deles. Seria impossível citar todos que contribuíram, mas quero agradecer a várias pessoas cuja influência foi enorme.

Em primeiro lugar, aprendi muitos dos elementos importantes da TCD com indivíduos que foram meus próprios terapeutas e consultores. As pessoas a quem dediquei o livro, Richard Gode, M.D., Allan Leventhal, Ph.D., e John O'Brien, M.D., se enquadram nessa categoria, assim como Helen McLean. Tive muita sorte de encontrar pessoas tão capazes de cuidar, e de maneiras tão hábeis. Gerald Davison, Ph.D., e Marvin Goldfried, Ph.D., foram meus primeiros professores clínicos em terapia comportamental. Eles me ensinaram a maior parte do que sei sobre a mudança comportamental clínica, e suas ideias e influência permeiam este livro. Minha formação inicial no Buffalo Suicide Prevention and Crisis Service Inc., também me influenciou muito. Lá, do nada, Gene Brockopp, Ph.D., inventou um estágio para mim, quando todos haviam me rejeitado. A terapia que desenvolvi é, em seus aspectos principais, uma integração de minha base em prevenção do suicídio e terapia comportamental com minha experiência como estudante de Zen. Meu professor, Willigis Jager, O.S.B. (Ko-un Roshi), um mestre Zen que também é monge beneditino, me ensinou, e ainda me ensina, a maior parte do que sei sobre aceitação.

Grande parte do arcabouço teórico da minha abordagem à psicoterapia e ao transtorno da personalidade *borderline* (TPB) é produto do turbilhão de ideias que circulam constantemente pelo departamento de psicologia da Universidade de Washington. Não é por acaso que muitos de nós estão chegando a pontos semelhantes em áreas bastante diversas. Tive bastante influência das ideias de nosso residente comportamentalista radical, Robert Kohlenberg, Ph.D.; do trabalho de Alan Marlatt, Ph.D., e Judith Gordon, Ph.D., com prevenção de recaídas; e das teorias evolutivas e perspectivas clínicas de Geraldine Dawson, Ph.D.,

John Gottman, Ph.D., e Mark Greenberg, Ph.D., Neil Jacobson, Ph.D., também ajudou a ampliar muitas das ideias sobre a TCD, especialmente aquelas relacionadas com aceitação e mudança, e as tem aplicado no contexto da terapia de casal. De maneira circular, suas ideias criativas, especialmente sua contextualização da aceitação dentro de um modelo comportamental radical, voltaram a influenciar o desenvolvimento da TCD.

Entretanto, nenhum professor terá êxito sem um exército de alunos muito inteligentes e capazes sondando, questionando, criticando e oferecendo novas ideias e sugestões. Certamente, isso se aplica a mim. Kelly Egan, Ph.D., minha primeira aluna de doutorado na Universidade de Washington, contribuiu com muitas ideias criativas para esta teoria e criticou muitas das minhas ideias menos criativas. Tive a alegria de trabalhar e supervisionar o trabalho clínico daquele que talvez tenha sido um dos melhores grupos de estudantes de pós-graduação clínica jamais encontrados: Michael Addis, Beatriz Aramburu, Ph.D., Alan Furzzetti, Ph.D., Barbara Graham, Ph.D., Kelly Koerner, Edward Shearin, Ph.D., Amy Wagner, Jennifer Waltz, e Elizabeth Wasson. Jason McClurg, M.D., e Jeanne Blache, R.N., uniram-se a eles no seminário de supervisão clínica. Como chegaram à área terapêutica com uma base médica ao invés de psicológica, puderam contribuir e esclarecer as premissas subjacentes da TCD. Embora estivesse ensinando TCD ostensivamente a esses indivíduos, na realidade, aprendi muita coisa com eles.

Quando comecei os ensaios de campo dessa forma de tratamento, alguns aspectos da abordagem se mostraram bastante controversos. Meu colaborador, Hugh Armstrong, Ph.D., usou de sua interferência. Seu imenso respeito pessoal e clínico em Seattle persuadiram a comunidade clínica a nos dar uma chance. Meus terapeutas pesquisadores – Douglas Allmon, Ph.D., Steve Clancy, Ph.D., Decky Fiedler, Ph.D., Charles Huffine, M.D., Karen Lindner, Ph.D., e Alejandra Suarez, Ph.D. –, demonstraram a eficácia da TCD e encontraram muitas das falhas do manual original. Como grupo, eles incorporaram o espírito da estratégia dialética. O sucesso do ensaio clínico se deveu em grande parte à sua capacidade de permanecer empáticos, equilibrados e suficientemente fiéis ao manual de tratamento em meio a um nível excepcional de tensão. Minha equipe e colegas de pesquisa ao longo dos anos – John Chiles, M.D., Heidi Heard, Andre Ivanoff, Ph.D., Connie Kehrer, Joan Lockard, Ph.D., Steve McCutcheon, Ph.D., Evelyn Mercier, Steve Nielsen, Ph.D., Kirk Strosahl, Ph.D., e Darren Tutek – foram impagáveis por proporcionarem o apoio e muitas das ideias que alimentaram o desenvolvimento de um tratamento de base empírica para o TPB. Não acredito que teria escrito este livro se não tivesse dados empíricos para fundamentar a eficácia do tratamento. Jamais teria obtido esses dados sem uma equipe de pesquisa de primeira classe.

Minhas próprias pacientes muitas vezes questionam que ideia nova vou experimentar em seu tratamento. Com o passar dos anos, elas demonstraram uma maravilhosa paciência enquanto me debatia tentando desenvolver este tratamento. Fui estimulada por sua coragem e tenacidade. Em circunstâncias em que vários outros teriam desistido há muito tempo, nenhum de nós desistiu. Elas foram muito generosas por apontarem muitos de meus erros, citarem os sucessos e fazerem comentários sobre como poderia melhorar o tratamento. O melhor em tratar pacientes *borderline* é que é como ter um supervisor sempre presente na sala. Minhas pacientes, de fato, teriam sido ótimas supervisoras e muito solidárias.

Tenho muitos amigos que são terapeutas psicodinâmicos, em vez de cognitivo-comportamentais. Vários deles contribuíram para meu pensamento e para o livro. Charles Swenson, M.D., psiquiatra do Cornell Medical Center/New York Hospital, em White Plains, teve a coragem de tentar implementar a TCD em uma unidade de internação em um hospital completamente psicodinâmico. Passamos incontáveis horas discutindo como fazê-lo e como superar ou evitar problemas. Dessas horas, saiu uma conceituação muito mais nítida do tratamento. John Clarkin, Ph.D., e Otto Kernberg, M.D., compararam e contrastaram este tratamento com o de Kernberg ao longo de muitas discussões e, no processo, direcionaram meu pensamento para rumos que talvez tivesse resistido, ajudando a esclarecer a minha posição de outras maneiras. Sally Parks, M.A., uma analista junguiana e amiga, debateu ideias junguianas e comportamentais comigo por anos, e grande parte do meu pensamento sobre a terapia evoluiu a partir desses debates. Finalmente, minha grande amiga, Sebern Fisher, M.A., uma das melhores terapeutas que conheço, me escutou e compartilhou comigo seus *insights* sobre os problemas das pacientes *borderline*.

A versão final do livro foi escrita enquanto estava de licença na Inglaterra, atuando na Unidade de Pesquisa Aplicada em Psicologia do Conselho de Pesquisa Médica, da Universidade de Cambridge. Meus colegas de lá – J. Mark Williams, Ph.D., John Teasdale, Ph.D., Philip Barnard, Ph.D., e Edna Foa, Ph.D. – fizeram comentários para muitas das minhas ideias e me deram ideias novas. Caroline Muncey salvou a minha sanidade, digitando e redigitando cada nova versão. Leslie Horton, minha secretária no projeto de pesquisa em tratamento, também merece grande parte do crédito por organizar a mim e aos materiais que vieram a se tornar este livro.

Devo agradecer ao meu editor, Allen Frances, M.D., por sua rígida edição e insistência para que me mantivesse prática sempre que possível. Ele proporcionou a oposição dialética à "torre de marfim" onde trabalho às vezes. O interesse nesta terapia foi gerado principalmente por seu entusiástico apoio ao longo dos anos. Meu irmão, W. Marston Linehan, M.D., que também é pesquisador, nunca se cansou de me ajudar a "manter meu olho no prêmio", para que eu conseguisse escrever o livro. Ele e sua esposa, Tracey Rouault, M.D., e minha irmã, Aline Haynes, me deram um apoio maravilhoso ao longo dos anos.

Para desenvolver e escrever este volume, tivemos apoio do edital n.º MH34486 do Instituto Nacional de Saúde Mental. Morris Parloff, Ph.D., Irene Elkin, Ph.D., Barry Wolfe, Ph.D., e Tracie Shea, Ph.D. estimularam e lutaram por este trabalho desde o começo, e merecem grande parte dos créditos pelo sucesso das pesquisas em que se baseia esta abordagem de tratamento.

Por fim, mas certamente não menos importante, quero agradecer à minha editora, Marie Sprayberry. Ela fez milagres na organização e clareza deste livro e, com admirável paciência, esperou que eu entendesse o seu ponto de vista, que era o melhor, em relação a muitas questões controversas.

PREFÁCIO

De vez em quando, em nossa área, ocorre uma inovação clínica que melhora profundamente o cuidado com nossos pacientes. O desenvolvimento de uma abordagem cognitivo-comportamental para o transtorno da personalidade *borderline*, por Marsha Linehan, é uma dessas raras inovações. Descobri o trabalho da Dra. Linehan há quase dez anos, quando ela estava começando uma série de estudos sistemáticos para determinar sua eficácia. Mesmo antes de existirem resultados positivos, tinha certeza de que a Dra. Linehan havia descoberto algo importante. Fiquei feliz por assistir enquanto ela aperfeiçoava suas técnicas, tornando-as mais abrangentes, específicas, práticas e aplicáveis à clínica em saúde mental.

O problema que a Dra. Linehan está abordando – transtorno da personalidade *borderline* – é importante e comum, e representa um grande enigma clínico. Esses indivíduos sofrem e causam sofrimento, muitas vezes de um modo bastante doloroso e dramático. Eles têm o transtorno da personalidade encontrado com maior frequência na prática clínica e têm a taxa mais elevada de suicídio consumado e tentativa de suicídio. Os indivíduos que satisfazem os critérios diagnósticos para o transtorno da personalidade *borderline* representam um grande desafio para tratamento. Costumam ser recalcitrantes e imprevisíveis, e se aproximam ou se afastam excessivamente na relação terapêutica. Provocam fortes contratransferências no terapeuta, que podem ser sedução ou rejeição, ou, como é mais provável, podem oscilar entre esses extremos. Indivíduos *borderline* (que termo horrível, mas não conseguimos encontrar um substituto adequado) também são bastante prováveis de apresentar péssima resposta a tratamento. Com frequência, chegam até nós depois de uma tentativa de suicídio ou automutilação em resposta a uma rejeição verdadeira ou imaginária de seu terapeuta (talvez férias sejam o precipitante mais comum). Muitas vezes, ligam-se ao terapeuta por meio de elos terapêuticos, de modo que a intervenção parece tomar o rumo errado e ser cruel. Tratamentos geralmente terminam em agressão e, com frequência, em hospitalização.

É provável que o terapeuta se sinta confuso e incapaz em seu trabalho com indivíduos *borderline*, e precise encontrar maneiras de lidar com eles. Para alguns terapeutas, a principal esperança seria a descoberta de uma intervenção farmacológica eficaz. Resultados obtidos por enquanto são decididamente ambíguos. Não existe um tratamento farmacológico específico para a instabilidade das pacientes *borderline*, e mesmo os medicamentos mais eficazes (neurolépticos, antidepressivos, lítio, carbamazepina) para acompanhar os sintomas têm seus próprios efeitos colaterais e complicações. Outros terapeutas experimentaram estratégias psicoterapêuticas (particularmente psicodinâmicas) desenvolvidas para indivíduos *borderline*. Porém, mesmo aí, os resultados são bastante dúbios, e os tratamentos têm muitos efeitos colaterais e complicações (particularmente, os atos de transferência/contratransferência descritos). Provavelmente seja justo dizer que os indivíduos com transtorno da personalidade *borderline* constituem o problema mais difícil e mais insolúvel para a média de terapeutas clínicos ou de unidade de internação média. Todos falam sobre o transtorno da personalidade *borderline*, mas, de um modo geral, parece que ninguém sabe muito bem o que fazer a respeito.

Isso até a Dra. Linehan. Ela combina uma compreensão empática da experiência interna dos indivíduos *borderline* com as ferramentas técnicas de uma terapeuta cognitivo/comportamental. A Dra. Linehan é uma terapeuta criativa e inovadora, que analisou os aspectos do comportamento *borderline* em seus componentes e desenvolveu uma abordagem sistematizada e integrada para cada um deles. Suas técnicas são claras e fáceis de aprender e ensinar, e fazem sentido para terapeuta e paciente. Os métodos da Dra. Linehan ajudam imensamente quando trato indivíduos *borderline* e quando ensino outros terapeutas a entender e tratar essas pacientes. Não tenho dúvida de que este livro mudará sua prática e tornará você muito mais eficaz em seu trabalho com esses indivíduos problemáticos e necessitados.

ALLEN FRANCES, M.D.

SUMÁRIO

Prefácio xi

PARTE I   **TEORIA E CONCEITOS**

    1   Transtorno da Personalidade *Borderline*: Conceitos, Controvérsias e Definições 16

    2   Fundamentos Dialéticos e Biossociais do Tratamento 39

    3   Padrões Comportamentais: Dilemas Dialéticos no Tratamento de Pacientes *Borderline* 73

PARTE II   **SÍNTESE E OBJETIVOS DO TRATAMENTO**

    4   Visão Geral do Tratamento: Síntese de Metas, Estratégias e Regras 100

    5   Metas Comportamentais do Tratamento: Comportamentos a Promover e a Reduzir 120

    6   Estruturar o Tratamento em Torno de Metas Comportamentais: Quem Trata o Quê e Quando 161

PARTE III   **ESTRATÉGIAS BÁSICAS DE TRATAMENTO**

    7   Estratégias Dialéticas de Tratamento 192

    8   Estratégias Nucleares: Parte I. Validação 212

    9   Estratégias Nucleares: Parte II. Solução de Problemas 237

10 Procedimentos de Mudança: Parte I. Procedimentos de Contingência (Controlar Contingências e Observar Limites) 274

11 Procedimentos de Mudança: Parte II. Treinamento de Habilidades, Exposição e Modificação Cognitiva 308

12 Estratégias Estilísticas: Equilibrar a Comunicação 345

13 Estratégias de Manejo de Caso: Interagir com a Comunidade 370

PARTE IV ESTRATÉGIAS PARA TAREFAS ESPECÍFICAS

14 Estratégias Estruturais 404

15 Estratégias Especiais de Tratamento 426

Apêndice: Sugestões de Leitura 483

Referências 487

Índice 501

PARTE I
TEORIA E CONCEITOS

1 TRANSTORNO DA PERSONALIDADE *BORDERLINE*: CONCEITOS, CONTROVÉRSIAS E DEFINIÇÕES

Nos últimos anos, o interesse pelo transtorno da personalidade *borderline* (TPB) teve uma explosão. Esse interesse está relacionado a pelo menos dois fatores. Primeiramente, os indivíduos que preenchem os critérios para o TPB têm inundado os centros de saúde mental e consultórios particulares. Estima-se que 11% de todos os pacientes psiquiátricos ambulatoriais e 19% dos pacientes psiquiátricos internados preencham critérios para o TPB. Entre pacientes[1] com alguma forma de transtorno da personalidade, 33% dos pacientes ambulatoriais e 63% dos internados parecem preencher critérios para o TPB (ver Widiger e Frances, 1989, para uma revisão). Em segundo lugar, as modalidades de tratamento existentes parecem ser totalmente inadequadas. Estudos de seguimento sugerem que a disfunção inicial desses pacientes pode ser extrema; que a melhora clínica significativa é lenta, demorando muitos anos; e que a melhora é marginal por muitos anos depois da avaliação inicial (Carpenter, Gunderson e Strauss, 1977; Pope, Jonas, Hudson, Cohen e Gunderson, 1983; McGlashan, 1986a, 1986b, 1987).

Os pacientes *borderline* são tão numerosos que a maioria dos profissionais tratará pelo menos um em sua prática. Eles apresentam problemas graves e sofrimento intenso, sendo difíceis de tratar. Não admira que muitos terapeutas que trabalham com saúde mental se sintam sobrecarregados e inadequados, e estejam á procura de tratamentos que prometam alívio.

De maneira interessante, o padrão comportamental mais associado ao diagnóstico de TPB – um padrão de atos autodestrutivos intencionais e tentativas de suicídio – tem sido relativamente ignorado como alvo no tratamento. Gunderson (1984) sugere que esse comportamento pode ser o que mais se aproxima da "especialidade comportamental" do paciente *borderline*. Dados empíricos o corroboram: de 70 a 75% dos pacientes *borderline* têm um histórico de pelo menos um ato de automutilação (Clarkin, Widiger, Frances, Hurt e Gilmore, 1983; Cowdry, Pickar e Davis, 1985). Esses atos podem variar em intensidade, desde aqueles que não necessitam de tratamento médico (p.ex., arranhões leves, batidas com a cabeça e queimaduras com cigarro) àqueles que exigem atendimento em uma unidade de tratamento intensivo (p.ex., *overdoses*, cortes e asfixia). Além disso, o comportamento suicida dos pacientes *bordelines* nem sempre é fatal. As estimativas das taxas de suicídio entre pacientes *borderline* variam, mas tendem a ser em torno de 9% (Stone, 1989; Paris, Brown e Nowlis, 1987; Kroll, Carey e Sines, 1985). Em uma série de pacientes internados com TPB acompanhados de 10 a 23 anos após a alta (Stone, 1989), pacientes que preenchiam todos os oito critérios do DSM-III para TPB na primeira admissão tinham uma taxa de suicídio de 36%, comparada com uma taxa de 7% para indivíduos que satisfaziam entre cinco e sete critérios. No mesmo estudo, indivíduos com TPB e histórico de parassuicídio tiveram taxas de suicídio duas vezes maiores que as taxas de indivíduos sem parassuicídio anterior. Embora existam trabalhos substanciais sobre o comportamento suicida e autoagressivo e sobre o TPB, praticamente não existe comunicação entre as duas áreas de estudo.

Indivíduos que se mutilam intencionalmente ou que tentam se matar e a população com TPB têm certas características em comum, que descreverei mais adiante neste capítulo. Entretanto, uma sobreposição é particularmente digna de nota: a maioria dos indivíduos que apresentam comportamento autoagressivo não fatal e a maioria dos indivíduos que satisfazem os critérios para o TPB são mulheres. Widiger e Frances (1989) revisaram 38 estudos que analisam o gênero de pacientes que satisfazem critérios para TPB; as mulheres compreendem 74% dessa população. De maneira semelhante, as automutilações intencionais, incluindo tentativas de suicídio, são mais frequentes entre mulheres do que homens (Bancroft e Marsack, 1977; Bogard, 1970; Greer, Gunn e Koller, 1966; Hankhoff, 1979; Paerregaard, 1975; Shneidman, Faberow e Litman, 1970). Outro paralelo demográfico que aparece é a relação da idade com o TPB e com comportamentos autoagressivos não fatais. Aproximadamente 75% dos casos de comportamento de autoagressão envolvem pessoas entre as idades de 18 e 45 anos (Greer e Lee, 1967; Paerregaard, 1975; Tuckman e Youngman, 1968). Os pacientes *borderline* tendem também a ser mais jovens (Akhtar, Byrne e Doghramji, 1986), e as características *borderline* diminuem em gravidade e prevalência até a meia-idade (Paris et al., 1987). Essas semelhanças demográficas, juntamente com outras discutidas mais adiante, levantam a interessante possibilidade de que as pesquisas realizadas com essas duas populações, ainda que feitas separadamente, tenham sido, na verdade, estudos de populações essencialmente sobrepostas. Infelizmente, a maioria dos estudos sobre comportamentos suicidas não avalia diagnósticos de Eixo II.

O tratamento descrito neste livro é um tratamento cognitivo-comportamental integrativo, a terapia comportamental dialética (TCD), desenvolvido e avaliado com mulheres que não preenchiam os critérios para TPB, e que também tinham históricos de múltiplos comportamentos suicidas não fatais. A teoria que construí pode ser válida, e o programa de tratamento descrito neste livro e no manual que o acompanha pode ser eficaz para homens e para pacientes *borderline* não suicidas. Entretanto, desde o início, é importante que o leitor entenda que a base empírica que demonstra a eficácia do programa de tratamento descrito aqui se limita a mulheres com TPB com histórico de comportamento parassuicida crônico (automutilação intencional, incluindo tentativas de suicídio). (Dito isto, uso os pronomes "ela" e "dela" no decorrer do livro para me referir a um paciente típico.) Esse grupo talvez seja a parcela mais perturbada da população *borderline* e certamente constitui a maioria. O tratamento tem um formato flexível, de modo que, à medida que a paciente avança, são feitas mudanças na sua aplicação. Assim, não é improvável que o programa de tratamento também seja eficaz com indivíduos com sintomatologia mais grave. Porém, atualmente, tal afirmação seria baseada em especulações e em estudos do tratamento empíricos não bem controlados.

O conceito de transtorno da personalidade *borderline*

Definições: quatro abordagens

O conceito formal de TPB é relativamente novo no campo da psicopatologia. Ele não aparece no *Manual Diagnóstico e Estatístico de Transtornos Mentais* (DSM) publicado pela Associação Psiquiátrica Americana até a publicação do DSM-III, em 1980. Embora a constelação específica de traços que formam a entidade diagnóstica fosse reconhecida muito antes, grande parte do interesse atual por essa população resulta de seu recente *status* oficial. Esse *status* não foi alcançado sem muita controvérsia e disputa. A nomenclatura oficial e os critérios diagnósticos ocorreram através de concessões políticas e atenção a dados empíricos.

Talvez mais controversa tenha sido a decisão de usar a palavra "*borderline*" na designação oficial do transtorno. O termo em si foi popularizado há muitos anos na comunidade psicanalítica. Adolf Stern o utilizou pela primeira vez em 1938 para descrever um grupo de pacientes externos que não melhoravam com a psicanálise clássica e que não pareciam se encaixar nas categorias psiquiátricas "neurótica" e "psicótica" da época. Naquela época, a psicopatologia era conceituada como um *continuum*, do "normal" ao "neurótico" e ao "psicótico". Stern rotulou esse grupo de pacientes como portadores de um "grupo *borderline* de neuroses". Por muitos anos depois disso, o termo foi usado de forma coloquial entre psicanalistas para descrever pacientes que, embora tivessem problemas sérios de funcionamento, não se encaixavam em outras categorias diagnósticas e eram difíceis de tratar com métodos analíticos convencionais. Diferentes teóricos consideravam pacientes *borderline* como sendo o limite entre a neurose e a psicose (Stern, 1938; Schmideberg, 1947; Knight, 1954; Kernberg, 1975), esquizofrenia e não esquizofrenia (Noble, 1951; Ekstein, 1955) e o normal e o anormal (Rado, 1956). O Quadro 1.1 traz uma amostra das primeiras definições do termo. Com o passar dos anos, o termo *borderline* evoluiu na comunidade psicanalítica para se referir a uma determinada estrutura de organização da personalidade e a um nível intermediário de gravidade e funcionamento. O termo claramente transmite esta última noção.

Gunderson (1984) resumiu quatro fenômenos clínicos relativamente distintos que são responsáveis pelo contínuo interesse psicanalítico na população *borderline* ao longo dos anos. Em primeiro lugar, certos pacientes que aparentemente funcionavam bem, especialmente em testes psicológicos estruturados, tinham escores que demonstravam estilos de pensamento disfuncionais ("pensamento primitivo" em termos psicanalíticos) em testes não estruturados. Em segundo, um grupo considerável de indivíduos que inicialmente pareciam adequados para a psicanálise tendia a se sair muito mal no tratamento, e muitas vezes precisavam interromper a análise e ser hospitalizados[2]. Em terceiro lugar, identificou-se um grupo de pacientes que, ao contrário da maioria dos outros, tendiam a deteriorar do ponto de vista comportamental em programas de tratamento hospitalares. Finalmente, esses indivíduos caracteristicamente causavam uma raiva intensa e sensação de impotência na equipe de apoio que lidava com eles. Em conjunto, essas quatro observações sugeriam a existência de um grupo de indivíduos que não melhoravam com as formas tradicionais de tratamento, apesar de indi-

Quadro 1.1   Condições *borderline*: primeiras definições e inter-relações

<table>
<tr><td align="center">Stern (1938)</td></tr>
</table>

1. Narcisismo – idealização e desvalorização intensa simultâneas em relação ao analista, bem como a outras pessoas importantes anteriores na vida.
2. Sangramento psíquico – paralisia ante a crises; letargia; tendência a desistir.
3. Excessiva hipersensibilidade – reação exagerada a leves críticas ou rejeição, tão grosseira que sugere paranoia, mas sem delírios claros.
4. Rigidez psíquica e corporal – estado de tensão e rigidez postural facilmente visível a um observador casual.
5. Reação terapêutica negativa – certas interpretações do analista, visando ajudar, são vivenciadas como desencorajadoras ou manifestações de falta de amor e aceitação. Pode haver depressão ou crises de raiva; às vezes, gestos suicidas.
6. Sentimento constitucional de inferioridade – alguns apresentam melancolia, outros, uma personalidade infantil.
7. Masoquismo frequentemente acompanhado por depressão grave.
8. Insegurança orgânica – aparentemente, uma incapacidade constitucional de tolerar muito estresse, especialmente no campo interpessoal.
9. Mecanismos projetivos – uma forte tendência de externalizar, às vezes levando os pacientes próximos a uma ideação delirante.
10. Dificuldades no teste da realidade – poucos recursos de empatia em relação a outras pessoas. Dificuldade na capacidade de fundir representações de objeto parciais da outra pessoa em percepções realistas e adequadas da pessoa como um todo.

<table>
<tr><td align="center">Deutsch (1942)</td></tr>
</table>

1. Despersonalização que não é alheia ao ego ou perturbadora para o paciente.
2. Identificações narcisistas com os outros, que não são assimiladas pelo *self*, mas atuadas repetidamente.
3. Apego rígido à realidade.
4. Pobreza de relações de objeto, com a tendência de adotar as qualidades da outra pessoa como meio de manter amor.
5. Mascarar toda tendência agressiva por passividade, com um leve ar de amabilidade, que se converte facilmente no mal.
6. Vazio interno, que o paciente procura remediar apegando-se a grupos sociais ou religiosos sucessivamente, não importando se os princípios do grupo deste ano concorda com aqueles do ano anterior ou não.

<table>
<tr><td align="center">Schmideberg (1947)</td></tr>
</table>

1. Incapaz de tolerar rotina e regularidade.
2. Tende a quebrar muitas regras de convenção social.
3. Seguidamente atrasado para compromissos e pouco confiável para pagamentos.
4. Incapaz de reassociar durante as sessões.
5. Pouca motivação para tratamento.
6. Não consegue desenvolver um *insight* significativo.
7. Leva uma vida caótica, na qual sempre há algo horrível acontecendo.
8. Envolve-se em pequenos atos criminosos, a menos que seja rico.
9. Não consegue estabelecer contato emocional facilmente.

<table>
<tr><td align="center">Rado (1956) ("transtorno extrativo")</td></tr>
</table>

1. Impaciência e intolerância a frustração.
2. Ataques de raiva.
3. Irresponsabilidade.
4. Excitabilidade.
5. Parasitismo.
6. Hedonismo.
7. Surtos de depressão.
8. Faminto de afeto.

(continua)

Quadro 1.1   Condições *borderline*: primeiras definições e inter-relações   (*Continuação*)

Esser e Lesser (1965) ("transtorno histeroide")

1. Irresponsabilidade.
2. Histórico ocupacional errático.
3. Relacionamentos caóticos e insatisfatórios que nunca se aprofundam ou duram.
4. História de problemas emocionais e padrões de hábitos problemáticos na infância (enurese tardia, por exemplo).
5. Sexualidade caótica, muitas vezes com frigidez e promiscuidade combinadas.

Grinkler, Werble e Drye (1968)

Características comuns a todos os *borderline*:
1. Raiva como principal ou único afeto.
2. Deficiência em relações afetivas (interpessoais).
3. Ausência de uma identidade pessoal coerente.
4. Depressão como característica da vida.

Subtipo I: o border *psicótico*
   Comportamento inadequado e desadaptativo.
   Deficiência de identidade pessoal e senso de realidade.
   Comportamento negativo e expressão de raiva.
   Depressão.

Subtipo II: a síndrome borderline
   Envolvimento vacilante com as pessoas.
   Atuação da raiva.
   Depressão.
   Identidade pessoal inconsistente.

Subtipo III: o "e se" *adaptativo, sem afeto e defensivo*
   Comportamento adaptativo e adequado.
   Relações complementares.
   Pouco afeto; falta de espontaneidade.
   Defesas de distanciamento e intelectualização.

Subtipo IV: o border *com neuroses*
   Depressão anaclítica.
   Ansiedade.
   Semelhança com caráter neurótico e narcisista.

Obs. Adaptado de *The Borderline Syndromes: Constitution, Personality, and Adaptation*, de M. H. Stone, 1980, New York: McGraw-Hill. Copyright © 1980 McGraw-Hill. Adaptado sob permissão.

cadores de prognóstico positivo. O estado emocional dos pacientes e dos terapeutas parecia deteriorar quando esses indivíduos começavam a psicoterapia.

A heterogeneidade da população chamada de *borderline* levou a diversos outros sistemas conceituais para organizar as síndromes comportamentais e teorias etiológicas associadas ao termo. Ao contrário do *continuum* único proposto no pensamento psicanalítico, os teóricos de orientação biológica conceituaram o TPB ao longo de vários *continua*. No seu ponto de vista, o transtorno representa um conjunto de síndromes clínicas, cada uma com sua própria etiologia, curso e prognóstico. Stone (1980, 1981) revisou essa literatura extensivamente e concluiu que o transtorno está relacionado com vários dos principais transtornos do Eixo I em termos de características clínicas, histórico familiar, resposta ao tratamento e marcadores biológicos. Por exemplo, ele sugere três subtipos *borderline*: um relacionado com a esquizofrenia, um relacionado com o transtorno afetivo e um terceiro relacionado com transtornos cerebrais orgânicos. Cada subtipo ocorre em um espectro que varia de casos "inequívocos" ou "básicos" do subtipo a formas mais leves e menos identificáveis. Estes últimos casos são aqueles aos quais se aplica o termo *borderline* (Stone, 1980). Nos últimos anos, a tendência na literatura teórica e pesquisa é conceber a síndrome *borderline* como localizada principalmente no *continuum* dos transtornos afetivos (Gunderson e Elliott, 1985), embora novos dados empíricos lancem dúvida sobre essa posição.

Uma terceira abordagem para entender os fenômenos *borderline* foi rotulada de abordagem "eclético-descritiva" por Chatham (1985). Essa abordagem, incorporada principalmente com a chegada do DSM-IV (American Psychiatric Association, 1991) e o trabalho de Gunderson (1984), baseia-se na definição pelo uso de grupos de critérios *borderline*. As características definitórias derivavam-se amplamente por consenso, embora, atualmente, dados empíricos estejam sendo usados em um certo grau para apurar as definições. Por exemplo, os critérios de Gunderson (Gunderson e Kolb, 1978; Gunderson, Kolb e Austin, 1981) foram desenvolvidos originalmente por meio de uma revisão da literatura e destilação de seis aspectos que a maioria dos teóricos descreveu como característicos dos pacientes *borderline*. Recentemente, Zanarini, Gunderson, Frankenburg e Chauncey (1989) revisaram seus critérios do TPB para chegar a uma melhor discriminação empírica entre o TPB e outros diagnósticos do Eixo II. Entretanto, mesmo nessa última versão, os métodos para selecionar novos critérios não estão claros, parecendo ser baseados em critérios clínicos e não de derivação empírica. Da mesma forma, os critérios para o TPB listados no DSM-III, DSM-III-R e no novo DSM-IV foram definidos sob consenso de comitês formados pela Associação Psiquiátrica Americana, e basearam-se nas orientações na prática teóricas combinadas dos membros dos comitês, dados sobre como os psiquiatras utilizam o termo na prática e nos dados empíricos coletados até agora. Os critérios mais recentes usados para definir o TPB, o DSM-IV e os critérios da Diagnostic Interview for Borderline-Revised (DIB-R), são listados no Quadro 1.2.

Uma quarta abordagem para entender o fenômeno *borderline*, baseada na teoria da aprendizagem biossocial, foi proposta por Millon (1981, 1987a). Millon é um dos mais articulados oposi-

Quadro 1.2 Critérios diagnósticos para TPB

DSM-IV[a]
1. Esforços frenéticos no sentido de evitar um abandono real ou imaginário. Nota: não incluir comportamento suicida ou automutilante, coberto no Critério 5.
2. Um padrão de relacionamentos interpessoais instáveis e intensos, caracterizado pela alternância entre extremos de idealização e desvalorização.
3. Perturbação da identidade: instabilidade acentuada e resistente da autoimagem ou do sentimento de *self*.
4. Impulsividade em pelo menos duas áreas potencialmente prejudiciais à própria pessoa (p. ex., gastos financeiros, sexo, abuso de substâncias, direção imprudente, comer compulsivo). Nota: não incluir comportamento suicida ou automutilante, coberto no Critério 5.
5. Recorrência de comportamento, gestos ou ameaças suicidas ou de comportamento automutilante.
6. Instabilidade afetiva devido a uma acentuada reatividade do humor (p.ex., episódios de intensa disforia, irritabilidade ou ansiedade geralmente durante algumas horas e apenas raramente mais de alguns dias).
7. Sentimentos crônicos de vazio.
8. Raiva inadequada e intensa ou dificuldade em controlar a raiva (p.ex., demonstrações frequentes de irritação, raiva constante, lutas corporais recorrentes).
9. Ideação paranoide transitória e relacionada ao estresse ou graves sintomas dissociativos.

(continua)

Quadro 1.2   Critérios diagnósticos para TPB   (*Continuação*)

Entrevista diagnóstica para *borderline* revisada (DIB-R)[b]

Seção Afeto
1. Depressão maior/crônica
2. Desamparo/ desesperança/impotência/culpa crônicas
3. Raiva crônica/atos de raiva crônicos
4. Ansiedade crônica
5. Solidão/tédio/vazio crônicos

Seção Cognição
6. Pensamento estranho/experiências perceptivas inusitadas
7. Experiências paranoides não delirantes
8. Experiências quase-psicóticas

Seção Padrões de Atos Impulsivos
9. Abuso/dependência de substâncias
10. Desvios sexuais
11. Automutilação
12. Esforços suicidas manipulativos
13. Outros padrões impulsivos

Seção Relacionamentos Interpessoais
14. Intolerância à solidão
15. Preocupações com abandono/afundamento/aniquilação
16. Contradependência/conflitos sérios com relação à ajuda ou cuidado
17. Relacionamentos tempestuosos
18. Dependência/masoquismo
19. Desvalorização/manipulação/sadismo
20. Exigências/direitos
21. Regressões no tratamento
22. Problemas de contratransferência/relações "especiais" de tratamento

[a]De *DSM-IV Options Book: Work in Progress 9/1/91* pela Task Force on DSM-IV, American Psychiatric Association, 1991, Washignton, DC, Copyright 1001 American Psychiatric Association. Reimpresso sob permissão.
[b]De "The Revised Interview for Borderline: Discriminating BPD from Other Axis II Disorders", M. C. Zanarini, J. G. Gunderson, F. R. Frankenburg e D. L. Chauncey, 1989, *Journal of Personality Disorders*, 3(1), 10-18. Copyright 1989 Guilford Publications, Inc. Reimpresso sob permissão.

tores do uso do termo "*borderline*" para descrever esse transtorno da personalidade. Em vez dele, Millon sugere o termo "personalidade cicloide" para enfatizar a instabilidade comportamental e afetiva que considera central ao transtorno. Na perspectiva de Millon, o padrão da personalidade *borderline* resulta de uma deterioração de padrões de personalidade anteriores menos severos. Millon assinala as histórias divergentes encontrados em indivíduos *borderline*, e sugere que se pode chegar ao TPB por uma variedade de caminhos.

A teoria que apresento neste livro baseia-se em uma teoria biossocial e, em muitos aspectos, é semelhante à de Millon. Ambos enfatizamos a interação recíproca de influências biológicas e sociais na etiologia do transtorno. Ao contrário de Millon, não desenvolvi uma definição independente do TPB. Porém, organizei diversos padrões comportamentais associados a um subconjunto de indivíduos *borderline* – aqueles com histórico de múltiplas tentativas de se machucar, mutilar e de tentativas de suicídio. Esses padrões são discutidos em detalhe no Capítulo 3. Para fins ilustrativos, são apresentados no Quadro 1.3.

De um modo geral, nem os teóricos comportamentais e nem os teóricos cog-

Quadro 1.3   Padrões comportamentais no TBP

1. *Vulnerabilidade emocional*: padrão de dificuldades globais em regular emoções negativas, incluindo uma alta sensibilidade a estímulos emocionais negativos, elevada intensidade emocional e retorno lento ao nível emocional basal, bem como a percepção e experiência de vulnerabilidade emocional. Pode incluir a tendência de culpar o ambiente social por expectativas e demandas irrealistas.
2. *Autoinvalidação*: tendência de invalidar ou não reconhecer as próprias respostas emocionais, pensamentos, crenças e comportamentos. Expectativas e padrões elevados e irreais para o *self*. Pode incluir vergonha intensa, ódio se si mesmo e culpa.
3. *Crises inexoráveis*: Padrões de situações ambientais negativas, estressantes e frequentes, perturbações e obstáculos – alguns causados pelo estilo de vida disfuncional do indivíduo, outros por um meio social inadequado, e muitos pelo destino ou acaso.
4. *Luto inibido*: tendência de inibir ou controlar excessivamente as respostas emocionais, especialmente aquelas associadas ao luto ou a perdas, incluindo tristeza, raiva, culpa, vergonha, ansiedade e pânico.
5. *Passividade ativa*: tendência de apresentar um estilo passivo de resolução de problemas interpessoais, envolvendo não se dedicar ativamente para resolver os problemas da sua própria vida, muitas vezes juntamente com tentativas ativas de solicitar que outras pessoas resolvam o seu problema; desamparo aprendido, desesperança.
6. *Competência aparente*: tendência a parecer enganosamente mais competente do que realmente é; geralmente ocorre porque as competências não se generalizam entre os humores, situações e tempo, e porque o indivíduo não apresenta sinais não verbais adequados da perturbação emocional.

nitivos propuseram categorias definitivas ou diagnósticas de comportamentos disfuncionais comparáveis às descritas aqui. Isso é resultado principalmente das preocupações dos comportamentalistas com as teorias inferenciais da personalidade e da sua organização, bem como sua preferência por entender e tratar fenômenos comportamentais, cognitivos e afetivos associados a diversos transtornos, no lugar dos "transtornos" em si. Todavia, os teóricos cognitivos desenvolveram formulações etiológicas de padrões comportamentais *borderline*. Esses teóricos consideram que o TPB resulta de esquemas cognitivos disfuncionais desenvolvidos anteriormente na vida. As teorias puramente cognitivas, em muitos aspectos, são semelhantes às teorias psicanalíticas de orientação mais cognitiva. As diversas orientações para a fenomenologia *borderline* descritas aqui são resumidas no Quadro 1.4.

Quadro 1.4   Principais orientações para o TPB

Dimensões	Psicanalítica	Biológica	Eclética	Biossocial	Cognitiva
1. Principais teóricos	Adler, Kernberg, Masterson, Meissner, Rinsley	Akiskal, Adrulonis, Cowdry, Gardner, Hoch, Kasanin, D. Klein, Kety, Polatin, Soloff, Stone, Wender	Frances, Grinker, Gunderson, DSM-III, DSM-III-R, DSM-IV de Spitzer	Linehan, Millon, Turner	Beck, Pretzer, Young
2. O que significa "*borderline*"	Conflito no nível psicoestrutural ou psicodinâmico	Leve variação de um dos transtornos maiores	Um transtorno da personalidade específico	Um transtorno da personalidade específico	Um transtorno da personalidade específico

(continua)

Quadro 1.4   Principais orientações para o TPB   (Continuação)

Dimensões	Psicanalítica	Biológica	Eclética	Biossocial	Cognitiva
3. Dados nos quais o diagnóstico se baseia	Sintomas, estruturas intrapsíquicas inferidas, transferência	Sintomas clínicos, histórico familiar-genética, resposta a tratamento, marcadores biológicos	Combinação de sintomas e observações comportamentais, testes psicodinâmicos e psicológicos (WAIS, Rorschach)	Observação comportamental, entrevistas estruturadas, dados de testes de base comportamental	Observação comportamental, entrevistas estruturadas, dados de testes de base comportamental
4. Etiologia do transtorno	Criação natureza, destino[a]	Natureza[b]	Não especificado	Criação, natureza	Criação
5. Composição da população *borderline*	Homogênea: estrutura intrapsíquica Heterogênea: sintomas descritivos	Heterogênea: amostra total Homogênea: cada subtipo	Heterogênea	Heterogênea	Não especificada
6. Importância de subtipos de diagnósticos	Não importante, exceto Meissner	Importante	Um pouco importante	Importante	Não especificada
7. Base para fazer subtipos	–	Etiologia	Grinker e Gunderson: clínica; DSM: clínica e etiológica	Padrões comportamentais	Não especificada
8. Tratamento recomendado	Psicanálise modificada, psicoterapia confrontativa	Quimioterapia	Não especificada	Terapia comportamental/ cognitivo-comportamental modificada	Terapia cognitiva modificada

Obs. Adaptado de *Treatment of the Borderline Personality*, P. M. Chatham, 1985, New York: Jason Aronson. Copyright 1985 Jason Aronson, Inc. Adaptado sob permissão.
[a]Os componentes cognitivos podem desempenhar um papel, assim como o destino; a maioria dos teóricos, exceto Kernberg, considera o ambiente uma das principais causas.
[b]Stone (1981) acredita que 10-15% de todos os casos de TPB em adultos são de origem puramente psicogênica.

Critérios diagnósticos: Uma reorganização

Os critérios para o TPB, conforme são definidos atualmente, refletem um padrão de instabilidade e desregulação comportamentais, emocionais e cognitivas. Essas dificuldades podem ser sintetizadas nas cinco categorias listadas no Quadro 1.5. Reorganizei os critérios habituais um pouco, mas uma comparação das cinco categorias que discuto com os critérios do DSM-IV e da DIB-R no Quadro 1.2 mostra que reorganizei os critérios, mas não os redefini.

Em primeiro lugar, os indivíduos *borderline* geralmente sofrem desregulação emocional. As respostas emocionais são bastante reativas, e o indivíduo geralmente tem dificuldade com episódios de depressão, ansiedade e irritabilidade, bem como problemas com a raiva e sua expressão. Em segundo lugar, os indivíduos *borderline* muitas vezes apresentam desregulação in-

Tabela 1.5 Comparação entre o TPB e características parassuicidas

TPB	Parassuicídio
Desregulação emocional	
1. Instabilidade emocional	1. Afeto aversivo crônico
2. Problemas com a raiva	2. Raiva, hostilidade, irritabilidade
Desregulação interpessoal	
3. Relacionamentos estáveis	4. Apoio social fraco
4. Esforços para evitar perdas	5. Problemas interpessoais críticos
3. Relacionamentos conflituosos	6. Solução passiva de problemas interpessoais
Desregulação comportamental	
5. Ameaças de suicídio, parassuicídio	7. Ameaças de suicídio, parassuicídio
6. Comportamentos autoagressivos e impulsivos, incluindo abuso de álcool e drogas	8. Abuso de álcool e drogas, promiscuidade
Desregulação cognitiva	
7. Distúrbios cognitivos	9. Rigidez cognitiva, pensamento dicotômico
Disfunção do *self*	
8. Autoimagem e *self* instável	10. Baixa autoestima
9. Vazio crônico	

terpessoal. Seus relacionamentos podem ser caóticos, intensos e marcados por dificuldades. Apesar desses problemas, os indivíduos *borderline* consideram extremamente difícil abrir mão dos relacionamentos. Ao contrário, podem apresentar esforços intensos e frenéticos para impedir que indivíduos significativos os abandonem. Em minha experiência, os indivíduos *borderline*, mais que a maioria das pessoas, parecem estar bem quando em relacionamentos estáveis e positivos, e ficam mal quando não estão em um relacionamento desse tipo.

Em terceiro lugar, os indivíduos *borderline* têm padrões de desregulação comportamental, evidenciados por comportamentos impulsivos extremos e problemáticos, bem como comportamentos suicidas. Tentativas de se ferir, mutilar ou matar são comuns nessa população. Em quarto, os indivíduos *borderline* às vezes estão cognitivamente desregulados. Formas breves e não psicóticas de desregulação do pensamento, incluindo despersonalização, dissociação e delírios, às vezes são causadas por situações estressantes, e geralmente passam quando o estresse diminui. Por fim, a desregulação do senso de *self* é comum. Não é infrequente um indivíduo *borderline* dizer que não tem nenhum senso de *self*, se sente vazio, e não sabe quem é. De fato, pode-se considerar que o TPB seja um transtorno global da regulação e da experiência do *self* – uma noção também proposta por Grotstein (1987).

Essa reorganização é corroborada por dados interessantes coletados por Stephen Hurt, John Clarkin e seus colegas (Hurt et al., 1990; Clarkin, Hurt e Hull, 1991; ver Hurt, Clarkin, Munroe-Blum e Marziali, 1992, para uma revisão). Usando análise de *cluster* hierárquica dos oito critérios do DSM-III, os autores encontraram três grupos de critérios: um grupo de Identidade (sentimentos crônicos de vazio ou tédio, perturbação da identidade, intolerância a ficar só); um grupo Afetivo (afeto instável, relações interpessoais instáveis, raiva intensa e inadequada); e um grupo de Impulso (atos autoagressivos e impulsividade). A desregulação cognitiva não aparece nos resultados, pois a análise de *cluster* baseou-se nos critérios do DSM-III, que não incluem a instabilidade cognitiva como critério para o TPB.

Existem diversos instrumentos diagnósticos para o TPB. A ferramenta de pesquisa usada com mais frequência é a DIB original, que foi desenvolvida por Gunderson e colaboradores (1981) e revisada por Zanarini e colaboradores (1989), conforme mencionado antes. Os critérios mais usados para o diagnóstico clínico são aqueles listados nas várias versões do *Manual Diagnóstico e Estatístico*, mais recentemente o DSM-IV. Conforme mostra o Quadro 1.2, existe uma sobreposição substancial entre a DIB-R e o DSM-IV. Isso não é de surpreender, pois Gunderson desenvolveu a DIB original e foi chefe do grupo de trabalho do Eixo II para o DSM-IV. Também existem diversos instrumentos de autoavaliação que são adequados para triar pacientes (Millon, 1987b; ver Reich, 1992, para uma revisão).

O conceito de comportamentos parassuicidas

Uma grande controvérsia rodeia o rótulo da automutilação que não chega a ser fatal. As discordâncias geralmente giram em torno do grau e do tipo de intenção exigidos (Linehan, 1986; Linehan e Shearin, 1988). Em 1977, Kreitman introduziu o termo "parassuicídio" como rótulo para (1) comportamento automutilante intencional e não fatal que resulta em lesão tissular, doença ou risco de morte; ou (2) qualquer ingestão de drogas ou outras substâncias não prescritas ou além da prescrição, com a clara intenção de causar dano corporal ou a morte. O parassuicídio, conforme definido por Kreitman, inclui tentativas de suicídio reais e ferimentos contra si mesmo (incluindo automutilação e queimaduras) com pouca ou sem intenção de causar morte[3]. Ele *não* envolve tomar drogas não prescritas para se dopar, para ter uma noite normal de sono, ou para se automedicar. Também é diferenciado de: suicídio, quando ocorre a morte intencional autoinfligida; ameaças de suicídio, quando o indivíduo diz que vai se matar ou se machucar, mas não age segundo a afirmação; comportamentos quase suicidas, quando o indivíduo se coloca em risco, mas não completa o ato (p.ex., pendurar-se de uma ponte ou colocar pílulas na boca, mas não engolir); e ideação suicida.

O parassuicídio envolve comportamentos que costumam ser rotulados como "gestos suicidas" e "tentativas de suicídio manipulativas". O termo "parassuicídio" é preferido sobre outros termos, por duas razões. Primeiramente, ele não confunde uma hipótese motivacional com uma afirmação descritiva. Termos como "gesto", "manipulativo" e "tentativa de suicídio" pressupõem que o parassuicídio seja motivado por uma tentativa de comunicar, de influenciar as pessoas de forma oculta ou de tentar cometer suicídio, respectivamente. Entretanto, existem outras possíveis motivações para o parassuicídio, como a regulação do humor (p.ex., redução da ansiedade). Em cada caso, faz-se necessária uma avaliação cuidadosa – uma necessidade obscurecida pelo uso de descrições que pressupõem que essa avaliação já foi feita. Em segundo lugar, o parassuicídio é um termo menos pejorativo. É difícil gostar de uma pessoa que foi rotulada de "manipuladora". As dificuldades em tratar esses indivíduos tornam particularmente fácil "culpar as vítimas" e, consequentemente, não gostar delas. Ainda assim, existe uma correlação entre gostar dos pacientes e ajudá-los (Woollcott, 1985). Essa é uma questão particularmente importante, que discutirei em seguida.

As pesquisas sobre parassuicídio geralmente empregam um modelo em que indivíduos com histórico de comportamentos parassuicidas são comparados com outros indivíduos sem tal histórico. Os grupos de comparação podem ser outros grupos suicidas, como indivíduos que se mataram ou com ideação; outros pacientes psiquiátricos não suicidas; ou indivíduos não psiquiátricos de controle. Embora, às vezes, os diagnósticos do Eixo I sejam mantidos, essa estratégia não é a norma. De fato, um dos objetivos da pesquisa é determinar quais categorias diagnósticas estão associadas com mais frequência ao comportamento. Apenas com dados muito recentes, e raramente, os diagnósticos do Eixo II são mantidos ou mesmo relatados. Entretanto, ao revisar a literatura do parassuicídio, não há como não notar as semelhanças entre as características atribuídas aos indivíduos parassuicidas e as atribuídas a indivíduos *borderline*.

O quadro emocional dos indivíduos parassuicidas é de desregulação emocional aversiva e crônica. Eles parecem mais raivosos, hostis e irritáveis (Crook, Raskin e Davis, 1975; Nelson, Nielsen e Checketts, 1977; Richman e Charles, 1976; Weissman, Fox e Klerman, 1973) do que indivíduos psiquiátricos não suicidas ou não psiquiátricos, e mais deprimidos do que aqueles que morrem por suicídio (Maris, 1981) e outros grupos psiquiátricos e não psiquiátricos (Weissman, 1974). A desregulação interpessoal é evidenciada por relacionamentos caracterizados por hostilidade, exigências e conflitos (Weissman, 1974; Miller, Chiles e Barnes, 1982; Greer et al., 1966; Adam, Bouckoms e Scarr, 1980; Taylor e Stansfeld, 1984). Em relação aos outros, os indivíduos parassuicidas têm sistemas de apoio social fracos (Weissman, 1974; Slater e Depue, 1981). Quando interrogados, relatam que as situações interpessoais são seus principais problemas na vida (Linehan, Camper, Chiles, Strosahl e Shearin, 1987; Maris, 1981). Os padrões de desregulação comportamental, como o abuso de substâncias, promiscuidade sexual e atos parassuicidas anteriores são frequentes (ver Linehan, 1981, para uma revisão; ver também Maris, 1981). Geralmente, é pouco provável que esses indivíduos tenham as habilidades cognitivas necessárias para lidar efetivamente com seus estresses emocionais, interpessoais e comportamentais.

As dificuldades cognitivas consistem de rigidez cognitiva (Levenson, 1972; Neuringer, 1964; Parioskas, Clum e Luscomb, 1979; Vinoda, 1966), pensamento dicotômico (Neuringer, 1961) e pouca capacidade de resolver problemas abstratos e interpessoais (Goodstein, 1982; Levenson e Neuringer, 1971; Schotte e Clum, 1982). Dificuldades na solução de problemas podem estar relacionadas com déficits em capacidades da memória episódica (em comparação com a memória geral) (Williams, 1991), que caracterizam os pacientes parassuicidas, quando comparados com outros pacientes psiquiátricos. Meus colegas e eu observamos que os indivíduos parassuicidas apresentam um estilo mais passivo (ou dependente) de solução de problemas interpessoais (Linehan et al., 1987). Por suas dificuldades emocionais e interpessoais, muitos desses indivíduos dizem que seu comportamento visa proporcionar uma fuga daquilo que, para eles, parece uma vida intolerável e insolúvel. Uma comparação entre características de indivíduos *borderline* e parassuicidas é apresentada no Quadro 1.5.

A sobreposição entre o transtorno da personalidade *borderline* e o comportamento parassuicida

Conforme mencionei antes, grande parte das minhas pesquisas sobre o tratamento e do meu trabalho clínico tem sido com indivíduos cronicamente parassuicidas que também satisfazem os critérios para TPB. No meu ponto de vista, esses indivíduos preenchem critérios para TPB de um modo singular. Eles parecem mais deprimidos do que seria de esperar segundo os critérios do DSM-IV, e também apresentam supercontrole e inibição da raiva, que não são discutidos nem no DSM-IV e nem na DIB-R. Não considero esses pacientes nos termos pejorativos sugeridos pelo DSM-IV e pela DIB-R. Minha experiência e raciocínio clínicos sobre cada uma dessas questões são os seguintes.

Desregulação emocional: depressão

A "instabilidade afetiva" no DSM-IV refere-se à acentuada reatividade do humor, que causa episódios de depressão, irritabilidade ou ansiedade, durando geralmente algumas horas e apenas raramente mais que alguns dias. A implicação aqui é que o humor basal não é particularmente negativo ou deprimido. Em minha experiência com indivíduos *borderline* parassuicidas, porém, seu estado afetivo basal costuma ser extremamente negativo, pelo menos em relação à depressão. Por exemplo, em uma amostra de 41 mulheres em minha clínica que satisfaziam os critérios para TPB e comportamento parassuicida recente, 71% preenchiam critérios para transtorno afetivo maior e 24% preenchiam os critérios para distimia. Em nosso estudo mais recente sobre o tratamento (Linehan, Armstrong, Suarez, Allman e Heard, 1991), meus colegas e eu ficamos impressionados com a aparente estabilidade nas autoavaliações de depressão e desesperança em um período de um ano. Desse modo, a DIB-R, com sua ênfase na depressão, desesperança, inutilidade, culpa e desamparo crônicos, parece caracterizar os indivíduos *borderline* parassuicidas melhor que o DSM-IV.

Desregulação emocional: raiva

Tanto o DSM-IV quando a DIB-R enfatizam problemas com o descontrole da raiva e o funcionamento *borderline*. Atos intensos e frequentes de raiva fazem parte de ambos grupos de critérios. Nossa clínica de pacientes *borderline* parassuicidas certamente tem diversos indivíduos que satisfazem esse requisito. Todavia, ela também tem vários outros indivíduos que se caracterizam por um supercontrole dos sentimentos de raiva. Esses indivíduos raramente ou nunca demonstram raiva. De fato, apresentam um padrão de comportamentos passivos e submissos, quando o apropriado seria sentir raiva, ou pelo menos apresentar um comportamento assertivo. Ambos os grupos têm dificuldade com a expressão da raiva, mas um grupo a expressa demais, e outro expressa menos do que deveria. No segundo caso, a pouca expressão às vezes está relacionada com um histórico de expressões exageradas de raiva no passado. Em quase todos os casos, os indivíduos *borderline* subexpressivos têm um forte medo e ansiedade em relação à expressão desse sentimento. Às vezes, eles temem que possam perder o controle se expressarem a mais leve raiva e, em outras ocasiões, temem que os alvos da mínima expressão de raiva retaliem.

Manipulação e outros descritores pejorativos

Tanto o DSM-R quando a DIB-R enfatizam o chamado comportamento "manipulativo" como parte da síndrome *borderline*. Infelizmente, em nenhum grupo de critérios, fica particularmente claro como se definiria esse comportamento de um modo operacional. O verbo "manipular" é definido como "influenciar ou administrar de maneira sagaz ou errada", no *American Heritage Dictionary* (Morris, 1979, p. 794), e como "administrar ou controlar de maneira ardilosa ou com um uso sagaz de influência, muitas vezes de modo injusto ou fraudulento", pelo *Webster's New World Dictionary* (Guralnik, 1980, p. 863). Ambas as definições sugerem que o indivíduo manipulador pretende influenciar outra pessoa por meios indiretos, insidiosos ou tortuosos.

Será esse o comportamento típico dos indivíduos *borderline*? Na minha própria experiência, não tem sido. De fato, quando estão tentando influenciar alguém, os indivíduos *borderline* costumam ser diretos, impetuosos e, por outro lado, pouco hábeis. Certamente é verdade que influenciam as pessoas. Com frequência, o comportamento mais influente é o parassuicídio ou a ameaça de suicídio iminente. Em outras ocasiões, os comportamentos que mais influenciam são comunicações de dor e agonia intensa, ou crises que os indivíduos não conseguem resolver por conta própria. Esses comportamentos e comunicações, é claro, não são evidência de manipulação em si. Senão, teríamos que dizer que as pessoas em situações de dor ou crises estão nos "manipulando" se respondemos às suas comunicações de estresse. A questão central é se os indivíduos *borderline* usam esses comportamentos ou comunicações, propositalmente ou não, para influenciar as pessoas de um modo errado, sagaz e fraudulento. Essa interpretação raramente está de acordo com as autopercepções de indivíduos *borderline* sobre suas intenções. Como a intenção comportamental somente pode ser medida por autoavaliação, para sustentar que existe intenção apesar da negação do indivíduo, precisaríamos considerar os indivíduos *borderline* como mentirosos crônicos ou construir uma noção de intenção comportamental inconsciente.

É difícil responder a afirmações de certos teóricos, segundo os quais os indivíduos *borderline* mentem com frequência. Com uma exceção, essa não tem sido a minha experiência. A exceção tem a ver com o uso de drogas ilícitas ou prescritas em um ambiente com elevado grau de controle das drogas, um tema que discutiremos no Capítulo 15. Minha experiência de trabalho com pacientes *borderline* suicidas tem sido que a interpretação frequente do seu comportamento suicida como "manipulador" é uma grande fonte de sentimentos de invalidação e de não ser compreendido. Do ponto de vista deles, o comportamento suicida é um reflexo de ideação suicida séria e às vezes frenética e da ambivalência quanto a continuar vivendo ou não. Embora a comunicação dos pacientes de ideias extremas ou de comportamentos extremos possa vir acompanhada do desejo de ser ajudado ou resgatado pelas pessoas com quem estão se comunicando, isso não significa necessariamente que estejam agindo desse modo para obter ajuda.

Os numerosos comportamentos suicidas e ameaças de suicídio desses indivíduos, suas reações extremas a críticas e à rejeição, e sua incapacidade frequente de articular quais entre inúmeros fatores estão influenciando diretamente o seu comportamento às vezes fazem as pessoas se sentirem manipuladas. Todavia, inferir intenção comportamental a partir de um ou mais efeitos do comportamento – nesse caso, fazer os outros se sentirem manipulados – é um simples erro de lógica. O fato de que um determinado comportamento é influenciado pelos efeitos que tem no ambiente ("comportamento operante", em termos comportamentais) fala pouco, ou nada, sobre a intenção do indivíduo em relação ao comportamento. A função não prova a intenção. Por exemplo, uma pessoa pode previsivelmente ameaçar que se suicidará sempre que for criticada. Se a crítica sempre resultar em certeza, podemos saber que a relação entre a crítica e as ameaças de suicídio aumentará. Todavia, o fato de haver correlação não implica que a pessoa esteja tentando ou pretendendo mudar o comportamento do crítico com ameaças, ou mesmo que esteja ciente da correlação. Desse modo, o comportamento não é manipulador segundo nenhum padrão de uso do termo. Dizer então que a "manipulação" é inconsciente é uma tautologia baseada em inferências clínicas. A natureza pejorativa dessas inferências e a baixa confiabilidade das inferências clínicas em geral (ver Mischel, 1968, para uma revisão) torna essa prática injustificável na maioria dos casos.

Existem vários outros usos de terminologia pejorativa na DIB-R e no DSM-IV. Por exemplo, um critério proposto para a autoimagem instável no DSM-IV continha a seguinte sentença: "Esses indivíduos podem mudar subitamente do papel de uma pessoa suplicante e carente de auxílio para um vingador implacável de maus tratos passados". O uso dessa terminologia sugere que essa postura é disfuncional ou patológica. Todavia, as evidências recentes de que até 76% das mulheres que satisfazem os critérios para o TPB são, de fato, vítimas de abuso sexual durante a infância, juntamente com as evidências de negligência e abuso físico sofridos por esses indivíduos (ver o Capítulo 2 para revisões desses dados), sugerem que essa postura é isomórfica com a realidade.

Ou então examinemos o termo "carente". Não parece insensato que uma pessoa que sente dor intensa se apresente como "suplicante e carente". De fato, essa postura talvez seja essencial para a pessoa conseguir o que precisa para melhorar a condição dolorosa. Isso é especialmente verdadeiro quando os recursos são escassos de um modo geral, ou quando a pessoa que pede ajuda não tem recursos suficientes para "comprar" a ajuda necessária – ambos casos aplicáveis a indivíduos *borderline*. Nós da comunidade da saúde mental temos poucos recursos para ajudá-los. A pouca ajuda que podemos dar a eles é limitada por outras obrigações e demandas sobre nosso tempo e nossas vidas como cuidadores individuais. Com frequência, aquilo que os pacientes *borderline* mais desejam – nosso tempo, atenção e cuidado – somente está disponível em momentos breves e racionados da semana. Além disso, os indivíduos *borderline* não têm as habilidades interpessoais necessárias para encontrar, desenvolver e manter outros relacionamentos interpessoais onde poderiam obter mais do que necessitam. Chamar de "carente" quem precisa mais do que as pessoas podem dar de forma razoável é um certo exagero. Quando pacientes queimados ou de câncer em dor extrema agem de maneira semelhante, não costumamos chamá-los de "suplicantes e carentes". Creio que, se os privássemos dos remédios para a dor, eles vacilariam exatamente da mesma maneira que os indivíduos *borderline*.

Já se argumentou que, nas mentes dos cuidadores profissionais, esses termos não são pejorativos. De fato, isso pode ser verdade. Contudo, parece-me que esses termos pejorativos não promovem uma atitude de compaixão, entendimento e cuidado pelos pacientes *borderline*. Pelo contrário, para muitos terapeutas, esses termos criam uma distância emocional e raiva dos indivíduos *borderline*. Em outras ocasiões, esses termos refletem distância emocional, raiva e frustração crescentes. Um dos principais objetivos de minha teorização é desenvolver uma teoria do TPB que seja cientificamente sólida e que tenha um tom acrítico e não pejorativo. A ideia aqui é que essa teoria deve levar a técnicas efetivas de tratamento, bem como a uma atitude compassiva. Essa atitude é necessária, especialmente com essa população: nossas ferramentas para ajudá-las são limitadas; sua miséria é intensa e vocal; e o sucesso ou fracasso de nossas tentativas de ajudar pode ter resultados extremos.

Terapia para o transtorno da personalidade *borderline*: uma prévia

O programa de tratamento que desenvolvi – a terapia comportamental dialética, ou TCD – é, em sua maior parte, a aplicação de uma ampla variedade de estratégias de terapia cognitiva e comportamental aos problemas do TPB, incluindo comportamentos suicidas. A ênfase na avaliação; coleta de dados sobre comportamentos atuais; definição operacional precisa dos alvos do tratamento; uma relação de trabalho colaborativa entre o terapeuta e o paciente, incluindo atenção a orientar o paciente para o programa de terapia e um comprometimento mútuo com os objetivos do tratamento; e a aplicação de técnicas padronizadas da terapia cognitiva e comportamental, tudo isso sugere um programa padrão de terapia cognitivo-comportamental. Os procedimentos básicos do tratamento, como solução de problemas, técnicas de exposição, treinamento de habilidades, manejo das contingências e modificação cognitiva são proeminentes na terapia cognitiva e comportamental há anos. Cada conjunto de procedimentos tem uma literatura empírica e teórica enorme.

A TCD também tem diversas características específicas que a definem. Como sugere o seu nome, sua principal característica é a ênfase na "dialética" – ou seja, a conciliação de opostos em um processo constante de síntese. A dialética mais fundamental é a necessidade de aceitar as pacientes como são, no contexto de tentar ensiná-los a mudar. A tensão entre as aspirações e expectativas elevadas e baixas alternadas das pacientes quanto a suas próprias capacidades traz um desafio formidável para os terapeutas, exigindo mudanças imediatas no uso de estratégias de aceitação *versus* confrontação e mudança. Essa ênfase na aceitação, como equilíbrio à mudança, flui diretamente da integração de uma perspectiva tirada da prática oriental (Zen) com a prática psicológica ocidental. O termo dialética também sugere a necessidade do pensamento dialético por parte do terapeuta, bem como de enfocar para mudança o pensamento não dialético, dicotômico e rígido do paciente.

Do ponto de vista estilístico, a TCD mescla uma atitude trivial, um tanto irreverente, e às vezes ultrajante para com comportamentos parassuicidas atuais e passados e outros comportamentos disfuncionais com o afeto, flexibilidade e sensibilidade do terapeuta para com a paciente, além de uma autorrevelação estratégica. Os esforços constantes na TCD para "reformular" os comportamentos suicidas e outros comportamentos disfuncionais como parte do repertório aprendido da resolução de problemas da paciente, e para enfocar na terapia a resolução de problemas ativa, são equilibrados com uma ênfase correspondente em validar as respostas emocionais, cognitivas e comportamentais atuais da paciente tais como são. O foco da resolução de problemas exige que o terapeuta aborde todos os comportamentos problemáticos da paciente (dentro e fora das sessões) e situações terapêuticas de maneira sistemática, incluindo fazer análise comportamental colaborativa, formular hipóteses sobre as possíveis variáveis que influenciam o problema, gerar mudanças possíveis (soluções comportamentais) e experimentar e avaliar as soluções.

A regulação emocional, a efetividade interpessoal, a tolerância a perturbações, a atenção plena nuclear (*core mindfulness*) e as habilidades de autocontrole são ensinadas ativamente. Em todos os módulos de tratamento, a aplicação dessas habilidades é incentivada e ensinada. O uso das contingências que atuam dentro do ambiente terapêutico exige que o terapeuta preste muita atenção à influência recíproca que cada participante, terapeuta e paciente, tem sobre o outro. Embora as contingências naturais sejam incentivadas como um meio de influenciar o comportamento da paciente, o terapeuta não está proibido de usar reforçadores arbitrários, além de contingências aversivas, quando o comportamento em questão é letal ou quando o comportamento esperado do paciente não ocorre facilmente sob condições terapêuticas normais. A tendência de pacientes *borderline* de evitar ativamente as situações ameaçadoras é um foco constante da TCD. A exposição na sessão e *in vivo* a estímulos que evocam medo é menos sistemática do que na terapia cognitiva pura, mas essa modificação é incentivada na análise comportamental contínua e na promoção da mudança.

O foco na validação exige que o terapeuta comportamental dialético procure o grão de sabedoria ou verdade inerente em cada uma das respostas da paciente e comunique essa sabedoria a ela. A crença no desejo essencial da paciente de crescer e progredir, bem como a crença em sua capacidade inerente de mudar, fundamenta o tratamento. A validação também envolve o reconhecimento frequente e solidário do sentido de desespero emocional da paciente. No decorrer do tratamento, a ênfase está em construir e manter um relacionamento colaborativo, interpessoal e positivo entre a paciente e o terapeuta. Uma característica importante da relação terapêutica é que o principal papel do terapeuta é de consultor para a paciente, e não de consultor para outros indivíduos.

Diferenças entre esta abordagem e as terapias cognitivas e comportamentais padrão

Diversos aspectos da TCD a diferenciam da terapia cognitiva e comportamental "comum": (1) o foco na aceitação e validação do comportamento como ocorre no momento; (2) a ênfase em tratar comportamentos que interfiram na terapia; (3) a ênfase na relação terapêutica como essencial ao tratamento; e (4) o foco nos processos dialéticos. Em primeiro lugar, a TCD enfatiza a aceitação do comportamento e da realidade como são, mais do que a maioria das terapias cognitivas e comportamentais. Até um nível amplo, de fato, pode-se pensar na terapia cognitivo-comportamental padrão como uma tecnologia de mudança. Ela deriva muitas das suas técnicas do campo da aprendizagem, que é o estudo da mudança comportamental por meio da experiência. Em comparação, a TCD enfatiza a importância de equilibrar a mudança com a aceitação. Embora a aceitação dos pacientes como são seja crucial para qualquer boa terapia, a TCD vai um passo além do que a terapia cognitivo-comportamental, enfatizando a necessidade de ensinar as pacientes a aceitarem a si mesmas e o seu mundo como é no momento. Desse modo, uma tecnologia de aceitação é tão importante quanto a tecnologia da mudança.

Essa ênfase da TCD em um equilíbrio entre a aceitação e a mudança deve-se muito a minhas experiências de estudar meditação e espiritualidade oriental. Os princípios da TCD de observar, de atenção plena e de evitar fazer juízos derivam todos do estudo e da prática da meditação Zen. O tratamento comportamental mais parecido com a TCD nesse sentido é a psicoterapia contextual de Hayes (1987). Hayes é um terapeuta comportamental radical, que também enfatiza a necessidade de aceitação comportamental. Vários outros teóricos têm aplicado esses princípios a áreas específicas de problemas e influenciaram o desenvolvimento da TCD. Marlatt e Gordon (1985), por exemplo, ensinam a atenção plena a alcoolistas, e Jacobson (1991) recentemente começou a ensinar aceitação sistematicamente para casais com problemas matrimoniais.

A ênfase da TCD em comportamentos que interferem na terapia é mais parecida com a ênfase psicodinâmica nos comportamentos de "transferência" do que com qualquer aspecto das terapias cognitivo-comportamentais. De um modo geral, os terapeutas comportamentais têm dedicado pouca atenção empírica ao tratamento dos comportamentos que interferem na terapia. A exceção aqui é a grande literatura sobre os comportamentos de adesão ao tratamento (p.ex., Shelton e Levy, 1981). Outras abordagens ao problema geralmente são tratadas sob a rubrica da "moldagem", que recebeu uma quantidade razoável de atenção no tratamento de crianças, pacientes psiquiátricos internados crônicos e deficientes mentais (ver Masters, Burish, Hollon e Rimm, 1987). Isso não significa que o problema foi ignorado completamente. Chamberlain e colegas (Chamberlain, Patterson, Reid, Kavanagh e Forgatch, 1984) desenvolveram uma medida da resistência ao tratamento, para usar com famílias em intervenções familiares comportamentais.

Minha ênfase na relação terapêutica como algo crucial ao progresso na TCD vem principalmente do meu trabalho em intervenções com indivíduos suicidas. Às vezes, essa relação é a única coisa que os mantém vivos. Os terapeutas comportamentais prestam atenção na relação terapêutica (ver Linehan, 1988, para uma revisão dessa literatura), mas, historicamente, não atribuíram a ela a ênfase que atribuo na TCD. Recentemente, Kohlenberg e Tsai (1991) desenvolveram uma terapia comportamental integrada, na qual o veículo da mudança é a relação entre o terapeuta e o paciente, e seu pensamento influenciou o desenvolvimento da TCD. Os terapeutas cognitivos, embora sempre mencionem sua importância, pouco escreveram sobre como chegar ao relacionamento colaborativo considerado necessário à terapia. Uma exceção aqui é o recente livro de Safran e Segal (1990).

Finalmente, o foco em processos dialéticos (que discuto em detalhe no Capítulo 2) separa a TCD da terapia cognitivo-comportamental padrão, mas não tanto como parece à primeira vista. Assim como a terapia comportamental, a dialética enfatiza o processo sobre a estrutura. Avanços recentes no behaviorismo radical e nas teorias e abordagens contextuais à terapia comportamental que eles geraram (p.ex., Hayes, 1987; Kohlenberg e Tsai, 1992; Jacobson, 1992) compartilham muitas características da dialética. As novas abordagens de terapia cognitiva segundo o processamento de informações (p.ex., Williams, no prelo) também enfatizam o processo sobre a estrutura. Todavia, a TCD leva a aplicação da dialética substancialmente mais adiante do que muitas terapias cognitivas e comportamentais comuns. A força do tom dialético para determinar estratégias terapêuticas em um dado momento é substancial. A ênfase na dialética na TCD assemelha-se mais à ênfase terapêutica na terapia da *gestalt*, que também advém de uma teoria sistêmica e holística e concentra-se em ideias como a síntese. De maneira interessante, as abordagens mais novas de terapia cognitiva para o TPB desenvolvidas por Beck e seus colegas (Beck, Freeman e Associates, 1990; Young, 1988) incorporam explicitamente as técnicas da *gestalt*.

Se essas diferenças são fundamentalmente importantes, é claro, é uma questão empírica. Certamente, depois de tudo dito e feito, talvez os componentes cognitivo-comportamentais padrão sejam os responsáveis pela efetividade da TCD. Ou, à medida que as terapias cognitivas e comportamentais expandirem seu âmbito, talvez vejamos que as diferenças entre a TCD e aplicações mais padronizadas não são tão claras quanto sugiro.

O tratamento é eficaz?: dados empíricos

Atualmente, a TCD é uma das poucas intervenções psicossociais para o TPB que tem dados empíricos e controlados a favor da sua eficácia. Devido às imensas dificuldades em tratar essas pacientes, à literatura sobre como tratá-las e ao interesse amplo no tema, isso é uma grande surpresa. Consegui encontrar apenas dois tratamentos que foram submetidos a um ensaio clínico controlado. Marziali e Munroe-Blum

(1987; Munroe-Blum e Marziali, 1987, 1989; Clarkin, Marziali e Munroe-Blum, 1991) compararam uma terapia de grupo psicodinâmica para o TPB (Relationship Management Psychotherapy, RMP) com o tratamento usual individual na comunidade. Não encontraram diferenças nos resultados do tratamento, embora a RMP tenha tido um pouco mais êxito em manter as pacientes em terapia. Recentemente, Turner (1992) concluiu um ensaio controlado randomizado de um tratamento multimodal estruturado que consistia de farmacoterapia combinada com um tratamento dinâmico/cognitivo-comportamental, bastante semelhante à TCD. Os resultados preliminares indicam prognósticos promissores, com reduções graduais observadas em cognições e comportamentos problemáticos, ansiedade e depressão.

Foram realizados dois ensaios clínicos sobre o TCD. Em ambos, mulheres cronicamente parassuicidas que satisfaziam os critérios para o TPB foram divididas aleatoriamente para TCD ou uma condição controle de tratamento como é usual na comunidade. Os terapeutas eram eu e outros psicólogos, psiquiatras e profissionais da saúde mental treinados e supervisionados por mim em TCD. O tratamento experimental durou um ano. Foram realizadas avaliações a cada quatro meses até o fim do tratamento. Após o tratamento, foram realizadas duas avaliações, em intervalos de seis meses.

Estudo 1

No primeiro estudo, 24 pacientes fizeram TCD e 23 receberam o tratamento habitual. Exceto pelas taxas de abandono do tratamento, apenas aquelas pacientes da TCD que permaneceram em tratamento por quatro ou mais sessões ($n = 22$) foram incluídos nas análises. Uma paciente do tratamento usual nunca retornou para as avaliações. Resultados favorecendo a TCD foram observados em todas as áreas abordadas.

1. Em comparação com as pacientes do tratamento usual, as pacientes colocadas em TCD foram significativamente menos prováveis de se envolver em parassuicídio durante o ano do tratamento, relatavam menos episódios parassuicidas a cada ponto de avaliação e tiveram parassuicídios menos graves do ponto de vista médico ao longo do ano. Esses resultados foram obtidos apesar do fato de que a TCD não foi melhor que o tratamento usual para melhorar as autoavaliações de desesperança, ideação suicida ou razões para viver. Reduções semelhantes na frequência dos episódios parassuicidas foram observadas por Barley e colaboradores (no prelo) quando instituíram a TCD em uma unidade de internação psiquiátrica.
2. A TCD foi mais eficaz do que o tratamento usual para limitar o abandono do tratamento, o comportamento mais sério que interferiam no tratamento. Em um ano, apenas 16,4% haviam abandonado o tratamento, consideravelmente menos do que os 50 a 55% que abandonavam outros tratamentos naquela época (ver Koenigsberg, Clarkin, Kernberg, Yeomans e Gutfreund, no prelo).
3. As pacientes em TCD apresentaram tendência de ser admitidos com menos frequência em unidades psiquiátricas e tiveram menos dias de internação psiquiátrica por paciente. Aqueles em TCD tiveram uma média de 8,46 dias de internação psiquiátrica ao longo do ano, comparados com 38,86 para sujeitos em tratamento usual.

Em muitos estudos sobre tratamentos clínicos, os sujeitos que já tentaram cometer suicídio ou foram hospitalizados por razões psiquiátricas são retirados do ensaio clínico. Desse modo, estava particularmente

interessada em olhar esses dois fatores em conjunto. Foi desenvolvido um sistema para categorizar o funcionamento psicológico em um *continuum* de ruim a bom, conforme a seguir: as pacientes que não tiveram hospitalização psiquiátrica e episódios parassuicidas durante os últimos quatro meses de seu tratamento foram rotuladas como "bom". Aquelas com uma hospitalização ou um episódio parassuicida foram rotulados como "moderado", e as que tiveram uma hospitalização e um episódio parassuicida durante os últimos quatro meses de tratamento, bem como a única paciente que cometeu suicídio, foram rotuladas como "ruim". Usando esse sistema, treze pacientes tiveram bons resultados, seis tiveram resultados moderados e três tiveram resultados ruins. Na condição de tratamento usual, havia seis com resultados bons e ruins e dez com resultados moderados. A diferença nos resultados foi significativa no nível $p < 0,02$.
4. No término do tratamento, as pacientes da TCD, comparadas com sujeitos no tratamento usual, foram avaliadas como superiores em adaptação global por um entrevistador, e se avaliaram como superiores em uma medida do desempenho geral em papéis sociais (trabalho, escola, lar). Esses resultados, combinados com o sucesso da TCD para reduzir os dias de internação psiquiátrica, sugerem que a TCD foi pouco eficaz para melhorar os comportamentos que interferem na vida.
5. A eficácia da TCD para melhorar as habilidades comportamentais visadas foi ambígua. Com relação à regulação emocional, as pacientes em TCD, mais do que aquelas no tratamento usual, tendiam a se avaliar de forma mais positiva em relação à mudança nas emoções e melhora no controle emocional geral. Elas também tiveram escores significativamente mais baixos em medidas de autoavaliação do traço raiva e ruminação ansiosa. Todavia, não houve diferenças entre os grupos em depressão autoavaliada, embora todos as pacientes tenham melhorado. Com relação às habilidades interpessoais, as pacientes que receberam TCD, em comparação com as do tratamento usual, se avaliaram melhor em eficácia interpessoal e solução de problemas interpessoais, e foram superiores em medidas de autoavaliação e medidas avaliadas pelo entrevistador para a adaptação social. A TCD não foi mais eficaz, em relação à condição de tratamento usual, para elevar as avaliações das pacientes sobre sua própria capacidade de aceitar e tolerar a si mesmos e a realidade. Todavia, a redução maior no comportamento parassuicida, dias de internação psiquiátrica e raiva entre as pacientes da TCD, apesar da ausência de melhora diferencial na depressão, desesperança, ideação suicida ou razões para viver, sugere que a tolerância à perturbação, pelo menos conforme manifestada pelas respostas comportamentais e emocionais, não melhorou entre aqueles que fizeram TCD.

A superioridade do tratamento de TCD se manteve quando as pacientes da TCD foram comparadas com as pacientes do tratamento usual que tiveram psicoterapia individual estável durante o ano do tratamento. Isso sugere que a eficácia da TCD não é apenas resultado de proporcionar uma psicoterapia individual estável. Esses resultados são apresentados de forma mais completa em outras publicações (Linehan et al., 1991; Linehan e Heard, 1993; Linehan, Tutek e Heard, 1992).

Localizamos 37 pacientes para entrevistas de seguimento aos 18 meses e 25 para seguimentos aos 24 meses (Linehan, Heard e Armstrong, no prelo). Muitas não estavam dispostas a preencher toda a bateria de avaliação, mas se dispuseram a fazer uma entrevista abreviada cobrindo os dados essenciais. A superioridade da TCD sobre o tratamento usual alcançada durante o ano de tratamento se manteve, de um modo geral, durante o ano após o tratamento. A cada ponto do seguimento, aquelas que fizeram TCD se saíram melhor do que as do tratamento usual em medidas de adaptação global, adaptação social e desempenho no trabalho. Em cada área onde a TCD foi superior ao tratamento usual no pós-tratamento, houve manutenção dos ganhos da TCD durante o seguimento por pelo menos seis meses. A superioridade da TCD foi mais forte durante os seis primeiros meses do seguimento para medidas do comportamento parassuicida e da raiva, e mais forte durante os seis meses seguintes para reduzir o número de dias de internação psiquiátrica.

É importante ter algumas coisas em mente ao considerar as bases de pesquisa da eficácia da TCD. Primeiramente, embora tenha havido ganhos significativos ao longo de um ano, a maioria dos quais se manteve no ano de seguimento, nossos dados não sustentam a hipótese de que um ano de tratamento seja suficiente para esses pacientes. Nossos sujeitos ainda apresentaram escores na faixa clínica em quase todas as medidas. Em segundo lugar, um único estudo é uma base muito fraca para decidir que um tratamento é eficaz. Embora nossos resultados tenham sido reproduzidos por Barley e colaboradores (no prelo), são necessárias muitas outras pesquisas. Em terceiro lugar, existem poucos ou nenhum dado para indicar que outros tratamentos *não* sejam eficazes. Fora as duas exceções citadas, nenhum outro tratamento jamais foi avaliado em um ensaio clínico controlado.

Estudo 2

No segundo estudo (Linehan, Heard e Armstrong, 1993), abordamos a seguinte questão: se uma paciente *borderline* estiver fazendo psicoterapia individual que não a TCD, a eficácia do tratamento será maior se adicionarmos o treinamento de habilidades em grupo da TCD à terapia? Onze pacientes foram colocadas aleatoriamente em treinamento de habilidades em grupo, e oito foram colocadas em uma condição de controle sem o treinamento. Todas as pacientes já estavam recebendo terapia individual contínua na comunidade e foram encaminhadas para o treinamento de habilidades em grupo por seus terapeutas. As pacientes foram combinadas e divididas aleatoriamente nas condições. Além do seu *status* terapêutico, não havia diferenças significativas entre as pacientes deste estudo e do primeiro estudo descrito. Com exceção do fato de que mantivemos as pacientes do treinamento de habilidades razoavelmente bem no decorrer do ano (73%), os resultados sugerem que o treinamento de habilidades em grupo da TCD pode ter pouco ou nada que o recomende como tratamento adicional para uma psicoterapia individual (não TCD). No pós-tratamento, não houve diferenças significativas entre os grupos em nenhuma variável, e as médias não sugerem que a ausência dessas diferenças seja resultado do pequeno tamanho da amostra.

Depois disso, fizemos uma comparação *post hoc* de todas as pacientes do Estudo 2 em psicoterapia individual estável ($n = 18$) com as pacientes do Estudo 1 que estavam estáveis na TCD padrão ($n = 21$). Isso nos permitiu comparar a TCD com outra psicoterapia individual, onde o terapeuta estava tão comprometido com a paciente quanto na TCD. As pacientes do Estudo 1 que fizeram TCD padrão se saíram melhor em todas as áreas visadas. As pacientes do tratamento usual individual estável, independente de receberem o treinamento de habilidades em grupo da TCD, não se saíram melhor (ou pior) do que as 22 pacientes do Estudo 1 que fizeram o tratamento usual. O que podemos concluir a partir dessas observações? Em primeiro lugar, o segundo estudo corrobora os resultados do primeiro: a TCD padrão (ou seja, psicoterapia e treinamento de habilidades) é mais eficaz do que o tratamento usual geral. Não podemos concluir, porém, que o treinamento de habilidades em grupo da TCD não seja eficaz ou importante quando oferecido dentro do formato padrão da TCD. Também não está claro se o treinamento de habilidades da TCD seria eficaz se oferecido isoladamente, sem uma psicoterapia individual concomitante que não a TCD. Na TCD padrão, o treinamento de habilidades é integrado na TCD individual. A terapia individual proporciona uma quantidade enorme de instrução, *feedback* e reforço em relação às habilidades. Essa integração de ambos tipos de tratamento, incluindo a ajuda individual para aplicar novas habilidades comportamentais, pode ser crítica para o sucesso da TCD padrão. Além disso, combinar uma terapia individual não TCD com o treinamento de habilidades da TCD pode criar um conflito para a paciente, afetando o resultado negativamente. Atualmente, estamos estudando essas questões.

Comentários finais

Embora exista uma quantidade razoável de pesquisas sobre a TCD, ainda existe uma certa controvérsia quanto a utilidade e validade da entidade diagnóstica. O preconceito contra indivíduos classificados como *borderline* tem levado muitos a criticar o rótulo diagnóstico. O termo foi associado a tanta culpa atribuída às vítimas que alguns acreditam que deveria ser descartado completamente. Alguns autores, apontando para a relação entre os diagnósticos e o abuso sexual na infância (ver o Capítulo 2 para uma revisão dessa literatura), acreditam que esses indivíduos devem receber um diagnóstico que ressalte essa associação, como "síndrome pós-traumática". A ideia parece ser que, se um rótulo sugere que o comportamento problemático resulta de abuso (no lugar de um defeito do indivíduo), o preconceito será reduzido.

Embora não seja fã do termo *borderline*, não acredito que possamos reduzir o preconceito contra esses indivíduos difíceis de tratar mudando rótulos. Ao invés disso, creio que a solução deva ser o desenvolvimento de uma teoria que se baseie em princípios científicos sólidos, enfatizando a base dos comportamentos *borderline* desordenados em respostas "normais" a acontecimentos biológicos, psicológicos e ambientais disfuncionais. É justamente tornando esses indivíduos diferentes de nós mesmos em princípio que podemos rebaixá-los. E talvez, às vezes, nós os rebaixemos para torná-los diferentes. Todavia, quando enxergarmos que os princípios do comportamento que influenciam o comportamento normal (incluindo o nosso) são os mesmos princípios que influenciam o comportamento *borderline*, conseguiremos enfatizar mais facilmente e responder de forma compassiva às dificuldades que eles nos apresentam. A posição teórica descrita nos próximos dois capítulos visa suprir essa necessidade.

Notas

1 Psicoterapeutas geralmente usam a palavra "paciente" ou a palavra "cliente" ao referir-se ao indivíduo que faz psicoterapia. Neste livro, uso o termo "paciente". No manual de treinamento que o acompanha, uso o termo "cliente". Pode-se fazer

um argumento razoável para os dois. O argumento para usar o termo "paciente" pode ser encontrado na primeira definição da palavra (como substantivo) no *Original Oxford English Dictionary on Compact Disc* (1987): "Aquele que sofre pacientemente". Embora sejam raros atualmente, a definição se encaixa perfeitamente nos indivíduos *borderline* que atendo em psicoterapia. Os significados mais comuns para o termo – "aquele que está em tratamento médico para curar uma doença ou ferimento" ou "uma pessoa ou coisa submetida a uma ação, ou a que se faz algo" – são menos aplicáveis, pois o TPB não se baseia unicamente no modelo de doença, e não considera o paciente passivo, ou alguém a quem se faz coisas.

2 É interessante observar que, dentro das comunidades psicanalítica e cognitivo-comportamental, a atenção ao TPB começou durante a terceira década da disciplina terapêutica, e pelas mesmas razões. Técnicas de tratamento que costumam ser bastante eficazes são menos eficazes quando a paciente preenche os critérios para TPB.

3 Diekstra vem desenvolvendo um novo conjunto de definições de comportamentos suicidas não fatais para inclusão na décima revisão da *Classificação Internacional de Doenças* (Diekstra, 1988, citado em Van Egmond e Diekstra, 1989). Nesse novo sistema, a tentativa de suicídio é distinguida do parassuicídio. As definições são as seguintes:

Tentativa de suicídio:
(a) Ato incomum com resultado não fatal;
(b) que seja iniciado e realizado deliberadamente pelo indivíduo envolvido;
(c) que cause automutilação ou causaria sem a intervenção de outras pessoas ou que consista de ingerir uma substância além da sua dosagem terapêutica reconhecida.

Parassuicídio
(a) Ato incomum com resultado não fatal;
(b) que seja deliberadamente iniciado e realizado pelo indivíduo envolvido, na expectativa de tal resultado;
(c) que cause automutilação ou causaria sem a intervenção de outras pessoas ou que consista de ingerir uma substância além da sua dosagem terapêutica reconhecida;
(d) o resultado considerado pelo agente como instrumental para causar mudanças desejadas na consciência e/ou condição social (Van Egmond e Diekstra, 1989, p. 53-54).

FUNDAMENTOS DIALÉTICOS E BIOSSOCIAIS DO TRATAMENTO 2

Dialética

Toda teoria sobre o funcionamento da personalidade e seus transtornos baseia-se em alguma visão básica de mundo. Muitas vezes, essa visão de mundo não é declarada, e é preciso ler nas entrelinhas para descobri-la. Por exemplo, a teoria e a terapia centradas no paciente de Rogers baseiam-se nas premissas de que as pessoas são fundamentalmente boas e que têm um impulso inato para autorrealização. Freud pressupunha que os indivíduos buscam o prazer e evitam a dor. Mais tarde ele pressupôs que todo comportamento é psicologicamente determinado, e que não existe comportamento acidental (comportamento determinado por acontecimentos acidentais no ambiente que cerca o indivíduo).

De maneira semelhante, a TCD baseia-se em uma visão de mundo específica, a da dialética. Nesta seção, apresento uma visão do que quero dizer com "dialética". Espero mostrar que é importante entender esse ponto de vista, podendo-se aperfeiçoar as maneiras de pensar e interagir com pacientes *borderline*. Não vou fazer um discurso filosófico sobre o significado e a história do termo, nem uma análise aprofundada do atual pensamento filosófico nessa área. É suficiente dizer que a dialética está viva e muito bem. A maioria das pessoas conhece a dialética por meio da teoria socioeconômica de Marx e Engels (1970). Todavia, como visão de mundo, a dialética também figura em teorias do desenvolvimento da ciência (Kuhn, 1970), evolução biológica (Levins e Lewontin, 1985), relações sexuais (Firestone, 1984) e, mais recentemente, do desenvolvimento do pensamento em adultos (Basseches, 1984). Wells (1972, citado em Kegan, 1982) documentou a virada rumo a abordagens dialéticas em quase todas as ciências sociais e naturais durante os últimos 150 anos.

Por que dialética?

A aplicação da dialética à minha abordagem de tratamento começou no início da década de 1980, com uma série de observações terapêuticas e discussões entre minha equipe de pesquisa clínica. A equipe me observou em sessões semanais de terapia, enquanto tentava aplicar com pacientes parassuicidas a terapia cognitivo-comportamental que tinha aprendido na State University of New York em Stony Brook, sob orientação de Gerald Davidson e Marvin Goldfried. Depois de cada sessão, discutíamos meu comportamento e o do paciente. Naquela época, os objetivos eram identificar técnicas proveitosas ou, no mínimo, aquelas que não prejudicassem a mudança terapêutica e uma relação de trabalho positiva. As discussões subsequentes visavam manter o que fosse útil, descartar o que não fosse, e desenvolver descrições de cunho comportamental sobre exatamente o que a terapeuta estava fazendo.

No decorrer do desenvolvimento do tratamento, aconteceram várias coisas. Primeiro, verificamos que poderíamos aplicar a terapia cognitivo-comportamental com essa população. Isso foi importante, pois era a principal intenção do projeto. Todavia, à medida que observávamos o que estava fazendo, parecia que eu também estava aplicando vários outros procedimentos que não são associados tradicionalmente à terapia cognitiva ou à terapia comportamental. Essas técnicas eram coisas como: simples exageros das implicações dos acontecimentos, semelhante ao procedimento de Whitaker (1975, p. 12-13); incentivar a aceitação ao invés da mudança de sentimentos e situações, da tradição do zen budismo (p.ex., Watts, 1961); e afirmações *duplo-cegas*, como as do projeto de Bateson, dirigidas ao comportamento patológico (Watzlawick, 1978). Essas técnicas estão mais alinhadas com abordagens de terapias paradoxais do que com a terapia cognitiva e comportamental. Além disso, o ritmo da terapia parecia envolver a alternância rápida no estilo verbal, entre, por um lado, aceitação afetuosa e reflexão empática, semelhantes à terapia centrada na paciente e, por outro, comentários bruscos, irreverentes e de confrontação. O movimento e o ritmo pareciam tão importantes quanto o contexto e a técnica.

Embora um colega e eu tenhamos desenvolvido subsequentemente a relação entre a TCD e estratégias de tratamento paradoxais (Shearin e Linehan, 1989), quando estava explicando o tratamento originalmente, relutei para identificar a abordagem com procedimentos paradoxais, pois tinha medo de que terapeutas inexperientes pudessem generalizar a partir do rótulo "paradoxal" e até mesmo prescrever comportamentos suicidas; isso, explicitamente, não era e não é feito na terapia. Mas eu precisava de um rótulo para a terapia. De forma clara, ela não era uma terapia cognitivo-comportamental padrão. A ênfase da terapia cognitiva naquela época na racionalidade como critério de raciocínio saudável parecia incompatível com minha atenção ao pensamento intuitivo e não racional como algo igualmente vantajoso. Eu estava me convencendo de que os problemas dessas pacientes não resultavam principalmente de distorções cognitivas sobre si mesmas e o ambiente, mesmo que as distorções parecessem desempenhar um papel importante para manter os problemas, depois que eles começassem. Meu foco, em grande parte do tratamento, em aceitar estados emocionais dolorosos e acontecimentos problemáticos no ambiente parecia diferente da abordagem cognitivo-comportamental de tentar mudar ou modificar estados emocionais dolorosos ou agir sobre os ambientes para mudá-los.

Comecei a pensar em "dialética" como modo de descrever a terapia por causa da minha experiência intuitiva em conduzir terapia com essa população de pacientes gravemente perturbadas e cronicamente suicidas. A experiência pode ser melhor descrita com uma imagem. É como se a paciente e eu estivéssemos nos lados opostos de uma gangorra. A terapia é o processo de subir e descer, cada um subindo e descendo na gangorra, tentando equilibrá-la para chegarmos juntos no meio e subir a um nível superior, por assim dizer. Esse nível superior, representando o crescimento e o desenvolvimento, pode ser visto como uma síntese do nível anterior. Então, o processo começa novamente. Estamos em uma nova gangorra, tentando chegar no meio, na tentativa de avançar para o próximo nível, e assim por diante. No processo, à medida que a paciente está constantemente subindo e descendo na gangorra, do extremo ao meio e do meio de volta ao extremo, eu também avanço, tentando manter o equilíbrio.

A dificuldade para tratar uma paciente *borderline* suicida é que, ao invés de uma gangorra, estamos na verdade equilibrados em uma vara de bambu, precariamente equilibrada sobre um fio esticado sobre o Grand Canyon. Desse modo, quando a paciente anda para trás na vara, se eu andar para trás para ganhar equilíbrio, e a paciente andar novamente para recuperar o equilíbrio, e assim por diante, corremos o perigo de cair dentro do cânion. (A vara é infinitamente longa.) Assim, parece que minha tarefa como terapeuta não é apenas manter o equilíbrio, mas mantê-lo de maneira que nós dois andemos para o meio, ao invés de avançar para as pontas da vara. O movimento muito rápido, com contramovimento do terapeuta, parece constituir uma parte central do tratamento.

As tensões que sinto durante a terapia, a necessidade de chegar ao equilíbrio ou a uma síntese com essa população de pacientes e as estratégias de tratamento, semelhantes a técnicas paradoxais, que parecem ser um componente necessário para técnicas comportamentais padrão – tudo isso me levou ao estudo da filosofia dialética como uma possível teoria ou ponto de vista organizacional[1]. Dialeticamente falando, os extremos da gangorra representam os opostos ("tese" e "antítese"); andar até o meio e ao próximo nível da gangorra representa a integração ou "síntese" desses opostos, que imediatamente se dissolve novamente em opostos. Essa relação psicoterapêutica entre os opostos, incorporada no termo "dialética", foi identificada regularmente desde os primeiros escritos de Freud (Seltzer, 1986).

Por mais que a escolha original do rótulo tenha sido por acaso, o movimento para uma visão dialética orientou o desenvolvimento da terapia de um modo muito mais amplo do que teria sido possível apenas com uma veia paradoxal nas técnicas usadas. Consequentemente, o tratamento evoluiu para a forma que teve nos últimos anos como uma interação entre o processo terapêutico e a teoria dialética. Com o tempo, o termo "dialética", conforme aplicado à terapia comportamental, passou a implicar dois contextos de uso: o da natureza fundamental de realidade e o do diálogo persuasivo e relação. Como visão de mundo ou posição filosófica, a dialética forma a base da abordagem terapêutica apresentada neste livro. De maneira alternativa, como uma forma de diálogo e relação, a dialética refere-se à abordagem ou a estratégias de tratamento que o terapeuta usa para efetuar mudanças. Desse modo, existem diversas estratégias terapêuticas dialéticas centrais à TCD, que serão descritas no Capítulo 8.

A visão de mundo dialética

A perspectiva dialética sobre a natureza da realidade e o comportamento humano tem três características principais.

O princípio da interdependência e da totalidade

Em primeiro lugar, a dialética enfatiza a interdependência e a totalidade. A dialética adota uma perspectiva sistêmica em relação à realidade. A análise das partes de um sistema tem valor limitado, a menos que relacione a parte de forma clara com o todo. Assim, a identidade em si é relacional, e os limites entre as partes são temporários e somente existem em relação ao todo; de fato, é o todo que determina os limites. Levins e Lewontin (1985, p.3) explicam isso bem:

> Partes e todos evoluem em consequência de sua relação, e a própria relação evolui. Essas são as propriedades daquilo que chamamos de dialético: que uma coisa não pode existir sem a outra, que uma adquire suas propriedades a partir da sua relação com a outra, que as propriedades de ambas evoluem como consequência de sua interpretação.

Essa visão holística é compatível com as visões feministas e contextuais da psicopatologia. Essa perspectiva, quando aplicada ao tratamento do TPB, me fez questionar a importância atribuída à separação, diferenciação, individuação e independência no pensamento cultural ocidental. As noções do indivíduo como unitário e separado começaram a emergir gradualmente apenas nos últimos séculos (Baumeister, 1987; Sampson, 1988). Como mulheres recebem o diagnóstico de TPB com muito mais frequência do que homens, a influência do gênero sobre as noções do *self* e de limites interpessoais adequados é de particular interesse para a nossa visão do transtorno.

Tanto o gênero quanto a classe social influenciam significativamente a maneira como o indivíduo define e experimenta o *self*. As mulheres, assim como outros indivíduos com menos poder social, são mais prováveis de ter um *self* relacional ou social (um *self* que inclua o grupo) ao invés de um *self* individuado (que exclua o grupo) (McGuire e McGuire, 1982; Pratt, Pancer, Hunsberger e Manchester, 1990). A importância de um *self* relacional ou social entre as mulheres foi enfatizada por muitas autoras feministas, sendo a mais conhecida Gilligan (1982). Lykes (1985, p.364) defendeu a posição feminista talvez da forma mais convincente ao definir "o *self* como um conjunto de relações sociais". É muito importante observar que Lykes e outras não falam simplesmente do valor da interdependência entre *selves* autônomos. Pelo contrário, elas descrevem um *self* social e relacional que é "uma rede cooperativa de relações, embutida em um sistema intricado de trocas e obrigações sociais" (Lykes, 1985, p. 362). Quando o *self* é definido "em relação", incluindo o outro em sua própria definição, não existe um *self* totalmente separado – ou seja, não existe um *self* separado do todo. Esse *self* relacional, ou *ensembled individualism* nas palavras de Sampson, caracteriza a maioria das sociedades, tanto do ponto de vista histórico quando transcultural (Sampson, 1988).

A atenção a esses fatores contextuais é particularmente essencial quando se usa um construto cultural como *self* para explicar e descrever outro constructo cultural como "saúde mental". Enquanto a definição tradicional de *self* pode se mostrar adaptativa para alguns indivíduos na sociedade ocidental, deve-se considerar que nossas definições e teorias não são universais, mas são produtos da sociedade ocidental e, assim, talvez sejam inadequadas para muitos indivíduos. Conforme Heidi Heard e eu argumentamos em outro texto (Heard e Linehan, 1993), e como discuto mais adiante neste capítulo e no Capítulo 3, os problemas que o indivíduo *borderline* encontra podem resultar em parte da colisão do *self* relacional com uma sociedade que reconhece e gratifica apenas o *self* individualizado.

O princípio da polaridade

Em segundo lugar, a realidade não é estática, mas compreende forças opositoras internas ("tese" e "antítese"), cuja integração ("síntese") cria um novo conjunto de forças opositoras. Embora a dialética se concentre no todo, ela também enfatiza a complexidade de qualquer todo. Assim, dentro de cada coisa ou sistema, não importa o quão pequeno, existe polaridade. Na física, por exemplo, não importa o quanto os físicos tentem encontrar a partícula ou elemento único que é a base de toda a existência, eles sempre acabam com um elemento que pode ser reduzido ainda mais. No átomo, existe uma carga positiva e uma negativa. Para cada força, há uma contraforça; mesmo o menor elemento da matéria é equilibrado pela antimatéria.

Uma ideia dialética muito importante é que todas as proposições contêm, dentro delas, suas próprias oposições. Ou, como colocou Goldberg (1980, p.295-296),

> Pressuponho que a verdade seja paradoxal, que cada elemento da sabedoria contenha dentro de si as suas próprias contradições, que verdades andam lado a lado. As verdades contraditórias não necessariamente se anulam ou se dominam, mas andam lado a lado, convidando à participação e experimentação.

Se você levar essa ideia a sério, ela pode ter um impacto bastante profundo em sua prática clínica. Por exemplo, na maioria das descrições do TPB, a ênfase é em identificar a patologia que diferencia o indivíduo dos outros. O tratamento é então projetado para trazer à tona a patologia e criar as condições para a mudança. Contudo, a perspectiva dialética sugere que, dentro da disfunção, também existe função; que, dentro da distorção, existe precisão; e que, dentro da destruição, pode-se encontrar construção. Foi a inversão dessa ideia – "contradições dentro da sabedoria" para "sabedoria dentro das contradições" – que me levou a diversas decisões sobre a forma da TCD. No lugar de procurar a validade do comportamento atual do paciente na aprendizagem do passado, comecei a procurá-la e encontrá-la no momento atual. Assim, a ideia me levou um passo além de apenas sentir empatia pelo paciente. A validação hoje é uma parte crucial da TCD.

A mesma ideia me levou ao constructo da "mente sábia", que é o foco na sabedoria inerente dos pacientes. A TCD pressupõe que cada indivíduo pode ter sabedoria com relação à sua própria vida, embora essa capacidade não seja sempre óbvia ou mesmo acessível. Assim, o terapeuta comportamental dialético acredita que o paciente tem, dentro de si, todo o potencial necessário para mudar. Os elementos essenciais do crescimento já estão presentes na situação atual. A semente é a árvore. Na equipe de supervisão de caso da TCD, a ideia levou à ênfase em encontrar o valor do ponto de vista de cada pessoa, ao invés de defender o valor da própria posição.

Tese, antítese e síntese: o princípio da mudança contínua

Finalmente, a natureza interconectada, opositora e irredutível da realidade leva continuamente a uma totalidade no processo de mudança. É a tensão entre as forças de tese e antítese dentro de cada sistema (positivo e negativo, bom e mau, filhos e pais, paciente e terapeuta, pessoa e ambiente, etc.) que produz a mudança. Todavia, o novo estado após a mudança (a síntese) também compreende forças polares. E, assim, a mudança é contínua. É importante ter em mente o princípio da mudança dialética, embora eu raramente use esses termos ("tese", "antítese", "síntese").

A mudança (ou "processo", se desejar), ao invés da estrutura ou conteúdo, é a natureza essencial da vida. Robert Kegan (1982) compreende esse ponto de vista em sua descrição da evolução do *self* como um processo de transformação ao longo da vida do indivíduo, gerado por tensões entre a autopreservação e a autotransformação dentro da pessoa e dentro do sistema pessoa-ambiente, pontuado por tréguas temporárias e equilíbrios evolutivos. Ele escreve (p. 114):

Para entendermos a maneira como a pessoa cria o mundo, devemos também entender a maneira como o mundo cria a pessoa. Ao considerar onde a pessoa se encontra em seu equilíbrio evolutivo, não estamos olhando apenas como o significado se forma; também olhamos para a possibilidade de a pessoa perder esse equilíbrio. Estamos olhando, em cada equilíbrio, para um novo sentido do que é essencial e o que está finalmente em jogo. Estamos olhando, em cada novo equilíbrio, para uma nova vulnerabilidade. Cada equilíbrio sugere como a pessoa é composta, mas cada um também sugere uma nova maneira para a pessoa perder a sua composição.

O ponto de vista dialético é bastante compatível com a teoria psicodinâmica, que enfatiza o papel inerente do conflito e da oposição no processo de crescimento e mudança. Ele também é compatível com a perspectiva comportamental, que enfatiza a totalidade inerente ao ambiente e ao indivíduo, e a interdependência de cada um na produção da mudança. A dialética, como teoria da mudança, se diferencia um pouco da noção autorrealizadora de desenvolvimento adotada pela terapia centrada no paciente. Nessa perspectiva, cada coisa tem dentro de si uma potencialidade, que se desdobra naturalmente no decorrer da sua vida. Esse "desdobramento" não acarreta a tensão inerente ao crescimento dialético. É essa tensão que produz a mudança gradual, pontuada por surtos de mudanças súbitas e movimento dramático.

Na TCD, o terapeuta canaliza a mudança na paciente, enquanto, ao mesmo tempo, reconhece que a mudança engendrada também está transformando a terapia e o terapeuta. Assim, há uma dialética sempre presente na própria terapia, entre o processo de mudança e o resultado da mudança. A cada momento, existe um equilíbrio temporário entre as tentativas da paciente de manter a si mesma sem mudar, e suas tentativas de mudar independentemente das limitações da sua história e situação atual. A transição para cada estabilidade temporária costumam ser experimentadas como uma crise dolorosa. "Qualquer resolução verdadeira da crise deve envolver essencialmente um novo modo de estar no mundo. Ainda assim, a resistência para fazê-lo é grande, e não ocorrerá na ausência de encontros repetidos e variados em experiência natural" (Kegan, 1982, p. 41). O terapeuta ajuda a paciente a resolver suas crises, apoiando simultaneamente suas tentativas de autopreservação e de autotransformação. O controle e o direcionamento canalizam a paciente para maior autocontrole e autodirecionamento. O ato de cuidar anda lado a lado com ensinar a paciente a cuidar de si mesma.

A persuasão dialética

Do ponto de vista do diálogo e da relação, a "dialética" refere-se à mudança por persuasão e fazendo uso das oposições inerentes à relação terapêutica, no lugar da lógica impessoal formal. Assim, ao contrário do pensamento analítico, a dialética é pessoal, levando em conta e afetando a pessoa total. Ela é uma abordagem para envolver a pessoa no diálogo, de modo que possa haver movimento. Por meio da oposição terapêutica de posições contraditórias, a paciente e o terapeuta podem chegar a novos significados dentro de velhos significados, aproximando-se da essência do sujeito em questão.

Conforme discutido anteriormente, a síntese em uma dialética contém elementos da tese e da antítese, de modo que nenhuma das posições originais pode ser considerada "absolutamente verdadeira". Todavia, a síntese sempre sugere uma nova antítese e, assim, atua como uma nova tese. A verdade, portanto, não é absoluta e nem relativa. Pelo contrário, ela evolui, se desenvolve e é construída ao longo do tempo. Na perspectiva dialética, nada é autoevidente, e nada se separa do resto, como um conhecimento não relacionado. O espírito do ponto de vista dialético é nunca aceitar uma verdade final ou um fato indisputável. Assim, a questão que a paciente e o terapeuta tentam responder é "o que ficou fora da nossa compreensão?".

Não quero dizer que uma sentença como "está chovendo e não está chovendo" seja uma dialética. Também não estou sugerindo que uma afirmação não possa estar errada, ou não ser factual em um determinado contexto. Pode haver falsas dicotomias e falsas dialéticas. Todavia, nesses casos, a tese e/ou antítese podem ter sido identificadas incorretamente e, assim, não se tem um antagonismo genuíno. Por exemplo, uma afirmação comum durante a Guerra do Vietnã, "ame-o ou deixe-o", era um caso clássico de uma identificação indevida de uma dialética.

Conforme discuto nos Capítulos 4 e 13, o diálogo dialético também é muito importante em reuniões da equipe terapêutica. Talvez mais que qualquer outro fator, a atenção à dialética pode reduzir as chances de rompimentos na equipe ao se tratarem pacientes *borderline*. A divisão entre membros da equipe quase sempre resulta de uma conclusão de uma ou mais facções dentro do grupo de que elas (e às vezes apenas elas) têm uma "apreensão" da verdade sobre um determinado paciente ou problema clínico.

O transtorno da personalidade *borderline* como falha dialética

De alguma maneira, os comportamentos *borderline* podem ser considerados resultados de falhas dialéticas.

A "clivagem" *borderline*

Conforme discutido no Capítulo 1, os indivíduos *borderline* e suicidas muitas vezes vacilam entre pontos de vista rígidos mas contraditórios, e são incapazes de avançar para uma síntese das duas posições. Eles tendem a enxergar a realidade em categorias polarizadas de "ou, ou" ao invés de "tudo", e dentro de um modelo de referência bastante fixo. Por exemplo, não é incomum esses indivíduos acreditarem que a mínima falha torna impossível para uma pessoa ser "boa" por dentro. Seu estilo cognitivo rígido limita ainda mais a sua capacidade de aceitar ideias sobre mudanças e transições futuras, o que causa a sensação de estar em uma situação dolorosa interminável. Depois de definidas, as coisas não mudam. Quando uma pessoa é "fracassada", por exemplo, essa pessoa será um fracasso para sempre.

Esse pensamento entre os indivíduos *borderline* foi denominado "clivagem" na psicanálise, e é uma parte importante da teoria psicanalítica sobre o TPB (Kernberg, 1984). O pensamento dicotômico ou clivagem pode ser considerado a tendência de se prender à tese ou à antítese, incapaz de avançar à síntese. A incapacidade de acreditar que uma proposição (p.ex., "quero viver") e seu oposto ("quero morrer") possam ser verdadeiros simultaneamente, caracteriza o indivíduo suicida ou *borderline*. A clivagem, do ponto de vista psicodinâmico, é produto de conflitos insolúveis entre emoções negativas e positivas intensas.

Entretanto, na perspectiva dialética, o conflito que é mantido é uma falha dialética. Ao contrário de síntese e transcendência, no conflito típico dos indivíduos *borderline* há oposição entre posições, desejos, pontos de vista firmemente enraizados mas contraditórios. A resolução do conflito exige primeiro reconhecer as polaridades e depois a capacidade de elevar-se além delas, por assim dizer, enxergando a realidade aparentemente paradoxal de ambas e de nenhuma. No nível da síntese e da integração que ocorre quando se transcende a polaridade, o aparente paradoxo se resolve.

Dificuldades com o *self* e a identidade

Os indivíduos *borderline* costumam ficar confusos com sua própria identidade, e tendem a vasculhar o ambiente em busca de diretrizes sobre como devem ser e o que devem pensar e sentir. Essa confusão pode surgir da incapacidade de experimentar sua conexão com outras pessoas, bem como da relação do momento atual com outros momentos no tempo. Eles se encontram eternamente à beira do abismo, por assim dizer. Sem essas experiências relacionais, a identidade é definida em termos de cada momento atual e cada interação experimentada isoladamente e, assim, é variável e imprevisível, ao invés de estável. Além disso, não existe outro momento no tempo para modular o impacto do momento atual. Para uma paciente *borderline*, a raiva de outra pessoa para com ela em uma determinada interação não é amainada por outras relações nas quais as pessoas não sintam raiva ou outros momentos em que essa pessoa não sentia raiva dela. "Você sente raiva de mim" se torna uma realidade infinita. A parte se torna o todo. Diversos outros teóricos mostraram o importante papel da memória para situações afetivas (Lumsden, 1991), especialmente situações interpessoais (Adler, 1985), no desenvolvimento e manutenção do TPB. Mark Williams (1991) usa um argumento semelhante com relação a falhas na memória autobiográfica. De forma clara, acontecimentos e relacionamentos anteriores devem estar disponíveis para a memória, para que consigam suavizar e ser integrados ao presente.

Isolamento interpessoal e alienação

A perspectiva dialética sobre a unidade pressupõe que os indivíduos não são separados do meio em que vivem. O isolamento, a alienação e a sensação de perder o contato ou de não se encaixar – sentimentos característicos dos indivíduos *borderline* – são falhas dialéticas que advêm do fato de que os indivíduos estabelecem uma oposição entre o *self* e o outro. Essa oposição pode ocorrer mesmo na ausência de um sentido adequado de identidade pessoal. Muitas vezes, entre os indivíduos *borderline*, busca-se um sentido de unidade e integração pela supressão e/ou falta de desenvolvimento da identidade pessoal (crenças, gostos, desejos, atitudes, habilidades independentes, etc.), e não pela estratégia dialética de síntese e transcendência. O paradoxo de que se pode ser diferente e ao mesmo tempo parte do todo não é compreendido, mantendo-se a oposição entre pessoa (parte) e ambiente (todo).

Conceituação de caso: uma abordagem cognitivo-comportamental dialética

A conceituação de caso na TCD é orientada pela dialética e pelos pressupostos da teoria cognitivo-comportamental. Nesta seção, reviso diversas características da teoria cognitivo-comportamental que são importantes para a TCD. Também sugiro como a abordagem cognitivo-comportamental dialética difere um pouco de teorias cognitivas, comportamentais e biológicas mais tradicionais. Pontos teóricos específicos são revisados, em sua relação com as estratégias específicas de intervenção da TCD.

A definição de "comportamento"

O termo "comportamento", conforme usado pelos terapeutas cognitivo-comportamentais, é muito amplo. Ele abarca qualquer atividade, funcionamento ou reação da pessoa – ou seja, "qualquer coisa que o organismo faça que envolva ação e resposta à estimulação" (*Merriam-Webster Dictionary*, 1977, p. 100). Os físicos têm usado o termo de maneira semelhante quando falam do comportamento de uma molécula; da mesma forma, os analistas de sistemas falam do comportamento de um sistema. O comportamento humano pode ser aberto (i.e., público e observável para todos) ou encoberto (i.e., privado e observável apenas para a pessoa que age). Por sua vez, os comportamentos encobertos podem ocorrer dentro do corpo da pessoa (p.ex., os músculos do estômago apertarem) ou fora do corpo, mas ainda privados (p.ex., comportamento quando a pessoa está só).[2]

Os três modos de comportamento

Os terapeutas cognitivo-comportamentais geralmente categorizam o comportamento em três modos possíveis: motor, cognitivo-verbal e fisiológico. Os comportamentos motores são o que a maioria das pessoas entende como comportamento, incluindo atos e movimentos abertos e encobertos do sistema ósseo-muscular. O comportamento cognitivo-verbal envolve atividades como pensamento, solução de problemas, percepção, imaginação, fala, escrita e a comunicação gestual, bem como o comportamento de observação (p.ex., prestar atenção, orientação, lembranças e revisão). Os comportamentos fisiológicos são atividades do sistema nervoso central, glândulas e músculos lisos. Embora costumem ser encobertos (p.ex., batimentos cardíacos), os comportamentos fisiológicos também podem ser abertos (p.ex., ruborizar e chorar).

Existem diversas coisas dignas de nota aqui. Primeiramente, dividir comportamentos em categorias ou modos é algo intrinsecamente arbitrário e é feito por conveniência do observador. O funcionamento humano é contínuo, e qualquer resposta envolve o sistema humano como um todo. Mesmo subsistemas comportamentais parcialmente independentes compartilham circuitos neurais e vias neurais interconectadas. Todavia, os sistemas comportamentais que, na natureza, não ocorrem separadamente ainda são distinguidos conceitualmente, pois a distinção proporciona um aumento em nossa capacidade de analisar os processos em questão.

As emoções como respostas do sistema como um todo[3]

As emoções, nesta perspectiva, são respostas integradas do sistema como um todo. De modo geral, a forma da integração é automática, seja em função dos circuitos biológicos (as emoções básicas) ou por causa de experiências repetidas (emoções aprendidas). Ou seja, uma emoção tipicamente compreende comportamentos de cada um dos três subsistemas. Por exemplo, a pesquisa básica define as emoções como abrangendo experiências fenomenológicas (sistema cognitivo), alterações bioquímicas (sistema fisiológico) e tendências expressivas e da ação (sistemas fisiológico e motor). As emoções complexas também podem envolver uma ou mais atividades de avaliação (sistema cognitivo). As emoções, por sua vez, geralmente têm consequências importantes para o comportamento cognitivo, fisiológico e motor subsequente. Desse modo, as emoções não apenas são respostas comportamentais de todos os sistemas, como também afetam o sistema todo. A natureza sistêmica complexa das emoções torna improvável que se encontre qualquer precursor singular da desregulação emocional, ou em geral ou em relação específica ao TPB. Muitos caminhos levam a Roma.

A igualdade intrínseca dos modos de comportamento como causas do funcionamento

Ao contrário da psiquiatria biológica e da psicologia cognitiva, a posição adotada aqui é de que nenhum modo de comportamento é intrinsecamente mais importante que os outros como causa do funcionamento humano. Assim, ao contrário das teorias cognitivas (p.ex., Beck, 1976; Beck et al., 1973, 1990), a TCD não considera que a disfunção comportamental, incluindo a desregulação emocional, resulta necessariamente de processos cognitivos disfuncionais. Isso não significa dizer que, em certas condições, as atividades cognitivas não influenciem os comportamentos motores e fisiológicos, bem como a ativação de comportamentos emocionais. De fato, uma variedade de estudos sugere que o oposto ocorre. Próximo do tema deste livro, por exemplo, estão as observações repetidas de Aaron Beck e seus colegas (Beck, Brown e Steer, 1989; Beck, Steer, Kovacs e Garrison 1985) de que expectativas desanimadas sobre o futuro preveem comportamentos suicidas subsequentes.

Além disso, ao contrário da psicologia e psiquiatria biológicas, a TCD não considera que as disfunções neurofisiológicas sejam influências intrinsecamente mais importantes para o comportamento do que outras vias de influência. Assim, segundo a minha perspectiva, embora relações comportamento-comportamento ou sistema de resposta-sistema de resposta e vias causais sejam importantes para o funcionamento humano, elas não são mais influentes do que nenhuma outra via. A questão crucial se torna a seguinte: em que condições um comportamento ou padrão comportamental ocorre e influencia outro (Hayes, Kohlenberg e Melancon, 1989)? Essencialmente, porém, dentro do modelo dialético, não se procuram padrões causais lineares e simples de influência comportamental. Pelo contrário, a questão importante parece mais com a sugerida por Manicas e Secord (1983): qual é a natureza de um determinado organismo ou processo nas circunstâncias prevalecentes? Desta perspectiva, os acontecimentos, incluindo acontecimentos comportamentais, sempre são resultado de configurações causais complexas no mesmo nível e em muitos níveis diferentes.

O sistema indivíduo-ambiente: um modo transacional

Diversos modelos etiológicos da psicopatologia foram propostos na literatura. A maioria das teorias atuais baseiam-se em alguma versão de modelo interativo, no qual características do indivíduo interagem com características do ambiente para produzir um efeito – nesse caso, um transtorno psicológico. O "modelo da diátese ao estresse" é, de longe, o modelo interativo mais geral e ubíquo. Esse modelo sugere que o transtorno psicológico resulta de uma predisposição à doença específica daquele transtorno (a diátese), que se expressa sob condições de estresse ambiental geral ou específico. O termo "diátese" refere-se geralmente a uma predisposição constitucional ou biológica, mas o uso mais moderno envolve qualquer característica individual que aumente a chance de a pessoa desenvolver um transtorno. Dada uma certa quantidade de estresse (i.e., estímulos ambientais nocivos ou desagradáveis), o indivíduo desenvolve o transtorno ligado à diátese. A pessoa não está equipada para enfrentar esse estresse e, assim, o funcionamento comportamental se desintegra.

Em comparação, um modelo dialético ou transacional pressupõe que o funcionamento individual e as condições ambientais são mutuamente e continuamente interativas, recíprocas e interdependentes. Na teoria da aprendizagem social, esse é o princípio do "determinismo recíproco": o ambiente e o indivíduo se adaptam e influenciam um ao outro. Embora o indivíduo certamente seja afetado pelo ambiente, o ambiente também é afetado pelo indivíduo. É conceitualmente conveniente distinguir o ambiente da pessoa individual, mas, na realidade, os dois não podem ser distinguidos. O indivíduo-ambiente é um sistema completo, definido e definidor de suas partes componentes. Como a influência é recíproca, ele é transacional ao invés de interativo.

Chess e Thomas (1986) escreveram extensivamente sobre esse padrão de influência recíproca com relação aos efeitos de características temperamentais diferenciais de crianças e seus ambientes familiares, e vice-versa. Sua noção de "falta de encaixe", como um fator importante na etiologia da disfunção psicológica, influenciou fortemente a teoria aqui proposta. Discuto essas ideias de forma mais detalhada mais adiante neste capítulo.

Além de se concentrar na influência recíproca, a visão transacional também enfatiza o estado constante de fluxo e mudança no sistema indivíduo-ambiente. Thomas e Chess (1985) rotularam esse modelo de "homeodinâmico", ao contrário de modelos interativos que conceituam o estado final de indivíduos e ambientes como algum tipo de equilíbrio "homeostático". O modelo homeodinâmico também é dialético. Os autores citam Samerff (1975, p. 290), que comenta essa questão muito bem:

> [O modelo interativo] é insuficiente para facilitar a nossa compreensão dos mecanismos reais que levam a resultados posteriores. A principal razão por trás da inadequação desse modelo é que nem a constituição e nem o ambiente são necessariamente constantes ao longo do tempo. A cada momento, mês ou ano, as características da criança e do seu ambiente mudam de maneiras importantes. Além disso, essas diferenças são interdependentes e mudam como uma função da influência mútua.

Millon (1987a) usa o mesmo argumento ao discutir a etiologia do TPB e a futilidade de se tentar localizar a "causa" do transtorno em um único acontecimento ou período.

O modelo transacional enfatiza diversas questões que são fáceis de ignorar em um modelo de diátese ao estresse. Por exemplo, as pessoas em um determinado ambiente podem agir de um modo que seja estressante para um indivíduo apenas porque o próprio ambiente foi exposto ao estresse que esse indivíduo colocou nele. Exemplos desses indivíduos são a criança que, devido a uma doença, exige gastar grande parte dos recursos financeiros da família, ou o paciente psiquiátrico que usa grande parte dos recursos da enfermagem na internação, pela necessidade constante de precauções contra o suicídio. Os ambientes desses dois indivíduos são forçados em sua capacidade de responder bem ao estresse futuro, e outras pessoas em ambos ambientes podem invalidar ou culpar a vítima temporariamente se houver mais demandas sobre o sistema. Embora o sistema (p.ex., a família da criança) possa estar predisposto a responder de maneira disfuncional de qualquer modo, ele poderia ter evitado tais reações se não tivesse sido exposto ao estresse imposto por aquele indivíduo específico.

O modelo transacional não pressupõe um poder de influência necessariamente igual em ambos os lados da equação. Por exemplo, certas influências genéticas podem ser suficientemente poderosas para saturar um ambiente benigno ou mesmo um ambiente curativo. As pesquisas atuais sugerem uma influência muito maior da herança genética ou mesmo de características da personalidade adulta normal do que se acreditava anteriormente (Scarr e McCartney, 1983; Tellegen et al., 1988). Também não podemos negar a influência de uma situação poderosa sobre o comportamento da maioria dos indivíduos expostos à situação, apesar de haver grandes diferenças preexistentes nas personalidades de cada indivíduo (Milgram, 1963, 1964). Qualquer pessoa, não importa o quão resistente, que for exposta repetidamente a abuso sexual ou físico violento será prejudicada.

Uma representação visual de um sistema ambiente-pessoa

A Figura 2.1 mostra uma representação visual de um sistema ambiente-pessoa. Desenvolvi o modelo específico apresentado aqui há alguns anos para demonstrar os dados sobre o comportamento suicida e parassuicida. A caixa à esquerda representa o subsistema ambiental. Embora, nesse esquema, o ambiente seja representado com quatro cantos, isso é feito apenas para fins teóricos relevantes para o comportamento suicida. Dependendo dos fatores ambientais específicos considerados importantes na situação ou padrão comportamental em estudo, pode-se representar o ambiente com tantos lados quantos fatores houver na teoria.

A pessoa é subdividida em dois subsistemas separados. O subsistema comportamental é um triângulo que representa os três modos de comportamento descritos. As setas curvas em cada ponta do triângulo indicam que as respostas dentro de cada modo comportamental são autorregulatórias, no sentido de que mudanças em uma resposta geram mudanças em outra. De maneira interessante, embora esse aspecto do comportamento seja bem estudado para as respostas fisiológicas, não existe atenção suficiente a como os modos de

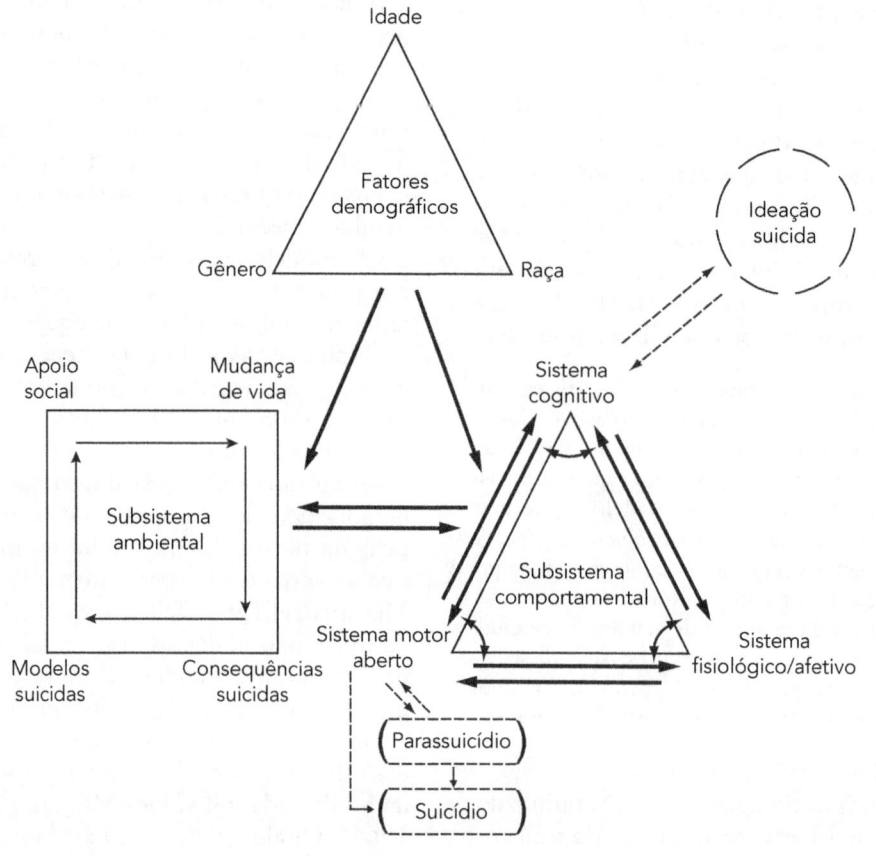

Figura 2.1 Modelo sócio-comportamental do comportamento suicida: sistema ambiente-pessoa. Adaptado de Linehan (1981, p. 252). Copyright 1981 Garland Publishing, New York. Reimpresso sob permissão.

resposta motor-comportamental e cognitivo-verbal se autorregulam.

O segundo triângulo representa características organísmicas estáveis da pessoa, que não costumam ser influenciadas pelo comportamento do indivíduo ou pelo ambiente. Todavia, essas características estáveis podem ter influências importantes sobre o ambiente e o comportamento do indivíduo. No modelo representado aqui, os pontos triangulares representam o gênero, a raça e a idade. Porém, como no quadrado ambiental, esses pontos são simples conveniências conceituais. O gênero, a raça e a idade estão relacionados de maneiras importantes com os comportamentos suicidas. Outros transtornos exigirão a representação de diferentes variáveis organísmicas. Por exemplo, no estudo da esquizofrenia, pode-se usar um ponto organísmico que represente a constituição genética.

A teoria biossocial: uma teoria dialética do desenvolvimento do transtorno da personalidade *borderline*

Visão geral

A TCD baseia-se em uma teoria biossocial do funcionamento da personalidade. A principal premissa é que o TPB é principalmente uma disfunção do sistema de regulação emocional, que resulta de irregularidades biológicas combinadas com certos ambientes disfuncionais, bem como de sua interação e transação ao longo do tempo. As características associadas ao TPB (ver o Capítulo 1, especialmente os Quadros 1.2 e 1.5) são sequelas, e portanto secundárias a essa desregulação fundamental das emoções. Além disso, esses mesmos padrões causam mais desregulação. Ambientes invalidantes durante a infância contribuem para o desenvolvimento da desregulação emocional, e também não ensinam a criança a rotular e a regular a excitação, a tolerar a perturbação emocional e quando confiar em suas próprias respostas emocionais como reflexos de interpretações válidas dos acontecimentos.

Quando adultos, os indivíduos *borderline* adotam as características do ambiente invalidante. Assim, eles tendem a invalidar suas próprias experiências emocionais, procurar por reflexos precisos da realidade externa com outras pessoas e exagerar a facilidade para resolver os problemas da vida. Essa simplificação excessiva leva inevitavelmente a objetivos irrealistas, à incapacidade de usar recompensa ao invés de punição para pequenos passos rumo a objetivos finais e ódio dirigido a si mesmos quando não conseguem alcançar esses objetivos. A reação de vergonha – uma resposta característica a emoções incontroláveis e negativas entre os indivíduos *borderline* – é resultado natural de um ambiente social que "envergonha" aqueles que expressam vulnerabilidade emocional.

Conforme observado no Capítulo 1 em um contexto um pouco diferente, a formulação aqui proposta é semelhante à de Grotstein e colaboradores (1987), que propõem que o TPB é um transtorno da autorregulação. Com isso, quero dizer que o transtorno representa um colapso básico da regulação dos estados do *self*, como a excitação, a atenção, vigília, autoestima, afetos e necessidades, juntamente com a sequela secundária de tal colapso. Conforme observaram Grotstein e colaboradores, poucas teorias do TPB integraram fatores biológicos e psicológicos em uma teoria coerente. Por enquanto, a maioria das teorias tem sido francamente psicológica, independente de ser psicanalítica (p.ex., Adler, 1985; Masterson, 1972, 1976; Kernberg, 1975, 1976; Rinsley, 1980a, 1980b; Meissner, 1984) ou cognitivo-comportamental (p.ex., Beck et al., 1990; Young, 1987; Pretzer, no prelo); ou tem sido produto da psiquiatria biológica (p.ex., Klein, 1977; Cowdry e Gardner, 1988; Akiskal,

1981, 1983; Wender e Klein, 1981). A formulação de Grotstein (1987) é um casamento da psiquiatria biológica com a teoria psicológica psicanaliticamente informada. Stone (1987) sugere uma integração semelhante, descrevendo a dificuldade para se tornar versado nas duas áreas da psicologia e biologia e integrá-las em uma posição teórica sobre o TPB que se aproxime "em complexidade da tarefa de traduzir um texto escrito, de maneira perversa, em palavras árabes alternadas com chinesas" (p. 253-254).

A formulação biossocial aqui apresentada baseia-se principalmente na literatura experimental em psicologia. O que descobri ao analisar essa literatura é que existe uma rica variedade de dados empíricos sobre temas tão diversos quanto a personalidade e o funcionamento comportamental, as bases genéticas e fisiológicas do comportamento e da personalidade, o temperamento, o funcionamento emocional básico e os efeitos do ambiente sobre o comportamento. Todavia, com apenas algumas exceções (p.ex., Costa e McCrae, 1986), houve poucas tentativas de aplicar essa literatura de pesquisa em psicologia ao entendimento dos transtornos da personalidade. Esse estado de coisas provavelmente existe porque, até muito recentemente, o estudo empírico dos transtornos da personalidade era feito principalmente por psiquiatras, ao passo que o estudo empírico do comportamento em si (incluindo o estudo das bases biológicas do comportamento) é domínio dos psicólogos. O golfo entre esses dois campos é grande, e os membros dos dois lados não costumam ler a literatura do outro. A psicologia clínica de base empírica, que se consideraria a ponte natural entre as duas disciplinas, até há pouco, demonstrava pouco ou nenhum interesse pelos transtornos da personalidade.

O transtorno da personalidade *borderline* e a desregulação emocional

Conforme mencionei, a teoria biossocial diz que o TPB é principalmente um transtorno do sistema de regulação emocional. A desregulação emocional, por sua vez, se deve à grande vulnerabilidade emocional, além da incapacidade de regular as emoções.[4] Quanto mais vulnerável emocionalmente for o indivíduo, maior a necessidade de modulação emocional. A tese aqui é que os indivíduos *borderline* são emocionalmente vulneráveis, além de deficientes em habilidades de modulação emocional, e que essas dificuldades têm suas raízes em predisposições biológicas, que são exacerbadas por experiências ambientais específicas.

A premissa da vulnerabilidade emocional excessiva se encaixa em descrições empíricas, desenvolvidas em tradições de pesquisa inteiramente distintas, de populações parassuicidas e *borderline*. Revisei essa literatura no Capítulo 1. Em resumo, o quadro emocional dos indivíduos parassuicidas e *borderline* é de experiências afetivas aversivas crônicas. A incapacidade de inibir atos desadaptativos e dependentes do humor é, por definição, parte da síndrome *borderline*. As discussões sobre a desregulação do afeto relacionadas com o TPB geralmente se concentram no *continuum* depressão-mania (p.ex., Gunderson e Zanarini, 1989). Em comparação, uso "afeto" aqui em um sentido muito mais global, e sugiro que os indivíduos *borderline* têm dificuldades de regulação em vários (senão todos) sistemas de resposta emocional. Embora seja provável que a desregulação emocional seja mais acentuada em emoções negativas, os indivíduos *borderline* também parecem ter dificuldade para regular as emoções positivas e suas sequelas.

Vulnerabilidade emocional

As características de vulnerabilidade emocional envolvem a sensibilidade elevada a estímulos emocionais, intensidade emocional e um lento retorno ao nível emocional basal. "Sensibilidade elevada" significa que o indivíduo reage rapidamente e tem um baixo limiar para uma reação emocional; ou seja, não necessita de muito para provocar uma reação emocional. Acontecimentos que poderiam não incomodar muitas pessoas provavelmente poderão incomodar uma pessoa emocionalmente vulnerável. A criança sensível reage emocionalmente mesmo à menor frustração ou desaprovação. No nível adulto, o fato de o terapeuta sair da cidade no fim de semana pode evocar uma resposta emocional da paciente *borderline*, mas não da maioria dos outros pacientes. As implicações para a psicoterapia são óbvias, creio eu. O sentimento, observado seguidamente por terapeutas e familiares de indivíduos *borderline*, de ter que "pisar em ovos" é resultado dessa sensibilidade.

A "intensidade emocional" significa que as reações emocionais são extremas. Os indivíduos emocionalmente intensos são as pessoas dramáticas do mundo. No lado negativo, despedidas podem precipitar luto intenso e doloroso; o que poderia causar um leve embaraço para outras pessoas pode causar uma profunda humilhação; irritação pode se transformar em raiva; vergonha pode vir de uma leve culpa; a apreensão pode crescer para um ataque de pânico ou terror incapacitante. No lado positivo, os indivíduos emocionalmente intensos podem ser idealistas e provavelmente se apaixonam de imediato. Eles conseguem sentir alegria com muita facilidade e, assim, também podem ser susceptíveis a experiências espirituais.

Diversos pesquisadores observaram que aumentos na excitação e intensidade emocionais restringem a atenção, de modo que estímulos relevantes para as emoções se tornam mais salientes e recebem mais atenção (Easterbrook, 1959; Bahrick, Fitts e Rankin, 1952; Bursill, 1958; Callaway e Stone, 1960; Cornsweet, 1969; McNamara e Fisch, 1964). Quanto mais forte a excitação e maior a intensidade, mais restrita se torna a atenção. Do ponto de vista clínico, esses fenômenos parecem excepcionalmente característicos dos indivíduos *borderline*. Todavia, uma questão importante a ter em mente é que essas tendências não são patológicas em si, mas são características de qualquer indivíduo durante uma excitação emocional extrema. A relativa ausência de teorias e pesquisas analisando as emoções como antecedentes das cognições, comparada com a grande quantidade sobre as cognições como precursores da emoção, pode ser consequência de nossa visão ocidental do comportamento individual como produto da mente racional (Lewis, Wolan-Sullivan e Michalson, 1984).

"O lento retorno ao nível emocional basal" significa que as reações são duradouras. Entretanto, é importante mencionar aqui que todas as emoções são relativamente breves, duram de segundos a minutos. O que faz uma emoção parecer duradoura é que a excitação emocional, ou do humor, tende a ter um efeito global sobre diversos processos cognitivos, que, por sua vez, estão relacionados com a ativação e a reativação de estados emocionais. Bower e seus colegas (Bower, 1981; Gilligan e Bower, 1984) revisaram um grande número de estudos que indicam que os estados emocionais (1) influenciam seletivamente a recordação de material com carga afetiva, resultando em mais memória quando o estado emocional de recordar corresponde ao estado na aprendizagem; (2) promovem a aprendizagem de material congruente com o humor; e (3) podem influenciar as interpretações, fantasias, projeções, associações livres, previsões pessoais e juízos sociais, de um modo congruente com o humor atual. As emoções também podem ser mais autoperpetuadoras entre os indivíduos *borderline*, devido à maior intensidade de suas respostas emocionais, conforme sugerido anteriormente. Com a excitação emocional elevada, o ambiente (incluindo o comportamento do terapeuta) pode receber atenção seletiva, de modo que os atos e acontecimentos que condizem com o humor primário atual recebem atenção e outros aspectos são negligenciados.

O efeito do humor nos processos cognitivos faz sentido em vista da teoria de que as emoções são respostas do sistema total. Uma emoção atual integra todo o sistema a seu favor. Em alguns aspectos, é bastante surpreendente que uma determinada emoção chegue a passar, pois as emoções, uma vez iniciadas, são realimentadas repetidamente. Um retorno lento ao nível emocional basal exacerba esse efeito reativador, e também contribui para a elevada sensibilidade ao próximo estímulo emocional. Essa característica pode ser bastante importante para o tratamento. Não é incomum um paciente *borderline* dizer que precisa de vários dias para se recuperar de uma sessão de psicoterapia.

Modulação emocional

A pesquisa sobre o comportamento emocional sugere que a regulação das emoções exige duas estratégias um tanto paradoxais. O indivíduo deve primeiro aprender a experimentar e rotular emoções discretas conectadas aos sistemas neurofisiológicos, comportamental-expressivo e sensorial-sentimental. Depois, deve aprender a reduzir estímulos emocionalmente relevantes que servem para reativar e potencializar as emoções negativas ou para evitar respostas emocionais disfuncionais secundárias. Uma vez que uma emoção intensa é ativada, o indivíduo deve ser capaz de inibir ou interferir na ativação de pós-imagens, pós-pensamentos, pós-avaliações, pós-expectativas e pós-ações, por assim dizer, que sejam congruentes com o humor.

As emoções básicas são fugazes e, geralmente, adaptativas (Ekman, Friesen e Wellsworth, 1972; Buck, 1984). A inibição ou interrupção constantes das emoções negativas parecem ter diversas consequências disfuncionais. Primeiramente, a inibição pode levar à negligência da situação problemática que instiga a emoção. Um indivíduo que nunca sente raiva ante uma injustiça é menos provável de se lembrar de situações injustas e, se nunca sentir medo, pode não evitar as situações que sejam verdadeiramente perigosas. Ele não desculpa os outros e os relacionamentos não reparados, porque sempre evita a culpa e a vergonha antes que afetem seu comportamento dentro do relacionamento.

Em segundo lugar, a inibição ou interrupção de emoções negativas serve para aumentar a evitação emocional. Se o indivíduo aprendeu uma reação emocional secundária às emoções negativas, a inibição da emoção original acaba com qualquer chance de reaprendizado. O paradigma é semelhante ao paradigma da fuga-aprendizado. Animais ensinados a escapar de uma sala levando choques nos pés sempre que entravam na sala irão parar; se o aparelho de choque for desligado, os animais jamais aprendem as novas contingências. Eles devem entrar na sala para que ocorra novo aprendizado. A família invalidante (que descrevo a seguir) é semelhante ao aparelho de choque no paradigma da fuga-aprendizado. Os indivíduos *borderline* aprendem a evitar pistas emocionais negativas e desenvolvem fobia a emoções negativas. Entretanto, sem experimentar as emoções negativas, os indivíduos não aprendem que podem tolerar essas emoções e que não haverá punição após sua expressão.

Em terceiro lugar, simplesmente não sabemos os resultados da inibição e interrupção das emoções a longo prazo. Existe uma necessidade desesperada de pesquisas sobre essa questão. Existem evidências de que a experiência e catarse emocionais levam a menos estados emocionais negativos e estressantes. Também existem evidências de que a catarse emocional aumenta a emotividade, no lugar de reduzi-la (ver Bandura, 1973, para uma revisão dessa pesquisa). Em que condições a experiência emocional aumenta ou interfere no progresso terapêutico é uma questão importante, que ainda não foi abordada de forma adequada.

John Gottman e Lynn Katz (1990) postularam quatro atividades ou capacidades de modulação emocional, as capacidades de: (1) inibir o comportamento inadequado relacionado com o afeto negativo ou positivo forte, (2) autorregular a excitação fisiológica associada ao afeto, (3) refocar a atenção na presença de afeto forte, e (4) organizar-se para ação coordenada a serviço de um objetivo externo e que não dependa do humor.

O princípio de mudar ou modular as experiências emocionais mudando ou resistindo ao comportamento relacionado com as emoções é um dos princípios importantes subjacentes às técnicas de exposição da terapia comportamental. Além de promover diretamente a emotividade, o comportamento inadequado dependente do humor geralmente traz consequências que evocam outras emoções indesejadas. A ação coordenada a serviço de um objetivo externo serve para manter o progresso na vida. Assim, esse comportamento tem o potencial de promover as emoções positivas, diminuir o estresse e, assim, reduzir a vulnerabilidade à emotividade. Além disso, essa ação é o oposto do comportamento dependente do humor e, assim, é um exemplo de uma ação que muda os sentimentos. Discuto esses princípios em maior detalhe no Capítulo 11.

Mudar as emoções mudando a excitação fisiológica é o princípio por trás de diversas estratégias terapêuticas de mudança emocional, como as terapias de relaxamento (incluindo a dessensibilização), alguns medicamentos e o treinamento de respiração no tratamento do pânico. A capacidade de modificar a excitação fisiológica associada ao afeto significa que o indivíduo é capaz não apenas de reduzir o elevado nível de excitação associado a certas emoções, como a raiva e o medo (i.e., acalmar-se), mas aumentar a baixa excitação associada a outras emoções, como tristeza e depressão (i.e., "acelerar", por assim dizer). Geralmente, isso exige a capacidade de forçar a atividade, mesmo quando a pessoa não está com vontade. Por exemplo, uma das técnicas básicas na terapia cognitiva da depressão é o agendamento de atividades.

O importante papel do controle da atenção como um modo de regular o contato com estímulos emocionais já foi citado por muitos autores (p.ex., Derryberry e Rothbart, 1984, 1988). Voltar a atenção para um estímulo positivo pode aumentar ou manter a excitação e emoção positivas; desviá-la de um estímulo negativo pode atenuar ou conter a excitação e emoção negativas. Desse modo, os indivíduos com controle do foco e de mudança da atenção – dois processos relacionados, mas distintos (Posner, Walker, Friedrich e Rafal, 1984) – têm uma vantagem na regulação das respostas emocionais. As diferenças individuais no controle da atenção são evidentes desde os primeiros anos de vida (Rothbart e Derryberry, 1981) e aparecem como características temperamentais estáveis em adultos (Keele e Hawkins, 1982; Derryberry, 1987; MacLeod, Mathews e Tata, 1986). Essa questão é particularmente interessante, à luz dos dados revisados por Nolen-Hoeksema (1987) que sugerem diferenças de gênero nos tipos de resposta sob estresse. Ela conclui que, pelo menos quando deprimidas, as mulheres têm uma resposta mais ruminativa do que os homens. A ruminação sobre o atual humor deprimido, por sua vez, gera explicações depressivas, que aumentam ainda mais a depressão e levam a maior impotência em atividades futuras (Diener e Dweck, 1978). Em comparação, os homens são mais prováveis de apresentar comportamentos de distração, que reduzem o humor deprimido. Parece razoável pensar que a incapacidade de se distrair de estímulos negativos e emocionalmente sensíveis seja uma parte importante da desregulação emocional observada em indivíduos borderline.

Fundamentos biológicos

Os mecanismos da desregulação emocional no TPB não são claros, mas as dificuldades na reatividade do sistema límbico e controle da atenção podem ter importância. O sistema de regulação emocional é complexo, e não existe uma razão *a priori* para se esperar que a disfunção seja resultado de um fator comum em todos os indivíduos borderline. As causas biológicas podem variar de influências genéticas a acontecimentos intrauterinos negativos e efeitos do ambiente da infância sobre o desenvolvimento do cérebro e do sistema nervoso.

Cowdry e colaboradores (1985) publicaram dados sugerindo que certos indivíduos borderline talvez tenham um baixo limiar para a ativação das estruturas límbicas, o sistema cerebral associado à regulação das emoções. Em particular, observam uma sobreposição entre os sintomas de convulsões parciais complexas, descontrole episódico e o TPB. Os benefícios de um anticonvulsivante (carbamazepina) para pacientes borderline, cujos efeitos neurofisiológicos se localizam na área límbica, corroboram essa noção (Gardner e Cowdry, 1986, 1988).

Outros pesquisadores afirmam que pacientes com TPB têm uma quantidade significativamente maior de disritmias eletroencefalográficas (EEG) do que seus pacientes deprimidos controle (Snyder e Pitts, 1984; Cowdry et al., 1985). Andrulonis e colegas (Andrulonis et al., 1981; Akiskal et al., 1985a, 1985b) tentaram relacionar disfunções de base neurológica com o TPB. Porém, não empregaram grupos controle e, assim, é difícil interpretar seus resultados. Em comparação, Cornelius e colaboradores (1989) revisaram diversos estudos que compararam pacientes borderline com pacientes com vários outros transtornos psiquiátricos. De um modo geral, não encontraram nenhuma diferença no EEG em retardo mental, epilepsia ou transtornos neurológicos na família, nenhuma diferença em uma ampla bateria testes avaliando áreas importantes do funcionamento cognitivo ou diferenças em históricos neuroevolutivos gerais. De maneira interessante, Cornelius e colaboradores não publicaram dados indicando o início precoce de padrões de comportamento do tipo borderline em pacientes borderline. Por exemplo, os ataques temperamentais na infância e o comportamento de balançar e bater com a cabeça eram mais frequentes em crianças que foram diagnosticadas posteriormente com TPB do que entre aquelas diagnosticadas como depressivas ou esquizofrênicas.

Outra estratégia de pesquisa visando localizar as influências biológicas sobre o comportamento é comparar diversas disfunções comportamentais em familiares da população de interesse. Estudos de parentes em primeiro grau de pacientes borderline mostram taxas de prevalência maiores de transtornos afetivos (Akiskal, 1981; Andrulonis et al., 1981; Baron, Gruen, Asnis e Lord, 1985; Loranger, Oldham e Tulis, 1982; Pope et al., 1983; Schulz et al., 1986; Soloff e Milward, 1983; Stone,

1981), de traços da personalidade intimamente relacionados, como características histriônicas e antissociais (Links, Steiner e Huxley, 1988; Loranger et al., 1982; Pope et al., 1983; Silverman et al., 1987), e de transtorno da personalidade *borderline* (Zanarini, Gunderson, Marino, Schwartz e Frankenburg, 1988) do que entre parentes de grupos controle. Entretanto, muitos outros pesquisadores não encontraram associações semelhantes quando todas as características relevantes foram controladas (ver Dahl, 1990, para uma revisão dessa literatura). Um estudo de gêmeos realizado por Torgensen (1984) sustenta um modelo psicossocial sobre o modelo genético de transmissão. Existem poucas ou nenhuma pesquisa tentando relacionar as características temperamentais dos indivíduos *borderline* com dados sobre a etiologia genética e biológica desses atributos específicos do temperamento. Essas pesquisas são extremamente necessárias.

No entanto, fatores além dos genes podem ser igualmente importantes para determinar o funcionamento neurofisiológico, especialmente no sistema de regulação emocional. Sabemos, por exemplo, que as características do ambiente intrauterino podem ser cruciais no desenvolvimento do feto. Além disso, essas características influenciam os padrões de comportamento do indivíduo. Alguns exemplos ilustrarão meu argumento. A síndrome fetal alcóolica, caracterizada por retardo mental e hiperatividade, impulsividade, distratibilidade, irritabilidade, desenvolvimento retardado e transtornos do sono, é causada pela ingestão excessiva de álcool pela mãe (Abel, 1981, 1982). Disfunções semelhantes são observadas regularmente em bebês de mães drogaditas (Howard, 1989). Existem várias experiências de que o estresse ambiental sofrido pela mãe durante a gestação pode ter efeitos deletérios sobre o desenvolvimento posterior da criança (Davids e Devault, 1962; Newton, 1988).

As experiências pós-natais também podem ter consequências biológicas importantes. Foi estabelecido que acontecimentos e condições ambientais radicais podem modificar estruturas neurais (Dennenberg, 1981; Greenough, 1977). Existe pouca razão para se duvidar de que as estruturas e funções neurais relacionadas com comportamentos emocionais sejam afetadas de maneira semelhante por experiências com o meio (ver Malatesta e Izard, 1984, para uma revisão). A relação entre traumas ambientais e a regulação das emoções é particularmente visível no caso do TPB, devido à prevalência do abuso sexual na infância nessa população – um tópico discutido mais adiante neste capítulo.

O transtorno da personalidade *borderline* e os ambientes invalidantes

O quadro temperamental do adulto *borderline* é bastante parecido com o da "criança difícil" descrita por Thomas e Chess (1985). A partir de seus estudos sobre as características temperamentais de bebês, identificaram as crianças difíceis como o "grupo com irregularidade nas funções biológicas, respostas negativas de retração a novos estímulos, falta de adaptabilidade ou adaptação lenta a mudanças e expressões intensas de humores frequentemente negativos" (p. 219). Em suas pesquisas, esse grupo abrangeu aproximadamente 10% da sua amostra. De forma clara, porém, nem todas as crianças com temperamento difícil preencheram critérios do TPB ao crescerem. Embora a maioria (70%) das crianças difíceis estudadas por Chess e Thomas (1986) tivesse transtornos de comportamento durante a infância, a maioria dessas crianças melhorou ou se recuperou até a adolescência. Além disso, conforme observam Chess e Thomas, as crianças que, originalmente, não tinham temperamento difícil, podem adquiri-lo à medida que se desenvolvem.

Thomas e Chess sugerem que o "bom encaixe" ou "mau encaixe" da criança com o ambiente é crucial para se entender o funcionamento comportamental posterior. Um bom encaixe ocorre quando as propriedades do ambiente da criança e suas expectativas e demandas condizem com as capacidades, características e estilo de comportamento do indivíduo. Ele resulta em desenvolvimento e funcionamento comportamental ideais. Em contrapartida, o mau encaixe ocorre quando existem discrepâncias e dissonâncias entre as oportunidades ambientais e as demandas, capacidades e características da criança. Nesses casos, o resultado é um desenvolvimento distorcido e funcionamento desadaptativo (Thomas e Chess, 1977; Chess e Thomas, 1986). É essa noção de "mau encaixe" que considero crucial para se entender o desenvolvimento do TPB. Mas que tipo de ambiente constituiria um "mau encaixe", levando a esse transtorno específico? Proponho que um "ambiente invalidante" seria mais provável de facilitar o desenvolvimento do TPB.

Características de ambientes invalidantes

Um ambiente invalidante é aquele onde a comunicação de experiências privadas é estabelecida com respostas erráticas, inadequadas e extremas. Em outras palavras, a expressão das experiências privadas não é validada. Pelo contrário, costuma ser punida e/ou banalizada. A experiência de emoções dolorosas, bem como os fatores que, para a pessoa emotiva, parecem ter relação causal com a perturbação emocional, é desconsiderada. As interpretações do indivíduo sobre seu próprio comportamento, incluindo a experiência de intenções e motivações associadas ao comportamento, são rejeitadas.

A invalidação tem duas características principais. Primeiramente, ela diz ao indivíduo que ele está errado em sua descrição e em suas análises das suas próprias experiências, particularmente em suas visões sobre o que está causando suas emoções, crenças e ações. Em segundo lugar, atribui suas experiências a características ou traços da personalidade que são socialmente inaceitáveis. O ambiente pode insistir que a pessoa sente aquilo que diz não sentir ("você está com raiva, apenas não admite"), gosta ou prefere o que diz não gostar ou preferir (o proverbial "quando ela diz não, ela quer dizer sim") ou fez algo que diz não ter feito. As expressões emocionais negativas podem ser atribuídas a traços como a hiper-reatividade, hipersensibilidade, paranoia, uma visão distorcida dos acontecimentos ou a incapacidade de adotar uma atitude positiva. Comportamentos que causam consequências negativas ou dolorosas involuntárias para outras pessoas podem ser atribuídos a motivos hostis ou manipuladores. O fracasso, ou qualquer desvio do sucesso socialmente definido, é rotulado como resultado de falta de motivação, falta de disciplina, de não tentar o suficiente, ou coisas do gênero. As expressões emocionais, crenças e planos de ação positivos também podem ser invalidados, sendo atribuídos a falta de discriminação, ingenuidade, idealização exagerada ou imaturidade. De qualquer modo, as experiências e expressões emocionais privadas do indivíduo não são consideradas respostas válidas para os acontecimentos.

De um modo geral, os ambientes emocionalmente invalidantes são intolerantes a demonstrações de afeto negativo, pelo menos quando tais demonstrações não são acompanhadas por situações públicas que sustentem a emoção. A postura comunicada é semelhante a "controle-se", é a crença de que qualquer indivíduo que tente o suficiente conseguirá. O domínio e realização individuais são altamente valorizados, pelo menos com relação ao controle da expressividade emocional e ao limite das demandas sobre o ambiente. Os membros invalidantes desses ambientes costumam ser vigorosos para promulgar seu ponto de vista e transmitem ativamente sua frustração com a incapacidade do indivíduo de aderir a uma ponto de vista semelhante. Atribui-se um grande valor a ser feliz, ou pelo menos a sorrir ante a adversidade; a acreditar na própria capacidade de alcançar qualquer objetivo, ou pelo menos de nunca "ceder" à desesperança; e, acima de tudo, ao poder de uma "atitude mental positiva" para superar qualquer problema. Os fracassos em corresponder a essas expectativas levam a desaprovação, crítica e tentativas por parte das outras pessoas de causar ou forçar uma mudança de atitude. As demandas que a pessoa pode impor a esses ambientes geralmente são bastante limitadas.

Esse padrão é muito semelhante ao padrão de "expressão emocional" elevada, observado em famílias de indivíduos depressivos e esquizofrênicos com altos índices de recaída (Leff e Vaugh, 1985). O trabalho com a expressão emocional sugere que essa constelação familiar pode ser extremamente poderosa com indivíduos vulneráveis. A "expressão emocional", nessa literatura, refere-se a críticas e envolvimento excessivo. A noção aqui envolve dois aspectos, mas, além disso, enfatiza a falta de reconhecimento do estado real do indivíduo. A consequência é que os comportamentos das pessoas no meio do indivíduo, incluindo seus cuidadores, não apenas invalidam as suas experiências, como também não respondem às suas necessidades.

Alguns exemplos clínicos podem dar uma ideia melhor do que quero dizer aqui. Durante uma sessão familiar com uma mulher *borderline* que tinha histórico de alcoolismo e tentativas sérias e frequentes de suicídio, seu filho comentou que não entendia por que ela não conseguia "tirar seus problemas das suas costas", como ele, seu irmão e seu pai tinham feito. Um número substancial de pacientes em meu projeto de pesquisa foi ativamente dissuadido de fazer psicoterapia por seus pais. Uma paciente de 18 anos, que havia sido hospitalizada várias vezes, tinha um histórico de diversas tentativas de se autoagredir, era hiperativa e disléxica, e estava profundamente envolvida na cultura das drogas, ouvia de seus pais, semanalmente depois das sessões de terapia de grupo, que não precisava da terapia e que poderia melhorar sozinha, se realmente quisesse. "Falar dos problemas apenas faz eles piorarem", dizia o seu pai. Outra paciente ouvia, enquanto crescia, que, se chorasse quando se machucasse ao brincar, sua mãe lhe daria uma razão "verdadeira" para chorar: se as lágrimas continuassem, sua mãe lhe bateria.

Consequências de ambientes invalidantes

As consequências dos ambientes invalidantes são as seguintes. Primeiramente, por não validar a expressão emocional, o ambiente invalidante não ensina a criança a rotular suas experiências privadas, incluindo as emoções, de um modo normativo em sua comunidade social mais ampla para as mesmas experiências ou experiências semelhantes. Além disso, a criança não aprende a modular a excitação emocional. Como os problemas da criança emocionalmente vulnerável não são reconhecidos, existe pouco esforço para resolvê-los. Fala-se que a criança deve controlar suas emoções, ao invés de ensiná-la exatamente como fazer isso. Um pouco como dizer a uma criança sem pernas para caminhar sem fornecer pernas artificiais para ela usar. A falta de aceitação e a simplificação excessiva dos problemas originais impedem o tipo de atenção, apoio e treinamento diligente que esse indivíduo necessita. Assim, a criança não aprende a rotular ou controlar adequadamente reações emocionais.

Em segundo lugar, simplificando a facilidade de resolver os problemas da vida, o ambiente não ensina a criança a tolerar a tensão ou a formar objetivos e expectativas realistas.

Em terceiro lugar, dentro de um ambiente invalidante, normalmente são necessárias demonstrações emocionais extremas e/ou problemas extremos para provocar uma resposta ambiental proveitosa. Assim, as contingências sociais favorecem o desenvolvimento de reações emocionais extremas. Punindo de forma errática a comunicação de emoções negativas e reforçando de maneira intermitente as demonstrações de emoções extremas ou elevadas, o ambiente ensina a criança a oscilar entre a inibição emocional por um lado, e os estados emocionais extremos pelo outro.

Finalmente, esse ambiente não ensina à criança quando deve confiar em suas respostas emocionais e cognitivas, como reflexos de interpretações válidas de acontecimentos individuais ou situacionais. Ao invés disso, o ambiente invalidante ensina a criança a invalidar ativamente as suas próprias experiências e vasculhar seu ambiente social em busca de sinais de como deve pensar, sentir e agir. A capacidade da pessoa de confiar em si mesma, pelo menos minimamente, é crucial. Pelo menos, ela deve confiar em sua decisão de não confiar em si mesma. Assim, a invalidação é experimentada normalmente como algo aversivo. As pessoas que são invalidadas geralmente deixam o ambiente invalidante, tentam mudar seu comportamento para que satisfaça as expectativas do meio, ou tentam se mostrar válidas para, assim, reduzir a invalidação do meio. O dilema *borderline* surge quando o indivíduo não consegue sair do ambiente e não consegue mudar o ambiente ou o seu próprio comportamento para satisfazer as demandas do ambiente.

Talvez pareça que esse ambiente possa produzir um adulto com transtorno da personalidade dependente ao invés de TPB. Creio que isso seria provável com uma criança que fosse menos vulnerável emocionalmente. Porém, com uma criança emocionalmente intensa, as informações invalidantes que chegam do ambiente quase sempre competem com uma mensagem igualmente forte das respostas emocionais da criança: "você pode estar me dizendo que o que fez foi um ato de amor, mas meus sentimentos feridos, meu medo e minha raiva me dizem que não era amor. Você pode estar me dizendo que eu consigo, e que não é difícil, mas meu pânico me diz que eu não consigo, e que é".

O indivíduo invalidado e emocionalmente vulnerável está em um dilema semelhante ao do indivíduo obeso em nossa sociedade. A cultura (incluindo anúncios diários sobre redução de peso na televisão e no rádio) e familiares magros repetidamente dizem à pessoa obesa que perder peso é fácil, e que, para se manter magro, é preciso apenas um pouco de força de vontade. Um peso corporal acima do ideal cultural é visto como a marca da pessoa gulosa, preguiçosa ou indisciplinada. Milhares de dietas, fome intensa enquanto em dieta, esforços hercúleos para emagrecer e permanecer magro e um corpo que recupera o peso a cada caloria dizem o contrário. Como a pessoa obesa pode responder a essa mensagem dúbia? Geralmente, alternando entre a dieta e uma disciplina extrema por um lado, e relaxando e recusando-se a fazer dieta por outro. A síndrome do ioiô entre as pessoas que fazem dieta é semelhante à oscilação emocional entre os indivíduos *borderline*. Nenhuma fonte de informações pode ser ignorada confortavelmente.

As variedades do sexismo: experiências invalidantes prototípicas

A prevalência do TPB entre as mulheres exige que analisemos o possível papel do sexismo em sua etiologia. Certamente, o sexismo é uma fonte importante de invalidação para todas as mulheres em nossa cultura. Também é certo que nem todas as mulheres se tornam *borderline*. E nem todas as mulheres com temperamento vulnerável se tornam *borderline*, embora todas as mulheres sejam expostas a uma ou outra forma de sexismo. Creio que a influência do sexismo na etiologia do TPB depende de outras características da criança vulnerável, bem como das circunstâncias do sexismo na família que a cria.

Abuso sexual. A forma mais extrema de sexismo, é claro, é o abuso sexual. O risco de abuso sexual é aproximadamente duas ou três vezes maior para mulheres do que para homens (Finkelhor, 1979). A prevalência do abuso sexual na infância nos históricos de mulheres que preenchem os critérios do TPB é tal que simplesmente não pode ser ignorada como um fator importante na etiologia do transtorno. Das doze pacientes *borderline* hospitalizadas avaliadas por Stone (1981), nove, ou 75%, relataram histórico de incesto. Casos de abuso sexual na infância foram relatados por 86% das pacientes *borderline* internadas, comparadas com 34% das outras pacientes psiquiátricas internadas, em um estudo de Bryer, Nelson, Miller e Krol (1987). Entre as pacientes *borderline* ambulatoriais, de 67 a 76% relataram abuso sexual na infância (Herman, Perry e van der Kolk, 1989; Wagner, Linehan e Wasson, 1989), em comparação com uma taxa de 26% de pacientes não *borderline* (Herman et al., 1989). Ogata, Silk, Goodrich, Lohr e Westen (1989) observaram que 71% das pacientes *borderline* tinham histórico de abuso sexual, em comparação com 22% das pacientes controle com transtorno depressivo maior.

Embora, nos dados epidemiológicos, as meninas não apresentem risco maior de abuso físico do que os meninos, um estudo mostra que as taxas de abuso físico na infância são maiores entre pacientes *borderline* (71%) do que entre pacientes sem o transtorno (38%) (Herman et al., 1989). Além disso, existe uma associação positiva entre o abuso físico e o abuso sexual (Westen, Ludolph, Misle, Ruffin e Block, 1990), sugerindo que indivíduos em risco de abuso sexual também têm um risco maior de sofrerem abuso físico. No entanto, Bryer e colaboradores (1987) observam que, ao passo que o abuso sexual na infância prevê um diagnóstico de TPB, a combinação de abuso sexual e físico não prevê. Ogata e colaboradores (1989) também relatam taxas semelhantes de abuso físico em pacientes *borderline* e deprimidas. Assim, pode ser que o abuso sexual, ao contrário de outras formas de abuso, esteja associado singularmente ao TPB. São necessárias muitas outras pesquisas para esclarecer as relações.

Uma conexão bastante semelhante foi encontrada entre o abuso sexual na infância e comportamentos suicidas (inclusive parassuicidas). As vítimas desse tipo de abuso têm taxas maiores de tentativas de suicídio subsequentes do que pessoas que não foram vítimas (Edwall, Hoffman e Harrison, 1989; Herman e Hirschman, 1981; Briere e Runtz, 1986; Briere, 1988), e até 55% das vítimas tentam suicídio. Além disso, mulheres que sofreram abuso sexual apresentam comportamentos parassuicidas mais graves do ponto de vista médico (Wagner et al., 1989). Bryer e colaboradores (1987) observaram que o abuso na infância (sexual e físico) previa o comportamento suicida adulto. Indivíduos com ideação suicida ou parassuicida eram três vezes mais prováveis de ter sofrido abuso na infância do que pacientes sem tais comportamentos.

Embora geralmente seja considerado um estressor social, o abuso infantil pode desempenhar um papel menos claro como causa da vulnerabilidade fisiológica à desregulação emocional. O abuso não apenas pode ser patológico para indivíduos com temperamentos vulneráveis, como pode "criar" vulnerabilidade emocional, promovendo mudanças no sistema nervoso central. Shearer, Peters, Quaytman e Ogden (1990) sugerem que o trauma perpétuo pode alterar a fisiologia do sistema límbico. Assim, o estresse grave e crônico pode ter efeitos adversos permanentes sobre a excitação, sensibilidade emocional e outros fatores do temperamento.

O abuso sexual, na forma como ocorre em nossa cultura, talvez seja um dos exemplos mais claros de invalidação extrema durante a infância. No caso típico do abuso sexual, o agressor diz para a vítima que o abuso ou a relação sexual é "normal", mas que ela não deve contar a ninguém. O abuso raramente é reconhecido por outros familiares e, se a criança relatar o fato, corre o risco de que não acreditem nela ou a culpem (Tsai e Wagner, 1978). É difícil imaginar uma experiência mais invalidante para uma criança. De forma semelhante, o abuso físico costuma ser apresentado à criança como um ato de amor ou é normalizado pelo adulto abusivo. Alguns terapeutas sugerem que talvez o segredo do abuso sexual seja o fator mais relacionado com o TPB subsequente. Jacobson e Herald (1990) relatam que, de 18 pacientes psiquiátricas internadas com históricos de abuso sexual na infância, 44% nunca o haviam revelado a ninguém. Os sentimentos de vergonha são comuns entre vítimas de abuso sexual (Edwall et al., 1989) e podem explicar a ocultação do abuso. Não podemos descartar o componente de invalidação do abuso sexual como uma contribuição ao TPB.

Imitação parental de bebês. As tendências dos pais de imitar os comportamentos de expressão emocional de seus bebês constituem um importante fator no desenvolvimento ideal das emoções (Malatesta e Haviland, 1982). A ausência de imitação ou a imitação incongruente – a primeira é falta de validação, e a segunda é invalidação – estão relacionadas com um desenvolvimento abaixo do ideal. De maneira interessante, com relação às diferenças de gênero na incidência do TPB, as mães tendem a responder mais aos sorrisos dos filhos do que aos sorrisos das filhas, e a imitar suas expressões mais do que as delas (Malatesta e Haviland, 1982).[5]

Dependência e independência: ideais culturais invalidantes (e impossíveis) para as mulheres. Os dados das pesquisas são esmagadores em confirmar que existem grandes diferenças entre os estilos de relacionamentos interpessoais masculinos e femininos. Flaherty e Richman (1989) revisaram uma grande quantidade de dados nas áreas do comportamento e evolução de primatas, estudos evolutivos, criação, apoio social dos adultos e saúde mental. Concluíram que diversas experiências de socialização, a começar na primeira infância, tornam as mulheres mais conectadas afetivamente e mais perceptivas na esfera interpessoal do que os homens. A relação entre receber apoio social de outras pessoas e o bem-estar pessoal e, por outro lado, a relação entre problemas no apoio social e queixas somáticas, depressão e ansiedade são mais fortes para mulheres do que para homens. Ou seja, ao passo que o grau de apoio social recebido não está intimamente relacionado com o funcionamento emocional entre os homens, ele tem uma forte correlação com o bem-estar emocional nas mulheres. Em particular, Flaherty e Richman (1989) observaram que o componente da intimidade do apoio social está mais associado ao bem-estar entre as mulheres. Revisando pesquisas sobre a assertividade em mulheres, Kelly Egan e eu concluímos que o comportamento das mulheres em grupos ou duplas condiz com a ênfase em manter os relacionamentos quase à exclusão dos objetivos em jogo, como resolver problemas ou persuadir pessoas (Linehan e Egan, 1979).

Devido à prevalência da importância dos vínculos interpessoais e do apoio social (de fato, são cruciais), dimensões para mulheres bem-adaptadas, pode-se fazer a seguinte pergunta: o que acontece com mulheres que não recebem o apoio social de que necessitam ou são ensinadas que a própria necessidade de apoio social já não é saudável? Tais situações parecem existir. Quase sem exceção, a independência interpessoal para homens e mulheres é louvada como o ideal do comportamento "saudável". Características femininas como a dependência interpessoal e precisar dos outros – que, conforme comentado, estão relacionadas positivamente com a saúde mental das mulheres – costumam ser percebidas como mentalmente "doentias" (Widiger e Settle, 1987). Valorizamos tanto a independência que aparentemente não podemos conceber a possibilidade de que uma pessoa possa ter independência demais. Por exemplo, embora haja um "transtorno da personalidade dependente" no DSM-IV, não existe um "transtorno da personalidade independente".

Essa ênfase na independência individual como o comportamento normativo é peculiar, ou global, à cultura ocidental (Miller, 1984; ver Sampson, 1977, para uma revisão dessa literatura). De fato, pode-se concluir que o comportamento feminino normativo, pelo menos a parte que tem a ver com as relações interpessoais, está em conflito com os atuais valores culturais ocidentais. Não admira que muitas mulheres experimentem conflitos por questões de independência e dependência. De fato, parece que existe uma "falta de encaixe" entre o estilo interpessoal das mulheres e valores de socialização e culturais ocidentais para o comportamento adulto. Entretanto, é interessante que a patologia seja jogada aos pés das mulheres conflituosas, e não de uma sociedade que parece estar se afastando cada vez mais de valorizar a continuidade e a dependência interpessoal.

Feminilidade e preconceito. O sexismo pode ser um problema especialmente para aquelas crianças do sexo feminino cujos talentos geralmente são aqueles que são recompensados em homens, mas ignorados ou invalidados em mulheres. Por exemplo, a habilidade mecânica, vitórias nos esportes, interesse em matemática e ciências, e o pensamento lógico e voltado para a tarefa são mais valorizados em homens do que em mulheres. Qualquer sentimento de orgulho ou realização pode ser facilmente invalidado em mulheres com tais características. Uma situação ainda pior ocorre quando esses talentos valorizados em homens não são compensados por talentos e interesses valorizados em mulheres (p.ex., interesse em parecer bonita, habilidades domésticas). Nessa situação, a criança do sexo feminino não é gratificada pelos talentos que tem e, além disso, é punida por demonstrar "comportamentos antifemininos" ou por não demonstrar comportamentos "femininos". Quando os comportamentos das crianças estão ligados a características temperamentais, ela está em maus lençóis. Por exemplo, a gentileza, suavidade, afetividade, sensibilidade às pessoas, empatia, leveza e características semelhantes são características "femininas" extremamente valorizadas (Widiger e Settle, 1987; Flaherty e Richman, 1989); porém, não são as características associadas a temperamentos difíceis.

Para a garota que é punida por ter características que interfiram no ideal cultural da mulher, a vida deve ser particularmente difícil quando ela tem irmãos que não são punidos por comportamentos idênticos, ou irmãs que cumprem os padrões de feminilidade sem fazer esforço. Não há como ignorar a injustiça nessas situações. O ambiente fora de casa pouco ajuda nesses casos para amenizar o problema, pois os mesmos valores existem em toda a cultura. É difícil imaginar como essa criança poderia crescer sem acreditar que deve haver algo de errado com ela.

Em minha experiência clínica, esse estado de coisas parece ser comum entre os pacientes *borderline*. Ficamos surpresos em nossa clínica com o número de pacientes que têm talentos em áreas muito valorizadas para homens, mas pouco para as mulheres, como atividades mecânicas e intelectuais. Nossa terapia de grupo *borderline* é formada apenas por mulheres, e um tema de discussão frequente é a dificuldade que as pacientes tinham quando crianças porque seus interesses e talentos pareciam mais masculinos do que femininos. Outra experiência comum parece ter sido crescer em famílias que valorizavam mais meninos do que meninas, ou que pelo menos davam a eles mais liberdade, mais privilégios e menos punição por comportamentos que levam meninas à desgraça. Embora o sexismo seja um fato claro, sua relação com o TPB, conforme descrevo aqui, também é claramente especulativa. Simplesmente, precisamos de mais dados de pesquisa no momento.

Tipos de famílias invalidantes

Meus colegas e eu observamos três tipos de famílias invalidantes entre as pacientes em nossa clínica: a família "caótica", a família "perfeita" e, de forma menos comum, a família "típica".

Famílias caóticas. Na família caótica, pode haver problemas com abuso de substâncias, problemas financeiros ou pais que passam a maior parte do tempo fora de casa. De qualquer modo, as crianças recebem pouco do seu tempo ou atenção. Por exemplo, os pais de uma de minhas pacientes passavam quase todas as tardes e noites em um bar local. As crianças chegavam da escola todos os dias e encontravam a casa vazia, onde deviam se virar em relação ao jantar e à estrutura da noite. Muitas vezes iam até a casa da avó para jantar. Quando os pais estavam em casa, eram voláteis; o pai normalmente estava bêbado; e toleravam pouco as demandas das crianças. As necessidades das crianças nessa família eram desconsideradas e, consequentemente, invalidadas. Millon (1987a) sugere que o maior número de famílias caóticas pode ser responsável pelo aumento do TPB.

Famílias perfeitas. Na família "perfeita", os pais, por uma razão ou outra, não conseguem tolerar as demonstrações emocionais negativas de seus filhos. Essa postura pode ser resultado de diversos fatores, incluindo outras demandas sobre os pais (como um número grande de filhos ou trabalhos estressantes), a incapacidade de tolerar afeto negativo, autocentrismo ou medos ingênuos de mimar a criança com temperamento difícil. Em minha experiência, quando os membros dessa família são questionados diretamente sobre seus sentimentos para com o familiar *borderline*, eles expressam muita simpatia. No entanto, sem querer, essas pessoas muitas vezes demonstram posturas invalidantes – por exemplo, expressar surpresa de que o indivíduo *borderline* simplesmente não consegue "controlar seus sentimentos". Um membro de uma dessas famílias sugeriu que os problemas seríssimos da sua filha passariam se ela apenas rezasse mais.

Famílias típicas. Quando observei o estilo ambiental invalidante pela primeira vez, chamei-o de "síndrome americana", pois é muito prevalente na cultura norte-americana. Entretanto, quando fiz uma palestra na Alemanha, meus colegas alemães me informaram de que eu poderia ter chamado de "síndrome alemã". É mais provável que ela seja produto da cultura ocidental em geral. Vários teóricos da emoção comentaram a tendência, nas sociedades ocidentais, de enfatizar o controle cognitivo das emoções e de se concentrar na realização e no domínio como critérios de sucesso. O *self* individuado na cultura ocidental é definido por limites nítidos entre o *self* e o outro. Em culturas com essa visão, acredita-se que o comportamento das pessoas maduras seja controlado por forças internas, ao invés de externas. O "autocontrole", nesse contexto, refere-se à capacidade das pessoas de controlar o seu comportamento utilizando elementos e recursos internos. Definir-se como diferente – por exemplo, definir o *self* em relação ao outro, ou ser dependente – é rotulado como imaturo e patológico, ou pelo menos antagônico à boa saúde e um funcionamento social tranquilo (Perloff, 1987). (Embora essa concepção do *self* individual permeie a própria cultura ocidental, ela não é universal nem no sentido transcultural e nem dentro da própria cultura ocidental.)

Deve-se ter em mente uma questão fundamental sobre a família invalidante. Dentro de certos limites, um estilo cognitivo invalidante não é prejudicial para todas as pessoas ou em todos os contextos. As estratégias de controle emocional usadas por essa família podem até ser proveitosas para uma pessoa que tenha temperamento adequado a elas e que possa aprender a controlar suas atitudes e emoções. Por exemplo, pesquisas de Miller e colaboradores (Efran, Chorney, Ascher e Lukens, 1981; Lamping, Molinaro e Stevenson, 1985; Miller, 1979; Miller e Managan, 1983; Phipps e Zinn, 1986) indicam que os indivíduos que tendem a "ocultar" psicologicamente os sinais de ameaça quando enfrentam a perspectiva de situações adversas incontroláveis apresentam excitação fisiológica, subjetiva e comportamental menor e menos duradoura do que indivíduos que tendem a monitorar ou prestar atenção nesses sinais. Knussen e Cunningham (1988) revisaram pesquisas que indicam que a crença no próprio controle comportamental sobre resultados negativos, ao invés de culpar os outros (a crença básica na família invalidante), está relacionada com resultados futuros mais favoráveis em diversas áreas. Assim, o controle cognitivo das emoções pode ser bastante eficaz em certas circunstâncias. De fato, essa atitude levou o trem através dos Estados Unidos, construiu a bomba, ajudou muitos de nós a concluir a escola e levantou arranha-céus nas grandes cidades!

O único problema aqui é que a abordagem "somente funciona quando funciona". Ou seja, dizer a pessoas que são capazes de se autorregularem para que controlem suas emoções é muito diferente de dizer isso para um indivíduo que não tenha essa capacidade. Por exemplo, uma mãe com quem eu estava trabalhando tinha uma filha de 14 anos com temperamento "difícil" e uma filha de 5 anos com temperamento "fácil". A filha maior tinha dificuldade com a raiva, especialmente quando sua irmã pequena fazia troça dela. Eu vinha tentando ensinar a mãe a validar as reações emocionais da filha. Depois que a menina de 5 anos jogou o complexo quebra-cabeça da de 14 no chão, esta gritou com a irmã e saiu correndo da sala, deixando a pequena aos prantos. A mãe disse alegremente que havia "validado" as emoções da filha, dizendo: "Mary, posso entender por que você ficou brava. Mas no futuro, você deve controlar suas explosões!". Era difícil para a mãe enxergar que estava invalidando as dificuldades da filha em controlar suas emoções. Nos casos de pessoas emocionalmente reativas e vulneráveis, os ambientes invalidantes simplificam excessivamente os problemas dessas pessoas. Coisas que outras pessoas têm facilidade para fazer – controlar as emoções e a expressão emocional – o indivíduo *borderline* consegue fazer apenas esporadicamente.

Desregulação emocional e ambientes invalidantes: um ciclo vicioso transacional

Uma análise transacional sugere que um sistema que pode ter consistido originalmente de uma criança levemente vulnerável em uma família levemente invalidante pode, com o tempo, evoluir para um sistema onde o indivíduo e o ambiente familiar sejam altamente sensíveis e mutuamente invalidantes. Chess e Thomas (1986) descrevem diversas maneiras em que a criança temperamental, a criança que é lenta para aquecer, a criança distraída e a criança persistente podem esgotar, ameaçar e desorganizar pais que, de outra forma, são competentes. Patterson (1976; Patterson e Stouthamer-Loeber, 1984) também escreveram extensivamente sobre os comportamentos interativos da criança e da família, que levam a padrões de comportamento mutuamente coercitivos por parte de todos os envolvidos no sistema. Com o passar do tempo, as crianças e seus cuidadores criam e reforçam comportamentos extremos e coercitivos uns nos outros. Esses comportamentos coercitivos exacerbam o sistema invalidante e coercitivo, levando a mais, e não menos, comportamentos disfuncionais em todo o sistema. Somos lembrados de uma citação bíblica: "...àquele que tiver, mais será dado; àquele que não tiver, mesmo o que pense ter lhe será tirado" (Lucas 8:18; The Jerusalem Bible, 1966).

Não existe dúvida de que uma criança emocionalmente vulnerável impõe demandas sobre o ambiente. Os pais ou outros cuidadores devem ser mais vigilantes, mais pacientes, mais compreensíveis e flexíveis e mais dispostos a suspender seus desejos para com a criança temporariamente, quando esses desejos excederem as capacidades da criança. Infelizmente, o que acontece muitas vezes é que a resposta da criança à invalidação na verdade reforça o comportamento invalidante da família. Dizer para uma criança que seus sentimentos são estúpidos ou injustificados às vezes acalma a criança. Muitas pessoas, incluindo aquelas com vulnerabilidade emocional, às vezes se retraem e parecem se sentir melhor quando suas emoções são desconsideradas. A invalidação é negativa e, assim, suprime o comportamento que a causou.

O ambiente "controlador" descrito por Chess e Thomas (1986) é uma variação ou exemplo extremo do ambiente invalidante descrito aqui. O ambiente controlador molda constantemente o comportamento da criança para que se encaixe às preferências e conveniências da família, ao invés das necessidades de curto e longo prazo da criança. Nessa situação, é claro, a validade do comportamento da criança, da forma que existe, não é reconhecida. À medida que a criança amadurece, as disputas de poder são inevitáveis, com o ambiente às vezes acalmando e aceitando e, em outras ocasiões, mantendo o limite rigidamente. Dependendo do temperamento inicial da criança, o resultado final dessa conciliação é uma criança tirana, uma criança com passividade negativa, ou ambas. Esse modo de desenvolvimento é descrito em diversos manuais sobre a criação dos filhos.

Em essência, essa família comete dois erros. Primeiramente, os cuidadores cometem um erro de moldagem. Ou seja, eles esperam comportamentos diferentes dos que a criança é capaz de apresentar. O que segue é punição excessiva e insuficiência em modelagem, instrução, apoio, elogio e reforço. Esse padrão cria um ambiente aversivo para a criança, onde a ajuda necessária não vem, ocorrendo a inevitável punição. Como resultado, os comportamentos emocionais negativos da criança aumentam, incluindo os comportamentos expressivos que são associados às emoções. Esses comportamentos atuam para terminar com a punição, geralmente criando consequências tão aversivas para os cuidadores que eles interrompem suas tentativas de controlar.

E é aí que os cuidadores cometem o segundo erro: eles reforçam o valor funcional de comportamentos expressivos extremos, e extinguem o valor funcional de comportamentos expressivos moderados. Esse padrão de conciliação após demonstrações emocionais extremas pode involuntariamente criar um padrão de comportamentos associados ao TPB no adulto. Quando a conciliação não ocorre, ou ocorre de forma imprevisível, a inevitabilidade das condições aversivas assemelha-se ao paradigma do desamparo aprendido: pode-se esperar que os comportamentos passivos de impotência aumentem. Se os comportamentos passivos ou impotentes forem punidos, a pessoa enfrenta um dilema insolúvel e provavelmente vacilará entre comportamentos emocionalmente expressivos extremos e comportamentos passivos e impotentes igualmente extremos. Esse estado de coisas pode, sem muita dificuldade, explicar o surgimento de muitas características *borderline* à medida que a criança cresce.

Desregulação emocional e comportamentos *borderline*

Pouca coisa no comportamento humano não é afetada pela excitação emocional e pelos estados de humor. Fenômenos diversos como conceitos do *self*, autoatribuições, percepções de controle, aprendizagem de tarefas e desempenho, padrões de autogratificação e retardo de gratificações são afetados pelos estados emocionais (ver Izard, Kagan e Zajonc, 1984, e Garber e Dodge, 1991, para revisões). A tese aqui é que a maioria dos comportamentos *borderline* é formada por tentativas da parte do indivíduo de regular o afeto intenso ou os resultados da desregulação emocional. A desregulação das emoções é tanto um problema para o indivíduo que tenta resolvê-la quanto fonte de problemas adicionais. A relação entre os padrões de comportamento *borderline* e a desregulação emocional é representada na Figura 2.2.

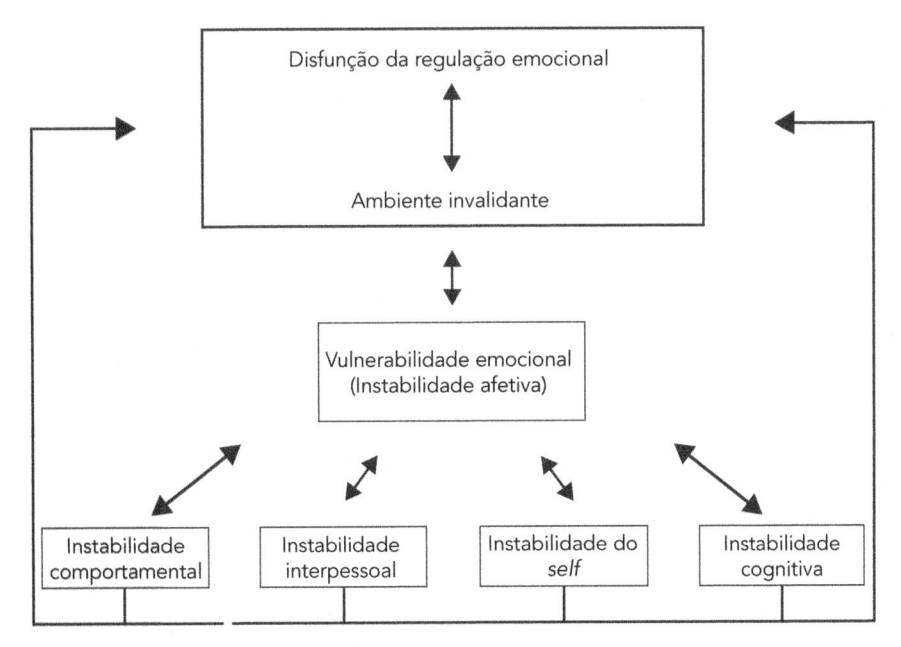

Figura 2.2 A relação entre a desregulação emocional e os padrões de comportamento *borderline*, segundo a teoria biossocial.

Desregulação emocional e comportamentos impulsivos

Os comportamentos suicidas e outros comportamentos impulsivos e disfuncionais geralmente são soluções desadaptativas para o problema do afeto negativo avassalador, incontrolável e intensamente doloroso. O suicídio, é claro, é a maneira final de mudar o próprio estado afetivo (supomos). Todavia, outros comportamentos menos letais (p.ex., parassuicidas) também podem ser bastante eficazes. As *overdoses*, por exemplo, geralmente levam a longos períodos de sono. O sono, por sua vez, tem uma influência importante na regulação da vulnerabilidade emocional. Cortes e queimaduras no corpo também parecem ter importantes propriedades reguladoras das emoções. O mecanismo exato não está claro, mas é comum indivíduos *borderline* sentirem alívio substancial da ansiedade e de uma variedade de outros estados afetivos negativos intensos depois de se cortarem (Leinbenluft, Gardner e Cowdry, 1987).

O comportamento suicida, incluindo ameaças de suicídio e parassuicídio, também ajuda a evocar apoio solidário do ambiente – apoio esse que pode reduzir a dor emocional. Em muitos casos, de fato, esse comportamento é a única maneira em que o indivíduo pode fazer as pessoas prestarem atenção em sua dor emocional e tentarem amainá-la. Por exemplo, o comportamento suicida é uma das principais vias para um indivíduo não psicótico ser admitido em uma unidade de internação psiquiátrica. Muitos terapeutas dizem a seus pacientes que podem ou devem telefonar para eles quando se sentirem suicidas. A equipe da unidade de internação em minha área costumava dizer às pacientes que deviam retornar imediatamente se ouvissem "vozes de comando" dizendo para cometerem suicídio. Em nossa população clínica de mulheres *borderline* parassuicidas, a maioria diz que havia intenção de mudar o seu ambiente em pelo menos um momento de comportamento parassuicida.

Infelizmente, o caráter instrumental das ameaças de suicídio e parassuicídio costuma ser o mais importante para terapeutas e teóricos que trabalham com indivíduos *borderline*. Assim, as ameaças de suicídio e outros comportamentos autoagressivos intencionais são chamados de "manipuladores". Geralmente, a base para essa referência é o próprio terapeuta se sentir manipulado. Todavia, conforme discuti no Capítulo 1, seria um erro lógico pressupor que, se um comportamento tem um determinado efeito, a pessoa agiu daquela forma para causar tal efeito. Rotular o comportamento suicida como manipulador pode ter efeitos extremamente deletérios. Essa questão será discutida no Capítulo 15, onde descrevo estratégias de tratamento para comportamentos suicidas.

Desregulação emocional e distúrbio da identidade

De um modo geral, as pessoas formam um sentido de identidade pessoal por meio de suas observações de si mesmas, bem como pelas reações das pessoas a elas. A coerência emocional e previsibilidade ao longo do tempo e entre situações semelhantes são pré-requisitos para o desenvolvimento da identidade. Todas as emoções envolvem algum elemento de preferência ou aproximação-evitação. O sentido de identidade, entre outras coisas, depende de se preferir ou gostar de algo de maneira coerente. Por exemplo, uma pessoa que sempre gosta de desenhar e pintar pode desenvolver uma imagem de si mesma que compreenda aspectos da identidade de um artista. Outras pessoas que observam essa mesma preferência podem reagir à pessoa como a um artista, aprofundando a sua imagem de si mesma. Todavia, a instabilidade emocional imprevisível leva a comportamentos imprevisíveis e incoerência cognitiva. Assim, não se desenvolve um autoconceito ou senso de identidade estável.

A tendência das pacientes *borderline* de inibir, ou tentar inibir, as respostas emocionais também pode contribuir para a ausência de um sentido forte de identidade. A insensibilidade associada à inibição do afeto costuma ser experimentada como vazio, contribuindo ainda mais para um senso de *self* inadequado (e, às vezes, completamente ausente). De maneira semelhante, se a própria percepção do indivíduo sobre as situações nunca está "correta" ou é imprevisivelmente "correta" – como ocorre na família invalidante – seria de esperar que o indivíduo desenvolvesse uma dependência excessiva das pessoas. Essa dependência excessiva, especialmente quando relacionada com preferências, ideais e opiniões, simplesmente exacerba as dificuldades com a identidade, e inicia-se um novo ciclo vicioso.

Desregulação emocional e caos interpessoal

As relações interpessoais eficazes se beneficiam imensamente com um senso de *self* estável e a capacidade de espontaneidade na expressão emocional. Para ter êxito, os relacionamentos também precisam da capacidade de autorregular suas emoções de maneiras adequadas, de controlar o comportamento impulsivo e de tolerar estímulos que causem um certo grau de dor. Sem essas capacidades, é compreensível que os indivíduos *borderline* desenvolvam relacionamentos caóticos. As dificuldades com a raiva e sua expressão, em particular, impedem a manutenção de relacionamentos estáveis.

Além disso, conforme discuto no Capítulo 3, a combinação da vulnerabilidade emocional com um ambiente invalidante leva ao desenvolvimento de expressões mais intensas e persistentes de emoções negativas. Essencialmente, o ambiente invalidante geralmente coloca o indivíduo em modo de reforço intermitente, no qual expressões de afeto negativo intenso ou demandas por ajuda são reforçadas esporadicamente. Esse modo é conhecido por criar comportamentos muito persistentes. Quando as pessoas envolvidas com a pessoa *borderline* também caem na armadilha de satisfazê-la de forma inconsistente – às vezes cedendo e reforçando expressões emocionais negativas e de alta intensidade e frequentes e, em outras, fazendo o contrário –, elas criam condições para a aprendizagem de comportamentos destrutivos para o relacionamento.

As implicações da teoria biossocial para a terapia com pacientes *borderline*

Objetivos gerais e habilidades ensinadas

O reconhecimento dessas dificuldades na regulação das emoções, originadas na formação biológica e em experiências inadequadas de aprendizagem, sugere que o tratamento deve se concentrar nas tarefas associadas de ensinar a paciente *borderline* (1) a modular a emotividade extrema e reduzir comportamentos desadaptativos dependentes do humor, e (2) confiar e validar as suas próprias emoções, pensamentos e condutas. A terapia deve se concentrar no treinamento de habilidades e mudança de comportamento, bem como na validação das capacidades e comportamentos atuais da paciente.

Uma parte importante da TCD dedica-se a ensinar exatamente essas habilidades, que são decompostas em quatro tipos: (1) aquelas que aumentam a eficácia interpessoal em situações de conflito e, assim, representam uma promessa de reduzir os estímulos ambientais associados a emoções negativas; (2) estratégias selecionadas na literatura do tratamento comportamental para transtornos afetivos (depressão, ansiedade, medo, raiva) e estresse pós-traumático, que aumentam a autorregulação de emoções indesejadas ante estímulos emocionais negativos, reais ou percebidos; (3) habilidades para tolerar a perturbação emocional até que ocorram mudanças; e (4) habilidades adaptadas das técnicas de meditação oriental (zen), como prática em *mindfullness*, que aumenta a capacidade de sentir emoções e evitar a inibição emocional.

Evitar "culpar a vítima"

A extinção de demonstrações emocionais extremas e desadaptativas depende de diversos fatores. De maneira mais importante, deve-se criar um ambiente de validação, que permita ao terapeuta extinguir comportamentos desadaptativos, enquanto, ao mesmo tempo, tranquiliza, conforta e adula a paciente ao longo da experiência. O processo é complicado e exige uma quantidade enorme de tolerância do terapeuta, além de disposição para sentir dor emocional e flexibilidade. No entanto, muitas vezes, ao conduzir o tratamento, terapeutas podem aplicar as mesmas expectativas às pacientes *borderline* que colocam em outros pacientes. Quando pacientes *borderline* não conseguem satisfazer tais expectativas, os terapeutas podem ser tolerantes por um certo período. Porém, à medida que as pacientes começam a demonstrar mais emoções negativas, a paciência ou a disposição do terapeuta para tolerar a dor que está sentindo podem acabar, e ele se sujeita, pune ou termina a terapia com esses pacientes. Terapeutas com experiência em trabalhar com pacientes *borderline* talvez se reconheçam nas primeiras descrições de ambientes invalidantes e controladores e das famílias que caem no ciclo vicioso de ceder e punir as pacientes. Esse ambiente, quanto recapitulado na terapia, é uma simples continuação do ambiente invalidante que as pacientes experimentaram por todas as suas vidas.

Uma forma mais típica de punição de pacientes *borderline* consiste de comportamentos que, em suma, são invalidantes para as pacientes e "culpam as vítimas". A pesquisa em psicologia social sugere que diversos fatores são importantes para determinar se as pessoas culparão as vítimas de infortúnios por seus próprios infortúnios. Relevantes para este tema, existem observações de que, de um modo geral, as mulheres são mais culpadas por seus infortúnios do que os homens, em situações comparáveis (Howard, 1984). Na mesma pesquisa, Howard também observou que, quando a vítima é uma mulher, as pessoas atribuem a culpa ao seu caráter. Porém, quando a vítima é um homem, as pessoas atribuem a culpa ao comportamento do homem na situação, e não ao seu caráter. Outras variáveis também são importantes: a pessoa deve se importar com o problema da vítima; as consequências devem ser graves (Walster, 1966); e essa pessoa deve se sentir incapaz de controlar o resultado (Sacks e Bugental, 1987). Desse modo, quando as pessoas se importam com o que acontece com os outros, não querem ver os outros sofrerem, mas não conseguem impedir que o infortúnio ou sofrimento aconteça, elas são prováveis de culpar as vítimas por seu infortúnio ou sofrimento.

Essa é exatamente a situação da terapia com a maioria dos pacientes *borderline*. Primeiramente, as "vítimas" são principalmente mulheres. Geralmente, seus terapeutas se importam se estão sofrendo. E, certamente, poucas terapias até hoje se mostraram particularmente efetivas para impedir o sofrimento. Mesmo que os terapeutas acreditem que um determinado tratamento será efetivo no longo prazo, pois funcionou com outros pacientes, a impotência ante o intenso sofrimento dos indivíduos *borderline* – sofrimento esse que causa uma dor recíproca nos terapeutas –

vem da experiência cotidiana repetida de trabalhar com esses indivíduos. Ante essa impotência, os terapeutas podem redobrar seus esforços. Quando a paciente ainda não melhora, os terapeutas podem começar a dizer que estão causando seus próprios problemas, que a paciente não quer melhorar ou mudar, que está resistindo à terapia. (Afinal, ela funciona com quase todo mundo.) Que estão jogando, que são carentes. Em resumo, terapeutas cometem um erro cognitivo bastante fundamental, mas bastante previsível: eles observam a consequência do comportamento (p.ex., sofrimento emocional da paciente ou seu mesmo) e atribuem a consequência a motivos internos por parte da paciente. Comento esse erro repetidamente em discussões do tratamento de pacientes *borderline*.

"Culpar a vítima" tem importantes efeitos iatrogênicos. Em primeiro lugar, invalida a experiência do indivíduo sobre seus próprios problemas. Aquilo que o indivíduo experimenta como tentativas de acabar com a dor é rotulado como tentativas de manter a dor, de resistir à melhora, ou de fazer algo que o indivíduo não esteja consciente de querer. Desse modo, o indivíduo aprende a não confiar na própria experiência de si mesmo. Depois de algum tempo, não é incomum a pessoa aprender o ponto de vista do terapeuta, porque não confia em suas próprias auto-observações e porque isso leva a mais reforço. Uma vez, tive uma paciente que estava com uma dificuldade imensa para lidar com as tarefas de casa. Ela não praticava, ou suas tentativas não tinham êxito. Simultaneamente, ela suplicava para que eu e minha colíder do grupo a ajudássemos a se sentir melhor. Uma semana, quando perguntei o que tinha interferido nas suas tarefas de casa, ela disse com muita convicção que, obviamente, não queria ser feliz. Se quisesse, teria feito suas tarefas.

Um componente básico da TCD é a insistência de que o terapeuta não culpe a vítima por seus problemas. Essa posição não se baseia em simples ingenuidade, embora eu não tenha sido acusada disso. Em primeiro lugar, o fato de o cuidador culpar a vítima geralmente leva a distanciamento emocional, emoções negativas direcionadas à paciente, menos disposição para ajudar e punição da paciente. Desse modo, torna-se mais difícil dar a ajuda necessária. O cuidador se frustra e, com frequência, mas de forma bastante sutil, ataca a paciente. Como a punição não é voltada para a fonte verdadeira do problema, ela simplesmente aumenta a emoção negativa da paciente. Segue-se uma disputa de poder – que nem a paciente e nem o terapeuta podem vencer.

Comentários finais

É importante ter em mente que a posição dialética apresentada aqui é uma posição filosófica. Assim, ela não pode ser comprovada e nem rejeitada. Todavia, para muitos, é uma posição difícil de entender. Talvez você não enxergue a necessidade em princípio. Certamente, pode adotar uma parte da TCD sem necessariamente aceitar (ou entender) a dialética. Se você é como meus estudantes e eu, porém, a ideia se tornará mais interessante com o tempo, e sutilmente mudará a sua conceituação das questões terapêuticas. Para mim, ela teve um efeito profundo sobre a maneira como conduzo psicoterapia e o modo como organizo minha unidade de tratamento. A TCD está crescendo e mudando continuamente, e as implicações emergentes da perspectiva dialética são a fonte de grande parte do crescimento.

A teoria biossocial que apresento aqui é especulativa. Existem poucas pesquisas prospectivas para documentar a aplicação dessa abordagem à etiologia da TCD. Embora a teoria esteja de acordo com a literatura conhecida sobre o TCD, não foram criadas pesquisas por enquanto para testar a teoria prospectivamente. Desse modo, o leitor deve ter em mente que a lógica da formulação biossocial da TCD descrita neste capítulo baseia-se principalmente na observação clínica e especulação, no lugar da experimentação empírica firme. Recomenda-se ter cautela.

Notas

1 Minha assistente à época, Elizabeth Trias, foi quem primeiro identificou a relação da minha experiência com a dialética. Seu marido estudava a filosofia marxista.
2 Os comportamentos também podem ocorrer com ou sem consciência ou atenção e, subsequentemente, podem ser narráveis ou inenarráveis pelo indivíduo. Na linguagem mais comum, eles podem ou não estar disponíveis para a consciência. (Ver Greenwald, 1992, para uma discussão da respeitabilidade emergente da cognição inconsciente na psicologia experimental.)
3 Existem várias boas revisões de pesquisas sobre o funcionamento emocional básico. Sugerem-se ao leitor as seguintes: Barlow (1988), Buck (1984), Garber e Dodge (1991), Ekman, Levenson e Friesen (1983), Izard, Kagan e Zajonc (1984), Izard e Kobak (1991), Lang (1984), Lazarus (1991), Malatesta (1990), Schwartz (1982) e Tomkins (1982) para revisões futuras dessa literatura.
4 Kelly Koerner foi a primeira a observar que a desregulação emocional poderia ser considerada produto da vulnerabilidade e da incapacidade de modular as emoções.
5 Gerry Dawson e Mark Greenberg trouxeram essa observação à minha atenção, juntamente com sua relevância para a invalidação.

PADRÕES COMPORTAMENTAIS: DILEMAS DIALÉTICOS NO TRATAMENTO DE PACIENTES *BORDERLINE*

Descrever as características comportamentais associadas ao TPB é uma tradição consagrada pelo tempo. Conforme indica o Capítulo 1, ao longo dos anos, foram propostas incontáveis listas de características *borderline*. Assim, é com uma certa hesitação que apresento mais uma lista desse tipo. No entanto, padrões comportamentais discutidos neste capítulo não são apresentados como diagnósticos ou diferenciais para o TPB, nem são um sumário completo de características *borderline* importantes. Minhas visões sobre esses padrões evoluíram ao longo de alguns anos, enquanto lutava para fazer a terapia comportamental funcionar de forma eficaz para pacientes cronicamente suicidas e *borderline*. Enquanto isso, sentia que esbarrava repetidamente nos mesmos grupos de características das pacientes. Ao longo dos anos, por um processo recíproco de observar (na literatura clínica e de pesquisa) e construir, desenvolvi um quadro dos dilemas dialéticos colocados pela paciente *borderline*. Os padrões comportamentais associados a esses dilemas constituem o tema deste capítulo.

Embora esses padrões sejam comuns, eles não são universais entre as pacientes que satisfazem os critérios para o TPB. Desse modo, é extremamente importante que sua presença em um determinado caso seja avaliada, e não pressuposta. Com essa precaução, considero importante que as pacientes e eu estejamos cientes da influência desses padrões específicos na terapia. De um modo geral, sua descrição soa familiar às pacientes que trato e as ajuda a ter mais organização e compreensão dos seus próprios comportamentos. Como a natureza aparentemente inexplicável do seu comportamento costuma ser uma questão importante (especialmente comportamentos autoagressivos repetidos), isso não é um feito pequeno. Além disso, os padrões e suas inter-relações podem ter valor heurístico para explicar o desenvolvimento dos problemas das pacientes.

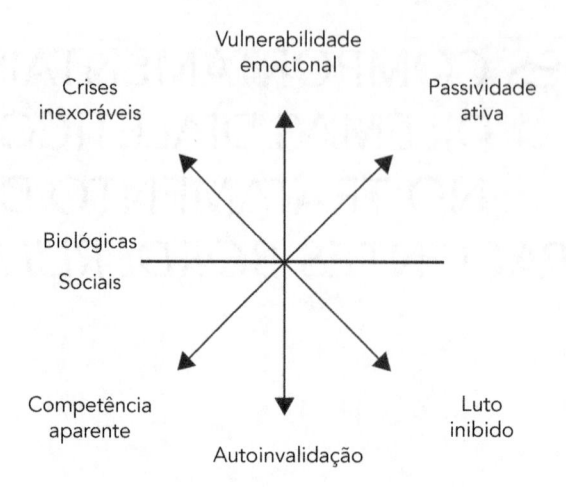

Figura 3.1 Padrões comportamentais *borderline*: as três dimensões dialéticas.

Esses dilemas devem ser vistos como um grupo de três dimensões definidas por seus polos opostos. Essas dimensões dialéticas, ilustradas na Figura 3.1, são as seguintes: (1) vulnerabilidade emocional *versus* autoinvalidação; (2) passividade ativa *versus* competência aparente; e (3) crises inexoráveis *versus* luto inibido. Se cada dimensão se divide conceitualmente no ponto médio, as características acima desse ponto – vulnerabilidade emocional, passividade ativa, crises inexoráveis – são aquelas que sofreram mais influência dos substratos biológicos para a regulação emocional durante o desenvolvimento. De maneira correspondente, as características abaixo do ponto médio – autoinvalidação, competência aparente e luto inibido – foram mais influenciadas pelas consequências sociais da expressão emocional. Uma questão fundamental em relação a esses padrões é que o desconforto nos pontos extremos em cada uma das dimensões garante que os indivíduos *borderline* oscilem entre as polaridades. Sua incapacidade de avançar para uma posição equilibrada representa uma síntese do dilema central da terapia.

Vulnerabilidade emocional *versus* autoinvalidação

Vulnerabilidade emocional

Características gerais

No Capítulo 2, discuti a vulnerabilidade emocional de indivíduos que satisfazem os critérios para o TPB como um componente importante da desregulação emocional, que atua como a variável pessoal no desenvolvimento transacional de características *borderline*. Uma dessas características *borderline* é a vulnerabilidade emocional *constante* – ou seja, sensibilidade emocional, intensidade emocional e tenacidade em respostas emocionais negativas, constantemente. Essa vulnerabilidade, segundo minha perspectiva, é uma característica nuclear do TPB. Quando discuto a vulnerabilidade emocional nesse nível, estou me referindo à vulnerabilidade real do indivíduo e a sua percepção e experiência simultâneas dessa vulnerabilidade.

Existem quatro características da excitação emocional elevada e frequente que tornam a questão particularmente difícil para o indivíduo *borderline*. Em primeiro lugar, deve-se ter em mente que as emoções não são apenas fatos fisiológicos internos, embora a excitação fisiológica certamente seja uma parte importante das emoções. Como discuti em mais detalhe no Capítulo 2, as emoções são respostas de todo o sistema. Ou seja, elas são um padrão integrado de respostas experimentais, cognitivas e expressivas, além de fisiológicas. Um componente de uma resposta emocional complexa não é necessariamente mais básico do que outro. Portanto, o problema não é simplesmente que os indivíduos *borderline* não conseguem regular a excitação fisiológica. Pelo contrário, eles muitas vezes têm dificuldade para regular todo o padrão de respostas associado a certos estados emocionais. Por exemplo, podem não conseguir modular a expressão facial hostil, padrões de atos agressivos ou ataques verbais associados à raiva. Ou podem não conseguir interromper suas preocupações obsessivas ou inibir comportamentos de fuga associados ao medo. Tendo-se essa questão em mente, é mais fácil entender a complexidade do problema que enfrentam as pacientes *borderline*, bem como sua tendência de às vezes ser inexplicavelmente disfuncionais em uma ampla variedade de áreas do comportamento.

Em segundo lugar, a excitação emocional intensa geralmente interfere em outras respostas comportamentais. Assim, os comportamentos regulados, planejados e aparentemente funcionais podem, às vezes, esmaecer quando interrompidos por estímulos relacionados com as emoções. A frustração e a decepção quando isso acontece apenas pioram as coisas. Além disso, a excitação está associada ao pensamento dicotômico, do tipo ou-ou; pensamento obsessivo e perseverativo; perturbações, queixas e doenças físicas; e comportamentos de evitação e/ou ataque.

Em terceiro lugar, a excitação elevada e a incapacidade de regulá-la levam a uma sensação de perda do controle e uma certa imprevisibilidade sobre o *self*. A imprevisibilidade advém da incapacidade da pessoa *borderline* de controlar o início e o fim de eventos internos e externos que influenciam as respostas emocionais, bem como a incapacidade de modular suas respostas a tais eventos. Ela se torna ainda pior pelo fato de que, em situações imprevisíveis, o indivíduo não consegue controlar suas respostas emocionais. O problema aqui é que o momento e a duração dessa regulação emocional são imprevisíveis para o indivíduo (e também para as outras pessoas). A qualidade dessa experiência para a pessoa *borderline* é a de um pesadelo do qual ela não consegue acordar.

Finalmente, essa falta de controle leva a certos medos específicos, que aumentam a vulnerabilidade emocional ainda mais. Em primeiro lugar, a pessoa *borderline* teme situações sobre as quais não tem controle (geralmente situações novas, além daquelas em que teve dificuldades antes). As tentativas frequentes da paciente *borderline* de adquirir controle da situação terapêutica fazem perfeito sentido, uma vez que se entende esse aspecto da vulnerabilidade emocional. Em segundo lugar, a paciente tem um medo intenso das expectativas comportamentais dos indivíduos com quem se importa. Esse medo é razoável, à luz do fato de que experimenta descontrole não apenas de respostas emocionais privadas, mas também de padrões de comportamento que dependem de certos estados emocionais. (Por exemplo, estudar para um exame exige a capacidade de se concentrar, que pode ser difícil manter durante períodos de muita ansiedade, tristeza avassaladora ou raiva intensa.) O descontrole e a imprevisibilidade tornam as expectativas ambientais repletas de dificuldades. A paciente pode cumprir as expectativas em um momento, em um estado emocional, que talvez não conseguisse cumprir em outro momento.

Um aspecto importante desse problema específico é a associação entre elogios e expectativas. Os elogios, além de transmitirem aprovação, também transmitem o reconhecimento de que o indivíduo *pode* apresentar o comportamento elogiado e a expectativa de que o faça novamente no futuro, e é exatamente isso que o indivíduo *borderline* acredita que pode não conseguir fazer. Embora eu tenha apresentado o medo do elogio como algo cognitivamente mediado, essa mediação não é necessária. Tudo que se precisa é que o indivíduo tenha experiências passadas nas quais um elogio foi seguido por expectativas; as expectativas não foram cumpridas; e houve desaprovação ou punição. Essa sequência de comportamentos é típica no ambiente invalidante.

O efeito líquido dessas dificuldades emocionais é que os indivíduos *borderline* são o equivalente psicológico do paciente com queimaduras de terceiro grau. Eles simplesmente não têm, por assim dizer, nenhuma pele emocional. Mesmo o mais leve toque ou movimento pode criar sofrimento imenso. Ainda assim, por outro lado, a vida é movimento. A terapia, na melhor hipótese, exige movimento e toque. Assim, tanto o terapeuta quanto o processo de terapia não podem deixar de causar experiências emocionais intensamente dolorosas para a paciente *borderline*. O terapeuta e a paciente devem ter a coragem de enfrentar a dor que ocorre. A experiência da sua própria vulnerabilidade é o que, às vezes, leva os indivíduos *borderline* a comportamentos extremos (incluindo comportamentos sociais), para tentar cuidar de si mesmos e para alertar o meio para cuidar melhor deles. O suicídio entre indivíduos *borderline,* inevitavelmente, é um ato final de desesperança de que a vulnerabilidade jamais diminua e, às vezes, também é uma última comunicação de que mais cuidado era necessário.

Para a eficácia terapêutica, é crucial entender essa vulnerabilidade e sempre tê-la em mente. Com muita frequência, infelizmente, os terapeutas deixam ou se esquecem de reconhecer a vulnerabilidade das pacientes. O problema é que, ao passo que a sensibilidade das vítimas de queimaduras e a razão para ela são visíveis para todos, a sensibilidade dos indivíduos *borderline* muitas vezes está oculta. Por razões que discuto mais adiante, os indivíduos *borderline* às vezes tendem enganosamente a parecer menos vulneráveis emocionalmente do que são para as pessoas, inclusive seus terapeutas. Uma consequência desse estado de coisas é que a sensibilidade da paciente *borderline* é muito mais difícil de entender e lembrar do que a das vítimas de queimaduras. Podemos imaginar não possuir pele física, mas é mais difícil imaginar como seria se sempre fôssemos emocionalmente vulneráveis ou não tivéssemos pele psicológica. Essa é a vida das pacientes *borderline*.

Raiva e transtorno da personalidade borderline

As dificuldades com a raiva têm feito parte da definição do TPB em cada edição do DSM desde 1980. No pensamento psicanalítico (p.ex., as teorias de Kernberg; ver Kernberg, 1984), um excesso de afeto hostil é considerado um fator etiológico fundamental no desenvolvimento do TPB. Grande parte do tratamento atual das pacientes *borderline* visa interpretar o comportamento à luz de sua suposta hostilidade subjacente e intenção agressiva. Um reconhecido psicanalista uma vez me disse que todos os telefonemas de pacientes para a casa do terapeuta são atos de agressão. Quase todas as vezes em que assisto a um vídeo de uma sessão de terapia de uma das minhas pacientes, alguém na plateia interpreta o silêncio, retraimento ou comportamento passivo da paciente como um ataque agressivo contra mim. As pacientes em nosso grupo de terapia muitas vezes discutem suas dificuldades para convencer outros profissionais da saúde mental de que seu comportamento, ou pelo menos parte dele, não é um reflexo de sentimentos de raiva e hostilidade.

De forma clara, a experiência de raiva e comportamentos hostis/agressivos desempenha um papel importante no TPB. No entanto, em minha perspectiva, outras emoções negativas, como tristeza e depressão; vergonha, culpa e humilhação; e medo, ansiedade e pânico são igualmente importantes. É razoável pensar que uma pessoa que é emocionalmente intensa e tem uma dificuldade generalizada para regular as emoções terá problemas específicos com a raiva. Porém, se todo ou a maioria do comportamento *borderline* deve ou não ser interpretado como associado à raiva me parece depender amplamente de quem está interpretando o comportamento, ao invés do comportamento propriamente dito e sua motivação. Muitas vezes, infere-se intenção hostil simplesmente com base nas consequências adversas do comportamento. Se o comportamento da paciente é frustrante ou irritante para o terapeuta, ela deve querer que seja assim – senão conscientemente, de maneira inconsciente. Embora não tenha dados para corroborar essa afirmação, às vezes, questiono se a tendência de inferir raiva e agressividade ao invés de medo e desespero não estaria ligada ao gênero do observador. Uma das poucas diferenças verdadeiras entre os gêneros é que os homens são mais agressivos do que as mulheres (Maccoby e Jacklin, 1978). Talvez os homens sejam mais prováveis de enxergar intenção agressiva. Os teóricos que promulgaram a raiva e motivos hostis como essenciais à etiologia do TPB, é claro, são homens (p.ex, Kernberg, Gunderson, Masterson)[1].

Em minha experiência, grande parte do comportamento *borderline* que é interpretado como advindo de motivos hostis e da raiva advém, na realidade, do medo, pânico, desesperança e desespero. (Isso é semelhante à posição de Masterson [1976] de que o medo do abandono está por trás de grande parte da psicopatologia *borderline*.) A paciente que, em um de meus vídeos, está silenciosa e não responde estava lutando para controlar um ataque de pânico, com (segundo suas descrições posteriores) sensações de asfixia e medo de morrer. Embora a resposta de pânico em si possa advir da experiência inicial e rudimentar de sentimentos, pensamentos ou reações comportamentais relacionados com a raiva, isso não significa que o comportamento subsequente tenha intenção agressiva ou hostil. Entretanto, a interpretação exagerada de raiva e intenção hostil pode gerar hostilidade e raiva. Desse modo, essas interpretações criam uma profecia autoconfirmatória, especialmente quando aplicada de forma rígida.

Embora os problemas com a raiva e a sua expressão possam refletir intensidade e desregulação emocionais mais generalizadas, eles também podem ser consequências de outros estados afetivos negativos desregulados. A excitação de emoções negativas e desconforto de qualquer tipo pode ativar sentimentos, tendências de agir e pensamentos e memórias relacionados com a raiva. Leonard Berkowitz (1983, 1989, 1990) propôs um modelo cognitivo-neoassociacionista de formação da raiva. A ideia básica é que, como resultado de diversos fatores genéticos, aprendidos e situacionais, o afeto negativo e o desconforto ativam uma rede associada de medo e experiências de raiva iniciais e rudimentares. O processamento cognitivo tardio da experiência aversiva e afeto pode então dar vazão ao desenvolvimento pleno da emoção e experiência da raiva. Segundo Berkowitz, portanto, a raiva e sua expressão são consequências prováveis (ao invés de causas) da intensidade emocional e desregulação mais generalizada de estados emocionais negativos. O autor revisa uma quantidade razoável de estudos para demonstrar que os estados emocionais negativos e o desconforto além da raiva podem produzir sentimentos de raiva e tendências hostis. Alinhado a essa posição, Berkowitz escreve que o "sofrimento raramente é enobrecedor. São incomuns na humanidade os indivíduos cujo caráter tenha melhorado como resultado de passar por experiências dolorosas ou mesmo simplesmente desagradáveis[...]. Quando [todas] as pessoas se sentem mal, é provável que tenham sentimentos de raiva, pensamentos hostis e memórias e inclinações agressivas" (Berkowitz, 1990, p. 502).

A falta de regulação da raiva e de sua expressão pode, é claro, causar diversas outras dificuldades na vida. Isso pode ocorrer especialmente entre as mulheres, cujas expressões de raiva, mesmo quando leves, podem ser interpretadas como agressividade. Por exemplo, o comportamento que é rotulado como "assertivo" em homens pode ser chamado de "agressivo" em mulheres (Rose e Tron, 1979). A agressividade percebida ocasiona agressividade como retaliação e, assim, nasce o ciclo de conflito interpessoal. Dependendo do histórico de aprendizagem do indivíduo, a própria emoção da raiva também pode ser experimentada como algo tão inaceitável que desencadeia novas reações emocionais de vergonha e pânico. Essas emoções podem então contribuir para uma escalada da resposta original de raiva, aumentando ainda mais a perturbação, ou pode haver tentativas de bloquear a expressão direta da raiva e inibir a resposta emocional. Com o tempo, um padrão de inibição expressiva e supercontrole das experiências de raiva pode se tornar o modo preferencial de responder a situações que provoquem raiva, podendo gerar comportamento de impotência. Mais adiante neste capítulo, retorno ao tema dos méritos relativos da expressão direta ou inibição da raiva.

Autoinvalidação

A "autoinvalidação" refere-se à adoção, por um indivíduo, de características do ambiente invalidante. Assim, o indivíduo *borderline* tende a invalidar as suas próprias experiências afetivas, a procurar reflexos precisos da realidade externa nos outros e simplificar a facilidade para solucionar os problemas de vida. A invalidação de experiências afetivas leva a tentativas de inibir as experiências e expressões emocionais. A falta de confiança da pessoa em suas próprias percepções da realidade impede o desenvolvimento de um sentido de identidade ou confiança em si mesma. A simplificação exagerada das dificuldades da vida leva a pessoa inevitavelmente a se odiar, depois de não conseguir alcançar seus objetivos.

Fora do âmbito das observações clínicas, o amparo empírico para a autoinvalidação entre indivíduos *borderline* é escasso. Todavia, podem-se esperar diversos problemas com as emoções como resultado de experimentar um ambiente invalidante. Primeiramente, a própria experiência de emoções negativas pode ser afetada pelo ambiente invalidante. A pressão para inibir as expressões emocionais negativas interfere no desenvolvimento da capacidade de perceber as mudanças expressivas posturais e musculares (especialmente faciais) associadas às emoções básicas. Essa percepção é parte integral do comportamento emocional. Em segundo lugar, nesse ambiente, o indivíduo não aprende a rotular as suas próprias reações emocionais negativas de forma precisa. Assim, não desenvolve a capacidade de articular as emoções de forma clara e de comunicá-las verbalmente. Essa incapacidade aumenta ainda mais a invalidação emocional que o ambiente e, posteriormente, o próprio indivíduo oferecem. É difícil para a pessoa validar uma experiência emocional que não compreende.

O terceiro efeito do ambiente invalidante, especialmente quando emoções básicas como a raiva, o medo e a tristeza são invalidadas, é que uma pessoa nesse ambiente não aprende quando deve confiar em suas respostas emocionais como reflexos válidos de ocorrências individuais e situacionais. Assim, ela é incapaz de se validar e confiar em si mesma. Ou seja, quando se fala a uma criança que ela não devia estar sentindo determinadas emoções, ela deve duvidar de suas observações ou interpretações originais da realidade. Se a comunicação de emoções negativas for punida, como ocorre com frequência em um ambiente invalidante, uma resposta de vergonha seguirá à experiência de emoções intensas em primeiro lugar e à sua expressão em público, em segundo. Assim, dá-se início a uma nova emoção negativa secundária. A pessoa aprende a responder a suas próprias respostas emocionais da maneira que seu ambiente modelou – com vergonha, crítica e punição. A compaixão pelo *self* e comportamentos de empatia autodirigidos raramente se desenvolvem nessa atmosfera. Inicia-se um ciclo vicioso, pois uma maneira eficaz de reduzir a vergonha que ocorre após as emoções negativas é fazer com que o ambiente valide a emoção original. Muitas vezes, o indivíduo *borderline* aprende que se faz necessária uma demonstração emocional extrema ou um quadro de circunstâncias extremas para provocar uma resposta de validação do ambiente. Nesse ambiente, o indivíduo aprende que a escalada da resposta emocional original e a apresentação exagerada, mas convincente, de circunstâncias negativas evocam validação do meio. Às vezes, outras respostas positivas, como cuidado e carinho, vêm juntamente com a validação. O indivíduo então volta ao polo emocionalmente vulnerável dessa dimensão da experiência *borderline*. A alternativa a procurar a validação do ambiente é simplesmente mudar ou pelo menos modular as próprias respostas emocionais conforme as expectativas do ambiente. Todavia, a incapacidade de regular o afeto impede essa solução para o indivíduo *borderline*.

Nesse meio, é compreensível que a criança desenvolva a tendência de vasculhar o ambiente em busca do que pensar e como sentir. A criança é punida por confiar em experiências privadas. Esse padrão pode explicar as dificuldades que muitas pacientes *borderline* têm para manter seu ponto de vista ante desacordos ou críticas, bem como sua tendência frequente de tentar tirar do ambiente a validação para seu ponto de vista. Se confiar nas experiências privadas não é recompensado, e conformar-se às experiências públicas é, o indivíduo tem duas opções: pode tentar mudar a experiência dos outros com táticas persuasivas, ou pode mudar sua própria experiência para torná-la condizente com a experiência pública. Em minha experiência, as pacientes *borderline* tendem a alternar entre essas duas opções.

À medida que o ciclo continua, a perturbação emocional original e a vergonha e autocrítica subsequentes aumentam. Romper esse ciclo pode ser particularmente difícil para o terapeuta. Ao mesmo tempo, a paciente está buscando validação para uma emoção dolorosa e comunicando uma perturbação tão intensa que o terapeuta deseja ajudar a reduzir a dor o mais rápido possível. O erro mais comum que os terapeutas cometem nesses casos é agir para mudar o afeto doloroso original (assim invalidando-o), ao invés de validar a emoção original e, assim, reduzir a vergonha que a cerca.

O quarto efeito de ambientes invalidantes é que os indivíduos adotam a tática invalidante de mudar o comportamento e aplicam essas táticas a si mesmos. Assim, os indivíduos *borderline* muitas vezes criam expectativas comportamentais excessivas para si mesmos. Eles simplesmente não têm o conceito da noção de moldagem – ou seja, melhora gradual. Desse modo, tendem a se repreender e punir severamente, ao invés de se recompensarem por aproximações de suas metas comportamentais. Essa estratégia autorregulatória garante seu fracasso e desistência final. Apenas em raras ocasiões, encontrei uma paciente *borderline* que conseguia usar a recompensa espontaneamente no lugar de punição como método para mudar o comportamento. Embora a punição possa ser bastante eficaz a curto prazo, ela não costuma ser a longo prazo. Entre outros efeitos negativos, a punição, especialmente na forma de autocríticas e repreensão, evoca culpa. Embora uma culpa moderada possa ser uma maneira eficiente de motivar o comportamento, a culpa excessiva, como qualquer emoção negativa intensa, pode perturbar o pensamento e o comportamento. Muitas vezes, para reduzir a culpa, esses indivíduos simplesmente evitam a situação que gera a culpa, evitando assim as mudanças comportamentais necessárias para corrigir o problema. Persuadir as pacientes *borderline* a renunciar à punição e utilizar princípios de reforço é um dos principais esforços da terapia comportamental com elas.

A preferência pela punição ante o reforço provavelmente vem de duas fontes. Primeiramente, como a punição é a única tática de mudança comportamental que conhece, a pessoa *borderline* teme que, se não aplicar uma punição severa a si mesma, ela se afastará ainda mais dos comportamentos desejados. A consequência disso é maior descontrole de seu próprio comportamento e, portanto, de recompensas do ambiente. O medo é tal que as tentativas do terapeuta de interferir no ciclo de punição às vezes evocam uma resposta de pânico. Em segundo lugar, um ambiente invalidante, com sua ênfase na responsabilidade individual, ensina que as transgressões do comportamento desejado merecem punição. As pacientes *borderline* consideram difícil acreditar que mereçam algo além de punição e dor. De fato, várias dizem que merecem morrer.

O dilema dialético da paciente

A justaposição de um temperamento emocionalmente vulnerável com um ambiente invalidante representa diversos dilemas interessantes para a paciente *borderline* e tem importantes implicações para a compreensão do comportamento suicida em particular, especialmente da forma que ocorre na psicoterapia. O primeiro dilema da paciente tem a ver com quem deve culpar por sua sina. Ela é má, a causa de seus próprios problemas? Ou existem outras pessoas em seu meio, ou o destino, que possam ser culpadas? O segundo dilema, intimamente relacionado, tem a ver com quem está certo. A paciente é realmente vulnerável e incapaz de controlar o seu comportamento e suas reações, como sente ser? Ou ela é má, capaz de controlar suas reações, mas não se dispõe a fazê-lo, como seu meio lhe diz? O que o indivíduo *borderline* parece incapaz de fazer é ter essas posições contraditórias em mente ao mesmo tempo ou de sintetizá-las. Assim, ela vacila entre os dois polos. Colocado de forma simplista, as pacientes *borderline* que atendo alternam com frequência entre essas duas orientações opostas em relação ao seu comportamento. Elas ou se validam com veemência e acreditam que todas as coisas ruins que lhes acontecem são consequências justas de sua própria maldade, ou validam sua vulnerabilidade, simultaneamente validando o destino e as leis do universo, acreditando que todas as coisas negativas que lhes acontecem são injustas e não deviam estar acontecendo.

No primeiro dos dois extremos, a própria pessoa *borderline* adota a atitude emocionalmente invalidante, muitas vezes de maneira extrema, exagerando a facilidade de alcançar objetivos comportamentais e objetivos emocionais. O fracasso inevitável associado a essas aspirações excessivas é recebido com vergonha, autocrítica extrema e autopunição, incluindo comportamento suicida. A pessoa merece ser como é. O sofrimento que ela passou é justificado por ela ser tão má. Os problemas da vida são resultado de sua própria vontade. O fracasso é atribuído à falta de motivação, mesmo ante evidências do contrário. Elas se parecem com pessoas poderosas que desprezam quem é fraco, ou terroristas que atacam aqueles que demonstram ter medo. Apenas em raras ocasiões, presenciei vingança semelhante ao ódio dos indivíduos *borderline* contra eles mesmos. Uma paciente minha estava com tanta raiva de si mesma que, nas sessões, cravava as unhas no rosto e nas pernas, deixando longos arranhões abertos. O suicídio ou o parassuicídio, segundo essa orientação, é um ato principalmente de hostilidade autodirigida.

No outro extremo, o indivíduo *borderline* às vezes está agudamente ciente de sua falta de controle emocional e comportamental. As aspirações são consequentemente reduzidas pelo indivíduo, mas não pelo ambiente. O reconhecimento da discrepância entre suas próprias capacidades para controle comportamental e emocional, e as demandas e críticas excessivas por parte do ambiente, podem levar a raiva e tentativas de provar para indivíduos importantes que eles estão errados. Como fazer isso melhor que com comportamentos suicidas ou outras formas de comportamento extremo? Essa comunicação pode ser essencial para que a pessoa receba a ajuda que acredita necessitar. Isso é especialmente provável, é claro, quando um ambiente interpessoal invalidante somente responde de maneira compassiva e solidária a expressões extremas de perturbação. Além disso, a pessoa *borderline* não tem diretrizes claras sobre em que deve acreditar quando existe desacordo – sua própria experiência ou a de outras pessoas, particularmente a do terapeuta. O comportamento suicida valida o sentido de vulnerabilidade do indivíduo, reduzindo a ambiguidade das mensagens duplas que advêm da sua experiência, e não da do terapeuta.

Segundo essa orientação, os indivíduos *borderline* não apenas validam sua própria vulnerabilidade, como também invalidam as leis comportamentais e biológicas que foram instrumentais para formá-los e mantê-los como são. Eles estão agudamente cientes da injustiça em sua existência. Às vezes, acreditam que, de algum modo, o universo pode ser justo, é justo com quase todas as outras pessoas, deveria ser justo com eles, e poderia ser se eles simplesmente soubessem o que é certo fazer. Entretanto, em outras ocasiões, eles não têm nenhuma esperança de que possam vir a descobrir o que é certo. Podem se considerar pessoas boas, ou pelo menos querer ser, com falhas incontroláveis e, por isso, incorrigíveis. Cada transgressão comportamental é seguida por intensa vergonha, culpa e remorso. Eles são vasos rachados, quebrados e feios em uma floricultura, colocados na prateleira de trás, onde os clientes não os enxerguem. Embora tentem fazer o melhor para encontrar uma cola e se consertar, ou argila nova para refazer a sua forma, seus esforços não são suficientes para torná-los aceitáveis.

No centro da intensa dor e vulnerabilidade emocional, o indivíduo *borderline* frequentemente acredita que as pessoas (particularmente o terapeuta) poderiam acabar com a dor, se apenas quisessem. (Pode-se quase dizer que eles têm um transtorno da confiança, ao invés de transtorno paranoide!) O antagonismo dessa expectativa firme e às vezes expressada de forma estridente com a experiência igualmente intensa de impotência e falta de eficácia por parte do terapeuta abre caminho para um dos dramas mais frequentes na terapia de paciente *borderline*. Ante uma ajuda inadequada, a dor emocional e o comportamento descontrolado da paciente aumentam. A paciente se sente negligenciada, profundamente magoada e incompreendida. O terapeuta se sente manipulado e igualmente incompreendido. Ambos se preparam para se retrair ou atacar.

A paciência, a aceitação e a autocompaixão, juntamente com tentativas graduais de mudança, autocontrole e autotranquilização, são os ingredientes e o resultado da síntese entre a vulnerabilidade e a invalidação. Contudo, elas fogem do domínio do indivíduo *borderline*. De maneira interessante, esse padrão de alternar aspirações excessivas e depressivas também caracteriza indivíduos que têm (no sentido pavloviano) sistemas nervosos fracos e altamente reativos – ou seja, que são emocionalmente vulneráveis (Krol, 1977, citado por Strelau, Farley e Gale, 1986).

O dilema dialético do terapeuta

Esses dois padrões inter-relacionados podem nos proporcionar uma pista da razão para a terapia com pacientes *borderline* às vezes ser iatrogênica. Até onde o terapeuta cria um ambiente invalidante dentro da terapia, pode-se esperar que a paciente reaja com firmeza. Exemplos comuns de invalidação são o terapeuta propor ou insistir em uma interpretação do comportamento que não seja compartilhada pela paciente; estabelecer expectativas firmes para aquilo que a paciente pode (ou acredita que pode) realizar; tratar a paciente como menos competente do que é na verdade; não dar à paciente a ajuda que daria se considerasse a visão da paciente válida; criticar ou punir o comportamento da paciente; ignorar comunicações ou ações importantes da paciente; e assim por diante. É suficiente dizer que, na maioria das relações terapêuticas (mesmo nas boas), é comum haver uma quantidade razoável de invalidação. Em uma relação estressante, como a relação com uma paciente *borderline*, provavelmente haja ainda mais.

A experiência de invalidação geralmente é aversiva, e as reações emocionais de uma paciente *borderline* a ela podem variar: raiva com o terapeuta por ser tão insensível; uma sensação de disforia intensa por ser tão incompreendida e solitária; ansiedade e pânico por sentir que um terapeuta que não entende e valida o estado atual da paciente não pode ajudar; ou vergonha e humilhação por sentir e expressar tais emoções, pensamentos e comportamentos. As reações comportamentais à invalidação podem incluir comportamentos esquivos, esforços maiores para se comunicar e obter validação, e atacar o terapeuta. A forma mais extrema de evitação, é claro, é o suicídio. De maneira menos drástica, as pacientes podem simplesmente abandonar a terapia ou começar a faltar e se atrasar para as sessões. (As elevadas taxas de abandono da terapia entre pacientes *borderline* e parassuicidas provavelmente resultam, em parte, das dificuldades que os terapeutas têm para validar essas pacientes.) A despersonalização e fenômenos dissociativos podem ser outras formas de evitação, assim como simplesmente fechar-se e retrair-se verbalmente nas sessões de terapia. A paciente pode aumentar suas tentativas de comunicação por meios diversos, incluindo telefonar para o terapeuta entre as sessões, marcar consultas extras, escrever cartas e pedir para amigos e outros profissionais da saúde mental telefonarem para o terapeuta. Conforme discuti antes, os comportamentos suicidas às vezes podem servir como tentativas de comunicação. (Todavia, é crucial que o terapeuta *não* parta da premissa de que todo comportamento suicida é uma forma de comunicação.)

Os ataques contra o terapeuta costumam ser verbais: a paciente julga e culpa, com pouca empatia pelas dificuldades que o terapeuta pode estar tendo para entendê-la e validá-la. Na minha época, fui chamada de nomes pejorativos e tive minhas razões criticadas com mais frequência por pacientes *borderline* do que por qualquer outro grupo de indivíduos de que possa lembrar. Às vezes, porém, os ataques contra o terapeuta podem ser físicos ou consistirem de ataques contra os seus bens. Por exemplo, na nossa clínica, pacientes já quebraram relógios, destruíram quadros de avisos, roubaram correspondência, jogaram objetos, abriram buracos nas paredes a pontapés e picharam as paredes. Esses ataques, é claro, criam um ciclo recíproco, pois o terapeuta muitas vezes devolve o ataque. Os contra-ataques de um terapeuta muitas vezes são disfarçados como respostas terapêuticas.

O dilema para o terapeuta é que as tentativas de induzir mudanças na paciente e o entendimento solidário da paciente, como ela é, são igualmente prováveis de ser considerados invalidantes. Por exemplo, ao revisar como uma determinada interação deu errado ou por que não se chegou a um objetivo esperado, se o terapeuta implicar de algum modo que a paciente poderia melhorar seu desempenho na próxima vez, é provável que ela responda que o terapeuta deve estar supondo que estava errada o tempo todo e que o ambiente invalidante está correto. Segue-se uma batalha, desviando a atenção da mudança de comportamento e do treinamento de habilidades. Em minha experiência, muitas das dificuldades cotidianas para tratar essa população resultam da invalidação das experiências e dificuldades das pacientes pelos terapeutas. Por outro lado, se o terapeuta usa uma tática que não seja orientada para a mudança – ouvir a paciente ou validar solidariamente as suas respostas – é provável que ela entre em pânico ante a perspectiva de que a vida jamais vá melhorar. Se estiver certa, e se sempre esteve certa, isso é o melhor que se pode esperar. Nesse caso, o terapeuta pode receber raiva por não ter ajudado mais, juntamente com demandas pelo seu envolvimento e por sugestões concretas de mudanças. Inicia-se um ciclo vicioso – que normalmente desgasta a paciente e o terapeuta.

A experiência desse dilema, talvez mais do que qualquer outra coisa, foi meu principal ímpeto para desenvolver a TCD. A terapia comportamental padrão (incluindo a terapia cognitivo-comportamental padrão) em si, pelo menos da forma como eu a praticava, invalidava minhas pacientes. Dizia a elas que ou seu comportamento estava errado ou seu pensamento era irracional ou problemático de algum modo. As terapias que não ensinam, porém, não reconhecem os déficits reais em habilidades desses indivíduos. De certo modo, aceitar a sua dor a invalidava. Era como ser um grande nadador com um bote salva-vidas por perto, deixando pessoas que não sabem nadar para se virarem por conta própria no meio do oceano, gritando (com uma voz tranquilizadora): "você vai conseguir! Você aguenta!". A solução, pelo menos na TCD, é combinar as duas estratégias de tratamento. Assim, o tratamento exige que o terapeuta interaja com a paciente de um modo flexível, combinando a observação perspicaz das reações da paciente com mudanças a cada momento no uso de aceitação solidária ou estratégias de confrontação e mudança.

O equilíbrio dialético que o terapeuta deve almejar acarreta validar a sabedoria essencial das experiências de cada paciente (especialmente suas vulnerabilidades e senso de desespero) *e* ensinar à paciente as capacidades necessárias para que haja mudança. Isso exige que o terapeuta combine e sobreponha estratégias de validação com estratégias para promover as capacidades (treinamento de habilidades). A tensão criada pelo fato de a paciente alternar excessivamente suas expectativas altas e baixas relacionadas com suas próprias capacidades representa um desafio formidável para o terapeuta.

Passividade ativa *versus* competência aparente

Passividade ativa

A característica que define a "passividade ativa" é a tendência de abordar os problemas de forma passiva e demonstrando impotência, ao invés de ativamente e de forma determinada, bem como a tendência correspondente, em situações de perturbação extrema, de exigir do ambiente (e muitas vezes do terapeuta) soluções para os problemas da vida. Desse modo, o indivíduo é ativo em tentar que os outros resolvam seus problemas ou regulem seu comportamento, mas passivo para resolver os problemas por conta própria. Esse modo de agir é bastante semelhante ao "enfrentamento voltado para as emoções", descrito por Lazarus e Folkman (1984). O enfrentamento voltado para as emoções consiste em responder a situações que provoquem estresse com tentativas de reduzir as reações emocionais negativas à situação – por exemplo, distraindo-se ou procurando conforto nos outros. Isso se contrapõe ao "enfrentamento voltado para os problemas", no qual o indivíduo usa ação direta para solucionar o problema. É essa tendência de procurar ajuda ativamente no meio que diferencia a passividade do desamparo aprendido. Em ambos os casos, o indivíduo se sente incapaz de resolver seus próprios problemas. Porém, no desamparo aprendido, ele simplesmente desiste e nem tenta obter ajuda do ambiente. Na passividade ativa, a pessoa continua a tentar obter a solução do problema com outras pessoas, inclusive o terapeuta.

Às vezes, é exatamente essa demanda por uma solução imediata do terapeuta, quando este não tem uma para dar, que leva ao ciclo de invalidar a paciente. Demandas desesperadas e crescentes podem precipitar uma crise para o terapeuta. Ante essa impotência, ele pode começar a culpar ou rejeitar a "vítima". Essa rejeição exacerba o problema, levando a novas demandas, e começa o ciclo vicioso. A passividade ante problemas avassaladores e aparentemente insolúveis com a vida e a autorregulação, é claro, não ajuda a remediar tais problemas, embora possa ser efetiva na regulação de curto prazo do afeto negativo que os acompanha. A questão de se os problemas são solúveis de fato, é claro, tem sido o pomo da discórdia entre a paciente e o terapeuta. O terapeuta pode acreditar que os problemas serão solucionados se a paciente simplesmente começar a tentar enfrentá-los ativamente. Por outro lado, a paciente muitas vezes os considera insolúveis, não importa o que fizer. Na perspectiva da paciente, ou não existe solução ou ela não se sente capaz de produzir nenhum comportamento voltado para a resolução do problema em questão. As crenças de autoeficácia da paciente não condizem com as crenças do terapeuta na capacidade inerente da paciente para resolver problemas. De fato, o terapeuta pode até estimular um estilo passivo de regulação, incluindo distração e evitação do problema, se também considerar os problemas insolúveis.

O estilo passivo de autorregulação provavelmente seja resultado da disposição temperamental do indivíduo, bem como do seu histórico de fracasso em tentativas de controlar afetos negativos e comportamentos desadaptativos associados. Por exemplo, Bialowas (1976, citado por Strelau et al., 1986) encontrou uma relação positiva entre a reatividade autonômica elevada e a dependência em uma situação de influência social. Pesquisas interessantes de Eliasz (1974, citado por Strelau et al., 1986) sugerem que pessoas com reatividade autonômica elevada, independente de outras considerações, preferem estilos passivos de autorregulação – ou seja, estilos que envolvam esforços ativos mínimos para melhorar suas próprias capacidades e seu ambiente.

Miller e Mangan (1983) fizeram pesquisas relevantes para esse tema analisando os comportamentos das pacientes durante consultas médicas. Observaram que pacientes que estavam atentas e sensibilizadas para os aspectos negativos ou potencialmente negativos de uma experiência (*high monitors*) se preocupavam mais com ser tratadas com bondade e respeito, fazer os testes, obter novas prescrições, obter garantias sobre os efeitos do estresse para sua saúde e obter mais informações do que as *low monitors*. Mais importante para as questões discutidas aqui, elas também desejavam ter um papel menos ativo em seu tratamento médico. De fato, duas vezes mais *high monitors* do que *low monitors* queriam desempenhar um papel completamente passivo em seu tratamento. Desse modo, talvez a passividade ativa não seja resultado apenas da aprendizagem, embora um histórico de fracasso em tentativas de controlar a si mesma e ambientes adversos provavelmente seja importante.

É fácil enxergar como se pode aprender uma orientação para passividade ativa. Os indivíduos *borderline* observam a sua frequente incapacidade de interagir. Eles têm consciência da sua infelicidade, desesperança e incapacidade de enxergar o mundo a partir de um ponto de vista positivo, além de sua incapacidade simultânea de manter uma fachada intacta de felicidade, esperança e calma imperturbável. Essas observações podem levar a um padrão de desamparo aprendido. A experiência de fracasso, a despeito dos melhores esforços possíveis, costuma ser o precursor desse padrão. Além disso, em um ambiente onde as dificuldades não são reconhecidas, o indivíduo jamais aprende a lidar de forma ativa e eficaz com seus problemas. Para aprender essas estratégias de enfrentamento, precisa-se, no mínimo, reconhecer o problema. Em um ambiente onde as dificuldades são minimizadas, o indivíduo aprende a ampliá-las para que possam ser levadas a sério. É essa visão ampliada das dificuldades e incompetência que caracteriza a passividade ativa. O indivíduo equilibra a falta de reconhecimento da inadequação com um extremo de inadequação e passividade.

Pode-se encontrar amparo empírico para o padrão de passividade ativa no trabalho com indivíduos parassuicidas e *borderline*. Em minha pesquisa, pacientes internadas por um parassuicídio imediatamente anterior, comparadas com pacientes psiquiátricas internadas não suicidas e com ideação suicida, apresentaram solução de problemas interpessoais notavelmente menos ativa e solução de problemas um pouco mais passiva. A solução de problemas ativa, nessa pesquisa, consistia de o indivíduo tomar atitudes que levassem à solução do problema, e a solução de problemas passiva consistia de buscar outra pessoa para resolver os problemas (Linehan et al., 1987). Perry e Cooper (1985) citam uma associação entre o TPB e a autoeficácia baixa, dependência elevada e dependência emocional de outras pessoas.

A incapacidade de se proteger de emoções adversas extremas e a consequente sensação de impotência, desesperança e desespero podem ser fatores importantes na dependência interpessoal exagerada e frequente dos indivíduos *borderline*. As pessoas que não conseguem resolver seus próprios problemas afetivos e interpessoais devem tolerar as condições aversivas ou buscar outras pessoas para resolver seus problemas. Quando a dor psíquica é extrema e/ou a tolerância à perturbação é baixa, essa busca se transforma em apego emocional e comportamentos reinvindicativos. Essa dependência, por sua vez, leva previsivelmente a respostas emocionais intensas à perda ou ameaça de perda de pessoas com significância interpessoal. Tentativas frenéticas de evitar o abandono são condizentes com essa constelação.

Não se pode ignorar o papel do viés cultural de gênero e de estereótipos dos papéis dos sexos em induzir a passividade ativa por parte das mulheres. De um modo geral, as mulheres tendem a aprender estilos interpessoais que são efetivos porque evocam a ajuda e a proteção dos outros (Hoffman, 1972). Além disso, as mulheres costumam se restringir mais a modos de influência indiretos, pessoais e impotentes, por causa das normas e expectativas culturais (Johnson, 1976). As diferenças de gênero aparecem já com pouca idade. Estudos com observação de crianças em idade escolar, por exemplo, indicam que os garotos respondem a críticas com esforços ativos, ao passo que as garotas tendem a cair mais no modo passivo de desistir e culpar suas próprias capacidades (Dweck e Bush, 1976; Dweck, Davidson, Nelson e Emde, 1978). Embora as garotas em idade escolar, de um modo geral, não passem por mais situações estressantes do que os garotos (Goodyer, Kolvin e Gatzanis, 1986), é possível que elas tenham mais situações que se encaixem no paradigma do desamparo aprendido do que eles. Certamente, os dados sobre o abuso sexual sugerem essa possibilidade. Conforme discuti em maior detalhe no Capítulo 2, o grau de apoio social recebido – em particular, o grau de intimidade – está mais associado ao bem-estar entre as mulheres do que entre os homens. Assim, a dependência emocional característica dos indivíduos *borderline* pode, às vezes, ser apenas uma variação extrema de um estilo interpessoal comum a muitas mulheres. Também é possível que o estilo dependente característico dos indivíduos *borderline* não seja considerado patológico em outras culturas.

Competência aparente

A "competência aparente" refere-se à tendência dos indivíduos *borderline* de parecer competentes e capazes de lidar com a vida cotidiana às vezes e, em outras, agir (inesperadamente, para o observador) como se as competências observadas não existissem. Por exemplo, um indivíduo pode agir de forma adequadamente assertiva em meios profissionais, onde se sente confiante e no controle, mas ser incapaz de dar respostas assertivas em relações íntimas, onde se sente menos no controle. O controle dos impulsos no consultório do terapeuta pode não se generalizar para cenários externos. A paciente que parece estar com um humor neutro ou mesmo positivo quando sai da sessão de terapia pode telefonar para o terapeuta horas depois e relatar perturbação extrema como resultado da sessão. Algumas semanas ou meses lidando com os problemas da vida podem ser seguidos por uma crise e retraimento comportamental, de um modo ineficiente e com desregulação emocional extrema. A incapacidade de regular a expressão afetiva em certas situações sociais pode estar completamente ausente em outras. Em muitos casos, os indivíduos *borderline* apresentam habilidades interpessoais muito boas, e conseguem ajudar os outros a lidar com seus próprios problemas de vida, mas, mesmo assim, podem não conseguir aplicar essas mesmas habilidades às suas próprias vidas.

A ideia do padrão de competência aparente me ocorreu no trabalho com uma das minhas pacientes, que chamarei de Susan. Susan era uma analista de sistemas de uma grande empresa. Ela chegava para a terapia bem-vestida, tinha uma atitude atraente, era bem-humorada e tinha boas revisões de desempenho no trabalho. Depois de alguns meses, ela começou a me pedir conselhos sobre como lidar com problemas interpessoais com seu chefe. Todavia, ela parecia bastante competente do sentido interpessoal, e eu estava convencida de que tinha as habilidades necessárias. Então, continuei a analisar os fatores que a inibiam de usar as habilidades que presumia que ela tinha.

Ela continuava a insistir que simplesmente não conseguia pensar em como falar sobre certas questões com o chefe. Embora ainda acreditasse que ela realmente tivesse as habilidades necessárias, sugeri um dia, exasperada e frustrada, que dramatizássemos como lidar com uma situação específica. Eu a representei, e ela representou o chefe. Depois do *role play* ela demonstrou surpresa em relação à maneira como lidei com a situação. Ela disse que simplesmente nunca havia pensado naquele modo de abordar o problema. Prontamente, concordou em falar com o chefe e usar a abordagem que eu havia modelado. Na semana seguinte, ela relatou seu êxito. Certamente, essa interação não provou que Susan não tinha as capacidades necessárias antes do *role play*. Talvez o *role play* tenha transmitido informações sobre as regras sociais para agir com chefes, talvez eu simplesmente tenha dado "permissão" para ela usar as habilidades que já tinha. Porém, não se pode desconsiderar a possibilidade de que eu tenha pensado que Susan tinha habilidades que, de fato, ela não tinha na situação em que precisava.

Diversos fatores parecem ser responsáveis pela competência aparente do indivíduo *borderline*. Primeiramente, a competência do indivíduo é extremamente variável e condicional. Conforme sugeriu Millon (1981), a pessoa *borderline* é "estavelmente instável". Contudo, o observador espera que as competências expressadas em um conjunto de condições se generalizem e sejam expressadas em condições semelhantes (para ele). Todavia, no indivíduo *borderline*, essas competências muitas vezes não se generalizam. Estudos sobre a aprendizagem em situações específicas sugerem que a generalização de comportamentos em diferentes contextos situacionais não é esperada em muitos casos (ver Mischel, 1968, 1984, para revisões). O que torna a paciente *borderline* singular é a influência da aprendizagem dependente do humor combinada com a aprendizagem específica à situação em questão. Em particular, as capacidades comportamentais que o indivíduo tem em um estado de humor não ocorrem muitas vezes em outro estado. Além disso, se o indivíduo tem pouco controle dos seus estados emocionais (que se espera de pessoas com deficiências na regulação emocional), para todas as finalidades práticas, ele terá pouco controle sobre suas capacidades comportamentais.

Um segundo fator que influencia a competência aparente tem a ver com o fato de que o indivíduos *borderline* não comunicam sua vulnerabilidade de forma clara para as outras pessoas importantes em sua vida, incluindo o terapeuta. Às vezes, o indivíduo *borderline* automaticamente inibe a expressão não verbal de experiências emocionais negativas, mesmo quando tal expressão é apropriada e esperada. Assim, ela pode estar passando por turbulência interna e dor psíquica, enquanto, ao mesmo tempo, comunica uma aparente calma e controle. Sua atitude parece competente e comunica aos outros que ela está se sentindo bem e no controle. A aparência de competência às vezes aumenta quando o indivíduo *borderline* adota e expressa as crenças do seu ambiente – ou seja, que é competente em situações semelhantes e ao longo do tempo. Em um estado de humor ou contexto, o indivíduo tem dificuldade para prever como ficará em diferentes estados ou situações. Aquela fachada competente e sorridente é facilmente confundida com um reflexo preciso da realidade transituacional em todas ou na maioria das condições. Quando o indivíduo transmite impotência em outro estado ou situação emocional, o observador interpreta esse comportamento como fingimento de impotência para chamar a atenção ou para frustrar os outros.

Essa inibição da expressão emocional negativa provavelmente parta dos efeitos, conforme a aprendizagem social, de crescer em um ambiente invalidante. Conforme descreve o Capítulo 2, os ambientes invalidantes gratificam a inibição da expressão afetiva negativa. A ênfase é na realização, no controle pessoal e em sorrir frente às adversidades[2]. Para tornar as coisas ainda mais difíceis, a maioria das pacientes *borderline*, em minha experiência, não tem consciência de estar comunicando sua vulnerabilidade. Podem estar acontecendo duas coisas aqui. Primeiramente, o indivíduo às vezes comunica verbalmente que está perturbado, mas suas pistas não verbais não sustentam a mensagem. Ou a paciente pode discutir um tema pessoalmente vulnerável e sentir afeto intensamente negativo, mas não comunicar (de forma verbal e não verbal) a experiência desse afeto. De qualquer modo, porém, a paciente geralmente acredita que se comunicou de forma clara. No primeiro caso, acredita que uma simples descrição de como se sente, independente da expressividade não verbal, é suficiente. Porém, pode não estar ciente de que a mensagem não verbal não é condizente. No segundo caso, a paciente acredita que o contexto em si já é comunicação suficiente. Ainda assim, quando as pessoas não entendem a mensagem, o indivíduo costuma ficar bastante perturbado. Esse fracasso é compreensível, pois a maioria dos indivíduos que enxergam sinais verbais e não verbais discrepantes confiam mais nos sinais não verbais do que nos verbais.

Já tive pacientes que, com calma e em um tom normal, me dizem, de um modo quase casual, que estão tão deprimidos que pensam em se matar. Ou a paciente pode falar de uma rejeição recente, dizendo que se sente frenética com a perda, com uma voz tão causal como se estivéssemos comentando o clima. Uma de minhas pacientes, que era solteira e mais gorda do que as normas para mulheres da sua idade, se desesperava ao extremo e inevitavelmente ao falar sobre seu peso ou seu estado civil.

Porém, não fosse pelo assunto, eu jamais saberia. De fato, a paciente tinha um argumento tão convincente para uma perspectiva feminista que eu poderia razoavelmente acreditar que ela havia aprendido a dominar seu condicionamento cultural em relação aos temas. As discussões de abuso sexual muitas vezes têm esse efeito.

O terceiro fator que influencia a competência aparente tem a ver com a reação do indivíduo *borderline* a relações interpessoais. A paciente típica com quem trabalhei parece ter acesso à competência emocional e comportamental em duas condições: ou está na presença verdadeira de um indivíduo aprovativo e solidário, ou se percebe em um relacionamento seguro, aprovativo e estável com uma pessoa significativa, mesmo quando a pessoa não está fisicamente presente. Talvez seja por isso que o indivíduo *borderline* muitas vezes pareça tão competente quando está com seu terapeuta. Geralmente o terapeuta é um indivíduo aprovativo e solidário. Porém, raramente, a relação terapêutica é percebida como segura e estável. Assim, quando o terapeuta não está presente, a influência é menor. Embora isso possa se dever a uma falha na memória evocativa, conforme sugere Adler (1985), também pode ter a ver com a natureza geralmente menos segura da relação terapêutica. De fato, as relações terapêuticas são definidas pelo fato de que acabam. Para muitas pacientes *borderline*, elas acabam de forma prematura e abrupta. Os efeitos benéficos das relações, é claro, não são únicos das pacientes *borderline*. Todos ficamos melhor quando temos redes de apoio social estáveis e solidárias (ver Sarason, Sarason e Shearin, 1986, para uma revisão). A diferença é a magnitude da discrepância entre as capacidades das pacientes *borderline* dentro e fora de relacionamentos de apoio.

Não está claro por que os relacionamentos têm esse efeito sobre tais indivíduos. Diversos fatores podem ser importantes, e não é difícil imaginar como a aprendizagem social pode explicar esse fenômeno. Se uma criança recebe reforço por ser competente e feliz quando está com outras pessoas e é isolada quando age de maneira contrária, parece razoável que aprenda a competência e felicidade quando com as pessoas. Para um indivíduo que tem deficiências na autorregulação e, portanto, precisa da regulação do meio, estar sozinho pode se tornar perigoso. A ansiedade que resulta de não ter acesso a um relacionamento de apoio pode perturbar o afeto da pessoa o suficiente para dar início ao ciclo de afeto negativo que acaba interferindo no comportamento competente. Além disso, o conhecido fenômeno da facilitação do desempenho na presença de outros indivíduos (Zajonc, 1965) pode simplesmente ser mais forte com pacientes *borderline*.

A aparência de competência pode enganar as pessoas, inclusive o terapeuta, fazendo-as crer que o indivíduo *borderline* é mais capaz do que realmente é. A discrepância entre a aparência e a realidade simplesmente perpetua o ambiente invalidante. A ausência da competência esperada é atribuída a falta de motivação, "não tentar", jogos, manipulações ou outros fatores discrepantes da experiência fenomenal do indivíduo. Assim, uma importante consequência dessa síndrome *borderline* é que ela ajuda o terapeuta e outras pessoas a "culpar a vítima" e os cega para a necessidade que a paciente tem de ajuda para aprender novos padrões de comportamento.

O dilema dialético da paciente

O indivíduo *borderline* enfrenta um dilema aparentemente irreconciliável. Por um lado, ele tem grandes dificuldades com a autorregulação do afeto e a competência comportamental subsequente. Com frequência, mas de maneira imprevisível, ele precisa de uma grande quantidade de assistência, sente-se impotente e desesperançoso e tem medo de ser abandonado à própria sorte, em um mundo onde já fracassou diversas vezes. Sem a capacidade de prever e controlar seu próprio bem-estar, ele depende do seu ambiente social para regular seu afeto e comportamento. Por outro lado, sente muita vergonha por agir de forma dependente em uma sociedade que não tolera a dependência, e aprendeu a inibir expressões de afeto negativo e impotência sempre que o afeto está dentro de limites controláveis. De fato, quando com humor positivo, ele pode ocasionalmente ser competente em uma variedade de situações. Todavia, no estado de humor positivo, ele tem dificuldade para prever suas próprias capacidades comportamentais para um humor diferente e, assim, comunica aos outros uma incapacidade de ir além das suas capacidades. Desse modo, o indivíduo *borderline*, mesmo que às vezes desesperado por ajuda, tem muita dificuldade para pedir ajuda adequadamente ou comunicar suas necessidades.

A incapacidade de integrar ou sintetizar as noções de impotência e competência, de descontrole e controle e de precisar e não precisar de ajuda pode levar a mais perturbação emocional e comportamentos disfuncionais. Acreditando que é competente para "vencer", a pessoa pode sentir muita culpa por sua suposta falta de motivação, quando não alcança seus objetivos. Em outras ocasiões, ela sente uma extrema raiva das pessoas, por sua falta de compreensão e expectativas irrealistas. Tanto a culpa intensa quando a raiva intensa podem levar a comportamentos disfuncionais, incluindo suicídio e parassuicídio, visando reduzir os estados emocionais dolorosos. Para a pessoa aparentemente competente, o comportamento suicida às vezes é o único meio de comunicar aos outros que realmente não consegue lidar e precisa de ajuda, ou seja, o comportamento suicida é um pedido de ajuda. O comportamento também pode funcionar como um meio para fazer as pessoas alterarem suas expectativas irrealistas – para o indivíduo "provar" para o mundo que realmente não pode fazer o que se espera dele.

O dilema dialético do terapeuta

A dimensão da passividade ativa *versus* competência aparente também representa um desafio dialético para o terapeuta. Um terapeuta que somente enxerga a competência da pessoa aparentemente competente pode não apenas ser exigente demais em termos de expectativas para o desempenho, como também não ser sensível a pequenas comunicações de perturbação e dificuldade. Tem-se um ambiente invalidante. A tendência de atribuir a falta de progresso a "resistência" ao invés de incapacidade é especialmente perigosa. Essa postura, quando adotada de forma acrítica, não apenas é invalidante, como também impede que o terapeuta proporcione o treinamento necessário em certas habilidades. A experiência tão comum de um paciente deixar a sessão aparentemente em um estado emocional neutro ou mesmo positivo, mas ligar em seguida ameaçando cometer suicídio, pode ser consequência desse padrão.

Em contrapartida, também pode haver um problema igual quando o terapeuta não reconhece as verdadeiras capacidades da paciente, caindo assim no padrão de passividade ativa com ela. Pode ser especialmente fácil o terapeuta confundir a emotividade e demandas crescentes com deficiências reais. Às vezes, o pânico se disfarça de incapacidade. Naturalmente, pode ser especialmente difícil evitar essa armadilha quando a paciente está insistindo que, se as expectativas terapêuticas não forem reduzidas e não houver mais assistência, a consequência será o suicídio. É preciso um terapeuta corajoso (e, posso acrescentar, autoconfiante) para não ceder à paciente nessas circunstâncias. Os princípios comportamentais da moldagem de respostas são especialmente relevantes nessas situações. Por exemplo, como discuto no Capítulo 8, nos primeiros estágios do tratamento, o terapeuta talvez precise "adivinhar" as emoções da paciente a partir de informações insuficientes e prever problemas muito mais do que durante os estágios posteriores, quando a paciente terá melhorado suas habilidades comunicativas. A chave, é claro, é julgar adequadamente onde o gradiente de moldagem se encontra a cada momento.

Romper a passividade ativa e gerar coparticipação são tarefas constantes. O erro que o terapeuta deve evitar é o de continuar a simplificar as dificuldades da paciente e supor cedo demais que ela já pode lidar com seus problemas sozinha. Essa suposição é compreensível, devido ao padrão de competência aparente. Todavia, esse erro simplesmente aumenta a passividade da paciente. De outra forma, a paciente corre o risco de parar em um limbo e ser abandonada para sair por conta própria. De um modo geral, quanto mais fácil for para o terapeuta fazer progresso, mais passivo o indivíduo provavelmente será. Porém, enfatizar a dificuldade inerente em mudar, enquanto, ao mesmo tempo, exige-se progresso ativo, pode facilitar o trabalho ativo. O papel do terapeuta é equilibrar as capacidades e deficiências da paciente, novamente alternando flexivelmente entre abordagens de tratamento baseadas em apoio-aceitação e confronto-mudança. As exortações à mudança devem ser integradas a uma paciência infinita.

Crises inexoráveis *versus* luto inibido

Crises inexoráveis

Muitos indivíduos *borderline* e suicidas vivem em um estado de crise perpétua e inexorável. Embora o suicídio, o parassuicídio e a maioria dos outros comportamentos disfuncionais sejam conceituados na TCD como tentativas desadaptativas de resolver os problemas da vida, uma visão mais precisa é que esses comportamentos são respostas a um estado de crise crônica e avassaladora. Esse estado é debilitante para o indivíduo *borderline*, não por causa da magnitude de um dado acontecimento estressante, mas por causa da elevada reatividade do indivíduo e da natureza crônica dos acontecimentos estressantes. Por exemplo, a perda simultânea do emprego, do cônjuge e dos filhos e uma doença séria concomitante – pelo menos teoricamente – seria mais fácil de enfrentar do que o mesmo conjunto de situações experimentadas de forma sequencial. Berent (1981) sugere que os acontecimentos estressantes repetitivos, juntamente com uma incapacidade de se recuperar plenamente de qualquer acontecimento estressante, resultam em "enfraquecimento do espírito" e comportamentos suicidas e outros comportamentos "emergenciais" subsequentes. De certo modo, a paciente jamais retorna ao seu ponto emocional basal antes do próximo golpe atingi-la. Do ponto de vista de Selye (1956), o indivíduo está constantemente se aproximando do estágio de "exaustão" da adaptação ao estresse.

Essa incapacidade de retornar ao ponto basal pode ser resultado de vários fatores. Geralmente, o indivíduo *borderline* cria e é controlado por um ambiente aversivo. Fatores temperamentais exacerbam a resposta emocional inicial do indivíduo e sua velocidade de retorno ao ponto basal depois de cada estressor. A magnitude e o número de estressores subsequentes aumentam com as respostas do indivíduo ao estressor inicial. A incapacidade de tolerar ou reduzir o estresse de curta duração sem emitir comportamentos disfuncionais de fuga cria ainda mais estressores. As habilidades interpessoais inadequadas resultam em estresse interpessoal e atrapalham a solução de muitos dos problemas da vida.

Uma rede social igualmente inadequada (o ambiente invalidante) pode contribuir para a incapacidade de controlar situações negativas no ambiente, e também diminui as chances da pessoa desenvolver as capacidades necessárias.

Por exemplo, uma mulher pode ser controlada por um marido abusivo e por vários filhos pequenos e dependentes. Talvez não seja realista, financeira ou moralmente, sugerir que ela deixe a família. Suas poucas habilidades e uma rede social deficiente podem exacerbar sua incapacidade de controlar acontecimentos negativos no ambiente, além de impedir que ela desenvolva novas habilidades e potencialidades. Outra mulher pode estar em um ambiente profissional que ofereça poucas gratificações e muitas punições. Contudo, talvez seja economicamente impossível para ela deixar seu emprego no futuro próximo. Sua pesada carga de trabalho pode interferir em qualquer chance que ela pudesse ter de aprender habilidades que possibilitariam um emprego melhor. O estresse crônico e impiedoso resultante, combinado com sua tolerância baixa para situações estressantes e a incapacidade de evitá-las, leva quase inevitavelmente a experiências de novas situações como esmagadoras.

Essa experiência de ser sobrepujado muitas vezes é a chave para entender a tendência repetitiva (às vezes, quase determinação) das pacientes *borderline* de cometer atos parassuicidas, ameaçar com suicídio ou apresentar outros comportamentos disfuncionais e impulsivos. E, como sugere Berent (1981), o enfraquecimento cumulativo do espírito pode levar à consumação do suicídio. Reações exageradas e aparentemente incompreensíveis a situações, críticas e perdas evidentemente sem importância se tornam compreensíveis quando vistas contra o pano de fundo da impotência das pacientes ante as crises crônicas que vivenciam. O padrão de passividade ativa, descrito anteriormente, sugere que esses indivíduos costumam não ser capazes de reduzir o estresse se não tiverem ajuda. Ambos padrões – crises inexoráveis e passividade ativa – preveem as demandas frequentes e excessivas que essas pacientes impõem aos terapeutas. Todavia, o padrão de competência aparente leva a uma certa indisposição por parte das pessoas para ajudar as pacientes. Quando essa indisposição se estende mesmo aos seus terapeutas, os problemas podem escalar ainda mais rapidamente, transformando-se em crises insuportáveis.

As crises constantes geralmente interferem no planejamento do tratamento. Os problemas críticos mudam mais rápido do que a paciente ou o terapeuta conseguem lidar de forma efetiva. Em minha experiência, a natureza do indivíduo *borderline*, orientada para as crises da vida, torna particularmente difícil – de fato, quase impossível – seguir um plano de tratamento comportamental predeterminado. Isso se aplica especialmente se o plano envolve ensinar habilidades que não estejam intimamente e claramente relacionadas com a crise atual e que não prometam alívio imediato. O treinamento focado em habilidades com a paciente *borderline* é um pouco como tentar ensinar um indivíduo a construir uma casa que não caia com um tornado, durante um tornado. A paciente sabe que o lugar adequado para estar durante um tornado é no porão, agachada embaixo de uma mesa forte. É compreensível que ela insista em esperar um "tornado" emocional passar no "porão".

Passei muitos anos tentando aplicar de forma consistente com pacientes parassuicidas e *borderline* as terapias comportamentais que sabia que eram eficazes para outras populações de pacientes. De um modo geral, essas estratégias de tratamento exigem um foco consistente em algum tipo de treinamento de habilidades, exposição, reestruturação cognitiva ou treinamento em autocontrole. Porém, simplesmente não conseguia fazer com que eu mesma ou as pacientes aderissem aos meus bem-pensados e articulados planos de tratamento por mais de uma ou duas semanas. Frente a novas e múltiplas crises, eu vinha constantemente reanalisando os problemas, recriando os planos de tratamento ou simplesmente me afastando do tratamento atual para lidar com as crises. Os novos problemas sempre pareciam mais importantes do que os velhos. Na maior parte do tempo, atribuía minha incapacidade de fazer a terapia funcionar à minha própria inexperiência como terapeuta comportamental ou a alguma outra fraqueza terapêutica de minha parte. Todavia, depois de alguns anos, compreendi que, mesmo que o problema fosse minha falta de capacidade, provavelmente haveria muitos terapeutas pouco habilidosos como eu. Esse entendimento foi instrumental para eu desenvolver a TCD. A solução para esse dilema na TCD foi desenvolver módulos de terapia psicoeducacional para ensinar habilidades comportamentais, cognitivas e emocionais específicas. Embora a tarefa da psicoterapia individual seja ajudar a paciente a integrar as habilidades à vida cotidiana, os rudimentos das habilidades são ensinados fora do contexto da terapia individual comum. Meus colegas e eu descobrimos que é muito mais fácil um terapeuta resistir a ser atraído para crises individuais em um ambiente de grupo. Além disso, parece mais fácil para as pacientes entenderem e tolerarem a aparente falta de atenção para suas crises individuais quando podem atribuí-la a demandas do ambiente de grupo do que à falta de interesse por sua impotência. O senso de invalidação pessoal é menor. Todavia, o grupo não é essencial. Qualquer ambiente onde o contexto seja diferente do contexto da terapia individual comum – onde a mensagem transmitida seja "agora estamos fazendo treinamento de habilidades, e não intervenção para crise" – também pode funcionar.

Outro problema terapêutico com as crises inexoráveis é que geralmente é fácil a paciente e o terapeuta se perderem em meio às crises. Uma vez que a paciente está emocionalmente fora do controle, suas crises podem escalar e se tornar tão complexas que nem a paciente e nem o terapeuta conseguem manter o foco no acontecimento ou problema que a precipitou originalmente. Uma parte do problema, às vezes, é a tendência da paciente de ruminar sobre acontecimentos traumáticos. A ruminação não apenas perpetua as crises, como pode gerar novas crises, cuja relação com a crise original costuma ser ignorada. Essa paciente é um pouco como uma criança cansada em um passeio com a família. Depois de cansada, a criança pode se irritar com a menor frustração ou discordância, chorando e tendo ataques com a mínima provocação. Se os pais se concentram em tentar resolver cada crise individual, haverá pouco progresso. É melhor enfocar o problema original – falta de sono e repouso. De maneira semelhante, com pacientes *borderline*, o terapeuta deve prestar atenção no acontecimento original que criou a vulnerabilidade emocional em uma determinada sequência ou cadeia. Senão, ele se distrairá tanto com a perturbação acumulada da paciente que ficará confuso e desorganizado para abordar o problema.

Uma paciente minha, que chamarei de Lorie, era particularmente sensível a críticas e desaprovação. Ela havia crescido em uma casa com um pai abusivo, que não conseguia controlar seu temperamento. Quando os filhos faziam algo que desaprovava, ele tinha explosões violentas, seguidamente acompanhadas por surras. Quando Lorie tinha 35 anos, um cenário típico era: ela tomava uma decisão e executava um plano e depois temia que seu supervisor no trabalho pudesse não gostar. Depois de muito ruminar sobre a decisão e a provável reação negativa do supervisor, ela retirava o plano, decidindo que sua decisão original estava errada. Então, martirizava-se por sua aparente estupidez ou seu estilo cognitivo problemático. Então discutia com outros colegas e decidia que um projeto conjunto, sem relação com a área de preocupação com o supervisor, estava fadado ao fracasso por causa da sua limitação cognitiva. Depois do trabalho, comprava bebidas, ia para o quarto e se embriagava, racionalizando que, de qualquer modo, já tinha uma lesão cerebral. Dessa forma, ela decepcionava seu marido, que estava no limite com a bebida. Na manhã seguinte, com uma forte ressaca e uma inevitável culpa por recorrer ao álcool novamente, reagia exageradamente a alguma pergunta do marido sobre o pagamento da faculdade da filha, e tinha uma discussão acalorada por causa das finanças. Ela então vinha ter uma sessão comigo e começava com uma solicitação calma para discutir se deveria procurar outro emprego ou vender a casa, pois havia decidido que a família precisava de uma renda maior para pagar a faculdade dos filhos. Todas as minhas tentativas de resolução de problemas em relação a essa crise específica (dinheiro insuficiente para a faculdade), de maneira compreensível, eram recebidas com uma nova escalada das emoções.

Luto inibido

Equilibrando a tendência de crise perpétua, existe a tendência correspondente de evitar ou inibir a experiência e expressão de reações emocionais extremas e dolorosas. O "luto inibido" refere-se a um padrão de traumas e perdas repetitivos e significativos, juntamente com a incapacidade de sentir plenamente e de integrar ou resolver essas situações pessoalmente. Uma crise de qualquer tipo sempre envolve alguma forma de perda. A perda pode ser concreta (p.ex., a perda de uma pessoa por morte, perda de dinheiro ou do emprego, ou perda de um relacionamento por rompimento ou divórcio). A perda pode ser principalmente psicológica (p.ex., perda da previsibilidade e controle por causa de mudanças súbitas e inesperadas no ambiente, ou perda da esperança de ter pais estimulantes quando a pessoa reconhece as suas limitações novamente). Ou a perda pode ser perceptiva (p.ex., a perda percebida da aceitação interpessoal quando um comentário de outra pessoa é interpretado como crítico). A acumulação dessas perdas pode ter dois efeitos. Primeiro, uma perda precoce ou inesperada significativa pode resultar em sensibilização para perdas posteriores (Brasted e Callahan, 1984; Osterweis, Solomon e Green, 1984; Callahan, Brasted e Granados, 1983; Parkes, 1964). Em segundo lugar, um padrão de muitas perdas leva a "sobrecarga de luto", para usar um termo cunhado por Kastenbaum (1969). É como se o próprio processo do luto fosse inibido. Conforme indica minha descrição desse padrão, o luto inibido sobrepõe-se consideravelmente ao transtorno de estresse pós-traumático.

O TPB e o comportamento suicida estão associados a um histórico de uma ou mais perdas grandes (incesto, abuso sexual ou físico, morte de um dos pais ou irmãos, negligência parental) em uma idade precoce. Algumas revisões da literatura empírica (Gunderson e Zanarini, 1989) concluem que as pacientes *borderline* tiveram mais perdas na infância, como a perda dos pais por divórcio ou morte, taxas elevadas de separação de cuidadores primários e abuso físico e negligência do que outros tipos de pacientes psiquiátricos. Conforme discuti ao descrever o ambiente invalidante (Capítulo 2), mais notável é a forte relação entre o TPB e históricos de abuso sexual na infância. Esses dados sobre traumas na infância levaram pelo menos um pesquisador a sugerir que o TPB é um caso especializado de transtorno de estresse pós-traumático (Ross, 1989).

Luto normal

A pesquisa empírica sobre o luto normal é escassa e geralmente concentra-se nas sequelas da morte de entes queridos. Todavia, o luto normal tem diversos estágios identificáveis: (1) evitação, incluindo descrença, insensibilidade ou choque; (2) desenvolvimento de consciência da perda, levando a luto agudo, que pode incluir saudade e busca pela coisa perdida, diversas sensações físicas dolorosas e respostas emocionais, preocupação com imagens e pensamentos sobre o objeto perdido, desorganização comportamental e cognitiva, e desespero; e (3) resolução, reorganização e aceitação (ver Rando, 1984, para uma revisão de várias formulações do processo de luto). O luto é um processo excepcionalmente doloroso, que consiste de uma variedade de respostas emocionais, físicas, cognitivas e comportamentais características. Embora nem todas as respostas tipifiquem cada indivíduo em processo de luto, as seguintes características são suficientemente comuns para que sejam consideradas parte do "luto normal" quando ocorrem: vazio no estômago, aperto na garganta ou no peito, dificuldade para engolir, falta de ar, fraqueza muscular, falta de energia, secura na boca, tontura, desmaios, pesadelos, insônia, visão turva, *rashes* cutâneos, sudorese, distúrbios do apetite, indigestão, vômito, palpitações, distúrbios menstruais, cefaleia, dores generalizadas, despersonalização, alucinações e emoções negativas intensas (Worden, 1982; Maddison e Viola, 1968; Rees, 1975). É importante observar aqui que o luto e o processo de luto incluem toda a gama de emoções negativas – tristeza, culpa e autorreprovação, ansiedade e medo, solidão e raiva.

Todos os animais sociais, incluindo os humanos, sofrem luto em um grau ou outro – um fenômeno com provável valor para a sobrevivência da espécie (Averill, 1968). Embora exista uma tradição clínica considerável sobre a necessidade de fazer o luto, trabalhar e resolver a perda, ainda existem pouquíssimas pesquisas para sustentar a maioria das hipóteses sobre o processo. Wortman e Silver (1989) sugerem que existem pelo menos três padrões comuns de adaptação à perda. Alguns indivíduos passam pelo padrão esperado descrito. Uma proporção razoável entra na fase de luto e permanece em um estado de alta perturbação por muito mais tempo do que seria de esperar. Finalmente, outras pessoas não apresentam perturbação intensa após suas perdas, seja imediatamente após a perda ou em períodos subsequentes. Ou seja, certos indivíduos parecem ter maneiras adaptativas de evitar o processo de luto.

Problemas com o luto em pacientes borderline

As pacientes *borderline* não estão entre aquelas capazes de evitar o processo de luto. Além disso, parecem incapazes de tolerar ou de ultrapassar a fase de luto agudo. Ao invés de progredir através do processo de luto até a resolução e aceitação, elas recorrem constantemente a uma ou mais reações de evitação. Desse modo, a inibição do luto entre os indivíduos *borderline* serve para exacerbar o efeito das situações estressantes e dá continuidade ao ciclo vicioso.

O luto inibido é compreensível entre pacientes *borderline*. As pessoas somente conseguem permanecer em uma experiência ou processo muito doloroso se tiverem confiança de que acabará um dia, em algum momento – que elas podem "resolvê-lo", por assim dizer. Não é incomum ouvir pacientes *borderline* dizerem que sentem que, se começarem a chorar, jamais pararão. De fato, essa é a experiência comum para eles – a experiência de não conseguirem controlar ou modular suas próprias experiências emocionais. Elas se tornam, de fato, lutofóbicas. Ante toda essa impotência e falta de controle, a inibição e a evitação de sinais associados ao luto não são apenas compreensíveis, mas talvez sábias, às vezes. Entretanto, a inibição tem seus custos.

O tema comum no luto patológico é a evitação de sinais relacionados com a perda (Callahan e Burnette, 1989). Contudo, a capacidade de evitar todos os sinais associados a perdas repetidas é limitada. Portanto, os indivíduos *borderline* são constantemente re-expostos à experiência de perda, começam o processo de luto, automaticamente inibem o processo evitando ou se distraindo de sinais relevantes, e isso continua em um padrão circular que jamais acaba. A exposição aos sinais associados a suas perdas e luto nunca se mantém por tempo suficiente para que haja dessensibilização. Gauthier e Marshall (1977) sugerem que essa breve exposição a estímulos intensivos pode criar uma situação análoga ao "fenômeno Napalkow". Napalkow (1963) observa que, depois de uma única combinação de um estímulo condicionado e um estímulo não condicionado aversivo, apresentações breves repetidas do estímulo condicionado sozinho em intensidade total produziram um aumento acentuado em uma resposta condicionada da pressão sanguínea. Eysenck (1967, 1968) elaborou essa observação, transformando-a em uma teoria da incubação cognitiva do medo em seres humanos. Conforme apontam Gauthier e Marshall (1977), pensamentos intrusivos relacionados com a perda ou trauma do indivíduo, seguidos por tentativas de suprimi-los, correspondem às condições descritas por Eysenck como ideais para a incubação de respostas de pesar.

Volkan (1983) descreve um fenômeno interessante, o "luto patológico estabelecido", que é semelhante ao padrão que estou descrevendo. No luto patológico estabelecido, o indivíduo quer completar o trabalho de luto, mas, ao mesmo tempo, continua tentando desfazer a realidade da perda. Já vi esse padrão em várias pacientes cujos terapeutas terminaram a terapia precipitadamente. Uma das minhas pacientes foi internada no hospital após uma tentativa de suicídio. Seu terapeuta a visitou no hospital e informou que a terapia havia acabado e que não haveria mais contato entre eles. Depois disso, o terapeuta recusou firmemente qualquer contato com a paciente, não respondeu a tentativas de comunicação e recusou-se mesmo a falar comigo ou me enviar um relatório, sugerindo que esse contato apenas reabreria a esperança por parte da paciente. Os primeiros dois anos de terapia comigo consistiram de a paciente tentar continuamente restabelecer o contato com seu terapeuta anterior, muitas vezes tentando me persuadir a marcar um encontro conjunto, expressando raiva contra mim sempre que eu agisse de maneiras que não condissessem com a forma como seu terapeuta anterior trabalhava, entrando constantemente no processo de luto com componentes de respostas de luto somáticas, emocionais, cognitivas e comportamentais, incluindo comportamentos suicidas e finalmente arruinando o trabalho de luto, voltando a tentar restabelecer o contato.

Embora saibamos que a inibição do luto no longo prazo é prejudicial, não está particularmente claro por que a expressão de emoções associadas a perdas e traumas é benéfica. Talvez a exposição a sinais associados à dor emocional leve à extinção ou habituação, ao passo que a evitação constante e a exposição insuficiente interferem nesses processos. Existem evidências de que falar ou escrever sobre acontecimentos traumáticos ou estressantes, especialmente quando a revelação envolve as emoções que o acontecimento causou, reduz a ruminação sobre o fato, melhora a saúde física e promove a sensação de bem-estar (ver Pennebaker, 1988, para uma revisão desse trabalho).

A tarefa do terapeuta com uma paciente *borderline* é ajudá-la a encontrar as perdas e situações traumáticas em sua vida e sentir e expressar reações de luto. A principal maneira de fazer isso é discutir as situações durante as sessões de terapia. É mais fácil falar do que fazer, pois a paciente resiste ativamente a essas sugestões. Algumas pacientes insistem em discutir traumas passados, particularmente abuso na infância, antes que possam reverter a inibição emocional associada. Mesmo quando o terapeuta consegue dar início à discussão sobre um trauma ou perda, a paciente muitas vezes simplesmente se fecha e fica em silêncio ou minimamente se comunica. Por exemplo, são raras as pacientes que tive que continuavam a falar se achassem que iriam chorar. A ameaça das lágrimas geralmente interrompe nossa interação até que a paciente recupere o controle. Uma das minhas pacientes, que chamarei de Jane, quase nunca conseguia discutir temas com carga emocional por mais de um ou dois minutos. Quase imediatamente, seu maxilar e músculos faciais enrijeciam, ela desviava o olhar ou se enrolava em posição fetal, e todas as interações acabavam. Com terapeutas anteriores, que ficavam em silêncio juntamente com Jane, ela às vezes passava sessões inteiras sem dizer uma palavra sequer. Com o passar do tempo, aprendi que, durante esses episódios, sua mente normalmente dava um branco ou era inundada por pensamentos fugazes. Ela sentia que estava asfixiada, não conseguia respirar e acreditava que ia morrer.

Quando a confrontação e pedidos para que a paciente fale não funcionam, o terapeuta pode se sentir tentado a crer que, como a experiência é frustrante para ele, a paciente deve *querer* que seja frustrante. O comportamento da paciente é interpretado como um ataque contra o terapeuta ou a terapia, conforme descrevi anteriormente neste capítulo, na discussão sobre raiva e TPB. (O videoteipe de uma sessão de terapia com Jane, conforme citado na discussão, é um dos que faz alguns profissionais na plateia acharem que os silêncios frequentes durante a sessão são tentativas ativas de me atacar). Com frequência, minha interpretação desse comportamento como luto inibido é interpretada como ingenuidade da minha parte. Às vezes, parece que os terapeutas pensam que sua própria frustração e raiva são guias infalíveis dos motivos da paciente. O perigo nessa abordagem é que ela claramente invalida a experiência da paciente. Assim, ela perpetua o ambiente invalidante a que a paciente foi exposta durante toda a sua vida. Além disso, não proporciona à paciente a ajuda de que necessita.

Em minha experiência, uma abordagem mais frutífera é enfocar os comportamentos específicos e concretos que a paciente pode apresentar para reverter a inibição emocional. A ideia é levar a dificuldade expressiva da paciente a sério e oferecer a ajuda de que ela necessita. Por exemplo, com Jane, avancei de instruções específicas para retirar os óculos de sol ou não enrolar os braços ao redor dos joelhos a sessões em que, ao observar seu maxilar enrijecendo, lembrei a ela de relaxar os músculos do rosto e soltar o maxilar levemente. Contudo, pode-se levar esse ponto de vista ao extremo e recusar-se a avaliar a motivação hostil e a raiva, quando houver. A questão básica é que os fatores que influenciam o comportamento devem ser submetidos a avaliação, e não a suposições. O padrão de luto inibido oferece uma alternativa a análises dos comportamentos às vezes antagônicos das pacientes como manifestações de hostilidade dirigida ao terapeuta.

O dilema dialético da paciente

A paciente *borderline* na verdade tem dois dilemas na dimensão das crises inexoráveis *versus* luto inibido. Primeiro, é difícil, ou impossível, inibir as reações de luto quando solicitado e evitar a exposição a sinais da perda ou trauma quando a pessoa, ao mesmo tempo, se encontra em um estado de crise perpétua. Em segundo lugar, embora a inibição de respostas afetivas associadas ao luto possa ser efetiva para a resolução da dor no curto prazo, ela não é muito efetiva para proporcionar apoio social para as crises da paciente, e não leva a tranquilidade no longo prazo. De fato, os comportamentos de fuga típicos do luto inibido costumam ser comportamentos impulsivos, como beber, dirigir com velocidade, gastar dinheiro, fazer sexo sem proteção e abandonar situações problemáticas. Esses comportamentos são instrumentais para criar novas crises. Assim, o indivíduo *borderline* tende a oscilar entre os dois extremos: em um momento, ele é vulnerável às crises; no próximo, inibe todas as experiências afetivas associadas às crises. O problema fundamental é que, à medida que a experiência em cada extremo se intensifica, torna-se cada vez mais difícil para a paciente não saltar para o outro extremo.

O dilema dialético do terapeuta

O dilema dialético do terapeuta é equilibrar sua resposta com a natureza oscilante da perturbação da paciente – às vezes expressada como crises agudas e afeto avassalador e, em outras, apresentando-se como a inibição total da resposta afetiva. Uma reação intensa do terapeuta para um dos extremos pode ser tudo que se precisa para levar a paciente ao outro. A tarefa do terapeuta é, primeiramente, ajudar a paciente a entender seus padrões de reação e, em segundo lugar, oferecer uma esperança realista de que a paciente pode sobreviver ao processo de luto. Essa esperança realista exige que o terapeuta ensine habilidades de luto, incluindo as estratégias de enfrentamento necessárias para a aceitação e reorganização da vida no presente, sem aquilo que foi perdido.

De maneira concomitante, o terapeuta também deve validar e amparar a experiência emocional da paciente e suas dificuldades nas crises inexoráveis da sua vida. Oferecer compreensão sem ajuda concreta para amainar as crises, é claro, pode ser ainda mais perturbador do que não oferecer nada. Ainda assim, a ajuda concreta que o terapeuta tem a oferecer exige que a paciente enfrente as crises que está vivendo, ao invés de evitá-las. A síntese que o terapeuta busca na paciente é a capacidade de viver o luto profundamente e de terminar o luto, e o objetivo final é que a paciente construa e reconstrua sua vida à luz das realidades atuais.

Comentários finais

Neste capítulo, bem como nos dois anteriores, descrevi as bases teóricas da TCD. Para muitos, é fácil acreditar que a teoria não é muito relevante para a prática. A ajuda prática, especialmente ideias sobre o que fazer e quando fazê-lo, é o que muitos terapeutas querem e precisam. O resto deste livro é uma tentativa de proporcionar exatamente essa ajuda – tomar a teoria e torná-la prática. Todavia, nenhum manual ou livro de terapia pode prever todas as situações que você encontrará. Assim, você deverá conhecer a teoria o suficiente para ser capaz de criar uma nova terapia para cada paciente. O propósito da teoria é proporcionar uma maneira prática de pensar sobre a paciente – um modo de entender a sua experiência e relacionar-se com ela, mesmo que não tenha passado por problemas semelhantes. Além disso, também visa fazer uma conceituação das dificuldades da paciente que traga esperança quando você se sentir desesperançoso, e proporcionar um novo caminho para novas ideias de tratamento, quando você estiver desesperado por algo diferente para experimentar.

Notas

1 Otto Kernberg é um dos teóricos mais influentes a propor que a raiva excessiva seria crucial no desenvolvimento do TPB. Quando propus essa hipótese ligada ao gênero para explicar nossas diferenças nessa questão, ele observou que havia tido muitas mulheres entre seus professores.

2 Em outras ocasiões, a inibição expressiva pode funcionar como uma estratégia de controle emocional. Uma explicação alternativa para a "aparente falta de emotividade" de certas pacientes *borderline* pode ser que a expressividade emocional não verbal reduzida, ou em certos níveis de excitação, ou para certas emoções, é resultado de fatores constitucionais (i.e., biológicos). Se esse for o caso, pode ser um fator importante para evocar a invalidação do ambiente a qualquer idade.

PARTE II

SÍNTESE E OBJETIVOS DO TRATAMENTO

4 VISÃO GERAL DO TRATAMENTO: SÍNTESE DE METAS, ESTRATÉGIAS E REGRAS

Etapas cruciais no tratamento

Em poucas palavras, a TCD é bastante simples. O terapeuta cria um contexto de validação, mais do que culpar a paciente e, dentro desse contexto, o terapeuta bloqueia ou extingue maus comportamentos, extrai bons comportamentos da paciente e procura uma maneira de fazer os bons comportamentos tão reforçadores, que a paciente mantém os bons e para com os maus.[1]

No começo, os comportamentos "maus" e "bons" são definidos e listados em ordem de importância. O compromisso (mesmo que superficial) de trabalhar com as metas comportamentais da TCD é uma característica indispensável da paciente em TCD. As características exigidas do terapeuta são a compaixão, persistência, paciência, uma crença na eficácia da terapia que supere a crença da paciente em sua ineficácia, e uma certa disposição a se "diminuir" e correr riscos. Realizar essas tarefas necessita de algumas etapas, que serão discutidas a seguir.

Preparar o caminho: obter a atenção da paciente

Concordar sobre objetivos e orientar a paciente para o tratamento

A concordância em relação aos objetivos e procedimentos gerais do tratamento é a primeira etapa crucial, antes mesmo que a terapia comece. Nesse ponto, o terapeuta deve obter a atenção e o interesse da paciente. A TCD é bastante específica na ordem e importância de diversas metas do tratamento, como o Capítulo 5 discute em detalhe. Comportamentos suicidas, parassuicidas e que ameaçam a vida são os primeiros. Comportamentos que ameacem o processo de terapia vêm a seguir. Problemas que impossibilitem pelo menos o desenvolvimento de uma qualidade de vida razoável vêm em terceiro lugar na ordem de importância. No decorrer do tratamento, a paciente aprende habilidades para usar no lugar de respostas habituais e disfuncionais, e o quarto ponto mais importante é a estabilização dessas habilidades comportamentais. Depois de haver progresso em relação a esses objetivos, o trabalho para resolver estresses pós-traumáticos toma importância máxima, por ajudar a paciente a alcançar uma ampla autovalidação e autorrespeito.

Pacientes que não concordam em trabalhar na redução dos comportamentos suicidas e parasuicidas e estilos interpessoais que interferem na terapia, assim como promover aumento em habilidades comportamentais, não são aceitas para o tratamento. (O entendimento de trabalhar em outras metas da TCD é desenvolvido à medida que a terapia avança.) Possíveis pacientes são então orientadas sobre outros aspectos do tratamento, incluindo maneiras como o tratamento é implementado e possíveis regras básicas. Pacientes que não aceitam as regras mínimas (descritas mais adiante neste capítulo) não são aceitas. Em situações em que as pacientes não possam ser recusadas para tratamento por razões legais ou éticas, torna-se necessário algum tipo especial de "programa dentro do programa", para que seja possível recusar essas pacientes. A concordância da paciente com os termos da TCD sempre é lembrada quando elas tentam violar ou mudar as regras. A concordância dos terapeutas também pode ser legitimamente lembrada pelas pacientes.

Estabelecer um relacionamento

O terapeuta deve trabalhar para estabelecer uma relação interpessoal forte e positiva com a paciente desde o início. Isso é fundamental, pois a relação com o terapeuta muitas vezes é o único reforço que funciona para manejar e mudar o comportamento de um indivíduo *borderline*. Com uma paciente de alto potencial suicida, a relação com o terapeuta às vezes é a única coisa que a mantém viva, quando todo o resto fracassa. Finalmente, semelhante a muitas escolas de psicoterapia, a TCD trabalha com base na premissa de que a experiência de ser genuinamente aceita e cuidada tem valor por si só, além de mudanças que a paciente possa fazer como resultado da terapia (Linehan, 1989). Não se pode fazer muita coisa na TCD antes que essa relação tenha se desenvolvido.

Assim que a relação está estabelecida, o terapeuta começa a comunicar à paciente que as regras mudaram. Ainda que a paciente pudesse ter acreditado anteriormente que, se melhorasse, perderia o terapeuta, ela agora é informada de que perderá o terapeuta muito mais rapidamente se não melhorar: "continuar uma terapia que não é eficaz é antiético". A TCD já foi chamada de "terapia de chantagem", pois o terapeuta negocia a qualidade da relação por uma melhora do comportamento da paciente. Se o terapeuta não consegue ter o poder interpessoal necessário para influenciar a mudança, a terapia deve ser ampliada para incluir aqueles que tiverem tal poder sobre a paciente. Por exemplo, com adolescentes, uma terapia familiar pode ser essencial.

Manter-se dialético

A tensão dialética central na TCD é entre a mudança e a aceitação. A noção paradoxal aqui é que a mudança terapêutica somente pode ocorrer no contexto de aceitação daquilo que existe. Todavia, a "aceitação daquilo que existe" já é mudança. Portanto, a TCD exige que o terapeuta equilibre a mudança e a aceitação em cada interação com a paciente. As estratégias de tratamento da TCD podem ser organizadas em termos de sua tendência de ficar no extremo da mudança ou no extremo da aceitação na polaridade dialética. O terapeuta exerce controle da terapia (e, às vezes, da paciente) para promover a liberdade e autocontrole da paciente. Manter-se dialético também exige que o terapeuta modele e reforce estilos dialéticos de resposta. Os extremos comportamentais (sejam respostas emocionais, cognitivas ou explícitas) são confrontados, sendo ensinadas novas respostas mais equilibradas.

Aplicar estratégias básicas: validação e solução de problemas

O núcleo do tratamento é a aplicação de estratégias de solução de problemas, equilibradas com estratégias de validação. Essa é a "gangorra" sobre a qual apoia-se a terapia. Na perspectiva da paciente, os comportamentos desadaptativos muitas vezes são soluções para problemas que quer resolver ou fazer desaparecer. Todavia, na perspectiva do terapeuta comportamental dialético, os comportamentos desadaptativos são os próprios problemas a resolver.

Validação

Existem dois tipos de validação. No primeiro tipo, o terapeuta encontra a sabedoria, atitude correta ou valor nas respostas emocionais, cognitivas ou explícitas do indivíduo. O foco importante aqui é a busca por respostas comportamentais, partes de respostas e padrões que sejam válidos no contexto de acontecimentos associados atuais. Uma função essencial do sofrimento emocional e dos comportamentos desadaptativos para as pacientes *borderline* é a autovalidação. Assim, as mudanças terapêuticas não podem ser feitas a menos que se desenvolva outra fonte de autovalidação. Um tratamento concentrado apenas em mudar a paciente invalida tal paciente. O segundo tipo de validação envolve o terapeuta observar e acreditar na capacidade inerente da paciente de escapar da miséria que é sua vida e construir uma vida que valha a pena viver. Na TCD, o terapeuta encontra e se relaciona com as potencialidades da paciente, e não com sua fragilidade. O terapeuta crê e acredita *no* paciente.

Solução de problemas

As estratégias essenciais de mudança são aquelas que se encontram sob a rubrica da solução de problemas. Esse conjunto de estratégias compreende: (1) realizar uma análise comportamental do problema de comportamento visado; (2) realizar uma análise de soluções, na qual se desenvolvem soluções comportamentais alternativas; (3) orientar a paciente para a solução proposta no tratamento; (4) evocar um comprometimento da paciente de se envolver nos procedimentos de tratamento recomendados; e (5) aplicar o tratamento.

Uma análise comportamental consiste de uma análise em cadeia, passo a passo, para determinar as situações que evocam ou levam ao comportamento desadaptativo, bem como uma análise funcional para determinar as prováveis contingências de reforço para comportamentos desadaptativos. O processo e o resultado da análise comportamental levam à análise de soluções: o terapeuta e (de maneira ideal) a paciente geram respostas comportamentais alternativas e desenvolvem um plano de tratamento orientado para mudar os problemas comportamentais visados. Quatro questões são abordadas:

1. O indivíduo tem capacidade para apresentar respostas mais adaptativas e construir uma vida que valha a pena viver? Senão, que habilidades comportamentais são necessárias? As respostas a essas questões levam ao foco nos procedimentos de treinamento de habilidades. São enfatizados cinco grupos de habilidades: habilidades "nucleares" de atenção plena, tolerância a perturbações, regulação emocional, eficácia interpessoal e autocontrole. (O Capítulo 5 as discute em mais detalhe.)
2. Quais são as contingências de reforço? O problema resulta do reforço para comportamentos desadaptativos, ou de punição ou consequências neutras para comportamentos adaptativos? Em ambos os casos, são desenvolvidos procedimentos de controle das contingências. O objetivo

aqui é organizar para que os comportamentos positivos sejam reforçados, que os comportamentos negativos sejam punidos ou extintos, e que a paciente aprenda as novas regras.
3. Se houver comportamentos adaptativos de solução de problemas, sua aplicação é inibida por excesso de medo ou culpa? A paciente é fóbica a emoções? Se for o caso, institui-se um tratamento baseado na exposição.
4. Se houver comportamentos adaptativos de solução de problemas, sua aplicação é inibida ou atrapalhada por crenças e regras distorcidas? Se for o caso, deve-se instituir um programa de modificação cognitiva.

Na maioria dos casos, a análise comportamental mostrará que existem déficits em habilidades, contingências de reforço problemáticas, inibições que resultam de medo e culpa e crenças e regras errôneas. Desse modo, provavelmente, será necessário um programa que integre treinamento de habilidades, controle das contingências, estratégias de exposição e modificação comportamental. Entretanto, a meta comportamental de cada estratégia depende da análise comportamental.

Equilibrar estilos de comunicação interpessoal

A TCD combina e equilibra dois estilos de comunicação interpessoal: a comunicação "irreverente" e "recíproca". A comunicação irreverente visa fazer a paciente "mudar de rumo", por assim dizer. As reações do terapeuta não são claramente sensíveis às comunicações da paciente, às vezes são consideradas "fora da casinha" e envolvem o terapeuta formular a questão em consideração em um contexto diferente do que a paciente usou. A ideia básica aqui é "desequilibrar" a paciente, para que possa haver reequilíbrio. O estilo de comunicação recíproca, por outro lado, é afetuoso, empático e diretamente sensível à paciente. Ele compreende a autorrevelação terapêutica visando proporcionar modelagem do domínio e enfrentamento dos problemas, bem como de respostas normativas a situações cotidianas.

Combinar estratégias de orientação à paciente com intervenções no ambiente

Na TCD, existe um forte viés de ensinar a paciente a ser seu próprio supervisor de caso (a abordagem de "orientação à paciente"). A noção básica aqui é que, ao invés de intervir para que a paciente solucione os problemas ou coordenar o tratamento com outros profissionais, o terapeuta comportamental dialético instrui a paciente sobre como solucionar os problemas por conta própria. A abordagem flui diretamente da confiança do terapeuta na paciente. Os problemas e comportamentos inadequados por parte de outros profissionais da saúde mental, mesmo quando fazem parte da equipe de tratamento da TCD, são vistos como oportunidades para aprender. As estratégias de orientação à paciente são as estratégias dominantes do manejo de caso na TCD. Intervenções ambientais para fazer mudanças, resolver problemas ou coordenar o tratamento profissional em nome da paciente são usadas ao invés das estratégias de orientação, e as equilibram quando: (1) o resultado é importante e (2) a paciente claramente não tem capacidade para produzir o resultado.

Tratar o terapeuta

Para os terapeutas que tratam pacientes *borderline*, pode ser extremamente difícil manter-se no modelo da TCD. Uma parte importante da TCD é o tratamento do terapeuta pela supervisão, consultoria ou pela equipe de tratamento. O papel da consultoria de caso na TCD é manter o terapeuta no âmbito do tratamento. A premissa é que o tratamento de pacientes *borderline* na prática individual, fora de um modelo de equipe, é, no mínimo, perigoso. Desse modo, o tratamento do terapeuta é fundamental para a terapia.

Modos de tratamento

Uso o termo "modo" para me referir aos vários componentes do tratamento que, juntos, formam a TCD, bem como a maneira de sua aplicação. No princípio, a TCD pode ser feita em qualquer modo de tratamento. Contudo, em nosso programa de pesquisa para validar a eficácia da TCD como tratamento ambulatorial, o tratamento foi aplicado em quatro modos principais, oferecidos de maneira concomitante: psicoterapia individual, treinamento de habilidades em grupo, orientação pelo telefone e consultoria de caso para terapeutas. Além disso, a maioria das pacientes teve um ou mais modos auxiliares de tratamento. Em diferentes cenários (p.ex., consultório individual ou tratamento de internação), esses modos podem ser condensados ou complementados.

Psicoterapia individual ambulatorial

Na TCD "padrão" (i.e., na versão original da TCD), cada paciente tem um psicoterapeuta individual, que também é o principal terapeuta daquela paciente na equipe de tratamento. Todos os outros modos de terapia giram em torno da terapia individual. O terapeuta individual é responsável por ajudar a paciente a inibir comportamentos *borderline* e desadaptativos e substituí-los por respostas hábeis e adaptativas. O terapeuta individual presta bastante atenção em questões motivacionais, incluindo fatores pessoais e ambientais que inibam comportamentos eficazes e que evoquem e reforcem os comportamentos desadaptativos.

As sessões de terapia ambulatorial individual geralmente ocorrem uma vez por semana. No começo da terapia e durante períodos de crise, as sessões podem ocorrer duas vezes por semana. Isso geralmente é feito por um período limitado, embora, para certas pacientes, pode ser preferível usar duas sessões por semana. As sessões geralmente duram de 50 ou 60 a 90 ou 110 minutos. As sessões mais longas (i.e., sessões duplas) são usadas com pacientes que tenham dificuldade para se abrir e depois fechar emocionalmente em sessões mais curtas. A duração da sessão pode variar ao longo do período de tratamento, dependendo das tarefas específicas a ser realizadas na terapia. Por exemplo, as sessões podem durar 60 minutos, mas, quando se planeja usar exposição a estímulos relacionados com abuso, as sessões podem ser marcadas para 90 a 120 minutos. Ou então, pode-se marcar uma sessão dupla ou uma sessão única (ou meia sessão para *check-in*) por semana por um certo período. O terapeuta pode reduzir ou aumentar a sessão para reforçar o "trabalho" terapêutico ou para punir a evitação. Quando é impossível aumentar a sessão por causa de dificuldades de agendamento, pode-se planejar uma orientação pelo telefone para a mesma noite, ou marcar uma sessão para o dia seguinte. De maneira alternativa, as pacientes que costumam precisar de sessões mais longas podem ser agendadas para o fim do dia. A ideia aqui é que a duração da sessão deve corresponder às tarefas em questão, e não ao humor da paciente ou do terapeuta. Nesse caso, exige-se criatividade por parte do terapeuta para resolver problemas.

Em ambientes clínicos e de pesquisa, a escolha do terapeuta pode representar dificuldades especiais com pacientes *borderline*. Muitos indivíduos *borderline* já tiveram um ou mais encontros terapêuticos "fracassados" e podem ter crenças fortes sobre o tipo de pessoa que querem como terapeuta. Os terapeutas também podem ter visão forte sobre os tipos de pacientes que querem tratar ou com quem se sentem confortáveis. Muitas mulheres que sofreram abuso sexual preferem ter uma terapeuta do sexo feminino. Em nossa clínica, meus colegas e eu informamos durante a entrevista inicial a respeito dos terapeutas disponíveis, e as pacientes falam de suas preferências. Um determinado terapeuta individual é designado depois que a equipe de tratamento revisa a entrevista inicial, o histórico e as queixas de cada indivíduo. Embora eu defenda a ideia de que as pacientes e terapeutas se entrevistem para tomar uma decisão informada sobre trabalharem juntos, em nossa clínica, esse procedimento não é possível. Ao invés disso, as primeiras sessões são estruturadas de maneira que cada paciente e terapeuta possam decidir se realmente podem trabalhar juntos. A paciente pode mudar de terapeuta se assim desejar, se houver outro disponível e se aquele outro terapeuta estiver disposto a trabalhar com ela. Entretanto, ela não poderá fazer nenhuma outra parte do tratamento se abandonar a terapia individual sem mudar para outro terapeuta (seja dentro ou fora da nossa clínica).

Treinamento de habilidades

Todas as pacientes devem participar de um treinamento estruturado de habilidades durante o primeiro ano da terapia. Em minha experiência, o treinamento de habilidades com pacientes *borderline* é excepcionalmente difícil no contexto da terapia individual orientada para reduzir a motivação para comportamentos suicidas ou outros comportamentos *borderline*. A necessidade de intervenção para crise e atenção a outras questões geralmente impede o treinamento de habilidades. Também não é fácil prestar suficiente atenção a questões motivacionais no tratamento com o controle rigoroso da agenda terapêutica que normalmente é necessário para o treinamento de habilidades. A solução para esse problema na TCD padrão tem sido dividir o tratamento em dois componentes, que são conduzidos por diferentes terapeutas ou aplicados em modais diferentes pelo mesmo terapeuta. Em nosso programa, as pacientes não podem estar em treinamento de habilidades sem uma psicoterapia individual concomitante. A psicoterapia individual é necessária para ajudar a paciente a integrar suas novas habilidades na vida cotidiana. O indivíduo *borderline* médio não consegue substituir estilos disfuncionais e *borderline* por um enfrentamento comportamental hábil sem supervisão individual intensiva.

O treinamento de habilidades da TCD é conduzido em um formato psicoeducacional. Em nosso programa, costuma ser conduzido em grupos abertos, que se reúnem semanalmente por duas horas a duas horas e meia, mas outros formatos de grupo também são possíveis. Alguns terapeutas dividem o grupo em duas sessões semanais de uma hora (uma sessão para tarefas de casa, uma para apresentar material novo). Em clínicas maiores, pode haver uma reunião em grupo grande por semana para novo material, com vários grupos menores semanais para revisar as tarefas. Em clínicas pequenas ou consultórios particulares, os grupos podem ser pequenos e se reunir por períodos menores.

Embora meus colegas e eu geralmente tenhamos seis a oito membros por grupo, um grupo precisa apenas de dois pacientes. Porém, uma paciente que não possa ficar em um grupo por uma ou outra razão pode começar o treinamento de habilidades individualmente. Em minha experiência, é mais fácil se um segundo terapeuta fizer o treinamento individual. De outra forma, existe uma tendência (que eu, pelo menos, tenho dificuldade para resistir) de cair no modo de psicoterapia individual, sem treinamento de habilidades. Se, por outro lado, o terapeuta individual embutir o treinamento de habilidades na psicoterapia, deve-se usar sessões separadas e bastante estruturadas para o treinamento de habilidades.

Um programa de treinamento de habilidades é descrito, ponto por ponto, no manual que acompanha este volume.

Terapia de grupo processual de apoio

Depois de terminar o treinamento de habilidades, as pacientes em meu programa podem participar de uma terapia de grupo processual de apoio, se desejarem. Esses grupos são contínuos e abertos. De um modo geral, as pacientes firmam compromissos de tempo limitado e renováveis com o grupo. Para participar de grupos processuais de apoio na TCD, as pacientes devem fazer terapia individual ou manejo de caso. As exceções aqui são os grupos mais avançados, onde a terapia de grupo pode emergir como uma terapia primária de longo prazo para certas pacientes *borderline*. A condução desses grupos é descrita de forma mais completa no manual.

Embora eu não tenha coletado nenhum dado empírico sobre essa questão, é concebível que a TCD individual descrita possa ser reproduzida dentro do contexto da terapia de grupo. Nesses casos, a TCD em grupo pode complementar ou substituir o componente da TCD individual.

Consulta por telefone

A consulta pelo telefone com o terapeuta individual entre as sessões de psicoterapia é uma parte importante da TCD. Existem várias razões para isso. Primeiro, muitos indivíduos suicidas e *borderline* têm uma dificuldade enorme para pedir ajuda efetivamente. Alguns se inibem de pedir ajuda diretamente por medo, vergonha ou por acreditarem que não merecem ou que suas necessidades não são válidas. Eles então começam um comportamento parassuicida ou outros comportamentos críticos como um "pedido de ajuda". Outras pacientes não têm dificuldade para pedir ajuda, mas pedem de um modo exigente ou abusivo, agem de um modo que faz possíveis benfeitores se sentirem manipulados, ou usam outras estratégias ineficazes. As consultas pelo telefone visam proporcionar prática em mudar esses padrões disfuncionais. Em segundo lugar, as pacientes muitas vezes precisam de ajuda para generalizar habilidades comportamentais da TCD em suas vidas cotidianas. Pacientes suicidas frequentemente precisam de mais contato terapêutico do que pode ocorrer em uma sessão individual (e, especialmente, em uma sessão de treinamento de habilidades em grupo) por semana, especialmente durante crises, quando podem ser incapazes de lidar com os problemas da vida sem ajuda. Com uma ligação telefônica, a paciente pode obter a ajuda de que precisa para que haja generalização de habilidades. Em terceiro lugar, depois de conflitos e mal-entendidos, uma consulta pelo telefone proporciona um caminho para as pacientes repararem o sentido de intimidade da relação terapêutica sem terem que esperar até a próxima sessão.

Em programas de hospital-dia, unidades de internação e programas residenciais, as interações com técnicos em saúde mental, enfermeiros e outras pessoas da equipe podem substituir algumas das consultas telefônicas. No trabalho com pacientes externas com sistema de plantão, outros terapeutas podem prestar consultas por telefone dentro da estrutura da TCD. Isso se aplica particularmente aos dois primeiros objetivos da consulta por telefone (aprender a pedir e receber ajuda adequadamente, e a generalização de habilidades).

Reuniões de consultoria de caso para terapeutas

Não existe dúvida: tratar pacientes *borderline* é extremamente estressante para o terapeuta. Muitos terapeutas se esgotam rapidamente. Outros (de forma quase cega, creio eu) caem em comportamentos iatrogênicos. Conforme indicam as seções subsequentes deste capítulo, uma premissa da TCD é que os terapeutas seguidamente apresentam os comportamentos problemáticos de que as pacientes os acusam. Talvez o façam por boas razões. As pacientes *borderline* podem colocar enorme pressão sobre seus terapeutas para que diminuam sua dor imediatamente. Assim, os terapeutas podem se sentir pressionados para fazer mudanças grandes (e, às vezes, precipitadas) no tratamento, mesmo quando o tratamento possa se mostrar eficaz se continuar. Em outras ocasiões, os terapeutas reagem a essa pressão recusando-se rigidamente a fazer qualquer mudança. Quando nenhuma abordagem funciona e o sofrimento não diminui, os terapeutas podem facilmente responder "culpando as vítimas". O estresse de tratar pacientes muito suicidas pode levar a um padrão cíclico de apaziguamento seguido por reações punitivas, seguidas por reconciliação, e assim por diante.

Os problemas que surgem na aplicação do tratamento são abordados, na TCD, em reuniões de consultoria de caso. Dessas reuniões, participam todos os terapeutas (individuais e de grupo) que utilizam a TCD atualmente com pacientes *borderline*. Semelhante à exigência de que as pacientes participem do treinamento de habilidades, os terapeutas comportamentais dialéticos devem manter uma relação de orientação ou supervisão, seja com outra pessoa ou (minha preferência) com um grupo. Durante o primeiro ano de terapia, tanto os terapeutas de grupo quanto os individuais devem participar das mesmas reuniões. Em agências, hospital-dia ou em ambientes de internação que aplicam TCD, todos os membros da equipe de tratamento de uma determinada paciente devem participar da mesma reunião. As reuniões de consultoria ocorrem semanalmente.

Tratamentos auxiliares

Pacientes *borderline* às vezes precisam de mais que um treinamento de habilidades individual semanal e sessões telefônicas. Por exemplo, algumas podem precisar de farmacoterapia, hospital-dia, aconselhamento vocacional ou hospitalização aguda, para citar apenas algumas opções. Muitos também desejam participar de grupos não profissionais, como os Alcoólicos Anônimos. Não existe nada na TCD que proíba a paciente de buscar outros tratamentos profissionais e não profissionais.

Se o tratamento adicional for oferecido por um terapeuta que participa regularmente de reuniões de consultoria da TCD e que aplica os princípios da TCD, o tratamento de TCD é simplesmente expandido para incluir esses componentes adicionais. Embora eu não tenha escrito protocolos de TCD para esses componentes adicionais, protocolos baseados nos princípios da TCD podem (e devem) ser desenvolvidos. Por exemplo, a TCD atualmente está sendo adaptada para o hospital-dia e para programas de internação aguda e de longo prazo (ver Barley et al., no prelo). Mais comumente, os componentes adicionais são aplicados por terapeutas que não trabalham com TCD, usando princípios derivados de outras tradições teóricas. Ou, mesmo quando o tratamento adicional é aplicado por um terapeuta comportamental dialético, o terapeuta pode não conseguir se reunir regularmente com a equipe de tratamento. Nesses casos, a terapia adicional é considerada auxiliar ao tratamento primário com TCD. Existem protocolos específicos para o uso auxiliar de farmacoterapia e hospitalizações psiquiátricas agudas, que são descritos no Capítulo 15. Diretrizes de como o terapeuta comportamental dialético deve interagir com outros profissionais da saúde são discutidas no Capítulo 13.

Regras sobre pacientes *borderline* e a terapia

O mais importante a lembrar sobre regras é que elas são exatamente isso – regras, e não fatos. Entretanto, supor e agir segundo as regras discutidas a seguir pode ser bastante útil no tratamento de pacientes *borderline*. Elas constituem o contexto para planejar o tratamento.

1. Pacientes estão fazendo o melhor que podem

A primeira regra filosófica na TCD é que todas as pessoas estão, em um dado momento, fazendo o melhor que podem. Em minha experiência, as pacientes *borderline* geralmente estão trabalhando desesperadamente para mudar. Entretanto, com frequência, existe pouco êxito visível, e os esforços das pacientes para controlar o comportamento não são muito claros na maior parte do tempo. Como seu comportamento seguidamente é exasperante, inexplicável e incontrolável, somos tentados a concluir que as pacientes não estão tentando. Às vezes, quando questionadas sobre comportamentos problemáticos, as pacientes mesmas respondem que simplesmente não estavam tentando. Essas pacientes aprenderam a explicação social para suas falhas comportamentais. A tendência de muitos terapeutas de dizer a essas pacientes para tentar mais, ou sugerir que elas, de fato, não estão tentando o suficiente, pode ser uma das experiências mais invalidantes para pacientes na psicoterapia. (Isso não significa dizer que, em uma abordagem estratégica bem-pensada, o terapeuta não possa usar uma frase como essa para influenciar a paciente.)

2. Pacientes querem melhorar

A segunda regra é corolário da primeira, e é semelhante à regra de que os terapeutas e profissionais de crise fazem com pacientes suicidas: se estão pedindo ajuda, devem querer viver. Por que mais ligariam? Pacientes *borderline* estão tão acostumadas a ouvir que suas falhas comportamentais e dificuldades com intervenções terapêuticas advêm de déficits motivacionais, que começam a crer nisso elas mesmas. Supor que as pacientes querem viver, é claro, não impede a análise de todos os fatores que interferem na motivação para melhorar. A inibição por medo ou vergonha, déficits comportamentais, crenças errôneas sobre os resultados e fatores que reforçam regressões comportamentais relacionadas com a melhora são todos importantes. Entretanto, a suposição de terapeutas de que a falha na melhora suficiente ou rápida baseia-se na falta de motivação é, na melhor das hipóteses, uma lógica falha, e na pior, mais um fator que interfere na motivação.

3. Pacientes precisam fazer mais, tentar mais e ter mais motivação para mudar

A terceira regra talvez pareça contradizer as duas primeiras, mas creio que não. O fato de que as pacientes *borderline* estão fazendo o melhor que podem e querem fazer ainda mais não significa que seus esforços e motivação sejam suficientes para a tarefa; muitas vezes, não são. Portanto, a tarefa do terapeuta é analisar os fatores que inibem ou interferem nos esforços e motivação da paciente para melhorar, e usar estratégias de solução de problemas para ajudar a paciente a aumentar seus esforços e purificar (por assim dizer) sua motivação.

4. Pacientes podem não ter causado todos seus problemas, mas devem resolvê-los de qualquer maneira

A quarta regra simplesmente verbaliza a crença, na TCD, de que a paciente *borderline* deve mudar suas respostas comportamentais e alterar o seu ambiente para que a vida mude. A melhora não resultará simplesmente de a paciente ir até o terapeuta e adquirir *insight*, tomar a medicação, receber apoio consistente, encontrar a relação perfeita ou ressignificar-se à graça de Deus. Mais importante, o terapeuta não pode salvar a paciente. Embora possa ser verdade que a paciente não pode mudar por conta própria e que precisa de ajuda, a maior parte do trabalho será feita pela paciente. E se não fosse assim! Certamente, se pudéssemos salvar as pacientes, nós as salvaríamos. É fundamental que o terapeuta comportamental dialético deixe essa premissa bastante clara para a paciente, especialmente durante as crises.

5. As vidas de indivíduos suicidas e *borderline* são insuportáveis da maneira como são vividas no momento

A quinta regra é que as insatisfações que as pacientes *borderline* seguidamente citam em relação às suas vidas são válidas. Elas, de fato, estão vivendo no inferno. Se levarmos a sério as queixas das pacientes e as descrições de suas próprias vidas, essa regra será autoevidente. Por conta desse fato, a única solução é mudar suas vidas.

6. Pacientes devem aprender novos comportamentos em todos os contextos relevantes

Indivíduos *borderline* são dependentes do humor e, assim, devem fazer mudanças importantes em seu modo de agir sob emoções extremas, não apenas quando estão em um estado de equilíbrio emocional. Com algumas exceções, a TCD não costuma favorecer a hospitalização, mesmo durante crises, pois a hospitalização tira os indivíduos do meio onde precisam aprender novas habilidades. A TCD também não favorece particularmente cuidar das pacientes quando o estresse for extremo ou parecer insuportável. Os momentos de estresse são momentos para aprender novas maneiras de agir.

Não cuidar de uma paciente não significa que o terapeuta comportamental dialético não se importe com ela. A tarefa do terapeuta durante as crises é aderir à paciente como cola, sussurrando palavras de encorajamento e sugestões úteis em seu ouvido a toda hora. Essa abordagem, na qual o terapeuta busca evocar o cuidado da própria paciente durante as crises, ao invés de cuidar da paciente, pode resultar em diversos encontros arriscados para o terapeuta. A aceitação da possibilidade de que a paciente possa cometer suicídio é um requisito essencial para conduzir TCD. Porém, a outra alternativa – na qual a paciente permanece viva, mas em uma vida com intolerável dor emocional – não é considerada defensável.

7. Pacientes não podem falhar em terapia

A sétima regra é que, quando as pacientes abandonam a terapia, não progridem ou chegam a piorar enquanto em TCD, a terapia, o terapeuta ou ambos terão fracassado. Se a terapia for aplicada conforme o protocolo, e as pacientes ainda não melhoraram, o fracasso é atribuído à terapia em si. Isso contraria a suposição de muitos terapeutas de que, quando as pacientes abandonam ou não melhoram, o trabalho da terapia é aumentar a motivação o suficiente para que progridam.

8. Terapeutas que tratam pacientes *borderline* precisam de apoio

Conforme discutido ao longo deste livro, as pacientes *borderline* estão entre as populações mais difíceis de tratar com psicoterapia. Muitas vezes, os terapeutas parecem cometer enganos que interferem no progresso das pacientes. Parte do problema advém dos intensos pedidos da paciente por uma saída para o sofrimento. Terapeutas seguidamente conseguem aliviar a dor, mas esse alívio pode atrapalhar a ajuda necessária a longo prazo. Terapeutas se dividem entre essas demandas pelo alívio imediato e a cura a longo prazo. Muitos outros fatores tornam difícil para os terapeutas se manterem terapêuticos com pacientes *borderline*. É importante ter um grupo de cossupervisão, uma equipe de tratamento, um consultor ou um supervisor para manter os terapeutas no rumo certo.

Características e habilidades do terapeuta

Nesse contexto, as "características do terapeuta" são as posturas e posições interpessoais gerais que o terapeuta assume em relação à paciente. De forma breve, o terapeuta deve equilibrar as capacidades e deficiências da paciente, sintetizar de maneira flexível as estratégias de aceitação e estímulo com estratégias voltadas para a mudança, de um modo claro e centrado. Exortações à mudança devem ser integradas com uma paciência infinita. Como a ênfase dialética na TCD é grande, o terapeuta deve se sentir confortável com a ambiguidade e o paradoxo inerentes às estratégias da TCD. Terapeutas que necessitam de conceituações, objetivos e métodos exatos talvez experimentem a TCD como algo dissonante quando enfrentam a dialética inerente em ações para controlar os comportamentos destrutivos das pacientes, enquanto também promovem seu crescimento e autossuficiência.

As características exigidas do terapeuta são ilustradas na Figura 4.1. Embora sejam apresentadas como atributos bipolares, a postura correta da TCD é uma síntese ou equilíbrio entre os polos de cada dimensão. A síntese entre a aceitação e a mudança representa o equilíbrio dialético central que o terapeuta deve alcançar na TCD. As outras duas dimensões dialéticas – firmeza convicta *versus* flexibilidade empática, e exigências benevolentes *versus* estímulo – são reflexos dessa dimensão central.

Postura de aceitação *versus* mudança

A primeira dimensão é algo que venho discutindo ao longo deste livro: o equilíbrio entre uma orientação para a aceitação e

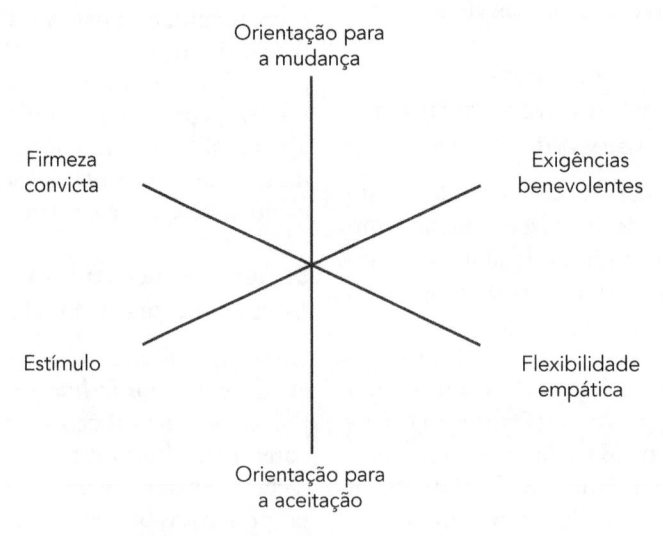

Figura 4.1 Características do terapeuta na TCD.

uma orientação para a mudança. Com "aceitação", quero dizer algo bastante radical – ou seja, a aceitação da paciente e do terapeuta, da relação terapêutica e do processo terapêutico, exatamente como se encontram no momento. Isso não significa uma aceitação para causar mudanças, pois seria uma estratégia de mudança. Pelo contrário, é a disposição do terapeuta de encontrar a sabedoria e "bondade" inerentes ao momento atual e aos participantes dele, e de mergulhar plenamente na experiência sem julgar, culpar ou manipular. Entretanto, conforme observado antes, a realidade é a mudança, e a natureza de qualquer relação é de influência recíproca. Em particular, uma relação terapêutica é aquela que se origina na necessidade de mudança e no desejo da paciente de obter ajuda profissional no processo de mudança. Uma orientação para a mudança exige que o terapeuta assuma a responsabilidade por direcionar a influência terapêutica, ou mudança, para o benefício da paciente. Essa postura é ativa e consciente, e envolve aplicar princípios de mudança comportamental sistematicamente.

Na perspectiva da aceitação *versus* mudança, a TCD representa um equilíbrio entre abordagens comportamentais, que basicamente são tecnologias de mudança, e abordagens humanistas e centradas no cliente, que podem ser entendidas como tecnologias de aceitação. Na TCD, o terapeuta não apenas modela uma síntese entre aceitação e mudança, como também incentiva essa postura de vida para a paciente, defendendo a mudança e a melhora de aspectos indesejados de si mesma e das situações, além de tolerância e aceitação dessas mesmas características. O ensino de habilidades de atenção plena e tolerância a perturbações é equilibrado com o ensino de habilidades de controle emocional e eficácia interpessoal em situações de conflito.

Crucial para o equilíbrio entre a aceitação e a mudança é a capacidade do terapeuta de expressar afeto e controle simultaneamente em ambientes terapêuticos. Grande parte do controle da mudança do comportamento da paciente é alcançada através da relação. Sem um nível significativo de afeto e aceitação concomitantes, o terapeuta provavelmente será percebido como hostil e exigente, no lugar de carinhoso e solidário.

A postura de firmeza convicta *versus* flexibilidade empática

A "firmeza convicta" é a qualidade de acreditar em si mesmo, na terapia e na paciente. É a calma em meio ao caos, parecida com o centro de um furacão. Ela exige uma certa clareza mental com relação àquilo que a paciente necessita a longo prazo, bem como a capacidade de tolerar a intensidade e a dor que a paciente sente sem vacilar a curto prazo. A firmeza na TCD não significa manter limites arbitrários como em outras terapias. Nem exige mais que a consistência normal (exceto no comprometimento com o bem-estar da paciente). Limites arbitrários e consistência não são particularmente valorizados na TCD.

A "flexibilidade empática" refere-se à capacidade oposta do terapeuta de receber informações relevantes sobre o estado da paciente e modificar a sua posição conforme tais informações. É a capacidade de abrir mão livremente de uma posição que se defendia antes com tenacidade. Se a firmeza significa manter os pés no chão, a flexibilidade é mover os ombros para o lado para deixar a paciente passar. A flexibilidade é aquela qualidade do terapeuta que é leve, sensível e criativa. Do ponto de vista dialético, é a capacidade de mudar os limites do problema, encontrando e incluir o que foi excluído.

Dadas as probabilidades de cometer erros ao conduzir TCD, a disposição geral de admitir e corrigir erros feitos no decorrer da relação terapêutica é essencial. Dito de outra forma, em uma terapia tão complexa e difícil, os erros são inevitáveis, e aquilo que o terapeuta faz depois será um índice melhor da boa terapia. Se o erro é sorrir no momento errado e ser percebido como jocoso ao invés de afetuoso, entrar em disputas de poder ou ficar impaciente com o progresso lento da paciente e rejeitá-la não retornando suas ligações e agindo com frieza, o terapeuta eficaz deve ser capaz de reconhecer esses atos como erros. As pacientes de funcionamento superior sentem confiança em seus terapeutas e o afeto doloroso que ocorre por causa de certos atos dos terapeutas e, assim, talvez não necessitem de muito trabalho para corrigi-los. Porém, as pacientes *borderline* não são prováveis de estar nessa categoria, e seus terapeutas podem ser identificados com outros indivíduos abusivos de suas vidas. Sem a validação do terapeuta para a experiência da paciente e tentativas flexíveis de resolver problemas na situação, a relação terapêutica se torna para a paciente apenas mais um ato de confiança equivocada, mais um relacionamento fracassado que deve ser abandonado ou tolerado sem muita esperança. Além disso, o terapeuta deve ser capaz de tolerar a frustração com a rejeição da paciente para com intervenções aparentemente adequadas e progresso que possa parecer glacial. A flexibilidade nas estratégias e no tempo é a chave para qualquer progresso.

O equilíbrio entre a firmeza convicta e a flexibilidade empática significa que o terapeuta deve ser capaz de observar os limites e condições, muitas vezes ante tentativas firmes e desesperadas por parte da paciente de controlar a sua reação, enquanto, ao mesmo tempo, muda flexivelmente, adapta-se e "abre mão" quando a situação exigir. O terapeuta deve estar atento à sua própria rigidez (uma reação natural ao estresse da situação terapêutica) e não cair na armadilha de ceder a qualquer vontade, demanda ou necessidade da paciente.

No trabalho com uma paciente *borderline* suicida, o equilíbrio entre esses dois extremos se torna mais claro quando o terapeuta coloca um padrão de comportamento interpessoal disfuncional da paciente em um protocolo de extinção. A capacidade de se manter centrado e manter o protocolo é imperativa, para que o terapeuta não coloque a paciente inadvertidamente em um protocolo de reforço intermitente, em cujo caso o comportamento disfuncional se tornaria bastante resistente à mudança terapêutica. Esse é um fato simples dos protocolos de aprendizagem operante. Porém, com uma paciente suicida, em particular, o terapeuta pode ser excessivamente rígido na aplicação do programa de extinção e não responder adequadamente às necessidades legítimas da paciente. Como um dos meus pacientes observou, em todas as sociedades, é normal dar mais carinho e atenção às pessoas quando elas estão doentes. Ainda assim, nem todo mundo fica doente para ganhar carinho e atenção.

A postura de nutrir *versus* exigências benevolentes

Na TCD, existe um elevado grau de estímulo para a paciente. As qualidades do "nutrir" nesse contexto são ensinar, treinar, assistir, fortalecer e ajudar a paciente, todos a partir de uma postura de nutrir as capacidades da paciente para aprender e mudar. São necessárias disposição e uma certa tranquilidade ao cuidar e nutrir a paciente. A empatia e a sensibilidade são essenciais com pacientes que são tão sensíveis, mas simultaneamente retraídos e limitados em expressão emocional, quanto os indivíduos *borderline*. Sem essas qualidades, o terapeuta está sempre dois passos atrás das reações sutis da paciente às suas colocações, comentários de outros membros do grupo e sinais internos ou ambientais. Embora dedique-se bastante esforço na TCD a ensinar as pacientes a identificar e verbalizar as emoções, os terapeutas que não conseguem ser um pouco clarividentes nos estágios iniciais do tratamento provavelmente acreditarão que as clientes *borderline* estão deliberadamente sabotando a terapia com seu comportamento caprichoso, ou que as pacientes que na verdade estão sentindo medo e impotência são hostis e agressivos.

O terapeuta deve equilibrar a ajuda real que a paciente necessita com não dar ajuda desnecessária. As "exigências benevolentes" são o reconhecimento do terapeuta para as capacidades da paciente, reforço do seu comportamento adaptativo e autocontrole e recusa em cuidar da paciente quando ela puder cuidar de si mesma. De um modo geral, o uso adequado de contingências é crucial (p.ex., exigir mudanças como um pré-requisito para os resultados que a paciente deseja). Uma certa capacidade de ser rígido quando a situação justificar é uma característica necessária no terapeuta. A posição dialética aqui é forçar a paciente adiante com uma mão, enquanto a ampara com a outra. Desse modo, o nutrir é usado para fortalecer as capacidades da paciente. Conforme observei anteriormente ao discutir as regras relacionadas com a paciente e o tratamento, o equilíbrio é entre cuidar *da* paciente e cuidar *pela* paciente. É como dar uma punição ou uma recompensa para promover mudanças.

Compromissos entre pacientes e terapeutas

Compromissos da paciente

A TCD exige vários compromissos da paciente. De um modo geral, eles são exigidos para a aceitação formal no tratamento e são as condições do tratamento. Eles devem ser discutidos e esclarecidos durante as primeiras sessões, quando se deve obter pelo menos um combinação oral. Pode-se usar um contrato escrito, a critério do terapeuta.

Compromisso de terapia de um ano

Uso de uma abordagem de tempo limitado renovável. Depois da primeira ou de algumas sessões, a paciente e o terapeuta devem concordar explicitamente se irão trabalhar juntos e por quanto tempo. Não se deve pressupor automaticamente que a paciente deseje trabalhar com o terapeuta. Em circunstâncias normais, a paciente e o terapeuta firmam um acordo de um ano, renovável anualmente. Ao final de cada ano de tratamento, avalia-se o progresso, e discute-se a questão de continuar a trabalhar juntos ou não. Os terapeutas diferem no que é necessário para continuar. Alguns terapeutas se dispõem a trabalhar com pacientes por um período longo e renovam o compromisso a cada ano, a menos que haja algum problema ou as pacientes tenham alcançado seus objetivos. Outros terapeutas são muito mais orientados para uma terapia de tempo limitado e preferem estabelecer relações terapêuticas com uma intenção clara, já desde o começo, de encaminhar as pacientes a outro profissional ao final do ano, se ainda for necessário tratamento. Em uma unidade de internação, a TCD pode ser de tempo bastante limitado.

Algumas pacientes *borderline* não conseguem tolerar uma abordagem de tempo limitado que não seja renovável, e não conseguem se abrir emocionalmente ou verbalmente quando sabem que a terapia vai acabar em um ponto arbitrário. Essas pacientes não devem ser forçadas a fazerem uma terapia de tempo limitado não renovável. Obviamente, com abordagens de tempo limitado não renovável, os objetivos da terapia talvez sejam mais limitados do que na terapia a longo prazo. Por exemplo, já atendi várias pacientes em TCD de tempo limitado que: tinham históricos de muitas hospitalizações psiquiátricas; esgotaram e foram recusadas por vários terapeutas anteriores; estavam disfuncionais e cronicamente parassuicidas; e não conseguiam encontrar outro terapeuta para trabalhar com elas. Algumas delas estavam na lista de não admissão de mais de um hospital da região. Nesses casos, deixei bastante claro para as pacientes que trabalharia com elas por um ano e depois as ajudaria a encontrar outro terapeuta. Meu objetivo é ajudá-las a interromper seu comportamento suicida e aprender a funcionar de forma eficaz em terapia, para que possam se beneficiar com seu próximo terapeuta e mantê-lo. Vejo isso como um tipo de pré-tratamento para o trabalho a longo prazo que é necessário.

Circunstâncias do término unilateral. Durante as primeiras sessões, o terapeuta deve deixar bastante claras as circunstâncias que levariam ao término unilateral da terapia. A TCD tem apenas uma regra formal para o término: pacientes que faltem a quatro semanas de terapia agendada seguidas, seja de treinamento de habilidades ou terapia individual, estão fora do programa. Elas não podem voltar à terapia até o final do atual período contratado, e o retorno está sujeito a negociação. Não existem circunstâncias em que essa regra seja quebrada. Não existem boas razões na TCD para faltar quatro semanas de terapia agendada. Essa regra foi adotada originalmente por razões de pesquisa, mas precisamos ter uma definição operacional para o término da terapia. Entretanto, considero que é uma excelente regra clínica. Ela define de forma bastante clara o que constitui faltar sessões (até três seguidas) e o que constitui abandonar (faltar quatro sessões individuais ou de treinamento seguidas). Desse modo, as pacientes que faltam uma, duas ou três sessões seguidas sabem que serão bem-recebidas, e sabem de maneira inequívoca que, se faltarem à quarta, não serão aceitas de volta. Desse modo, reduz-se o fenômeno da "deriva da terapia".

Muitas pacientes *borderline* querem que seus terapeutas assumam um compromisso incondicional de continuar a terapia indefinidamente ou até o final do período limitado (dependendo do compromisso original), não importa o que aconteça. Essas pacientes dizem que não podem confiar no terapeuta, se abrir, ou coisas do gênero, pois temem que o terapeuta acabe a relação. Elas se preocupam constantemente com essa possibilidade. É bastante tentador dizer à paciente que, não importa o que faça ou diga na terapia, não será terminada antes que esteja pronta. A TCD não defende essa postura, mas a posição adotada é algo como estar casado. Embora o terapeuta se comprometa em trabalhar com a paciente, suportar processos difíceis e tentar resolver problemas terapêuticos que surgirem, o comprometimento com a terapia não é incondicional. Se o terapeuta considera impossível ajudar a paciente, se a paciente leva o terapeuta além dos seus limites ou se surge uma condição mitigadora inesperada (como mudar-se da cidade), o término da terapia será considerado. Como digo a minhas pacientes, mesmo o amor de mãe não é incondicional. Entretanto, o compromisso que o terapeuta assume é fazer o melhor para proteger a paciente do término unilateral. Quando o comportamento da paciente começa a precipitar o término, isso significa que o terapeuta deve: (1) alertar a paciente para o perigo iminente de término com tempo suficiente para ela fazer as mudanças necessárias em seu comportamento e (2) ajudar a paciente a fazer as mudanças. (Conforme os próximos dois capítulos indicam de forma mais clara, os comportamentos que ameaçam o término prematuro da terapia são o segundo alvo mais importante do tratamento.) De maneira semelhante, embora a paciente possa terminar o tratamento a qualquer momento, espera-se que termine participando de uma sessão e discutindo o término proposto com seu terapeuta individual.

Compromisso de frequência

O próximo compromisso é que a paciente observará todas as sessões de terapias agendadas. As sessões de treinamento de habilidades e de terapia serão remarcadas se o terapeuta e a paciente puderem fazê-lo de forma conveniente. Se uma sessão de grupo perdida for filmada, a paciente pode assistir à sessão que perdeu antes da próxima. O terapeuta deve comunicar claramente à paciente que não é aceitável perder sessões por relutância, porque não está com vontade, quer evitar um determinado tema, ou se sente desesperançosa.

Compromisso sobre comportamentos suicidas

Se houver problemas de comportamentos suicidas (incluindo parassuicídio sem intenção de morrer), deve-se aconselhar a paciente que reduzir tais comportamentos é um objetivo primário do tratamento. O compromisso básico necessário é que, sendo o resto igual, a paciente deverá trabalhar para resolver problemas de maneiras que não usem automutilação intencional, tentativas de morrer ou suicídio. Deve-se enfatizar que, se esse não for um dos objetivos, a TCD talvez não seja o programa adequado para a paciente. O terapeuta deve estar especialmente atento à ambivalência com relação aos comportamentos suicidas. Assim, embora o objetivo seja firmar um compromisso verbal explícito de reduzir tais comportamentos, compromissos menos explícitos podem ser aceitos. Às vezes, a paciente pode concordar em fazer terapia com o entendimento de que o objetivo é reduzir os comportamentos suicidas, mas não conseguir fazer uma declaração explícita de que não cometerá suicídio. A estruturação dessa combinação é discutida em mais detalhe no Capítulo 14.

Compromisso sobre comportamentos que interferem na terapia

O próximo compromisso é simplesmente trabalhar com qualquer problema que interfira no progresso da terapia. Tornar esse compromisso explícito enfatiza a natureza da terapia como uma relação interpessoal e cooperativa desde o início.

Compromisso sobre o treinamento de habilidades

Se um dos principais objetivos da terapia é ajudar a paciente a trocar respostas disfuncionais por respostas funcionais, parece claro que deve aprender as habilidades comportamentais necessárias em outra instância. Durante o primeiro ano de TCD, todas as pacientes devem participar do programa de treinamento em habilidades da TCD (ou, se impossível, de outro programa equivalente).

Compromissos de pesquisa e pagamento

Se a TCD for conduzida em um ambiente de pesquisa, a paciente deve ser informada e concordar em participar desta condição. O valor das sessões deve ser deixado claro, e um método de pagamento deve ser combinado.

Compromissos do terapeuta

É muito importante que o terapeuta explique claramente o que a paciente pode esperar dele. Os compromissos relacionados com o terapeuta em nosso programa são os seguintes.

Compromisso de fazer "todo esforço razoável"

O máximo que a paciente pode esperar dos terapeutas é que eles façam todos os esforços razoáveis para conduzir a terapia da forma mais competente possível. Pacientes podem esperar que terapeutas façam o seu melhor para serem úteis, para ajudá-las a adquirir *insight* e aprender novas habilidades e para ensinar-lhes algumas das ferramentas comportamentais de que necessitam para lidar de maneira mais eficaz com sua situação de vida atual. Terapeutas devem deixar claro que não podem salvar as pacientes, não podem resolver seus problemas e não podem impedir que as pacientes tenham comportamentos suicidas. Essa questão flui diretamente da suposição, discutida anteriormente, de que pacientes devem resolver seus próprios problemas.

Frequentemente, é útil que o terapeuta repasse conceitos equivocados comuns sobre a terapia. Um conceito errôneo é o de que terapeutas podem, de algum modo, melhorar tudo. A incapacidade do terapeuta de acabar com a dor intensa, ou às vezes mesmo de reduzi-la um pouco, é interpretada como falta de interesse ou de disposição para ajudar. É importante que o terapeuta não sugira que, quando "crescer" ou for "menos narcisista", a paciente verá que isso não é verdade. Pelo contrário, a tarefa do terapeuta comportamental dialético é contrapor essas crenças e regras ativamente. Considero importante enfatizar que, embora possa ajudar a paciente a desenvolver e praticar novos comportamentos que possam ser úteis a reformular sua vida, não posso, em última análise, reformular sua vida por ela. A metáfora do terapeuta como guia pode ajudar nesse caso. Posso mostrar o caminho, mas não posso trilhá-lo pela paciente. O cuidado está em acompanhar a paciente ao longo do caminho. Afirmações desse tipo costumam ser necessárias periodicamente ao longo do processo de tratamento.

Compromisso de ética

A conduta ética pode ser uma questão bastante importante no tratamento de pacientes *borderline*. Em minha clínica, muitas das nossas pacientes tiveram terapeutas anteriores que tiveram comportamentos extremamente questionáveis, e às vezes claramente antiéticos. O envolvimento sexual e relacionamentos dúbios que claramente extrapolam os limites da terapia eficaz são casos a citar. Desse modo, um pacto explícito de obedecer diretrizes éticas e profissionais é particularmente importante.

Compromisso de contato pessoal

Assim como a paciente (discutido anteriormente), o terapeuta concorda em comparecer a cada sessão agendada, cancelar sessões antecipadamente quando necessário e remarcar sempre que possível. Deve-se discutir a duração das sessões, e as preferências e experiências prévias da paciente com terapia. A intenção é proporcionar sessões de duração razoável, que não sejam interrompidas por razões arbitrárias. Além de proporcionar uma cobertura razoável de apoio para quando estiver fora da cidade ou indisponível, o terapeuta também concorda em providenciar contato telefônico razoável. O grau razoável de contato é determinado pelas estratégias da TCD para o uso do telefone (ver o Capítulo 15) e pela abordagem de observar os limites (ver o Capítulo 10).

Compromisso de respeitar a paciente

Parece óbvio, mas é importante discutir mesmo assim, que o terapeuta deve se dispor a respeitar a integridade e os direitos da paciente. Embora respeitar a paciente seja essencial para a eficácia da terapia, o compromisso aqui vai além de considerações sobre ajudar a paciente a fazer as mudanças comportamentais necessárias.

Compromisso de confidencialidade

O terapeuta concorda que todas as informações reveladas na terapia sejam mantidas sob rigorosa confidência absoluta. De um modo geral, apenas os membros da equipe de tratamento e de pesquisa (se houver um projeto em andamento) têm acesso às fitas de vídeo e áudio, notas de sessão e materiais de avaliação. (Não é necessário dizer, é claro, que as fichas de autorização de informações devem ser assinadas.) Mesmo em reuniões da equipe da TCD e de supervisão, o terapeuta concorda em manter informações sensíveis, potencialmente embaraçosas e muito privadas confidenciais, a menos que exista uma necessidade convincente do contrário. Registros das sessões são mantidos em segurança. Entretanto, também é preciso ressaltar que o terapeuta não é obrigado a manter confidencialidade quando a paciente está ameaçando cometer suicídio ou em outras circunstâncias em que os terapeutas sejam solicitados pela lei a relatar coisas ditas pelas pacientes. Quando isso for necessário, para manter a segurança da paciente e de outras pessoas, as ameaças devem ser comunicadas a outras pessoas – sejam aquelas no ambiente doméstico da paciente ou membros profissionais da comunidade em saúde mental ou legal.

Compromisso de orientação

Terapeutas concordam em obter consultoria quando necessário. Na TCD padrão, todos os terapeutas concordam em frequentar reuniões de supervisão de caso regulares, seja com um supervisor, um grupo de supervisão ou outros membros da equipe de tratamento da paciente em questão. A ideia básica aqui é que a paciente pode contar que o terapeuta buscará ajuda quando for necessário, no lugar de, por exemplo, continuar indefinidamente com um tratamento ineficaz ou culpar a paciente por problemas na terapia.

Compromissos de supervisão do terapeuta

Assim como o terapeuta e a paciente fazem, terapeutas em um grupo de cossupervisão ou supervisão de caso concordam em interagir entre si de certa forma. Compromissos envolvem seguir diretrizes gerais da TCD, no contexto das reuniões de supervisão ou consultoria de caso. Ou seja, os terapeutas concordam em tratar uns aos outros pelo menos tão bem quanto tratam suas pacientes. Além disso, combinações visam facilitar a adesão ao modelo da TCD com as pacientes.

Compromisso dialético

O grupo de supervisão de caso da TCD concorda em aceitar, pelo menos do ponto de vista pragmático, uma filosofia dialética. Não existe verdade absoluta. Portanto, quando surgirem polaridades, a tarefa é procurar uma síntese ao invés da verdade. O compromisso dialético não condena opiniões fortes, nem sugere que as polaridades sejam indesejáveis. Ao invés disso, ele simplesmente aponta direções que os terapeutas concordam em tomar quando posições polares veementes ameaçarem dividir a equipe de supervisão.

Compromisso de orientação à paciente

O espírito do planejamento do tratamento na TCD é que os terapeutas não sirvam como intermediários para as pacientes com outros profissionais, incluindo outros membros da equipe de tratamento. O grupo de supervisão de caso da TCD concorda que a tarefa dos terapeutas individuais é orientar suas próprias pacientes sobre como interagir com outros terapeutas, e não dizer a outros terapeutas como interagir com as pacientes. Assim, quando um terapeuta comete um engano (dentro do razoável), a tarefa dos outros terapeutas da equipe é ajudar as pacientes a lidar com o comportamento do terapeuta, e não necessariamente mudar o terapeuta. Isso não significa que os membros da equipe não façam planejamento para o tratamento juntos para suas pacientes, não troquem informações sobre as pacientes (incluindo seus problemas com outros membros da equipe de tratamento) e não discutam os problemas do tratamento. Esse compromisso é discutido em mais detalhe no Capítulo 13.

Compromisso de coerência

Fracassos na implementação de planos de tratamento são oportunidades para as pacientes aprenderem a lidar com o mundo real. O trabalho da equipe de terapia não é proporcionar um ambiente perfeito e livre de tensões para as pacientes. Assim, o grupo de supervisão, incluindo todos os membros da equipe de tratamento, concorda que não se espera necessariamente que haja coerência dos terapeutas entre si. Cada terapeuta não precisa ensinar a mesma coisa, e não é preciso que todos concordem sobre quais são as regras adequadas para a terapia. Cada terapeuta pode criar suas próprias regras para a situação de terapia. Embora facilite a navegação quando todos os membros de uma instituição, agência ou clínica comunicam as regras da unidade de forma clara e precisa, as confusões são consideradas inevitáveis e isomórficas no mundo em que vivemos, sendo vistas como uma chance para pacientes (e terapeutas) praticarem quase todas as habilidades ensinadas na TCD.

Compromisso de observar limites

O grupo de supervisão de caso concorda que todos os terapeutas devem observar seus próprios limites pessoais e profissionais. Além disso, os membros do grupo de supervisão não inferem que limites restritos reflitam medo de intimidade, comportamento autocentrado, problemas de dominação e controle ou uma natureza retraída por parte dos terapeutas, ou que limites amplos reflitam uma necessidade de cuidar, problemas com limites ou identificação projetiva. As pacientes podem aprender a descobrir limites.

Compromisso de empatia fenomenológica

Terapeutas concordam, mantendo-se todo o resto igual, em buscar interpretações não pejorativas ou fenomenologicamente empáticas sobre o comportamento das pacientes. O compromisso baseia-se na premissa fundamental (descrita anteriormente) de que as pacientes estão tentando fazer o seu melhor e querem melhorar, ao invés de sabotar a terapia ou "jogar" com o terapeuta. Quando uma terapia não consegue produzir uma interpretação assim, outros membros do grupo de supervisão concordam em ajudar, enquanto também validam a mentalidade de "culpar a vítima" do terapeuta. Desse modo, os membros do grupo de supervisão concordam em se ajudar de forma imparcial, dentro do modelo da TCD. Concordam em não rotular terapeutas que sempre adotam uma interpretação empática de ingênuos, pouco sofisticados ou identificados excessivamente com seus pacientes, e também concordam em não rotular terapeutas que sempre adotam a interpretação hostil e pejorativa de "culpar a vítima" como agressivos, dominadores ou vingativos.

Compromisso de falibilidade

Na TCD, existe um entendimento explícito de que todos os terapeutas são falíveis. Colocado no vernáculo, isso significa que, relativamente falando, "todos os terapeutas têm limitações". Desse modo, existe pouca necessidade de ser defensivo, pois concorda-se de antemão que terapeutas provavelmente fizeram as coisas problemáticas de que são acusados. A tarefa dos membros do grupo de supervisão é aplicar a TCD uns aos outros, para ajudar cada terapeuta a seguir os protocolos da TCD. Entretanto, como ocorre com as pacientes, a solução de problemas com os terapeutas deve ser equilibrada com validação da sabedoria inerente na sua postura. Considerando que, em princípio, todos os terapeutas são falíveis, concorda-se que eles inevitavelmente violarão todos os compromissos discutidos aqui. Quando isso ocorre, eles contam uns com os outros para apontar a polaridade e buscar a síntese.

Comentários finais

As regras sobre terapia e pacientes *borderline*, bem como sobre combinações relacionadas com a paciente, o terapeuta e o grupo de supervisão, formam o alicerce contextual básico sobre o qual a TCD se constrói e proporcionam uma base para a tomada de decisões terapêuticas no decorrer do tratamento. O terapeuta experiente, sem dúvida, observa que a TCD se sobrepõe consideravelmente a muitas outras escolas terapêuticas, inclusive aquelas identificadas como comportamentais e cognitivo-comportamentais e as que não se identificam como tal. Embora possa haver pouca coisa ou nada verdadeiramente novo na TCD, as linhas de orientação terapêutica (e, segundo espero, sabedoria) fornecidas em muitos manuais e tratados de terapia sobre o tratamento do TPB às vezes são costuradas de forma um pouco diferente na TCD. Os próximos dois capítulos, e a terceira seção do livro, são dedicados a apresentar as ações específicas do terapeuta e as regras de decisão que definem a TCD. Nos Capítulos 5 e 6, descrevo em muito mais detalhe os padrões comportamentais abordados na TCD. Dizer aos terapeutas os padrões comportamentais que devem abordar é uma parte importante de qualquer manual de tratamento. Para alguns, é a parte importante da descrição da terapia. Na Parte III, descrevo as estratégias e procedimentos de tratamento específicos usados em contatos com as pacientes. A aplicação de estratégias de tratamento em qualquer abordagem ainda é mais uma arte do que uma ciência, mas tento elucidar ao máximo possível as regras que deveriam guiar essa aplicação na TCD.

Nota

1 Devo agradecer a Lorna Benjamin por este sucinto resumo da TCD.

5 METAS COMPORTAMENTAIS DO TRATAMENTO: COMPORTAMENTOS A PROMOVER E A REDUZIR

Na terapia cognitivo-comportamental padrão, os objetivos do tratamento geralmente são descritos em termos de metas comportamentais – ou seja, comportamentos a promover e comportamentos a reduzir. Uso a mesma convenção aqui. Na TCD, cada meta é uma classe de comportamentos relacionados com um certo tema ou área do funcionamento. Os comportamentos específicos abordados dentro de cada classe comportamental são individualizados para cada paciente, e a seleção das metas depende de uma avaliação comportamental inicial e contínua. Não há como exagerar essa questão.

Objetivo geral: aumentar padrões comportamentais dialéticos

O objetivo mais geral e importante da TCD é aumentar os padrões dialéticos de comportamento em pacientes *borderline*. Colocado de forma simples, isso significa aumentar padrões dialéticos de pensamento e funcionamento cognitivo, e também ajudar as pacientes a mudar seus comportamentos extremos, tornando-os respostas mais equilibradas e integradoras ao momento.

Pensamento dialético

Pensamento dialético é o "caminho do meio" entre o pensamento universalista e o pensamento relativista. O pensamento universalista pressupõe que existem verdades universais e fixas e uma ordem universal para as coisas. A verdade é absoluta. Em discussões, uma pessoa está certa e a outra está errada. O pensamento relativista pressupõe que não existe verdade universal e que a ordem das coisas depende inteiramente de quem a está estabelecendo. A verdade é relativa. Em discussões, é inútil procurar a verdade, pois a verdade está no olho de quem vê. Em contrapartida, o pensamento dialético pressupõe que a verdade e a ordem evoluem e se desenvolvem ao longo do tempo. Em discussões, busca-se a verdade por meio de tentativas de descobrir o que foi excluído nas maneiras como as pessoas organizam os fatos. A verdade é criada por um novo ordenamento que abrange e inclui o que foi excluído anteriormente (Basseches, 1984, p. 11).

Desse modo, o pensamento dialético assemelha-se mais ao pensamento construtivo, cuja ênfase está em observar mudanças fundamentais que ocorrem nas interações das pessoas com o meio onde vivem. A abordagem de terapia cognitiva de Michael Mahoney (1991), que a descreve como uma abordagem "evolutiva construtiva" de terapia, é um bom exemplo de pensamento construtivo. Ela se contrapõe ao padrão não dialético de pensamento, como o estruturalismo, que enfatiza encontrar padrões que se mantenham iguais ao longo do tempo e em diferentes circunstâncias.

Conforme discuti no Capítulo 2, o pensamento dialético exige as capacidades de transcender polaridades e, em contrapartida, enxergar a realidade como algo complexo e multifacetado; de considerar ideias e pontos de vista contraditórios e de uni-los e integrá-los; de se sentir confortável em meio ao fluxo e à incoerência; e de reconhecer que qualquer ponto de vista abrangente contém suas próprias contradições. Quando a pessoa emperra ao considerar um problema, uma abordagem dialética seria considerar o que ficou de fora ou como ela limitou artificialmente os limites ou simplificou o problema. Os indivíduos *borderline*, em comparação, pensam em extremos e têm pontos de vista rígidos. A vida é em preto e branco, vista em unidades dicotômicas. Eles costumam ter dificuldade para receber novas informações, e procuram verdades absolutas e fatos concretos que nunca mudem. O objetivo geral da TCD não é fazer as pacientes enxergarem a realidade em tons de cinza, mas ajudá-las a enxergar tanto o preto quanto o branco, e chegar a uma síntese dos dois que não negue a realidade do outro.

Para aqueles que não são pensadores dialéticos, ou mesmo para os que são mas que nunca pensaram nisso, pode ser difícil entender exatamente o que está sendo discutido aqui. Eis um exemplo: imagine uma paciente que cresceu em uma família com uma visão de mundo muito forte. Quando adulta, ela rejeita a maior parte da visão de mundo que é importante para sua família e adota uma visão diferente. A família a desaprova de maneira veemente. Ela acredita que ou está certa e a família está errada, ou a família está certa e ela está errada. Quem estiver errado deve abandonar tal ponto de vista em favor do outro.

A partir de uma posição formalista, a tarefa terapêutica é ajudar a paciente a analisar honestamente qual posição se aproxima mais da verdade e entender os fatores que interferem na aceitação da verdade. Ou a paciente apresenta pensamento disfuncional e deve mudar seu estilo de pensar, ou ela está enxergando as coisas corretamente e precisa de ajuda para validar e acreditar em si mesma.

O pensamento relativista imaginaria que nenhuma das duas visões de mundo está certa ou errada. A terapia, nesse caso, poderia se concentrar em ajudar a paciente a decidir qual visão de mundo lhe é mais proveitosa. O foco pode ser as dificuldades que a paciente tenha para assumir a responsabilidade por seu ponto de vista e sua necessidade disfuncional de que os outros decidam por ela ou concordem com ela.

Em comparação, um terapeuta dialético ajudaria a paciente a identificar as influências que afetam sua visão de mundo ao longo do tempo e a analisar como as suas reações influenciaram as visões de mundo de seus familiares e outras pessoas com quem ela interage. A terapia, aqui, poderia se concentrar em descobrir se alguma coisa continua a interferir no seu desenvolvimento e mudança. O terapeuta pode levar a paciente a explorar como cada visão de mundo contribui e baseia-se na outra, sugerindo que o indivíduo pode entender uma outra visão de mundo sem que isso invalide o seu ponto de vista.

Eis outro exemplo. Suponhamos que uma paciente diga ao seu terapeuta que está tendo muitos impulsos de cometer suicídio. Depois de iniciativas prolongadas de solução de problemas nessa situação, sem nenhum sucesso, o terapeuta sugere que a paciente se interne no hospital local até que o perigo passe. A paciente opõe-se e recusa a hospitalização, mas o terapeuta a interna involuntariamente no hospital. Em um certo ponto, a paciente pode analisar a situação a partir de uma posição formal, considerando suas próprias necessidades e valores mais importantes e de ordem superior que os do terapeuta. Afinal, sua segurança só diz respeito a ela mesma. O trabalho dos terapeutas é não impor seus valores às pacientes, prendendo-as quando discordam deles. Se fizer isso, a paciente pode decidir omitir informações ou mentir sobre seus sentimentos suicidas no futuro – "fazer o jogar" – e desistir de procurar ajuda para resolver problemas que a fazem se sentir suicida.

Em outras ocasiões, o pensamento da paciente pode ser mais relativo e menos absoluto. Por outro lado, ela pensa que é razoável poder falar com seu terapeuta sobre impulsos suicidas sem a ameaça de internação. Se não puder recusar a hospitalização, de que vale o treinamento de assertividade que o terapeuta está fazendo? Por outro lado, o terapeuta se preocupa com ela e quer que ela viva, mesmo que precise usar de força para mantê-la viva. Ambos os pontos de vista fazem igual sentido, mas o conflito não tem solução, de modo que a paciente simplesmente fica confusa.

Se a paciente puder adotar uma postura dialética, ela pode enxergar o problema como um choque entre sua autonomia e a obrigação do terapeuta de protegê-la do perigo. A tarefa de aumentar a autonomia da paciente pode levar a práticas que não sejam as ideais para protegê-la do perigo (ensinar habilidades de assertividade e incentivar a confiança em sua capacidade de tomar decisões). Por outro lado, a tarefa de proteger a paciente do perigo pode levar a práticas que não aumentem sua autonomia (internar a paciente contra sua vontade declarada). Se a paciente puder aceitar e entender esse estado de coisas, ela pode tentar trabalhar com o terapeuta de lidar com problemas que a façam se sentir suicida, enquanto, ao mesmo tempo, busca maneiras de fazer o terapeuta se sentir seguro em relação à sua segurança. Ela deverá fazer certas concessões entre a autonomia e a segurança, assim como o terapeuta. Entretanto, ela está resolvida a não perder de vista seus objetivos terapêuticos, e pode decidir se esforçar na terapia para transformar o sistema, de modo que esses dois valores não entrem em conflito.[1]

Pensamento dialético e terapia cognitiva

O foco global no pensamento nao dialético na TCD é bastante semelhante ao foco no pensamento disfuncional na terapia cognitiva. Por exemplo, os erros cognitivos abordados na terapia cognitiva também são exemplos de padrões não dialéticos de pensamento. Como na terapia cognitiva, uma tarefa do terapeuta na TCD é ajudar a paciente a identificar seus padrões absolutos e extremos de pensamento, e ajudá-la a testar a validade de suas conclusões e crenças. Os padrões de pensamento problemático abordados na TCD e na terapia cognitiva são os seguintes:

1. Inferências ou conclusões arbitrárias baseadas em evidências insuficientes ou contraditórias.
2. Supergeneralizações.
3. Magnificações ou exageros do significado ou importância dos fatos.
4. Atribuição inadequada de toda culpa ou responsabilidade por acontecimentos negativos a si mesma.
5. Atribuição inadequada de toda culpa ou responsabilidade por acontecimentos negativos a outras pessoas.

6. Depreciação, ou aplicação de rótulos de traços negativos que não trazem novas informações além do comportamento observado usado para gerar os rótulos.
7. Catastrofização, ou presunção de consequências desastrosas se certas situações não continuarem ou ocorrerem.
8. Expectativas desesperançosas, ou previsões pessimistas baseadas na atenção seletiva a fatos negativos do passado ou presente, ao invés de dados verificáveis.

Algumas formas de terapia cognitiva (mas não todas) enfatizam um modo empírico de raciocínio, que sustenta que a verdade é aquilo que se encaixa nos fatos, o que funciona na realidade, o que permite fazer previsões no mundo material, e o que pode ser identificado operacionalmente. Desse modo, o foco principal é na veracidade ou falsidade de proposições, crenças e generalizações. Se as proposições sempre fossem "verdadeiras e primárias", a abordagem empírica seria suficiente, e não haveria necessidade da abordagem dialética. Entretanto, o espírito da dialética é jamais aceitar uma verdade final, um fato inalterável e indisputável. Embora a TCD favoreça o método dialético de raciocínio, ela não sustenta que esse raciocínio seja suficiente por si só. A lógica empírica não é considerada "errada", especialmente na solução de problemas, mas é tratada apenas como um modo de pensar. Nessa perspectiva, a síntese das duas formas de raciocínio é mais proveitosa para se chegar a um entendimento.

Padrões de comportamento dialético: estilo de vida equilibrado

A maneira mais fácil de pensar sobre padrões de comportamento dialético é considerar a ideia de equilíbrio. Indivíduos *borderline* raramente têm estilos de vida equilibrados. Não apenas seus pensamentos, mas suas respostas emocionais e ações típicas são propensas a ser dicotômicas e extremadas. Os padrões comportamentais *borderline* – vulnerabilidade emocional *versus* autoinvalidação, crises inexoráveis *versus* luto inibido, e passividade ativa *versus* competência aparente (ver o Capítulo 3) – são exemplos disso. O foco nos padrões de comportamento dialéticos visa levar a paciente a respostas mais equilibradas e integradoras aos problemas que ocorrem na vida. Segundo a perspectiva budista, isso é trilhar o "caminho do meio". Em particular, as seguintes tensões dialéticas devem ser resolvidas:

1. Aperfeiçoamento de habilidades *versus* autoaceitação.
2. Solução de problemas *versus* aceitação de problemas.
3. Regulação do afeto *versus* tolerância ao afeto.
4. Autoeficácia *versus* busca de ajuda.
5. Independência *versus* dependência.
6. Transparência *versus* privacidade.
7. Confiança *versus* desconfiança.
8. Controle emocional *versus* tolerância emocional.
9. Controlar/mudar *versus* observar.
10. Frequentar/assistir *versus* participar.
11. Precisar dos outros *versus* dar aos outros.
12. Foco no *self versus* foco no outro.
13. Contemplação/meditação *versus* ação.

Metas comportamentais primárias

Reduzir comportamentos suicidas

Conforme observa Mintz (1968), nenhuma psicoterapia é eficaz com um paciente morto. Assim, quando a vida de um paciente está sob ameaça imediata, o foco de qualquer terapia deve mudar para iniciativas para manter a paciente vivo. Na maioria das situações de psicoterapia, a ameaça à vida é representada pelo comportamento suicida, mas outros comportamentos também qualificam (p.ex., jejum continuado em uma paciente anoréxica, negligência de uma doença potencialmente fatal, colocar-se em risco de um homicídio precipitado pela vítima). Conforme observei no Capítulo 1, os comportamentos suicidas, incluindo o suicídio consumado e atos parassuicidas cometidos com intenção de morrer, são particularmente prevalentes entre pacientes *borderline*. Ao contrário de muitas outras populações de pacientes, porém, e como mostra o Capítulo 1, as pacientes *borderline* também têm uma incidência elevada de comportamentos parassuicidas que não são acompanhados por nenhuma intenção de morrer. Pelo menos entre certas pacientes, é improvável que os comportamentos suicidas sejam fatais e, assim, não representam uma ameaça imediata às suas vidas. Entretanto, atos parassuicidas de qualquer tipo são metas de alta prioridade na TCD, e as razões para sua importância são discutidas a seguir. Cinco categorias de comportamentos relacionados com o suicídio são abordadas na TCD: (1) comportamentos de crise suicida, (2) atos parassuicidas, (3) ideação e comunicações suicidas, (4) expectativas e crenças relacionadas com suicídio, e (5) afeto relacionado com suicídio.

Comportamentos de crise suicida

Os comportamentos de crise suicidas são os comportamentos que convencem o terapeuta e outras pessoas de que a paciente está com um risco elevado de suicídio iminente. Na maioria dos casos, esses comportamentos consistem de: alguma combinação de ameaças de suicídio confiáveis ou outras comunicações de suicídio iminente, planejamento ou preparações para o suicídio; obtenção e manutenção de meios letais disponíveis (p.ex., acumular drogas ou comprar uma arma); e intenção suicida elevada. Às vezes, comunicações indiretas de intenção suicida também podem ser comportamentos de crise suicida. Independentemente de acreditar ou não que o suicídio subsequente seja provável, o terapeuta nunca deve ignorar esses comportamentos.

O desejo de morrer entre as pacientes *borderline* normalmente é razoável, no sentido de que se baseia em vidas que atualmente são insuportáveis. Um dos fundamentos da TCD é que o problema raramente é de distorcer situações positivas como negativas. Pelo contrário, o problema geralmente é que a paciente simplesmente tem uma quantidade excessiva de crises de vida, estressores ambientais, relacionamentos interpessoais problemáticos, situações ocupacionais difíceis e/ou problemas físicos para desfrutar ou encontrar significado na vida. Além disso, os padrões habituais de comportamento disfuncional da paciente criam seu próprio estresse e interferem em qualquer chance de melhorar a qualidade de vida. Em resumo, os indivíduos *borderline* geralmente têm boas razões para querer morrer.

Entretanto, os terapeutas da TCD, mesmo quando confrontados com vidas de incalculável dor, sempre ficam do lado da vida, e não da morte por suicídio. O raciocínio por trás dessa postura contra o suicídio é o seguinte. A agenda de muitas pacientes *borderline* às vezes parece ser convencer os terapeutas de que a vida, de fato, não vale a pena, e esses argumentos podem ter muitas funções diferentes. A paciente pode pressupor que, se o terapeuta concordar, ele intervirá diretamente (de maneira mágica, segundo meu ponto de vista) e mudará a qualidade da vida da paciente. Ou então a paciente pode estar tentando criar coragem para cometer suicídio. Ou pode estar usando o processo de discutir com o terapeuta para evocar razões para ter esperança e tranquilidade. Seja qual for a razão, já fui convencido por pacientes de que elas estavam certas. Não apenas passei a crer que suas vidas eram impossíveis de viver, como não consegui enxergar saída para elas. Eu mesma fiquei desesperada.

Entretanto, meus sentimentos de desesperança em relação a uma determinada paciente não são melhores como guia para ler o futuro do que os da paciente. Ou seja, muitas vezes, perdi a esperança em relação a uma paciente que, subsequentemente, melhorou a qualidade de sua vida radicalmente. Não creio que isso seja um déficit específico de minha parte. Sentimentos de desesperança, pelo menos em relação a pacientes *borderline*, não são incomuns entre os terapeutas. Porém, os acontecimentos na vida do terapeuta, o estado da relação terapêutica, e humores transitórios do terapeuta e da paciente certamente influenciam esses sentimentos de desesperança tanto quanto os fatores que preveem progressos futuros.

Embora o terapeuta possa acreditar que uma vida com qualquer nível de qualidade vale ser vivida, as vidas de muitos indivíduos *borderline* se aproximam perigosamente do limite. É irrelevante se o seu intenso sofrimento resulta de seu próprio comportamento ou de fatores ambientais incontroláveis; sofrimento é sofrimento. De fato, pode-se dizer que manter uma paciente viva em uma vida insustentável não é algo admirável. Essa posição me levou a afirmar que a TCD não é um programa de prevenção do suicídio, mas um programa de aperfeiçoamento da vida. No entanto, o desejo de cometer suicídio tem em sua base uma crença de que a vida não pode ou não irá melhorar. Embora isso possa ocorrer em alguns casos, não se aplica a qualquer situação. A morte, porém, descarta a esperança em todos os casos. Não temos dados indicando que as pessoas mortas vivam vidas melhores.

Creio que os indivíduos às vezes fazem escolhas informadas e tomam decisões racionais de cometer suicídio. Não acredito que esse fenômeno se limite a pessoas que não estão em tratamento psiquiátrico ou psicológico. Também não creio que as pacientes *borderline* sejam incapazes de tomar uma decisão informada sobre cometer suicídio ou não. Entretanto, essas crenças na liberdade individual não significam que devo concordar com qualquer pessoa que diga que o suicídio é bom ou mesmo uma escolha aceitável.

Ante tentativas persistentes por parte de algumas pacientes *borderline* de convencer seus terapeutas de que o suicídio é uma boa ideia, bem como seu sucesso ocasional nessas tentativas, o terapeuta deve ter uma postura predeterminada, que não seja negociável, a respeito do suicídio. Isso não pode ser questão de debate, para que a paciente não saia perdendo. De minha parte, optei por ficar do lado da vida. Embora valorize aqueles cuja tarefa terapêutica é ajudar pacientes a escolher viver ou morrer, abrir essa possibilidade ao tratar pacientes *borderline* garante, ao que me parece, que os terapeutas, às vezes, podem encorajar o suicídio em indivíduos que, se viverem, não se arrependerão. Sabendo que alguém que viva pode se arrepender de sua escolha, os terapeutas que adotam a postura da vida também devem, ao que me parece, aceitar a responsabilidade de ajudar esses indivíduos de todas as maneiras possíveis a criar vidas que valham a pena viver. Existe um velho ditado que diz que a pessoa que salva uma vida se torna responsável por aquela vida.

Atos parassuicidas

Como os comportamentos de crise suicida, os atos parassuicidas (ver o Capítulo 1 para uma definição e discussão completa) jamais são ignorados na TCD. Reduzir os atos parassuicidas é uma meta de alta prioridade na TCD, por diversas razões. Em primeiro lugar, o parassuicídio é o melhor indicador de suicídio subsequente. Entre as pacientes *borderline*, a taxa de suicídio consumado entre indivíduos que apresentam parassuicídio é duas vezes a taxa entre indivíduos que não têm tal comportamento (Stone, 1987b). Em segundo lugar, o parassuicídio danifica o corpo, muitas vezes de forma irrevogável. Cortes e queimaduras, por exemplo, não podem ser desfeitos, deixando cicatrizes permanentes. O parassuicídio não apenas prejudica o corpo, como cria a possibilidade de morte acidental. Em terceiro lugar, ações baseadas na intenção de se ferir são simplesmente incompatíveis com outros objetivos de qualquer terapia, incluindo a TCD. A eficácia de toda psicoterapia voluntária baseia-se, pelo menos até certo ponto, em desenvolver a intenção de se ajudar, ao invés de se prejudicar. Desse modo, o tratamento do comportamento parassuicida está no âmago do trabalho terapêutico. Em quarto, é bastante difícil para o terapeuta comunicar cuidado pela paciente de um modo confiável se não reagir aos atos autoagressivos da paciente. Responder ao parassuicídio insistindo que deve acabar, e dedicando todos os recursos da terapia para tal finalidade, são comunicações fundamentais de compaixão e cuidado. Recusar-se a desculpar atos parassuicidas em qualquer circunstância, é claro, é uma postura terapêutica estratégica, e pode ser extraordinariamente difícil para o terapeuta manter tal postura.

Ideação e comunicações suicidas

Outra prioridade na TCD é diminuir a frequência e a intensidade da ideação e comunicações suicidas. As respostas abordadas incluem pensar em suicídio e parassuicídio, sentir impulso de cometer suicídio ou automutilação, ter imagens e fantasias relacionadas com o suicídio, fazer planos suicidas, ameaçar com suicídio e falar sobre suicídio.

Os indivíduos *borderline* muitas vezes passam uma quantidade considerável de tempo pensando sobre o suicídio. Nesses casos, a ideação suicida é uma resposta habitual, que pode ser desconectada de qualquer desejo de morrer no momento. A possibilidade do suicídio as reassegura que, se as coisas piorarem demais, sempre existe uma saída. (Sou lembrada aqui da distribuição de cápsulas de cianeto a espiões em situações de guerra. Se forem capturados, podem evitar a tortura cometendo suicídio.) Outros indivíduos *borderline* habitualmente ameaçam cometer suicídio à mínima provocação, mas imediatamente retiram ou desfazem suas ameaças. Outros indivíduos *borderline*, ainda, às vezes agonizam na dúvida de se devem cometer suicídio ou não. Geralmente, essa agonia é acompanhada por uma dor aparentemente intolerável. As ameaças suicidas sempre são diretas. Em comparação, a ideação suicida somente é direta quando é nova ou inesperada, intensa ou aversiva, associada a crises parassuicidas ou suicidas, ou interfere na resolução de problemas.

Expectativas e crenças relacionadas com o suicídio

A TCD também é voltada para as expectativas das pacientes sobre o valor do comportamento suicida como alternativa de solução de problemas. Infelizmente, muitas dessas expectativas podem ser bastante precisas. Se a paciente quiser buscar vingança, fazer as pessoas se sentirem mal pelo que fizeram ou não fizeram, fugir de uma vida intolerável, ou mesmo poupar os outros de dor, sofrimento e dinheiro, o suicídio pode ser a resposta. O parassuicídio também tem efeitos benéficos. Conforme descrevi no Capítulo 2, uma sensação de alívio depois de se cortar ou queimar é extremamente comum, mesmo quando o comportamento é oculto. Sentir sono, uma consequência de tomar *overdoses* e outros métodos que levam à perda da consciência, muitas vezes tem um efeito benéfico substancial sobre o humor. O parassuicídio de qualquer tipo, especialmente se causa muita comoção, pode ser um meio bastante eficaz de distração do afeto negativo persistente e de situações problemáticas. Finalmente, os comportamentos de crise suicida e o parassuicídio são maneiras bastante eficazes para a paciente fazer as pessoas levarem-na a sério, para obter ajuda e atenção, para fugir de problemas, para retomar ou terminar relacionamentos ou para conseguir uma hospitalização desejada, mas indisponível.

Assim, as expectativas que talvez mais precisem de atenção não são aquelas ligadas às consequências realistas de curto prazo do comportamento suicida. Pelo contrário, devem ser abordadas as expectativas relacionadas com os resultados negativos de longo prazo do comportamento suicida, bem como expectativas relacionadas com comportamentos alternativos de solução de problemas que possam se mostrar mais eficazes a longo prazo. As expectativas e crenças relacionadas com o suicídio somente são abordadas diretamente se forem instrumentais ao parassuicídio ou a comportamentos de crise suicida, ou se interferirem em comportamentos mais hábeis.

Afeto relacionado com o suicídio

Conforme observado antes, os atos parassuicidas e o pensamento sobre o suicídio são associados ao alívio de estados emocionais intensamente negativos entre certos indivíduos *borderline* e suicidas. Esses indivíduos podem relatar sentimentos de relaxamento, calma, "liberação" emocional de seus sentimentos de pânico, ansiedade intensa, raiva incontrolável e vergonha insuportável depois que começam o parassuicídio ou fazem planos de cometer suicídio. Essa conexão pode ser resultado de aprendizagem instrumental, condicionamento clássico, ou algum efeito neuroquímico imediato da automutilação. Às vezes, experiências afetivas positivas, incluindo excitação sexual, podem acompanhar os atos parassuicidas. Um objetivo importante da TCD é mudar a resposta emocional do indivíduo para parassuicídio e para pensamentos, imagens e fantasias de suicídio e parassuicídio. Como as expectativas relacionadas ao suicídio, o afeto relacionado a ele geralmente é abordado de forma direta apenas se tiver relação funcional com o parassuicídio ou comportamentos de crise suicida, ou se interferir em comportamentos hábeis.

Adendo: comportamentos suicidas como solução desadaptativa de problemas

Como deve ter ficado claro no exposto acima, a TCD considera todos os comportamentos suicidas como comportamentos desadaptativos de solução de problemas. Conforme já comentei, embora o terapeuta normalmente considere os comportamentos suicidas como um problema, a paciente muitas vezes (mas nem sempre) os enxerga como a solução. Assim, uma das primeiras tarefas da terapia é trabalhar ativamente buscando a solução dessa diferença fundamental em pontos de vista. A direção a tomar é a da síntese dialética. Depois que se alcança (ou retoma) mesmo uma síntese frágil, a terapia se volta para duas metas fundamentais: (1) ajudar a paciente a construir uma vida que valha viver e (2) substituir tentativas desadaptativas de resolver problemas por comportamentos hábeis de solução de problemas. As pacientes *borderline* muitas vezes querem protelar a mudança em seu estilo de solução de problemas até que sejam reduzidos ou removidos os fatores que comprometem a sustentabilidade de suas vidas. A ênfase na TCD geralmente é o oposto: "primeiro, interrompemos os comportamentos suicidas, e depois descobrimos como melhorar a sua vida". Conforme indica o Capítulo 9, essa dicotomia é arbitrária de fato, pois as estratégias de solução de problemas que formam o núcleo das intervenções de mudança da TCD atuam de forma incremental para reduzir comportamentos problemáticos e mudar as circunstâncias pessoais e situacionais que os precipitam.

Reduzir comportamentos que interferem na terapia

A segunda meta da TCD é a redução dos comportamentos da paciente e do terapeuta que interferem na eficácia da terapia e, por outro lado, aumentar os comportamentos que promovem a continuação e a eficácia da terapia. A necessidade de abordar essa classe de comportamentos parece óbvia. As pacientes que não estão em terapia ou que, embora nominalmente em terapia, não se envolvem ou recebem atividades terapêuticas, não podem se beneficiar. Embora a escolha de trabalhar juntos seja uma decisão que somente a paciente e o terapeuta podem tomar, se continuam em uma relação terapêutica ou não é função de muito mais do que apenas decisão ou escolha. De fato, as pacientes *borderline* muitas vezes têm muita dificuldade para traduzir suas decisões e escolhas em comportamentos congruentes. O controle cognitivo sobre o comportamento explícito não é uma das suas potencialidades. Para os terapeutas, muitos fatores externos, como as prioridades de agências, necessidade de treinamento ou condições financeiras, podem tornar impossível implementar a decisão de tratar determinadas pacientes. Além disso, o modo como o terapeuta escolhe uma paciente é determinado por diversos fatores, incluindo um histórico de reforço, capacidades comportamentais, inibições comportamentais e as atuais contingências que atuam no ambiente terapêutico. O objetivo da TCD é criar contingências, promover capacidades e reduzir inibições, para aumentar a probabilidade de que a paciente e o terapeuta continuem a terapia.

A TCD exige a participação ativa por parte da paciente e do terapeuta. Durante as sessões individuais e de grupo, a paciente deve trabalhar em conjunto com o terapeuta para abordar os objetivos terapêuticos. Entre as sessões, ela deve fazer as tarefas de casa. Além disso, espera-se que assuma diversos compromissos relacionados com o estilo de vida e o comportamento suicida. Assim, uma paciente pode apresentar muitos tipos de comportamentos que podem levar a problemas no tratamento. De maneira semelhante, o terapeuta que não administra uma terapia eficaz ou que apresenta comportamentos que interferem na cooperação ou continuação da paciente raramente conseguirá ajudar muito. Os comportamentos a que me refiro em pacientes são semelhantes aos compreendidos no conceito de "resistência" de terapeutas psicodinâmicos e psicanalíticos. Os comportamentos a que me refiro em terapeutas se enquadram na categoria analítica da "contratransferência", e, pelo menos quando avaliada em termos negativos, também se encaixam na rubrica de "fatores da relação" em discussões mais gerais sobre psicoterapia.

Pacientes "borboletas" versus "apegadas"

Pacientes *borderline* e parassuicidas são notórias por abandonarem a terapia prematuramente (Gunderson, 1984; Richman e Charles, 1976; Weissman et al., 1973). Todavia, em minha experiência, as pacientes *borderline* geralmente se dividem em dois tipos: pacientes "borboletas" e pacientes "apegadas". As pacientes "borboletas" têm grande dificuldade para se dedicar à terapia, voando ao redor das mãos do terapeuta, por assim dizer. A frequência nas sessões é episódica, os compromissos são rompidos, e a terapia ou relação terapêutica não parece ser prioridade. A terapia com essas pacientes raramente se concentra na relação com o terapeuta, a menos que o terapeuta inicie essa discussão. De um modo geral, a paciente está envolvida em um ou mais relacionamentos primários com outra pessoa, sejam seus pais, um cônjuge ou parceiro. Os telefonemas para o terapeuta geralmente dizem respeito às crises pessoais da paciente, ao invés de problemas com o terapeuta. A maior parte da sua energia interpessoal vai para o relacionamento alternativo, no lugar da relação terapêutica. Sempre que houver um relacionamento alternativo garantido, a paciente pode faltar ou terminar a terapia. Geralmente, ela não tem um longo histórico de psicoterapia anterior. Um comportamento importante que interfere na terapia é a falta de envolvimento com o terapeuta.

No outro extremo do espectro, está a paciente apegada. Essa paciente geralmente forma uma relação intensa e quase imediata com o terapeuta. Ela quase nunca falta a uma sessão e, se faltar, pede (ou exige) que seja remarcada. A paciente pede ou pode precisar de sessões mais longas que as usuais, sessões mais frequentes e mais telefonemas para o terapeuta entre as sessões. Desde o princípio, as dificuldades dentro da relação terapêutica formam um importante foco da terapia. Muitas vezes, o terapeuta é a principal pessoa de apoio da paciente, e a relação terapêutica é seu principal relacionamento interpessoal. As pacientes apegadas raramente abandonam a terapia, têm grande dificuldade quando seus terapeutas saem de férias, e temem o término desde o começo. Muitos desses indivíduos têm longos históricos de relações psicoterápicas, que reforçaram seus comportamentos de apego. Com essas pacientes, uma importante área de comportamentos que interferem na terapia é sua incapacidade de tolerar terapeutas imperfeitos, que não consigam satisfazer suas necessidades.

Abordagens tradicionais de terapia cognitiva e comportamental

Ao ler alguns dos manuais de tratamento e pesquisas sobre a terapia cognitiva e comportamental, tem-se a impressão de que fazer a paciente cooperar e se envolver na terapia é algo tão fácil que não merece ser discutido. Com certas populações de pacientes, esse realmente é o caso. Entretanto, a atenção dada ao comportamento de interferência das pacientes está aumentando rapidamente. Por exemplo, Chamberlain e colaboradores (1984) desenvolveram uma escala de avaliação para comportamentos resistentes de pacientes. Diversos artigos e livros foram escritos sobre a adesão de pacientes (Shelton e Levy, 1981; Meichenbaum e Turk, 1987). Os terapeutas cognitivo-comportamentais regularmente lidam com a necessidade de desenvolver uma relação cooperativa na terapia (Beck, Rush, Shaw e Emery, 1979).

Em comparação, terapeutas cognitivos e comportamentais prestam pouca atenção nos comportamentos dos terapeutas (além da técnica) que interferem ou promovem a terapia. De um modo geral, a posição comportamental se divide em duas partes nessa questão: em primeiro lugar, o efeito dos fatores interpessoais do terapeuta no resultado do tratamento é uma questão empírica que não pode ser respondida sem se recorrer a dados. Em segundo, essa questão empírica deve ser abordada idiograficamente para cada paciente e terapeuta (Turkat e Brantley, 1981). Os comportamentos do terapeuta que são eficazes para uma dupla de paciente e terapeuta podem ser completamente ineficazes para outra. Essa perspectiva dupla é subproduto direto da ênfase da terapia cognitiva e comportamental em aplicar procedimentos empíricos à remediação de problemas clínicos.

Comportamentos que promovem a terapia que são discutidos com mais frequência na literatura comportamental são aquelas qualidades do terapeuta associadas à terapia centrada no cliente (p.ex., afeto, empatia e genuinidade) e aquelas derivadas de estudos sociopsicológicos de influências interpessoais (p.ex., prestígio, *status*, experiência e atratividade do terapeuta). O papel exato que essas diversas qualidades desempenham na terapia comportamental eficaz permanece controverso. Alguns terapeutas comportamentalistas enfatizam a falta de dados empíricos eficazes sobre os efeitos de muitas variáveis do terapeuta que tradicionalmente são consideradas importantes para o resultado terapêutico, especialmente o afeto e a empatia (Morris e Magrath, 1983; Turkat e Brantley, 1981). Outros comportamentalistas defendem a sua importância (Goldfried e Davison, 1976. Levis, 1980; Wilson, 1984). No entanto, mesmo aqueles que claramente consideram importantes determinados comportamentos interpessoais do terapeuta, defendem uma implementação idiográfica para se encaixar em cada paciente específica (Arnkoff, 1983; Wilson, 1984). Beck e colaboradores (1979) talvez expressem essa visão comportamental melhor quando aconselham que o terapeuta individual deve proceder observando os efeitos de suas ações sobre a paciente. A TCD aceita esse ponto de vista.

Comportamentos da paciente que interferem na terapia

Três categorias de comportamentos são incluídas na rubrica de comportamentos da paciente que interferem na terapia. A primeira categoria consiste de qualquer comportamento que interfira na capacidade da paciente de receber a terapia oferecida. Uma segunda categoria, observada em ambientes de terapia de grupo e internação, consiste de comportamentos que impedem que outras pacientes se beneficiem da terapia. A terceira categoria consiste de comportamentos de pacientes que esgotam o terapeuta, como comportamentos que forçam os limites pessoais do terapeuta ou que diminuem a sua disposição para continuar a terapia.

Comportamentos que interferem na recepção da terapia. A noção aqui é que uma terapia aplicada mas não recebida fracassará. A ideia é semelhante à necessidade de níveis sanguíneos terapêuticos para medicamentos psicotrópicos. Para que a TCD seja recebida, a paciente deve frequentar as sessões, cooperar com o terapeuta e aderir às recomendações do tratamento.

1. *Comportamentos que levam à infrequência.* Os comportamentos que interferem na frequência na terapia interferem na eficácia do tratamento. Obviamente, se a paciente não comparece às sessões ou abandona prematuramente, ela não se beneficiará da terapia. De maneira menos óbvia, se uma paciente comparece fisicamente à terapia, mas não psicologicamente, é difícil entender como ela poderá se beneficiar da experiência. Os comportamentos que interferem na frequência que observamos na nossa clínica são os seguintes: abandono da terapia; ameaça de abandonar a terapia; faltar a sessões; cancelar sessões por razões que não sejam terapêuticas; crises diruptivas constantes; ser admitida excessivamente a hospitais e, assim, faltar às sessões; agir de maneira suicida em unidades de internação e, assim, assustar a equipe, de modo que a paciente não possa sair ou receber licença para participar das sessões de terapia individual ou de grupo; agir de forma excessivamente suicida ou ameaçar cometer suicídio na presença de pessoas com poder legal para internar a paciente em um hospital (pacientes involuntárias geralmente não podem obter licenças para participar de sessões de terapia

externa); tomar substâncias que alterem a mente antes de ir para a sessão (a menos que exigido por prescrição); sair da sessão antes de acabar; desmaiar, ter ataques de pânico ou convulsões durante as sessões; dissociar ou devanear durante as sessões; não dormir o suficiente antes da sessões, chegando cansada demais para se manter desperta. Se esses comportamentos ocorrerem entre uma sessão e outra, ou durante uma sessão, eles são citados e discutidos, aplicando-se estratégias relevantes de solução de problemas.

2. *Comportamentos não cooperativos*. Terapeutas comportamentais historicamente enfatizam o papel desempenhado por um relacionamento cooperativo ou colegial entre paciente e terapeuta para a eficácia terapêutica, especialmente quando os tratamentos envolvem a participação ativa da paciente nas sessões de tratamento. Como a modificação direta dos ambientes de adultos é difícil ou impossível, a maioria dos programas de tratamento comportamental voltados para adultos consiste de alguma variação do treinamento de autocontrole e habilidades. Desse modo, os terapeutas devem ensinar as pacientes adultas a modificar seus ambientes para promover comportamentos e resultados funcionais. Nesses programas, a cooperação ativa das pacientes obviamente é essencial.

De maneira alternativa, em tratamentos que enfatizem as funções de reforço do terapeuta e se concentrem principalmente nos comportamentos da paciente na sessão, a cooperação pode ser um objetivo do tratamento, no lugar de um comportamento da paciente que é essencial para alcançar o objetivo. Esse é o caso da "psicoterapia analítica funcional", um tratamento comportamental radical baseado em princípios skinnearianos, desenvolvido por Robert Kohlenberg e Mavis Tsai (1991). Os comportamentos cooperativos, na TCD, são considerados essenciais e um objetivo do tratamento. Os comportamentos não cooperativos são considerados casos de comportamentos que interferem na terapia. Exemplos compreendem os seguintes: incapacidade ou recusa em trabalhar na terapia; mentir; não falar na terapia; retrair-se emocionalmente durante as sessões; discutir incessantemente tudo e qualquer coisa que o terapeuta disser; distrair-se e desviar de metas prioritárias durante as sessões; e responder à maioria ou a todas as questões com "não sei" ou "não lembro".

3. *Comportamentos de recusa*. Um senso ativo de participação da paciente na terapia terá relação consistente com resultados positivos (Greenberg, 1983). A terapia comportamental, em geral, e a TCD, em particular, exigem um envolvimento bastante direto da paciente no processo de tratamento. Durante as sessões, a paciente pode participar de atividades encobertas de imaginação (p.ex., treinamento em relaxamento ou dessensibilização sistemática) ou praticar novos comportamentos (p.ex., dramatização no treinamento de habilidades sociais), e também recebe diversas tarefas para fazer em casa entre as sessões. Espera-se que as pacientes se exponham a situações que temam e que apresentem respostas que considerem muito difíceis. A coragem, habilidades de autocontrole e um histórico em que comportamentos de adesão e tentativas ativas de solução de problemas foram reforçados são requisitos para tais comportamentos. Como não é

de surpreender, os indivíduos *borderline* muitas vezes não possuem esses atributos. Os comportamentos de recusa incluem não preencher ou não trazer os cartões diários; preenchê-los de forma incompleta ou incorreta; não cumprir acordos feitos com o terapeuta; recusar-se a aderir às recomendações do tratamento, como estratégias de exposição; e recusar-se a aceitar objetivos de tratamento que são essenciais à TCD (p.ex., recusar-se a tentar reduzir comportamentos suicidas).

Comportamentos que interferem em outras pacientes. Em ambientes de grupo ou internação, as interações entre pacientes podem ser cruciais para o sucesso ou fracasso da terapia. Em minha experiência, os comportamentos que são mais prováveis de impedir que outras pacientes se beneficiem da terapia são comentários abertamente hostis, críticos e reprovadores dirigidos a elas. Embora possa ser desejável que outras pacientes aprendam a tolerar esses comentários, esse objetivo parece impossível de alcançar para certas pacientes *borderline*, quando se sentem vulneráveis a um ataque a qualquer momento. As pacientes *borderline* são muito sensíveis a qualquer tipo de *feedback* negativo, mesmo se apenas implícito. Elas muitas vezes recebem comentários feitos de forma adequada como se fossem um ataque. A incapacidade da paciente de aceitar o *feedback* negativo razoável de outras pacientes pode interferir na terapia, mas expressões inoportunas de sentimentos negativos para com outra paciente ou tentativas insistentes de resolver um problema de relacionamento com outra paciente geralmente também interfere na terapia da pessoa que recebe o comentário.

Entretanto, como uma das metas interpessoais da TCD é ajudar as pacientes a se tornarem mais confortáveis com conflitos, evitar conflitos nem sempre (ou geralmente) é considerado desejável na TCD. Embora quase qualquer comportamento que crie conflito possa interferir na terapia para outras pacientes, em minha experiência, somente ataques claramente hostis contra outras pacientes ameaçam destruir a possibilidade da terapia.

Comportamentos que esgotam terapeutas. Os indivíduos *borderline* querem receber ajuda das pessoas do seu meio, mas, muitas vezes, não conseguem pedir e receber ajuda ou esgotam os cuidadores potenciais. Aprender a pedir e receber ajuda adequadamente, além de cuidar da pessoa que dá a ajuda, é uma habilidade importante para a vida. O foco em promover o comportamento de pedir ajuda e receber ajuda entre indivíduos *borderline*, bem como a generalização desses comportamentos para a vida cotidiana, aumenta a qualidade da terapia e da vida cotidiana. É claro que, para manter a relação terapêutica, também é essencial reduzir os comportamentos que esgotam os terapeutas. De um modo geral, a pesquisa nessa área sugere que o esgotamento, quando ocorre, pode levar a uma variedade de erros terapêuticos (Cherniss, 1980; Carrol e White, 1981), dos quais pode ser difícil se recuperar. Assim, parece importante prevenir o esgotamento, no lugar de esperar que ocorra para depois tentar remediá-lo. Esse mesmo raciocínio fundamenta a estratégia da TCD de observar os limites, que faz parte das estratégias de contingências apresentadas no Capítulo 10, onde discutirei essa questão em muito mais detalhe.

Com base no exposto, o terapeuta comportamental dialético afirma claramente no começo que um importante objetivo da TCD é ensinar à paciente a agir de tal maneira que o terapeuta não apenas possa dar a ajuda que a paciente precisa, como também queira fazê-lo. De um modo geral, o terapeuta mostra rapidamente que não existe consideração positiva incondicional ou amor incondicional. Mesmo a pessoa mais dedicada pode ser dissuadida de continuar ajudando um amigo ou parente, e o mesmo se aplica ao terapeuta. Com certos comportamentos, qualquer paciente pode fazer o terapeuta rejeitá-la. Isso fica bastante claro na orientação da TCD, conforme observa o Capítulo 4. A ideia aqui é cortar desde o princípio quaisquer crenças de que a ajuda que a paciente recebe do terapeuta não está relacionada com seus próprios comportamentos interpessoais. Em minha experiência, a maioria das pacientes *borderline* aprecia essa orientação por parte de seus terapeutas. Muitas foram recusadas para terapia pelo menos uma vez. A ideia de que a terapia as ajudará a impedir que isso ocorra novamente é uma novidade bem-vinda.

Em minha experiência, os terapeutas muitas vezes têm dificuldade para identificar comportamentos que contribuam para o esgotamento, que qualifiquem como comportamentos que interferem na terapia. A maioria não tem dificuldade para identificar os comportamentos das pacientes que interferem na sua frequência na terapia, na cooperação com o terapeuta, e na adesão às recomendações do tratamento. No entanto, os comportamentos das pacientes que forçam os limites pessoais dos terapeutas ou diminuem sua motivação para trabalhar com as pacientes muitas vezes não são identificados. Nesses casos, muitos terapeutas tendem a acreditar em duas coisas: ou os comportamentos fazem parte da "psicopatologia" das pacientes, ou as reações dos terapeutas são indicativos da sua própria inadequação. Quando esses comportamentos são considerados parte da "patologia *borderline*", eles não costumam ser abordados diretamente. Muitos terapeutas parecem acreditar que, se as pacientes forem "curadas" de sua "*borderlineness*", esses comportamentos cessarão automaticamente. De maneira alternativa, quando as reações do terapeuta são vistas como problemas do terapeuta, os comportamentos das pacientes muitas vezes são ignorados em favor de um foco (geralmente em reuniões de consultoria ou supervisão de caso) nas inadequações do terapeuta.

1. *Forçar os limites pessoais do terapeuta*. Cada terapeuta tem limites pessoais para o que está disposto a fazer pela paciente e quais comportamentos são toleráveis. Portanto, os comportamentos das pacientes que excederem aquilo que o terapeuta se dispõe a tolerar são comportamentos que interferem na terapia. Quais comportamentos constituem forçar os limites pessoais variam com o terapeuta, com o tempo e com a paciente. Na terapia de uma determinada paciente, os limites variam com as mudanças na relação terapêutica e com fatores individuais na situação de vida do próprio terapeuta. Os comportamentos que são abordados em um determinado momento dependem do estado dos limites do terapeuta naquele momento e das capacidades da paciente.

   O principal comportamento que força os limites em qualquer paciente *borderline* é recusar-se a participar ou aceitar as estratégias terapêuticas que o terapeuta considera essenciais para o progresso ou a terapia eficaz. Assim, se a paciente se recusa a aderir a uma estratégia terapêutica que o terapeuta considera essencial para a eficácia da terapia, e não existem outras estratégias razoavelmente aceitáveis, essa recusa é um comportamento que força os limites e, portanto, pode se tornar o foco da terapia até que seja resolvido. A paciente, o terapeuta ou ambos precisam mudar. Outros comportamentos que podem forçar os limites de um terapeuta comportamental dialético são telefonar demais para o terapeuta; ir à casa do terapeuta ou interagir com os seus familiares; exigir soluções para problemas que o terapeuta não pode resolver; exigir mais tempo nas sessões ou mais sessões do que o terapeuta pode proporcionar; interagir com o terapeuta de um modo excessivamente pessoal ou familiar, incluindo comportamentos sexualmente provocantes ou sedutores; infringir o espaço pessoal do terapeuta; e fazer ameaças contra o terapeuta ou seus familiares. Quase qualquer comportamento das pacientes pode forçar os limites de certos terapeutas. Embora, às vezes, os limites possam ser expandidos, não existem limites pessoais *a priori* que devam ser observados na TCD. Assim, os comportamentos que forçam os limites somente podem ser definidos por cada terapeuta em relação a cada paciente. Desse modo, pacientes em programas em que interagem com diversos terapeutas devem aprender a observar vários conjuntos de limites.

O ato de forçar os limites do terapeuta costuma ser interpretado por terapeutas não comportamentais como a ausência de limites para a paciente. Acredita-se que os comportamentos de pacientes que fazem o terapeuta sentir que seus limites pessoais estão sendo violados ou infringidos e, às vezes, derrubados, resultam de a paciente não ter limites pessoais próprios. A palavra "limites" é usada como se tivesse um significado não arbitrário, independente do efeito dos comportamentos da paciente sobre o terapeuta. O terapeuta costuma estabelecer tais limites como se houvesse um local "correto" para eles. Porém, acredito que o estabelecimento de limites seja uma função social e, por isso, não existem limites corretos fora do contexto. A tarefa relevante que a paciente *borderline* não consegue ou não se propõe a fazer está em observar e respeitar os limites interpessoais das outras pessoas. Isso pode ser determinado por outros fatores além da percepção que a paciente tem de seus próprios limites.

Mesmo assim, concentrar-se nos limites da paciente (ao invés de violações aos do terapeuta) tem duas consequências indesejadas, do ponto de vista da TCD. Primeiramente, desvia a atenção do terapeuta para o comportamento problemático da paciente. Para mudar um constructo, como os limites, exige-se pelo menos que o terapeuta consiga especificar os comportamentos que definem o constructo operacionalmente, e isso raramente ocorre. Em segundo lugar, como se acredita que a falta de limites determina os comportamentos problemáticos, existe pouco ou nenhum incentivo para fazer uma análise comportamental e sondar outras influências. Assim, podem-se omitir fatores importantes que determinam o comportamento, tornando-se muito mais difícil mudar.

2. *Comportamentos que forçam os limites organizacionais*. Embora geralmente não pensemos que as organizações, incluindo unidades de tratamento, tenham "limites pessoais", é importante considerar os limites a partir dessa perspectiva na TCD. Assim, as regras de unidades de internação (p.ex., proibir rádio alto), elementos de contratos do tratamento (p.ex., proibir armas), ou regras de clínicas ambulatoriais (p.ex., esperar pelo terapeuta nas salas de espera designadas) são exemplos de limites organizacionais. Eles são "pessoais" porque cada unidade de tratamento

tem seu próprio conjunto de limites, desenvolvidos muitas vezes para satisfazer vários indivíduos (administradores do hospital ou da unidade, pessoal jurídico, diretores de unidades, etc.). Por exemplo, em meu programa, as pacientes cruzam o limite quando fazem algo que possa levar minha unidade de tratamento a ser expulsa da clínica maior que nos proporciona o espaço que usamos. O único requisito na TCD é que os limites de organizações que oferecem a terapia sejam os mais parecidos com os limites organizacionais em cenários cotidianos. Assim, os limites que exigem comportamentos deferenciais ou submissos, ou que proscrevem comportamentos interpessoais que seriam tolerados em ambientes comuns de trabalho, escola ou do lar, provavelmente serão iatrogênicos. Na TCD, os comportamentos que cruzam os limites organizacionais são tratados da mesma maneira que aqueles que cruzam os limites do terapeuta. Em ambos casos, o terapeuta deve deixar claro que os limites refletem a personalidade do indivíduo ou da organização.

Como no caso dos limites pessoais do terapeuta, um tipo muito importante de limite organizacional tem a ver com as exigências básicas da unidade de tratamento para conduzir o tratamento de forma eficaz. Esse tipo de limite é o que mais se aproxima de um limite arbitrário, pois é construído tendo uma classe de pacientes em mente (p.ex., pacientes *borderline*), sem considerar as necessidades de nenhuma paciente específica. Por exemplo, no primeiro ano da TCD padrão, todas as pacientes devem fazer psicoterapia individual e algum tipo de treinamento de habilidades estruturado. Em muitas unidades de internação, todas as pacientes devem participar de um número específico de atividades da unidade terapia de grupos. Em um ambiente de pesquisa, todas as pacientes talvez precisem fazer avaliações periódicas. A chave aqui é que a unidade tenha bastante cuidado ao desenvolver esses limites, mantendo apenas aqueles que todos tenham certeza de serem necessários para que o programa de tratamento funcione.

3. *Comportamentos que diminuem a motivação do terapeuta*. Um pré-requisito para a continuação da terapia é a motivação para continuar por parte do terapeuta e da paciente. A motivação, por sua vez, depende do histórico de reforço em uma determinada situação ou contexto. Nos melhores casos, o progresso da paciente rumo aos objetivos do tratamento é o principal reforço para o terapeuta. Quando o progresso é lento, outros comportamentos da paciente podem assumir maior importância. A falta de disposição de muitos terapeutas para trabalhar com pacientes *borderline* está diretamente ligada à ausência relativa de comportamentos de reforço da parte dessas pacientes e à presença de muitos comportamentos que os terapeutas consideram aversivos. O absenteísmo na terapia, comportamentos não cooperativos, falta de adesão e pressões sobre os limites do terapeuta qualificam esse caso. Outros comportamentos que presenciei são: uma atitude hostil; impaciência e declarações de que o terapeuta devia ser melhor ou que não é um bom terapeuta, especialmente quando é sarcástico ou cáustico; críticas à pessoa ou personalidade do terapeuta; críticas aos valores, local de trabalho ou família do terapeuta; falta de gratidão ou apreciação para com os esforços do terapeuta; incapacidade ou indisposição para enxergar

ou admitir o progresso que ocorrer; e comparações do terapeuta com outras pessoas que sejam consideradas melhores terapeutas. Comportamentos particularmente estressantes por parte da paciente são ameaças de processos, denunciar o terapeuta para o conselho de licenciamento ou começar uma censura pública contra o terapeuta. Uma paciente em nossa clínica trazia e enviava a seu terapeuta uma quantidade interminável de cartas, ensaios, poemas, desenhos e presentes. O terapeuta levou um ensaio para ler em casa e, de algum modo, perdeu. Posteriormente, a paciente pediu o texto de volta e, ao ser informada de que o terapeuta não conseguia encontrá-lo em casa, processou-o no juizado de pequenas causas, exigindo centenas de dólares como compensação por danos. É desnecessário dizer que o terapeuta não se sentiu muito motivado para continuar a terapia com essa paciente, mesmo depois de encontrar o ensaio perdido.

4. *Comportamentos que reduzem a motivação dos membros do grupo ou do ambiente*. Em nossa terapia familiar, de grupo ou ambiental, a expectativa é que pacientes ou familiares se ajudem. Nesse sentido, cada paciente e familiar também pode ser considerado um terapeuta. Os comportamentos individuais que diminuem a motivação dos outros membros da família, grupo ou ambiente para continuarem prestando ajuda e se manterem interessados no bem-estar da paciente são comportamentos que interferem na terapia.

Comportamentos da paciente que propiciam a terapia

Durante a orientação inicial da TCD e, às vezes, com frequência depois dela, deixo claro para as pacientes que uma das suas tarefas é interagir comigo de um modo que me faça querer continuar trabalhando com elas. (Tenho uma obrigação recíproca semelhante.) Essa ideia muitas vezes é nova para nossas pacientes. É claro que, durante interações com uma paciente, o terapeuta tem a obrigação de agir de maneiras produtivas, não importa o que a paciente esteja fazendo. Se isso não for possível, as interações devem ser terminadas. Para impedir que isso ocorra – por exemplo, o fim dos telefonemas ou da própria terapia – ensinam-se à paciente os comportamentos específicos que aumentam a probabilidade de que as interações prossigam.

Conforme observado anteriormente, o principal comportamento que promove a terapia é simplesmente fazer progresso rumo a objetivos comportamentais. Os comportamentos importantes para terapeutas, além dos comportamentos que interferem na terapia descritos acima, são específicos de cada terapeuta e variam com o contexto. Aqueles que foram importantes para mim e para os terapeutas com quem trabalho consistem de: pedir ajuda para evitar o suicídio ou parassuicídio (ao invés de ameaçar com suicídio ou parassuicídio se não receber ajuda); experimentar as sugestões comportamentais do terapeuta (ao invés de dizer que não funcionarão); perguntar se o momento é conveniente para falar quando telefonar para o terapeuta, e aceitar um não como resposta quando for necessário; aceitar com bom humor um telefonema mais curto do que o desejado; cumprir os acordos feitos com o terapeuta; telefonar para desmarcar consultas (no lugar de simplesmente não aparecer); e demonstrar senso de humor, ou pelo menos apreciação pelo senso de humor do terapeuta. A questão que quero deixar clara é que os comportamentos que promovem a terapia devem ser ensinados, e não esperados.

Comportamentos do terapeuta que interferem na terapia

Os comportamentos que interferem na terapia por parte do terapeuta incluem qualquer comportamento que seja iatrogênico, bem como qualquer um que, desnecessariamente, cause perturbação ou dificulte o progresso. A ideia básica aqui é que o terapeuta, antes de tudo, não deve causar mal. Em segundo lugar, mantendo-se todo o resto igual, o terapeuta deve implementar a terapia mais benigna possível. Em terceiro, o terapeuta não deve ter uma postura defensiva em relação a enganos, mas manter-se flexivelmente aberto para reparar e mudar padrões de resposta quando necessário.

Uma ampla variedade de fatores pode aumentar os comportamentos do terapeuta que interferem na terapia. Os que influenciaram a mim e aos colegas da minha clínica são os seguintes: fatores pessoais, como estresse em casa ou no trabalho, dormir pouco ou uma doença; demandas de tempo excessivas além das criadas pela paciente; compartimentar o trabalho clínico em uma pequena parte da semana, de modo que as demandas clínicas em outros momentos são consideradas intrusivas (um problema específico para aqueles que atuam no mundo acadêmico); insegurança com relação às próprias habilidades como terapeuta, especialmente em comparação com outros terapeutas da equipe; comparações da aparente falta de progresso da paciente com o progresso que pacientes de outros terapeutas pareçam estar fazendo; raiva, hostilidade e frustração dirigidas à paciente; atitudes de "culpar a vítima", especialmente quando não se consegue lembrar outra maneira de pensar sobre o comportamento da paciente; uma sensação de ser colocado contra a parede pela paciente, ou de perder o controle da situação terapêutica; medo de ser processado; ansiedade e/ou pânico ante a possibilidade de que a paciente cometa suicídio; e crenças irrealistas sobre o que é possível no momento, com expectativas irracionais em relação à paciente.

Um dos fatores mais comuns e mais debilitantes que levam a erros terapêuticos é a incapacidade do terapeuta de tolerar as comunicações da paciente de sofrimento no presente. As tentativas de amainar o sofrimento da paciente muitas vezes levam ao reforço de comportamentos disfuncionais, que, ao invés de reduzir o sofrimento, na verdade o aumentam no longo prazo, questão que foi discutida em mais detalhe no Capítulo 4. Entretanto, os comportamentos dos terapeutas que interferem na terapia podem ser classificados em duas categorias gerais: (1) aqueles que dizem respeito ao equilíbrio dentro da administração da terapia e (2) aqueles que dizem respeito à paciente.

Comportamentos que criam desequilíbrio terapêutico. Geralmente, os comportamentos que desequilibram a terapia são comportamentos consistentes, localizados em um ou outro extremo (p.ex., aceitação *versus* mudança ou estabilidade *versus* flexibilidade) de um *continuum* de comportamentos de terapeutas.

1. *Desequilíbrio entre mudança e aceitação.* Na perspectiva da TCD, as piores violações desse tipo são padrões de comportamento que criam e mantêm a falta de equilíbrio entre estratégias de tratamento de mudança e aceitação. Um terapeuta que se concentra demais na mudança pode invalidar o senso de *self* da paciente e sua visão da realidade de tal modo que sejam necessários anos em terapias subsequentes para desfazer o dano. Uma paciente que se rebela nesse ambiente pode ser considerada excessivamente defensiva, e suas objeções não serem ouvidas. Em comparação, um terapeuta que aceite a paciente incondicionalmente, mas que

não ensine novos padrões de comportamento mais competentes, traz poucos benefícios para ela. De fato, essa abordagem raramente aceita a visão da paciente sobre o que precisa para que haja mudança. É rara a paciente *borderline* que não está ansiosa por treinamento comportamental, especialmente em situações que considere difíceis ou impossíveis de lidar.

2. *Desequilíbrio entre flexibilidade e estabilidade.* Um segundo grupo de comportamentos que interferem na terapia consiste daqueles que indicam uma incapacidade de equilibrar a flexibilidade nas abordagens de tratamento com a estabilidade do foco terapêutico. Esse problema ocorre com mais frequência com o terapeuta que, sem uma perspectiva teórica para orientar a terapia, troca interminavelmente de estratégia, na tentativa de alcançar algum progresso comportamental. Essencialmente, o problema é de paciência. Quase qualquer estratégia terapêutica com pacientes *borderline* precisa de uma certa quantidade de tempo para ter sucesso. Igualmente problemática é a modificação da terapia pelo terapeuta, segundo critérios em relação com a teoria. Exemplos são: omitir treinamento de habilidades em favor de discussões "de coração" quando o terapeuta está entediado ou não está "disposto" a fazer todo o esforço exigido pelo treinamento de habilidades; trancafiar a paciente em um hospital por raiva ou para acalmar familiares, ao invés de como uma resposta de base teórica para o comportamento de crise suicida da paciente; ou acalmar a paciente porque o terapeuta está cansado ou não tem tempo para lidar com conflitos. É desnecessário dizer que tentar convencer a paciente de que esses comportamentos terapêuticos são para o seu próprio bem apenas complica o problema. No outro polo, manter rigidamente estratégias terapêuticas que não trazem progresso ou causam perturbação extrema para a paciente, especialmente se houver outras estratégias potencialmente terapêuticas, também interfere na terapia. Infelizmente, todos os seres humanos se tornam mais rígidos quando sob estresse – uma condição que acompanha o tratamento da paciente *borderline*. Em minha experiência, com o estresse de tratar pacientes difíceis, os terapeutas muitas vezes vacilam entre ser rígidos e obstinados demais e ser flexíveis demais. A manutenção do equilíbrio entre estabilidade e flexibilidade depende de uma avaliação terapêutica contínua e da aplicação das intervenções descritas em detalhe nos Capítulos 8 a 11.

3. *Desequilíbrio entre nutrir e exigir mudança.* O terceiro tipo de desequilíbrio é entre nutrir e fazer pela paciente, por um lado, e omitir a ajuda, por outro, pressupondo que a paciente ajudará a si mesma quando estiver suficientemente motivada. No primeiro caso, a paciente é considerada excessivamente frágil, incompetente e vulnerável demais para se ajudar. O terapeuta pode infantilizar a paciente, tratá-la como se fosse incapaz de tomar decisões, e fazer coisas por ela e ajudá-la de maneiras que não consideraria para outras pacientes. Fora do contexto, exemplos disso podem incluir encontrar a paciente regularmente em uma cafeteria para sessões por considerá-la receosa demais para ir ao consultório; dar carona (ou ignorar sessões perdidas) porque ela não consegue dirigir e é considerada frágil demais para aprender a usar o transporte público; mudar temas difíceis; acreditar que a paciente está intimidada demais para

falar por si mesma e permitir que ela fique em silêncio, enquanto responde por ela em uma reunião familiar; e assumir o controle do seu dinheiro e pagar as contas para ela. Em contrapartida, o terapeuta às vezes pode se recusar a aceitar que a paciente precisa de mais apoio e estímulo do que está recebendo – uma postura que leva ao fracasso certo. Às vezes, a paciente pode realmente exagerar suas necessidades e incompetência para fazer o terapeuta levá-la a sério, continuando assim o ciclo de fracasso. As dificuldades para manter o equilíbrio entre intervir e cuidar de uma paciente ou orientar e ensinar a ela como cuidar de si mesma são discutidas extensivamente no Capítulo 13.

4. *Desequilíbrio entre comunicação recíproca e irreverente*. Os terapeutas também erram quando perdem o equilíbrio entre a comunicação recíproca e irreverente (ver os Capítulos 4 e 12). Por um lado, as pacientes *borderline* parecem incentivar a vulnerabilidade e a abertura pessoal por parte de seus terapeutas. Dois fatores atuam aqui. Primeiramente, as pacientes *borderline* podem ser bastante persuasivas em seus argumentos de que a relação terapêutica é artificialmente desigual e unilateral. "Por que eu devo ser a única que corre todos os riscos?", podem perguntar. Em segundo lugar, os indivíduos *borderline* costumam ser cuidadores extremamente capazes. Assim, com frequência, os terapeutas cometem o erro de se tornarem excessivamente vulneráveis na terapia. Não é incomum que os terapeutas desenvolvam o hábito de compartilhar suas próprias dificuldades e tribulações pessoais com pacientes *borderline*, independentemente da relevância para a sua terapia. O envolvimento sexual com uma paciente é o exemplo mais exagerado disso. No outro extremo, os terapeutas podem enfatizar demais a distância entre eles e as pacientes. Terapeutas de outras escolas que não a TCD justificam isso referindo-se a "questões de limites" ou ao "modelo terapêutico". Já os terapeutas da TCD podem recorrer a estratégias irreverentes de comunicação. Todavia, a comunicação irreverente, os modelos terapêuticos e questões de limites podem ser distorcidos para desculpar piadas cruéis às custas da paciente; críticas hostis; ataques injustificados contra as crenças, respostas emocionais, decisões e comportamentos das pacientes; e um inflexível distanciamento emocional e físico das pacientes.

Comportamentos que demonstram falta de respeito pela paciente. Os comportamentos que transmitem falta de respeito por uma paciente às vezes transmitem a realidade. Em outros momentos, são inadvertidos, resultando mais de descuido do que de falta de respeito genuína. Esses comportamentos desrespeitosos típicos dos terapeutas são listados no Quadro 5.1. Essa lista foi montada por Marian Miller (1990) a partir de diversas fontes. Muitos dos comportamentos listados aqui são indicativos de esgotamento do terapeuta, seja em geral ou com uma determinada paciente. Embora um momento ocasional de comportamento que comunique falta de respeito talvez não seja muito prejudicial à terapia, um acúmulo ao longo do tempo interfere seriamente no processo terapêutico. Contudo, ainda mais crucial do que evitar comportamentos desrespeitosos é a resposta do terapeuta quando a paciente aponta tais comportamentos. A tarefa de reparar perturbações e ruptura na elaboração do relacionamento pode ser um dos processos mais terapêuticos que a paciente experimenta. Certamente,

Quadro 5.1   Exemplos de comportamentos desrespeitosos do terapeuta

1. Faltar ou esquecer consultas
2. Cancelar consultas sem remarcar
3. Mudar suas políticas com a paciente arbitrariamente (p.ex., mudar políticas de telefonemas, honorários, horário de consultas)
4. Não retornar mensagens ou telefonemas, ou demorar para retornar
5. Perder papéis/arquivos/anotações
6. Não ler as notas/papéis que a paciente lhe dá
7. Atrasar-se para consultas
8. Aparência ou modo de vestir pouco profissional
9. Má higiene física
10. Consultório desarrumado ou sujo
11. Fumar durante as consultas
12. Comer/mascar chiclete durante consultas
13. Não fechar a porta durante as sessões
14. Permitir interrupções como telefonemas ou mensagens
15. É desatento durante as sessões ou telefonemas, ou tem outras atividades
16. Esquecer informações importantes (nome, histórico/informações relevantes)
17. Repetir-se, esquecer o que disse
18. Aparentar estar visivelmente cansado ou fatigado
19. Cochilar na presença da paciente
20. Evitar contato ocular
21. Falar sobre outras pacientes
22. Falar que gostaria de estar fazendo outra coisa
23. Olhar o relógio na presença da paciente
24. Terminar as sessões prematuramente
25. Referir-se à paciente de maneira sexista, paternalista ou maternal
26. Tratar a paciente como alguém inferior ao terapeuta

Obs. De *Developing a Scale to Measure Individual's Stress-Proneness to Behaviors of Human Service Professionals*, de M. Miller, 1990, original inédito. Universidade de Washington. Reimpresso sob permissão da autora.

a necessidade de reparar relações é típica na vida da paciente. Entretanto, o reparo nesse caso pode se mostrar extraordinariamente curativo.

Reduzir comportamentos que interferem na qualidade de vida

Conforme indiquei no Capítulo 4, e novamente neste capítulo, a TCD pressupõe que as pacientes *borderline* têm boas razões para serem suicidas e infelizes. A solução, segundo meu ponto de vista, é as pacientes mudarem a qualidade de suas vidas. Comportamentos que podem ser categorizados como interferências na qualidade de vida são listados no Quadro 5.2. A lista não é final, e outros problemas podem surgir com pacientes específicas. Para ser incluído nessa categoria, o comportamento da paciente deve ser seriamente problemático – o suficiente para que, se não mudar, certamente venha a interferir na chance de ter uma qualidade de vida razoável. Uma boa maneira de determinar se o padrão de comportamento é suficientemente sério é considerar o padrão segundo os critérios diagnósticos do DSM-IV (em particular, os Eixos I e V) e segundo os efeitos do comportamento sobre a capacidade de a paciente avançar mais na terapia. Padrões comportamentais que não sejam sérios o suficiente para satisfazer os critérios diagnósticos, causar comprometimento sério ou interferir na condução da terapia não qualificam para essa categoria. Ao invés disso, padrões menos sérios ou menos perigosos devem ser tratados no segundo e terceiro estágios da TCD.

Quadro 5.2 Comportamentos que interferem na qualidade de vida

1. Abuso de substâncias (exemplos: beber álcool; abuso de drogas ilícitas ou de prescrição).
2. Comportamento sexual de risco ou sem proteção (exemplos: práticas sexuais inseguras; abusar sexualmente de outras pessoas; sexo excessivamente promíscuo; sexo com pessoas inadequadas).
3. Dificuldades financeiras extremas (exemplos: muitas contas vencidas; dificuldades orçamentárias; gastos excessivos ou jogo; incapacidade de lidar com agências de auxílio público).
4. Comportamentos criminosos que, se não mudados, podem levar a prisão (exemplos: furto em lojas, incêndio).
5. Comportamentos interpessoais disfuncionais sérios (exemplos: escolher ou permanecer com parceiros fisicamente, sexualmente e/ou emocionalmente abusivos; contato excessivo com parentes abusivos; terminar relacionamentos prematuramente; fazer outras pessoas se sentirem tão desconfortáveis a ponto de ter apenas poucos amigos; timidez incapacitante ou medo da desaprovação social).
6. Comportamentos disfuncionais relacionados com o emprego ou a escola (exemplos: abandonar o emprego ou a escola prematuramente; incapacidade de procurar ou encontrar um emprego; medo de ir para a escola ou de buscar treinamento vocacional necessário; dificuldades para fazer trabalho relacionado com o emprego ou a escola; escolhas profissionais inadequadas; demissões ou repetências excessivas na escola).
7. Comportamentos disfuncionais relacionados com doenças (exemplos: incapacidade de obter cuidado médico adequado; não tomar medicamentos necessários; tomar medicação demais; medo de médicos; recusa em tratar doenças).
8. Comportamentos disfuncionais relacionados com a moradia (exemplos: residir em albergues, em carros, ou em casas lotadas; residir com pessoas abusivas ou incompatíveis; não encontrar moradia estável; comportamentos que causem expulsões ou rejeições de possibilidades de moradia).
9. Comportamentos disfuncionais relacionados com a saúde mental (exemplos, hospitalização psiquiátrica; mudar de farmacoterapeuta com frequência; não procurar tratamentos auxiliares necessários).
10. Padrões disfuncionais relacionados com transtornos mentais (exemplos: padrões comportamentais que satisfaçam critérios para outros transtornos mentais graves ou debilitantes do Eixo I ou do Eixo II).

Geralmente, a determinação dos padrões de comportamento que preencham esses critérios será feita em conjunto pelo terapeuta e pela paciente. No entanto, em muitos casos, o reconhecimento de que um determinado padrão comportamental é problemático é o primeiro passo no caminho da mudança. Nesses casos, o terapeuta deve tomar muito cuidado para manter o foco em comportamentos que, de fato, tenham relação funcional com questões ligadas à qualidade de vida para aquela paciente. Opiniões e juízos personalizados podem interferir aqui (casos de comportamentos do terapeuta que interfiram na terapia).

Discussões de caso e sessões de supervisão podem ser valiosas para ajudar o terapeuta a esclarecer seus próprios valores, as diferenças entre eles e os valores da paciente, e a influência dos valores do terapeuta sobre as prioridades terapêuticas. Esse esclarecimento é especialmente importante quando o terapeuta e a paciente têm origens culturais diferentes. Entretanto, se o terapeuta poderá trabalhar dentro do contexto dos valores da paciente irá depender dos seus próprios limites. Por exemplo, tive uma paciente que colocava fogo em caixas do correio. Ela não considerava isso um problema de alta prioridade. Quando estávamos negociando um segundo ano para a terapia, falei que não poderia trabalhar a menos que um dos objetivos da terapia fosse parar com esse comportamento. Eu não me propunha a tolerar imagens da paciente sendo presa ou outras pessoas não recebendo cartas importantes.

Uma premissa básica da TCD é que um estilo de vida estruturado tem relação funcional com os ganhos terapêuticos em todas as áreas visadas. Em uma versão inicial da TCD, solicitava que as pacientes tivessem atividades estruturadas que as tirassem de casa pelo menos um pouco a cada semana, preferivelmente todos os dias. Essas atividades podiam consistir de um emprego, trabalhos voluntários, escola ou outras obrigações. A razão para essa exigência era que meus colegas e eu considerávamos difícil (senão impossível) ter algum efeito sobre comportamentos que dependem do humor, se as pacientes passassem o dia em casa. De um modo geral, ficar em casa estava relacionado com um aumento no afeto depressivo, no medo e em comportamentos agorafóbicos, passividade comportamental e mais comportamentos suicidas. Em versões subsequentes do tratamento, mudei essa exigência para uma recomendação, por causa da política da TCD para o término do tratamento. De um modo geral, a abordagem é evitar o término unilateral da terapia, se possível. O término não apenas é a contingência mais poderosa disponível ao terapeuta, como a última, e observamos que provavelmente era usada excessivamente quando as atividades estruturadas eram *exigidas*. A política atual é tornar os comportamentos disfuncionais o mais desconfortáveis possível no tratamento. As condições que podem levar ao término da TCD são discutidas no Capítulo 10.

Promover habilidades comportamentais

O treinamento de habilidades da TCD visa remediar os déficits de habilidades comportamentais típicos de indivíduos que satisfazem os critérios para o TPB. Conforme sugere o Capítulo 1 (veja especialmente o Quadro 1.5), os nove critérios para o TPB designados no DSM-IV podem ser condensados em cinco categorias: disfunção do *self* (senso de *self* inadequado, sensação de vazio); desregulação comportamental (comportamentos impulsivos, autoagressivos e/ou suicidas); desregulação emocional (instabilidade emocional, problemas com raiva); desregulação interpessoal (relacionamentos caóticos, medo de abandono); e desregulação cognitiva (despersonalização, dissociação, delírio). As habilidades comportamentais ensinadas na TCD são voltadas para essas áreas de problemas. A relação entre o treinamento de habilidades da TCD e as categorias amplas de critérios para o TPB é apresentada no Quadro 5.3. As habilidades para regulação das emoções, habilidades de eficácia emocional, habilidades de tolerância a perturbações e habilidades "nucleares" de atenção plena da TCD são ensinadas em um formato es-

Quadro 5.3 Objetivos do treinamento de habilidades da TCD

Objetivo geral
Aprender e aperfeiçoar habilidades para mudar padrões comportamentais, emocionais e de pensamento associados a problemas da vida que estejam causando penúria e perturbação.

Objetivos específicos	
Comportamentos a diminuir	Comportamentos a aumentar
Desregulação interpessoal	Habilidades interpessoais
Desregulação emocional	Habilidades para regulação das emoções
Desregulação comportamental e cognitiva	Habilidades para tolerância a perturbações
Desregulação do *self*	Habilidades nucleares de atenção plena: observar, descrever, participar, adotar uma postura acrítica, concentrar-se em uma coisa de cada vez, ser efetivo

truturado. As habilidades de autocontrole, que são necessárias para aprender todas as outras, são ensinadas conforme o necessário no decorrer do tratamento.

Habilidades nucleares de atenção plena (mindfulness)

As habilidades da atenção plena são centrais à TCD, e são tão importantes que são chamadas de habilidades "nucleares". São as primeiras habilidades ensinadas e são listadas nos cartões diários que as pacientes preenchem a cada semana. As habilidades são versões psicológicas e comportamentais de técnicas de meditação ensinadas em práticas espirituais orientais. Baseei-me fundamentalmente na prática do Zen, mas as habilidades são compatíveis com a maioria das práticas contemplativas ocidentais e de meditação orientais. Existem três habilidades sobre o "o quê" (observar, descrever, participar) e três habilidades sobre o "como" (adorar uma postura acrítica, concentrar-se em uma coisa de cada vez, ser eficaz). Essas habilidades são apresentadas e descritas em maior detalhe no manual que acompanha este volume, e um breve sumário é apresentado a seguir.

Habilidades nucleares do tipo "o quê". As habilidades de atenção plena relacionadas com "o quê" são aprender a observar, a descrever e a participar. O objetivo é desenvolver o estilo de vida de agir com consciência. Pressupõe-se que a ação sem consciência seja uma característica fundamental dos comportamentos impulsivos e dependentes do humor. De um modo geral, observar ativamente e descrever as próprias respostas comportamentais somente é necessário quando se está aprendendo um novo comportamento, quando existe algum tipo de problema ou quando uma mudança se faz necessária. Por exemplo, estudantes de piano iniciantes prestam muita atenção na localização de suas mãos e dedos, e podem contar as batidas em voz alta ou dizer as notas e acordes que estão tocando. No entanto, à medida que sua habilidade aumenta, essa observação e descrição acabam. Porém, se cometer um erro habitual depois de aprender uma música, o pianista pode ter que voltar a observar e descrever, até aprender o novo padrão.

A primeira habilidade do tipo "o quê" é observar – ou seja, prestar atenção nos acontecimentos, emoções e outras respostas comportamentais, mesmo que sejam perturbadores. Aqui, a paciente aprende simplesmente a se permitir experimentar, com consciência, no momento, o que está acontecendo, ao invés de deixar a situação ou tentar terminar uma emoção (comportamentos que devem diminuir). De um modo geral, a capacidade de prestar atenção nos acontecimentos exige uma capacidade correspondente de afastar-se do acontecimento. Observar um acontecimento é separado ou diferente do acontecimento em si. (Por exemplo, observar o ato de caminhar e caminhar são duas respostas diferentes.) Esse foco em "experimentar o momento" baseia-se em abordagens psicológicas orientais e em noções ocidentais de exposição sem reforço, como método de extinguir respostas automáticas de evitação e medo.

A segunda habilidade do tipo "o quê" é descrever os acontecimentos e respostas pessoais em palavras. A capacidade de aplicar rótulos verbais a acontecimentos comportamentais e ambientais é essencial para a comunicação e o autocontrole. Para aprender a descrever, exige-se que o indivíduo aprenda a não entender suas emoções e pensamentos literalmente – ou seja, como reflexos literais de fatos ambientais. Por exemplo, o fato de alguém sentir medo não significa necessariamente que a situação seja ameaçadora para a sua vida ou bem-estar.

No entanto, os indivíduos *borderline* muitas vezes confundem as respostas emocionais com os fatos que as precipitaram. Os componentes físicos do medo (p.ex., "sinto os músculos do estômago apertando e a garganta contraindo") podem ser confundidos com percepções do ambiente ("estou começando um exame na escola") e produzir um pensamento ("vou rodar no exame"). Os pensamentos muitas vezes também são entendidos literalmente. Ou seja, os pensamentos ("não me sinto amado") são confundidos com fatos ("não sou amado"). De fato, um dos principais objetivos da terapia cognitiva é testar a associação dos pensamentos com os acontecimentos ambientais correspondentes. O indivíduo que não consegue identificar pensamentos como pensamentos, acontecimentos externos como acontecimentos, e assim por diante, terá grande dificuldade na maioria das abordagens de tratamento. De maneira interessante, quase toda abordagem terapêutica enfatiza a importância de ajudar a paciente a observar e descrever os acontecimentos. A livre associação na psicanálise; manter diários do comportamento na terapia comportamental; registrar pensamentos, regras e crenças na terapia cognitiva; e resposta reflexiva na terapia centrada no cliente são exemplos em que a paciente ou o terapeuta observar e descrever respostas comportamentais e acontecimentos da vida da paciente.

A terceira habilidade nuclear do tipo "o quê" é a capacidade de participar sem constrangimento. "Participar", nesse sentido, significa penetrar integralmente nas atividades do momento atual, sem se distanciar dos acontecimentos e interações. A qualidade da ação é espontânea, e a interação entre o indivíduo e o ambiente é fácil e baseia-se em parte, mas não totalmente, no hábito. O ato de participar, é claro, pode ser desatento. Todos já tivemos a experiência de estar dirigindo em uma rota complicada para casa enquanto nos concentramos em outra coisa, e chegar em casa sem nos lembrar de como chegamos lá. Entretanto, também pode envolver a atenção. Um bom exemplo de participação atenta é a do atleta talentoso que responde de forma flexível mas tranquila às demandas de sua tarefa com atenção e consciência, mas sem constrangimento. *Mindlessness* significa participar sem atenção à tarefa; *mindfulness* significa participar com atenção.

Habilidades nucleares do tipo "como". As próximas três habilidades de atenção plena têm a ver com *como* se observa, descreve e participa, e envolvem adotar uma postura acrítica, concentrar-se em uma coisa de cada vez e ser eficaz (fazer o que funciona). Conforme ensinado na TCD, adotar uma postura acrítica significa exatamente isso – não julgar as coisas como boas nem más. Isso não significa mudar de um juízo negativo para um juízo positivo. Embora os indivíduos *borderline* tendam a julgar a si mesmos e aos outros em termos excessivamente positivos (idealização) ou excessivamente negativos (desvalorização), a posição aqui não é que devam ser mais equilibrados em seus juízos, mas que abandonem o ato de julgar na maioria das situações. Isso é muito sutil, mas muito importante. A noção é que, por exemplo, uma pessoa que pode ser "útil" sempre pode se tornar "inútil". Ao invés disso, a TCD enfatiza um foco nas consequências dos comportamentos e acontecimentos. Por exemplo, os comportamentos podem levar a consequências dolorosas para o indivíduo ou para outras pessoas, ou o resultado dos acontecimentos pode ser destrutivo. Uma abordagem imparcial observa essas consequências, e pode sugerir mudar os comportamentos ou acontecimentos, mas não acrescenta necessariamente o rótulo de "maus" a eles. As coisas simplesmente são como são. Ou, como disse Albert Ellis, quando lhe perguntaram como um terapeuta racional-emotivo lidaria com a perspectiva de um acidente aéreo iminente, "se você morre, você morre".

A atenção plena, em sua totalidade, tem a ver com a qualidade da consciência que a pessoa traz para as atividades. O segundo objetivo do tipo "como" é aprender a concentrar a mente e a consciência na atividade do momento, ao invés de dividir a atenção entre várias atividades ou entre uma atividade atual e pensamentos sobre outra coisa. Para se alcançar tal foco, é necessário controle da atenção, uma capacidade que a maioria das pacientes *borderline* não tem. Muitas vezes, as pacientes *borderline* se distraem com pensamentos e imagens do passado, preocupações com o futuro, pensamentos ruminativos sobre problemas ou humores negativos atuais. Em vez de concentrar toda a sua atenção em preocupações atuais (que seria um caso de preocupação atenta) e talvez resolver algum aspecto de uma preocupação atual, elas se preocupam enquanto, ao mesmo tempo, tentam fazer outra coisa. Esse problema pode ser observado facilmente em suas dificuldades para participar do programa de treinamento de habilidades da TCD. As pacientes devem aprender a concentrar a atenção na tarefa ou atividade em questão, envolvendo-se nela com atenção, consciência e vigilância.

O terceiro objetivo do tipo "como", ser eficaz, visa reduzir a tendência das pacientes de às vezes se preocuparem mais com o que está "certo" do que com o que realmente é necessário ou exigido em uma determinada situação. Ser eficaz é o oposto de "cortar o nariz para agredir o rosto". Como dizem nossas pacientes, é "jogar o jogo" ou "fazer o que funciona". Na perspectiva da meditação oriental, concentrar-se na eficácia é "usar meios hábeis". A incapacidade de abandonar a ideia de "estar certo" em favor de alcançar objetivos, é claro, está relacionada com as experiências de pacientes *borderline* com ambientes invalidantes. Uma questão central para muitas delas é se podem, de fato, confiar em suas percepções, juízos e decisões – ou seja, se podem esperar que suas ações estejam corretas ou "certas". Entretanto, levada ao extremo, a ênfase no princípio sobre o resultado pode muitas vezes levar pacientes *borderline* à decepção ou fazê-las afastar as outras pessoas. Afinal, todos temos que "ceder" em certas ocasiões. As pacientes *borderline* às vezes consideram muito mais fácil abrir mão de estarem certas para serem eficazes, quando isso é visto como uma resposta hábil em vez de apenas "ceder".

Habilidades de tolerância ao estresse

A TCD enfatiza aprender a lidar habilmente com a dor. A capacidade de tolerar e aceitar estresse é um objetivo essencial da saúde mental, por pelo menos duas razões. Em primeiro lugar, a dor e o estresse fazem parte da vida, e não podem ser totalmente evitados ou eliminados. A incapacidade de aceitar esse fato imutável leva a mais dor e sofrimento. Em segundo lugar, a tolerância ao estresse, pelo menos a curto prazo, faz parte de qualquer tentativa de mudar a si mesmo. De outra forma, atos impulsivos interferirão nas tentativas de estabelecer as mudanças desejadas.

A habilidade de tolerância ao estresse constituem uma progressão natural das habilidades de atenção plena. Elas têm a ver com a capacidade de aceitar, de um modo imparcial, a si mesma e à situação atual. Essencialmente, a tolerância ao estresse é a capacidade de perceber o meio sem exigir que ele seja diferente; e de observar os próprios pensamentos e padrões de ação sem tentar impedi-los ou controlá-los. Embora a postura defendida aqui seja imparcial, ela não deve ser compreendida como uma postura de aprovação. É especialmente importante que essa distinção fique clara para a paciente: aceitar a realidade não equivale a aprovar a realidade. Ou, como um terapeuta que trabalhe com reestruturação cognitiva colocaria, "o fato de que algo não é uma catástrofe não significa que não seja um pé no saco".

Os comportamentos de tolerância ao estresse abordados na TCD dizem respeito a tolerar e sobreviver a crises e aceitar a vida como ela é no momento. São ensinados quatro conjuntos de estratégias de sobrevivência para crises: distração (com atividades, fazer coisas que contribuam, comparar-se com pessoas em pior situação, emoções opostas, afastar-se de situações dolorosas, outros pensamentos e outras sensações intensas), autotranquilização (por meio da visão, audição, olfato, paladar e tato), melhorar o momento (com imaginação, significado, oração, relaxamento, concentrar-se em uma coisa de cada vez, tirar férias, e autoincentivo) e pensar em prós e contras. As habilidades de aceitação incluem aceitação radical (i.ex., aceitação *completa* e profunda), voltar a mente para a aceitação (i.e., escolher aceitar a realidade como ela é) e disposição *versus* obstinação. A ideia de "disposição" é de Gerald May (1982, p.6), descrita da seguinte maneira:

> A disposição implica renunciar à distinção pessoal, penetrar, imergir nos processos mais profundos da própria vida. É o entendimento de que já se é parte de algum processo cósmico essencial, e é o compromisso de participar desse processo. Em comparação, a obstinação é distanciar-se da essência fundamental da vida, na tentativa de dominar, direcionar, controlar ou manipular a existência. De forma mais simples, a disposição é dizer sim ao mistério de estar vivo a cada momento. A obstinação é dizer não, ou talvez, como é mais comum, dizer "sim, mas..."

Embora as pacientes *borderline* e seus terapeutas aceitem que as habilidades para sobrevivência em crises são importantes, o foco da TCD na aceitação e disposição costuma ser considerado inerentemente falho. Esse ponto de vista baseia-se na noção de que a aceitação e a disposição acarretam aprovação. Isso não é o que May (1982) queria dizer. De fato, ele observa que a disposição exige oposição a forças destrutivas, mas que parece quase inevitável que essa oposição se transforme em obstinação:

> Mas a disposição e a obstinação não se aplicam a coisas ou situações específicas. Elas refletem, pelo contrário, a postura subjacente que o indivíduo tem para com o milagre da vida em si. A disposição nota esse milagre e curva-se em reverência a ele. A obstinação o esquece, ignora ou, pior ainda, tenta destruí-lo ativamente. Assim, a disposição às vezes pode parecer bastante ativa e assertiva, e até agressiva. E a obstinação pode aparecer disfarçada de passividade. A revolução política é um bom exemplo disso. (p. 6)

Habilidades de regular emoções

Os indivíduos *borderline* são afetivamente intensos e instáveis. Conforme observado no Capítulo 1, muitos estudos sugerem que os indivíduos *borderline* e parassuicidas se caracterizam por raiva, frustração intensa, depressão e ansiedade. Conforme observado no Capítulo 2, a TCD postula que as dificuldades em regular emoções dolorosas são centrais para as dificuldades comportamentais do indivíduo *borderline*. Na perspectiva da paciente, os sentimentos dolorosos seguidamente são o "problema a resolver". Os comportamentos suicidas e outros comportamentos disfuncionais, incluindo abuso de substâncias, são soluções comportamentais para emoções intoleravelmente dolorosas.

Essa intensidade e instabilidade afetiva sugere que as pacientes *borderline* precisam e ajuda para aprender a regular seus níveis afetivos. Em minha experiência, a maioria dos indivíduos *borderline* tenta regular o afeto simplesmente instruindo-se para não sentir o que está sentindo. Essa tendência é resultado direto do ambiente emocional invalidante, que ordena que as pessoas devem sorrir quando estão infelizes, sejam boas e não sacudam o barco quando estiverem bravas, e confessem e se sintam perdoadas quando estiverem se sentindo culpadas.

As habilidades de regulação do afeto podem ser extremamente difíceis de ensinar, pois os indivíduos *borderline* muitas vezes já receberam superdosagens de instruções de que, se apenas "mudarem sua postura", conseguirão mudar seus sentimentos. De certo modo, muitos indivíduos *borderline* vêm de ambientes onde todos apresentam controle cognitivo quase total de suas emoções. Além disso, esses mesmos indivíduos apresentam intolerância e forte desaprovação para com a incapacidade da paciente de apresentar controle semelhante. Com frequência, as pacientes *borderline* resistem a qualquer tentativa de controlar suas emoções, pois esse controle implicaria que os outros estão certos e elas estão erradas por sentirem o que sentem. Desse modo, a regulação do afeto somente pode ser ensinada em um contexto de autovalidação emocional.

Como a tolerância ao estresse, a regulação do afeto exige a aplicação de habilidades de atenção plena – nesse caso, a observação e descrição imparciais das respostas emocionais atuais. A ideia teórica é que grande parte da perturbação emocional do indivíduo *borderline* é resultado de respostas secundárias (p.ex., vergonha, ansiedade ou raiva intensas) a emoções primárias. Muitas vezes, as emoções primárias são adaptativas e adequadas ao contexto. A redução dessa perturbação secundária exige a exposição às emoções primárias em uma atmosfera imparcial. Nesse contexto, a atenção plena para com as próprias respostas emocionais pode ser entendida como uma técnica de exposição. A TCD tem diversas habilidades específicas de regulação emocional, descritas a seguir.

Identificar e rotular o afeto. O primeiro passo na regulação das emoções é aprender a identificar e rotular as emoções atuais existentes. No entanto, as emoções são respostas comportamentais complexas. Sua identificação muitas vezes envolve a capacidade não apenas de observar as próprias respostas, mas também de descrever precisamente o contexto onde as emoções ocorrem. Assim, é imensamente mais fácil aprender a identificar uma resposta emocional se o indivíduo puder observar e descrever (1) o fato que levou à emoção; (2) as interpretações do fato que levou à emoção; (3) a experiência fenomenológica, incluindo a sensação física, da emoção; (4) os comportamentos expressivos associados à emoção; e (5) os efeitos posteriores da emoção sobre o funcionamento do indivíduo.

Identificar obstáculos à mudança emocional. O comportamento emocional é funcional para o indivíduo. Pode ser difícil mudar comportamentos emocionais quando são seguidos por consequências reforçadoras. Desse modo, pode ser importante identificar as funções e reforçadores para comportamentos emocionais específicos. De um modo geral, as emoções funcionam para comunicar algo às pessoas e motivar o comportamento da pessoa. Os comportamentos emocionais também podem ter duas outras funções importantes. A primeira, relacionada com a função de comunicação, é influenciar e controlar os comportamentos das outras pessoas, e a segunda é validar as percepções e interpretações da própria pessoa sobre os acontecimentos. Embora a segunda função não seja totalmente lógica (p.ex., se uma pessoa odeia outra, isso não significa que a outra deva ser odiada), ela pode ser importante para pacientes *borderline*. Identificar essas funções das emoções, especialmente das emoções negativas, é um passo importante rumo à mudança.

Reduzir a vulnerabilidade da "mente emocional". Todas as pessoas são mais susceptíveis à reatividade emocional quando estão sob estresse físico ou ambiental. Dessa forma, as pacientes têm amparo para buscar uma nutrição e hábitos alimentares equilibrados, dormir o suficiente mas não demais (inclusive tratar a insônia, se necessário), fazer exercícios adequados, tratar doenças físicas, abster-se de drogas não prescritas que alterem o humor, e aumentar seu domínio envolvendo-se em atividades que construam um sentido de autoeficácia e competência. O foco no domínio é bastante semelhante ao agendamento de atividades na terapia cognitiva da depressão (Beck et al., 1979). Embora essas metas pareçam claras, o progresso com pacientes *borderline* pode ser exaustivo para pacientes e terapeutas. Com relação à insônia, muitas de nossas pacientes *borderline* estão em uma batalha interminável, na qual a farmacoterapia pouco parece ajudar. A pobreza pode interferir na nutrição equilibrada e no cuidado médico. O trabalho com qualquer uma dessas metas exige uma postura ativa das pacientes e persistência até que efeitos positivos comecem a acumular. A passividade na solução de problemas típica de muitas pacientes *borderline* pode ser uma dificuldade substancial.

Aumentar a ocorrência de eventos emocionais positivos. Mais uma vez, a TCD pressupõe que a maioria das pessoas, incluindo indivíduos *borderline*, se sente mal por boas razões. Embora as percepções das pessoas tendam a ser distorcidas quando estão muito emotivas, isso não significa que as emoções em si sejam resultado de percepções distorcidas. Assim, uma maneira importante de controlar as emoções é controlar as situações que as disparam. Aumentar a ocorrência de eventos positivos na vida da pessoa é uma abordagem para aumentar as emoções positivas. No curto prazo, isso envolve aumentar as experiências positivas cotidianas. No longo, significa fazer mudanças na vida para que eventos positivos aconteçam com mais frequência. Além de aumentar os eventos positivos, também é importante trabalhar a atenção a experiências positivas quando ocorrerem, além de ignorar a preocupação de que a experiência positiva acabe.

Aumentar a atenção plena à emoção atual. A atenção à emoção atual significa experimentar as emoções sem julgá-las ou tentar inibi-las, bloqueá-las ou desviar-se delas. A ideia básica aqui é que a exposição a emoções dolorosas ou perturbadoras, sem associação com consequências negativas, extinguirá sua capacidade de estimular emoções negativas secundárias. As consequências naturais de a paciente julgar as emoções negativas como "más" são sentimentos de culpa, raiva e/ou ansiedade sempre que ela se sentir "mal". A adição desses sentimentos a uma situação já negativa simplesmente torna a perturbação mais intensa, e a tolerância, mais difícil. Com frequência, a paciente somente consegue tolerar uma situação perturbadora ou um afeto doloroso se puder não sentir culpa ou ansiedade por se sentir mal em primeiro lugar.

Fazer a ação oposta. Conforme discutido no Capítulo 2, as respostas expressivas comportamentais são partes importantes de todas as emoções. Por isso, uma estratégia para mudar ou regular uma emoção é mudar um componente expressivo comportamental, agindo de um modo que seja oposto ou incongruente com a emoção. O terapeuta deve se concentrar nas ações explícitas da paciente (p.ex., fazer algo bom para alguém de quem está com raiva, aproximar-se de algo de que tem medo), bem como em sua expressividade postural e facial. Porém, com relação a esta, o terapeuta deve deixar claro que a ideia não é bloquear a expressão da emoção, mas expressar uma expressão diferente. Existe uma diferença muito grande entre uma expressão facial constrita que bloqueia a expressão de raiva e uma expressão facial relaxada que expressa simpatia. Essa técnica é discutida extensivamente no Capítulo 11.

Aplicar técnicas de tolerância ao estresse. Tolerar as emoções negativas sem atos impulsivos que piorem a situação, é claro, é uma maneira de modular a intensidade e a duração das emoções negativas. Qualquer uma ou todas as técnicas de tolerância ao estresse podem ajudar nesse caso.

Habilidades para eficácia interpessoal

Os padrões comportamentais específicos necessários para a eficácia social dependem quase inteiramente dos objetivos do indivíduo em um determinado contexto situacional. A primeira seção do módulo de habilidades interpessoais aborda esse problema. Conforme observado em conexão com a síndrome da competência aparente no Capítulo 3, os indivíduos *borderline* muitas vezes têm várias habilidades conversacionais em seu repertório. No entanto, a eficácia social exige dois grupos de habilidades complementares para a expressão comportamental: (1) habilidades necessárias para produzir respostas automáticas a situações encontradas habitualmente; e (2) habilidades necessárias para produzir respostas novas ou uma combinação de respostas quando a situação exigir.

Os padrões de respostas interpessoais ensinados na TCD são bastante semelhantes aos ensinados em classes de assertividade e solução de problemas interpessoais. Eles incluem estratégias eficazes para perguntar o que a pessoa precisa, dizer não e lidar com conflitos interpessoais. A "eficácia" aqui significa obter as mudanças que se deseja, manter o relacionamento e manter o autorrespeito. Embora as habilidades incluídas nesse programa sejam bastante específicas (ver o manual de treinamento de habilidades para mais detalhes), creio que qualquer programa de treinamento interpessoal bem desenvolvido possa substituir o pacote da TCD.

Mais uma vez, os indivíduos *borderline* e suicidas frequentemente possuem boas habilidades interpessoais de um modo geral. Os problemas surgem na aplicação dessas habilidades às situações que as pacientes encontram. Elas podem ser capazes de descrever seqüências comportamentais ao analisar outra pessoa que se depara com uma situação problemática, mas completamente incapazes de gerar ou realizar uma sequência comportamental semelhante quando analisam sua própria situação. Geralmente, o problema é que seus padrões de crenças e respostas afetivas incontroláveis estão inibindo a aplicação de habilidades sociais.

Um erro comportamental que os indivíduos *borderline* costumam cometer é o término prematuro de relacionamentos. Isso provavelmente resulte de dificuldades em todas as áreas visadas. Os problemas com a tolerância ao afeto tornam difícil tolerar os medos, ansiedades ou frustrações que são típicos de situações conflituosas. Problemas na regulação do afeto levam à incapacidade de reduzir a raiva crônica e a frustração, e a autorregulação e habilidades de solução de problemas interpessoais inadequadas podem tornar difícil transformar conflitos potenciais em encontros positivos. Os indivíduos *borderline* seguidamente vacilam entre a evitação de conflitos e a confrontação intensa. Infelizmente, a escolha entre evitação e confrontação baseia-se no estado afetivo das pacientes, no lugar de necessidades da situação atual. Na TCD em geral, os terapeutas desafiam as expectativas negativas das pacientes com relação a seu ambiente, seus relacionamentos e a si mesmas. Os terapeutas devem ajudar as pacientes a aprender a aplicar diversas habilidades de solução de problemas interpessoais, sociais e de assertividade para modificar ambientes aversivos e desenvolver relacionamentos eficazes.

Habilidades de autocontrole

As habilidades de autocontrole são necessárias para aprender, manter e generalizar novos comportamentos e para inibir ou extinguir comportamentos indesejáveis e mudanças comportamentais. As habilidades de autocontrole incluem categorias comportamentais como o autocontrole e o comportamento voltado para objetivos. Em seu sentido mais amplo, o termo "autocontrole" refere-se a qualquer tentativa de controlar, administrar ou mudar os próprios comportamentos, pensamentos ou respostas emocionais aos acontecimentos. Nesse sentido, as habilidades da TCD da atenção plena, tolerância ao estresse, regulação do afeto e solução de problemas interpessoais podem ser consideradas tipos específicos de habilidades de autocontrole. Entretanto, o termo é usado aqui em referência ao conjunto genérico de capacidades comportamentais de que o indivíduo necessita para adquirir mais habilidades. No mesmo nível em que o indivíduo *borderline* é deficiente em habilidades de autocontrole, sua capacidade de adquirir as outras habilidades abordadas na TCD estará seriamente comprometida. As habilidades de autocontrole que devem ser abordadas são discutidas a seguir.

Conhecimento dos princípios da mudança e manutenção do comportamento. Os indivíduos *borderline* muitas vezes têm uma séria falta de conhecimento sobre os princípios fundamentais da mudança e manutenção do comportamento. A crença da paciente de que as pessoas mudam padrões de comportamento complexos em uma demonstração heroica de força de vontade abre caminho para um ciclo crescente de fracasso e autocondenação. A incapacidade de chegar a um objetivo se torna mais uma prova de que explicações para o fracasso segundo traços (preguiça, falta de motivação, pouca coragem) realmente são verdadeiras. O terapeuta deve desfazer essa noção de como as pessoas mudam. Com frequência, analogias com a aprendizagem de habilidades cotidianas comuns (p.ex., aprender a escrever, andar de bicicleta, etc.) servem para ilustrar que a força de vontade não produz sucesso por si só, mas simplesmente permite que a pessoa persista ante o fracasso que geralmente faz parte da aprendizagem de novos comportamentos.

Os indivíduos *borderline* devem aprender princípios de reforço, punição, modelagem, relações entre o ambiente e o comportamento, extinção, e assim por diante. Assim, os princípios da aprendizagem e do controle comportamental, em geral, bem como o conhecimento sobre como esses princípios se aplicam em cada caso individual, são metas importantes no ensino de habilidades de autocontrole. A aprendizagem desses conceitos muitas vezes envolve uma mudança substancial na estrutura de crenças da paciente, especialmente de suas crenças sobre os fatores que controlam seu comportamento.

Estabelecer metas realistas. Pacientes *borderline* também precisam aprender a formular objetivos positivos no lugar de negativos, a avaliar objetivos positivos e negativos de forma realista e a analisar seus padrões de vida do ponto de vista do esclarecimento de valores. As pacientes *borderline* geralmente acreditam que o único resultado aceitável é nada menos que a perfeição. Os objetivos da mudança comportamental costumam ser amplos e claramente excedem as habilidades que as pacientes possam ter. Estimular as pacientes a "pensar pequeno" e "acumular pequenos fatos positivos" pode ajudar aqui.

Habilidades para analisar o ambiente/comportamento. Terapeutas devem ensinar às pacientes habilidades de automonitoramento e monitoramento do ambiente estabelecimento e avaliação de níveis basais, e avaliação de dados empíricos para determinar as relações entre eventos antecedentes e consequentes e suas respostas. Essas habilidades são bastante semelhantes às habilidades de teste de hipóteses ensinadas na terapia cognitiva (Beck et al., 1979).

Habilidades de controle das contingências. Os indivíduos *borderline* seguidamente apresentam dificuldade para formular e executar planos de controle das contingências. Em minha experiência, a maioria tem enorme dificuldade com o conceito de autogratificação. Geralmente, o problema é que seus padrões de pensamento giram em torno de merecer ou não merecer gratificações ou punições. Como toda a noção de merecer ou não merecer baseia-se em juízos, o trabalho com o controle das contingências deve ser costurado ao ensino de habilidades de atenção plena. As pacientes muitas vezes admitem acreditar que a administração de autopunição ou privação é a única maneira eficaz de mudar seu comportamento inadequado. O terapeuta deve apontar especificamente os vários efeitos negativos dessa estratégia (p.ex., "se você comer demais novamente, que outros problemas estará criando proibindo-se de comer como punição?") e tentam gerar contingências positivas de controle comportamental. Em minha experiência, o terapeuta deve conhecer as regras da aprendizagem e ser persuasivo em relação aos efeitos problemáticos de aplicar contingências incorretamente.

Técnicas de controle ambiental. A crença de um ambiente invalidante de que o indivíduo pode superar qualquer conjunto de estímulos ambientais baseia-se na premissa de que os indivíduos podem funcionar independentemente do meio em que vivem. Devido a essas visões, é compreensível que as pacientes *borderline* não sejam particularmente hábeis em utilizar seus ambientes como meios para controlar o seu próprio comportamento. Porém, conforme discutido no Capítulo 3, os indivíduos *borderline* são prováveis de ser mais responsivos a pistas ambientais transitórias do que outras pessoas. Assim, a capacidade de controlar o seu ambiente de forma eficaz pode ser particularmente crucial. Técnicas como a redução de estímulos (p.ex., reduzir o número de distrações no ambiente circundante imediato) e evitação de estímulos (evitar situações que precipitem comportamentos problemáticos) devem ser usadas especificamente, para combater as tendências da paciente de acreditar que a "força de vontade" sozinha já é suficiente.

Planos de prevenção de recaídas. Como os indivíduos alcoolistas descritos tão bem por Alan Marlatt (ver Marlatt e Gordon, 1985), os indivíduos *borderline* frequentemente respondem a qualquer recaída ou pequena falha como um indício de que são fracassos completos e devem desistir. Por exemplo, desenvolvem um plano de autocontrole e esperam, de maneira irrealista, aderir perfeitamente ao plano. A meta aqui é a mudança de atitude. É importante ensinar as pacientes a planejar de forma realista, bem como a desenvolver estratégias para aceitar recaídas de forma acrítica e para mitigar os efeitos negativos das recaídas.

Capacidade de tolerar progressos limitados. Como os indivíduos *borderline* têm pouca tolerância quando se sentem mal, eles têm dificuldade para executar planos de ação visando à mudança comportamental que exijam "esperar para ver". Ao invés disso, costumam apresentar a "síndrome da solução rápida", que envolve estabelecer limites de tempo irracionalmente curtos para mudanças relativamente complexas. Dito de outra forma, esperam que o progresso ocorra da noite para o dia, ou o plano terá fracassado. Mais uma vez, enfatizar a natureza gradual da mudança de comportamento e a necessidade de tolerar o afeto negativo nesse ínterim deve ser um dos principais focos dos esforços da terapia.

E os outros programas de treinamento em habilidades comportamentais?

Talvez você esteja pensando se precisa aderir ao treinamento de habilidades comportamentais específico da TCD ou se pode usar outros programas de treinamento de habilidades. Pode haver diferentes programas disponíveis em sua área ou para suas pacientes, ou talvez você esteja mais familiarizado com algum outro programa. As habilidades de atenção plena podem ser aprendidas em programas de meditação baseados em princípios semelhantes à atenção plena ou com um professor de meditação. Existem dezenas de livros de autoajuda e aulas sobre autocontrole pessoal e habilidades e efetividade interpessoais, incluindo aulas sobre assertividade. Vários programas específicos visam ajudar com a regulação emocional – mais notavelmente, programas cognitivos e cognitivo-comportamentais estruturados para depressão, ansiedade e/ou pânico, e controle da raiva – e novos programas do tipo são desenvolvidos a cada dia. A tolerância ao estresse talvez seja a única área do treinamento de habilidades da TCD que não é coberta por várias outras publicações e programas.

Não existe nenhuma razão *a priori* para não substituir um programa de treinamento de habilidades por outro. Todavia, diversas considerações, além de questões práticas, devem ser levadas em conta. Primeiramente, devem-se conhecer detalhadamente as habilidades que cada paciente está aprendendo. Sua tarefa é ajudar a paciente a aprendê-las e aplicá-las, muitas vezes em situações de grande estresse. Não se pode ensinar o que não se conhece. Em meu programa clínico, os terapeutas aprendem as habilidades da TCD estudando o manual de treinamento de habilidades da TCD, que acompanha este livro, e experimentando as tarefas de casa por conta própria. É algo como um programa de "aprender fazendo", no qual terapeutas e pacientes aprendem as habilidades juntos (pelo menos no começo). Embora as habilidades que discuto na TCD sejam organizadas de maneira um tanto idiossincrática e sejam descritas em uma terminologia que talvez você não use, elas são habilidades razoavelmente básicas, com as quais a maioria das pessoas tem pelo menos uma certa familiaridade.

Em segundo lugar, se você disser para a paciente procurar treinamento de habilidades em outra parte, é importante que use a mesma terminologia usada no treinamento de habilidades. De outra forma, a paciente pode ficar confusa e perdida. Você deve ter acesso aos materiais usados pela pessoa que proporcione o treinamento de habilidades. Em terceiro lugar, você deve garantir que as habilidades que ensina sejam relevantes para o TPB e para os problemas específicos de cada paciente. Em quarto, é importante inter-relacionar as habilidades ensinadas em cada módulo e desenvolver um método para acompanhar o uso das habilidades ao longo do tempo, especialmente quando não está ensinando ativamente um conjunto específico de habilidades naquele momento. De certo modo, o que estou recomendando é que, se você não usa o manual de treinamento de habilidades da TCD como é, deve escrever um manual próprio ou modificar o manual para adequá-lo aos seus propósitos.

Reduzir comportamentos relacionados com o estresse pós-traumático

Quando uma paciente *borderline* tem situações traumáticas sérias, não resolvidas e não tratadas em sua vida, a redução dos padrões de resposta de estresse é uma das principais metas da TCD. Conforme indica o Capítulo 2, pode-se esperar que a maioria das pacientes em TCD apresente pelo menos um caso de abuso sexual na infância. Várias dessas pacientes, assim como outras sem histórico de abuso sexual, relatarão negligência ou traumas físicos e emocionais durante a infância, que, em alguns casos, podem ser especialmente violentos, intrusivos, globais e/ou crônicos. No entanto, o terapeuta deve ter muito cuidado para não pressupor que todas as pacientes *borderline* têm histórico de abuso físico ou sexual grave, ou mesmo de negligência traumática, pois algumas não têm. Entretanto, isso não significa que elas não possam ter traumas. Algumas passaram pela perda de pessoas importantes, por morte, divórcio, ou mudança; outras sofreram ameaças traumáticas de perda; outras, ainda, vivenciaram ataques alcoólicos parentais, rejeições traumáticas persistentes ou circunstâncias de vida caóticas. No mínimo, se a teoria biossocial proposta no Capítulo 2 está correta, todas as pacientes *borderline* terão vivido em ambientes amplamente invalidantes.

O trabalho feito nessa área é semelhante ao trabalho de "desenterrar" ou ao foco nos precursores infantis de comportamentos disfuncionais nas terapias psicodinâmicas. A diferença é que não se fazem suposições *a priori* sobre quais fatos específicos ou qual fase do desenvolvimento da vida do indivíduo estão funcionalmente relacionados com o estresse traumático atual.

As informações sobre os fatos de traumas sexuais, físicos e emocionais e/ou negligência física ou emocional devem ser obtidas de forma contínua e sempre que necessárias à medida que a terapia avançar. Algumas pacientes fornecem essas informações prontamente, e outras apenas revelarão informações sobre abuso gradualmente ou depois de um certo tempo em terapia. O terapeuta deve ler todos os registros de tratamentos anteriores, em busca de pistas sobre um histórico de abuso. Todavia, às vezes, os fatos de todo ou parte do histórico de abuso podem não ter sido revelados em terapias anteriores. Por causa do trauma associado mesmo à exposição terapêutica a pistas relacionadas com o abuso, geralmente, não é possível evocar os detalhes e fatos associados a traumas precoces até que comportamentos suicidas ou que interfiram na terapia ou na qualidade de vida sejam substancialmente reduzidos e substituídos por habilidades comportamentais.

As sequelas características do abuso sexual na infância foram descritas por Briere (1989) e são listadas no Quadro 5.4. Algumas dessas sequelas são os problemas comportamentais abordados diretamente na TCD, enquanto outras se sobrepõem a características do transtorno de estresse pós-traumático. Conforme observado anteriormente, alguns autores sugerem que o próprio TPB deveria ser reconceituado como estresse pós-traumático associado a abuso na infância. Embora a TCD não adote essa posição, certamente, muitos dos problemas comportamentais de pacientes *borderline* podem estar diretamente relacionados com experiências abusivas anteriores.

Aceitar o fato do trauma e/ou abuso

Aceitar os fatos do trauma que ocorreu é a primeira e última meta no tratamento das sequelas de experiências traumáticas. Os indivíduos que foram gravemente traumatizados costumam ter pouca memória da experiência. Portanto, a primeira meta é que a paciente verbalize os incidentes traumáticos o suficiente para começar o trabalho. Quando um ou mais incidentes (ou fragmentos) são lembrados, a próxima tarefa é que o indivíduo acredite que os acontecimentos que lembrou (ou uma aproximação dos acontecimentos) realmente ocorreram. Essa pode ser uma parte bastante difícil da terapia, pois as vítimas de trauma costumam temer que possam ter apenas imaginado ou inventado os acontecimentos traumáticos ou o abuso.

Também é difícil porque, retrospectivamente, a pessoa nunca tem acesso direto aos acontecimentos que ocorreram no passado.

Quadro 5.4 Sequelas características do abuso sexual na infância

1. Memórias intrusivas de *flashbacks* e pesadelos sobre o abuso.
2. Dissociação, desrealização, despersonalização, experiências fora do corpo e distanciamento cognitivo ou atordoamento relacionados com o abuso.
3. Sintomas gerais de estresse pós-traumático, como problemas com o sono, problemas com a concentração, memória comprometida, e reestimulação de memórias do abuso e emoções por situações e interações imediatas.
4. Culpa, vergonha, autoavaliação negativa e autoinvalidação relacionadas com o abuso.
5. Desamparo e desesperança.
6. Desconfiança das pessoas.
7. Ataques de ansiedade, fobias, hipervigilância e somatização.
8. Problemas sexuais.
9. Depressão duradoura.
10. Relações interpessoais perturbadas, incluindo idealização e decepção, estilo comportamental exageradamente dramático, sexualidade compulsiva, adversarialidade e manipulação.
11. *Acting out* e *acting in*, incluindo atos parassuicidas e abuso de substâncias.
12. Retraimento.
13. Orientação para o outro.
14. Percepção crônica de perigo.
15. Auto-ódio.
16. Especialidade negativa – ou seja, um senso quase mágico de poder.
17. Teste da realidade comprometido.
18. Uma grande capacidade de evitar, negar e reprimir.

Obs. De *Therapy for Adults Molested as Children*, de J. Briere, 1989, New York: Springer. Copyright 1989 Springer Publishing Company. Reimpresso sob permissão.

Assim, uma tarefa importante para a paciente (e, às vezes, também para o terapeuta) é aprender a confiar em si mesma quando os fatos da sua vida podem ser incertos. O objetivo para muitas pacientes é sintetizar que *sabem* que algo aconteceu, por um lado, e que *não sabem* exatamente o que aconteceu, por outro. O conforto com a ambiguidade e a incerteza, discutido no começo do capítulo, se torna parte do objetivo. À medida que a história evolui, a tarefa de fazer o luto e aceitar radicalmente a realidade da própria vida se torna crucial e extremamente difícil para muitos negociarem. É nesse contexto que a aceitação radical, ensinada como uma habilidade de atenção plena, deve ser aprendida e praticada. A incapacidade de fazer o luto, discutida no Capítulo 3, é um dos principais impedimentos à passagem por essa fase. Judith Herman (1992) denomina isso de a fase de recordação e luto no tratamento de pessoas traumatizadas e descreve de forma eloquente a imensa dificuldade e coragem necessárias.

Reduzir a estigmatização, a autoinvalidação e a culpa

O segundo objetivo é reduzir a estigmatização, a autoinvalidação e a culpa associadas ao trauma. As vítimas de abuso geralmente acreditam que, de algum modo, têm diferenças repreensíveis em relação aos outros; senão, o abuso não teria ocorrido. Elas acreditam que causaram o abuso, ou que, como não o impediram (e às vezes podem até ter considerado prazeroso, no caso de abuso sexual), são "más", "doentes", ou ambos. Mesmo quando não se sentem responsáveis pela ocorrência de fatos traumáticos, as vítimas muitas vezes acreditam que são responsáveis por suas reações ao trauma, sentindo vergonha delas. Às vezes, elas minimizam a gravidade do trauma.

Reduzir as respostas de estresse de negação e intrusivas

Quando um indivíduo enfrenta um trauma grave, ele apresenta respostas em duas fases, que muitas vezes se repetem clinicamente: uma fase de "negação" e uma fase "intrusiva". As respostas que ocorrem nessas duas fases foram descritas por Horowitz (1986) e são listadas no Quadro 5.5. Mesmo quando os fatos do trauma foram aceitos, o indivíduo pode continuar a negar as implicações do acontecimento traumáti-

Quadro 5.5 Fases de negação e intrusiva da resposta de estresse

Fase de negação

Percepção e atenção
   Torpor
   Desatenção seletiva
   Incapacidade de entender a significância de estímulos
   Perturbação do sono (por exemplo, demais ou de menos)
Consciência de ideias e sentimentos relacionados com o acontecimento
   Não experiência de temas que são consequência do acontecimento
Atributos conceituais
   Negação de significados de estímulos atuais associados de algum modo ao acontecimento
   Perda de sentido realista de conexão adequada com o mundo
   Constrição do alcance do pensamento
   Inflexibilidade de propósito
   Grande uso de fantasias para contrapor condições reais
Atributos emocionais
   Insensibilidade
Atributos somáticos
   Respostas do sistema nervoso autônomo de inibição da tensão, com sensações como sintomas intestinais, fadiga, cefaleia e dor muscular
Padrões de atividade
   Hiperatividade frenética
   Retraimento
   Incapacidade de decidir como responder às consequências do acontecimento
Percepção e atenção
   Hipervigilância, reação de choque
   Perturbação do sono e sonho

Fase intrusiva

Consciência de ideias e sentimentos relacionados com o acontecimento
   Pensamentos, emoções e comportamentos intrusivos-repetitivos (ilusões, pseudoalucinações, pesadelos, imagens espontâneas e ruminações)
   Sensações de ser pressionado, confuso ou desorganizado ao falar sobre temas relacionados com o acontecimento
Atributos conceituais
   Supergeneralização de estímulos de modo que parecem relacionados com o acontecimento
   Preocupação com temas relacionados com o acontecimento, com incapacidade de se concentrar em outros temas
Atributos emocionais
   "Ataques" emocionais ou "pontadas" de afeto relacionado com o acontecimento
Atributos somáticos
   Sensações ou sintomas de prontidão para lutar ou fugir (ou de exaustão da excitação crônica), incluindo tremor, diarreia e sudorese (excitação adrenérgica, noradrenérgica ou histamínica com sensações como coração pulsante, náusea, algo na garganta e pernas fracas)
Padrões de atividade
   Repetições compulsivas de atos associados ao acontecimento ou de procura por pessoas ou situações

Obs. De "Stress-response Syndromes: A Review of Posttraumatic and Adjustment Disorders", de M. J. Horowitz, 1986, *Hospital and Community Psychiatry*, 37, 241-249. Copyright 1986 American Psychiatric Association. Reimpresso sob permissão.

co e apresentar as outras respostas da fase de negação listadas no quadro. Em sessões individuais ou em grupo, quando são mencionados elementos associados ao trauma, o indivíduo pode emudecer e fitar o espaço. A fase de negação é bastante semelhante à síndrome *borderline* que descrevi como "luto inibido" (ver o Capítulo 3).

A fase intrusiva assemelha-se ao que descrevi no Capítulo 3 como a síndrome de vulnerabilidade emocional. Durante a fase intrusiva, uma ampla variedade de estímulos originalmente desconectados do trauma pode ser associada a pistas e respostas relacionadas com o trauma. Com o passar do tempo, se essa fase dura o suficiente, essas respostas e associações tendem a se extinguir. No entanto, quando a fase de negação vem rapidamente, não há extinção, e um ciclo em que uma fase sucede a outra rapidamente pode continuar por muitos anos. Isso ocorre com pacientes *borderline*.

Sintetizar a "dicotomia do abuso"

A "dicotomia do abuso" é uma expressão cunhada por Briere (1989) para se referir à tendência de vítimas de abuso na infância conceituarem a responsabilidade pelo abuso em preto-e-branco: ou seus agressores são completamente maus por terem cometido o abuso, ou elas é que são más porque sofreram abuso. Com frequência, suas visões de quem é mau oscilam de momento para momento. Isso é um caso de pensamento não dialético, ou "clivagem", em termos psicanalíticos. A solução dessa tensão dialética é a meta em questão. Todavia, o terapeuta deve tomar cuidado para não dizer que a única síntese possível para a paciente é perdoar o agressor. Embora a aceitação dos fatos do abuso seja essencial, e possa ser importante ter um certo entendimento do comportamento abusivo como consequência de acontecimentos envolvendo o agressor, o perdão nem sempre é possível. Além disso, o terapeuta deve ter igual cuidado para não pintar o agressor em termos inteiramente negativos, especialmente quando era um dos pais ou cuidador da paciente. Para a maioria dos indivíduos, é importante preservar pelo menos alguma relação positiva com figuras parentais. Forçar a paciente a deixar de amar os pais nega as partes positivas do relacionamento e, assim, resulta na perda da paciente. Muitas vítimas de abuso não conseguem tolerar essa nova perda. Ao invés disso, o objetivo deve ser alcançar uma síntese em que a paciente não precise perder sua integridade para manter a relação com o agressor.

Aumentar o respeito pelo *self*

O "respeito pelo *self*" abrange a capacidade de valorizar, acreditar, validar, confiar e gostar de si mesma, incluindo seus padrões de pensamentos, emoções e comportamentos. A ideia aqui não é que as respostas emocionais, cognitivas e comportamentais de qualquer pessoa sejam totalmente adaptativas ou benéficas. De fato, a capacidade de avaliar o próprio comportamento de maneira não defensiva é uma característica importante do funcionamento adaptativo e um resultado do aumento no autorrespeito, e a capacidade de confiar em suas próprias autoavaliações é crucial para o crescimento. A paciente *borderline*, porém, geralmente é incapaz de avaliar suas próprias respostas e manter suas autoavaliações independentemente das opiniões de outras pessoas importantes, incluindo o terapeuta. Ela é incapaz de respeitar suas próprias capacidades autoavaliativas. Desse modo, ela se abala com mudanças em opiniões e com a presença ou ausência de pessoas importantes – opiniões e situações que geralmente estão além do seu controle. Grande parte dessa dificuldade é resultado de um medo excessivo da desaprovação social. Os indivíduos *borderline* muitas vezes agem como se o seu bem-estar dependesse totalmente da aprovação de todas as pessoas que são importantes para eles. Um objetivo do terapeuta, portanto, é promover a autoavaliação apropriada e a tolerância da desaprovação social, e extinguir comportamentos contrários a esses objetivos.

Muitas pacientes *borderline* reagem a si mesmas com um desprezo extremo, aproximando-se do ódio. Quase todas sentem uma enorme vergonha em geral, e vergonha de seu histórico de abuso, dos problemas que causaram e de sua reatividade emocional atual, em particular. Gostar de si mesma é o oposto dessas reações emocionais. Assim, o terapeuta deve abordar o auto-ódio, a culpa e o senso de vergonha. Embora o trabalho nessa meta seja um processo para toda a vida, deve-se chegar a um progresso substancial antes que a terapia acabe.

Uma coisa que o terapeuta deve ter especial cuidado de fazer antes de terminar a terapia é reforçar o autorrespeito da paciente, que seja independente do terapeuta. Ou seja, o terapeuta deve essencialmente se retrair e reforçar incansavelmente, dentro da relação terapêutica, a autovalidação, o autocuidado, a autotranquilização e a solução de problemas sem referência ao terapeuta. Contudo, apresso-me em dizer que essa postura não sugere que as pacientes devam aprender a ser independentes de todas as pessoas. A dependência interpessoal, pedir e aceitar cuidado, apoio e assistência ativa dos outros são cruciais para o bem-estar da maioria das pessoas. De fato, a capacidade de se relacionar e de depender dos outros sem invalidar a si mesma é uma meta importante da TCD.

Metas comportamentais secundárias

Diversos padrões de resposta podem ter relação funcional com os problemas primários das pacientes *borderline*. Esses padrões são metas secundárias da TCD. A importância de qualquer meta secundária para a paciente individual na TCD, porém, depende totalmente de sua relação com alcançar os objetivos primários. Em cada caso, é crucial que a presença de cada padrão secundário e a relação funcional do padrão com as metas primárias sejam avaliadas, ao invés de pressupostas. Se mudar um determinado padrão secundário não é instrumental para alcançar os objetivos primários, o padrão de resposta não será abordado. Assim, a lista de metas secundárias é um conjunto de hipóteses a testar.

A lista de metas secundárias proposta na TCD baseia-se nos polos dos dilemas dialéticos que descrevi no Capítulo 3. As metas são as seguintes: (1) promover a modulação emocional e reduzir a reatividade emocional; (2) promover a autovalidação e reduzir a autoinvalidação; (3) promover a tomada de decisões e o juízo realistas, e reduzir os comportamentos que geram crises; (4) promover a experiência emocional e reduzir o luto inibido; (5) promover a solução ativa de problemas e reduzir os comportamentos de passividade ativa; e (6) promover a expressão precisa de emoções e competências e reduzir a dependência do humor do comportamento.

Promover a modulação emocional; reduzir a reatividade emocional

A primeira meta secundária é aumentar a modulação emocional e reduzir a reatividade emocional imediata do indivíduo *borderline*. As habilidades comportamentais específicas que mais ajudam nesse sentido são a atenção plena (especialmente a observação imparcial de acontecimentos que precipitam respostas emocionais), as atitudes de aceitação e disposição para a tolerância ao estresse e práticas de regulação emocional incluídas na rubrica de reduzir vulnerabilidades.

Deve-se distinguir promover a modulação e reduzir a reatividade claramente da ausência de reatividade emocional. A ideia não é se livrar das emoções. De fato, a TCD pressupõe que os indivíduos que foram *borderline* continuarão a ser as pessoas emocionalmente intensas, coloridas e dramáticas no mundo. O foco também não está na irracionalidade das respostas da paciente. Pelo contrário, o foco é no extremismo das respostas. A ideia é reduzir a raiva intolerável a uma raiva tolerável, o pânico incapacitante a um medo prudente, o luto imobilizante a uma tristeza reflexiva, e a vergonha humilhante a uma culpa transitória. Em outras palavras, a premissa não é que as emoções extremas baseiam-se em crenças irracionais sobre o mundo racional, mas que elas são consideradas exageradas.

Promover a autovalidação; reduzir a autoinvalidação

A autoaceitação e a autotranquilização são habilidades específicas incluídas no pacote de habilidades de tolerância a perturbações. Como as pacientes escolhem suas estratégias de tolerância, é comum que ignorem essas duas. Todavia, a autoinvalidação e o auto-ódio costumam estar relacionados com comportamentos suicidas, fracassos em programas de autocontrole e aumentos na vulnerabilidade emocional. Quando esse for o caso, esses comportamentos devem ser abordados diretamente pelo terapeuta individual. Aumentar a autovalidação e reduzir o auto-ódio são componentes importantes do autorrespeito e, assim, se tornam metas primárias nos estágios posteriores da terapia.

Promover a tomada de decisões e juízos realistas; reduzir comportamentos que geram crises

A TCD não pressupõe que os indivíduos *borderline* precipitem todas as suas próprias crises. Porém, também não supõe o oposto – que as pacientes não têm nada a ver com a causa das crises. As duas características de pacientes mais relacionadas com crises são a dependência do humor e as escolhas comportamentais relacionadas com o humor (a ser discutidas a seguir), e a dificuldade para prever resultados realistas para diversas escolhas comportamentais – ou seja, juízo comprometido. Até certo ponto, a dependência do humor exacerba o comprometimento do juízo, pois o indivíduo não consegue prever como as suas reações mudarão de um humor para outro e, assim, não poderá prever o seu próprio comportamento. O ambiente invalidante ensina o indivíduo a procurar soluções comportamentais nas outras pessoas, ao invés de desenvolver habilidades individuais de solução de problemas e tomada de decisões. Em uma família caótica, existe pouca modelagem e ensino da tomada de decisões realista. Uma paciente de uma família caótica deve aprender a prever resultados realistas (de curto e longo prazo) para suas escolhas comportamentais. Muitas das habilidades de autocontrole necessárias na TCD estão relacionadas com a questão de fazer juízos realistas sobre si mesma.

Promover a experiência emocional; reduzir o luto inibido

A capacidade de experimentar as emoções da forma que ocorrem, especialmente as emoções negativas, é crucial para a sua redução. O raciocínio para isso foi discutido extensivamente no Capítulo 3 e não será repetido aqui. Assim, uma meta importante para o tratamento de muitas pacientes é aumentar a sua capacidade de experimentar ao invés de inibir as emoções negativas. Em casos extremos, quando as pacientes são quase totalmente incapazes de experimentar afeto negativo por mais que um momento, essa meta pode receber o *status* de meta primária.

Promover a solução de problemas ativa; reduzir os comportamentos de passividade ativa

As pacientes *borderline* têm a tendência de reagir aos problemas passivamente – uma tendência que não apenas atrapalha certos objetivos da vida, como também pode ser extremamente frustrante para o terapeuta. Conforme discutido no Capítulo 3, a "passividade ativa" *borderline* talvez seja resultado de um estilo de autorregulação passivo mediado biologicamente, combinado com o desamparo aprendido. Uma meta importante da TCD é romper esse estilo de interação e aumentar o uso da solução de problemas ativa. Todas as habilidades comportamentais da TCD baseiam-se e incentivam comportamentos ativos de solução de problemas.

A tentativa de aumentar a capacidade e a motivação das pacientes *borderline* para gerar soluções para os problemas, experimentarem-nas e avaliarem sua eficácia é o ponto em que a terapia pode perder o rumo. O problema é bastante semelhante, é claro, aos problemas que surgem para as pacientes fora da terapia. Um erro que muitos terapeutas cometem é tentar transformar maçãs em laranjas. Ou seja, os terapeutas muitas vezes tentam transformar pacientes que preferem um estilo passivo de autorregulação em pessoas que preferem um estilo ativo. Creio que essa abordagem esteja fadada ao fracasso em uma boa proporção do tempo. O foco da TCD é em ajudar as pacientes a se tornarem boas autorreguladoras passivas. A noção é que um indivíduo que prefere um estilo passivo de autorregulação (i.e., permitir que as pessoas ou fatos do ambiente regulem o seu comportamento) pode aprender a controlar seu comportamento, controlando habilmente a estrutura do ambiente. Firmar contratos, estabelecer prazos, fazer listas, preparar horários e organizar para passar o tempo com outras pessoas são exemplos de autorregulação passiva.

Promover a comunicação precisa das emoções e competências; reduzir a dependência do humor do comportamento

Os indivíduos *borderline* muitas vezes comunicam de forma incorreta o seu estado emocional atual, conforme observado no Capítulo 3. Embora, às vezes, comuniquem respostas emocionais exageradas, em outras ocasiões, inibem a expressão de emoções negativas. Esse padrão é previsível para qualquer pessoa que tenha crescido em um ambiente invalidante. No entanto, os indivíduos *borderline* muitas vezes não estão cientes de que não estão expressando suas emoções com precisão. Pelo contrário, acreditam que as pessoas sabem como eles se sentem, mas estão se "segurando" em suas respostas aos problemas. Dessa forma, é crucial que aprendam a expressar as emoções com precisão (tanto de forma não verbal quanto verbal), bem como a avaliar se a sua expressão emocional foi compreendida.

De maneira semelhante, os indivíduos *borderline* também têm problemas para comunicar aos outros quando estão tendo dificuldade ou não são competentes para lidar com uma determinada situação. Uma parte do problema aqui é que as pacientes normalmente não são boas juízes de suas próprias competências. Com frequência, acreditam que não são capazes de enfrentar uma situação quando estão simplesmente com medo. Em outras ocasiões, porém, as pacientes comunicam competência quando, de fato, não são capazes de lidar com a situação. O resultado líquido é que as pessoas tendem a vê-las como o garoto que gritava "é o lobo", e acreditam erroneamente que as pacientes estão confortáveis em uma situação, quando elas sentem que estão "desmoronando". Todas as pessoas, incluindo as pacientes *borderline*, devem ser capazes de comunicar sua necessidade de assistência ou ajuda de um modo que as pessoas entendam a mensagem. A maior parte do treinamento de habilidades para eficácia interpessoal aborda exatamente esse tópico.

A regra de que a ação deve condizer com o humor é um extremo oposto disfuncional, que também é típico de indivíduos *borderline*. É essencial separar o humor atual do comportamento atual para alcançar os objetivos primários da TCD. A ênfase da TCD na tolerância ao estresse e aceitação da vida como ela é, sem mudá-la necessariamente, baseia-se exatamente nessa questão. Embora eu esteja discutindo a dependência do humor por último, ela não é menos importante. De muitas maneiras, toda a TCD concentra-se nessa meta, pois a relação entre o humor negativo e o comportamento desadaptativo congruente é extinta (e às vezes punida) constantemente no decorrer da terapia.

Comentários finais

As metas prioritárias da TCD são uma das características que definem a terapia. Mesmo assim, saber ou ser capaz de listar as metas em ordem de prioridade é apenas o primeiro passo. A segunda habilidade crucial, que somente pode ser aprendida com a prática, é a capacidade de monitorar o grande influxo do comportamento da paciente à medida que ocorre, e organizá-lo em categorias relevantes. Depois que conseguir identificar o que a paciente está fazendo de maneira contínua, você pode analisar a variedade de comportamentos, olhar suas prioridades e decidir o que deve enfocar no momento. É um pouco como aprender a ler uma partitura complexa. Primeiro, você deve ser capaz de identificar as notas. Depois que souber ler as notas, você deve ser capaz de tocar a música. Esse é o tópico do próximo capítulo.

Nota

1 Esses exemplos são adaptações de exemplos apresentados por Basseches (1984).

ESTRUTURAR O TRATAMENTO EM TORNO DE METAS COMPORTAMENTAIS: QUEM TRATA O QUÊ E QUANDO

As inexoráveis crises e a complexidade comportamental de uma paciente *borderline* muitas vezes esgotam a paciente e o terapeuta. Às vezes, tantos problemas ambientais e comportamentos desadaptativos ocorrem simultaneamente que o terapeuta tem dificuldade para decidir o que irá focar em terapia. O fato de que a paciente muitas vezes faz esforços intensos para concentrar a sessão nas crises da sua vida atual não ajuda nessa situação. A dependência do humor pode dificultar para o indivíduo *borderline* abordar qualquer problema que não esteja relacionado com a sua experiência emocional atual. A intensidade de suas comunicações de dor emocional pode tornar igualmente difícil para o terapeuta se concentrar em qualquer outra coisa. As metas prioritárias da TCD, que são diretrizes de como estruturar o tempo da terapia, visam ajudar aqui. Quando o terapeuta está se sentindo saturado pela situação clínica, as metas prioritárias da TCD indicam o que ele deve focar.

O *espírito da TCD é que as metas do tratamento, bem como as prioridades ligadas a elas, devem ser claras e específicas.* As metas e as prioridades são diferentes em cada modo (p.ex., terapia individual, terapia de grupo, sessão por telefone) da TCD. Assim, é essencial que cada indivíduo que administre o tratamento para a paciente *borderline* seja claro e específico quanto às metas pelas quais é responsável. Mesmo se um terapeuta é o único terapeuta de uma determinada paciente, é importante ter uma ideia clara das prioridades em cada interação. Por exemplo, as prioridades em uma sessão de psicoterapia podem ser bastante diferentes das prioridades durante uma sessão telefônica.

Neste capítulo, descrevo como as metas do tratamento são organizadas na TCD padrão. A questão mais importante é que, embora determinadas prioridades possam mudar (e provavelmente mudem em alguns cenários), a exigência de clareza e especificidade não deve ser abandonada. Se a ordem das metas, a divisão das metas prioritárias entre os modos de tratamento ou a responsabilidade por alcançar as metas mudarem, o terapeuta deve ser claro e específico sobre o que está mudando e como.

O tema geral: abordar comportamentos dialéticos

O objetivo de aumentar os padrões de comportamento dialético entre as pacientes *borderline* é o tema que orienta a abordagem da TCD para todas as outras metas comportamentais. Essa meta difere das outras em três maneiras. Primeiramente, é uma meta para todos os modos de tratamento. A atenção dispensada às outras metas comportamentais varia segundo o modo de tratamento. Em comparação, todos os modos da TCD enfocam padrões de comportamento dialético. Todos os terapeutas tentam modelar e reforçar um estilo dialético de pensamento e de abordar problemas e desafiam modos não dialéticos de pensamento e abordagem a problemas, conforme descreve o Capítulo 5.

Em segundo lugar, ao contrário das outras metas da terapia, raramente se discute com a paciente sobre aumentar os padrões de comportamento dialético, como uma meta específica da terapia. Ou seja, a paciente não assume o compromisso explícito de tentar se tornar mais dialética. A principal razão para isso é que acreditava que o conceito de dialética era muito abstrato, e temia que a explicação e instrução pudessem atrapalhar no lugar de facilitar a aprendizagem. Além disso, eu achava que a própria ausência de padrões de pensamento dialético impediria esse compromisso de funcionar para a adoção desse estilo de pensamento. Por exemplo, o indivíduo que acredita que existe uma ordem universal na realidade e, assim, que a verdade absoluta é conhecida, será pouco provável que irá concordar em abrir mão dessa maneira de conhecer e ordenar o universo. Minha relutância em ensinar padrões dialéticos, porém, pode ser uma abordagem tímida demais. Vários terapeutas cognitivos (p.ex., Bech et al., 1990) concentram o tratamento diretamente em mudar o estilo cognitivo, com bons resultados. No mínimo, pode-se enfatizar o pensamento e ação equilibrados (ao contrário do pensamento dicotômico e ação extrema) ao ensinar os conjuntos de habilidades discutidos no Capítulo 5.

Uma terceira diferença entre abordar padrões de comportamento dialético e abordar outros comportamentos é que, como representa um aspecto de cada um dos outros objetivos a ser alcançados, o comportamento dialético não está na lista hierárquica de metas a ser discutidas a seguir.

A hierarquia de metas primárias

As outras sete metas comportamentais primárias apresentadas no Capítulo 5 podem ser classificadas como uma hierarquia em ordem de importância. A hierarquia para o tratamento como um todo é mostrada no Quadro 6.1, e reflete a ordem em que essas metas foram discutidas no Capítulo 5. Essa também é a ordem de prioridade para metas na terapia individual para pacientes externos. As hierarquias para outros modos de terapia diferem levemente, conforme discuto mais adiante neste capítulo. Embora a lista tenha sido desenvolvida especificamente para pacientes *borderline* parassuicidas, um momento de reflexão sugere que a lista, pelo menos na primeira fase da terapia, pode ser aplicada a qualquer população de pacientes gravemente disfuncionais.

Metas de tratamento e programa da sessão

Embora a importância de cada meta não mude ao longo da terapia, a relevância de uma dada meta muda. A relevância é determinada pelo comportamento cotidiano atual da paciente, bem como por seu comportamento durante a interação na terapia. Os problemas que não estão evidentes no comportamento atual da paciente não têm relevância atual. A relevância e a importân-

Quadro 6.1   Hierarquia de metas primárias da TCD

Metas pré-tratamento:
   Orientar para o tratamento e concordância em relação aos objetivos

Metas do primeiro estágio:
   1. Reduzir os comportamentos suicidas
   2. Reduzir os comportamentos que interferem na terapia
   3. Reduzir os comportamentos que interferem na qualidade de vida
   4. Promover as habilidades comportamentais
      A. Habilidades nucleares de atenção plena
      B. Eficácia interpessoal
      C. Regulação emocional
      D. Tolerância a estresses
      E. Autocontrole

Metas do segundo estágio:
   5. Reduzir o estresse pós-traumático

Metas do terceiro estágio:
   6. Promover o respeito pelo *self*
   7. Alcançar objetivos individuais

cia determinam aquilo em que o terapeuta deve prestar mais atenção ao interagir com a paciente. A ideia básica aqui é que o terapeuta aplique as estratégias e técnicas da TCD (discutidas nos Capítulos 7 a 15) às metas mais prioritárias do tratamento, que sejam relevantes no momento. Se uma determinada meta já foi alcançada, ou se problemas na área visada jamais ocorrem para a paciente, não são evidentes no comportamento atual da paciente ou já foram abordados na sessão, as próximas metas da lista podem se tornar o foco principal do tratamento.

Metas de tratamento e modos de terapia

A responsabilidade por alcançar determinados objetivos se divide entre os vários modos da TCD (treinamento de habilidades comportamentais na psicoterapia individual, grupos processuais de apoio, telefonemas). A prioridade atribuída a cada meta do tratamento, a quantidade de atenção que cada meta recebe e a natureza dessa atenção variam, dependendo do modo de terapia. Assim, conforme mencionado anteriormente, cada modo de terapia tem sua própria ordem hierárquica de objetivos no tratamento. O terapeuta individual presta atenção em uma ordem de metas, os terapeutas que fazem treinamento de habilidades, em outra, e os terapeutas de grupo, em outra. Nas interações telefônicas, outra ordem ainda guia a conversa. Em certos cenários, o diretor da unidade ou clínica pode fazer parte da equipe de TCD. Nesse caso, o diretor da unidade também tem suas próprias listas de metas prioritárias. Se outros modos forem acrescentados ao tratamento, devem ser feitas listas de metas prioritárias para cada modal. Em princípio, a divisão da responsabilidade pelas metas pode ser dividida da maneira necessária, para refletir diversos cenários de tratamento e modos de terapia. Essas possibilidades são discutidas de forma mais completa mais adiante neste capítulo.

O argumento básico aqui é que todos os terapeutas que trabalham com TCD em um determinado cenário devem entender claramente quais são as suas hierarquias de metas para cada paciente e como essas hierarquias se encaixam na hierarquia geral das metas comportamentais da

TCD. De um modo geral, as metas e sua ordem são ligadas a cada modo específico de tratamento. Assim, se os terapeutas estiverem usando mais de um modo de tratamento (p.ex., se o terapeuta individual também for o terapeuta de grupo, ou se o terapeuta individual ou o treinador de habilidades também atenderem telefonemas), eles devem poder lembrar a ordem das metas específicas de cada um, e devem poder mudar facilmente de uma hierarquia para outra quando mudam de um modo para outro.

Terapeuta primário e a responsabilidade por cumprir as metas

Em cada unidade de tratamento, um terapeuta é designado como o terapeuta primário para cada paciente. Em nossa unidade de pacientes externos, assim como na prática clínica individual, o terapeuta é o psicoterapeuta individual da paciente. O terapeuta primário é responsável por planejar o tratamento, por trabalhar com a paciente no progresso rumo a todas as metas e por ajudar a paciente a integrar (ou ocasionalmente decidir descartar) o que está sendo aprendido em outros modos de terapia. Em minha experiência, se o terapeuta primário não ajuda a paciente a integrar e fortalecer o que está sendo aprendido em outras partes, essa aprendizagem é seriamente enfraquecida. Todos os terapeutas em um ambiente comum podem participar do planejamento do tratamento, propor quais comportamentos específicos devem receber atenção em cada categoria de metas e, juntos, decidir uma divisão das responsabilidades entre os modos de tratamento e terapeutas. No entanto, o terapeuta primário tem a tarefa de ajudar a paciente a lembrar e considerar o "quadro mais amplo", por assim dizer.

Conforme enfatizo ao discutir as estratégias de orientação à paciente no Capítulo 13, o terapeuta primário orienta a paciente sobre como interagir de forma eficaz com todos os outros membros da unidade de tratamento e da comunidade profissional. (Em contrapartida, os outros terapeutas conversam com a paciente sobre como interagir com seu terapeuta primário.)

Progresso rumo às metas ao longo do tempo

Em minha experiência, o progresso rumo às metas do tratamento pode ser agrupado em fases. Embora os estágios da terapia sejam apresentados aqui em ordem cronológica por razões heurísticas, a terapia geralmente se desenvolve de maneira circular. Desse modo, embora a orientação da paciente para a terapia e o foco nas expectativas da terapia geralmente ocorram durante as primeiras sessões, é provável que essas questões sejam importantes no decorrer da terapia. O primeiro estágio da terapia envolve uma análise comportamental e tratamento de comportamentos suicidas, comportamentos que interferem na terapia, padrões comportamentais que interferem seriamente na qualidade de vida e deficiências em habilidades. Entretanto, para certas pacientes, os problemas nessas áreas podem ser preocupações constantes durante toda a terapia. O segundo estágio do tratamento, orientado para reduzir o estresse pós-traumático, às vezes, exige atenção desde o começo da terapia. Além disso, é improvável que esse estresse seja totalmente atingido mesmo no final da terapia. O último estágio aborda os objetivos do autorrespeito, generalização, integração e término. Porém, essas questões são tratadas desde o começo, e surgem esporadicamente no decorrer de todo o tratamento.

Estágio pré-tratamento: orientação e comprometimento

Uma preocupação constante no tratamento de pacientes *borderline* e parassuicidas é a possibilidade de que uma porcentagem significativa termine a terapia prematuramente. O uso de sessões de orientação pré-tratamento foi empiricamente relacionado com uma taxa reduzida de abandono em vários estudos sobre o tratamento (Parloff, Waskow e Wolfe, 1978). Assim, as primeiras sessões de terapia individual concentram-se em preparações para a terapia. Os objetivos desse estágio são duplos. Primeiramente, a paciente e o terapeuta devem chegar a uma decisão informada e mútua de trabalhar juntos para ajudar a paciente a fazer as mudanças que deseja em si e em sua vida. Em segundo lugar, o terapeuta tenta modificar possíveis crenças ou expectativas disfuncionais da paciente com relação à terapia, que sejam prováveis de influenciar o processo da terapia e/ou a decisão de terminar a terapia prematuramente.

Com relação ao primeiro objetivo, a paciente deve descobrir o máximo possível sobre o estilo interpessoal do terapeuta, sua competência profissional, objetivos para o tratamento e suas intenções para a condução da terapia. O terapeuta deve ajudar a paciente a tomar uma decisão informada de se comprometer com a terapia, e também deve obter informações suficientes sobre a paciente para decidir se pode trabalhar com a paciente. A entrevista diagnóstica e de avaliação, juntamente com a obtenção do histórico, pode ocorrer nesse ponto. Com relação às crenças e expectativas da paciente para a terapia, o terapeuta descreve o programa de tratamento e a taxa e magnitude da mudança que se pode esperar; determina e discute as crenças da paciente sobre psicoterapeutas e a psicoterapia em geral; e tenta "reenquadrar" a psicoterapia como um processo de aprendizagem. Detalhes de como conduzir essas sessões de orientação são fornecidos nos Capítulos 9 e 14.

Estágio 1: Adquirir capacidades básicas

Conforme observado anteriormente, a primeira fase da terapia gira em torno dos comportamentos suicidas, comportamentos que interferem na terapia, comportamentos importantes que interferem na qualidade de vida e déficits em habilidades comportamentais. Com pacientes gravemente disfuncionais e muito suicidas, pode levar um ano ou mais para se ter controle das duas primeiras metas. O progresso nos comportamentos que interferem na qualidade de vida depende, até certo nível, de quais são os comportamentos que interferem atualmente. Para comportamentos aditivos, apenas para se obter o comprometimento da paciente de trabalhar com tais comportamentos já pode levar bastante tempo. Tive uma paciente com um problema sério com a bebida, que levou dois anos para se comprometer em reduzir o consumo excessivo de álcool. Mesmo assim, foi necessária uma condenação por dirigir embriagada, um programa de tratamento de dois anos exigido pelo tribunal e eu colocá-la de "férias" da terapia para persuadi-la a assumir o compromisso. (A estratégia de "férias da terapia" é discutida no Capítulo 10.)

De um modo geral, ao final do primeiro ano de terapia, as pacientes também devem ter pelo menos um conhecimento funcional e competência nas principais habilidades comportamentais ensinadas na TCD. Embora a aplicação dessas habilidades em diversas áreas de problemas seja um foco constante da terapia, a grande quantidade de tempo dedicada à aquisição de habilidades durante o primeiro estágio não costuma ser necessária nas fases subsequentes da terapia, exceto em casos em que o terapeuta primário não ajude a paciente suficientemente a integrar as habilidades que está aprendendo. Mais uma vez, minha experiência é que, se o terapeuta primário não valoriza as habilidades e ajuda a paciente a integrá-las em sua vida cotidiana, a paciente esquecerá o que aprendeu.

Estágio 2: Reduzir o estresse pós-traumático

A segunda fase da terapia, iniciada apenas depois que os comportamentos em foco estiverem sob controle, envolve trabalhar diretamente com o estresse pós-traumático. Certas pessoas podem questionar o *status* do estresse pós-traumático como uma meta do segundo estágio. Aqueles que acreditam que o TPB é um caso especial de transtorno de estresse pós-traumático podem sugerir que resolver o trauma precoce, especialmente o abuso sexual, deve ser a primeira prioridade do tratamento. Uma vez resolvido, todos os outros problemas serão administráveis. Embora eu tenha uma certa simpatia por esse ponto de vista, creio que o caos resultante na vida da paciente e o risco de suicídio são tão grandes que o momento de tratar o estresse pós-traumático deve ser cuidadosamente decidido.

Minha experiência com pacientes cujos terapeutas começaram a terapia com uma abordagem de "desenterrar", cujo foco inicial estava em discutir traumas da infância (incluindo trauma ou negligência, sexual, física e/ou emocional), foi que muitas dessas pacientes simplesmente não conseguiam lidar com a reexposição aos acontecimentos traumáticos. Ao invés disso, elas se tornavam extremamente suicidas, cometiam atos parassuicidas quase letais ou se mutilavam compulsivamente, e/ou precisavam ser admitidas e readmitidas em unidades de internação psiquiátrica. Desse modo, a TCD não foca o estresse traumático até que a paciente tenha as capacidades e apoios necessários (tanto dentro da terapia quanto em seu ambiente fora da terapia) para resolver o trauma com êxito. O progresso satisfatório através das metas do primeiro estágio prepara a paciente para o trabalho subsequente com as experiências traumáticas passadas. Em termos psicodinâmicos, a paciente deve ter a necessária força do ego para fazer terapia.

Isso não significa, é claro, que os traumas anteriores sejam ignorados durante o primeiro estágio da terapia, se a paciente os levantar. Porém, a maneira como se responderá a isso depende da sua relação com outros comportamentos visados. Se os efeitos posteriores do trauma (memória, *flashbacks*, culpa, respostas emocionais a pistas associadas ao trauma, etc.) estiverem funcionalmente relacionados com comportamentos suicidas subsequentes, por exemplo, eles são tratados como seria qualquer outro precipitante do comportamento suicida. Ou seja, sua associação com o comportamento suicida subsequente se torna o foco do tratamento. De qualquer maneira, as sequelas dolorosas do trauma são tratadas como problemas a resolver (i.e., comportamentos que interferem na qualidade de vida) quando surgem na terapia. Como parte do tratamento, o terapeuta normalmente também abordaria o desenvolvimento de habilidades de tolerância a perturbações e habilidades de atenção plena (ver o Capítulo 5), que são exigidas para lidar com o estresse pós-traumático. O terapeuta adota uma abordagem de aqui e agora para lidar com o comportamento e padrões emocionais disfuncionais. Embora a conexão entre o comportamento atual e acontecimentos traumáticos passados, incluindo os da infância, possa ser explorada e identificada, o foco do tratamento está caracteristicamente em analisar a relação entre os pensamentos, sentimentos e comportamentos atuais e em aceitar e mudar os padrões atuais. O que o terapeuta *não* faz durante o primeiro estágio da terapia é redirecionar o foco das principais atividades da terapia para abordar o trauma passado. Novamente, a regra aqui é que esse trauma não seja trazido para a terapia antes que a paciente consiga lidar com as consequências da exposição a ele.

Devido à sua posição intermediária nos três estágios, a redução das reações de estresse pós-traumático muitas vezes inicia, interrompe e reinicia. Para muitas pacientes, essa resolução será uma tarefa para toda a vida, com muitos começos e interrupções. Algumas pacientes podem começar a terapia prontas para o Estágio 2: elas não têm comportamentos suicidas ativos, conseguem trabalhar na terapia e têm estabilidade e recursos adequados. Em contrapartida, algumas pacientes que parecem prontas para trabalhar os objetivos do Estágio 2 podem não estar. Sua aparente competência pode enganar o terapeuta e a paciente. Às vezes, o terapeuta nem desconfiará que a paciente satisfaz os critérios para o TPB até que as tentativas de resolver traumas passados precipitem reações extremas típicas do Estágio 1. Isso é especialmente provável de ocorrer quando o terapeuta não tiver feito uma avaliação clínica abrangente no início da terapia. Conforme mencionei antes, os indivíduos *borderline* às vezes funcionam bem quando em relacionamentos de apoio e estímulo, com pouco ou nenhum estresse interpessoal. Embora uma paciente possa estar "chorando por dentro", o terapeuta pode não enxergar a sua perturbação até que ela seja novamente exposta às pistas associadas ao trauma.

No entanto, o Estágio 2 da TCD exige a exposição às pistas relacionadas com o trauma. (Ver o Capítulo 11 para uma discussão detalhada das técnicas de exposição.) Simplesmente, não existe outra maneira de trabalhar com as respostas de estresse a essas pistas. Para certas pacientes, a taxa de exposição talvez precise ser extremamente gradual; para outras, o Estágio 2 pode ser bastante rápido. O tempo de duração e o ritmo da terapia no Estágio 2 dependerão da gravidade do trauma anterior e dos recursos comportamentais e sociais da paciente para lidar com o processo de terapia. Às vezes, o terapeuta e a paciente podem considerar proveitoso fazer um intervalo temporário na terapia. Por exemplo, uma das minhas pacientes levou vários anos para completar o Estágio 1. Quando finalmente estava pronta para se concentrar no abuso sexual grave que sofrera dos 9 aos 13 anos, eu havia planejado uma viagem de oito semanas fora do país para dali a oito meses. O medo da paciente de que estivesse no meio de um período de crise quando eu viajasse era tão grande que inibiu sua capacidade de se dedicar aos objetivos do Estágio 2. Concordamos em fazer reuniões mensais de verificação até eu viajar e esperar para começar o Estágio 2 da terapia depois que eu retornasse. Enquanto isso, a paciente permaneceu em sua terapia de apoio em grupo. Outra paciente deixou a terapia depois que completamos a maior parte do Estágio 1. Durante o período de férias, ela entrou e concluiu um programa de um ano para abuso de substâncias. Depois, voltou a fazer terapia comigo para resolver relacionamentos traumáticos em sua família de origem.

É extremamente importante que o terapeuta não confunda um enfrentamento adequado, com respostas de estresse pós-traumático (a conclusão bem-sucedida do estágio 1 da terapia), e a conclusão satisfatória da terapia. Embora exista estabilidade para construir uma vida que valha a pena viver, os próprios padrões de estresse pós-traumático (ver o Capítulo 5 para uma revisão detalhada) são uma fonte de considerável dor e sofrimento emocional. Embora alguns indivíduos possam conseguir tolerar muita dor e sofrimento durante períodos longos de suas vidas, outros finalmente retornam ao Estágio 1 como um meio de diminuir a dor ou obter mais ajuda. Assim, os ganhos do Estágio 1 da terapia podem ser perdidos se o Estágio 2 não for negociado com êxito.

Estágio 3: Promover o autorrespeito e alcançar objetivos individuais

Sobreposto às duas primeiras fases, e formando a fase final da terapia, temos o trabalho para desenvolver a capacidade de confiar em si mesmo; validar as próprias opiniões, emoções e ações; e, de um modo geral, respeitar-se independentemente do terapeuta. O trabalho com os objetivos individuais da paciente também ocorre principalmente durante este estágio. É de fundamental importância que as habilidades que a paciente aprende na terapia sejam generalizadas para situações não terapêuticas. O curso normal dos acontecimentos na terapia com uma paciente *borderline* é que a paciente inicialmente terá muita dificuldade para confiar no terapeuta, para pedir ajuda ao terapeuta e para chegar ao equilíbrio ideal entre a independência e a dependência. Com frequência, nos primeiros meses de terapia, a paciente terá dificuldade para confiar no terapeuta, não telefonará para o terapeuta mesmo quando parecer adequado e oscilará entre a dependência extrema do terapeuta para resolver seus problemas e uma atitude independente de "não preciso de nada e nem de ninguém". A exploração desses padrões muitas vezes indica que os mesmos padrões interpessoais também ocorrem com outras pessoas no meio da paciente. Assim, a capacidade de confiar, de pedir ajuda adequadamente e de depender e ser independente de outra pessoa muitas vezes se torna o foco do tratamento. À medida que a paciente começa a desenvolver confiança no terapeuta, ela geralmente começa a ser mais honesta com o terapeuta em relação à sua necessidade de ajuda. Durante os estágios iniciais da terapia, coloca-se bastante ênfase em reforçar a paciente para pedir ajuda ao terapeuta, quando tiver dificuldade para lidar com uma determinada situação. Entretanto, se esse pedido de ajuda não se transferir para outras pessoas no ambiente da paciente, e se a paciente não aprender a se ajudar ou tranquilizar a si mesma, o término da terapia será extremamente traumático. A transição de depender do terapeuta para depender de si mesma e de outras pessoas deve começar quase imediatamente. Mais uma vez, existe uma ênfase dialética em ser capaz de contar com outras pessoas enquanto se aprende a ser independente. Assim, o objetivo é ser capaz de confiar em si mesma, mantendo-se firmemente inserida em redes interpessoais recíprocas.

A promoção do autorrespeito também exige a redução do auto-ódio e da culpa. Em minha experiência, padrões residuais de vergonha de si mesma e do seu passado geralmente aparecem durante o Estágio 3 da terapia. Em particular, o indivíduo talvez precise resolver como interpretará sua história e como a apresentará aos outros. Especialmente se houver cicatrizes visíveis, a paciente deve decidir como responderá a perguntas sobre o seu passado. Às vezes, a reemergência da vergonha intensa ou medo de terminar a terapia pode ser tão grande, a ponto de precipitar um retorno aos comportamentos do Estágio 1 ou às reações de estresse do Estágio 2. Geralmente, essas recaídas são breves. É particularmente importante que o terapeuta não envergonhe a paciente ainda mais ou patologize o retorno aos padrões de comportamento desadaptativo. A situação é semelhante à de um fumante que parou de fumar há cinco anos e é exposto novamente a algo que tenha uma forte associação com o cigarro. Se não houver experiências de aprendizagem suficientes com aquela pista, o ex-fumante pode sentir um desejo intenso e inesperado de fumar. Na TCD, sugeriria-se que talvez seja necessário um pouco mais de aprendizagem, e não que o indivíduo regrediu.

Assim como entre os Estágios 1 e 2, as pacientes às vezes podem fazer um intervalo antes ou durante o Estágio 3. Às vezes, as pacientes podem começar outras terapias ou trabalhar com outros terapeutas durante os intervalos. Não existe razão para não incentivar isso na TCD.

Estabelecer prioridades nas classes de metas da terapia individual externa

Conforme discutido anteriormente, o psicoterapeuta individual na TCD é o terapeuta primário e, assim, é responsável por organizar o tratamento para alcançar todas as metas primárias. Contudo, a seleção dos comportamentos a focar pode às vezes ser um desafio para o terapeuta primário. As hierarquias de comportamentos em cada classe são apresentadas no Quadro 6.2, e são discutidas a seguir.

Diminuir comportamentos suicidas

A primeira tarefa do terapeuta individual é avaliar, acompanhar e direcionar o tratamento para a redução dos comportamentos suicidas (ver o Capítulo 5 para uma discussão completa). No entanto, a resposta específica da TCD aos comportamentos de crise suicida depende da avaliação da probabilidade de suicídio; da função do comportamento; da avaliação do terapeuta sobre a capacidade da paciente de mudar para um modo mais adaptativo de solução de problemas; e, de maneira mais importante, de quais comportamentos o terapeuta está disposto a reforçar. Embora os comportamentos de crise suicida nunca sejam ignorados, isso não significa que a resposta adequada da TCD sempre seja "salvar" a paciente.

Quando ocorrem atos parassuicidas, eles *sempre* são discutidos na próxima sessão de psicoterapia individual. A condução

Quadro 6.2 Hierarquias de metas comportamentais em cada classe na terapia individual

Comportamentos suicidas:
1. Comportamentos de crise suicida
2. Atos parassuicidas
3. Impulsos, imagens e comunicações suicidas intrusivas
4. Ideação, expectativas, respostas emocionais suicidas[a]

Comportamentos que interferem na terapia:
1. Comportamentos da paciente ou do terapeuta que são prováveis de destruir a terapia
2. Comportamentos da paciente ou terapeuta que interferem imediatamente
3. Comportamentos da paciente ou terapeuta com relação funcional com comportamentos suicidas
4. Comportamentos da paciente semelhantes a comportamentos problemáticos fora da terapia
5. Falta de progresso na terapia

Comportamentos que interferem na qualidade de vida:
1. Comportamentos que causam crises imediatas
2. Comportamentos fáceis de mudar (ou difíceis de mudar)
3. Comportamentos com relação funcional com metas superiores e com os objetivos de vida da paciente

Promover habilidades comportamentais:
1. Habilidades ensinadas atualmente no treinamento de habilidades
2. Habilidades sem relação funcional com metas superiores
3. Habilidades ainda não aprendidas

[a]A ideação suicida subjacente não é abordada diretamente. Parece ser subproduto dos comportamentos que interferem na qualidade de vida.

de uma análise comportamental detalhada e a análise subsequente das soluções depois de cada caso de parassuicídio é um aspecto crucial da TCD (ver o Capítulo 9 para uma descrição dessas estratégias). A única coisa que teria precedência é um comportamento suicida dentro da sessão. A partir de minha experiência orientando terapeutas que tratam pacientes suicidas e/ou *borderline*, essa recusa para permitir que o comportamento parassuicida ocorra sem amparo diferencia a TCD de muitas outras abordagens de tratamento de pacientes *borderline*.

Os pensamentos, imagens e comunicações suicidas muito intensos são abordados diretamente em sessões de terapia individual subsequentes à sua ocorrência. Entretanto, ao contrário dos comportamentos suicidas e atos parassuicidas, a ideação suicida habitual, ou que considero "subjacente", nem sempre é abordada de forma direta quando ocorre. Fazer isso desviaria a atenção de qualquer outro comportamento para muitas pacientes *borderline*. Na maior parte, a premissa da TCD é de que a ideação suicida é resultado de uma vida de baixa qualidade. Assim, o tratamento consiste em concentrar a atenção para aumentar a qualidade de vida (ver a seguir).

Diminuir comportamentos que interferem na terapia

A segunda tarefa no tratamento individual é lidar com quaisquer comportamentos que interfiram no processo da terapia. Esses comportamentos são considerados secundários em importância apenas em relação a comportamentos suicidas de alto risco, incluindo atos parassuicidas. As violações dos termos para continuar a terapia (p.ex., faltar a quatro semanas consecutivas de terapia agendada) ou outros problemas que ameacem a continuidade para a paciente ou o terapeuta assumem prioridade máxima, é claro. A seguir, em ordem de importância, vêm os seguintes:

1. Comportamentos da paciente ou do terapeuta que interfiram no processo imediato do tratamento (p.ex., a paciente não comparecer às sessões de terapia, manter-se calada nas sessões ou apresentar comportamentos tão aversivos para o terapeuta que, se não pararem, farão o terapeuta terminar a terapia; o terapeuta fazer exigências irracionais ou excessivamente rígidas, que a paciente não possa cumprir).
2. Comportamentos da paciente ou do terapeuta que estejam funcionalmente relacionados com os comportamentos de crise suicida ou atos parassuicidas (p.ex., o terapeuta pressionar demais, muito rápido ou intensamente nas áreas temáticas que incomodam a paciente e que costumam precipitar uma crise suicida; a retração da paciente em relação ao acordo de trabalhar para reduzir os comportamentos suicidas; o medo da paciente de telefonar ou confidenciar para o terapeuta antes, ao invés de depois dos comportamentos parassuicidas; a paciente ameaçar cometer suicídio de um modo que seja assustador demais para o terapeuta não reagir, e/ou a reação exagerada do terapeuta, que reforça os comportamentos suicidas.
3. Comportamentos da paciente semelhantes a comportamentos problemáticos que ocorrem fora do consultório do terapeuta (comentários hostis e exigentes para o terapeuta, semelhantes a interações com familiares; evitar temas difíceis e problemas semelhantes a evitar a solução de problemas fora da terapia).

Esses comportamentos problemáticos, sejam eles citados pela paciente ou observados pelo terapeuta, são abordados diretamente quando ocorrem, e não devem ser ignorados. Se a paciente apresenta diversos comportamentos que interferem na terapia, o terapeuta pode preferir selecionar um ou dois para comentar e ignorar os outros, até que haja progresso nos selecionados. Um dos erros mais comuns, mas mesmo assim prejudiciais, que os terapeutas cometem com pacientes *borderline* é tolerar os comportamentos das pacientes que interferem na terapia até que seja tarde demais. O que costuma acontecer é: a paciente apresenta comportamentos que frustram o terapeuta e a terapia; o terapeuta não diz nada diretamente a respeito; e, subitamente, o terapeuta chega ao fim da tolerância, esgota-se e termina a terapia unilateralmente. Geralmente, isso é feito de um modo que a culpa parece ser da paciente ou como se o terapeuta não tivesse opção. A paciente fica chocada e implora por uma mudança para consertar a relação, mas não é aceita de volta. Com algumas das nossas pacientes, isso já aconteceu várias vezes; não admira que, quando chegam a nós, elas tenham pouca confiança!

A falta de progresso também deve ser mencionada aqui, como um comportamento que interfere na terapia. De forma clara, se a paciente não está progredindo na terapia, essa deve ser a principal meta das interações terapêuticas. Se ainda não houver progresso, a terapia deve ser terminada ao final do período acordado. O fato de que a falta de progresso levou ao término da terapia costuma ser uma nova contingência para a paciente. De fato, o principal medo da paciente *borderline* às vezes é que, se ela *fizer* progresso, a terapia termine. Esclarecer essa mudança nas contingências é um tema importante da orientação inicial da terapia.

Nesse sentido, as questões centrais no tratamento da paciente *borderline* são as seguintes: quanto tempo a terapia deve continuar sem um progresso visível rumo aos objetivos; quanta regressão comportamental deve ser esperada, especialmente quando a paciente é colocada em um programa de extinção; e como se deve mensurar o progresso? As respostas a essas questões estarão intimamente ligadas às teorias do terapeuta sobre o tratamento, o funcionamento comportamental em geral e o TPB em particular. As pacientes *borderline*, em relação a muitas outras pacientes, costumam fazer progresso muito lento. Por exemplo, um estudo mostrou que uma melhora significativa na adaptação pode levar dez anos para acontecer (McGlashen, 1983), apesar do fato de que quase a metade das pacientes estavam em terapia na avaliação de seguimento. Cinco anos depois do diagnóstico, as pacientes *borderline* geralmente permanecem disfuncionais em muitas áreas (Pope et al., 1983). O terapeuta deve equilibrar a tolerância para com o progresso lento na terapia com uma abertura à possibilidade de que a terapia que está oferecendo simplesmente não seja eficaz.

Infelizmente, as pacientes muitas vezes toleram comportamentos ineficazes e às vezes iatrogênicos do terapeuta por tempo demais. Já tivemos várias pacientes que ficaram em terapias ineficazes e apresentaram deterioração comportamental gradual, mas notável, ao longo do tempo. Algumas ficaram com terapeutas por mais de dez ou doze anos, e ainda apresentavam atos parassuicidas, entrando e saindo mensalmente de hospitais, quando chegaram em nosso programa. Outras toleravam terapeutas que tinham comportamentos sexuais inadequados; usavam as pacientes como terapeutas para si mesmos; recusavam-se a respeitar o conhecimento das pacientes sobre si mesmas ou a modificar o tratamento de um modo que se encaixasse melhor às pacientes; ou interagiam de forma defensiva e "culpavam as vítimas", enfraquecendo ainda mais o senso de competência e valor das pacientes. Esses comportamentos, se ocorrerem, são um dos focos primários do tratamento. Como se pode esperar, o tratamento do terapeuta pelo grupo de supervisão e consultoria da TCD é crucial nesse caso.

Reduzir comportamentos que interferem na qualidade de vida

O terceiro conjunto de metas para o tratamento consiste de comportamentos desadaptativos que são suficientemente sérios para colocar em risco qualquer chance que a paciente tenha de uma vida de qualidade razoável. Não é incomum as pacientes terem mais de um comportamento que interfere na qualidade de vida; várias pacientes em minha clínica têm esses problemas em cinco ou seis áreas. As diretrizes para escolher quais desses comportamentos abordar em uma determinada sessão de terapia são as seguintes. Em primeiro lugar, os comportamentos que são imediatos têm prioridade. Ou seja, se a paciente não tem dinheiro para comida e moradia no momento, o foco nas questões financeiras assume precedência sobre o trabalho com abuso de substâncias (a menos, talvez, que a paciente passe toda a semana em desintoxicação). Em segundo lugar, os problemas fáceis devem ser resolvidos antes dos problemas mais difíceis. Essa estratégia visa principalmente aumentar a probabilidade de reforçar a solução de problemas ativa na paciente. A ideia é que, se a paciente adquirir experiência em resolver problemas, será mais provável que trabalhe ativamente para resolver problemas maiores.

Em terceiro lugar, os comportamentos funcionalmente relacionados com metas de maior prioridade e com os objetivos de vida da paciente têm precedência. Superficialmente falando, a ordem de importância no trabalho com esses tipos de comportamentos (de prioridade alta a baixa) é abordar aqueles que têm relação funcional com: (1) comportamentos de crise suicida e atos parassuicidas; (2) comportamentos que interferem na terapia; (3) ideação suicida e um senso de "penúria"; (4) manutenção dos ganhos do tratamento; e (5) outros objetivos da vida da paciente. Por exemplo, se o abuso de álcool for um precursor confiável do parassuicídio, trabalhar com abuso de substâncias deve ter precedência sobre a incapacidade de concluir o semestre nos estudos, que pode ter relação funcional apenas com a ideação suicida. Se o fato de a paciente viver nas ruas tiver relação causal com suas faltas às sessões de terapia, encontrar moradia deve assumir precedência sobre encontrar um emprego, que pode ter relação funcional apenas com a manutenção dos ganhos do tratamento. E assim por diante. Mais uma vez, os princípios da moldagem determinam o ritmo da terapia.

Promover habilidades comportamentais

Ensinar habilidades comportamentais (atenção plena, regulação emocional, eficácia interpessoal, tolerância a estresses), por um lado, está interligado ao sucesso nas três primeiras metas e, por outro, constitui a quarta meta do tratamento, independente por si só. Para que a paciente e o terapeuta consigam reduzir os comportamentos suicidas, os comportamentos que interferem na terapia e os comportamentos que interferem na qualidade de vida, eles devem ser substituídos por alguma coisa. Essa "coisa", na TCD, consiste das habilidades comportamentais descritas brevemente no Capítulo 5 e em detalhe no manual que acompanha este livro. O terapeuta deve tirar da paciente os comportamentos hábeis que possui em algum grau, ou ensinar novos comportamentos. De qualquer modo, uma quantidade substancial de energia deve se voltar para fortalecer e generalizar as habilidades comportamentais, de modo que a paciente possa usar essas habilidades em contextos que antes evocavam respostas inábeis e desadaptativas.

As inexoráveis crises e a dependência do humor em pacientes *borderline*, bem como suas reações negativas intensas ao foco das sessões no ensino de habilidades, podem tornar muito difícil para se estruturar o ensino de novas habilidades comportamentais na psicoterapia individual. Esses problemas não podem ser totalmente evitados; de um ou outro modo, o ensino deve ser realizado. Em minha clínica, todas as novas pacientes em psicoterapia individual também participam de um ano de treinamento de habilidades em grupo. Nessa situação, o terapeuta individual concentra-se durante o primeiro ano principalmente na aplicação das habilidades que a paciente está aprendendo, no lugar da aquisição de novas habilidades. O objetivo na terapia individual é integrar essas habilidades na vida cotidiana da paciente e aumentar a frequência do seu uso.

Essa ausência de foco na aquisição de habilidades na terapia individual em nosso programa não é uma regra rígida e precisa. Se uma paciente precisa de uma habilidade que ainda não foi tratada na parte da terapia que lida com o treinamento de habilidades, o terapeuta individual ensina a habilidade "antes do tempo", por assim dizer. Além disso, se a paciente faltar a algumas sessões de treinamento, e não houver ensino de recuperação conduzido pelos treinadores (como costuma ocorrer), o terapeuta individual pode ensinar as habilidades omitidas na terapia individual. Isso dependerá das opiniões do terapeuta e da paciente sobre o valor funcional das habilidades em relação a outros problemas visados.

Em determinadas situações, talvez não seja possível, ou mesmo preferível, fazer um treinamento de habilidades independente. O plano de saúde da paciente pode não pagar; pode não haver um programa de treinamento de habilidades em grupo em andamento naquele momento; pode não haver programas de treinamento de habilidades que sejam adequados para a paciente; ou o terapeuta pode estar isolado em um cenário onde não se valorize ou apoie o treinamento de habilidades independente. Com pacientes *borderline* com um bom nível de funcionamento (i.e., aquelas que começam a terapia já bem além do Estágio 1), ou aquelas que estão ávidas para aprender novas habilidades e conseguem concentrar a atenção nisso, pode haver pouca necessidade de um treinamento separado para habilidades. Nesse caso, o terapeuta individual pode embutir o treinamento de habilidades na psicoterapia individual.

Depois que houve progresso substancial rumo às três primeiras metas, o terapeuta deve avaliar se a paciente tem habilidades comportamentais suficientes para lidar com o segundo estágio da terapia, no qual são tratadas respostas residuais de estresse pós-traumático. O importante a lembrar é que o tratamento do estresse pós-traumático quase sempre também é traumático, conforme já discutido. A terapia não deve ocorrer até que o terapeuta tenha um grau razoável de certeza de que a paciente tem pelo menos as habilidades rudimentares necessárias para lidar com o trauma. Assim, se o ensino de novas habilidades comportamentais for incidental a outros aspectos da terapia individual, o terapeuta, nesse ponto, talvez precise programar um período de foco intensivo na aquisição de habilidades e fortalecimento, antes de avançar. De certo modo, o terapeuta estará preenchendo as "lacunas na aprendizagem" antes de dar o próximo passo.

O terapeuta também deve estar atento à reemergência de problemas do primeiro estágio (comportamentos suicidas, que interferem na terapia e que interferem na qualidade de vida) em estágios subsequentes da terapia. Quando isso acontece, o foco em questões dos estágios mais avançados deve ser momentaneamente suspenso, para lidar com as metas mais importantes. O tratamento do estresse pós-traumático geralmente termina na última fase da terapia, quando a meta primária é remediar possíveis problemas residuais com o autor-respeito.

Reduzir o estresse pós-traumático

O trabalho básico para reduzir o estresse pós-traumático é feito na terapia individual, embora, para certas pacientes, se incentive a participação em grupos auxiliares para vítimas de abuso sexual e físico ou coisas do gênero. Durante o segundo estágio do tratamento, a TCD avança para um foco em negligência e abuso sexual, físico e emocional no passado. Essa fase também é o momento de focar outras experiências afins da infância, como perdas, "desajustes" ou outros traumas relacionados com as respostas de estresse atuais. Desse modo, a segunda fase da terapia individual geralmente começa com o "desenterramento", o processamento cognitivo e emocional e a resolução de fatos patogênicos ocorridos na infância. O tratamento individual geralmente envolve uma forte ênfase em estratégias de exposição e modificação cognitiva, concentrando-se em mudar as respostas emocionais das pacientes a estímulos relacionados com o trauma e reinterpretações cognitivas do trauma e das respostas subsequentes da paciente a ele.

Os quatro objetivos nessa área (aceitar os fatos do trauma; reduzir a estigmatização, a autoinvalidação e a culpa; reduzir a negação e padrões de resposta de estresse intrusiva; e reduzir o pensamento dicotômico sobre a situação traumática) foram discutidos no Capítulo 5. No caso típico, esses objetivos são trabalhados simultaneamente, com o foco da sessão ditado pelos problemas que surgem no decorrer da exposição a estímulos traumáticos.

Promover autorrespeito e alcançar objetivos individuais

Durante o estágio final da terapia individual, aborda-se o autorrespeito. Como as maiores ameaças ao autorrespeito para o indivíduo *borderline* costumam se originar no ambiente social, o tratamento nesse estágio concentra-se principalmente em comportamentos de autorrespeito, à medida que ocorrem (ou deixam de ocorrer) no relacionamento interpessoal entre a paciente e o terapeuta. A atenção a tais comportamentos exige que o terapeuta tenha um foco muito minucioso nas interações que ocorrem a cada momento entre ele e a paciente, bem como na resposta verbal, emocional e comportamental da paciente. A generalização de padrões de comportamento recém-adquiridos para o mundo cotidiano é abordada simultaneamente. O tratamento, nesse ponto, assemelha-se à terapia psicodinâmica e à terapia centrada no cliente, embora as interpretações do comportamento possam diferir substancialmente entre ambos. Uma semelhança ainda maior pode ser encontrada entre a TCD, no Estágio 3, e a psicoterapia analítica funcional (Kohlenberg e Tsai, 1991).

O Estágio 3 também é o momento de trabalhar com possíveis problemas residuais para os quais a paciente possa precisar de assistência. Nesse ponto, são alcançados tantos objetivos quanto em qualquer terapia. As preferências da paciente e as habilidades do terapeuta são mais importantes. Por exemplo, já fiz pacientes trabalharem em fazer mais amigos, resolver problemas em casa, fazer escolhas profissionais ou para o futuro e aprender a lidar com a dor física crônica. O trabalho com o autorrespeito, portanto, pode ser costurado ao trabalho com outras questões.

Utilizar prioridades para organizar as sessões

O modo como se usa a sessão de terapia individual é determinado pelos comportamentos da paciente durante a semana que antecede a sessão e/ou durante a própria sessão. Dois tipos de comportamentos são relevantes. O primeiro consiste dos comportamentos negativos ou problemáticos da paciente – por exemplo, cometer atos parassuicidas, telefonar demais para o terapeuta, gastar o dinheiro do aluguel em roupas, ter *flashbacks* do abuso sexual da infância, ou invalidar o seu próprio ponto de vista durante a sessão. O segundo consiste de comportamentos positivos que indicam o progresso da paciente rumo a um comportamento visado – por exemplo, resistir a impulsos parassuicidas fortes, chegar na sessão na hora depois de ter se atrasado muitas vezes, superar temores e procurar emprego, usar habilidades comportamentais para confrontar um familiar, ou manter uma opinião ante desaprovação. O tempo do tratamento é orientado para os comportamentos atuais, e a estrutura da sessão é um pouco circular, no sentido de que os pontos focais visados giram ao longo do tempo.

A prioridade para a atenção durante uma determinada interação terapêutica é determinada pela lista hierárquica (ver o Quadro 6.1). Se ocorrerem comportamentos parassuicidas ou avanços substanciais nesses comportamentos durante uma determinada semana, a atenção a isso assume precedência sobre a atenção aos comportamentos que interferem na sessão. Por outro lado, o foco nos comportamentos que interferem na sessão (nos problemas e no progresso) assume precedência sobre trabalhar com comportamentos que interferem na qualidade de vida, e assim por diante. Embora se possa trabalhar com mais de um comportamento em uma determinada sessão de terapia, se o tempo for curto ou se o problema for complexo, uma meta prioritária sempre assume precedência, mesmo que isso signifique desprezar um outro problema que a paciente ou o terapeuta queira abordar na sessão. Desse modo, as metas do tratamento e sua ordem de precedência determinam em grande medida o que se fala nas sessões de terapia. A quantidade de tempo gasta em uma determinada meta, que pode variar de um simples comentário do terapeuta a toda uma sessão dedicada a uma análise detalhada, depende da valência do comportamento (positivo ou negativo) e de se falar sobre o comportamento proporciona reforço ou não. Naturalmente, a ideia é reforçar os comportamentos positivos e não reforçar os negativos.

Com relação a cada meta, a tarefa básica na solução de problemas é evocar (às vezes, repetidamente) o compromisso da paciente de trabalhar o comportamento visado. Qualquer estratégia de tratamento na TCD funciona melhor com a cooperação da paciente. Assim, se o terapeuta está trabalhando em uma meta comportamental sem o compromisso ativo da paciente em trabalhar na mesma meta, é provável que haja pouco progresso. Em minha experiência, obter pelo menos um comprometimento inicial raramente é difícil para comportamentos suicidas. Os efeitos negativos de longo prazo do parassuicídio e do suicídio geralmente são óbvios para as pacientes, e é difícil resistir de forma verossímil ao compromisso de reduzir esse comportamento. De qualquer modo, meus colegas e eu simplesmente não aceitamos pacientes no tratamento se não concordarem que um dos objetivos da terapia é reduzir os comportamentos suicidas. (Até agora, apenas uma foi recusada por essa razão). Assim, a retração do compromisso de trabalhar rumo a esse objetivo em um momento posterior seria considerada um comportamento que interfere na terapia e, desse modo, ficaria atrás em ordem de importância apenas ao risco de suicídio iminente.

A necessidade de estar em terapia, para que ela funcione, também é evidente. E pode-se fazer um argumento lógico de que, para a terapia continuar, é preciso lidar com todos os comportamentos que interferem na terapia. O raciocínio apresentado à paciente é que, se for permitido que esses comportamentos prossigam, a paciente, o terapeuta ou ambos acumularão ressentimento ou se esgotarão, e o compromisso de manter a relação terapêutico enfraquecerá. Como o trabalho terapêutica é a cola que une a relação, qualquer comportamento que interfira nesse trabalho interferirá nessa relação. É comum pacientes *borderline* terminarem um ou mais regimes de terapia de forma unilateral. Assim, o objetivo de desenvolver e manter um relacionamento de trabalho com o terapeuta é uma ideia interessante, pelo menos no início da terapia.

O trabalho em um determinado problema envolve diversas estratégias de tratamento coordenadas, que serão descritas em detalhe no resto deste livro. No mínimo, o terapeuta comenta a ocorrência do comportamento problemático ou de progresso detectável. Como os determinantes dos problemas e do progresso variam ao longo do tempo e do contexto situacional, cada vez que houver um comportamento problemático ou progresso substancial, deve-se realizar uma análise comportamental. Para um comportamento negativo, o terapeuta analisa, muitas vezes em detalhes dolorosos do ponto de vista da paciente, o que levou à resposta problemática. Para um comportamento positivo, o terapeuta analisa exatamente como o comportamento problemático foi evitado. No começo da terapia, a realização dessas análises pode tomar sessões inteiras, fazendo-se pouca coisa além disso. No entanto, à medida que a terapia avança, o tempo necessário para essas análises diminui e o terapeuta pode avançar para análises de soluções, que são análises de como a paciente poderia ter prevenido (ou preveniu) o comportamento problemático. Essas análises podem levar ao emprego de várias outras estratégias de tratamento para remediar problemas relacionados funcionalmente com o comportamento problemático visado. Descrevo como trabalhar em uma meta comportamental de forma muito mais detalhada ao discutir estratégias individuais de tratamento. Uma estratégia inteira – a estratégia de metas, que é uma subestratégia dentro das estratégias estruturais – diz respeito a destinar tempo de tratamento e atenção a várias metas (ver o Capítulo 14).

Resistência do terapeuta e da paciente de discutir os comportamentos visados

Não há como exagerar a importância, na TCD, de dedicar tempo e atenção diretamente para comportamentos específicos segundo a lista hierárquica. É uma das características que definem a TCD. Entretanto, a partir da minha experiência com ensino e supervisão de TCD, esse aspecto do tratamento é uma das partes mais difíceis para muitos terapeutas. Geralmente, nem a paciente e nem o terapeuta quer concentrar a terapia em metas muito prioritárias, por boas razões. A discussão de temas prioritários muitas vezes traz resultados aversivos imediatos para a paciente e para o terapeuta. É bastante provável que o terapeuta que trabalha só, sem apoio, caia em um padrão de alternar atitudes de apaziguar e de atacar a paciente quanto à questão de abordar esses temas. Quando esse padrão continua, é provável que a terapia se torne tão aversiva que uma ou ambas as partes terminem a relação. Manter o terapeuta individual concentrado em comportamentos prioritários em uma abordagem validante de solução de problemas é a tarefa da equipe de supervisão da TCD.

Resistência da paciente

As pacientes geralmente não querem discutir seus comportamentos disfuncionais na linha da solução de problemas. Por exemplo, nunca tive uma paciente que gostasse de falar sobre atos parassuicidas anteriores durante as sessões de terapia. A paciente pode discutir o problema que "causou" o comportamento, ou ter discussões francas sobre seus sentimentos em relação ao comportamento ou aos fatos que cercam o comportamento. Porém, raramente, ela aceitará discutir em detalhes minuciosos os acontecimentos ambientais que levaram ao ato parassuicida e que se seguiram a ele, e gerar uma lista de comportamentos que poderia usar no lugar do ato da próxima vez. Certas pacientes não apenas não querem falar sobre os comportamentos suicidas, como também não querem falar sobre nada associado a eles. Com frequência, essas pacientes têm fobia a emoções e medo de que falar sobre os problemas as exponha a um afeto negativo insuportável.

Pacientes *borderline* podem resistir a essas discussões por várias outras razões. Depois que o comportamento parassuicida ocorreu, as pacientes muitas vezes "avançam" para novos problemas, por assim dizer. Concentrar a discussão no comportamento passado não trata dos problemas atuais que podem querer discutir na sessão de terapia. Às vezes, as pacientes *borderline* sentem muita vergonha de seu comportamento parassuicida para que possam suportar discuti-lo. Ou a abordagem analítica prática ao comportamento na TCD pode fazer as pacientes sentirem que seu sofrimento emocional está sendo invalidado. A ideia de que existem outros comportamentos possíveis pode ser interpretada como culpa e crítica, levando a sentimentos de extrema ansiedade, pânico ou raiva para com o terapeuta. No entanto, a questão a lembrar aqui é que é necessário discutir cada vez que ocorrer um comportamento parassuicida entre as sessões. A omissão desse quesito do tratamento é um comportamento que interfere na terapia (pelo menos quando a terapia é TCD) e, assim, deve ser a próxima questão discutida na sessão de terapia.

As pacientes *borderline* geralmente também não querem discutir comportamentos que interferem na terapia, pelo menos não quando são os seus comportamentos que interferem. As razões para essa relutância costumam ser semelhantes às razões citadas para evitar as discussões sobre o parassuicídio. Se os comportamentos que interferem na qualidade de vida são temas desejáveis para a discussão do ponto de vista da paciente dependerá muito de a paciente concordar que o padrão comportamental é problemático. Senão, pode-se esperar que ela resista a essas discussões. Nessas ocasiões, é importante que o terapeuta esteja aberto à possibilidade de que tenha avaliado incorretamente os efeitos verdadeiros do comportamento para a vida da paciente. Se o comportamento não interferir seriamente nas chances da paciente construir uma vida de qualidade, o comportamento não deve ser prioridade na lista de metas. Embora haja espaço para uma discordância verdadeira entre a paciente e o terapeuta, a melhor direção para o terapeuta tomar nessa situação muitas vezes é encontrar uma síntese entre ambos pontos de vista.

As pacientes também podem não querer discutir os comportamentos positivos. Às vezes, elas têm problemas mais urgentes para discutir. Nesses casos, para reforçar o comportamento positivo, a preferência das pacientes provavelmente deva assumir a precedência. Em outras ocasiões, as pacientes podem temer que, se o sucesso for notado, mais será esperado delas. Ou podem se sentir desconfortáveis com elogios por acharem que não os merecem. Para muitas, o progresso traz a ameaça de perda da terapia e da relação terapêutica. Cada um desses casos é considerado um comportamento que interfere na terapia, e somente deve ficar atrás em prioridade à análise dos comportamentos parassuicidas ou de crise suicida que ocorreram desde a última sessão. Conforme discutido no Capítulo 10, controlar o foco das discussões da terapia é uma poderosa estratégia de controle das contingências.

Resistência do terapeuta

Alguns terapeutas consideram difícil controlar o foco das sessões em qualquer situação. Isso ocorre especialmente quando os terapeutas têm formação em terapias tipo não diretivo. Algumas pacientes podem tornar esse controle difícil para qualquer terapeuta. Essas pacientes podem se retrair e se recusar a falar na sessão, respondendo constantemente a questões com "não sei" ou "não importa", ameaçando cometer suicídio, tornando-se extremamente agitadas ou emotivas, ou reagindo de várias outras maneiras que os terapeutas considerem punitivas. (Todas essas respostas são exemplos de comportamentos que interferem na terapia, é claro.)

Alguns terapeutas não querem ouvir falar dos comportamentos disfuncionais de suas pacientes. Esses relatos podem ameaçar seu senso de competência ou controle como terapeutas, ou lembrá-los de seus próprios problemas comportamentais, ou de pessoas próximas a eles. Uma terapeuta que supervisionei me disse que não gostava de ouvir sobre os comportamentos "esquisitos" de ninguém. Outros terapeutas temem que possam tornar as pacientes mais suicidas se as forçarem a falar sobre coisas que relutam discutir, especialmente o comportamento suicida. Outros, ainda, sentem que as pacientes já estão em suficiente penúria, então por que piorar forçando a discussão do tema? Essas reações dos terapeutas são consideradas, na TCD, como comportamentos que interferem na terapia: podem fazer as pacientes se sentirem melhor a curto prazo, mas a mudança a longo prazo exige lidar diretamente com seus comportamentos problemáticos prioritários.

De maneira interessante, muitos terapeutas também relutam discutir diretamente com pacientes seus comportamentos que interferem na terapia. Em minha experiência com supervisão, muitos terapeutas protelam a discussão desses comportamentos até estarem esgotados e ser tarde demais. Os problemas são trazidos para a supervisão, mas não são discutidos facilmente com as pacientes. De um modo geral, esses terapeutas parecem acreditar que respostas "não terapêuticas" a pacientes (p.ex., sentimentos de raiva, esgotamento, relutância para continuar o tratamento) são indícios de suas próprias inadequações. Em comparação, a TCD trata essas respostas como indícios de que existem problemas na relação terapêutica – ou seja, que existem comportamentos interferindo na terapia. Com pouquíssimas exceções, esses problemas são discutidos com as pacientes de maneira direta, na linha da solução de problemas. Discutimos esse tema um pouco mais nos Capítulos 9 e 15. Como as pacientes, os terapeutas muitas vezes também não querem discutir ou trabalhar com seus próprios comportamentos que interferem na terapia. De fato, alguns terapeutas são bastante hábeis para transformar as queixas das pacientes sobre seu comportamento em discussões sobre as demandas excessivas e sensibilidade exagerada das pacientes.

Metas da terapia individual e cartões diários

Como o terapeuta fica sabendo de comportamentos parassuicidas e outros comportamentos que ocorrem durante a semana entre as sessões? Certamente, o terapeuta pode perguntar. Isso é algo simples de fazer quando comportamentos prioritários negativos ocorrem com frequência ou comportamentos positivos ocorrem com pouca frequência. Por exemplo, se a pessoa começa a terapia mutilando-se diariamente, e quer ajuda para parar de se mutilar, é fácil para o terapeuta falar sobre automutilação no começo de cada sessão. No entanto, em minha experiência, fica cada vez mais difícil para o terapeuta perguntar sobre o comportamento depois de este não ocorrer por algumas semanas ou meses. Da mesma forma, se o uso de drogas ou álcool não for problema no momento, o terapeuta pode se sentir desconfortável ou tolo em perguntar sobre o assunto a cada semana. Se o foco é aumentar o uso de habilidades comportamentais, mas a paciente tem aplicado tais habilidades diligentemente, semana após semana, pode ser difícil pedir um relatório semanal do progresso. Porém, em minha experiência, é bastante improvável que problemas com drogas e álcool sejam relatados de forma espontânea. O parassuicídio pode ser relatado ou não, dependendo de a função do ato ser de comunicação com o terapeuta ou não. E uma vez que a paciente se esquece de tentar aplicar as habilidades comportamentais, é improvável que ela relate ao terapeuta que isso é um problema.

A solução mais fácil para essas dificuldades é a paciente preencher um cartão diário, para obter informações diariamente sobre comportamentos relevantes. O cartão diário da TCD é mostrado na Figura 6.1. Como se pode ver, são obtidas informações sobre o tipo e a quantidade de álcool ingerido a cada dia; tipos e quantidades de medicamentos prescritos ou tomados sem prescrição e drogas ilícitas consumidas; o grau de ideação suicida, grau de penúria, grau de impulsos de cometer atos parassuicidas e a ocorrência desses atos. Uma avaliação da quantidade de prática em habilidades comportamentais também é fornecida a cada dia. O cartão pode ser usado para uma variedade de propósitos, mas uma finalidade importante é evocar informações sobre comportamentos visados que ocorreram durante a semana anterior. Se o cartão indica que um ato parassuicida ocorreu, ele é citado e discutido. Se há indicação de ideação suicida muito elevada, ela é avaliada para determinar se a paciente está com risco elevado de cometer suicídio. Se surge um padrão de uso excessivo de álcool e drogas, ele é discutido (como um comportamento que interfere na qualidade de vida). Não tomar os medicamentos prescritos pode ser um comportamento que interfere na terapia. Se a paciente não traz o cartão ou não o preenche da forma adequada, isso constitui um comportamento que interfere na terapia e, é claro, é discutido como tal. Finalmente, existem colunas em branco para registrar quaisquer outros comportamentos que a paciente e o terapeuta escolham. De um modo geral, pelo menos no começo da terapia, essas colunas são usadas para registrar outros comportamentos que interferem na qualidade de vida. Por exemplo, já tive pacientes que registravam quantas horas passavam por dia no trabalho, horas diária fantasiando, episódios bulímicos, a quantidade de exercícios, o número de impulsos para evitar situações a que resistem, e o número de experiências dissociativas.

Pacientes preenchem cartões diários, pelo menos, durante os dois primeiros estágios da terapia. À medida que problemas com parassuicídio e abuso de substâncias são solucionados, as pacientes geralmente resistem a continuar preenchendo os cartões. No entanto, como existe uma probabilidade elevada de que esses comportamentos retornem durante o trabalho com o estresse pós-traumático, os cartões diários não devem ser abandonados até a terceira fase. Nesse ponto, continuar ou não é questão de negociação entre paciente e terapeuta. Isso não significa dizer que uma quantidade razoável de negociação não ocorra durante a fase final e no decorrer da segunda fase da terapia. À medida que as pacientes aprendem mais habilidades de assertividade, pode-se esperar que usem tais habilidades com mais frequência na terapia. Os cartões diários representam um veículo quase perfeito para essa prática. Tenho uma paciente que, de forma geral, recusa-se a preencher os cartões diários quando estou fora da cidade. Ela raciocina que, se eu estou de férias, ela também deve poder tirar férias, e isso me parece razoável.

Terapia comportamental dialética
CARTÃO DIÁRIO

Nome: _____   Data de início: _____

Data	Álcool		Medicamentos sem prescrição		Medicamentos prescritos		Drogas ilícitas		Ideação suicida (0-5)	Penúria (0-5)	Automutilação				Habilidades usadas (0-7)*
	Nº	Especificar	Nº	Especificar	Nº	Especificar	Nº	Especificar			Impulsos (0-5)	Ação Sim/Não			
Seg															
Ter															
Qua															
Qui															
Sex															
Sab															
Dom															

*
- 0 = Não pensei ou usei
- 1 = Pensei, não usei, não queria
- 2 = Pensei, não usei, queria
- 3 = Experimentei, mas não consegui usar
- 4 = Experimentei, consegui usar, mas não ajudou
- 5 = Experimentei, consegui usar, ajudou
- 6 = Não experimentei, usei, não ajudou
- 7 = Não experimentei, usei, ajudou

Figura 6.1 Frente de um cartão diário da TCD. As colunas em branco à direita possibilitam que a paciente registre comportamentos além dos listados, que são escolhidos juntamente com o terapeuta.

Treinamento de habilidades: hierarquia de metas

Por definição, o treinamento de habilidades tem seu foco primário na aquisição e fortalecimento de habilidades comportamentais. O treinamento de habilidades na TCD tem quatro módulos distintos, cobrindo atenção plena, tolerância a estresses, eficácia interpessoal em situações de conflito e regulação emocional. A ordem das metas para o treinamento de habilidades é apresentada no Quadro 6.3. As metas e sua ordem são revisadas em detalhe no manual que acompanha este volume e, por isso, não serão discutidas aqui. Contudo, o importante é entender que a hierarquia de metas no treinamento de habilidades não é a mesma da psicoterapia individual.

Grupos processuais de apoio: hierarquia de metas

Ao contrário do treinamento de habilidades, onde presta-se pouquíssima atenção em questões processuais da sessão, a terapia em grupos processuais de apoio da TCD utiliza os comportamentos que ocorrem durante as reuniões em grupo – ou seja, o processo de grupo – como veículo para a mudança. Desse modo, as principais metas são os comportamentos que ocorrem dentro da sessão e exemplificam de algum modo os problemas que cada paciente está tendo fora das reuniões do grupo. Essa comparação é crucial para que a terapia seja eficaz. Ensinar as pacientes a agir como bons membros do grupo quando esses mesmos comportamentos não são funcionais em suas vidas cotidianas presta um desserviço a elas. Como a agenda dos grupos processuais é muito menos controlada pelos terapeutas do que em qualquer outro modal de TCD, a hierarquia de metas é menos rígida. No entanto, orientando as pacientes para o tratamento e por meio de comentários e perguntas na sessão, os terapeutas podem ter alguma influência no foco terapêutico, bem como nos comportamentos que são reforçados.

A hierarquia de metas para os grupos processuais é apresentada no Quadro 6.4. A classe mais importante de metas é a dos comportamentos que interferem na terapia (p.ex., não comparecer a sessões, atrasar-se, faltar por razões não importantes, não cumprir combinações, violar as normas do grupo, retrair-se, atacar os outros, etc.). Na TCD individual e nos grupos de treinamento de habilidades, os terapeutas assumem a responsabilidade primária por abordar essas questões. No grupo processual, por outro lado, os comportamentos que interferem na terapia, dos membros do grupo ou dos terapeutas, são uma oportunidade para as pacientes trabalharem com a segunda meta mais importante – fortalecer o uso de habilidades interpessoais, especialmente na solução de situações de conflito. A terceira classe de metas inclui

---

Quadro 6.3 Hierarquia de metas primárias no treinamento de habilidades da TCD

1. Cessar comportamentos prováveis de destruir a terapia

2. Adquirir, fortalecer e generalizar habilidades
   A. Habilidades nucleares de atenção plena
   B. Eficácia interpessoal
   C. Regulação emocional
   D. Tolerância a estresses

3. Reduzir comportamentos que interferem na terapia

Quadro 6.4 Hierarquia de metas primárias nos grupos processuais de apoio da TCD

1. Diminuir comportamentos que interferem na terapia
2. Fortalecer habilidades interpessoais
3. Promover comportamentos instrumentais para uma qualidade de vida positiva; diminuir comportamentos que interferem na qualidade de vida positiva:
   A. Reatividade emocional
   B. Autoinvalidação
   C. Comportamentos que geram crises
   D. Inibição do luto
   E. Comportamentos de passividade ativa
   F. Comportamento dependente do humor

qualquer outro padrão comportamental observado em interações grupais que, fora do grupo, atrapalharia (comportamentos a reduzir) ou melhoraria (comportamentos a aumentar) a qualidade de vida para uma determinada paciente. Deve-se prestar atenção em duas questões. Primeiro, o foco está em comportamentos que ocorram dentro da sessão de terapia, e não em fatos ou comportamentos externos. Em segundo lugar, os comportamentos específicos enfatizados e reforçados, punidos ou extinguidos são específicos de cada paciente. Ou seja, nem todas as metas têm necessariamente a mesma importância para cada paciente.

Ligações telefônicas: hierarquia de metas

As metas para conversas telefônicas com uma paciente dependem de se a ligação é feita ao terapeuta primário ou a um terapeuta auxiliar ou responsável pelo treinamento de habilidades. A hierarquia de metas é apresentada no Quadro 6.5.

Telefonemas para o terapeuta primário

Os telefonemas para o terapeuta primário entre as sessões são incentivados na TCD. (Contudo, um terapeuta que se preocupa imediatamente com receber ligações demais deve lembrar que o fato da paciente telefonar demais é considerado um comportamento que interfere na terapia.) Para entender a hierarquia de metas para ligações telefônicas, o terapeuta primário deve lembrar as três razões por que a TCD favorece as ligações telefônicas. Primeiramente, para o indivíduo que tem dificuldade para pedir ajuda diretamente e, ao invés disso, tenta cometer suicídio como um "pedido de ajuda" ou sofre consequências adversas como resultado da sua dificuldade, o próprio ato de telefonar já funciona como prática em mudar esse comportamento disfuncional, proporcionando ao terapeuta um caminho para intervir para interromper o comportamento suicida.

Em segundo lugar, a paciente muitas precisa de ajuda para generalizar as habilidades comportamentais da TCD para sua

Quadro 6.5 Hierarquia de metas primárias para ligações telefônicas

Telefonemas para o terapeuta primário:
  1. Reduzir comportamentos de crise suicida
  2. Promover a generalização de habilidades comportamentais
  3. Reduzir a sensação de conflito, alienação e distância em relação ao terapeuta
Telefonemas para o treinador de habilidades ou outros terapeutas:
  1. Reduzir comportamentos prováveis de destruir a terapia

vida cotidiana. Uma ligação pode trazer a instrução necessária para a generalização. Na TCD, o terapeuta primário é como um instrutor de basquetebol da escola. As sessões de psicoterapia individual são como as sessões de prática diária, onde se aprendem os fundamentos e se presta atenção à construção das habilidades básicas para o jogo. Os telefonemas, por sua vez, são como a interação do instrutor com os membros do time durante um jogo competitivo real. O instrutor ajuda os jogadores a lembrar e aplicar o que aprenderam durante as sessões de prática semanal. Nos esportes, é inconcebível que o instrutor se recuse a participar dos jogos e ajudar os membros do time. Nenhum instrutor sugeriria que isso não faz parte do seu trabalho, que ajudar os jogadores durante os jogos os torne dependentes ou que pedir conselhos durante o jogo seja um ataque hostil contra o instrutor.

Em terceiro lugar, quando conflitos ou crises interpessoais surgem em um relacionamento íntimo, não parece razoável que a pessoa com dificuldade tenha que esperar uma quantidade de tempo arbitrária, estabelecida pela outra pessoa, para resolver crises. Telefonemas nesses casos oferecem uma oportunidade para aumentar os vínculos interpessoais entre paciente e terapeuta, mas também oferecem a oportunidade de equalizar a distribuição de poder na terapia. Como outras perspectivas terapêuticas colocariam, essas ligações "empoderam" a paciente.

Essas três razões para ligações definem as metas para tais telefonemas. Em ordem de importância, são as seguintes: (1) diminuir os comportamentos de crise suicida; (2) aumentar a aplicação de habilidades à vida cotidiana; e (3) resolver crises interpessoais, alienação ou a sensação de distanciamento entre a paciente e o terapeuta. Como em outras interações com pacientes *borderline*, às vezes, pode ser extremamente difícil para o terapeuta manter o rumo da sessão telefônica. Com relação aos comportamentos de crise suicida, o principal foco é avaliar o risco e usar uma abordagem de solução de problemas para identificar comportamentos alternativos. De um modo geral, essa solução de problemas levará a uma discussão sobre como a paciente pode aplicar as habilidades comportamentais da TCD à situação atual. Ou, se o problema for a relação com o terapeuta, uma discussão sobre isso virá a seguir. No entanto, manter a paciente viva em uma crise geralmente assume precedência sobre outras metas.

Com relação à generalização de habilidades, o comentário modal do terapeuta comportamental dialético em uma ligação telefônica é: "que habilidades você poderia usar neste momento?". Assim, o terapeuta mantém o foco inflexivelmente em como a paciente pode usar suas habilidades para lidar com o problema atual até que tenha outra sessão. Pelo menos no começo do tratamento, fazer a paciente utilizar habilidades de tolerância a estresse (incluindo sobrevivência a crises) é o objetivo primário. Analisar a crise atual e gerar soluções é o foco das sessões de terapia, mas não de sessões telefônicas. Resolver o problema ou crise definitivamente não é a meta das sessões telefônicas. É crucial que o terapeuta lembre e preste atenção a essa questão, pois resolver problemas geralmente é o objetivo primário da paciente durante o telefonema.

A paciente *borderline* geralmente sente raiva, alienação ou distância de seu terapeuta, e as sessões de terapia seguidamente despertam esses sentimentos. No entanto, essa paciente também tem reações retardadas a interações com o terapeuta. Desse modo, emoções de raiva, tristeza, alienação ou outras perturbações podem não ocorrer até algum tempo depois da interação. Nessa situação, é apropriado ligar para o terapeuta. A meta dessas ligações, do ponto de vista da TCD, é diminuir a sensação de alienação ou distância da paciente em relação ao terapeuta. A dificuldade para o terapeuta está em ajudar a paciente com essa questão, sem ao mesmo tempo reforçar os comportamentos disfuncionais. Discuto essa questão em muito mais detalhe no Capítulo 15. No começo da terapia, as interações telefônicas podem não apenas ser frequentes, como também durar uma quantidade razoável de tempo. As estratégias terapêuticas de observar limites, discutidas no Capítulo 10, podem ser especialmente críticas aqui para que o terapeuta não se esgote. À medida que a terapia avança e a confiança no relacionamento aumenta, a frequência e a duração das ligações devem diminuir.

Ligações para treinadores de habilidades e outros terapeutas

Embora o treinador de habilidades possa parecer a pessoa lógica para chamar quando precisar de ajuda para aplicar habilidades comportamentais na vida cotidiana, na TCD, quando o treinamento de habilidades é feito em grupo, a paciente é instruída a ligar para o terapeuta individual para essa finalidade. De um modo geral, o terapeuta individual terá uma compreensão muito maior das atuais capacidades e limitações da paciente e, assim, estará em melhor posição para buscar e reforçar a "menor melhora perceptível". Em outros cenários, essa restrição sobre os telefonemas e outros contatos pode não ser necessária. Por exemplo, se for usado um modelo individual de treinamento de habilidades, talvez faça sentido para a paciente poder ligar para o treinador de habilidades para pedir ajuda na aplicação de determinadas habilidades comportamentais fora das sessões do tratamento. Se o tratamento social for usado, como é típico em ambientes de internação e hospital-dia, a orientação para ajuda na generalização de habilidades pode ser direcionada para a equipe de tratamento.

Nesses casos, a segunda meta é a aplicação de habilidades à vida cotidiana.

Em meu programa, o único propósito de uma ligação, do ponto de vista do treinador de habilidades, é manter a paciente no treinamento de habilidades – ou seja, diminuir comportamentos que ameacem a continuidade da terapia. Obviamente, para alcançar essa meta, é importante manter a paciente viva. Uma posição semelhante é adotada por outros terapeutas no programa da TCD, incluindo o diretor do programa. O único foco adequado é nos problemas que ameacem a permanência da paciente no programa. Todos os outros problemas são tratados pelo terapeuta individual.

Se a paciente telefona para o treinador de habilidades ou qualquer outro terapeuta, incluindo o diretor do programa ou da unidade, em busca de ajuda em uma crise ou de ajuda para aplicar habilidades em uma dada situação, esse terapeuta a indicará ao terapeuta individual e ajudará a paciente a usar habilidades de tolerância a estresse até que seu terapeuta esteja disponível. Se a paciente está em risco imediato de suicídio, o terapeuta faz o que for necessário para garantir a segurança da paciente, e depois passa os problemas para o terapeuta individual. Uma discussão mais detalhada sobre essas questões é apresentada no manual de treinamento de habilidades.

Metas comportamentais e foco da sessão: quem está no controle?

Quando a paciente não quer discutir as metas comportamentais prioritárias, o terapeuta deve controlar o foco da terapia contra o desejo da paciente. A TCD exige que o terapeuta torne-se adepto de forma resoluta à hierarquia de metas para o tipo específico de sessão conduzida. Embora, às vezes, esse foco possa criar uma disputa de poder que desvie a atenção para outros problemas urgentes, isso não precisa ocorrer necessariamente. O terapeuta deve lembrar e lidar com diversas questões. A mais importante é que o terapeuta deve acreditar no valor de aplicar abordagens de solução de problemas a esses comportamentos. De forma clara, a paciente geralmente não acredita nessa abordagem, e frequentemente pune a persistência e reforça a mudança para outros tópicos. Se o terapeuta também não acreditar em confrontar os comportamentos problemáticos diretamente, é muito difícil resistir à pressão da paciente para lidar com outros tópicos. A solução aqui é que o terapeuta mantenha um foco resoluto no ganho a longo prazo, no lugar da paz a curto prazo durante a sessão (i.e., o terapeuta pratica as estratégias de sobrevivência em crises ensinadas à paciente no módulo da tolerância a estresse do treinamento de habilidades).

Embora os comportamentos prioritários não precisem ser os primeiros temas discutidos durante a sessão, eles também não podem ser ignorados. Se o terapeuta concordar em discutir algo além desses comportamentos, ele pode estar involuntariamente reforçando comportamentos esquivos; insistindo em discutir os comportamentos prioritários, o terapeuta estará extinguindo os comportamentos esquivos. Às vezes, a paciente responde à insistência do terapeuta retraindo-se, recusando-se a falar, atacando o terapeuta ou a terapia, ou com outros comportamentos que podem ser descritos superficialmente como "ter um ataque comportamental". Se esses comportamentos funcionarem – ou seja, se o terapeuta for dissuadido de discutir os comportamentos prioritários pelas respostas da paciente – ele estará gratificando o estilo disfuncional de comportamentos resistentes da paciente. É como tentar ajudar uma pessoa perdida em uma tempestade de neve, que está com hipotermia e quer deitar e dormir. Um bom amigo fará o necessário para manter a vítima de hipotermia se mexendo. (Essa metáfora pode ajudar a ganhar a cooperação de uma paciente relutante.)

Conforme discutido em mais detalhe no Capítulo 10, a chave aqui é a combinação de uma firmeza convicta com uma tranquilização igualmente convicta. A tranquilização, nesse caso, pode consistir em orientar a paciente para a importância de discutir comportamentos prioritários, lembrando a paciente de seu compromisso de trabalhar com os comportamentos, abrindo mão do ritmo e do tempo gasto com temas indesejados, e validando suas dificuldades com essa abordagem. A firmeza convicta significa continuar com as análises comportamentais e de soluções, tratando cada resposta literalmente, e mantendo-se no rumo, mas, ao mesmo tempo, respondendo com afeto e atenção. Em minha experiência, uma vez que a paciente aprende as regras e sabe que, sem exceção, o terapeuta não evitará os comportamentos prioritários na terapia, duas coisas podem acontecer: ou a paciente faz progresso nos comportamentos, de modo que não precisam ser discutidos ou coopera com as diretrizes terapêuticas.

Modificação da hierarquia de metas em outros ambientes

Não existe nenhuma razão *a priori* para as metas específicas ou divisões de metas descritas serem invariáveis. As hierarquias descritas aqui funcionaram bem em um ambiente de tratamento ambulatorial, mas, em outros cenários, talvez seja indicada uma modificação nas divisões das metas e na ordem de importância. Qualquer programa que desenvolva planos de tratamento com metas comportamentais especificadas é compatível com abordagem da TCD. No entanto, em muitos ambientes, as metas do tratamento serão necessariamente muito mais limitadas do que no programa completo da TCD, embora a redução do risco de suicídio e a redução de comportamentos autodestrutivos para a terapia devam ser as metas primárias em qualquer ambiente.

Responsabilidade por reduzir comportamentos suicidas

Segundo minha visão, o terapeuta primário sempre deve dar prioridade total à redução dos comportamentos suicidas, incluindo o parassuicídio. Ou seja, o terapeuta primário jamais pode descontar ou ignorar essa meta. Em uma unidade aguda, a pessoa cuja principal responsabilidade é ajudar a paciente a reduzir comportamentos suicidas pode ser o contato individual, ou qualquer outra pessoa que seja razoavelmente familiar com a paciente. Devido à natureza de curto prazo da unidade aguda, a pessoa designada pode ser alguém que desempenhe um determinado papel, ao invés de um indivíduo específico. Por exemplo, o contato primário pode mudar a cada dia, ou pode se manter o mesmo todos os dias, mas mudar a cada turno. Se o terapeuta ambulatorial também é o que atende o indivíduo na unidade de internação, esse terapeuta será a pessoa ideal. No hospital-dia, a pessoa designada pode ser o gerente do caso. A questão aqui é que, se houver comportamento suicida ou ameaça enquanto a pessoa estiver recebendo tratamento no local, as estratégias de tratamento da TCD concentram-se diretamente no comportamento necessário, a ser implementado por alguém, e esse comportamento não deve ser ignorado.

Em minha clínica, o psicoterapeuta individual é a única pessoa que trata diretamente de comportamentos suicidas. Todos os outros membros da equipe de tratamento fazem o mínimo necessário para manter a paciente viva. Além disso, eles podem utilizar as crises suicidas ou parassuicidas como oportunidades de ajudar a paciente com a implementação de habilidades (p.ex., tolerância ao estresse ao invés de atividade parassuicida até que possa ver a pessoa que é seu contato individual). Com exceção disso, todos os membros da equipe de tratamento enviam a paciente ao psicoterapeuta individual para fazer um trabalho mais amplo com o comportamento suicida, incluindo controle de crise.

Outras pessoas que usam a TCD desenvolveram sistemas diferentes. Por exemplo, os terapeutas sociais (enfermeiros, técnicos em saúde mental, etc.) podem responder ao comportamento suicida ou parassuicida com a aplicação imediata de estratégias de solução de problemas. Se as reuniões entre a paciente e a equipe na comunidade fazem parte do tratamento, toda a unidade pode abordar os episódios parassuicidas. Uma revisão das análises comportamentais e de soluções (ver o Capítulo 9) envolvendo atividades parassuicidas para aquela semana, por exemplo, pode fazer parte da agenda semanal. Em sessões de grupos processuais após o comportamento parassuicida, todo o grupo pode ajudar nessas análises. Mesmo se as metas forem mantidas inteiramente como descrevi para a TCD ambulatorial, quem será responsável por quais metas varia segundo o local e ambiente de tratamento. Em princípio, não existe nada na TCD que proíba essas mudanças se cada segmento da equipe de tratamento tiver uma compreensão clara e específica de suas metas, seus limites e suas regras. O princípio mais relevante aqui, conforme discuti nos Capítulos 10 e 15, é aplicar estratégias de mudança que não reforcem simultaneamente os comportamentos que a terapia visa reduzir.

Responsabilidade por outras metas

Dependendo do ambiente e da duração do tratamento disponível, as metas do tratamento podem ser uma mistura de metas gerais para todas as pacientes no ambiente (p.ex., aumentar as habilidades ensinadas em grupos de que todas participem) e metas individualizadas desenvolvidas para cada paciente. Por exemplo, cada paciente pode ter como meta seu próprio conjunto de comportamentos que interferem na qualidade de vida. Em minha experiência, um importante comportamento que interfere na qualidade de vida que pode ser abordado em unidades de internação aguda é a passividade ativa com relação a encontrar moradia de baixo custo ou lidar com outras situações de crise. Como os comportamentos suicidas podem reincidir como resultado de tentativas iniciais de tratar o estresse pós-traumático devido a abuso sexual, especialmente quando a estratégia de tratamento envolve a exposição a fatores que causem estresse, uma unidade de internação é o ambiente ideal para pelo menos uma grande parte do trabalho inicial nessa meta. Um ambiente estruturado para abuso de substâncias, é claro, terá como meta primária reduzir o abuso de substâncias. Muitos ambientes além da terapia ambulatorial também abordam alguma variação das habilidades comportamentais ensinadas na TCD. Não é incomum, por exemplo, ter classes e grupos de habilidades de vida para ensinar assertividade, habilidades cognitivas para reduzir a depressão, controle da raiva e coisas do gênero.

Especificar metas para outros modos de tratamento

Como já falei, os modos de TCD em minha clínica incluem psicoterapia individual, treinamento de habilidades em grupo, terapia de grupos processuais de apoio, sessões telefônicas e supervisão de caso para os terapeutas. No entanto, em algumas situações, outros modos de tratamento podem ser muito importantes. Por exemplo, em unidades de internação e hospital-dia, existe um modo de tratamento social. As reuniões entre paciente e equipe na comunidade constituem outro modal. A orientação vocacional, as classes de "bem-estar" ou exercícios, classes no ensino médio e outras podem ser importantes modos de tratamento em certos cenários. Em ambientes de saúde mental comunitária, o manejo de caso, apoio para crises e controle da sala de emergência muitas vezes são modos importantes. A ideia básica aqui é que, independentemente do modo de tratamento oferecido, é imperativo listar de forma clara e em ordem as metas de cada um. Isso não significa que não possa haver sobreposição entre os modos. Por exemplo, o apoio para crise e o controle da sala de emergência podem ter como meta reduzir os comportamentos imediatos de crise suicida e, de forma secundária, generalizar habilidades.

Em uma unidade de internação hospitalar de longo prazo, dirigida por Charles Swenson, do Cornell Medical Center/New York Hospital em White Plains, os grupos de treinamento de habilidades da TCD são uma parte regular da terapia. Além disso, um consultor de habilidades foi designado para a unidade (um novo modal de tratamento). Esse consultor atende diariamente no consultório, e as pacientes podem procurá-lo com questões e problemas relacionados com a aplicação de suas novas habilidades na vida cotidiana do hospital. Desse modo, a generalização das habilidades comportamentais é a meta primária para o consultor, ao invés de uma meta do psicoterapeuta individual. Essa abordagem pode ser particularmente útil quando os psicoterapeutas individuais não trabalham com TCD.

Todavia, a TCD é aplicada cada vez mais em ambientes sociais. O sucesso da aplicação nesse cenário está intimamente ligado à capacidade da unidade de pensar claramente sobre as metas comportamentais do ambiente social e de organizar as estratégias de tratamento da TCD para perseguir essas metas. A lista hierárquica de metas para interações sociais pode ser a seguinte: (1) prevenir o parassuicídio e o suicídio; (2) reduzir os comportamentos que interferem no funcionamento e na coesão da unidade; (3) promover a generalização das habilidades comportamentais da TCD para interações na unidade; e (4) reduzir os comportamentos que interferem na qualidade de vida e promover os que aumentam a qualidade de vida sempre que tais comportamentos ocorrerem na unidade.

Os limites de uma unidade de internação com relação aos comportamentos suicidas e que interferem na terapia podem ser bastante diferentes dos limites de um psicoterapeuta individual. O controle direto de seu comportamento pode ser mais importante, mesmo que apenas porque a sociedade espera que se controle o comportamento num ambiente desses. Assim, os membros da equipe de tratamento social podem desenvolver regras e contingências para o comportamento, que diferem das estabelecidas pelos psicoterapeutas individuais. Essas regras podem refletir a necessidade da equipe de lidar com o bem-estar de toda a unidade, além de cada paciente individualmente. É mais que provável que seja necessário um conjunto mais preciso e contextual de comportamentos que interferem na terapia para ajudar os membros da equipe a identificar quando esses comportamentos (da equipe ou de pacientes) estão ocorrendo. Em um cenário de internação de longo prazo, o meio social talvez tenha a responsabilidade principal por promover a generalização de habilidades. Nesse ambiente, é mais apropriado que a paciente chame a equipe do que seu psicoterapeuta individual. Como na terapia com grupos processuais de apoio, o valor dessa abordagem depende bastante da semelhança entre os comportamentos que funcionam na unidade e os comportamentos que funcionam no mundo exterior. Ensinar uma paciente a ser uma boa paciente não é uma meta muito produtiva para o indivíduo *borderline*. De fato, em minha experiência, muitos indivíduos *borderline* desempenham esse papel muito bem.

No tratamento social e em outras situações institucionais, haverá pelo menos um líder organizacional, e às vezes muitos mais. Nesses ambientes, as metas de tratamento desses indivíduos devem ser especificadas. Geralmente, eles serão responsáveis por garantir que as pacientes e terapeutas observem os limites organizacionais e da unidade, e também serão responsáveis pelos comportamentos dos terapeutas. Por isso, observam o modo de aplicação da TCD pelos terapeutas.

Conflitos relacionados com responsabilidades pelas metas

Conforme discuti no Capítulo 4, o modo de TCD para o terapeuta é a reunião semanal de consultoria/supervisão de caso. Em minha experiência, se isso for bem feito e toda a equipe de tratamento aceitar o espírito da TCD e seu arcabouço dialético, haverá poucos conflitos quanto às responsabilidades pelas metas. A chave para essa cooperação é ter clareza quanto a quais estratégias de tratamento são específicas de quais modos de tratamento, bem como clareza quanto à hierarquia de metas em cada modo de tratamento. Por exemplo, na TCD padrão, conforme usada em minha clínica, os treinadores de habilidades devem entender claramente que reduzir os comportamentos parassuicidas e suicidas de alto risco não é sua meta prioritária. Pelo contrário, é a meta do terapeuta primário. Assim, quando existe ameaça desse tipo de comportamento, o treinador de habilidades telefona ou encaminha a paciente para seu terapeuta primário, no lugar de criar um contrato de não agressão ou enviar a paciente para o hospital. Um segundo componente da cooperação, conforme discuto no Capítulo 13, é a filosofia da TCD de que os membros da equipe não precisam concordar, dizer as mesmas coisas para as pacientes, ou ser particularmente coerentes no trato com as pacientes. Assim, se dois membros da equipe se concentram em ensinar habilidades interpessoais e ensinam comportamentos opostos, é responsabilidade da paciente (com ajuda do terapeuta primário, se necessária) decidir o que deve aprender e o que deve descartar. Um terceiro aspecto relacionado com manter a equipe no rumo é o respeito mútuo entre os membros. Quando surgem conflitos, são aplicadas estratégias dialéticas e de solução de problemas. Entretanto, atitudes defensivas e críticas podem rapidamente descarrilar esses esforços.

Em comparação, o uso de tratamentos auxiliares traz muitas possibilidades de conflito. Um psicólogo consultado sobre o trabalho comportamental com um problema específico – por exemplo, dessensibilização do medo de voar – pode expandir o tratamento para abordar medos gerais e problemas de passividade e evitação. Um farmacoterapeuta pode decidir que é necessário outro modo de tratamento para a depressão ou ideação suicida (p.ex., hospitalização), sem encaminhar a paciente de volta ao seu terapeuta primário. Um membro da equipe de internação hospitalar pode desenvolver todo um plano de tratamento completamente diferente e encaminhar a paciente para um novo terapeuta externo. Embora a TCD vise controlar as prioridades de tratamento da equipe da TCD, ela não tem uma agenda necessária para influenciar diretamente as prioridades de tratamento de terapeutas auxiliares. A abordagem de orientação à paciente, que joga o fardo sobre a paciente, é usada aqui. Discuto isso de forma mais ampla no Capítulo 13.

Comentários finais

A estruturação da terapia na TCD exige duas coisas: uma compreensão clara do estágio da terapia em que a paciente se encontra, e uma compreensão clara das metas específicas com uma paciente específica e de como essas metas se relacionam com o quadro total do tratamento. Mesmo quando for o único terapeuta da paciente, você deverá entender seus objetivos e deixá-los claros nas interações com a paciente. Depois que tiver alcançado esse grau de clareza, você deve seguir as diretrizes do tratamento. É esse aspecto do tratamento que mostrou ser o mais difícil para muitos terapeutas. Provavelmente, será impossível seguir as diretrizes de tratamento apresentadas neste capítulo, a menos que você acredite firmemente nelas. Depois que acreditar nelas, você deve adotar uma postura protetora para com a paciente e não permitir a continuação da dor e da disfunção. Como disse um de meus alunos sobre a TCD, você deve ser "cordialmente implacável" em sua determinação de ajudar a paciente a mudar. Também ajuda (se você tiver uma orientação empírica) lembrar-se dos dados empíricos sobre a eficácia do tratamento.

PARTE III

ESTRATÉGIAS BÁSICAS DE TRATAMENTO

7 ESTRATÉGIAS DIALÉTICAS DE TRATAMENTO

As estratégias de tratamento da TCD são atividades, táticas e procedimentos coordenados que o terapeuta emprega para alcançar os objetivos do tratamento, descritos nos Capítulos 5 e 6. A estratégias também descrevem o papel e o foco do terapeuta, e podem se referir a respostas coordenadas que o terapeuta deve usar quando a paciente tem um determinado problema. O termo "estratégias" na TCD significa a mesma coisa que termos como "procedimentos", "protocolo" e "técnicas" em outras abordagens. Prefiro o termo "estratégias" porque acarreta um plano de ação e destreza em sua implementação. Embora cada conjunto de estratégias tenha vários componentes, nem todos são exigidos a todo momento. É mais importante aplicar a intenção de um grupo de estratégias do que aderir rigidamente às diretrizes exatas apresentadas aqui. Neste capítulo do livro, defino e explico as principais estratégias da TCD.

As estratégias básicas de tratamento na TCD são representadas na Figura 7.1. Elas são agrupadas em quatro categorias principais: (1) estratégias dialéticas, (2) estratégias nucleares, (3) estratégias estilísticas, e (4) estratégias de manejo de caso. (As estratégias integradoras específicas, que envolvem combinações diversas de estratégias dessas quatro categorias, são discutidas nos últimos dois capítulos deste livro.) As estratégias dialéticas são globais e informam todo o tratamento. As estratégias nucleares consistem de estratégias de solução de problemas e validação. Conforme implica o rótulo "estratégias nucleares", elas estão no centro do tratamento, juntamente com as estratégias dialéticas. As estratégias estilísticas especificam estilos interpessoais e de comunicação compatíveis com a terapia. As estratégias de manejo de caso têm a ver com o modo como o terapeuta interage e responde à rede social em que a paciente se encontra envolvida. Com pacientes específicos, algumas estratégias são usadas com mais frequência que outras, e é possível que uma ou mais das estratégias sejam necessárias apenas em raras situações. Nem todas as estratégias são necessárias ou adequadas para uma determinada sessão, e a combinação pertinente pode mudar com o tempo.

```
                    DIALÉTICA
                    ESTILÍSTICA
  MUDANÇA                                          ACEITAÇÃO
           Irreverente              Recíproca

      Solução de problemas         Validação

      Consultoria ao              Intervenção
      paciente                    ambiental

                  MANEJO DE CASO
                  Supervisão/consultoria
                  do terapeuta
```

Figura 7.1 Estratégias de tratamento na TCD.

As estratégias descritas neste e nos capítulos seguintes, sem dúvida, têm muito em comum com aspectos das outras variedades de psicoterapia atualmente em uso. Até onde aqueles que desenvolvem os modelos de terapia aprendem como fazer terapia com seus pacientes – ou seja, o que funciona e o que não funciona – deve haver muitas sobreposições entre as diversas abordagens para trabalhar com tipos semelhantes de pacientes e problemas. Embora a formulação de como e por que uma determinada abordagem de tratamento funciona com pacientes *borderline* possa diferir entre orientações teóricas, os comportamentos terapêuticos que realmente são eficazes provavelmente sejam muito menos variáveis. Para escrever o primeiro esboço deste livro, li todos os manuais de tratamento que pude encontrar, tanto comportamentais quanto não comportamentais. Também li livros que dizem aos novos terapeutas como devem agir na terapia. Minha intenção era ver como outras pessoas descreviam os comportamentos específicos de seu tratamento. Sempre que encontrei um componente ou estratégia semelhantes aos usados na TCD, tentei usar linguagem semelhante para descrevê-los. Assim, de certo modo, grande parte deste manual foi "roubada" de manuais anteriores. Quando faço oficinas sobre a TCD, uma resposta bastante comum de terapeutas, independente de sua orientação teórica, é que estou falando daquilo que eles já fazem com pacientes *borderline*. Assim, creio que muitos terapeutas encontrarão grande parte do seu próprio comportamento terapêutico descrito nestes capítulos.

Definir estratégias dialéticas

As estratégias dialéticas permeiam todos os aspectos do tratamento na TCD. Essas estratégias desenvolveram-se a partir de uma posição filosófica dialética (discutidas de forma mais detalhada no Capítulo 2) que considera a realidade como um processo holístico em um estado de constante desenvolvimento e mudança. As estratégias dialéticas enfatizam as tensões criativas geradas por emoções contraditórias e padrões de pensamento, valores e estratégias comportamentais opostos, tanto dentro da pessoa quanto no sistema pessoa-ambiente. Conforme observo repetidamente no decorrer deste livro, a principal dialética da terapia é a da mudança no contexto da aceitação da realidade como ela é. O terapeuta facilita a mudança, respondendo estrategicamente para otimizar as tensões dialéticas que surgem nas interações terapêuticas, e enfatizando cada lado das oposições dialéticas que surgem em interações terapêuticas e na vida cotidiana. O objetivo é fomentar a reconciliação e resolução sucessivas em níveis cada vez mais funcionais e viáveis. A adesão rígida a qualquer um dos polos de uma dialética pelo terapeuta ou pela paciente contribui para a estagnação, aumenta a tensão e inibe a reconciliação e síntese.[1]

O foco dialético do terapeuta envolve dois níveis de comportamento terapêutico. Embora possam ocorrer simultaneamente, eles são muito diferentes em seu ponto de vista e sua aplicação. Primeiramente, o terapeuta está atento às tensões e equilíbrios dialéticos que ocorrem dentro da própria relação de tratamento. A partir dessa perspectiva, o foco é na interação terapêutica e no movimento dentro dessa relação. O terapeuta presta atenção na dialética da relação, combinando estratégias de aceitação e mudança, e indo e vindo dentro da dialética atual durante cada interação, de maneira a manter uma relação de trabalho cooperativa com a paciente.

Em segundo lugar, o terapeuta ensina e modela padrões de comportamento dialético. A partir dessa perspectiva, o foco é na paciente, independente de suas interações com o terapeuta. As estratégias nesse caso são: ensinar a paciente diretamente; questioná-la para abrir novos caminhos de comportamento; oferecer maneiras alternativas de pensar e agir; e, mais importante, modelar o comportamento dialético. A mensagem comunicada à paciente é que a verdade não é absoluta e nem relativa, mas evolui e é construída ao longo do tempo. Assim, não é possível em um ponto do tempo entender a totalidade da verdade do estado de coisas. Ambos extremos de uma dialética, por definição, não são o lugar para estar. Nenhuma posição rígida é possível, e o processo e a mudança são inevitáveis. Ensinar padrões dialéticos de pensamento é, essencialmente, a aplicação de procedimentos de reestruturação cognitiva (ver o Capítulo 11), com um foco específico em substituir o pensamento e regras subjacentes não dialéticos por dialéticos. A atenção à dialética da relação terapêutica e ao ensino de padrões dialéticos de comportamento é essencial em cada interação com a paciente, e também informa as reuniões de supervisão e consultoria de caso do tratamento.

EQUILIBRAR AS ESTRATÉGIAS DE TRATAMENTO: A DIALÉTICA DA RELAÇÃO TERAPÊUTICA[2]

A principal estratégia dialética é o uso equilibrado de estratégias e posições terapêuticas específicas por parte do terapeuta durante interações com a paciente. A atenção constante para combinar a aceitação com a mudança, a flexibilidade com a estabilidade, o cuidado com o desafio, e o foco em capacidades com o foco em limitações e déficits são a essência dessa estratégia. O objetivo é levantar os opostos, na terapia e na vida da paciente, e proporcionar condições para síntese. A ideia que orienta o comportamento do terapeuta é que, para qualquer argumento, pode-se ter uma posição oposta ou complementar.

Assim, a mudança pode ser facilitada enfatizando-se a aceitação, e a aceitação, enfatizando-se a mudança. A ênfase em opostos às vezes ocorre ao longo do tempo – ou seja, no decorrer de toda uma interação, ao invés de simultaneamente ou em cada parte da interação. A sabedoria dessa abordagem com indivíduos *borderline* foi observada muito antes por Sherman (1961, p.55), que comenta que "independente do lado com o qual o terapeuta se alinhar, a paciente geralmente sentirá o impulso de mudar". Em contrapartida, a adesão rígida a um dos polos de uma dialética leva a uma tensão maior entre o terapeuta e a paciente, e geralmente a maior polarização, ao invés de síntese e crescimento. Assim, a síntese e o crescimento exigem atenção ao equilíbrio. O terapeuta deve buscar o que ficou de fora nos comportamentos atuais do terapeuta e da paciente e em suas maneiras de organizar a realidade, e ajudar a paciente (enquanto se mantém aberto) a criar novas ordens que aceitem e incluam o que havia sido excluído.

Uma postura dialética na interação terapêutica tem diversas características essenciais. Primeiramente, a velocidade geralmente é essencial. A ideia é manter a paciente suficientemente desequilibrada para que não consiga encontrar uma base segura para manter sua rigidez comportamental, emocional e cognitiva. Um desequilíbrio leve e rápido é importante aqui. Em segundo lugar, o terapeuta deve estar atento, observando e pressentindo cada movimento da paciente. A ideia é "ir com a corrente", respondendo com o menor movimento possível cada vez que a paciente se mover. O terapeuta deve se manter alerta, como se ele e a paciente estivessem realmente equilibrados nas pontas opostas de uma gangorra em um fio sobre o Grand Canyon. Em terceiro, a abordagem dialética exige que o terapeuta se mova com certeza, força e comprometimento total. Quando uma posição é adotada, ela deve ser adotada com firmeza. Movimentos experimentais e inseguros com pacientes *borderline* terão efeitos experimentais e inseguros. Sheldon Kopp (1971, p.7) fez um argumento semelhante quando descreveu os psicoterapeutas talentosos e carismáticos da seguinte maneira:

> A qualidade central . . . é que esse homem [*sic*] confia em si mesmo. Não é que ele esteja respondendo de modo que estejam além dos outros homens [*sic*] (ou terapeutas menores). Pelo contrário, parece que ele está além de se preocupar com o seu desempenho. Por não mais esperar ser destemido ou certo ou perfeito, ele se dedica a ser apenas quem é no momento.

A dialética no contexto da relação pode ser comparada à dança de salão. O terapeuta deve responder a e com a paciente, da maneira como ela é. A ideia é tirar o equilíbrio da paciente levemente, mas com uma mão a conduzi-la firmemente, para que ela possa relaxar e deixar que a música a leve. Porém, a paciente muitas vezes é como uma dançarina girando fora do controle. O terapeuta deve agir rapidamente com uma força contrária para impedir que ela saia da pista de dança. Para "dançar" com a paciente, muitas vezes, exige-se que o terapeuta avance rapidamente de estratégia para estratégia, alternando aceitação com mudança, controle com abnegação, confrontação com apoio, a cenoura com a varinha*, uma atitude áspera com suavidade, e assim por diante, em uma rápida sucessão.

Voltando à imagem da gangorra, o objetivo é que o terapeuta e a paciente se aproximem juntos do meio, para que ambos possam subir para uma plataforma e gangorra superiores. Embora a tendência natural quando um ou outro recua na gangorra seja equilibrá-la recuando também, se ambos continuam a recuar, ambos cairão e a terapia perderá o rumo ou acabará. Uma

---

* N. de R.: A autora se refere à seguinte expressão da língua inglesa: "the carrot and stick approach". Quando se utiliza essa abordagem, persuade-se alguém a se esforçar oferecendo uma recompensa (a "cenoura") ou uma punição (a "varinha").

tensão dialética típica no tratamento de uma paciente *borderline* é entre o "não aguento" ou "não consigo" da paciente e o "sim, você consegue" do terapeuta. Assim, à medida que a paciente recua um pouco, a tarefa do terapeuta é avançar levemente para o meio, esperando que a paciente também ande para o meio: "vejo que isso é muito difícil. Talvez você não consiga fazer sozinha, mas vou ajudá-la. Acredito em você".

Essa estratégia com uma paciente suicida é arriscada e, a partir desse risco, vem a noção de que a TCD é como um *chicken game** entre o terapeuta e a paciente. Por exemplo, uma paciente em minha clínica detestava o treinamento de habilidades em grupo e queria abandoná-lo, mas não queria ter que deixar seu terapeuta individual também. No entanto, seu terapeuta individual disse que ele não estava disposto a romper o acordo original da terapia. A paciente deixou a sessão e telefonou para seu terapeuta, dizendo que estava na parada do ônibus, e que tomaria o ônibus para um lugar distante, desceria e se mataria. Se o terapeuta tivesse ido até a parada do ônibus para pegá-la, ou mudado as regras da terapia imediatamente, teria sido o mesmo que saltar para o lado da paciente na gangorra. Se o terapeuta tivesse chamado a paciente de "manipuladora" e se recusado a falar com ela, teria sido o mesmo que recuar na gangorra para manter o equilíbrio. O problema com essa estratégia, porém, é que a paciente poderia recuar novamente. Então, o terapeuta avançou um pouco para o meio, demonstrando confiança na paciente, validando seu sofrimento e incentivando-a buscar em si mesma a força para sair do ônibus (se ela realmente estivesse nele), voltar e trabalhar com ele para resolver o problema. O terapeuta estaria esperando, na esperança de que a paciente voltasse.

---

* N. de R.: A expressão *chiken game* se refere a uma espécie de jogo em que ambas as partes tentam mostrar quem é mais corajoso. Aquele que parar primeiro perde o jogo.

No exemplo apresentado, saltar com a paciente para o outro lado da gangorra teria sido um exemplo de um ato paradoxal. Quando usado com habilidade, pode induzir a paciente a saltar rapidamente para o outro lado, para manter o equilíbrio. O terapeuta poderia dizer algo como: "posso ver que a vida está insuportável para você. Você realmente não consegue cuidar mais de si mesma. Talvez a terapia esteja difícil demais nesse ponto da sua vida. Você acha que eu devo assumir para você por enquanto? Talvez eu deva mandar a polícia ou um carro para buscá-la. Quem sabe este programa não é o certo para você? Devemos pensar em dar um tempo?" Ou, de forma mais irreverente: "talvez ficar de cama por uns seis meses seja uma boa ideia".

Todas as estratégias da TCD são organizadas de modo a ressaltar seu caráter dialético. Conforme mostrado na Figura 7.1, as estratégias podem ser categorizadas como de ênfase principalmente em mudança ou aceitação. Muitos impasses no tratamento resultam de o terapeuta não equilibrar as estratégias de tratamento (mudança ou aceitação), por um lado, com seus correlatos polares. A categorização é artificial, pois, de muitas maneiras, cada estratégia compreende aceitação e mudança. De fato, as melhores estratégias são aquelas que claramente combinam as duas, como verifiquei ao lidar com uma paciente que me foi encaminhada. Na época do encaminhamento, suas opções eram começar o tratamento comigo ou ser internada involuntariamente em um hospital estatal (mais uma vez). A paciente apresentava comportamento suicida repetidamente, e tinha esgotado quase todos os recursos de saúde mental da região de Seattle. Seu comportamento parecia fora de controle. Os médicos que a atenderam nas internações tentavam fazer com que ela fosse confinada involuntariamente, e as enfermeiras estavam tentando colocá-la em um programa comigo. Em nossa primeira consulta, falei que ela era o tipo perfeito de pessoa para nosso programa e que a aceitaria na terapia (uma estratégia de aceitação), mas somente se ela concordasse em mudar seu comportamento suicida (uma estratégia de mudança). Ela estava livre para escolher a terapia comigo ou não (abrir mão), mas eu também estava livre para decidir trabalhar com ela ou não (controle). Os aspectos da mudança e aceitação serão discutidos em mais detalhe posteriormente.

ENSINAR PADRÕES DIALÉTICOS DE COMPORTAMENTO

No decorrer da terapia, enfatiza-se o raciocínio dialético, por parte do terapeuta e como um estilo de pensar ensinado às pacientes. O raciocínio dialético exige que o indivíduo assuma um papel ativo, abra mão do raciocínio lógico e análise intelectual como a única rota para a verdade, e aceite o conhecimento experimental. Significados são gerados e novos relacionamentos são formados opondo-se qualquer termo ou proposição com seu oposto ou uma alternativa. A principal mensagem a ser comunicada à paciente é que, para cada tema, é possível fazer afirmações opostas. O terapeuta dialético ajuda a paciente a alcançar a síntese de opostos, ao invés de verificar cada lado de um argumento oposto. O terapeuta ajuda a paciente a passar de "ou... ou" para "ambos... e". Assim, muitas afirmações devem ser seguidas de perto por seus opostos inerentes, com o terapeuta modelando para a paciente a ambiguidade e inconsistência que residem nelas. A chave aqui não é invalidar a primeira ideia ou polaridade afirmando a segunda. A posição é "sim, mas também . . ." ao invés de "sim, mas não, eu me enganei".

Uma posição semelhante é adotada com relação a respostas de ação e emocionais. Duas ideias são importantes aqui. A primeira é que as possibilidades para mudança pessoal e social não emergem de algum ponto externo ou transcendente ao sistema, mas encontram-se dentro das contradições existentes em cada contexto social específico (Sipe, 1986). A pessoa e o ambiente desafiam e limitam um ao outro de forma recíproca. A mudança, na pessoa e em seu contexto social, envolve aperfeiçoamentos e transformações das atuais capacidades à luz desses desafios e limites (Mahoney, 1991).

A segunda ideia é que padrões de comportamento extremos e rígidos são sinais de que ainda não se chegou a uma dialética. Assim, um caminho intermediário, semelhante ao defendido no budismo, é defendido e modelado: "o importante para seguir o caminho da Iluminação é não se prender a nenhum extremo, ou seja, sempre seguir o Caminho do Meio" (Kyokai, 1966). Essa questão vale para o terapeuta e para a paciente. Assim, o terapeuta não deve se prender à flexibilidade de maneira rígida ou evitar extremos a qualquer custo. Conforme falar Robert Aiken, um mestre zen, devemos até nos "desapegar de nosso não apego" (Aitken, 1987, p. 40).

A dialética, do ponto de vista do comportamento, pode ser vista de forma mais clara nas metas de tratamento defendidas na TCD. As habilidades comportamentais da TCD são bons exemplos aqui. A regulação emocional é equilibrada com a atenção plena, ao invés de regular a experiência emocional ou qualquer outra experiência. Mesmo ao se ensinar o controle emocional, defendem-se a distração e o controle da atenção, por um lado, e a experiência com prestar atenção e abrir mão do controle por outro. A eficácia interpessoal concentra-se em mudar situações problemáticas; em comparação, a tolerância a estresses enfatiza aceitar as situações problemáticas.

ESTRATÉGIAS DIALÉTICAS ESPECÍFICAS

As técnicas específicas voltadas para a relação entre o terapeuta e a paciente e padrões dialéticos de comportamento são descritas a seguir e resumidas na metade inferior do Quadro 7.1. Embora eu acredite que cada uma dessas estratégias possa ser descrita em termos estritamente comportamentais, não tentei traduzi-las do discurso dialético para termos comportamentais em todos os casos. Isso, ao que parece, violaria o espírito da dialética que estou tentando transmitir.

1. PENETRAR NO PARADOXO

Allen Frances (1988) uma vez disse que uma das primeiras e mais importantes tarefas na psicoterapia com pacientes *borderline* é obter a sua atenção. "Penetrar no paradoxo" é uma maneira poderosa de fazer exatamente isso. Funciona, em parte, porque o paradoxo contém em si a surpresa; como o humor, ele apresenta o inesperado. Quando confrontado com esse paradoxo, o indivíduo precisa acordar e prestar atenção. Penetrar no paradoxo é uma estratégia parecida com a prática de *koans* para o estudante do Zen. Os *koans* são dilemas ou histórias enigmáticas que os estudantes zen devem solucionar, embora pareça não haver uma resposta lógica. Eles forçam os alunos a ir além da compreensão intelectual, para o conhecimento experimental direto. Saber que o açúcar é doce por ler sobre suas qualidades em um livro é muito diferente que saber que o açúcar é doce por ter experimentado açúcar diretamente na língua. A solução para um *koan* não é lógica ou intelectual. É uma experiência.

Quadro 7.1 Lista de estratégias dialéticas

____ T EQUILIBRAR ESTRATÉGIAS DE TRATAMENTO na sessão.
    ____ T alternar estratégias de aceitação e mudança, de maneira que uma relação de trabalho colaborativa seja mantida na sessão.
    ____ T equilibrar cuidar da paciente com exigir que a paciente se ajude.
    ____ T equilibrar persistência e estabilidade com flexibilidade.
    ____ T equilibrar foco em capacidades com foco em limitações e déficits.
    ____ T avançar com velocidade, mantendo P levemente desequilibrada.
    ____ T manter-se atento, sensível aos movimentos de P.
    ____ T assumir posições firmes.
____ T MODELAR pensamentos e comportamentos dialéticos.
    ____ T procurar o que não foi incluído no ponto de vista de P.
    ____ T fazer descrições evolutivas da mudança.
    ____ T questionar a permanência e a intransigência dos limites do problema.
    ____ T fazer afirmações sintéticas, incluindo aspectos de ambos os extremos do *continuum*.
    ____ T fazer afirmações, enfatizando a importância de inter-relações para determinar a identidade,
    ____ T defender um caminho intermediário.
____ T assinalar contradições PARADOXAIS de:
    ____ próprio comportamento de P.
    ____ processo terapêutico.
    ____ realidade em geral.
____ T falar em METÁFORAS e contar parábolas e histórias.
____ T fazer o papel de ADVOGADO DO DIABO.
____ T EXPANDIR a seriedade ou implicações da comunicação de P.
____ T ajudar P a ativar a "MENTE SÁBIA".
____ T fazer de limões uma LIMONADA.
____ T permitir MUDANÇAS NATURAIS na terapia.
____ T AVALIAR DIALETICAMENTE, analisar o indivíduo e o contexto social mais amplo, para chegar a uma compreensão de P.

Obs. Nesta lista e nas apresentadas nos capítulos seguintes, T refere-se ao terapeuta, e P, à paciente.

Nessa estratégia terapêutica, o terapeuta enfatiza para a paciente as contradições paradoxais no comportamento da paciente, no processo terapêutico e na realidade em geral. As tentativas da paciente de encontrar uma explicação racional para um paradoxo são recebidas com silêncio, outra questão do terapeuta ou uma história ou um paradoxo levemente diferente, que pode lançar alguma luz (mas não demais) no enigma a resolver. Suler (1989, p.223) sugere que um *koan* "se torna uma luta desesperada em torno de questões pessoais, incluindo os conflitos que levam o aluno ao Zen. É uma luta pela própria vida". Desse modo, também, um paradoxo terapêutico bem-construído e apresentado se torna para a paciente *borderline* uma luta pela vida. Inúmeros dilemas paradoxais que assumem qualidades de vida ou morte costumam surgir na terapia com a paciente *borderline*. Por exemplo, o terapeuta pode dizer: "se eu não me importasse com você, eu tentaria salvá-la". A paciente diz: "como pode dizer que se importa comigo se não me salva quando eu estou tão desesperada?". A síntese final aqui é: "você já me salvou". No entanto, esses *insights* têm a ver com o fato de que, na realidade, o terapeuta não pode salvar a paciente. Portanto, tentar fazê-lo desviaria a terapia para uma autoajuda, no lugar da ajuda real de que a paciente necessita. Além disso, mesmo que o terapeuta pudesse salvar a paciente naquele momento, precisa-se de uma quantidade infinitamente maior de cuidado e paciência para o terapeuta ajudar a paciente a se salvar do que para o terapeuta salvar a paciente.

Outro exemplo tem a ver com o dilema perene da paciente *borderline* típica de decidir quem está certo e quem está errado cada vez que surgir um desacordo ou confrontação. A ideia de que ambas as respostas estão certas (ou nenhuma está) é difícil para a paciente entender. Muitas vezes, a relação terapêutica é a primeira em que a paciente já experienciou em que, durante um confronto, a outra pessoa diz que "estou certo e você está certa". Em particular – e essa é uma questão crucial – o terapeuta na TCD valida o argumento da paciente, mas, simultaneamente, não "abre mão" de sua posição e muda o seu comportamento. Por exemplo, na estratégia de observar limites (ver o Capítulo 10), o terapeuta valida a necessidade da paciente ("sim, seria melhor para você se eu não fosse viajar no fim de semana"), enquanto continua com seus planos de viajar. A paciente é retratada como a "boa moça" ("você precisa realmente do que diz precisar), mas o terapeuta também ("e eu ainda estou certo por não desistir de viajar por você").

Entretanto, a essência da estratégia de penetrar no paradoxo implica o terapeuta abster-se de usar uma explicação intelectual ou lógica para tirar a paciente do conflito. Conforme ainda afirma Suler (1989, p.223), "o rompimento da autocontradição dupla e a reformulação criteriosa da crise pessoal somente pode ocorrer se, nas palavras do Zen, a pessoa 'abrir mão da certeza'. . . e deixar as coisas acontecerem por si só". Certos paradoxos inerentes à psicoterapia e à vida da paciente *borderline* podem levar anos para resolver.

Penetrando no paradoxo, o terapeuta enfatiza continuamente para a paciente que as coisas podem ser verdadeiras e não verdadeiras, que uma resposta pode ser sim e não. O terapeuta não é levado pelo desejo da paciente de afirmar um lado de um argumento oposto como sendo absolutamente verdadeiro, em detrimento da verdade do ponto de vista oposto. E nem o terapeuta afirma incondicionalmente o outro lado do argumento, mas continua a sustentar que ambos os lados podem ser verdadeiros e que a resposta a qualquer questão pode ser tanto sim quanto não. Conforme observado anteriormente, "ambos...e" é proposto como alternativa a "ou...ou". O terapeuta não precisa se preocupar demais em esclarecer a confusão da paciente em relação a isso. A confusão se esclarecerá à medida que a paciente se tornar mais confortável com a abordagem dialética. Voltando à metáfora da gangorra, quando a paciente está no extremo de um dos lados da gangorra, o terapeuta ocupa o outro lado e proporciona equilíbrio e, simultaneamente, concentra a atenção na unidade da gangorra.

Um paradoxo central da TCD e de todas as terapias é que todo comportamento é "bom", mas a paciente está em terapia para mudar o "mau" comportamento. A TCD enfatiza a validação das respostas da paciente, mas apenas para combater a invalidação a que ela já foi exposta. A validação é uma necessidade estratégica. Enquanto a paciente (ou o terapeuta) estiver presa à invalidação ou validação, ela não conseguirá ver que a própria dicotomia é artificial. O comportamento não é válido nem inválido, nem bom nem mau. Uma vez que se chega a um equilíbrio, o terapeuta e a paciente devem avançar para uma posição sem validação ou invalidação. As respostas simplesmente são. Elas surgem como consequência de causas e condições que são passadas e imediatas, e que são internas e externas à pessoa. Por sua vez, as respostas têm consequências, que podem ou não ser desejadas.

O paradoxo da mudança *versus* aceitação se repete no decorrer da terapia. Penetrando no paradoxo, o terapeuta ressalta e amplifica a aparente incongruência de que mesmo a incapacidade de aceitar deve ser aceita. (Como dizemos às pacientes, "não julgue o julgar".) A paciente é estimulada a aceitar a si mesma como ela é naquele momento. Porém, é claro, se fizer isso, ela terá mudado substancialmente. De fato, a própria advertência de aprender a aceitar transmite uma não aceitação do *status quo*. Fala-se à paciente que ela é perfeita como é, nem boa nem má, e completamente compreensível, mas que deve mudar seus padrões de comportamento. Dessa forma, o terapeuta eleva as tensões dialéticas naturais que a paciente enfrenta, de modo que ela não tem outra saída senão se afastar dos extremos. Patrick Hawk, um mestre de Contemplação Zen e Cristã, sugere que "os *koans* são temas a esclarecer no envolvimento com o professor... esse ato de esclarecer se chama compreensão" (comunicação pessoal, 1992). Na TCD, como no Zen, chega-se ao esclarecimento e à compreensão pelo envolvimento do aluno/paciente com o professor/terapeuta. Em particular, o terapeuta deve penetrar nos múltiplos paradoxos que a paciente encontra para tentar resolver os dilemas dialéticos da vulnerabilidade extrema *versus* invalidar a vulnerabilidade; crises inexoráveis *versus* bloquear e inibir a experiência dos componentes emocionais das crises; e uma incapacidade passiva de resolver problemas e estados emocionais dolorosos *versus* a independência, invulnerabilidade e competência visíveis.

Diversas tensões dialéticas surgem naturalmente no decorrer da relação psicoterapêutica. A paciente é livre para escolher o seu próprio comportamento, mas não pode permanecer em terapia se não optar por reduzir comportamentos suicidas. A paciente aprende a alcançar uma maior autoeficácia, tornando-se melhor em pedir e receber ajuda dos outros. A paciente tem o direito de se matar, mas, se convencer o terapeuta de que o suicídio é iminente, pode ser obstruída. O terapeuta é pago para cuidar da paciente, mas as dúvidas da paciente quanto à genuinidade do cuidado do terapeuta geralmente são interpretadas como momentos em que os seus problemas aparecem na relação terapêutica. E se a paciente parar de pagar, a terapia termina. O terapeuta é ao mesmo tempo distante e íntimo, modela autonomia e independência, ainda assim encoraja apego e dependência por parte da paciente. A paciente não é responsável por ser como é, mas por aquilo que se torna.

A paciente é pressionada a controlar o excesso de tentativas de controlar. O terapeuta usa técnicas altamente controladoras para aumentar a liberdade da paciente. Disputar, confrontar e romper esses paradoxos são ações que forçam a paciente a abandonar padrões rígidos de pensamento, emoção e comportamento, de modo que possam emergir padrões mais espontâneos e flexíveis. Da mesma forma, penetrar genuinamente no paradoxo, na relação terapêutica e no grupo de supervisão força o terapeuta a abandonar posições teóricas rígidas e regras, normas e padrões de ação inflexíveis na terapia.

2. O USO DE METÁFORAS

O uso de metáforas e de contar histórias é enfatizado por muitos psicoterapeutas, principalmente Milton Erickson, que ficou famoso por ensinar histórias (Rosen, 1982). Da mesma forma, o uso de metáforas, na forma de analogias simples, anedotas, parábolas, mitos ou contos, é extremamente importante na TCD. As metáforas são meios alternativos de ensinar o pensamento dialético e abrir possibilidades de novos comportamentos. Elas incentivam a paciente e o terapeuta a procurar e criar significados e pontos de referência alternativos para os fatos submetidos a estudo. Aquelas que contêm significados múltiplos costumam ser as mais eficazes para encorajar diferentes visões da realidade.

Conforme já discutiram muitos outros autores (Barker, 1985; Deikman, 1982; Kopp, 1971), o uso de metáforas é uma estratégia valiosa na psicoterapia por diversas razões. As histórias geralmente são mais interessantes e mais fáceis de lembrar do que discursos ou instruções diretas. Desse modo, uma pessoa cuja atenção divaga quando recebe informações ou instruções comportamentais pode considerar mais fácil prestar atenção em uma história. As histórias também permitem que o indivíduo as use de seu próprio modo, para suas próprias finalidades. Assim, a sensação de ser controlada pelo terapeuta ou professor diminui, e a paciente pode se sentir mais relaxada e aberta a um novo modo de pensar e agir, e será menos provável de parar de ouvir rapidamente ou de se sentir sobrecarregada. Ela pode tirar da história a parte que pode usar, seja imediatamente ou em um momento posterior. Finalmente, as metáforas, quando construídas adequadamente, podem ser menos ameaçadoras para o indivíduo. Os argumentos podem ser feitos de forma indireta, de um modo que suavize seu impacto.

O uso de histórias pode ser especialmente produtivo quando o terapeuta está tentando comunicar os efeitos nocivos do comportamento da paciente sobre outras pessoas, de um modo que normalize as respostas das pessoas, mas que não critique diretamente a paciente. Elas também podem ajudar a conversar sobre as respostas do terapeuta (especialmente quando a motivação do terapeuta para continuar trabalhando está fraquejando), ou para dizer à paciente o que ela pode esperar do terapeuta. As metáforas também podem redefinir, reformular e sugerir soluções para problemas; ajudar a paciente a reconhecer certos aspectos do seu próprio comportamento ou reações a situações; e dar esperança à paciente (Barker, 1985). De um modo geral, a ideia é pegar algo que a paciente entenda, como duas pessoas escalando uma montanha, e comparar por analogia com algo que a paciente não entenda, como o processo terapêutico.

Ao longo dos anos, meus colegas e eu desenvolvemos um grande número de metáforas para discutir comportamentos suicidas e que interferem na terapia, aceitação, disposição, a terapia e a vida em geral. Os comportamentos que interferem na terapia são comparados com: um alpinista que se recusa a usar equipamento de inverno ao escalar na neve, escondendo o material ou sentando-se em uma rocha para apreciar a paisagem enquanto uma tempestade se aproxima; uma mula subindo o Grand Canyon e recusando-se a andar para a frente ou para trás (uma analogia que não ganha muitos pontos com a paciente!); e um cozinheiro que coloca xícaras de sal em um bolo enquanto o outro cozinheiro não está vendo. O comportamento passivo e a evitação emocional (e, por contraste, aquilo que a paciente deve fazer) são comparados a encolher-se em um canto de uma sala em chamas quando a única saída é atravessar o fogo para sair pela porta (a pessoa deve se enrolar em lençóis molhados e correr pela porta) e agarrar-se à borda congelada de uma montanha quando o único caminho para a segurança é continuar andando (a pessoa deve andar lentamente pela borda sem olhar para baixo). Os comportamentos suicidas são comparados a um alpinista que pula da montanha, às vezes com a corda ainda amarrada ao guia (que então deve puxar o alpinista para cima) e às vezes, depois de cortar a corda; a exigir o divórcio quando o cônjuge não aceita; e a comportamentos aditivos, como beber e tomar drogas. Aprender a tolerar estresses é como aprender a ser um cobertor aberto no chão em um dia de outono, deixando as folhas caírem sem combatê-las. Aprender a aceitar é como um jardineiro aprender a amar os dentes de leão que surgem no jardim ano após ano, por mais que se tente se livrar deles. Tentar ser o que outras pessoas querem que a paciente seja é como uma tulipa que tenta ser uma rosa simplesmente porque foi plantada em um jardim com rosas. Viver a vida voluntariamente é como jogar um jogo de cartas (o objetivo é jogar as cartas recebidas da melhor maneira possível, e não controlar as cartas dadas), ou como acertar bolas de beisebol ou de tênis lançadas por uma máquina (a pessoa não pode interromper ou mesmo desacelerar as bolas que lhe chegam, então apenas bate da melhor maneira que puder e concentra-se na próxima bola).

Já usamos metáforas mais longas para descrever a terapia e o processo de crescimento e mudança. Eis um exemplo: a terapia, para a paciente, é como fugir do inferno em uma escada de alumínio incandescente, sem luvas ou sapatos. Pular ou soltar constantemente representa o comportamento da paciente que interfere na terapia. Colocar uma tocha nos pés da paciente para forçá-la a subir mais rápido é um comportamento do terapeuta que interfere na terapia. O problema aqui é que o inferno é ainda mais quente que a escada, de modo que, depois de um tempo, a paciente sempre levanta, volta para a escada e começa a subir novamente. Outra metáfora que pode se estender para terapia é o aprender a nadar em qualquer tipo de condição. A paciente é a nadadora, e o terapeuta é o treinador, sentado em um barco a remo ao redor da paciente, dando instruções e incentivo. A tensão normalmente é entre o desejo da nadadora de subir no barco, para que o treinador possa remar até a margem, e o desejo do instrutor de que a nadadora permaneça na água. Se o instrutor levar a nadadora para a margem, ela nunca aprenderá a nadar, mas, se afundar em águas agitadas, ela também jamais aprenderá. Segurar-se ao barco e negar-se a nadar, ou nadar sob a água para assustar o treinador e fazê-lo pular na água atrás dela, são exemplos de comportamentos da paciente que interferem na terapia. Recusar-se a oferecer um remo enquanto a nadadora está afundando e a levá-la para a margem sempre que surgir uma nuvem negra são exemplos de comportamentos do terapeuta que interferem na terapia.

As pacientes muitas vezes sentem que seus terapeutas não as compreendem, pois as pressionam a fazer mudanças para melhorar suas vidas. "Se você me entendesse, não me pediria para fazer algo que não posso fazer" ou, dito de outra forma, "se você levasse meu sofrimento a sério, não me pediria para fazer algo que faz eu me sentir pior do que já sinto" é uma mensagem comum da paciente *borderline* para o terapeuta. Essa mensagem e os problemas que ela cria para o terapeuta são tão comuns no tratamento do TPB que Lorna Benjamin (no prelo) descreve os padrões interpessoais do TPB como um cenário de *"minha penúria é o seu comando"*. Nessa situação, as metáforas podem ser particularmente úteis para validar a dor emocional e sensação de impotência da paciente, e a tentativa do terapeuta de fazer a paciente se mexer. Minha história favorita é uma elaboração de uma que descrevi neste livro. Uma mulher descalça, de pé sobre um leito de brasas ardentes, bastante profundo e largo. A mulher está paralisada de dor, e pede para sua amiga correr e pegar uma jarra de água fria para jogar sobre seus pés. Porém, a água não é suficiente para apagar todas as brasas. Então, a amiga, ansiosa para a mulher parar de sofrer o mais rápido possível, grita: "corra!". E se isso não funcionar, a amiga pula nas brasas e começa a empurrar a paciente para a grama fria do lado. A amiga entende a dor da mulher? Se ela *realmente* entendesse, ela teria jogado a água fria?

Uma história e questão semelhante podem ser propostas em torno da metáfora da sala em chamas, mencionada brevemente. A mulher tem tanto medo do fogo, que quer ficar no canto da sala. A amiga que realmente entende sua dor ficaria com ela, perecendo com ela no fogo? Ou a boa amiga a pegaria mesmo contra sua vontade e levaria ambas à segurança, atravessando a porta em chamas? Em uma pequena variação, pedi para a paciente imaginar que ela e eu estávamos sozinhas em um bote no meio do oceano, vários dias depois de naufragar. Seu braço tinha um corte sério e ela estava desesperada de dor. Cada vez mais, ela me pedia analgésicos, ou algo que acabasse com a sua dor. Pedi para ela imaginar também que o kit de primeiros socorros havia caído no mar. Se eu não encontrasse analgésicos para dar a ela, isso significaria que eu não entendia ou não levava a sério sua dor? E se tivesse apenas três cápsulas sobrando, e eu dissesse: "vamos racioná-las e tomar uma por dia, para não acabar logo?". A paciente acreditaria que eu tinha muitas cápsulas e apenas não queria lhe dar – talvez porque pensasse que ela era viciada? Uma discussão honesta de variações dessa história pode esclarecer difíceis impasses terapêuticos.

Essas analogias, ou qualquer outra em que o terapeuta pense, podem se transformar em histórias menores ou maiores conforme a situação exigir (como já demonstrei). Em certos casos, passei quase sessões inteiras em uma história metafórica criada alternativamente por mim e pela paciente. O ensino de histórias e metáforas é usado em todas as tradições espirituais (Vedanta, Budismo, Zen, Hassídica, Cristã e Sufi), bem como na filosofia, literatura e em histórias infantis. (Ver o Apêndice para outras fontes.)

3. TÉCNICA DO ADVOGADO DO DIABO

Na estratégia do "advogado do diabo", desenvolvida por Marvin Goldfried (Goldfried, Linehan e Smith, 1978), o terapeuta apresenta uma proposição extrema, pergunta à paciente se ela acredita na afirmação e depois representa o papel de advogado do diabo para combater as tentativas da paciente de rejeitar a proposição. O terapeuta apresenta a tese e evoca a antítese da paciente; no processo de argumentação, eles chegam a uma síntese. A proposição extrema apresentada pelo terapeuta deve estar relacionada com crenças disfuncionais que a paciente tenha expressado ou com regras problemáticas que ela pareça estar seguindo. Isso deve ser usado para combater padrões opositores. A técnica é semelhante ao uso do paradoxo, na qual o terapeuta adota o lado desadaptativo do *continuum* e, assim, força a paciente ao lado adaptativo.

A técnica do advogado do diabo sempre é usada nas primeiras sessões para evocar um comprometimento forte de mudar por parte da paciente. O terapeuta argumenta contra a mudança e o comprometimento na terapia, pois mudar é doloroso e difícil. De maneira ideal, isso leva a paciente a assumir a posição oposta em favor da mudança e do compromisso. Esse uso da estratégia é discutido no Capítulo 9.

A abordagem argumentativa usada com frequência na terapia de reestruturação cognitiva é mais um exemplo da estratégia do advogado do diabo. Por exemplo, a tese pode ser uma crença irracional, do tipo proposto por Ellis (1962), como "todos devem me amar e, se houver uma pessoa que não me ama, sou uma pessoa indigna" ou "se eu ofender alguém por qualquer razão, isso será uma catástrofe mortal". O terapeuta defende a crença irracional, questionando por que a paciente não concorda. Por exemplo, o terapeuta pode apresentar a segunda proposição, sugerindo que mesmo que um completo estranho se sinta ofendido por uma atividade legítima da paciente (como dirigir no limite de velocidade na estrada) ou se alguém se ofende por causa de uma distorção, ou se alguém se ofende por a paciente se recusar a agir de forma ilegal ou imoral (como roubar), ela deve alterar o seu comportamento para agir conforme se espera e aprova. Qualquer coisa que a paciente propuser pode ser contrariada exagerando-se a sua posição atual até que a natureza autoderrotista da crença se torne visível.

Diversas coisas são necessárias para implementar essa técnica. Em primeiro lugar, o terapeuta deve estar atento para as regras disfuncionais e crenças generalizadas da paciente. Em segundo, o terapeuta deve envolver a paciente com uma expressão franca e com um estilo expressivo aparentemente ingênuo. Em terceiro, um tipo de resposta pouco convencional, mas bastante lógica para cada um dos argumentos da paciente pode ajudar. Em quarto, a posição do terapeuta deve ser suficientemente razoável para parecer "real", mas suficientemente extrema para permitir contra-argumentação por parte da paciente. Uma posição que valide simultaneamente o apego da paciente com uma ideia e invalide a sabedoria da ideia é a ideal. Uma certa leveza e capacidade de modificar um argumento moderadamente também são necessárias. Finalmente, o terapeuta deve saber quando deve ficar sério e quando pode "relaxar" e representar o argumento com humor.

4. EXPANDIR

"Expandir" significa o terapeuta levar a paciente mais a sério do que ela mesma se leva. Embora a paciente possa estar dizendo algo para causar um efeito, ou expressando uma emoção extrema para induzir pequenas mudanças no ambiente, o terapeuta segue a comunicação literalmente. Essa estratégia é o equivalente emocional da estratégia do advogado do diabo.

Por exemplo, a paciente pode fazer uma declaração extremada sobre os efeitos ou consequências de algum acontecimento ou problema em sua vida ("se você não marcar uma sessão extra para mim, vou me matar"). O terapeuta entende literalmente a afirmação da paciente sobre os efeitos ou consequências, e responde à seriedade das consequências ("vou me matar"), independentemente da sua relação com o acontecimento ou problema identificado pela paciente (não marcar uma sessão extra de terapia). O terapeuta pode dizer: "você deve fazer algo imediatamente se está perturbada a ponto de se matar. Quem sabe hospitalização? Talvez seja necessário. Como podemos discutir algo tão pequeno como marcar uma sessão quando a sua vida está em perigo? Certamente, devemos lidar primeiro com essa ameaça à sua vida. Como você está planejando se matar?". O aspecto da comunicação que o terapeuta leva a sério não é o aspecto que a paciente deseja ver levado a sério. A paciente quer que o *problema* seja levado a sério e, de fato, está expandindo sua seriedade. O terapeuta leva as terríveis *consequências* a sério e as expande ainda mais, recusando-se a não colocá-las no foco até que sejam resolvidas.

Quando bem utilizada, essa estratégia tem o efeito de fazer a paciente ver que está exagerando as consequências. Quando isso acontece ("está bem, talvez eu esteja exagerando, não me sinto tão suicida"), é crucial que o terapeuta então avance e leve o problema a sério. A paciente deve receber reforço por reduzir as consequências emocionais do problema. Quando mal utilizada, a estratégia pode ser um disfarce para o fato de que o terapeuta não está levando a sério os problemas legítimos da paciente. Essa técnica deve ser usada quando a paciente não estiver esperando que o terapeuta a leve a sério, ou quando uma crise ou consequências emocionais são mantidas por seu efeito instrumental no ambiente. Ela pode ser particularmente eficaz quando o terapeuta se sente manipulado. Tem a vantagem de que controla o comportamento da paciente e, às vezes, o afeto e desejo do terapeuta de atacar, com uma resposta. Quando feita de forma correta, é muito satisfatória.

O termo "expandir" para descrever essa técnica foi emprestado do aikidô, uma arte japonesa de defesa pessoal. Expandir significa o profissional do aikidô permitir que os movimentos do opositor cheguem à sua conclusão natural, e depois expandir o ponto final do movimento um pouco além de onde chegaria naturalmente. Isso deixa o opositor sem equilíbrio e vulnerável a uma mudança de direção. Expandir sempre é precedido por "harmonizar", que, no aikidô, significa aceitar ou unir-se e seguir o fluxo energético do opositor na direção em que está indo (Saposnek, 1980). Por exemplo, a paciente pode dizer ao terapeuta, "se você não agir de maneira diferente, esta terapia não vai me ajudar" [o desafio]. O terapeuta diz: "se a terapia não ajudar [harmonizar], precisamos fazer algo a respeito [seguindo a conclusão natural da resposta]. Você acha que deve mudar de terapeuta? Talvez devamos procurar um outro terapeuta para você. Isso é muito sério [expandir]". Cada uma das características citadas em relação à técnica do advogado do diabo (basear-se em consequências extremas, ingenuidade, uma resposta inconvencional mas bastante lógica, uma resposta suficientemente razoável para parecer "real", mas suficientemente extrema para permitir que a paciente enxergue que está sendo extremada, leveza e a modificação moderada da posição do terapeuta) são igualmente importantes aqui.

5. ATIVAR A "MENTE SÁBIA"

Na TCD, as pacientes conhecem o conceito dos três estados primários da mente: a "mente racional", a "mente emocional" e a "mente sábia". Uma pessoa está em "mente racional" quando aborda o conhecimento de forma intelectual, pensa racionalmente e logicamente, presta atenção aos fatos empíricos, age de forma planejada, concentra sua atenção e é "tranquila" em sua abordagem aos problemas. A pessoa está em "mente emocional" quando o pensamento e o comportamento são controlados principalmente pelo seu estado emocional atual. Na "mente emocional", as cognições são "quentes"; o pensamento racional e lógico é difícil; os fatos são amplificados ou distorcidos para serem congruentes com o afeto atual; e a energia do comportamento também é congruente com o atual estado emocional.

A "mente sábia" é a integração da "mente emocional" com a "mente racional", e vai além delas. A "mente sábia" adiciona o saber intuitivo à experiência emocional e análise lógica. Existem muitas definições para a intuição. Deikman (1982) sugere que ela é o saber que não é mediado pela razão e vai além do que é recebido pelos sentidos. Ela tem qualidades da experiência direta, cognição imediata e do entendimento do significado, significância ou veracidade de um fato sem se basear na análise intelectual. O conhecimento intuitivo é orientado por "sentimentos de coerência profunda" (Polanyi, 1958). Embora a experiência e a razão tenham um papel, a qualidade da experiência intuitiva é singular. A "mente sábia" depende de uma cooperação total entre todas as maneiras de saber: observação, análise lógica, experiência cinética e sensorial, aprendizagem comportamental e intuição (May, 1982).

As pacientes *borderline* devem aprender a acessar a "mente sábia". De fato, elas devem abandonar o processamento emocional e análises lógicas, ideias prontas e reações extremas, devendo se tornar suficientemente calmas para permitir que o saber sábio ocorra de forma descomplicada e livre de outros modos de saber mais volitivos (a "mente racional") ou superdeterminados (a "mente emocional"). A primeira tarefa para certas pacientes (embora certamente não todas) é convencê-las de que, de fato, são capazes disso. Uma paciente *borderline* pode questionar a própria noção de que tem capacidade de alcançar qualquer tipo de sabedoria. Primeiramente, o terapeuta deve simplesmente insistir que todos os seres humanos têm uma "mente sábia", assim como todos têm um coração. O fato de que a paciente não pode enxergar seu coração não significa que não tenha. Em segundo lugar, sempre ajuda dar alguns exemplos de momentos em que a paciente apresentou a "mente sábia". Muitas pessoas a experimentam logo após uma grande crise ou caos em suas vidas. É a bonança que se sucede à tempestade. É a experiência de chegar subitamente ao âmago de um problema, enxergando ou sabendo algo de forma clara e direta. Às vezes, pode ser sentida como entender o quadro inteiro ao invés das partes; em outras ocasiões, pode ser a experiência de "sentir" a escolha certa em um dilema, quando o sentimento vem de dentro, ao invés de um estado emocional atual. Em terceiro lugar, é importante conduzir a pessoa por exercícios em que possa experimentar essa calmaria interior que envolve a "mente sábia". De um modo geral, peço para as pacientes seguirem sua respiração (prestar atenção no ar entrando e saindo) e, depois de algum tempo, tentar colocar o foco da atenção no seu centro físico, no fundo da inalação. Esse mesmo ponto centrado é a "mente sábia". Quase todas as pacientes conseguem sentir esse ponto.

Quando solicitada a entrar na "mente sábia" posteriormente, a paciente é instruída a adotar essa postura e responder a partir desse centro de tranquilidade. Pode ser comparado com mergulhar fundo em um poço. A água do fundo do poço – e, de fato, todo o oceano subterrâneo – é a "mente sábia". Porém, no caminho para baixo, existem alçapões que impedem o progresso. Às vezes, os alçapões são construídos de forma tão inteligente que a pessoa acredita que não existe água no fundo do poço. A tarefa do terapeuta é ajudar a paciente a descobrir como abrir cada alçapão. Talvez esteja trancado e ela precise da chave. Talvez esteja pregado e precise de um martelo, ou esteja colado e precise de um formão. No entanto, com persistência e diligência, pode-se alcançar o oceano de sabedoria no fundo.

Pacientes *borderline* podem ter dificuldade para distinguir a "mente sábia" da "mente emocional". Ambas têm uma qualidade de "sentir" que algo é verdade; ambas baseiam-se em um tipo de saber que é diferente do raciocínio e da análise. Para retornar à nossa história, se tiver chovido forte, pode-se acumular água sobre um alçapão no poço. Se estiver fechado, a água pode ser confundida com o oceano no fundo do poço. Pode ser fácil o terapeuta e a paciente se confundirem. A água da chuva pode parecer com a água do oceano. A intensidade das emoções pode gerar experiências de certeza, que se parecem com a certeza calma e estável da sabedoria. Não existe solução simples para isso. Se a emoção intensa for óbvia, a suspeita de que a conclusão se baseia na "mente emocional" ao invés da "mente sábia" provavelmente estará correta. De um modo geral, o tempo é o maior aliado nesse caso.

A paciente *borderline* costuma fazer declarações que representam seu estado emocional ou sentimental ("me sinto gorda e desprezível", "não quero viver sem ele", "tenho medo de fracassar"), como se o estado sentimental fornecesse informações sobre a realidade empírica ("sou gorda e desprezível", "não consigo viver sem ele", "vou fracassar"). Quando isso ocorre, às vezes funciona simplesmente questionar a paciente da seguinte maneira: "não estou interessado em como você se sente. Não estou interessado no que você acredita ou pensa. Estou interessado no que você sabe ser verdade (em sua 'mente sábia'). O que você sabe que é verdade? O que é verdade?". A tensão dialética aqui é entre o que a paciente sente ser verdade e o que ela pensa ser verdade; a síntese é o que ela sabe ser verdade. A recusa do terapeuta em acolher a "mente emocional" ou a "mente racional" é um exemplo de uma estratégia de controle a serviço do relaxamento.

É fácil abusar do estímulo do terapeuta à "mente sábia", especialmente quando ele confunde a "mente sábia" com aquilo que acredita ser verdade: "se eu concordar com você, é porque você está funcionando com base na 'mente sábia'". Isso pode ser particularmente difícil quando o terapeuta confia na sabedoria do seu próprio conhecimento ou opiniões. Como pode a "mente sábia" de uma pessoa estar em conflito com a de outra? Esse é um paradoxo interessante. O valor da humildade terapêutica não pode ser exagerado. Na TCD, uma das principais funções do grupo de consultoria/supervisão é proporcionar um contraponto à arrogância que pode facilmente acompanhar uma posição tão poderosa como a do terapeuta.

6. FAZER DE LIMÕES UMA LIMONADA

Para "fazer de limões uma limonada", exige-se que o terapeuta pegue algo que pareça claramente problemático e transforme-o em um recurso. A ideia é semelhante à noção na terapia psicodinâmica de usar as resistências da paciente: quanto pior a paciente agir na terapia, melhor será. Se os problemas não aparecerem no encontro terapêutico, como o terapeuta poderá ajudar? Os problemas da vida cotidiana são oportunidades para praticar habilidades. De fato, do ponto de vista da prática de habilidades, não ter problemas seria um desastre, pois não haveria nada com que praticar. O sofrimento, quando aceito, aumenta a empatia, e aqueles que já sofreram podem estender a mão e ajudar os outros. Uma variação aqui é a noção de que as maiores fraquezas da paciente também costumam ser seus maiores potenciais (p.ex., sua persistência em "resistir" a mudanças é exatamente o que a moverá até que haja mudanças).

A ideia de que limões podem se transformar em limonada não deve ser confundida com o refrão invalidante, ouvido repetidamente pelas pacientes *borderline*, de que os limões em sua vida já são limonada, e que só lhes falta notar isso. Um dos perigos dessa estratégia é que a paciente pode achar que o terapeuta não está levando seus problemas a sério. O truque é não simplificar demais o quanto pode ser difícil para encontrar essas características positivas. De fato, pode ser como procurar uma agulha no palheiro. Assim, a estratégia não pode ser usada de maneira arrogante. Sua eficácia está em uma relação terapêutica onde a paciente saiba que o terapeuta tem uma empatia profunda por seu sofrimento. Nesse contexto, todavia, a estratégia pode ser usada com suavidade e humor. Quando conduzo treinamento de habilidades, por exemplo, as pacientes logo compreendem que eu posso exultar a maior crise como uma oportunidade de praticar ou aprender uma habilidade. A incongruência de minha resposta ("oh, que maravilha!") para com a estresse da paciente ("fui despedida") a força a parar e aceitar novas informações (i.e., essa é a chance de praticar habilidades de eficácia interpessoal, regulação emocional ou tolerância a estresse, dependendo do módulo de habilidades em questão). A habilidade do terapeuta está em enxergar o contorno claro sem negar que a nuvem realmente é negra.

7. PERMITIR MUDANÇAS NATURAIS

A dialética pressupõe que a natureza da realidade é processo, desenvolvimento e mudança. Assim, introduzir estabilidade e consistência arbitrariamente na terapia não seria algo dialético. Ao contrário de muitas outras abordagens terapêuticas, a TCD não evita introduzir mudanças e instabilidade na terapia, e não enfatiza a manutenção de um ambiente terapêutico consistente. A organização do ambiente físico pode mudar a cada momento; a hora da consulta pode variar; as regras podem mudar; e os diferentes terapeutas que interagem com a paciente podem dizer coisas diferentes. Permite-se que a mudança, o desenvolvimento e a inconsistência inerentes a qualquer ambiente ocorram naturalmente. As palavras-chave aqui são "permitir" e "naturalmente". Permitir a mudança não é a mesma coisa que introduzir uma mudança apenas por mudar; essa seria uma mudança arbitrária. As mudanças naturais são aquelas que evoluem a partir de condições atuais, ao invés das que são impostas externamente.

A estabilidade e a consistência são mais confortáveis para as pacientes *borderline*, e muitas têm uma enorme dificuldade com a mudança. A noção aqui é que a exposição à mudança, em uma atmosfera segura, pode ser terapêutica. Evitar a mudança dentro da relação terapêutica traz poucas oportunidades para a paciente desenvolver conforto com a mudança, ambiguidade, imprevisibilidade e inconsistência. (De fato, a oportunidade de aprender a lidar efetivamente com a mudança é a "limonada" feita com o "limão" de experimentar a inconsistência ocasional no comportamento do terapeuta.) Uma estabilidade e previsibilidade artificiais dentro da relação terapêutica também limitam a generalização da aprendizagem daquela relação para relacionamentos mais naturais, onde a ambiguidade e uma certa quantidade de imprevisibilidade costumam prevalecer.

Será que essa estratégia significa que não existe consistência na TCD? Não. Porém, as consistências que existem são como a água calma abaixo das ondas que vão e vêm no oceano. Elas são mais reais do que aparentes. Tecnicamente, a única consistência necessária é que o progresso comportamental seja reforçado e que o *status quo* disfuncional e a regressão não sejam reforçados. Desse modo, o terapeuta deve estar consistentemente do lado da paciente, disposto a alterar a terapia para promover o seu bem-estar. De fato, é esse consistência no cuidado que torna a relação segura o suficiente para que a exposição à mudança seja benéfica.

8. AVALIAÇÃO DIALÉTICA

Grande parte do que ocorre em qualquer psicoterapia pode ser entendida como "avaliação". Ou seja, o terapeuta e a paciente tentam descobrir exatamente o que está influenciando o quê; quais fatores estão fazendo a pessoa agir, sentir e pensar de tal maneira; o que está errado ou certo na vida da paciente e na terapia; e o que está acontecendo neste exato momento. Aonde o terapeuta direciona a paciente a procurar respostas depende da sua posição teórica. A psicologia e a psiquiatria norte-americanas em geral, e as abordagens mais teóricas para o TPB em particular, têm uma tendência de localizar a fonte do transtorno dentro do indivíduo, em vez de no contexto social e físico que cerca a pessoa. Embora as teorias psicológicas geralmente atribuam importância primária aos primeiros acontecimentos ambientais no desenvolvimento dos problemas da paciente *borderline*, a maioria das teorias presta pouca atenção no papel do ambiente atual em evocar e manter os problemas do indivíduo. No entanto, a biologia desordenada, esquemas cognitivos disfuncionais, relações de objeto inadequadas e déficits em habilidades merecem total atenção. Os indivíduos *borderline* são notáveis por sua aceitação da premissa de que seus problemas são resultado de deficiências ou transtornos pessoais. De fato, muitas se enxergam como fatalmente falhas, incapazes de mudar para sempre.

Lembre, contudo, que a visão de mundo dialética é uma visão sistêmica e holística. Os padrões de influência são recíprocos e evolutivos. A identidade é relacional. A avaliação dialética exige que o terapeuta, juntamente com a paciente, procurem constantemente o que está faltando em explicações individuais ou pessoais para os comportamentos e acontecimentos atuais. A pergunta que sempre se faz é: "o que ficou de fora aqui?". A avaliação não termina no ambiente imediato, ou no histórico familiar ou em outras experiências de aprendizagem passadas (embora essas não sejam ignoradas), mas também analisa as influências sociais, políticas e econômicas no comportamento atual da paciente. Robert Sipe (1986, p. 74-75), citando Trent Schroyer (1972, p. 30-31), descreve uma questão semelhante:

> A avaliação dialética... [é aquilo] que "restaura as partes que faltam na autoformulação histórica, a realidade verdadeira à falsa aparência", para que possamos "enxergar através da autoridade e sistemas de controle socialmente desnecessários". Ao enxergar nosso mundo psicológico e social como ele realmente é, podemos ver possibilidades reais para a sua transformação.... À medida que as partes que faltam são restauradas, emergem novos *insights* do potencial para a mudança psicossocial, que não haviam sido compreendidos anteriormente.

No trabalho com mulheres, em particular, a avaliação dialética direciona a atenção para o papel do sexismo culturalmente institucionalizado e de expectativas para o papel dos sexos nos problemas dos indivíduos. De fato, as dificuldades duplas que as expectativas para os papéis dos sexos, da classe social, religiosas, regionais e raciais colocam no comportamento individual são consideradas dialeticamente como influências importantes para o comportamento individual, incluindo os comportamentos que os indivíduos *borderline* consideram problemáticos. Considera-se a possibilidade de que o TPB seja um transtorno conjunto da pessoa e do ambiente.

As pacientes *borderline* muitas vezes dizem que sentem que não "se encaixam"; elas se sentem alienadas ou desconectadas da cultura onde vivem. Seu comportamento certamente sugere que elas têm muita dificuldade para se adaptar ou ajustar ao mundo social em que devem viver. A solução tradicional para isso é descobrir como uma pessoa pode mudar a si mesma para se encaixar melhor ou aceitar o seu destino. O contexto social em que a pessoa se encontra, porém, é apresentado como natural ("o modo como as coisas são") e imutável. A noção de que poderia haver uma falha fatal no tecido social – nos relacionamentos humanos e sociais da sociedade onde a pessoa se encontra – normalmente é desconsiderada. A ilusão é tão ampla que a pessoa tem pouca opção, além de crer que de fato é inadequada ou fatalmente falha. A avaliação dialética exige uma análise da rede social mais ampla e sua inter-relação com o contexto pessoal mais limitado. O sapato é colocado no outro pé, por assim dizer, e as mudanças que a pessoa pode fazer no ambiente são investigadas. A avaliação dialética visa introduzir a ideia de que outra cultura – uma cultura onde o indivíduo *borderline* consiga se encaixar – é possível.

Esses mesmos argumentos também se aplicam ao se analisar a influência da estrutura da terapia sobre o bem-estar da paciente *borderline*. Ao longo dos anos, foram desenvolvidas regras e normas sobre como a psicoterapia deve avançar. Às vezes, parece que essas regras e normas também são naturais, a única maneira que as coisas podem ser. Essa posição leva a uma certa rigidez nos comportamentos terapêuticos. A implicação, mais uma vez, é que, se a paciente não melhorar, é porque existe algo errado com ela, e não com a terapia. A paciente aprende a se encaixar na terapia; não pensamos normalmente em encaixar a terapia à paciente. A avaliação dialética exige abertura para analisar a natureza opressiva e iatrogênica de certas regras e estilos terapêuticos ao se trabalhar com pacientes *borderline*. Essa análise amplia as possibilidades da terapia, e permite o desenvolvimento dos procedimentos terapêuticos e do relacionamento para benefício máximo da paciente e do terapeuta.

Comentários finais

As estratégias dialéticas propostas aqui podem facilmente ser confundidas com truques ou com um jogo (embora um jogo bastante sofisticado). E, sem cuidado, honestidade e comprometimento com o que se diz e faz, esse seria o caso. A postura dialética exige que o terapeuta adote ambos lados de cada polaridade, acredite que não detém a verdade absoluta, e busque seriamente o que está faltando na maneira do terapeuta e da paciente interpretarem e responderem ao mundo. Em resumo, ela exige humildade – exatamente o oposto da posição superior que se adota ao usar prestidigitação ou truques manuais. É claro que isso não proíbe que se jogue, no sentido verdadeiro de se divertir com a paciente. Porém, esses jogos devem ser mútuos e suaves para que sejam eficazes.

Cada estratégia descrita neste capítulo pode ser usada incorretamente ou aplicada de forma equivocada. Um aspecto do paradoxo é que as afirmações parecem não fazer sentido, ser absurdas; todavia, nem todo absurdo é paradoxal. Podem-se usar metáforas e histórias para fugir de responder diretamente a uma pergunta, para desviar a atenção, para preencher o tempo, ou para enfatizar algo. A história pode ser fascinante, mas não ter relação com o problema em questão. A técnica do advogado do diabo deve ser usada quando o terapeuta selecionar uma posição para defender que tenha mérito e valide a adesão tenaz da paciente a uma regra ou crença disfuncional específica. Ela não deve ser usada quando o terapeuta humilha a paciente ou a faz parecer estúpida ou tola. A expansão pode facilmente se tornar hostil e sarcástica, especialmente quando o terapeuta se sente manipulado pelas ameaças ou respostas extremas da paciente. Ativar a "mente sábia" tem um grande potencial para validar a sabedoria inerente da paciente. No entanto, ela também pode ser facilmente usada para validar a percepção do terapeuta de sua própria sabedoria, às custas da paciente. De maneira semelhante, é fácil esquecer que, para fazer limonada, precisa-se de uma boa quantidade de açúcar. Quando o terapeuta não reconhece que a paciente não tem acesso fácil ao açúcar, o resultado pode deixar um gosto amargo e diminuir a confiança e fé da paciente no terapeuta. As estratégias naturais de mudança podem ser um disfarce para a inconsistência arbitrária do terapeuta, sua incapacidade de manter uma promessa, de planejar a terapia, ou para seu mau humor. Finalmente, as avaliações dialéticas, se não forem testadas e avaliadas rigorosamente, podem criar e justificar as suas próprias ilusões. As tradições e regras do encontro terapêutico testadas pelo tempo podem ser violadas irrefletidamente, às vezes com consequências terríveis para a paciente ou para o terapeuta. Pode-se, de fato, jogar o bebê fora com a água do banho.

Notas

1 Em um nível maior ou menor, todas as abordagens terapêuticas enfatizam os mesmos princípios dialéticos discutidos aqui. As terapias psicodinâmicas, por exemplo, abordam as tensões e conflitos dinâmicos internos da pessoa. As abordagens comportamentais abordam a relação holística entre a pessoa e seu ambiente. As abordagens cognitivas concentram-se basicamente em observar e aceitar a realidade como ela é no momento, no contexto de ajudar a paciente a mudar. Assim, em um sentido bastante real, a ênfase na dialética na TCD não traz "nada de novo".

2 Neste e nos capítulos seguintes, subtítulos em letras maiúsculas chamam atenção para as estratégias de tratamento específicas.

8 ESTRATÉGIAS NUCLEARES: PARTE I. VALIDAÇÃO

Conforme observado no começo do Capítulo 7, as estratégias de validação e solução de problemas formam o núcleo da TCD, e todas as outras estratégias são construídas ao seu redor. As estratégias de validação são as estratégias mais óbvias e diretas de aceitação na TCD. A validação transmite à paciente de maneira clara que o seu comportamento faz sentido e é compreensível no contexto atual. O terapeuta envolve a paciente em tentar entender suas ações, emoções e pensamentos ou regras implícitas. As estratégias de solução de problemas, por outro lado, são as estratégias mais óbvias e diretas da TCD. Na solução de problemas, o terapeuta envolve a paciente em analisar o seu próprio comportamento, comprometer-se a mudar e dar passos ativos para mudá-lo.

Conforme discutido no Capítulo 4, os comportamentos desadaptativos muitas vezes são as soluções dos problemas que a paciente quer resolver ou acabar. No entanto, do ponto de vista do terapeuta, esses mesmos comportamentos são os problemas a resolver. Para simplificar as coisas um pouco, as estratégias de validação enfatizam a sabedoria do ponto de vista da paciente, e as estratégias de solução de problemas enfatizam o do terapeuta. Essa afirmação é excessivamente simples, pois às vezes, as perspectivas são trocadas: a paciente considera seu comportamento problemático e em necessidade de mudança, ao passo que o terapeuta concentra-se na aceitação da paciente e do seu comportamento como é. Tanto estratégias de validação quanto de solução de problemas são usadas em cada interação com a paciente. Muitos impasses no tratamento resultam de um desequilíbrio em uma estratégia em relação à outra.

A paciente *borderline* se apresenta clinicamente como um indivíduo em extrema dor emocional. Ela implora, às vezes exige, que o terapeuta faça algo para mudar esse estado de coisas – que faça se sentir melhor, parar de fazer coisas destrutivas e viver sua vida de forma mais satisfatória. É muito tentador, devido à grande perturbação da paciente e às dificuldades de mudar o mundo que a rodeia, concentrar a energia da terapia em mudar a paciente. Dependendo da orientação do terapeuta, o tratamento pode focar o modo como os pensamentos, regras e esquemas disfuncionais da paciente contribuem para emoções negativas disfuncionais; como seus comportamentos interpessoais ou motivos inadequados contribuem para problemas interpessoais; como sua biologia anormal interfere na adaptação funcional; como sua reatividade e intensidade emocionais contribuem para seus problemas gerais; e assim por diante. A terapia geralmente consiste de aplicar tecnologias de mudança, com o foco da mudança no comportamento, personalidade ou padrões biológicos da paciente.

Em muitos aspectos, esse foco recapitula o ambiente invalidante, no qual a paciente era o problema e precisava mudar. Ao promover a mudança, o terapeuta pode validar um dos piores temores da paciente: ela realmente não pode confiar em suas reações emocionais, interpretações cognitivas ou respostas comportamentais. Entretanto, a desconfiança e a invalidação das próprias respostas aos acontecimentos, sejam autogeradas ou vindas de outras pessoas, são extremamente aversivas. Dependendo das circunstâncias, a invalidação pode evocar medo, raiva, vergonha ou uma combinação das três. Assim, todo o foco da terapia baseada na mudança pode ser aversivo, pois, necessariamente, contribui para e evoca a autoinvalidação. Não surpreende que a paciente evite ou resista.

Infelizmente, uma abordagem terapêutica baseada na aceitação incondicional e validação dos comportamentos da paciente se mostra igualmente problemática e, de maneira paradoxal, também pode ser invalidante. Se o terapeuta instiga a paciente a aceitar e validar a si mesma, pode parecer que ele não leva os problemas da paciente a sério. O desespero do indivíduo *borderline* é desconsiderado em terapias baseadas na aceitação, pois oferece-se pouca esperança de mudar. Assim, a experiência pessoal da paciente, de que a sua vida é inaceitável e insuportável, é invalidada.

Para resolver esse impasse, a TCD busca um equilíbrio entre estratégias de tratamento baseadas na aceitação e na mudança. Um dos principais focos do tratamento é ensinar a paciente a se validar e a mudar. De maneira mais importante, a terapia busca ajudar a paciente entender que as respostas podem ser adequadas ou válidas e, ao mesmo tempo, disfuncionais e em necessidade de mudança (ver Watts, 1990, para uma questão semelhante). Todavia, esse ponto de equilíbrio muda constantemente e, como resultado, o terapeuta deve ser capaz de avançar e reagir de forma flexível e rápida na terapia. O reconhecimento da necessidade de flexibilidade e de síntese ou equilíbrio de polos complementares ou opostos é a razão por que a dialética é usada como base da terapia.

Definir validação

A essência da validação é a seguinte: o terapeuta comunica à paciente que suas respostas fazem sentido e são compreensíveis dentro do seu contexto ou situação de vida *atual*. O terapeuta aceita ativamente a paciente e transmite essa aceitação a ela. O terapeuta leva as respostas da paciente a sério e não as desconsidera ou banaliza. As estratégias de validação exigem que o terapeuta procure, reconheça e reflita para a paciente a validade inerente a suas respostas aos acontecimentos. Com crianças rebeldes, os pais devem pegá-las quando estão em ordem para reforçar seus comportamentos; de maneira semelhante, os terapeutas devem revelar a validade na resposta da paciente, às vezes amplificá-la e depois reforçá-la. No período inicial de qualquer tratamento, as estratégias de validação podem ser as principais estratégias usadas na terapia.

Às vezes, é mais fácil entender o que significa a validação entendendo o que ela não significa. Mostrar que uma resposta foi funcional no passado, mas não é agora, invalida, ao invés de validar. Por exemplo, a paciente pode dizer que o terapeuta está sempre com raiva dela. Se o terapeuta negar isso inicialmente, e depois mostrar como as experiências da paciente em outros relacionamentos íntimos poderiam tê-la levado razoavelmente a esperar que o terapeuta sentisse raiva, ele estará invalidando o comentário da paciente. O terapeuta pode estar mostrando que a paciente não está louca, e que, no contexto da sua experiência anterior, sua resposta seria válida, mas não que sua resposta é válida no contexto atual. Validar a história da paciente não é o mesmo que validar o seu comportamento atual.

De forma semelhante, o terapeuta está invalidando a resposta da paciente se seu comentário for interpretado como uma projeção da sua própria raiva sobre o terapeuta. Quase toda resposta *ad hominem* (ou, nesse caso, *ad feminam*), como essa, invalida o conteúdo do ponto de vista da paciente. Embora esses argumentos também possam ter validade, eles não validam o comentário da paciente, e nem são prováveis de ser entendidos como validantes. Uma resposta validante seria o terapeuta primeiramente procurar abertamente algum comportamento expressivo de sua parte que pudesse transmitir raiva, e depois discutir refletidamente com a paciente a emoção ou postura que esses comportamentos refletem. Finalmente, validar não é simplesmente fazer as pacientes se sentirem bem ou construir a sua autoestima. Se a paciente diz que é estúpida, dizer que ela é inteligente invalida sua experiência de ser estúpida.

Existem três passos na validação. Os dois primeiros fazem parte de quase todas as tradições terapêuticas. O terceiro passo, porém, é peculiar à TCD. Os passos são os seguintes:

1. *Observação ativa*. Primeiramente, o terapeuta reúne informações sobre o que aconteceu com a paciente ou o que está acontecendo naquele momento, e escuta e observa o que a paciente está pensando, sentindo e fazendo. A essência desse passo é que o terapeuta está atento. O terapeuta abre mão de teorias, preconceitos e vieses pessoais que atrapalham a observação das emoções, pensamentos e comportamentos reais da paciente. Em ambientes administrativos e hospitalares, o terapeuta recusa fofocas e as opiniões de outros profissionais sobre a paciente. Ele escuta as comunicações diretas e observa atos públicos. Além disso, o terapeuta escuta com um "terceiro ouvido" para ouvir as emoções, pensamentos, valores e crenças não declarados; e também observa com um "terceiro olho" para identificar a ação oculta da paciente. No começo da terapia, o terapeuta muitas vezes precisa ter a capacidade de "ler a mente da paciente"; isso pode ser semelhante a tirar uma foto no escuro com filme infravermelho. Por meio da modelagem terapêutica, a paciente avança ao longo do tempo, até poder tirar essas "fotos" por conta própria.

2. *Reflexão*. Em segundo lugar, o terapeuta reflete precisamente para a paciente os próprios sentimentos, pensamentos e comportamentos dela. Nesse passo, é fundamental uma atitude imparcial. O terapeuta transmite para a paciente, de um modo que ela possa ouvir, que está atento e escutando. É necessário ter uma empatia emocional precisa; entender (mas não necessariamente concordar) crenças, expectativas ou regras; e reconhecer padrões comportamentais. Por meio de uma discussão alternada, o terapeuta ajuda a paciente a identificar, descrever e rotular seus próprios padrões de resposta. Assim, a paciente

tem a chance de dizer que o terapeuta está errado. O terapeuta pergunta com frequência: "isso está certo?". Ao refletir, o terapeuta diz o que a paciente observa mas tem medo de dizer ou admitir. Esse simples ato de reflexão, especialmente quando o terapeuta "diz primeiro", pode ser um poderoso ato de validação: a paciente *borderline* observa a si mesma precisamente em primeiro lugar, mas invalida e rejeita suas próprias percepções porque não confia em si mesma.

3. *Validação direta*. Em terceiro lugar, o terapeuta procura e reflete a sabedoria ou validade da resposta da paciente, e comunica que a resposta é compreensível. O terapeuta considera os estímulos no ambiente atual que dão suporte ao comportamento da paciente. Embora possa não haver informações disponíveis sobre todas as causas relevantes, os sentimentos, pensamentos e ações da paciente fazem perfeito sentido no contexto da experiência atual da pessoa e de sua vida até o momento. O comportamento é adaptativo no contexto em que ocorre, e o terapeuta deve encontrar a sabedoria dessa adaptação. Ele não está cego pela natureza disfuncional da resposta da paciente, mas, pelo contrário, presta atenção nos aspectos da resposta que possam ser razoáveis ou adequados ao contexto. Assim, o terapeuta vasculha as respostas da paciente em busca de sua inerente precisão, adequação ou razoabilidade antes de considerar suas características mais disfuncionais. Mesmo se apenas uma pequena parte da resposta for válida, o terapeuta procura aquela porção do comportamento e responde a ela. É esse terceiro passo que exige a maior busca do terapeuta e que define a validação de forma mais clara. Encontrando a validade na resposta da paciente, o terapeuta pode apoiar a paciente honestamente em sua autovalidação.

A busca pela validade é dialética, no sentido de que o terapeuta deve encontrar o grão de sabedoria e autenticidade nas respostas da paciente, que, como um todo, podem ter sido disfuncionais. Às vezes, validar as respostas de uma paciente é como encontrar uma pepita de ouro em uma bateia de areia. A premissa da TCD é que existe uma pepita de ouro em cada bateia de areia; existe alguma validade inerente em cada resposta. Entretanto, a atenção à pepita de ouro não impede a atenção à areia. De fato, as estratégias de validação são equilibradas com estratégias de solução de problemas, que se concentram em identificar e agir sobre as características da paciente que devem ser mudadas.

Existem quatro tipos de estratégias de validação. As três primeiras, a validação emocional, comportamental e cognitiva, são bastante semelhantes. Elas são distinguidas neste capítulo apenas para proporcionar uma oportunidade para discutir certos pontos específicos que costumam ser importantes ao tratar pacientes *borderline*. A "motivação" é diferente, no sentido de que o terapeuta está validando as capacidades inerentes da paciente – aquelas que nem sempre lhe são óbvias. Assim, a paciente experimenta a validação emocional, cognitiva e comportamental como validantes; mas a motivação às vezes não é. Embora cada uma dessas quatro estratégias envolva os três passos citados, a maneira como o terapeuta junta os passos pode variar.

Por que validar?

Embora a necessidade de validação no tratamento de pacientes *borderline* possa ser evidente por si só, especialmente para alguém que tenha lido os sete capítulos iniciais deste livro, os terapeutas muitas vezes têm tanta dificuldade para manter uma postura validante com pacientes *borderline* que não há como exagerar a questão. Para resumir os argumentos feitos, a validação é necessária para equilibrar as estratégias de mudança. A quantidade de validação necessária por unidade de mudança varia entre as pacientes e para uma determinada paciente ao longo do tempo. De um modo geral, a paciente que não é assertiva, é não verbal e tende a se retrair quando confrontada precisará de uma proporção maior entre a validação e a mudança do que a paciente combativa, que, embora igualmente vulnerável e sensível, consegue "manter o rumo" quando se sente atacada. Para todas as pacientes, quando o estresse no ambiente (dentro e fora da relação terapêutica) aumenta, o quociente de validação-mudança também deve aumentar da mesma forma. De maneira semelhante, quando temas particularmente sensíveis estão sendo abordados, a validação deve aumentar. Mesmo em uma sessão específica, pode-se esperar que a necessidade de validação do terapeuta varie. A terapia com uma paciente *borderline* pode ser comparada com levar um indivíduo cada vez mais perto da borda de um penhasco. À medida que o calcanhar da pessoa raspa a borda, a validação é usada para puxar a pessoa de volta do precipício, para o local seguro onde o terapeuta se encontra.

Em segundo lugar, a validação é necessária para ensinar a paciente a validar a si mesma. Conforme discutimos no Capítulo 2, o indivíduo *borderline* enfrenta duas fontes de informações incompatíveis, mas muito fortes: sua própria resposta intensa aos acontecimentos, por um lado, e as respostas dos outros, discrepantes mas igualmente intensas, por outro lado. Embora a TCD não pressuponha que as pacientes *borderline* às vezes distorçam os fatos, a primeira linha da abordagem sempre é descobrir o aspecto do fato que não está sendo distorcido. A distorção dos acontecimentos costuma ser uma consequência, no lugar de causa da disfunção emocional. A experiência de autodesconfiança é intensamente aversiva quando é duradoura e global. No mínimo, as pessoas devem confiar em sua própria decisão sobre em quem devem acreditar – em si mesmas ou em outras pessoas. O exagero dos fatos costuma ser uma tentativa de obter validação para uma perspectiva original e bastante válida sobre os fatos. Com frequência, digo para as pacientes que um dos meus objetivos na terapia é ajudá-las a confiar em sua própria resposta.

O segredo do uso eficaz da validação é saber quando usá-la e quando não usá-la, e, depois de iniciar, quando parar. Esse pode ser um problema especial quando emoções intensas estão presentes ou foram evocadas. Para certas pacientes, se o terapeuta permitisse, a terapia pouco mais seria que uma catarse emocional. A capacidade de bloquear a expressão emocional e resolver problemas é importante para que haja progresso. Em particular, é importante que o terapeuta não use estratégias de validação imediatamente após comportamentos disfuncionais que são mantidos por sua tendência de evocar validação do ambiente. (O uso de contingências terapêuticas para modificar o comportamento é discutido detalhadamente no Capítulo 10.) Às vezes, a melhor estratégia é ignorar a perturbação atual da paciente e mergulhar na solução de problemas, arrastando a paciente, por assim dizer, da melhor maneira possível. A validação pode ser um breve comentário ou digressão enquanto se trabalha com outras questões, ou pode ser o foco de uma sessão inteira. Como com outras estratégias da TCD, seu uso deve ser propositado e voltado para os objetivos. Ou seja, elas devem ser usadas quando o objetivo imediato for acalmar uma paciente que esteja excitada demais emocionalmente para falar sobre qualquer outra coisa; para reparar erros terapêuticos; para desenvolver as habilidades da paciente na auto-observação acrítica e em autodescrições que não sejam pejorativas (i.e., ensinar autovalidação); para aprender sobre as experiências atuais da paciente ou as experiências que acompanham um dado acontecimento; ou para promover um contexto validante para a mudança.

ESTRATÉGIAS DE VALIDAÇÃO EMOCIONAL

As pacientes *borderline* oscilam entre a inibição emocional e uma intensa reatividade emocional. Certas pacientes caracteristicamente inibem a expressão emocional durante as interações na terapia; outras sempre parecem estar em um estado de crise emocional; e outras, ainda, seguem um ciclo. Essas fases foram descritas em detalhe nos Capítulo 3 e 5. A validação emocional traz desafios diferentes, dependendo da fase em que a paciente se encontra. Com o indivíduo inibido, a expressão emocional é como a chama mínima de uma fogueira em um dia de chuva. O terapeuta deve ter muito cuidado para não apagar a emoção com observações, explicações e interpretações fáceis demais. É muito importante ensinar a paciente a observar suas próprias emoções, ser capaz de ler as emoções em informações mínimas e manter-se aberta à possibilidade de se enganar. Com a paciente emocionalmente reativa, por outro lado, o desafio é validar a emoção, sem ao mesmo tempo aumentá-la. Nesse caso, é importante proporcionar oportunidades para a expressão emocional e de refletir emoções.

As estratégias de validação emocional contrapõem-se a abordagens concentradas na hiper-reatividade das emoções ou na base distorcida da sua geração. Assim, elas se assemelham mais à abordagem de Greenberg e Safran (1987), que fazem uma distinção entre as emoções primárias ou "autênticas" e emoções secundárias ou "aprendidas". Estas são reações a avaliações cognitivas e respostas emocionais primárias; elas são os produtos finais de sequências de sentimentos e pensamentos. As emoções disfuncionais e desadaptativas, segundo Greenberg e Safran, geralmente são emoções secundárias que bloqueiam a experiência e a expressão das emoções primárias. Esses autores sugerem, ainda, que "toda emoção afetiva primária fornece informações motivacionais adaptativas para o organismo" (1987, p. 176). O importante aqui é a sugestão de que as respostas disfuncionais e desadaptativas aos acontecimentos normalmente estão conectadas ou interligadas com respostas "autênticas" ou válidas aos fatos. Encontrar e amplificar essas respostas primárias constitui a essência da validação emocional. Não se pode exagerar a necessidade de honestidade do terapeuta na aplicação dessas estratégias. Se as estratégias de validação emocional forem usadas como estratégias de mudança – ou seja, se a validação for defendida apenas para acalmar a paciente para o "trabalho verdadeiro" – o terapeuta pode esperar que a terapia fracasse. Essa honestidade depende, pois, da crença do terapeuta de que existe uma validade substancial a ser encontrada, e que a sua busca é terapeuticamente produtiva.

O indivíduo *borderline* normalmente não consegue identificar as emoções que está sentindo, geralmente porque está experimentando uma variedade de emoções simultaneamente ou em rápida sucessão. Em alguns casos, a resposta emocional da paciente (p.ex., medo, vergonha ou raiva) a sua emoção primária pode ser tão intensa ou extrema que perturbe ou iniba a emoção primária antes que a paciente tenha chance de experimentar, processar ou articular. Em outras ocasiões, a paciente pode sentir uma única emoção intensamente e pode dizer que está brava, mas não consegue ir além dessa representação, fazendo uma descrição mais completa da emoção.

A paciente pode relatar que, em encontros cotidianos, somente tem uma consciência tardia das suas emoções. Um foco importante da terapia é ajudar a paciente a observar e descrever o seu estado emocional atual sem fazer nenhum juízo, tomando cuidado para separar descrições da emoção de descrições dos acontecimentos que levaram a ela.

A paciente *borderline* normalmente se afasta de emoções muito intensas, apresentando poucas indicações claras de excitação emocional. O comportamento muito passivo às vezes é indicativo de que a paciente está evitando ou inibindo todas as respostas emocionais que seriam evocadas nas mesmas condições. Às vezes, a fuga ou a evitação será incompleta, e o indivíduo reage com uma parte da resposta emocional, enquanto inibe outras partes. Por exemplo, a paciente pode ter a experiência fenomenológica de tristeza ou medo sem o aspecto expressivo facial ou postural da emoção, ou vice-versa. Ou a paciente pode ter um impulso de agir, associado normalmente a uma emoção (p.ex., gritar, fugir da sessão ou bater no terapeuta), sem a experiência emocional ou alterações fisiológicas correspondentes. A TCD não parte da premissa de que a paciente está experimentando a emoção inconscientemente, e apenas não sabe. Não se pressupõe que a paciente que quer bater no terapeuta esteja necessariamente com raiva dele. De fato, nesse caso, o problema pode ser que a paciente *não* esteja reagindo com raiva. Ou seja, ela está evitando ou inibindo o fluxo de uma resposta que ocorreria normalmente.

Para a paciente que está inibindo a experiência e expressão emocionais, o terapeuta deve ter cuidado para validar a emoção que está sendo inibida e as dificuldades que a paciente está tendo para expressá-la de forma espontânea. Para se entender a inibição, geralmente é preciso uma avaliação comportamental hábil (descrita em detalhe no Capítulo 9). Por exemplo, a paciente pode evitar automaticamente as respostas emocionais ou inibir a expressão emocional como resultado de experiências de condicionamento clássico. (Ver o Capítulo 3.) As emoções secundárias, conforme discutido antes, normalmente bloqueiam ou interferem na experiência e/ou expressão plena das emoções primárias. Finalmente, muitas pacientes têm crenças morais muito fortes quanto à adequação de diversas emoções.

Com uma paciente que esteja em uma crise emocional ou expressando emoções intensas, o terapeuta deve tomar muito cuidado para não usar a invalidação como uma técnica para refrear a emoção – uma estratégia comum demais. Em minha experiência, um dos maiores medos do terapeuta é que, se reconhecer ou validar as experiências emocionais da paciente *borderline*, estará recompensando o comportamento emocional, e ele continuará ou até aumentará. Em outras ocasiões, os terapeutas, como suas pacientes, sentem que, se validarem as pacientes, estarão se invalidando. A tentação então é tentar punir para reduzir a emoção. Isso raramente funciona e, mesmo quando funciona, as pacientes geralmente revertem para a inibição emocional, e respondem de forma intensa na próxima vez em que se depararem com a mesma situação. Quando a paciente se sente ouvida, escutada e levada a sério, porém, ela se acalma normalmente. De fato, se o terapeuta levar as emoções da paciente mais a sério do que ela mesma está levando (a estratégia dialética de expandir), a paciente talvez comece a tranquilizar o terapeuta. Estratégias específicas de validação emocional são discutidas a seguir e resumidas no Quadro 8.1.

Quadro 8.1   Lista de estratégias de validação emocional

____ T proporcionar oportunidades para EXPRESSÃO EMOCIONAL; T demonstrar empatia e aceitar os sentimentos de P.
   ____ T escutar a expressão emocional de P com uma postura não crítica e solidária.
   ____ T ornamentar as tentativas de modular a expressão emocional ou refocalizar o tema da discussão com afirmações que proporcionem estrutura, enquanto demonstra simpatia pela dor e dificuldades emocionais de P.
____ T ajudar P a OBSERVAR E ROTULAR os sentimentos; T ajudar P a se acalmar, recuar e prestar atenção nos componentes das respostas emocionais.
   ____ T direcionar P a prestar atenção em suas próprias experiências fenomenológicas da emoção.
   ____ T ajudar P a descrever e rotular as sensações corporais associadas aos sentimentos.
   ____ T ajudar P a descrever e rotular pensamentos, regras e interpretações de situações associadas a sentimentos.
   ____ T ajudar P a descrever vontades e desejos associados aos sentimentos.
   ____ T ajudar P a descrever tendências de ação e impulsos associados aos sentimentos.
   ____ T ajudar P a observar e descrever expressões faciais e posturais que possam estar associadas aos sentimentos.
____ T LER EMOÇÕES; T expressar, de maneira imparcial, respostas emocionais que P pode estar expressando apenas parcialmente.
   ____ T marcar o tempo da leitura das emoções, reduzindo-o à medida que P avança na terapia.
   ____ T oferecer a P sugestões de múltipla escolha sobre como ela pode estar se sentindo.
____ T COMUNICAR que os sentimentos de P são válidos.
   ____ T comunicar que a resposta emocional de P (ou parte da resposta de P) é razoável, é inteligente ou faz sentido no contexto da situação ("mas é claro que você teria sentido isso").
   ____ T pontuar que mesmo quando P está reagindo exageradamente ou está reagindo a uma visão possivelmente "distorcida" da situação, P entretanto está se baseando em seu próprio comportamento ou ambiente (i.e., existe um estímulo desencadeando a emoção).
   ____ T ensinar que todos os comportamentos (inclusive as emoções) são causados.
   ____ T oferecer/evocar uma explicação evolutiva e baseada na aprendizagem para as respostas emocionais, contrapondo-se às teorias de julgamento de P.

Táticas anti-TCD
____ T insistir na sua percepção sobre os sentimentos de P; T parecer fechado à possibilidade de P sentir algo diferente do que T supõe.
____ T criticar os sentimentos de P.
____ T enfatizar a irracionalidade ou a base distorcida de sentimentos sem sequer reconhecer o "grão de verdade".
____ T responder a emoções dolorosas como algo a se livrar.
   ____ T expressar apenas desconforto com as emoções dolorosas de P.
   ____ T reforçar expressões emocionais disfuncionais, interrompendo os procedimentos de mudança para uma validação prolongada sempre que tais expressões ocorrem.

1. PROPORCIONAR OPORTUNIDADES PARA EXPRESSÃO EMOCIONAL

Uma paciente em estado de crise avassaladora normalmente necessita de uma parte substancial da sessão para expressão e processamento emocionais. As tentativas do terapeuta de controlar expressões emocionais intensas podem ser recebidas com uma forte resistência, incluindo afirmações de que o terapeuta não a compreende. Nesses casos, o terapeuta deve simplesmente ouvir, identificar, esclarecer e validar diretamente os sentimentos da paciente, de maneira imparcial. Conforme discutido, a paciente se acalmará gradualmente e estará pronta para a solução de problemas mais concentrada. Fazer perguntas abertas sobre os sentimentos nesse ponto provavelmente não ajudará. De um modo geral, elas simplesmente prolongam a intensidade emocional ao passo que afirmações reflexivas sobre os sentimentos da paciente ou o ambiente podem ajudar a difundir a intensidade.

As oportunidades de expressão emocional também são importantes para a paciente inibida. Aqui, porém, a tarefa é proporcionar suficiente estrutura para induzir a comunicação das emoções, enquanto não se impõe estrutura demais, a ponto de a paciente se retrair ainda mais. A "suficiente estrutura" geralmente envolve fazer perguntas sobre as reações emocionais e deixar silêncio suficiente para a paciente responder. Ter paciência e capacidade de tolerar o silêncio são essenciais aqui. Também é necessária a capacidade de julgar quando um silêncio durou tempo demais. Os silêncios longos podem induzir mais retraimento. Ao invés disso, depois de um silêncio razoável, o terapeuta deve fazer um discurso solitário, pontuado por perguntas sobre o que a paciente está sentindo e silêncios para a resposta, até que ela comece a falar novamente.

2. ENSINAR HABILIDADES DE OBSERVAÇÃO E ROTULAR AS EMOÇÕES

As habilidades de observar e rotular as experiências e estados emocionais são uma meta importante do módulo de treinamento de habilidades na regulação das emoções. O terapeuta deve saber essas habilidades e ajudar a paciente a integrá-las à vida cotidiana. Ele também deve ensinar as habilidades explicitamente quando a terapia não tiver um componente separado de treinamento de habilidades ou quando uma parte do treinamento só for ocorrer muito depois que as habilidades forem necessárias. Certas pacientes *borderline* são muito boas em observar e descrever emoções; outras têm capacidades mínimas, muitas vezes vivendo em um nevoeiro emocional. Elas sabem que estão sentindo algo, mas têm pouca ou nenhuma ideia do que estão sentindo e como colocar isso em palavras. Com essas pacientes, é importante ensiná-las primeiro a observar e descrever os componentes das emoções, sem necessariamente ter que colocar rótulos imediatos em seus sentimentos.

Existem muitas teorias das emoções, e tantas teorias sobre os componentes das respostas emocionais. Na TCD, ensinamos às pacientes como observar e descrever os fatos (internos ou externos); pensamentos e interpretações associadas aos fatos; respostas sensoriais e físicas associadas à experiência emocional; desejos e vontades associados à experiência (p.ex., querer o melhor para uma pessoa ou esperar proximidade de alguém que se ama); e tendências de ação associadas (p.ex., "sinto vontade de dar nele"; "meus pés querem sair correndo"). Também podem ser obtidas informações sobre a emoção sentida a partir de reações abertas, que podem ser expressões da emoção, como expressões faciais e corporais, palavras usadas ou coisas ditas, e ações. Finalmente, também pode ser importante analisar os efeitos posteriores de uma emoção. Por exemplo, sentir-se segura e confiante quando alguém está por perto é um indício maior de amor do que de raiva.

Às vezes, informações sobre os fatos que levam a emoções são tudo que se precisa para entender uma resposta emocional. Se uma pessoa ameaça matar outra, é mais provável que esta reaja com medo; a tristeza geralmente se segue à morte de um ente querido. Por causa de suas experiências de aprendizagem idiossincráticas e culturais, porém, os indivíduos podem variar em suas respostas emocionais a diferentes situações. Outro fator complicador é que a maioria dos indivíduos, inclusive as pacientes *borderline*, tem dificuldade para discriminar os fatos (p.ex., "ele falou comigo com um tom de voz áspero", "meu coração disparou") de suas interpretações dos fatos (p.ex., "ele me odeia", "estou tendo um ataque de pânico e vou me humilhar"). A capacidade de separar os acontecimentos reais de inferências sobre os acontecimentos é um importante primeiro passo em abordagens de terapia cognitiva e também é importante na TCD.

A auto-observação exige que a paciente recue e observe a presença de sensações físicas, sentimentos, pensamentos emotivos ou "quentes", e tendências de ação. Às vezes, fazer a paciente se acalmar e observar suas próprias respostas é a única maneira que o terapeuta tem de obter informações suficientes para responder à paciente de forma proveitosa. Embora se espere que o terapeuta comportamental dialético "leia as emoções da paciente", pelo menos nos estágios iniciais da terapia (ver a seguir), as informações sobre como a paciente está respondendo tornam isso muito mais fácil. De outra forma, o processo de identificar as emoções da paciente às vezes pode parecer um jogo de adivinhação. A maioria das pessoas, incluindo as pacientes *borderline*, considera extremamente difícil observar as respostas emocionais sem ser levado por elas. De fato, a observação das emoções também é uma técnica de regulação emocional. Assim pode ser importante ajudar a paciente a praticar a auto-observação reflexiva durante as sessões de terapia e em interações telefônicas.

As técnicas para ajudar a paciente a aprender a observar, descrever e rotular as emoções são: questionar e fazer comentários sobre os acontecimentos; instruir a paciente em como recuar e observar suas respostas cognitivas, fisiológicas e comportamentais não verbais; e concentrar-se nas respostas normativas de outras pessoas em situações semelhantes. Preencher as fichas de "Observação e descrição de emoções" do módulo de treinamento de habilidades de regulação emocional (ver o manual que acompanha este livro) como tarefa de casa pode ser bastante produtivo. A vantagem dessas fichas é que a paciente pode usá-las entre as sessões para trabalhar em identificar as emoções.

Às vezes, uma paciente experimenta a ideia de que se pode observar uma emoção reflexivamente como algo que invalida a emoção. A tendência da paciente de entender a emoção literalmente, como uma informação sobre o fato ao invés de sua resposta ao fato, é a dificuldade aqui. A sugestão de que se pode ou deve observar a emoção implica que o "problema" é a solução, e não o que a disparou. Para contrapor isso, o terapeuta deve rodear a sugestão de observar com comunicações que validem a emoção.

3. LER EMOÇÕES

A leitura das emoções é o equivalente emocional de ler a mente de alguém. O terapeuta que é um bom leitor de emoções pode descobrir como a paciente se sente apenas por saber o que aconteceu com ela, e pode fazer a conexão entre o fato precipitante e a emoção, sem receber nenhuma informação sobre a emoção em si. Isso quase sempre é entendido como uma validação da experiência emocional da paciente. A mensagem transmitida é que as respostas emocionais da paciente aos acontecimentos são normais, previsíveis e compreensíveis. De que outra maneira o terapeuta poderia saber o que a paciente sente? Em comparação, quando o terapeuta não consegue descobrir como a paciente se sente a menos que ela explique em detalhe, isso é considerado falta de validação, sensibilidade e cuidado.

Muitos terapeutas não estão dispostos ou não são capazes de ler as emoções das pacientes, insistindo que elas declarem verbalmente como estão se sentindo ou o que desejam. Não é incomum ouvir terapeutas dizerem a pacientes: "não consigo ler a sua mente", em um tom de voz que claramente implica que esperar que os terapeutas saibam como as pacientes se sentem sem ser informados é algo patológico. As demandas das pacientes de que os terapeutas façam isso são queixas comuns em reuniões de caso. Ainda assim, um momento de reflexão nos diz que a capacidade de saber como uma pessoa se sente sem ser informado diretamente é uma habilidade social essencial e esperada em relacionamentos interpessoais comuns. Se um ente querido morre, a pessoa é despedida, sua casa queima em um incêndio, um bom cliente é perdido ou ganho no trabalho, ou um filho ganha um prêmio cobiçado, a maioria das pessoas espera que os outros saibam como elas se sentem e ajam de acordo. Em muitos conflitos entre grupos, a questão é exatamente essa – a queixa de um grupo de que o outro é insensível e não consegue entender as emoções do outro, a menos que explicadas detalhadamente. Os homens não entendem as mulheres; os brancos não enxergam a perspectiva dos afro-americanos; os ricos não compreendem os pobres; e assim por diante. Exigir que os outros nos entendam melhor, ou desenvolvam a capacidade de ler nossas emoções, não é algo peculiar às pacientes *borderline*. Em todos os casos, o problema é que as pessoas de uma origem cultural têm dificuldade para ler as emoções das pessoas de outra. E esse é o estado de coisas entre as pacientes *borderline* e a maioria dos terapeutas. Eles têm experiências de vida muito diferentes, tornando difícil para cada um entender o outro. As pacientes não tiveram a enculturação que forma o terapeuta, e a maioria dos terapeutas não teve experiências sequer parecidas com as da paciente *borderline*.

Entre as afirmações emocionais mais comuns e importantes feitas pelas pacientes *borderline* e suicidas, estão variações das afirmações de que "não se importam mais".

Esses comentários são importantes porque possibilitam o potencial de invalidar emoções que são centrais à opinião das pacientes sobre si mesmas. Uma paciente pode dizer que não quer tentar mais, ou que não se importa com algo que antes a interessava muito. Quando vistos literalmente, esses comentários bloqueiam o trabalho colaborativo entre pacientes e terapeutas, pelo menos com relação ao tema em consideração. Às vezes, a afirmação da paciente de que não se importa reflete a crença secreta do terapeuta ("se ela se importasse, tentaria mais, agiria melhor, etc."). Assim, existe a tentação de concordar com a paciente que ela não se importa ou não quer melhorar. Em outras ocasiões, o terapeuta experimenta a afirmação da paciente como manipuladora ("obviamente, ela se importa; ela apenas está dizendo isso para jogar ou obter algo de mim"). O terapeuta responde com hostilidade velada ou frieza. Ambas as respostas podem ser experimentadas pela paciente como invalidantes em relação ao seu verdadeiro estado emocional. Não se importar mais geralmente é uma resposta de frustração e uma tentativa por parte da paciente de evitar o ciclo de interesse e subsequente decepção. É importante que o terapeuta responda a isso dizendo à paciente que ela provavelmente se importaria se se permitisse, e que o problema pode ser que ela está se sentindo desesperançosa e impotente, no lugar de não se importar. Simplesmente reconhecer a sensação de perder o controle pode ajudar a paciente a identificar sua estratégia de evitação.

Para ler emoções, é necessário que o terapeuta tenha uma certa familiaridade com a cultura da paciente. O conhecimento da situação atual da paciente ou da situação precipitante, juntamente com observações do comportamento verbal e não verbal da paciente, pode ser útil para se chegar a uma descrição das respostas emocionais da paciente. A relação entre os fatos e as emoções é, em parte, universal, mas também, em parte, aprendida. Assim, até onde as histórias do terapeuta e da paciente forem semelhantes, ele terá capacidade de ler emoções. Na ausência dessa semelhança, a experiência clínica (especialmente com pacientes *borderline*) e livros e filmes sobre pessoas como a paciente podem ajudar. Uma tarefa muito importante do grupo de supervisão de caso é ajudar o terapeuta nesse trabalho.

O tempo

Ler emoções é essencial no início da terapia com pacientes *borderline*, mas deve ser reduzido à medida que a terapia avança. Como estratégia, é uma técnica muito poderosa e validante e, ao mesmo tempo, repleta de dificuldades. O principal problema é que, quando o terapeuta lê as emoções da paciente, ela não precisa aprender a ler as suas próprias emoções. O terapeuta está fazendo o trabalho, e não a paciente. Em segundo lugar, ter o terapeuta para ler suas emoções geralmente é bastante confortante para a paciente. Assim, quando o terapeuta começa a diminuir – a insistir que a paciente melhore sua capacidade de ler suas próprias emoções – isso pode ser experimentado como punição e falta de cuidado. Em terceiro lugar, quando o terapeuta verbaliza as emoções da paciente, permite que ela evite verbalizá-las por si mesma. Assim, evita à exposição à conversa sobre suas emoções, e isso pode atrapalhar o desenvolvimento de conforto em discutir as emoções. Finalmente, evitar a expressividade emocional permite que a paciente evite a autovalidação emocional.

No começo da terapia, e às vezes bastante depois de a terapia ter começado, a recusa do terapeuta em ler as emoções da paciente muitas vezes leva à escalada da emoção, até finalmente ser explicitamente expressa, mas de um modo extremo e muitas vezes desadaptativo. Em outras palavras, a emoção somente é expressada quando a sua experiência é mais intensa do que a experiências contrabalançadas de vergonha, medo ou autoinvalidação. Nesse ponto, a paciente pode se autoagredir cortando-se ou tentar suicídio, ou pode aderir rigidamente a um ponto de vista que sustente uma resposta emocional extremada. Antes que a paciente tenha aprendido a inibir esses comportamentos desadaptativos, provavelmente seria contraproducente o terapeuta abster-se de ler as emoções para forçar a paciente a expressá-las. Todavia, uma vez que esses comportamentos estiverem sob controle e a paciente conseguir tolerar estresses adequadamente, continuar a ler emoções também será contraproducente. De fato, a tarefa do terapeuta se torna ensinar à paciente as habilidades de experiência e expressão emocionais. Isso é especialmente verdadeiro no estágio final da TCD, quando desenvolver autorrespeito e aprender autovalidação são as metas principais. Os princípios do treinamento de habilidades (incluindo moldagem, discutido no Capítulo 11) são relevantes aqui.

Propor questões de múltipla escolha sobre emoções

Um perigo da leitura das emoções é que o terapeuta pode ler uma emoção erroneamente, mas a paciente concordar mesmo assim. Ela pode fazê-lo por simples confusão, medo de discordar ou de decepcionar o terapeuta, ou pela crença de que suas emoções verdadeiras são tão ruins que ela não pode admitir que as sente. Uma estratégia alternativa é propor à paciente uma variedade de opções de rótulos para as emoções – por exemplo, "você está se sentindo brava, magoada, triste, ou todos os três?". A vantagem aqui é que essas questões não são abertas. As pacientes *borderline* simplesmente não conseguem responder a questões abertas sobre suas emoções atuais. As questões de múltipla escolha sobre as emoções dão algumas opções às pacientes, mas não muitas.

4. COMUNICAR A VALIDADE DAS EMOÇÕES

A melhor maneira de validar a experiência emocional da paciente é o terapeuta dizer diretamente que considera a resposta emocional compreensível. Dois tipos de entendimento podem ser transmitidos nesse caso. Primeiro, a paciente pode ser informada de que quase todos (ou pelo menos muitas pessoas) responderiam à situação que gera a emoção da mesma maneira que ela está respondendo. Isso é uma validação normativa. Em segundo lugar, pode-se ajudar a paciente a enxergar que, dadas suas experiências passadas de aprendizagem, sua reação emocional (mesmo se outras pessoas reagirem de forma diferente) é compreensível dentro do contexto. Todavia, em ambos casos, a ênfase é em identificar os aspectos da situação atual que levam à emoção.

É importante que o terapeuta valide não apenas a experiência emocional primária, mas também a resposta emocional secundária. Por exemplo, a paciente muitas vezes sente culpa, vergonha e raiva de si mesma, ou entra em pânico se sentir raiva e humilhação, se se sentir dependente do terapeuta, começar a chorar, lamentar ou tiver medo. Essas respostas secundárias muitas vezes são as mais debilitantes para a paciente. Com pacientes que têm crenças religiosas sobre a moral e diversas respostas emocionais, devemos ajudá-las a explorar a validade dessas crenças. Embora o terapeuta deva ter cautela para não desafiar os padrões morais da paciente, em muitas ocasiões, as proibições da paciente contra diversas emoções baseiam-se em uma compreensão errônea de sua própria tradição religiosa.

A validação emocional é um primeiro passo essencial em qualquer tentativa de ajudar a paciente a moderar suas respostas. Assim, raramente é proveitoso responder ao que parece ser uma emoção injustificada instruindo a paciente de que ela não precisa se sentir daquele jeito. O terapeuta pode se sentir tentado a fazer isso quando a paciente responde a ele de forma emotiva. Por exemplo, se ela telefona para a casa do terapeuta (de acordo com o plano de tratamento) e depois se sente culpada ou humilhada por tê-lo feito, a tendência natural do terapeuta será dizer a ela que não precisa se sentir assim. Isso deve ser reconhecido como uma afirmação invalidante. Embora ele possa querer comunicar que telefonar para o terapeuta é aceitável e compreensível, também é compreensível que a paciente se sinta culpada e humilhada.

Com frequência, a invalidação dos sentimentos da paciente ocorre a partir das tentativas ansiosas do terapeuta de ajudá-la a se sentir imediatamente melhor. É preciso resistir a essa tendência, pois ela pode anular uma mensagem importante que a terapia esteja tentando comunicar – ou seja, que as emoções negativas e dolorosas não apenas são compreensíveis, como toleráveis. Além disso, se o terapeuta responde às emoções negativas da paciente ignorando-as, dizendo à paciente que ela não precisa sentir aquilo, ou concentrando-se rápido demais em mudar as emoções, ele corre o risco de agir como as outras pessoas do ambiente natural da paciente faziam. A tentativa de controlar as emoções pela força de vontade, ou "pensar alegre" e de evitar os pensamentos negativos, é uma característica fundamental do ambiente invalidante. O terapeuta deve se certificar de não cair nessa armadilha.

ESTRATÉGIAS DE VALIDAÇÃO COMPORTAMENTAL

As estratégias de validação comportamental são usadas em todas as sessões. Elas constituem a principal resposta à tendência das pacientes *borderline* de invalidar e punir os seus próprios padrões de comportamento. A validação comportamental pode se concentrar em comportamentos que a paciente anota em seu cartão diário, outros comportamentos que ocorrem durante a semana, ou comportamentos que ocorrem durante a sessão de terapia ou a interação com o terapeuta. A ideia básica é evocar uma descrição clara dos comportamentos em questão e comunicar a sua compreensibilidade essencial. A validação comportamental baseia-se na noção de que todo comportamento é causado por fatos que ocorrem ao longo do tempo e, assim (pelo menos em princípio), é compreensível. A tarefa do terapeuta é encontrar a validade da resposta da paciente e refletir aquele aspecto do comportamento. Embora essas estratégias estejam sendo discutidas em termos de comportamentos explícitos e ações, elas podem ser aplicadas igualmente para ajudar as pacientes a aceitar suas próprias reações, decisões, crenças e pensamentos emocionais, e são discutidas aqui por conveniência. As estratégias de validação comportamental são resumidas no Quadro 8.2.

1. ENSINAR HABILIDADES DE OBSERVAÇÃO E ROTULAR COMPORTAMENTO

Descrever o comportamento e seus padrões é uma parte essencial de qualquer psicoterapia. As pacientes *borderline* podem ser notavelmente ignorantes de seus padrões de comportamento e dos efeitos do seu comportamento sobre as pessoas. Muitas vezes, isso ocorre porque as pessoas descrevem seu comportamento para elas em termos de motivos presumidos (p.ex., "você está tentando me controlar")

Quadro 8.2 Lista de estratégias de validação comportamental

____ T ajudar P a OBSERVAR E DESCREVER (mostrar ou evocar o reconhecimento de P – p.ex., questionamento socrático) o seu próprio comportamento.
    ____ T ajudar P a diferenciar o comportamento dos motivos e rótulos inferidos.
    ____ T ajudar P a IDENTIFICAR O "DEVER"; T observa e descreve demandas comportamentais autoimpostas, e padrões irrealistas de comportamento aceitável.
    ____ T identificar as estratégias ineficazes de P para a mudança comportamental.
    ____ T observar e descrever usos de culpa, autorrepreensão e outras estratégias de punição.
____ T COMBATER O "DEVER"; T comunica que todo comportamento, em princípio, é compreensível.
    ____ T comunicar que qualquer padrão que não se cumpre é, por definição, irrealista no momento atual.
    ____ T comunicar que tudo que acontece "deve" acontecer, dado o contexto do mundo (i.e., em princípio, tudo é compreensível).
    ____ T tomar cuidado para distinguir o entendimento de que as condições necessárias para que algo aconteça existem (por um lado) de aprovar o fato (pelo outro).
    ____ T fazer uso de histórias, analogias, parábolas, exemplos e instruções sobre os princípios do comportamento para ajudar P a enxergar que tudo que acontecer, incluindo seu próprio comportamento, é um produto natural da realidade como ocorre no presente.
____ T ACEITAR o comportamento de P, inclusive os "deveres" que ela impõe a si mesma.
    ____ T responder ao comportamento de P sem julgar.
    ____ T explorar com P a validade da formulação "deve para que".
    ____ T procurar o grão de verdade no comportamento de P.
____ T validar a DECEPÇÃO de P com seu próprio comportamento

Táticas anti-TCD

____ T impor suas próprias preferências comportamentais como "deveres" absolutos.
____ T comunicar que P deve ser (sentir, agir, pensar) diferente de como é.
____ T comunicar que os outros devem ser diferentes.

ou dos efeitos do comportamento nos observadores (p.ex., "você está me manipulando"), ao invés de em termos puramente comportamentais ("você está mudando de assunto)". Embora essas possam ser descrições precisas da experiência do observador, elas muitas vezes não são descrições precisas da experiência das pacientes. Assim, o *feedback* é rejeitado ou combatido. A energia que poderia ser usada para entender os padrões de comportamento e seus efeitos, independente dos motivos ou efeitos pretendidos, é desviada para a autodefesa.

As análise do comportamento e as estratégias de *insight*, discutidas no próximo capítulo, são técnicas importantes para ensinar a paciente a observar e descrever o seu próprio comportamento. O argumento que quero fazer aqui é que descrever o comportamento, sem acrescentar motivos e juízos inferidos, pode em si ser uma resposta validante. Isso é ainda mais importante quando o terapeuta ajuda a paciente a reconhecer suas descrições que invalidam e julgam o seu próprio comportamento. Para uma paciente *borderline*, "eu fui idiota" pode ser uma descrição mais típica de perder o ônibus do que "eu fui para a parada atrasada para pegar o ônibus".

2. IDENTIFICAR O "DEVER"

As pacientes *borderline* e suicidas muitas vezes expressam raiva, culpa ou decepção extremas em relação a si mesmas porque agiram de maneiras que consideram inaceitáveis. Quase sem exceção, esses sentimentos baseiam-se em um sistema de crenças de que "não deveriam" ter agido da maneira que agiram, ou que "deveriam" ter agido de outro modo. Em outras palavras, essas pacientes impõem demandas irrealistas sobre si mesmas para que ajam de maneira diferente. Um passo fundamental na validação comportamental é ajudar a paciente a identificar esse tipo de demanda autoimposta. Embora a paciente possa dizer abertamente que não deveria ter feito o que fez, outras afirmações transmitem a mesma mensagem, mas indiretamente (p.ex., "por que eu fiz isso?", "como posso ter feito isso?", "isso foi burrice!"). Aprender a identificar "deveres" tácitos é uma habilidade importante.

O uso de "deveres" mágicos por um indivíduo *borderline* é um dos mais importantes fatores que interferem na moldagem comportamental. O fato de acreditar que deveria ser diferente proíbe a paciente de se colocar em um plano realista para efetuar as mudanças desejadas. De fato, em uma família invalidante, é a imposição de "deveres" irrealistas que inibe substancialmente a capacidade de se ensinar a paciente a mudar o seu comportamento. Assim, a imposição de "deveres" recapitula a invalidação que o indivíduo teve ao crescer. Enfatizar isso para a paciente pode ajudar a promover a mudança.

3. COMBATER O "DEVER"

O primeiro passo para contrapor os "deveres" é fazer uma distinção entre compreender como ou por que algo aconteceu e aprovar o fato. A principal resistência a acreditar que algo deveria ter acontecido, dadas as circunstâncias que envolvem o fato, é a crença de que, se um comportamento é compreendido, ele também é aprovado. O terapeuta deve enfatizar que o ato de recusar-se a aceitar uma certa realidade significa que não se pode agir para superar ou mudar aquela realidade. Exemplos simples podem ser dados aqui. O terapeuta pode apontar para uma parede próxima e sugerir que, se o indivíduo quiser que a parede seja colorida e se recusar a aceitar o fato de que não é colorida, é improvável que essa pessoa venha a pintar a parede com cores. Uma segunda questão é mostrada aqui: o fato de se desejar que a realidade fosse diferente não a muda; acreditar que a realidade é o que se quer que seja não a torna o que queremos. Às vezes, uma afirmação de que algo não deveria existir também equivale a negar a sua existência: "como não é aceitável, não deveria acontecer". A afirmação contrária a essa é "é" ou "aconteceu". A tarefa é levar a paciente a concordar que desejar ou negar não mudará a realidade.

Uma atitude que ajuda a contrapor esses "deveres" é apresentar uma explicação mecânica de causalidade, indicando que cada fato tem uma causa. O terapeuta pode dar vários exemplos de comportamentos inadequados ou indesejáveis com ilustrações passo a passo dos fatores que os causaram. A estratégia é mostrar que os pensamentos ("não quero isso") e as emoções (medo, raiva) não são suficientes para impedir que os fatos aconteçam. A noção a transmitir é que tudo que acontece deve acontecer, dado o contexto do mundo; em princípio, tudo é compreensível.

Para contrapor o "dever", pode ser necessária uma quantidade substancial de tempo, e o terapeuta talvez precise ter muitas histórias e metáforas à mão para ilustrar a questão. Por exemplo, geralmente, conto uma história sobre caixas rolando em uma esteira e caindo de um prédio. As caixas caem por toda parte. Uma pessoa passando não acreditaria que poderia fazer as caixas pararem de cair do prédio apenas gritando que parassem, ou apenas desejando desesperadamente que parassem. Não, a pessoa saberia que deveria sair do carro e entrar no prédio para descobrir o que está errado. Descobrir o que está acontecendo no prédio esclareceria por que as caixas estão caindo na rua. As pessoas, juntamente com seu passado, muitas vezes são como prédios, cujo interior não se pode enxergar. Outro exemplo que uso é segurar algo na mão e fingir que é uma taça de vinho tinto, fingindo simultaneamente que o tapete é um tapete branco novinho em folha. Enquanto solto o objeto, pergunto se a taça não deveria cair quando largada. Por que ela cai se eu não quero que caia? Depois desse argumento, coloco a mão sob ele, pegando-o. A questão é que, para que a taça não caia no tapete (quando abrir a mão), devo fazer algo para impedir.

É muito importante cobrir esses princípios de um modo abstrato no início da terapia e levar a paciente a concordar com os princípios abstratos. Durante a administração de módulos de treinamento de habilidades, essas questões são discutidas enquanto a paciente está aprendendo habilidades de atenção plena e tolerância a perturbações. Para fazer a paciente aceitar a ideia de que uma postura imparcial é preferível a uma postura julgadora, quase sempre é preciso fazer uma discussão minuciosa dessas ideias. No restante da terapia, o terapeuta pode se referir a essas princípios, observando que a paciente já concordou com eles, e pode indicar sua aplicação em casos individuais. À medida que a terapia avança, a paciente começará a prestar atenção em si e seus "deveres". Isso deve ser encorajado e reforçado, é claro.

4. ACEITAR O "DEVER"

Muitas vezes, algo deve acontecer para que um segundo fato ocorra. ("Se A, então B"; "se não A, então não B".) É comum e adequado usar o conceito de "dever" em uma afirmação, quando não estamos nos referindo a algo que deve acontecer para que outra coisa ocorra. Assim, a seguinte frase é adequada: "A deve acontecer para produzir B". É muito importante que o terapeuta aceite as preferências da paciente em relação ao seu próprio comportamento. A paciente talvez prefira agir de certas maneiras ou pode querer resultados variados que exijam certos padrões de comportamento. Nesses casos, o terapeuta deve estar atento para aceitar os "deveres" e transmitir à paciente a validade das suas preferências. Juntos, o terapeuta e a paciente podem explorar a validade da sequência "deve para que". Às vezes, a paciente fará previsões incorretas (p.ex., "A não é necessário para que B ocorra"). Em outras ocasiões, as previsões da paciente são bastante corretas. Nesse caso, o terapeuta está procurando o grão de verdade no comportamento da paciente.

5. AVANÇAR PARA A DECEPÇÃO

É fácil o terapeuta se encontrar invalidando os "deveres" da paciente sem reconhecer que é importante não invalidar a decepção compreensível com o seu próprio comportamento. No contexto de qualquer discussão breve, é importante que o terapeuta alterne entre validar os fatos como compreensíveis e validar as decepções como igualmente compreensíveis. Certos comportamentos deveriam e não deveriam ocorrer. Quando isso acontece, uma resposta adequada é a decepção.

ESTRATÉGIAS DE VALIDAÇÃO COGNITIVA

As emoções intensas podem precipitar pensamentos, memórias e imagens congruentes com o humor. Em contrapartida, os pensamentos, memórias e imagens podem ter influência sobre o humor. Assim, uma vez que uma resposta emocional intensa começa, cria-se um ciclo vicioso: a emoção dispara memórias, imagens e pensamentos e influencia percepções e o processamento de informações, que, por sua vez, realimentam a resposta emocional, dando continuidade a ela. Nesses casos, certas distorções podem assumir vida própria e colorir muitas, senão a maioria, das interações e respostas do indivíduo aos acontecimentos. No entanto, nem todos os pensamentos, percepções, expectativas, memórias e regras relacionados com o humor são disfuncionais ou distorcidos. Essa questão é crucial ao se conduzir TCD.

A TCD não pressupõe que os problemas dos indivíduos *borderline* partam principalmente de estilos cognitivos disfuncionais, interpretações errôneas e distorções dos fatos, e regras subjacentes ou esquemas cognitivos desadaptativos. Como as pacientes *borderline* às vezes distorcem, às vezes exageram e às vezes lembram seletivamente, é comum as pessoas ao seu redor (inclusive terapeutas) suporem que o seu pensamento e percepções sempre são equivocados, ou pelo menos que, em situações de discordância, os indivíduos *borderline* são os mais os prováveis de estar incorretos. Essas suposições são especialmente prováveis de ocorrer quando não existem informações completas sobre os acontecimentos que precipitam a resposta emocional do indivíduo – ou seja, os estímulos que desencadeiam a reação do indivíduo não são públicos. Especialmente quando o indivíduo *borderline* está sentindo emoções intensas, é fácil outra pessoa achar que o indivíduo está distorcendo os fatos. As coisas não são, ou não podem ser, tão ruins como ela diz. A armadilha aqui é que pressupostos tomam o lugar da avaliação; hipóteses e interpretações tomam o lugar da análise dos fatos. A interpretação particular da outra pessoa é tida como um guia para fatos públicos. Esse cenário reproduz o ambiente invalidante.

A tarefa do terapeuta na validação cognitiva é reconhecer, verbalizar e entender os pensamentos, crenças, expectativas e premissas ou regras subjacentes, expressas e não expressas, da paciente, e encontrar e refletir a verdade essencial de todos ou parte deles. As estratégias para "captar pensamentos", identificar pressupostos e expectativas, e revelar regras que estejam guiando o comportamento do indivíduo, especialmente quando tais regras atuam fora da consciência, pouco diferem das diretrizes apresentadas por terapeutas cognitivos como Beck e seus colegas (Beck et al., 1979; Beck et al., 1990). A diferença essencial é que a tarefa na TCD é a validação, no lugar de confrotação empírica ou desafio lógico.

Geralmente, o indivíduo *borderline* cresceu em uma família "formadora de loucos", onde as percepções da realidade costumavam ser invalidadas. A luta para a paciente, pois, é aprender a discriminar quando suas percepções, pensamentos e crenças são válidos e quando não são – quando ela pode confiar em si mesma e quando não pode. A tarefa do terapeuta é ajudar nesse processo. Um foco exclusivo nas crenças, regras e estilos cognitivos inválidos da paciente é contraproducente, pois deixa a paciente insegura de quando (se em algum momento) suas percepções e pensamentos são adaptativos, funcionais e válidos. Estratégias específicas de validação cognitiva são descritas a seguir e resumidas no Quadro 8.3.

1. ELUCIDAR E REFLETIR SOBRE PENSAMENTOS E REGRAS

A primeira tarefa na validação cognitiva é descobrir exatamente o que a paciente está pensando, quais são suas regras e expectativas, e que constructos ela está usando para organizar seu mundo. Isso é mais fácil de falar do que de fazer, pois os indivíduos *borderline* muitas vezes não conseguem articular exatamente o que estão pensando. Às vezes, os pensamentos passam por sua mente tão rapidamente que não conseguem identificar; em outras ocasiões, suas regras e expectativas são implícitas, ao invés de explícitas. As expectativas passivas, por exemplo, são automáticas, fáceis e difíceis de verbalizar, ao contrário das expectativas ativas, que são conscientes, ocupam a atenção e são fáceis de descrever (Williams, 1993).

2. DISCRIMINAR FATOS DE INTERPRETAÇÕES

É fácil supor que uma paciente está distorcendo o que observa; é muito mais difícil saber exatamente o que a paciente está observando. A tarefa aqui é tornar públicos os acontecimentos privados. O terapeuta deve questionar cuidadosamente a paciente sobre o que aconteceu exatamente e quem

Quadro 8.3   Lista de estratégias de validação cognitiva

____ T ajudar P a OBSERVAR E DESCREVER (indica ou evoca o reconhecimento de P – seja por questionamento socrático) seus próprios processos de pensamento (pensamentos automáticos, pressupostos subjacentes).
 ____ T identificar constructos que P usa para organizar o mundo.
 ____ T identificar significados que P atribui aos fatos.
 ____ T identificar as premissas básicas de P sobre si mesma e o mundo.
 ____ T ajudar P a observar e descrever experiências "criadoras de loucos".
 ____ T escutar e discutir o ponto de vista de P de maneira imparcial.
____ T ajudar P a avaliar os fatos e DIFERENCIAR OS FATOS DE SUAS INTERPRETAÇÕES.
____ T procurar o "GRÃO DE VERDADE" na maneira de P enxergar os fatos.
 ____ Quando adequado, T usar interações T-P para demonstrar a P que, embora o entendimento da realidade possa não ser completo, também não é incompleto.
____ T RECONHECER A "MENTE SÁBIA"; T comunicar a P que o conhecimento intuitivo pode ser tão válido quanto o conhecimento empiricamente verificável.
____ T RESPEITAR VALORES DIFERENTES; T não insistir na validade de seus próprios valores sobre os de P.

Táticas anti-TCD

____ T impor um determinado conjunto de valores ou posição filosófica sobre a realidade e a verdade.
____ T apresentar uma visão rígida dos fatos.
____ T ser incapaz de enxergar a realidade a partir da perspectiva de P.

fez o quê. Conforme já comentei antes, pode ser muito difícil discriminar os fatos da sua interpretação. Com frequência, a paciente faz uma interpretação do comportamento que observa em outra pessoa ("ele quer me despedir") ou uma expectativa derivada de uma observação ("ele vai me despedir"). O terapeuta deve perguntar: "o que ele fez que a levou a acreditar nisso?". O elemento crucial aqui é a premissa inicial de que a outra pessoa fez algo, e que é provável que a interpretação da paciente seja razoável de algum modo. O objetivo nesse caso é descobrir a base empírica para as crenças da paciente.

3. ENCONTRAR O "GRÃO DE VERDADE"

A próxima tarefa a encontrar é enfatizar os pensamentos e regras da paciente que são válidos ou tirar sentido do contexto em que se encontra. A ideia não é que os indivíduos (inclusive os indivíduos *borderline*) sempre "tiram sentido", ou que eles não exagerem ou minimizem as coisas, pensem em extremos, desvalorizem o que deve ser valorizado e idealizem o comum, e tomem decisões disfuncionais. De fato, segundo a opinião popular e profissional, os indivíduos *borderline* são notórios exatamente por essas distorções. Porém, é essencial não pré-julgar as opiniões, pensamentos e decisões de uma paciente *borderline*. Quando o terapeuta discorda da paciente, é fácil demais simplesmente supor que o terapeuta está certo e a paciente está errada. Ao procurar o "grão de verdade", o terapeuta dá um salto e pressupõe que, com o escrutínio adequado, pode-se encontrar uma certa quantidade de validade ou razão ou sentido. Embora a compreensão da paciente sobre a realidade possa não ser completa, ela também não é totalmente incompleta. Às vezes, os pensamentos da paciente sobre a questão podem fazer muito sentido. As pacientes *borderline* têm uma estranha capacidade de enxergar que o "rei está nu" – de observar ou prestar atenção em certos estímulos no ambiente que os outros não observam. A tarefa do terapeuta é separar o joio do trigo e se concentrar, nesse momento, no trigo.

4. RECONHECER A "MENTE SÁBIA"

Conforme já discuti no Capítulo 7, a TCD apresenta às pacientes o conceito de "mente sábia", em contrapartida à "mente emocional" e à "mente racional". A "mente sábia" é a integração de ambas, e também inclui uma ênfase em modos intuitivos, experimentais e/ou espirituais de saber. Assim, um aspecto da validação cognitiva é o terapeuta reconhecer e amparar esse tipo de saber por parte da paciente. O terapeuta adota a posição de que algo pode ser válido mesmo que a paciente não possa prová-lo. O fato de que a outra pessoa é mais lógica em uma discussão não significa que os argumentos da paciente não sejam válidos. A emotividade não invalida a posição mais que a lógica pode necessariamente validá-la. Cada uma dessas posições terapêuticas contrapõe-se a determinados aspectos do ambiente invalidante.

5. RESPEITAR VALORES DIFERENTES

Às vezes, a paciente e o terapeuta terão opiniões e valores diferentes. Respeitar essas diferenças, sem pressupor superioridade, é um componente essencial da validação cognitiva. É fácil o terapeuta adotar uma visão "superior" de suas opiniões e valores, como sendo mais respeitáveis do que os da paciente e, assim, invalidar o ponto de vista dela. Por exemplo, uma das minhas pacientes acreditava que eu deveria estar disponível para ser contatada pelo telefone a qualquer hora do dia ou da noite. Ela mesma trabalhava na área da saúde mental e dizia que estava disponível para as pessoas com quem trabalhava, pois acreditava que era o certo a fazer e significava compaixão. Falei que o problema era que ela estava tentando fazer com que eu fosse como ela (ter menos limites para o quanto me doaria) e eu estava tentando torná-la mais como eu (observar mais limites). Embora eu não tenha mudado minha posição em relação ao meu comportamento, também entendia o valor do ponto de vista dela.

ESTRATÉGIAS DE MOTIVAÇÃO

De muitas maneiras, trabalhar com uma paciente *borderline* é como ser o treinador do time mais fraco da escola, durante o último jogo do campeonato. O time está perdendo de 92 a 0 no último tempo; restam três pessoas na arquibancada. Está frio, neva e tudo está lamacento, e o outro time ameaça com mais um *touchdown*. O capitão pede tempo. O time se agrupa e fala em desistir. O que o treinador fará? O treinador reconhece que a situação é desoladora, mas permanece firme, grita palavras de encorajamento, e inspira o time a continuar tentando. Em resumo, o treinador motiva.

As pacientes *borderline* e suicidas costumam estar desestimuladas, desesperançadas e incapazes de enxergar qualquer solução não suicida para os problemas de suas vidas. A vida e a terapia podem ser muito difíceis para elas. Seu autoconceito e, muitas vezes, as opiniões que as pessoas têm delas estão na maré baixa. Durante uma sessão, essas pacientes podem oscilar entre esperança e desmotivação. A mínima confrontação pode ser suficiente para precipitar desmotivação. Mesmo quando a paciente não se sente desmotivada momentaneamente, o terapeuta pode ter certeza de que, entre as sessões, é provável que esse sentimento retorne. As estratégias de motivação são uma das principais estratégias para combater o comportamento de passividade ativa da paciente *borderline*.

Na estratégia de motivação, o terapeuta valida a capacidade inerente da paciente de superar suas dificuldades e construir uma vida que valha a pena. Embora a forma dessa vida possa diferir do que se espera ou mesmo do que se exige em um dado momento, deve-se abordar e observar o potencial para superar obstáculos e para criar valor. O truque na motivação é fazer a pessoa cumprir seu potencial e dar esperança de que essas capacidades podem ser expandidas, sendo realista em relação a quais são essas capacidades e o quanto podem ser expandidas. Uma postura crucial para o terapeuta é dizer "eu acredito em você". Na forma mais simples, a estratégia de motivação significa crer na paciente. Para algumas pacientes, essa será a primeira experiência de ter alguém acreditando e demonstrando confiança nelas. O terapeuta valida as capacidades interiores e a sabedoria da paciente; às vezes, portanto, a estratégia equilibra, compara e contrapõe as estratégias de validação emocional, comportamental e cognitiva.

As estratégias de motivação são usadas em quase todas as interações (p.ex., todas as sessões, todas as sessões telefônicas). A frequência deve ser alta com pacientes extremamente disfuncionais. À medida que a paciente melhorar – e particularmente durante a última fase da terapia, que aborda o autorrespeito e a autovalidação – a quantidade de motivação deve ser reduzida. Todavia, é importante reconhecer que quase todas as pessoas precisam de uma certa quantidade de motivação para viver a vida de forma confortável. Isso é particularmente verdadeiro quando alguém começa algo difícil, como a psicoterapia. Assim, embora a motivação deva ser reduzida no decorrer da terapia, e certamente o foco da motivação mudará, ela continua sendo uma parte importante da relação terapêutica.

Às vezes, a paciente experimenta a motivação como algo invalidante. Se o terapeuta entendeu como tudo realmente é horrível, e como a paciente realmente é incapaz, ele não acreditará que ela pode mudar ou realizar nada do que está sendo pedido. Na motivação, o terapeuta acredita que a paciente pode salvar a si mesma; a paciente, por sua vez, muitas vezes acredita que precisa ser salva. A tarefa aqui é equilibrar uma compreensão das dificuldades para fazer progresso e expectativas realistas com esperança e confiança de que a paciente de fato conseguirá mudar. A motivação deve estar ligada à validação emocional e a uma grande dose de realismo. Sem esses elementos, ela pode realmente ser invalidante. Assim, o terapeuta deve estar atento para reconhecer o grau de dificuldade do problema da paciente, mesmo sem desistir da ideia de que o problema um dia poderá ser superado. O terapeuta motiva a paciente rumo a objetivos que sejam realistas para ela, e considera as diferenças individuais em capacidades. Algumas técnicas específicas são discutidas a seguir e resumidas no Quadro 8.4.

1. PRESSUPOR O MELHOR

Uma das coisas mais desmoralizantes que acontecem com pacientes *borderline* é que as pessoas atribuem sua falta de progresso ou comportamentos ineficazes à ausência de motivação ou falta de esforço. Conforme discutido no Capítulo 4, uma premissa fundamental da TCD é que as pacientes querem melhorar e estão fazendo o melhor que podem. Comentários frequentes para a paciente, de que o terapeuta sabe que ela quer melhorar e que ela está fazendo todo o possível, costumam ajudar. Esses comentários são mais necessários quando a pacien-

Quadro 8.4 Lista de estratégias de motivação

____ T transmitir a visão de que P está FAZENDO O MELHOR QUE PODE.

____ T ENCORAJAR e expressar esperança ativamente.
    ____ T expressar fé de que P conseguirá.
    ____ T gritar à paciente que ela conseguirá enfrentar e lidar com o problema ou situação.
    ____ T dizer "você consegue".

____ T concentrar-se nas CAPACIDADES de P.
    ____ T redirecionar a atenção de P de padrões de resposta problemáticos para áreas de capacidade.
    ____ T ornamentar a confrontação com observações sobre as potencialidades de P; críticas com elogios.
    ____ T expressar a visão de que P tem o que necessita para superar suas dificuldades e construir uma vida que valha viver.
    ____ T citar e reconhecer a crença no "*self* sábio" de P.
    ____ T expressar fé em T e P como equipe.
    ____ T validar emoções, pensamentos, comportamentos.

____ T MODULAR CRÍTICAS EXTERNAS.
    ____ T mostrar que as críticas muitas vezes não são corretas, e que, mesmo quando são, não significa que a situação ou que P esteja perdida.
    ____ T transmitir a postura de se manter do lado de P.

____ T ELOGIAR E TRANQUILIZA P.
____ T ser REALISTA nas expectativas e lidar diretamente com os medos de P e a insinceridade de T.
____ T se MANTER PRÓXIMO em crises.

Táticas anti-TCD

____ T supergeneralizar, superestimar as capacidades de P.

____ T usar a motivação para se "livrar" de P.

____ T chamar P de "manipuladora", ou a acusa de "jogar", "dividir", "não tentar" ou coisas do gênero, seja em sua frente ou para outros terapeutas em reuniões de orientação.

te está expressando dúvidas em relação ao seu desejo de melhorar ou dizendo que ela poderia ter se saído melhor. Quase sempre, as afirmações da paciente de que poderia ter agido melhor devem ser seguidas por um comentário do terapeuta, dizendo que ela fez o melhor que pôde. Essa afirmação baseia-se diretamente nas estratégias de validação comportamental descritas.

Manter essa noção – de que a paciente está fazendo o melhor que pode – é essencial e extremamente difícil. Com frequência, parece que a paciente está manipulando o terapeuta ou sendo obstinada. Considero a seguinte história útil para manter a mim e os terapeutas em meu grupo de orientação em um espírito de motivação (no lugar de punição):

Imagine que acaba de ocorrer um terremoto terrível. Prédios enormes caíram. Há incêndios por toda parte. A polícia, os bombeiros e operários da construção civil estão sobrecarregados, e não há ninguém disponível para ajudar. O filho que você mais ama no mundo ainda está vivo, mas preso em um pequeno espaço sob um prédio. Existe uma pequena abertura por onde ele pode se arrastar para escapar se conseguir chegar até ela, ou, se ele conseguir chegar meio metro mais perto da abertura, você pode puxá-lo para fora. A abertura é pequena demais para você entrar. O tempo é essencial, pois acaba de passar um carro com um megafone gritando para todos evacuarem a área. Quando o próximo tremor vier, o edifício vai terminar de cair. Você procura um bastão ou algo para ele agarrar, sem encontrar. A criança está gritando por ajuda. Ela não consegue se mexer, pois todos os seus ossos estão quebrados! Você não conseguirá alcançá-la se ela não se mexer. Você decide que ela está manipulando ou apenas sendo obstinada? Espera ela se mexer, raciocinando que ela sairá quando quiser? Provavelmente não. O que você faria? Motivação. Gritar, mandar, bradar, persuadir, falar baixo, insistir, suplicar, sugerir, ameaçar, direcionar, distrair – todos esses, no contexto certo e com a modulação certa na voz, são métodos de motivação.

2. INCENTIVAR

Incentivar significa simplesmente expressar a crença de que a paciente eventualmente superará suas dificuldades, apresentará os comportamentos necessários, conseguirá lidar com problemas, e coisas do gênero. Essencialmente, é uma maneira de transmitir esperança de que a paciente possa alcançar o que deseja alcançar. O incentivo pode ser específico (p.ex., "sei que você consegue lidar com essa entrevista") ou geral (p.ex., "sei que um dia você conseguirá superar seus problemas e vencer na vida"). Poder expressar fé nas capacidades da paciente de lidar com problemas ou mudar a curto prazo (p.ex., "acredito que você pode passar esta noite sem um drinque") ou a longo prazo (p.ex., "tenho confiança de que, um dia, você superará o alcoolismo"). No entanto, depois de declarada, é absolutamente essencial que o terapeuta não perca a esperança na paciente, além de expressar essa esperança e confiança diretamente a ela.

Um dos erros comuns que pacientes e terapeutas cometem é subestimar a capacidade e força da paciente. Alguns terapeutas, como suas pacientes, oscilam entre subestimar e superestimar. Entretanto, é importante que o incentivo baseie-se em uma avaliação clara das capacidades da paciente, e não no humor do terapeuta. De um modo geral, é bom incentivar a paciente a fazer um pouco mais do que pode fazer com facilidade. Ou seja, o terapeuta incentiva a paciente a fazer coisas difíceis. Acreditar que a paciente pode fazer algo não significa acreditar que será fácil. Muitas vezes, a paciente acreditará que não é capaz de fazer. Nesse caso, o terapeuta deve equilibrar a motivação com a validação do senso de *self* da paciente e suas capacidades. O terapeuta deve saber mudar de "acho que você consegue fazer isso agora" para "acho que você consegue aprender isso agora".

Quando a paciente rejeita o incentivo, dizendo que o terapeuta não entende, o terapeuta deve considerar se não está sendo específico demais. Nesses casos, pode ser importante recuar um pouco da afirmação geral de que simplesmente se acredita na paciente, tem confiança nela ou acredita que ela encontrará o caminho de algum modo. Talvez seja importante discutir com a paciente o dilema que ela cria se sempre se sente malcompreendida quando o terapeuta acredita nela. O que o terapeuta deve fazer? Parar de acreditar nela?

3. CONCENTRAR-SE NAS CAPACIDADES DA PACIENTE

É muito fácil se concentrar demais em ajudar a paciente a adquirir *insight* de seus padrões desadaptativos de pensamento, emoções problemáticas e padrões disfuncionais de ação. É essencial que o foco nos problemas seja seguido por um foco e incentivo às capacidades da paciente. Nesse caso, é importante identificar especificamente as capacidades em questão.

Comunicar que a paciente tem tudo que precisa

Conforme observado no Capítulo 3, as pacientes *borderline* muitas vezes concordam com a teoria da "falha fatal": elas acreditam que não têm e jamais terão o que precisam para superar suas dificuldades. O terapeuta deve comunicar periodicamente que a paciente tem tudo de que necessita para superar suas dificuldades. Segundo essa perspectiva, o problema é evolutivo, ao invés de ser um problema de falhas críticas e irremediáveis. Assim, a estratégia é afirmar a força interior da paciente, a presença de um "*self* sábio", de um modo que não seja específico. De fato, como as qualidades aludidas não podem ser observadas diretamente, o terapeuta não deve cair na armadilha de tentar provar a validade da afirmação. Declarações como "eu apenas sei que é verdade" ou "eu sinto isso" podem ser suficientes. Como a paciente *borderline* muitas vezes sente que deve provar a validade de qualquer pensamento ou emoção que tiver, essas declarações da parte do terapeuta também podem ajudar a modelar para a paciente a aceitabilidade do conhecimento intuitivo. Quando a paciente rejeita o incentivo, o terapeuta sempre pode usar essa estratégia.

Expressar a crença na relação terapêutica

O terapeuta deve expressar periodicamente uma crença na equipe de terapia. Isso pode ser ainda mais tranquilizador e estimulante para a paciente do que o terapeuta acreditar nela. Se a paciente acreditar no terapeuta e o terapeuta acreditar na paciente, acreditar nos dois como equipe pode ser uma boa síntese. As pacientes muitas vezes questionam se a terapia pode ajudá-las. Algumas, é claro, dizem isso constantemente aos seus terapeutas; outras mantêm suas dúvidas para si mesmas. Em ambos casos, porém, é importante que o terapeuta comente periodicamente que tem fé na terapia e na equipe de terapia. Embora a paciente possa argumentar o contrário, não devemos subestimar o poder dessa afirmação simples.

Validar emoções, comportamentos e pensamentos da paciente

As estratégias para validação emocional, comportamental e cognitiva discutidas podem ser bastante apropriadas ao contexto da motivação.

4. CONTRADIZER/MODULAR CRÍTICAS EXTERNAS

Quando a terapeuta está motivando a paciente, esta muitas vezes se refere à falta de fé declarada de outras pessoas em relação a ela, ou a críticas contra ela como justificativas para a sua desesperança ou falta de autoconfiança. O terapeuta deve dizer que, sendo válidas ou não, essas críticas não implicam necessariamente que a paciente esteja perdida. O terapeuta pode (se for verdade) discordar totalmente das críticas, mas não deve invalidar nenhum sentimento negativo que a paciente possa estar tendo em resposta às críticas de outras pessoas. Essas respostas emocionais são compreensíveis, e essa compreensão deve ser comunicada.

5. FAZER ELOGIOS E TRANQUILIZAR

Elogiar o comportamento da paciente pode proporcionar reforço e incentivo. O terapeuta deve fazer um esforço determinado para encontrar e ressaltar as evidências de melhora. Uma área que sempre pode ser elogiada é a firmeza da paciente em trabalhar com seus problemas, evidenciada pelo fato de que ela permanece na terapia. Conforme discuto amplamente no próximo capítulo, a paciente *borderline* muitas vezes experimenta os elogios que recebe como ameaçadores. Assim, para que seja uma técnica eficaz de motivação, o terapeuta deve cercá-la de elementos de tranquilização. O conteúdo da tranquilização, é claro, depende da fonte da ameaça. Por exemplo, se um elogio sugere a ameaça de fim da ajuda ou da terapia, o terapeuta pode dizer "sei que você ainda precisa de ajuda". Se o elogio traz a ameaça de expectativas altas demais no futuro, o terapeuta pode fizer "sei que ainda é difícil". E assim por diante.

Certas pacientes *borderline* parecem necessitar serem tranquilizados constantemente. Os terapeutas muitas vezes sentem que, não importa o quanto tranquilizem essas pacientes, suas tentativas caem em ouvidos moucos, e não têm efeito. Quando isso ocorre, deve ser tratado como um comportamento que interfere na terapia, e tratado de maneira compatível. Conforme discuto no Capítulo 10, o elogio e a tranquilização devem ser reduzidos gradualmente à medida que a paciente aprende a validar e confortar a si mesma. Isso, é claro, é especialmente importante no Estágio 3 (ver o Capítulo 6), onde o autorrespeito é a meta principal.

6. SER REALISTA, MAS LIDAR DIRETAMENTE COM O MEDO DA INSINCERIDADE

A paciente às vezes responde à motivação dizendo que considera difícil confiar na sinceridade do terapeuta. A primeira resposta a isso deve ser validar a falta de confiança. As regras da terapia são tão diferentes das de outros relacionamentos que a incerteza da paciente pode ser bastante compreensível. Pelo menos, pode não ficar claro se o elogio, incentivo e motivação do terapeuta têm o mesmo significado que os de outra pessoa. Afinal, fazer elogios, incentivar e motivar é o que o terapeuta é pago para fazer. A confiança leva tempo para se construir, e reconhecer isso pode ser extremamente validante para a paciente.

Em segundo lugar, é essencial que o terapeuta seja realista em suas tentativas de motivação. Para fazer esse argumento em meu grupo de orientação, acrescento o seguinte à história da criança no terremoto (contada antes):

> Agora, imagine a mesma situação do terremoto. Porém, acrescente a ela o conhecimento de que um enorme bloco caiu sobre a criança, quebrando suas pernas e quadris, prendendo-a no espaço onde se encontra.

Você diria para ela se arrastar, dizendo que ela conseguirá? Não, você apenas a acalmaria. Você a consolaria. Você talvez procurasse mais ajuda, ou talvez apenas ficasse por perto, não importa o perigo que lhe trouxesse. Esse é o equilíbrio que é necessário com a motivação.

A motivação eficaz depende de objetivos realistas. Não adiante o terapeuta dizer à paciente que ela pode fazer qualquer coisa em uma dada situação, quando, de fato, sua chance mesmo de sucesso mínimo é limitada. Embora a fé do terapeuta na capacidade geral da paciente superar as dificuldades possa sempre ser justificada, a fé em sua capacidade de alcançar certos objetivos deve ser combinada com um foco claro na realidade.

7. FICAR POR PERTO

Os treinadores e líderes de torcida não deixam o jogo antes do final apenas porque o time não está indo bem. De maneira semelhante, é importante que o terapeuta esteja disponível para oferecer instrução ou outra assistência se a paciente tiver problemas. Se o terapeuta diz à paciente que ela consegue fazer algo por conta própria, e depois a deixa só ao invés de ficar por perto, é compreensível que a paciente questione os motivos de o terapeuta motivá-la. Como é hábito da maioria das pessoas ocupadas se "livrar" dos outros dizendo a elas que "você não precisa de mim", é muito importante que o terapeuta se proteja de cair nesse hábito involuntariamente.

Comentários finais

É difícil superestimar a importância da validação na TCD. Muitos problemas na terapia são resultado de validação insuficiente e do foco excessivo na mudança. A regra geral a ter em mente é que cada estratégia de mudança deve ser cercada de validação. Com frequência, o foco excessivo na mudança parte da ansiedade do terapeuta para ajudar a paciente. O terapeuta, como a paciente, está tendo dificuldade para tolerar o estresse. A validação tem muitos papéis na TCD. Ela acalma a paciente em momentos muito difíceis da terapia. Se bem feita, ela aumenta a conexão terapêutica entre a paciente e o terapeuta. A paciente se sente compreendida e amparada, e o terapeuta fortalece sua própria postura empática. A validação do terapeuta ensina a paciente a confiar em si mesma e se validar. Finalmente, incentiva a paciente a continuar quando ela quer desistir.

ESTRATÉGIAS NUCLEARES: PARTE II. SOLUÇÃO DE PROBLEMAS

As estratégias de solução de problemas são nucleares para a mudança na TCD. Na TCD, todos os comportamentos disfuncionais, dentro e fora das sessões, são considerados problemas a resolver – ou, em outra perspectiva, como soluções falhas para problemas da vida. As estratégias de solução de problemas usadas com paciente *borderline* visam promover uma abordagem ativa, que possa se contrapor à resposta impotente que costuma ser observada nessa população.

Níveis de solução de problemas

Primeiro nível

No primeiro nível, todo o programa de TCD pode ser considerado uma aplicação geral da solução de problemas. A eficácia da solução de problemas aqui depende de a TCD ser o tratamento adequado para aquela paciente específica ou não. Por enquanto, os dados empíricos sugerem que o tratamento é adequado para mulheres *borderline* com comprometimento grave, podendo ser ou não apropriado para outros grupos.

Segundo nível

A TCD é um tratamento bastante flexível, e envolve muitas estratégias e procedimentos de tratamento. O segundo nível da solução de problemas envolve descobrir quais estratégias e procedimentos devem ser aplicados para esta paciente específica, neste momento, para este problema. Mais importante ainda, o terapeuta deve descobrir quais são as estratégias de mudança mais prováveis de funcionar. A eficácia da solução de problemas aqui depende de o terapeuta determinar corretamente ou não o que está causando e mantendo os comportamentos problemáticos que devem mudar. A aplicação de um procedimento específico de mudança é a solução do problema neste nível. Os quatro procedimentos principais de mudança usados na TCD (controle das contingências, treinamento de habilidades, modificação cognitiva e exposição) são descritos nos dois capítulos seguintes.

Terceiro nível

No terceiro nível, a solução de problemas aborda problemas específicos que surgem na vida cotidiana da paciente. Uma sessão de tratamento de TCD normalmente começa com a paciente descrevendo os acontecimentos da semana anterior. Essa descrição pode ocorrer no contexto de revisar cartões diários e responder a questões sobre ideação suicida ou parassuicida durante a semana que passou. Durante os estágios iniciais dessa discussão, a paciente pode descrever situações envolvendo emoções, pensamentos ou ações que foi incapaz de controlar. Ou pode ter reagido a seus problemas com comportamentos suicidas ou outros comportamentos disfuncionais. Se o problema é contínuo, ela pode apresentar o plano de ação (suicida ou não suicida) que pretende seguir, mas que o terapeuta acredita ser impulsivo ou provavelmente disfuncional.

Geralmente, o problema da paciente não é articulado de forma tão clara quanto essa descrição possa sugerir. Às vezes, o problema deve ser "arrancado" da paciente, por assim dizer, especialmente se ela acredita que já resolveu a questão e quer passar para um novo problema. (Isso é especialmente provável, por exemplo, quando a paciente "resolveu" seu problema com um comportamento parassuicida.) Em outras ocasiões, os problemas da paciente serão apresentados em um contexto de ventilação emocional, envolvendo raiva, desespero, ansiedade ou depressão e choro. Em qualquer um desses casos, a tarefa do terapeuta é evocar um esforço conjunto da paciente para desenvolver e implementar soluções mais eficazes para os problemas em sua vida atual. A eficácia da solução de problemas depende aqui de se o terapeuta e a paciente conseguem gerar uma solução para o problema específico que a paciente traz, e se ela pode executar ou executa a solução.

Humor e solução de problemas

É essencial entender o efeito do humor sobre a capacidade de resolver problemas para trabalhar com pacientes *borderline*. Conforme já comentei várias vezes neste livro, as pacientes *borderline* se caracterizam por alterações voláteis do humor. Uma medida basal de humor negativo é mais típica de pacientes *borderline* cronicamente suicidas, mas todas são sensíveis a qualquer comportamento terapêutico que seja relevante para o humor. Assim, o humor negativo pode às vezes melhorar e o humor positivo ser arruinado por respostas incidentais ou involuntárias do terapeuta.

A solução de problemas, a flexibilidade cognitiva e o humor estão conectados de maneira inexorável. A flexibilidade está relacionada com a capacidade de escolher ativamente estratégias cognitivas que se encaixem nos objetivos do indivíduo em um dado momento, de se adaptar ao meio em que se vive e de encontrar soluções criativas mas relevantes para os problemas (Berg e Sternberg, 1985; Showers e Cantor, 1985; Simon, 1990). A capacidade de analisar os problemas (particularmente aspectos do próprio comportamento e ambiente que estejam relacionados com o problema) e de gerar soluções eficazes, portanto, exige uma certa quantidade de flexibilidade cognitiva. Diversos estudos sugerem fortemente que o humor positivo facilita a flexibilidade cognitiva e, assim, a solução de problemas em geral.

O humor positivo aumenta a capacidade da pessoa desenvolver interpretações múltiplas e alternativas para uma situação, e de enxergar interconexões ou semelhanças quando a tarefa exige, bem como de fazer distinções importantes quando for necessário (Murray, Sujan, Hirt e Sujan, 1990; Showers e Cantor, 1985). Essas capacidades são, pois, requisitos para cooperar com o terapeuta em analisar e interpretar os padrões comportamentais. O humor positivo também aumenta a criatividade, incluindo a geração de soluções para os problemas (Isen, Daubman e Nowicki, 1987; Isen, Johnson, Mertz e Robins, 1985). Quando devem gerar soluções para problemas, os indivíduos com humor positivo, em comparação com outros, podem organizar as informações de maneira diferente, enxergar relações que não veriam normalmente e usar estratégias cognitivas mais criativas e intuitivas (Fiedler, 1988). A avaliação dos resultados de determinadas soluções também é afetada pelo humor. Por exemplo, as estimativas subjetivas de risco e a probabilidade de resultados positivos ou negativos estão relacionadas com o atual humor positivo ou negativo do indivíduo (ver Williams, 1993, para uma revisão dessa literatura).

É essencial ter essas questões em mente ao aplicar solução de problemas com pacientes *borderline*. Em particular, o terapeuta deve esperar que a solução de problemas seja mais lenta e mais difícil do que com muitas outras populações de pacientes. A necessidade de uma compreensão solidária e de intervenções voltadas para promover o humor positivo durante a solução de problemas pode ser extremamente importante. A eficácia das estratégias de validação pode resultar, em parte, de seus efeitos sobre o humor. Entender essas questões e praticá-las mentalmente enquanto se interage com a paciente também pode ajudar a prevenir interpretações inadequadas da solução de problemas passiva ou de posturas passivas em relação às soluções propostas, como não tentar ou não querer mudar.

Uma das principais tarefas do terapeuta é orientar a paciente a enxergar o comportamento desadaptativo como resultado, de fato, da tentativa de resolver problemas na vida. Com um pouco de ajuda, esses problemas podem ser resolvidos de um modo mais funcional e adaptativo. Os seis grupos de estratégias voltadas para problemas discutidas neste capítulo – análise comportamental, estratégias de *insight*, estratégias didáticas, análise de soluções, estratégias de orientação e estratégias de comprometimento – podem ser repetidos à medida que novos problemas são trazidos para a discussão. Em alguns casos, a sequência será modificada e/ou várias seções deverão ser repetidas (aparentemente muitas vezes) ao se lidar com um único problema. A aplicação das estratégias de solução de problemas ao caso mais geral de selecionar a TCD como tratamento para uma determinada paciente é discutida em mais detalhe no Capítulo 14.

Síntese de estratégias de solução de problemas

Solução de problemas é um processo em dois estágios: (1) entender e aceitar o problema em questão e (2) tentar gerar, avaliar e implementar soluções alternativas que poderiam ter sido usadas ou que possam ser usadas no futuro em situações problemáticas semelhantes. O estágio da aceitação emprega análise comportamentais, estratégias de *insight* e estratégias didáticas; já o segundo estágio, o de abordar a mudança, emprega análise de soluções, estratégias de orientação e estratégias de comprometimento.

Embora possa parecer óbvio, para resolver problemas, é necessário primeiro aceitar a sua existência. Conforme observado antes, a mudança terapêutica somente pode ocorrer no contexto da aceitação do que existe. No caso de pacientes *borderline*, a solução de problemas é complicada imensamente por sua tendência frequente de se enxergarem negativamente e sua incapacidade de regular o estresse emocional que ocorre em consequência disso. Em um polo, elas têm dificuldade para identificar corretamente os problemas de seu ambiente, tendendo a considerar todos os problemas autogerados. No outro polo, considerar que todos os problemas são autogerados é tão doloroso que as pacientes respondem inibindo o processo de autorreflexão. Podem ser necessárias tentativas repetidas de abordar ambas falhas no pensamento dialético que levaram a essas posições e as emoções negativas que ocorrem antes que as pacientes reconheçam a existência dos problemas mais dolorosos. As estratégias de validação descritas no Capítulo 8, e as estratégias de comunicação irreverentes, descritas no Capítulo 12, ajudam nesse processo sem reforçar comportamentos suicidas ou outros comportamentos extremos.

A análise comportamental exige uma análise da cadeia de eventos e fatores situacionais, levando até e seguindo-se à resposta problemática em questão. A análise é realizada em grande detalhe, com bastante atenção à interação recíproca entre o ambiente e as respostas cognitivas, emocionais e comportamentais da paciente. As estratégias de *insight*, que são separadas arbitrariamente da análise comportamental para fins desta discussão, incluem padrões de observação e rotulação do comportamento e a influência situacional ao longo do tempo. A análise do problema é feita de maneira imparcial, com atenção à tendência da paciente de sentir pânico e fazer juízos avaliativos e vingativos sempre que os comportamentos ou resultados comportamentais forem menos que os esperados ou desejados. Geralmente, a meta desses juízos muda, às vezes à velocidade da luz, do *self* como gerador do problema para outras pessoas ou o ambiente como fonte única do problema. No decorrer da terapia, o terapeuta informa a paciente, de um modo didático, sobre as características do comportamento e das pessoas em geral, e do comportamento *borderline* em particular. Essas informações normalizam o comportamento da paciente e servem como fonte de hipóteses sobre o que mantém seu comportamento, bem como sobre o que pode ajudar no processo de mudança.

O segundo estágio da solução de problemas começa com a geração e avaliação de soluções alternativas que possam ser usadas no futuro. Uma vez que foi gerada uma variedade de soluções, o terapeuta e a paciente revisam o que é necessário para implementar os procedimentos de mudança. Ou seja, o terapeuta orienta a paciente para o processo de mudança. Finalmente, o terapeuta e a paciente se comprometem com a implementação das soluções geradas. Colocamos o comprometimento no final da solução de problemas unicamente por razões ilustrativas. Na realidade, ele precede, acompanha e segue os procedimentos de mudança.

ESTRATÉGIAS DE ANÁLISE COMPORTAMENTAL

A análise comportamental é um dos mais importantes e mais difíceis conjuntos de estratégias na TCD. Muitos, se não a maioria, dos erros terapêuticos são erros de avaliação. Ou seja, são respostas terapêuticas baseadas em uma compreensão e avaliação falhas do problema em questão. A análise comportamental é o primeiro passo para solução de problemas. O tratamento de qualquer nova paciente, ou de qualquer novo comportamento problemático com uma paciente atual, exige uma análise comportamental adequada para orientar a seleção da intervenção adequada. Além disso, o surgimento (ou omissão) de comportamentos problemáticos entre duas sessões, bem como fracassos em programas de autocontrole (p.ex., tentativas de aumentar os comportamentos positivos e diminuir os negativos) ou problemas que surjam no próprio processo de terapia, devem ser abordados primeiramente com uma análise comportamental.

O propósito da análise comportamental é descobrir qual é o problema, o que o está causando, o que está atrapalhando sua solução, e apoios que existam para ajudar a resolvê-lo. Em alguns casos, parte dessas informações já é conhecida ou pode ser conjeturada. Assim, o processo de conduzir uma análise comportamental pode ser breve, envolvendo apenas algumas questões, ou bastante demorado, exigindo uma ou mais sessões de terapia inteiras. No entanto, a questão em ambos casos é verificar, de maneira empírica, o que o terapeuta está conjeturando a partir da experiência com uma determinada paciente ou postulando com base na terapia; de certo modo, é uma contrapartida ao viés do terapeuta. Assim, não se deve omitir isso ou fazê-lo de forma superficial. A única exceção está nos casos em que a intervenção, mesmo sem uma avaliação, é urgente, quando outras atividades claramente têm prioridade ou quando o terapeuta tem total certeza de sua avaliação da situação.

Conforme observado anteriormente, a análise comportamental é apresentada separadamente das estratégias de *insight* neste capítulo para fins unicamente didáticos. Na realidade, a análise comportamental sempre incluirá estratégias de *insight*. Por sua vez, o *insight* dos problemas e padrões comportamentais de uma paciente depende do uso criterioso da análise comportamental. Na maioria dos livros-texto sobre avaliação comportamental, os dois grupos de estratégias são combinados, com o todo rotulado de "análise comportamental" ou "análise funcional". Para nossos propósitos, os dois conjuntos de estratégias podem ser separados da seguinte maneira. Na TCD, a análise comportamental refere-se especificamente à análise aprofundada de um caso específico ou conjunto de casos de um problema ou comportamento específico. Assim, é uma tentativa fechada e concentrada por parte do terapeuta (e, espera-se, da paciente) de determinar os fatores que causam, seguem e "controlam" ou influenciam o comportamento. O *insight* terapêutico é o *feedback* que o terapeuta dá à paciente sobre padrões de comportamento que emergiram dentro da relação, durante a discussão a cada sessão, ou mesmo no decorrer de diversas análises comportamentais distintas.

Três aspectos do processo de análise comportamental são críticos: (1) a análise deve ser realizada de forma colaborativa (isso exige o uso concomitante de outras estratégias, como validação e controle das contingências); (2) deve fornecer detalhes suficientes para proporcionar uma visão precisa e razoavelmente completa da sequência de acontecimentos internos e externos associados ao comportamento problemático; e (3) as conclusões devem ser aceitas de um modo que permita seu abandono se forem rejeitadas posteriormente. O objetivo final é ensinar a paciente a fazer uma análise comportamental competente por conta própria. A análise comportamental tem diversas etapas, que são discutidas e resumidas no Quadro 9.1.

Existem diversas maneiras de dividir a condução de uma análise dessas. Nem todos os aspectos das etapas discutidas a seguir são exigidos sempre, e a ordem não é fixa. Porém, o terapeuta deve, no mínimo, obter todas as informações indicadas.

1. DEFINIR O COMPORTAMENTO PROBLEMÁTICO

Escolher um foco

O foco da definição do problema é determinado por diversos fatores. No primeiro nível (ver "Níveis da solução de problemas"), quando a terapia está começando ou quando suas metas e objetivos estão mudando, usa-se como diretriz a lista de metas prioritárias (ver o Capítulo 6, Quadro 6.1). São explorados problemas em sete áreas específicas: comportamentos suicidas, comportamentos que interferem na terapia, comportamentos que interferem na qualidade de vida, déficits em habilidades comportamentais, respostas de estresse

Quadro 9.1 Lista de estratégias de análise comportamental

___ T ajudar P a DEFINIR O COMPORTAMENTO PROBLEMÁTICO.
  ___ T ajudar P a formular o problema em termos de comportamento.
  ___ T ajudar P a descrever o comportamento problemático especificamente, nos seguintes termos:
    ___ Frequência do comportamento.
    ___ Duração do comportamento.
    ___ Intensidade do comportamento.
    ___ Topografia do comportamento.
  ___ T costurar a validação no decorrer da terapia.
___ T conduzir uma ANÁLISE DE CADEIA.
  ___ T e P selecionam um caso do problema para analisar.
  ___ T abordar pequenas unidades do comportamento (os elos na cadeia), com atenção para definir o começo (antecedentes), o meio (o caso específico do problema), e o final (consequências) da cadeia segundo os seguintes elementos:
    ___ Emoções.
    ___ Sensações corporais.
    ___ Objetos e imagens.
    ___ Comportamentos explícitos.
    ___ Fatores do ambiente.
  ___ T conduzir breves análises de cadeia quando necessário para situações que ocorrem na sessão.
  ___ T manter a cooperação de P (e a sua).
  ___ T ajudar P a desenvolver métodos para monitorar seu comportamento entre as sessões.
___ T GERAR HIPÓTESES com P sobre as variáveis que influenciam ou controlam os comportamentos em questão.
  ___ T usar os resultados de análises anteriores para orientar a atual.
  ___ T orientar-se pela teoria da TCD.

Táticas anti-TCD

___ T ser conivente com P, evita a análise comportamental dos comportamentos visados.
___ T direcionar indevidamente a coleta de informações para provar a sua teoria sobre o comportamento de P.

pós-traumático, problemas com o autorrespeito e dificuldades para alcançar objetivos individuais. No segundo nível, quando a terapia está em andamento, o foco da avaliação é determinado pela ordem de metas na hierarquia da TCD. Assim, durante a primeira fase da terapia, qualquer comportamento suicida, que interfira na terapia ou que interfira na qualidade de vida que tiver ocorrido desde a última sessão é abordado explicitamente (nessa ordem de prioridade, embora não necessariamente essa ordem de tempo). Durante a segunda fase da terapia, as respostas de estresse pós-traumático são sondadas e analisadas. Durante a fase final da terapia, as falhas no autorrespeito e na realização de objetivos individuais são comentadas e respondidas. No terceiro nível, se nenhum comportamento problemático prioritário tiver ocorrido, a paciente define a agenda e o foco.

Esse processo de chegar a um problema a ser analisado difere do método de formulação de caso comportamental de Turkat (1990), no sentido de que as metas mais prioritárias não são aqueles problemas "primários" que podem ser considerados como causa de todos os outros problemas, mas os problemas que representam a ameaça imediata mais grave para a continuação da vida, da terapia e da qualidade de vida mínima, nessa ordem. Do ponto de vista da TCD, a avaliação de qualquer problema logo leva ao problema "primário", por meio das inter-relações entre os sistemas comportamentais e entre problemas que emergem durante análises comportamentais repetidas. Para se chegar a esses problemas primários, é preciso conduzir análises de cadeia bastante detalhadas, conforme descrito mais adiante.

Formular o problema em termos de comportamento

Embora, às vezes, o problema a ser resolvido seja o comportamento do ambiente, e não o da paciente, a tarefa terapêutica é formular o problema segundo algum aspecto dos sentimentos, pensamentos ou ações da paciente ou do terapeuta. Por exemplo, com uma paciente que se encontre em um casamento gravemente abusivo, o problema pode ser colocado como a paciente não considerar a situação aceitável. A eventual solução pode ser deixar o parceiro ou agir de um modo que o faça parar com o abuso ou ser controlado por outras pessoas. Definir como problema o comportamento da paciente de não deixar seu parceiro ou não agir para mudar a interação abusiva, não é sugerir que o ambiente não seja disfuncional, desadaptativo e aversivo. No entanto, uma característica que define qualquer psicoterapia com adultos, inclusive a TCD, é que o foco primário é no comportamento da paciente em determinadas situações, e não as situações em si.

Conforme observei anteriormente, a paciente *borderline* costuma apresentar uma solução para um problema (p.ex., "vou me matar") sem ser capaz de identificar o problema. A paciente pode ter emoções extremamente dolorosas ou discutir situações ambientais aversivas sem conseguir rotular esses acontecimentos como situações problemáticas a ser resolvidas. Em outras ocasiões, a paciente descreve uma situação ou acontecimento em termos tão ambíguos e não específicos que fica difícil isolar o problema com algum grau de precisão. De qualquer maneira, o terapeuta deve dizer à paciente que a primeira tarefa é identificar o problema específico de maneira clara e em termos de comportamento. Às vezes, a paciente não estará disposta a travar tal discussão; nesse caso, o terapeuta deve simplesmente formular para ela aquilo que parece ser o problema. Entretanto, conforme discutido no Capítulo 8, é crucial que o terapeuta não pressuponha automaticamente que o problema é a distorção da situação pela paciente, no lugar da dificuldade da situação em si.

Descrever o problema de forma específica

A definição do problema deve ser específica, e não geral. Definir um problema como "sentir-se incomodada e pra baixo todos os dias" é geral demais. Dizer que o problema é "sentir-se deprimida todos os dias" é mais específica, mas ainda geral. O objetivo é descrever de forma precisa, detalhando exatamente o que o indivíduo quer dizer com "depressão" e "todos os dias". Assim, depois que o padrão de comportamento problemático é identificado de modo geral, o terapeuta deve obter uma descrição precisa do comportamento, em termos de sua topografia (i.e., exatamente o que a paciente fez), sua frequência de ocorrência desde a última sessão e sua intensidade (i.e., a força ou profundidade do comportamento).

Alguns exemplos de questões que ajudam a evocar descrições específicas são os seguintes: "o que você quer dizer com isso, exatamente?", "quantas vezes isso aconteceu na semana passada?", "quanto tempo [quantos minutos] esse sentimento permaneceu com você?", "algum pensamento passou por sua mente nesse ponto? Qual foi?", "qual a intensidade do sentimento ou desejo, em uma escala de 1 a 100?". Embora, depois de algumas análises comportamentais, o terapeuta e a paciente possam não precisar de um questionamento tão detalhado, o terapeuta deve ainda assim ter cuidado para não pressupor que as coisas estão claras quando não foram esclarecidas. A suposição de fatos que não estão evidentes parece ser um dos enganos mais comuns que as pessoas cometem quando aprendem a fazer análise comportamental.

Entre as estratégias terapêuticas específicas para obter essas informações e chegar a uma definição do problema, estão as estratégias de validação da observação ativa, reflexão, ajudar a paciente a observar e rotular emoções, ler emoções, fazer perguntas de múltipla escolha sobre emoções, evocar descrições não inferenciais e imparciais sobre o comportamento, evocar e refletir os pensamentos da paciente, e avaliar fatos (ver o Capítulo 8).

Validar estresse da paciente

É difícil concentrar-se em resolver um problema se ainda não se aceitou a validade do fato de que se tem o problema. Conforme observado no Capítulo 8, os indivíduos *borderline* e suicidas têm dificuldades frequentes para sentir e admitir que têm emoções dolorosas ou necessitam de ajuda. Assim, as estratégias de validação devem estar entrelaçadas a todas as estratégias de avaliação.

2. CONDUZIR UMA ANÁLISE DE CADEIA

Escolher um caso específico do comportamento para analisar

Uma vez que o comportamento problemático foi identificado, o próximo passo é desenvolver uma descrição exaustiva e passo a passo da cadeia de acontecimentos que causam e seguem o comportamento. No primeiro nível, quando a terapia está começando, o terapeuta deve misturar análises mais gerais do padrão geral de comportamentos problemáticos, seus antecedentes e suas consequências com análises mais detalhadas de alguns casos específicos. O Capítulo 14 descreve como fazer isso.

No segundo nível, as análises de cadeia focam qualquer caso de comportamento visado pela TCD que tenha ocorrido desde a última sessão ou que esteja ocorrendo na atual interação terapêutica. O importante aqui é que, embora o terapeuta deva obter, a cada sessão, uma visão geral da frequência com que um determinado problema comportamental ocorre, a análise de cadeia exige que se selecione um caso específico do comportamento. Não há como exagerar essa questão. A essência da realização da análise de cadeia é examinar um caso específico de um determinado comportamento disfuncional nos mínimos detalhes. Grande parte do trabalho terapêutico na TCD é a análise interminável de exemplos específicos de comportamentos visados, cada um integrando novas informações com velhas informações para desenvolver uma definição de padrões e explorar novas soluções comportamentais possíveis para os problemas que ocorrem.

Por que essa ênfase na avaliação detalhada de episódios individuais? É porque o terapeuta não conta com a capacidade da paciente de lembrar, analisar, selecionar antecedentes e consequências importantes, e sintetizar informações entre episódios diversos. Ou seja, o terapeuta não parte do princípio de que a paciente chega na terapia com boas capacidades de análise comportamental. Quando o comportamento ou situação problemática em questão ocorreram mais de uma vez durante a semana anterior ou está evidente na sessão, diversos fatores podem influenciar qual momento será escolhido para análise. O grau de gravidade ou intensidade, o quanto é lembrado, o quanto foi importante para desencadear outros acontecimentos e a própria preferência da paciente são todos importantes. Quando a gravidade e a prioridade são equivalentes, o terapeuta deve selecionar para análise os comportamentos que ocorrem dentro da sessão, em detrimento dos que ocorrem entre as sessões. Com o passar do tempo e análises repetidas, escolhe-se uma amostra de exemplos do comportamento, a qual representa toda a classe de acontecimentos.

No terceiro nível, se nenhum comportamento prioritário para a TCD for relevante para a análise ou surgir uma situação de crise que exija atenção, o foco da análise é determinado pela paciente, conforme discutido anteriormente.

Abordar elos da cadeia

Por onde começar? Como o comportamento desadaptativo é considerado uma solução para um problema, uma boa maneira de encontrar o começo da cadeia é perguntar à paciente quando o problema começou. Acredita-se que o comportamento desadaptativo ocorra em um contexto ou episódio que, para fins de análise, tem um começo, um meio (o comportamento em questão) e um fim. Em minha experiência, a paciente geralmente consegue identificar, pelo menos aproximadamente, quando esse episódio começou. No entanto, a ideia é localizar no ambiente o acontecimento que precipitou a cadeia de comportamentos da paciente. Embora os acontecimentos precipitantes às vezes possam ser difíceis de identificar, essa tarefa é muito importante. O objetivo geral é relacionar o comportamento da paciente com os acontecimentos ambientais, especialmente aqueles que ela possa não notar que estão afetando seu comportamento. Por exemplo, a paciente pode simplesmente acordar sentindo-se desesperançosa e suicida, ou pode não conseguir identificar nada no ambiente que está desencadeando uma série de preocupações. Entretanto, o terapeuta deve obter uma boa descrição dos acontecimentos que ocorreram juntamente com o início do problema, mesmo que, em princípio, pareçam não estar relacionados com o comportamento da paciente. No lugar de perguntar: "o que causou o quê?", o terapeuta deve perguntar "o que desencadeou o quê?" ou "o que estava acontecendo no momento em que o problema começou?". Os terapeutas que não tem formação em terapias comportamentais, bem como pacientes, podem facilmente se sentir tentados a desistir dessa busca. Todavia, com persistência e tempo, pode-se identificar um padrão de acontecimentos associados ao início do problema.

Completar elos. A chave aqui é que o terapeuta deve pensar em termos de unidades muito pequenas de comportamento – os elos da corrente, por assim dizer. Um problema comum é que muitos terapeutas acham que entendem a relação entre uma resposta comportamental e a próxima, e, assim, não identificam muitos elos da corrente que poderiam ser importantes. Uma vez que o terapeuta e a paciente identificam o começo da cadeia, o terapeuta deve obter informações bastante detalhadas sobre o que estava acontecendo no ambiente e no sentido comportamental com a paciente naquele instante. Com "sentido comportamental", quero dizer o que a paciente estava fazendo, sentindo (emoções e sensações), pensando (explícita e implicitamente, como em expectativas e pressupostos) e imaginando.

Depois que o elo foi descrito, o terapeuta deve perguntar: "e depois?". Os acontecimentos comportamentais e ambientais devem ser descritos para cada elo da corrente. A paciente e o terapeuta podem se sentir inclinados a saltar alguns elos. Para completar os elos, o terapeuta pode fazer perguntas do tipo "como você chegou até aqui?" – por exemplo, "como você passou de sentir que queria falar comigo a me telefonar?". Quando uma paciente e eu estávamos analisando uma tentativa de suicídio, a paciente disse que, antes de tentar cometer suicídio, ela decidiu se matar. Perguntei o que a havia levado a essa decisão.

Ela disse que havia sido sua sensação de que a vida era dolorosa demais para continuar vivendo. Do ponto de vista da paciente, o elo entre sentir que a vida era insuportável e decidir se matar era evidente, mas não para mim. De fato, parece-me que alguém pode achar que sua vida é dolorosa demais para continuar vivendo e então decidir mudar a vida. Ou pode acreditar que a morte seria ainda mais dolorosa e decidir tolerar a vida apesar da dor que contém. Como descobrimos durante o questionamento, a paciente na verdade supunha que seria mais feliz morta do que viva. Assim, desafiar essa suposição tornou-se uma das soluções para acabar com suas tentativas persistentes de cometer suicídio.

A estratégia aqui é quase o exato oposto da estratégia de validação de ler as emoções, o comportamento ou a mente da paciente, descrita nos Capítulo 8. Ao invés de entender os elos da cadeia, o terapeuta deve desempenhar o papel do observador ingênuo, entendendo nada e questionando tudo. Isso não significa dizer que encontrar os elos da cadeia independentemente da paciente nunca ajude. Talvez ajude quando a paciente omite certas etapas da cadeia de acontecimentos. Nesses pontos, o terapeuta pode questionar se um determinado fato, pensamento ou sentimento não poderia ser uma conexão importante.

Os objetivos aqui são vários. Primeiramente, o terapeuta quer identificar fatos que possam automaticamente evocar comportamentos desadaptativos ou que sejam seus precursores. As respostas emocionais, em particular, mas também outros comportamentos, podem ser controlados principalmente por meio de suas associações condicionadas com os fatos. Em segundo lugar, o terapeuta quer identificar déficits comportamentais que possam ter causado as respostas problemáticas. Se o parassuicídio é um "pedido de ajuda", talvez a pessoa não saiba de comportamentos alternativos para pedir ajuda. Em terceiro, o terapeuta quer identificar fatos, seja no ambiente ou nas respostas anteriores da pessoa (medos, ideias, comportamentos incompatíveis), que possam ter impedido comportamentos mais apropriados. Finalmente, o terapeuta quer ter uma ideia geral de como a pessoa chega às respostas disfuncionais, bem como de caminhos alternativos que ela poderia ter tomado.

Onde parar? Uma análise de cadeia exige informações sobre os eventos que levaram ao comportamento problemático (antecedentes), bem como informações sobre as consequências do comportamento. As consequências mais importantes são aquelas que podem influenciar o comportamento problemático mantendo-o, fortalecendo-o ou aumentando-o (reforçadores). Podem incluir a ocorrência de eventos preferenciais, a não ocorrência ou cessação de eventos aversivos, ou oportunidades de demonstrar comportamentos preferenciais. De maneira semelhante, o terapeuta quer identificar consequências que possam ser importantes para enfraquecer ou diminuir o comportamento problemático.

Como nos eventos que precedem o comportamento, o terapeuta deve obter informações sobre os eventos externos (os efeitos do comportamento ou o contexto externo ou relacionamentos), bem como eventos internos (emoções, sensações somáticas, ações, imagens, pensamentos, regras e expectativas). É importante obter informações sobre o que ocorre e sobre sua valência ou atração para a paciente. O terapeuta precisa ter conhecimento dos princípios rudimentares do reforço. Por exemplo, os efeitos imediatos são mais prováveis de influenciar o comportamento do que efeitos que sejam temporalmente distantes do comportamento. O reforço intermitente pode ser um poderoso método de tornar um comportamento resistente à extinção. A punição suprime o comportamento, mas, se não houver outra resposta potencialmente reforçadora disponível, o comportamento geralmente reaparecerá uma vez que a punição seja retirada.

O objetivo aqui é identificar a função do comportamento, ou, em outras palavras, determinar o problema que o comportamento resolveu. Uma questão muito importante para se ter em mente é que a paciente pode não estar ciente da função que o comportamento tem, nem de quais das diversas consequências são importantes para manter o comportamento. Isso se aplica à maior parte do comportamento da maioria das pessoas. A maior parte do aprendizado comportamental ocorre fora da consciência. (Ou, visto de outro ângulo, a maioria da aprendizagem é implícita, e não explícita.) Também é igualmente importante ter em mente que dizer que as consequências mantêm o comportamento não é o mesmo que dizer que um indivíduo faz algo "para" obter as consequências. Por exemplo, os alunos podem influenciar o lugar onde o professor fica na sala de aula ou o que ele diz, simplesmente acenando com a cabeça e sorrindo quando o professor se aproxima do local escolhido ou faz certos comentários. Inevitavelmente, esse efeito ocorre sem a consciência do professor. Isso significa que o professor muda seu comportamento para obter os acenos ou sorrisos dos alunos? Um computador pode ser programado para variar o seu "comportamento", dependendo das consequências; isso significa que o computador age para obter certas consequências? Ainda assim, é exatamente essa imputação de "para" que atrapalha a disposição das pacientes para explorar os efeitos das consequências sobre o seu comportamento – primeiramente porque o "para" costuma ser inferido, é impreciso, não está de acordo com suas experiências fenomenológicas, e imputa motivos pejorativos. Explicar essas questões, conforme indico mais adiante na discussão das estratégias didáticas, é uma parte bastante importante da terapia.

Conduzir análises de cadeia breves sobre os comportamentos que ocorrem na sessão

Quando os comportamentos visados ocorrem dentro da sessão de terapia, eles devem ser analisados imediatamente. No entanto, quando o foco está em um desses comportamentos, a análise de cadeia é encurtada, consistindo talvez de apenas algumas questões. Por exemplo, se a paciente ameaça cometer suicídio, o terapeuta pode interromper e fazer algumas perguntas para determinar o que levou à ameaça, comentar outras respostas alternativas que a paciente poderia apresentar a cada momento, e então retornar ao tema de discussão anterior. Essa digressão pode levar apenas alguns minutos, mas pode ter efeitos muito poderosos se feita de forma consistente. Essa técnica se combina conceitualmente com as estratégias de *insight* (ver a seguir).

Manter a cooperação

Levar a paciente a cooperar com a análise de cadeia é uma das tarefas essenciais da terapia. Em minha experiência, terapeutas e pacientes muitas vezes resistem a esse trabalho. As pacientes têm diversas razões para evitá-lo. Primeiramente, envolve muito esforço, normalmente quando estão exaustas, precisam de estímulo, ou entraram em um modo de resposta de passividade ativa. A análise do comportamento disfuncional passado também costuma evocar uma vergonha muito dolorosa. Além disso, interfere nas interpretações que a paciente faz de seu comportamento – interpretações que as pacientes podem querer manter. Finalmente, como o comportamento é passado, as pacientes muitas vezes desejam esquecê-lo e lidar com as crises do momento. Mesmo ao se tratar de antigos problemas, as pacientes querem se concentrar na situação (que pode ser o ambiente, seu próprio comportamento ou uma mistura dos dois) que desencadeou a cadeia, no lugar de suas soluções desadaptativas. Terapeutas devem lembrar que, na maior parte do tempo, os comportamentos disfuncionais são considerados problemas pelos terapeutas, mas soluções pelas pacientes. Talvez seja necessário lembrar as pacientes dos aspectos problemáticos de seus comportamentos e de seu compromisso em trabalhar com esses comportamentos, muitas e muitas vezes.

Terapeutas às vezes também preferem evitar essas análises. Como para as pacientes, elas envolvem muito trabalho ativo. É mais fácil e muitas vezes mais interessante apenas ficar sentado e ouvir as pacientes falarem. Para muitos terapeutas, é difícil direcionar as pacientes ou levá-las a fazer coisas na terapia que não querem fazer. Alguns temem que, se forçarem as pacientes a fazer a análise de cadeia, elas se tornarão suicidas. Ou a resistência e hostilidade intensas voltadas para os terapeutas são simplesmente aversivas demais. Em minha experiência, a tendência de evitar a análise comportamental, de um modo geral, e a análise de cadeia, em particular, é um dos principais impedimentos à condução da TCD. O antídoto mais produtivo é a equipe de orientação de caso.

Utilizar análises anteriores para orientar a análise atual

Depois de algumas análises de cadeia sobre um determinado problema comportamental, o terapeuta deve trabalhar conjuntamente com a paciente para gerar algumas hipóteses sobre as variáveis típicas ou usuais que controlam o comportamento. Essas hipóteses podem estar relacionadas com: as situações em que o comportamento problemático ocorre; outros comportamentos (pensamentos, sentimentos, sensações e ações explícitas) que normalmente levam ao comportamento problemático; reforços que possam estar mantendo o comportamento problemático; crenças e expectativas sobre a utilidade do comportamento problemático; e assim por diante. O terapeuta e a paciente devem discutir e gerar essas hipóteses juntos. As hipóteses formuladas devem orientar as informações investigadas durante a próxima análise de cadeia. Ou seja, uma vez que uma hipótese é formada, podem-se usar análises de cadeia subsequentes para testar a sua validade. Dessa maneira, as informações pesquisadas são aperfeiçoadas ao longo do tempo.

Ajudar a paciente a monitorar o seu comportamento

Conforme discutido anteriormente neste capítulo, existem amplas evidências experimentais que demonstram que o humor atual pode ter um forte efeito sobre a memória e a maneira como o indivíduo organiza, recupera e processa as informações (Williams, 1993). Esse é um problema principalmente no tratamento de pacientes *borderline*, pois o humor variável e a regulação do afeto é uma das características que definem a população. Na TCD, a ênfase está não apenas em comportamentos que ocorrem na sessão de tratamento, mas também em comportamentos e fatos que ocorreram desde a última sessão. Para avaliar e tratar esses comportamentos adequadamente, é essencial obter informações mais ou menos precisas.

A confiança na memória sem apoio é a forma menos aceitável de obter informações. Por isso, na TCD, como na maioria dos tipos de terapia comportamental, existe uma ênfase em as pacientes monitorarem seu comportamento diariamente. O uso dos cartões diários descritos no Capítulo 6 é um componente essencial da TCD, pelo menos durante as duas primeiras fases da terapia, quando são abordados comportamentos muito específicos. Esses cartões proporcionam um registro da frequência e intensidade dos comportamentos problemáticos no período entre duas sessões. Porém, não registram informações sobre os fatos em torno dos comportamentos problemáticos. Assim, os cartões devem ser utilizados como sinais de problemas que precisam de acompanhamento e avaliação.

A necessidade de solicitar que a paciente faça registros diários mais detalhados dependerá da sua capacidade de lembrar dos fatos, da fase atual da avaliação do problema, e da capacidade e disposição da paciente para monitorar o comportamento de forma escrita. Certas pacientes são muito boas em reconstruir verbalmente os acontecimentos que cercam seus comportamentos problemáticos. Embora uma semana ou duas de monitoramento diário possam ser uma boa ideia para se verificar a validade das recordações das pacientes, um monitoramento diário contínuo não costuma ser necessário. Outras pacientes parecem ter muita dificuldade para recordar os detalhes específicos de comportamentos estressantes. Uma análise de cadeia do comportamento na sessão com essas pacientes pode ajudar a ensiná-las a organizar e recordar os fatos. Em minha experiência, depois de algumas dessas análises, a maioria das pacientes aumenta sua capacidade de prestar atenção, organizar e recordar detalhes específicos dos comportamentos problemáticos e dos acontecimentos que as cercam. Existem indícios de que essa melhora na capacidade específica de recordação possa ser um dos mecanismos terapêuticos da TCD (Williams, 1991).

Em um registro comportamental amplo, o terapeuta deve prever espaço para registrar uma descrição breve do comportamento problemático; a data, duração e frequência do comportamento, o local ou contexto (onde e com quem); pensamentos, sentimentos e outros comportamentos que precedem o comportamento problemático (antecedentes); e o que aconteceu depois (consequências). Dependendo da tarefa, uma ou mais dessas categorias podem ser abandonadas ou fundidas com outra. O uso de um diário proporciona uma oportunidade para o terapeuta ajudar a paciente a aprender a observar e descrever o quem, quando, onde e como dos fatos, a discriminar inferências de observações, e a estruturar e organizar a recordação para trazer o benefício máximo à mudança comportamental.

Quando se utiliza monitoramento diário, o terapeuta e a paciente devem decidir juntos a forma que o sistema de monitoramento terá. Não podemos exagerar a importância disso. As pacientes quase sempre têm opiniões e preferências claras sobre como querem estruturar essa atividade, e é inútil e desnecessário impor um determinado formato.

Certas pacientes adoram escrever diários, e chegam a cada sessão com notas e registros detalhados da semana anterior, ou enviam seus diários pelo correio. Com essas pacientes, a tarefa geralmente é estruturar sua forma de fazer registros, para que os dados possam ser extraídos e organizados de maneira fácil e rápida. Outras pacientes não costumam se dispor ou não conseguem fazer um monitoramento diário abrangente. Embora o preenchimento dos cartões diários da TCD seja exigido (e, por enquanto, nunca tive uma paciente que não conseguisse preencher um cartão), outras formas de monitoramento ficam a critério de cada terapeuta e paciente. As pacientes disléxicas, por exemplo, costumam ter muita dificuldade com qualquer atividade escrita. Outras pacientes dizem que seus problemas atrapalham sua capacidade de se concentrar na tarefa de monitoramento.

Se a recusa ou incapacidade de fazer o automonitoramento é vista como um comportamento que interfere na terapia ou não depende da importância das informações para a conduzir a terapia. Por exemplo, se forem usados procedimentos de modificação cognitiva para mudar pensamentos e regras frequentes ou contínuos, torna-se quase impossível para a paciente recordar de forma precisa e específica, durante a sessão de terapia, a sequência de pensamentos da semana anterior, ou a maneira como esses pensamentos se relacionavam com seus comportamentos problemáticos. O monitoramento diário pode ser essencial nesse caso, e o terapeuta deve ter muito cuidado para não abandoná-lo apenas porque a paciente não quer fazer ou considera difícil fazê-lo. Em outras ocasiões, o monitoramento pode ser útil, mas não realmente essencial. Por exemplo, em minha experiência, a maioria das pacientes consegue (com apoio) aprender a lembrar de forma razoavelmente precisa os acontecimentos que causaram, envolveram e seguiram-se ao comportamento parassuicida. O terapeuta não deve insistir no monitoramento apenas porque parece uma boa ideia.

3. GERAR HIPÓTESES SOBRE FATORES QUE CONTROLAM O COMPORTAMENTO

Usar a teoria para orientar a análise

A TCD pressupõe que cada indivíduo tem um padrão singular de variáveis que controlam seus comportamentos *borderline* e, além disso, que as variáveis que controlam o comportamento em um momento podem ser diferentes das que o orientam em outro. Além disso, conforme discutido no Capítulo 2, a TCD não pressupõe que nenhum sistema comportamental específico, como ações, cognições, respostas fisiológicas/comportamentais, ou respostas sensoriais, seja intrinsecamente mais importante que outro na evocação ou manutenção do comportamento problemático. Nesse sentido, a TCD não se baseia na teoria cognitiva pura e nem na teoria comportamental pura. Embora sempre se faça referência ao contexto ambiental do comportamento, a TCD pressupõe que as causas proximais do comportamento podem ser comportamentais ou ambientais, dependendo do caso.

Isso não significa, porém, que a TCD não tenha preferências teóricas; ela as tem, e são muito importantes. Com relação a variáveis antecedentes ou evocativas, a TCD concentra-se mais em estados emocionais intensos ou aversivos. O comportamento desadaptativo, em grande medida, é considerado resultado da desregulação emocional. A melhora da insuportável dor emocional sempre é considerada um dos principais fatores motivacionais no comportamento disfuncional *borderline*. Assim, em qualquer análise de cadeia, os comportamentos emocionais anteriores devem ser explorados com particular profundidade. A TCD também sugere padrões típicos ou cadeias de eventos que provavelmente levem a esses estados emocionais aversivos. Ou seja, a TCD sugere vários grupos de acontecimentos ambientais e comportamentos de pacientes que provavelmente sejam instrumentais para produzir e manter os comportamentos *borderline*. Os déficits comportamentais no pensamento dialético e a capacidade de sintetizar polaridades, bem como déficits nas habilidades comportamentais de atenção plena, eficácia interpessoal (especialmente na solução de conflitos), regulação do afeto, tolerância a estressores e autocontrole, são teoricamente importantes de avaliar.

Em uma perspectiva um pouco diferente, a TCD sugere que certos padrões comportamentais extremos também são prováveis de ser instrumentais para a geração e manutenção do comportamento *borderline*, bem como para o processo de mudança. Entre esses padrões, estão déficits na modulação emocional, autovalidação, raciocínio realista e juízo, experiência emocional, solução de problemas ativa e expressões precisas de estados emocionais e competência. Correspondendo a esses déficits, e geralmente ocorrendo paralelamente a eles, existem excessos na reatividade emocional, autoinvalidação, comportamentos que geram crises, inibição do luto, comportamentos de passividade ativa e dependência do humor. Esses padrões e sua relação com o TPB e a terapia são discutidos amplamente nos três primeiros capítulos deste livro. O leitor interessado deve revisar esses capítulos cuidadosamente antes de começar avaliações de pacientes *borderline* para a TCD.

ESTRATÉGIAS DE *INSIGHT* (INTERPRETAÇÃO)

O objetivo das estratégias de *insight*, conforme sugere o nome, é ajudar a paciente a notar padrões e obter *insight* de inter-relações funcionais. Embora esse seja um objetivo fundamental da análise comportamental descrita, o terapeuta também pode oferecer seus próprios "*insights*" em muitos outros momentos da terapia, independente de uma análise comportamental formal. Sugerir *insights* terapêuticos (geralmente chamados de "interpretações" em psicoterapias mais tradicionais") pode ser muito poderoso, no sentido positivo e negativo. Assim, é essencial que sejam propostos como hipóteses a testar, no lugar de fatos imutáveis. Além disso, o terapeuta deve ter cuidado para reconhecer que os *insights* propostos são produtos de seus próprios processos cognitivos e, portanto, não são necessariamente representações precisas de acontecimentos alheios ao terapeuta.

Os comportamentos terapêuticos incluídos na categoria do *insight* são: comentar o comportamento da paciente; resumir o que a paciente disse ou fez de maneira a coordenar e enfatizar certos aspectos; notar e comentar uma inter-relação observada; e comentar as implicações de um determinado comportamento da paciente, como uma postura ou emoção implícita. Oferecer esses *insights* ou interpretações é uma parte fundamental de qualquer psicoterapia (Frank, 1973), assim como da TCD. O *insight* costuma ser usado quando o foco principal da terapia está em outro tema, mas o terapeuta quer marcar um determinado comportamento ou padrão para referência posterior. Em outras ocasiões, pode ser o prelúdio da tentativa de retomar o foco da sessão para temas que a paciente está evitando ou esperando que o terapeuta não perceba. Os *insights* podem ser breves e sutis, como quando o terapeuta quer indicar um comportamento ou padrão à paciente, mas quer que ela chegue à conclusão por conta própria, ou pela confrontação, como quando o terapeuta está tentando forçar a paciente a uma postura mais ativa ou mais flexível. Ao contrário da análise comportamental, as estratégias de *insight* concentram-se mais em comportamentos que ocorrem dentro da interação terapêutica.

As estratégias de *insight* não substituem a análise comportamental. Os *insights* são formulações de teorias variadas sobre o que a paciente está fazendo e por que ela está fazendo aquilo. Na análise comportamental, a paciente e o terapeuta tentam verificar esses *insights*. É importante ter em mente, porém, que as interpretações, como outras teorias, não podem ser avaliadas em termos de "verdade", mas apenas em termos de utilidade. Elas ou ajudam no processo de mudança ou não ajudam e, às vezes, podem até ser prejudiciais. Kohlenberg e Tsai (1991) observam que "toda forma de psicoterapia parece prevê que se ensine o cliente a dar razões [para o comportamento] que sejam aceitáveis para o terapeuta". Os autores ainda sintetizam Woolkfolk e Messer (1988), que sugeriram que a psicanálise pode ser descrita como um processo em que a paciente diz o que aconteceu e apresenta razões. O terapeuta então interpreta, apresenta razões diferentes, e a terapia está completa quando as razões da cliente são as mesmas do terapeuta. As estratégias de *insight* são resumidas no Quadro 9.2.

O que e como interpretar: diretrizes para o *insight*

Os teóricos diferem notavelmente em relação aos comportamentos que devem ser interpretados com pacientes *borderline* e como essas interpretações devem ser feitas. Por exemplo, Kernberg (1975) sugere concentrar-se nos aspectos negativos da "transferência". Masterson (1990) recomenda manter o foco em comportamentos desadaptativos que ocorrem fora da sessão. Muitos terapeutas defendem desafiar e confrontar as interpretações das pacientes (Kernberg, 1975; Masterson, 1990; Gunderson, 1984), enquanto outros citam os riscos da confrontação (Sederer e Thorbeck, 1986;

Quadro 9.2 Lista de estratégias de *insight* (interpretação)

___ T direcionar os *insights* para os comportamentos visados pela TCD e seus precursores.
___ T explorar comportamentos e acontecimentos atuais, observáveis e públicos.
   ___ T comentar comportamentos que ocorram na sessão, com especial ênfase em comportamentos observáveis para T.
___ T usar os pressupostos da TCD sobre pacientes e a teoria biossocial para estruturar *insights*.
___ T favorecer interpretações empáticas que não sejam pejorativas.
___ T interpretar o comportamento segundo as variáveis que o evocam e mantêm.
___ T observar os efeitos dos *insights*, e mudar o padrão ou tipo dos *insights* propostos adequadamente.
___ T usar *insights* de maneira frugal e cercá-los de validação.
___ T ENFATIZAR ou comentar o comportamento de P.
   ___ T inserir uma observação comportamental na discussão com P.
   ___ T fazer comentários sobre o comportamento de P, como "você já notou que . . .?" ou "você não acha interessante que. . .?"
   ___ T equilibrar a ênfase no comportamento negativo com a ênfase no positivo.
___ T ajudar P a OBSERVAR E DESCREVER padrões recorrentes (comportamentais, ambientais, ou ambos) no contexto de construir significado para os acontecimentos da vida de P.
   ___ T identificar pensamentos recorrentes.
   ___ T identificar respostas afetivas recorrentes.
   ___ T identificar sequências comportamentais recorrentes.
   ___ T ajudar P a observar e descrever padrões de estímulos e suas relações associativas que evocam (modelo do condicionamento clássico) ou reforçam/punem (modelo do condicionamento operante) os padrões de resposta de P.
___ T comentar as IMPLICAÇÕES possíveis do comportamento de P.
___ T EXPLORAR DIFICULDADES em aceitar ou rejeitar hipóteses sobre o comportamento, de um modo flexível e aberto.
   ___ T se manter aberto à possibilidade de as interpretações de P estarem corretas.

Táticas anti-TCD

___ T imputar motivos a P, independentemente das percepções de P sobre suas vontades, desejos e objetivos.
___ T manter *insights* de acordo com um viés teórico, no lugar de baseá-los em observações do comportamento de P e dos fatos que o cercam.
___ T insistir em suas interpretações e agir de maneira não cooperativa.
___ T fazer interpretações pejorativas quando existem interpretações não pejorativas para os mesmos comportamentos e fatos.
___ T entrar em um raciocínio circular, insistindo que os resultados do comportamento provam os motivos.
___ T usar interpretações para atacar, culpar ou punir P.

Schaffer, 1986). Tanto Gunderson (1984) quanto Schaffer (1986) enfatizam a importância de fazer interpretações empáticas ou afirmativas. De que maneira o *insight* ou interpretação na TCD diferem dos oferecidos em outros tipos de terapias? As principais diferenças estão na ênfase no comportamento observável e visado (o que interpretar), bem como nas premissas que orientam a formulação do *insight* (como interpretar).

O que interpretar

Existem três diretrizes gerais sobre quais comportamentos de pacientes podem ou devem ser interpretados. A primeira é que a maioria dos comentários deve se concentrar diretamente em comportamentos que façam parte da hierarquia de metas da TCD ou que tenham relação funcional com elas. Por exemplo, os comportamentos suicidas ou comportamentos que normalmente levam a eles devem ser prioridade; comportamentos que interferem na terapia atual ou que indiquem problemas iminentes vêm em segundo lugar; e assim por diante. A segunda diretriz é que, sendo o resto igual, os *insights* devem se concentrar em comportamentos e fatos observáveis ou públicos, no lugar de privados. Os comportamentos se tornam públicos (para o terapeuta) em duas condições: ou o terapeuta os observa, ou a paciente relata comportamentos que observou em si mesma (p.ex., o que está pensando ou sentindo). A terceira diretriz é que os *insights* devem se concentrar em fatos e comportamentos do presente, ao invés de situações que ocorreram no passado.

Tudo isso, visto em conjunto, sugere que os *insights* mais eficazes são aqueles que dizem respeito aos comportamentos de pacientes que ocorrem em interações com o terapeuta (ao telefone ou pessoalmente). Dados apresentados por Marziali (1984) sugerem que quanto maior o nível em que as interpretações se concentram nos comportamentos da sessão, mais positivo o prognóstico do tratamento. Essa abordagem funciona melhor quando os comportamentos problemáticos da paciente ocorrem espontaneamente ou podem ser evocados durante interações com o terapeuta. Conforme apontam Kohlenberg e Tsai (1991), a relação terapêutica ideal é aquela que evoca os comportamentos problemáticos ou clinicamente relevantes da paciente, enquanto, ao mesmo tempo, proporciona oportunidades para desenvolver comportamentos alternativos mais eficazes. Estilos interpessoais problemáticos e padrões comportamentais que interferem na terapia são os comportamentos mais prováveis de ocorrer nas interações da paciente *borderline* com seu terapeuta e, assim, os melhores candidatos para *insight*. Entretanto, muitos outros comportamentos problemáticos importantes ocorrem nas interações terapêuticas, incluindo ideação suicida e ameaças, desregulação emocional, intolerância ao estresse e à agitação, falhas no autocontrole e comportamentos impulsivos, dificuldades com a mente atenta (especialmente com observar e descrever de forma imparcial) e uma ampla variedade de respostas de estresse pós-traumático. De maneira semelhante, as melhoras em cada uma dessas áreas também são prováveis de aparecer no contexto das interações terapêuticas. Assim, o terapeuta deve usar as oportunidades de observar e comentar casos de comportamentos da paciente que sejam relevantes para o progresso clínico.

Esse foco constante mas intermitente nos comportamentos que ocorrem durante a sessão terapêutica separa a TCD de muitos outros tipos de terapia comportamental, nos quais o foco costuma estar nos comportamentos que ocorrem entre as sessões. A única exceção a essa diretriz tem a ver com o comportamento parassuicida e com o planejamento e preparação para o suicídio, que raramente ocorrem na presença do terapeuta. Como esses comportamentos são prioridade máxima, o terapeuta deve tentar construir *insight* que seja relevante para os fatores que os evocam e mantêm. Uma vez identificados os precursores, porém, o terapeuta deve observar sua emergência nas interações terapêuticas. Por exemplo, Mary era uma paciente minha que caracteristicamente cortava os pulsos sempre que sentia emoções intensas e acreditava que as pessoas não estavam levando seus sentimentos a sério. Nas sessões, observei que Mary muitas vezes comunicava emoções intensas em um estilo insípido e pouco emotivo, que tornava difícil levá-la a sério. Normalmente, eu comentava que suas expressões verbais e não verbais transmitiam informações diferentes, e que isso tornava difícil para se saber quão intensos eram seus sentimentos. Às vezes, esse comentário retornava o foco da discussão para uma análise comportamental dos fatores que controlavam suas expressões verbais e não verbais, no aqui e agora da sessão.

Como interpretar

A maneira como se interpreta pode ser tão importante quanto os comportamentos focados. Comentar o comportamento de uma pessoa em uma interação e sugerir ideias sobre fatores relacionados com tal comportamento tem o potencial de aumentar notavelmente a intensidade da interação. Se a pessoa discorda de um comentário ou interpretação, as tentativas de chegar a um *insight* não apenas podem fracassar, como podem criar novos problemas que devem ser resolvidos. O *insight*, especialmente quando direcionado ao comportamento atual, deve ser usado com grande cuidado.

Existem três diretrizes para o conteúdo e o modo das interpretações na TCD, que se assemelham até certo ponto às diretrizes relacionadas com o que interpretar. A primeira diretriz é que as interpretações devem se basear na teoria biossocial descrita no Capítulo 2, bem como nas suposições da TCD sobre pacientes, apresentadas no Capítulo 4. De fato, uma das principais funções de qualquer teoria clínica ou conjunto de pressupostos é orientar o terapeuta para construir interpretações hipotéticas dos comportamentos das pacientes. O terapeuta deve voltar seus comentários para as regras que regem o comportamento da paciente, bem como as relações funcionais entre o comportamento e seus precursores e resultados imediatos, processos psicológicos comuns a todas as pessoas, influências biológicas e fatos ou contextos situacionais. As diretrizes para formular hipóteses sobre o comportamento durante a análise, discutidas anteriormente, são usadas para propor *insights*.

A segunda diretriz é que devem ser feitos esforços para encontrar uma linguagem que não seja pejorativa para propor *insights*. Sendo todo o resto igual, os *insights* não pejorativos devem ser trabalhados antes que os pejorativos. De maneira semelhante, aqueles *insights* que são congruentes com a experiência fenomenológica da paciente devem ter mais peso do que os incongruentes. A exceção aqui, conforme indica o Capítulo 12, é quando o terapeuta usa estratégias irreverentes de comunicação para efetuar mudanças. Nesses casos, quando usadas estrategicamente, as interpretações podem ser bastante agressivas e pejorativas. (Por exemplo, o terapeuta pode dizer "você está tentando fazer esta terapia não funcionar e me enlouquecer de novo?" para uma paciente que apresenta um comportamento já comentado, naquela que parece ser a milionésima vez.)

A terceira diretriz é que as interpretações devem tentar conectar comportamentos atuais com acontecimentos atuais. As pacientes *borderline* muitas vezes estão desesperadas para saber de que jeito chegaram a ser como são; querem discutir acontecimentos da infância e determinar o papel de seu histórico de aprendizagem no desenvolvimento de seus problemas. O terapeuta não deve evitar essas discussões totalmente, pois o objetivo certamente é legítimo. Porém, deve-se argumentar que uma compreensão dos fatores que contribuíram para o desenvolvimento de um padrão de comportamento não proporciona necessariamente informações sobre os fatores responsáveis pela manutenção do comportamento. Além disso, essa análise também não mostra como a paciente pode mudar. (De fato, a paciente pode responder dizendo: "como posso melhorar tendo tido a vida que tive?".) A paz mental que a paciente às vezes consegue com essas discussões deve valer a pena, se forem realizadas adequadamente; contudo, elas não devem tomar o lugar de tentativas de entender o comportamento da paciente no contexto atual.

Momento certo para interpretações

Não existem diretrizes aplicáveis a todas as pacientes em relação ao momento certo para fazer interpretações na TCD. Três questões são importantes nesse sentido. Primeiramente, quando e quanto interpretar devem ser determinados empiricamente e idiograficamente. Ou seja, o terapeuta deve observar os efeitos de um *insight* sobre a paciente e deve modificar o seu comportamento segundo tal observação. Em segundo lugar, o terapeuta comportamental dialético normalmente não trata a paciente *borderline* como alguém frágil ou incapaz de tolerar a interpretação do terapeuta sobre algo. Em terceiro, os princípios da moldagem orientam quais comportamentos ignorar, por um tempo, em favor de outros comportamentos que devem ser focados de imediato. (Ver o Capítulo 10.)

As quatro estratégias de *insight* são descritas a seguir.

1. ENFATIZAR

Ao enfatizar, o terapeuta dá *feedback* à paciente sobre algum aspecto do que ela está fazendo, como um modo de espelhar, enfatizar ou trazer os padrões de comportamento da paciente para o primeiro plano. Com frequência, essa ênfase é muito breve, talvez apenas um comentário sucinto (p.ex., "muito interessante"), e o tema pode não ser discutido por um bom tempo, até mais adiante. A ênfase pode ser formulada como uma questão (p.ex., "você já notou que mudou de assunto três vezes nesta sessão?").

Qualquer pessoa normalmente interpreta a ênfase em comportamentos negativos como uma crítica e, por isso, o terapeuta deve ter cuidado para não usar essa estratégia como um disfarce para hostilidade ou uma crítica velada. As pacientes *borderline* são rápidas em captar isso. Geralmente, uma boa ideia é tentar equilibrar a ênfase nas potencialidades da paciente com um foco em respostas problemáticas.

2. OBSERVAR E DESCREVER PADRÕES RECORRENTES

Uma parte importante de qualquer terapia é a construção de significado para os fatos da vida, por meio da observação de relações e padrões recorrentes e seguros. Em discussões sobre a vida da paciente, bem como observações de comportamentos que ocorrem dentro da relação terapêutica, o terapeuta deve se manter alerta para relações recorrentes entre diversos comportamentos da paciente ou entre comportamentos e acontecimentos no ambiente. Em particular, o terapeuta deve procurar relações que lancem luz sobre padrões causais. Desse modo, assim como na análise comportamental, o foco é notar os acontecimentos que evocam ou reforçam o comportamento. Às vezes, é mais importante que o terapeuta pergunte antes à paciente se ela enxerga algum padrão interessante. Ou pode transmitir isso indiretamente, resumindo o que a paciente disse ou uma sequência de acontecimentos, de maneira a enfatizar o padrão observado. Em outras ocasiões, é mais importante que o terapeuta comunique diretamente suas observações e discuta a sua validade com a paciente.

3. COMENTAR AS IMPLICAÇÕES DO COMPORTAMENTO

Conforme observado anteriormente, a TCD não pressupõe que as pessoas (incluindo as pacientes *borderline*) normalmente estejam cientes das variáveis que controlam ou influenciam seu comportamento. Embora certas regras que orientam o comportamento humano possam ser explícitas, na maior parte do tempo, o comportamento está sob controle de regras e pressupostos implícitos. Situações que normalmente evocam certos padrões de comportamento, bem como situações que funcionam como reforços para o comportamento, também atuam muitas vezes fora da consciência. A TCD não parte do princípio de que essa falta de consciência seja necessariamente resultado de repressão (i.e., que seja falta de consciência motivada). No lugar disso, pressupõe-se que a maioria das pessoas, na maior parte do tempo, tem dificuldade para identificar precisamente os fatores que controlam o seu próprio comportamento. De fato, na maior parte do tempo, essa identificação não é necessária.

De um modo geral, as implicações do comportamento baseiam-se em regras ou relações do tipo "se...então", das quais a paciente pode não estar ciente. Ao comentar, o terapeuta está dizendo: "se sua reação é X, provavelmente Y também seja o caso". (Em contrapartida, ao observar e descrever padrões, o terapeuta está dizendo: "não é interessante que X e Y sempre ocorram juntos?".) Por exemplo, se uma paciente diz que quer bater no terapeuta, uma implicação razoável é que ela esteja se sentindo brava ou ameaçada. Se ela evita ou foge de uma situação, pode estar com medo ou acreditar que a situação não tem jeito. A decisão de voltar a estudar implica que ela tem confiança de que passará nas disciplinas. O terapeuta deve ter cuidado especificamente para não sugerir que as consequências do comportamento são intencionais, especialmente quando são dolorosas ou socialmente inaceitáveis. É especialmente importante ter em mente a teoria e as premissas apresentadas nos Capítulos 2 e 4.

4. AVALIAR DIFICULDADES PARA ACEITAR OU REJEITAR HIPÓTESES

Existe um padrão ou implicação recorrente que a paciente pode não reconhecer. Em outras ocasiões, o padrão ou implicação pode ser reconhecido, mas a paciente talvez ainda tenha dificuldade para reconhecê-lo para o terapeuta ou para aceitar a sua realidade. Cada uma dessas alternativas deve ser explorada com a paciente quando o terapeuta e ela discordam sobre a presença ou as implicações de um certo padrão comportamental. Ao mesmo tempo, o terapeuta deve estar atento a seus próprios vieses e dificuldades para abandonar certos *insights*. É possível que o *insight* colocado simplesmente esteja incorreto. Nessas discussões, é crítico que o terapeuta respeite o ponto de vista da paciente. Além disso, ele deve comunicar direta e indiretamente para a paciente que ambos estão envolvidos em um esforço mútuo e cooperativo. Assim, os desacordos entre paciente e terapeuta devem ser abordados de forma não avaliativa, e as dificuldades que a paciente possa ter para reconhecer padrões devem ser discutidas de maneira casual e com aceitação.

No decorrer da terapia, a paciente muitas vezes oferece seus próprios *insights* e interpretações sobre o comportamento do terapeuta e o padrão de interações entre os dois (ou, na terapia de grupo, entre o terapeuta e outros membros do grupo). O terapeuta deve estar aberto para reconhecer esses padrões e validar os *insights* da paciente, quando apropriados. A busca pela validade deve preceder a busca pelas projeções da paciente, suas defesas, falta de habilidade para oferecer *insights*, e motivos ulteriores para voltar a discussão para o comportamento do terapeuta. Especialmente quando os padrões representam comportamentos pouco admiráveis por parte do terapeuta, a situação proporciona a oportunidade de reforçar observações válidas e modelar uma forma de autoexploração que não seja defensiva ou autoavaliativa. Esse tema é discutido de forma mais ampla nos Capítulos 12 e 15.

ESTRATÉGIAS DIDÁTICAS

A essência das estratégias didáticas é o compartilhar informações sobre fatores que influenciam o comportamento em geral e de teorias psicológicas, biológicas e sociológicas que possam lançar luz sobre certos padrões comportamentais. Informações sobre os comportamentos *borderline* (inclusive comportamentos parassuicidas) e o TPB, dados empíricos sobre diversas estratégias de tratamento e pontos de vista teóricos são transmitidos à paciente e, às vezes, também para sua família ou rede social. As informações específicas transmitidas nesse caso são discutidas em mais detalhe no Capítulo 14. As estratégias são resumidas no Quadro 9.3.

Uma estratégia didática básica é o ensino direto dos princípios da aprendizagem e desenvolvimento, consequências biológicas de padrões comportamentais (inclusive ingestão de drogas) e processos emocionais, cognitivos e comportamentais básicos. Geralmente, são compartilhadas informações didáticas relacionadas com métodos eficazes de mudança comportamental e autocontrole relevantes para os problemas da paciente. No entanto, às vezes, essas informações também ajudam a entender o comportamento de outras pessoas que se relacionam com a paciente. Essa estratégia didática é usada para ajudar a paciente a se concentrar em informações relevantes durante a análise comportamental, gerar soluções e tomar decisões e se comprometer com os objetivos específicos do tratamen-

Quadro 9.3 Lista de estratégias didáticas

____ T fornecer INFORMAÇÕES a P sobre o desenvolvimento, a manutenção e a mudança de comportamento em geral.
    ____ T apresentar resultados empíricos.
    ____ T apresentar teorias baseadas na aprendizagem e outras teorias atuais do comportamento.
    ____ T discutir a psicobiologia do comportamento.
    ____ T discutir inter-relações e funções de padrões comportamentais.
    ____ T desafiar explicações de P baseadas em culpa, moral ou "doença mental" para o estado ou comportamento atual.
    ____ T dar explicações alternativas baseadas em resultados empíricos.
    ____ T proporcionar uma visão geral do "encaixe problemático" para seu problema.
____ T apresentar comportamentos parassuicidas e impulsivos (p.ex., bebida, uso de drogas, abuso infantil, comportamento esquivo) como comportamentos para solução de problemas.
    ____ T discutir a relação entre comportamentos e déficits em habilidades de solução de problemas.
    ____ T discutir a relação entre comportamentos e resultados funcionais.
____ T proporcionar LEITURAS a P sobre comportamento, tratamentos, TPB.
____ T apresentar informações sobre comportamento e TPB para a FAMÍLIA de P, quando necessário.

<u>Táticas anti-TCD</u>
____ T sobrecarregar P com informações.
____ T insistir em uma versão da realidade.

to. As informações apresentadas de forma didática visam combater visões excessivamente moralistas, supersticiosas e irrealistas do comportamento e da mudança. A premissa é que as pacientes *borderline* infelizmente costumam não ter esse conhecimento, e têm informações inadequadas sobre os fatores que geralmente influenciam o comportamento e sobre respostas normativas às situações em que se encontram. Essa carência pode se dever a uma variedade de fatores, incluindo o ensino e aprendizagem deficientes ou falhos que são típicos dos ambientes invalidantes.

1. FORNECER INFORMAÇÕES

Conforme já discutido, os indivíduos *borderline* e suicidas muitas vezes rastreiam seus problemas até atributos pessoais negativos e incontroláveis. Eles acreditam que estão "enlouquecendo", "perdendo o controle" ou que são pessoas "horríveis" por causa de seus problemas. A paciente muitas vezes tem apenas duas explicações para seu comportamento e estado de vida: ou ela é louca ou é má. Uma conceituação alternativa ou oposta – ou seja, que o comportamento da paciente resulta de históricos problemáticos de aprendizagem ou processos psicológicos normais – pode ser bastante produtiva. Assim, sempre que possível, devem ser apresentadas explicações baseadas na aprendizagem ou outras teorias psicológicas de base empírica, e as tentativas da paciente de explicar seu comportamento como resultado de uma "doença mental" ou "pecado" devem ser refutadas frontalmente.

A ênfase em explicações psicológicas certamente não exclui explicações biológicas ou genéticas para o comportamento, quando forem apropriadas. Por exemplo, é apropriado explicar que a instabilidade emocional extrema de um indivíduo *borderline* pode ser atribuída em parte a disposições e fatores genéticos ou biológicos. As percepções distorcidas, vieses cognitivos (especialmente da memória) e pensamento rígido podem ser explicados como consequências normais e típicas da excitação emocional. As dificuldades para se concentrar e prestar atenção podem ser atribuídas à depressão, que também pode ser considerada, em parte, como sendo causada por fatores fisiológicos ou predisposição genética. Outros problemas podem ser induzidos por vias químicas (p.ex., letargia ou falta de motivação podem ser resultado de desnutrição, alimentação excessiva, uso de drogas, etc.). Em qualquer caso, o terapeuta deve trilhar a tênue linha entre indicar à paciente que os problemas podem se dever a históricos de aprendizagem deficitários e sugerir que os problemas resultam de características mais imutáveis da paciente. Nesse caso, a dialética da mudança *versus* aceitação é mais importante, e o terapeuta deve ter cuidado para sintetizar esses dois pontos de vista ao invés de manter cada lado da moeda como uma verdade independente.

2. FORNECER MATERIAIS PARA LEITURA

Algumas pacientes estão dispostas e ansiosas para ler informações relevantes para seus problemas, podendo-se fornecer a elas: este livro; o manual de treinamento de habilidades que o acompanha; artigos e publicações de pesquisa sobre o TPB e outros critérios diagnósticos que satisfaçam; estudos sobre resultados de tratamentos psicossociais e farmacológicos; livros-texto ou leituras sobre psicologia introdutória, psicologia social, terapia comportamental ou outros procedimentos que o terapeuta possa estar usando; livros de autoajuda que contenham informações precisas e seguras sobre temas que o terapeuta gostaria que a paciente entendesse melhor (como princípios da aprendizagem, ou abuso sexual e seu efeito sobre as pessoas); e assim por diante. De um modo geral, tento ensinar tudo que sei às pacientes. Assim, qualquer material que esteja lendo posso dar à paciente. A maioria das pacientes não lerá livros longos ou muito acadêmicos, mas muitas gostam de ler artigos breves ou capítulos de livros. Infelizmente, a maioria dos livros populares sobre o TPB apresenta uma formulação teórica do transtorno que difere da formulação da TCD. Em particular, muitos transmitem a noção de que o comportamento desordenado do indivíduo é causado por uma "doença mental", da qual o indivíduo deve se recuperar antes que possa fazer mudanças verdadeiras. A TCD não se baseia em um conceito de doença mental para o TPB; se aceitasse um, ele sugeriria que fazer mudanças reais provavelmente curaria a doença, e não o contrário.

3. FORNECER INFORMAÇÕES PARA FAMILIARES

A família de um indivíduo *borderline* ou suicida costuma culpar a paciente por suas dificuldades. Essa culpa geralmente baseia-se em informações deficientes sobre o comportamento e o TPB, e nasce da frustração da família por tentar entender e ajudar a paciente. Seja qual for a razão, a incapacidade da família de desenvolver uma teoria do comportamento da paciente, que seja empática e não pejorativa, pode ser especialmente dolorosa para a paciente e sua família. Muitos dos comportamentos desadaptativos da paciente são tentativas equivocadas de mudar as visões negativas e críticas da família sobre ela. Uma das tarefas mais importantes das sessões de terapia familiar é que o terapeuta transmita informações didáticas à família sobre a formação e a manutenção do TPB e comportamentos *borderline*. Os familiares devem receber as mesmas informações que as pacientes (para uma discussão mais completa, ver o Capítulo 14). O terapeuta deve lembrar, é claro, que as tentativas de mudar o ponto de vista da família de uma paciente também devem ser cercadas pelo uso criterioso de estratégias de validação.

ESTRATÉGIAS DE ANÁLISE DE SOLUÇÕES

A TCD e a terapia comportamental em geral pressupõem que raramente é suficiente realizar análises comportamentais e alcançar um *insight* da origem, padrões e manutenção dos próprios problemas para efetuar mudanças comportamentais permanentes. No lugar disso, uma vez que se chega a uma compreensão e *insight*, o terapeuta e a paciente devem fazer uma tentativa ativa de gerar padrões de comportamento adaptativo que possam substituir os comportamentos desadaptativos e desenvolver um plano para que ocorra mudanças. O terapeuta trata as situações de vida negativas que a paciente apresenta como problemas que podem ser resolvidos, mesmo que a solução signifique apenas uma nova maneira de se adaptar à vida como é (i.e., aceitação do problema, em vez de solução do problema e mudança). Na análise de soluções, o terapeuta modela ativamente como resolver os problemas e, no decorrer da terapia, evoca e reforça a geração e o uso de soluções ativas da paciente para seus problemas. Os passos discutidos a seguir podem ser utilizados em qualquer ordem e combinação para se adequarem à situação específica em questão, e também são resumidos no Quadro 9.4.

Níveis de análise

No primeiro nível de análise, no começo da terapia, o terapeuta e a paciente devem decidir se os seus objetivos são compatíveis. O objetivo da TCD é reduzir os comportamentos *borderline* e suicidas como métodos para lidar com seus problemas, trabalhando conjuntamente com a paciente para cons-

Quadro 9.4 Lista de estratégias de análise de soluções

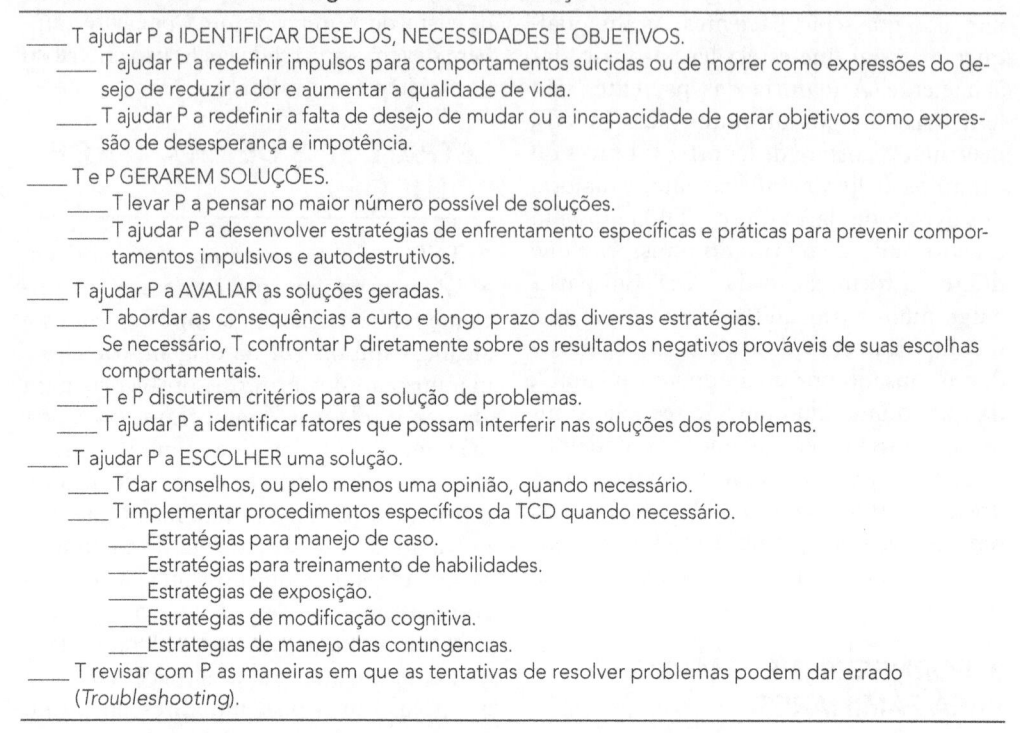

____ T ajudar P a IDENTIFICAR DESEJOS, NECESSIDADES E OBJETIVOS.
  ____ T ajudar P a redefinir impulsos para comportamentos suicidas ou de morrer como expressões do desejo de reduzir a dor e aumentar a qualidade de vida.
  ____ T ajudar P a redefinir a falta de desejo de mudar ou a incapacidade de gerar objetivos como expressão de desesperança e impotência.
____ T e P GERAREM SOLUÇÕES.
  ____ T levar P a pensar no maior número possível de soluções.
  ____ T ajudar P a desenvolver estratégias de enfrentamento específicas e práticas para prevenir comportamentos impulsivos e autodestrutivos.
____ T ajudar P a AVALIAR as soluções geradas.
  ____ T abordar as consequências a curto e longo prazo das diversas estratégias.
  ____ Se necessário, T confrontar P diretamente sobre os resultados negativos prováveis de suas escolhas comportamentais.
  ____ T e P discutirem critérios para a solução de problemas.
  ____ T ajudar P a identificar fatores que possam interferir nas soluções dos problemas.
____ T ajudar P a ESCOLHER uma solução.
  ____ T dar conselhos, ou pelo menos uma opinião, quando necessário.
  ____ T implementar procedimentos específicos da TCD quando necessário.
    ____Estratégias para manejo de caso.
    ____Estratégias para treinamento de habilidades.
    ____Estratégias de exposição.
    ____Estratégias de modificação cognitiva.
    ____Estratégias de manejo das contingências.
____ T revisar com P as maneiras em que as tentativas de resolver problemas podem dar errado (*Troubleshooting*).

truir uma vida que valha a pena viver. Se esse não for o objetivo da paciente, mesmo que experimental, a solução de problemas não pode ocorrer. No segundo nível, o terapeuta analisa se a paciente quer trabalhar outros comportamentos abordados na TCD. Além de reduzir os comportamentos parassuicidas e os comportamentos que interferem na terapia, todos os outros objetivos dependem da paciente. A exceção aqui envolve casos em que o terapeuta acredite que um determinado objetivo seja essencial para o progresso terapêutico. No terceiro nível, a rede é lançada mais longe, embora o foco deva permanecer na situação problemática em consideração. Basicamente, a questão é: "o que deveria mudar para o problema ser resolvido ou a situação melhorar?". Nesse terceiro nível, também é importante que o terapeuta se certifique de que a paciente deseja trabalhar o problema em questão. Às vezes, a paciente (como qualquer pessoa) apenas quer falar com alguém sobre seu problema, que a outra pessoa entenda e se solidarize com ela e deixe por isso mesmo. Insistir em tentar "resolver" o problema pode ser contraproducente nesses casos. Em outras ocasiões, se querer parar na definição do problema for uma forma característica de evitar a solução do problema, o terapeuta talvez deva passar para as estratégias de comprometimento (ver a seguir), para obter pelo menos um comprometimento inicial de trabalhar no problema.

1. IDENTIFICAR OBJETIVOS, NECESSIDADES E DESEJOS

Impedimentos para a paciente descobrir o que ela deseja

Indivíduos suicidas muitas vezes sugerem que seu objetivo na vida é morrer, ou que gostariam de se cortar ou se ferir ou de fazer algo impulsivo. Em essência, esse indivíduo está representando o comportamento autoagressivo como solução para seus problemas. A primeira tarefa do terapeuta é mostrar que é muito pouco provável que a paciente realmente *deseje* o comportamento suicida; ao invés disso, ela provavelmente quer resolver o problema que está vivendo, sentir-se melhor, e sentir-se mais satisfeita com sua vida. Essa afirmação deveria ser seguida por um comentário de que provavelmente existem outras maneiras de alcançar esses objetivos. A paciente pode continuar a insistir que o que realmente quer é morrer ou se machucar, e o terapeuta pode vir a sentir que o que ela realmente quer é a sua permissão para começar o comportamento autoagressivo. A paciente na verdade pode estar tentando fazer o terapeuta reconhecer o quanto ela está se sentindo mal. Uma técnica útil aqui é simplesmente validar a dor da paciente, e seguir tais afirmações com uma mudança do foco da conversa para soluções alternativas. Às vezes, esse processo circular pode ser necessário 10 ou 20 vezes em uma única interação. Em outras ocasiões (mesmo na mesma interação), a paciente diz que não quer mudar nada e que tudo está bem. Essas afirmações geralmente partem de sentimentos de desesperança e falta de controle.

Uma tensão dialética fundamental ao se estabelecerem objetivos é que é quase impossível a paciente saber o que quer se não estiver livre para escolher e buscar o que deseja. Com frequência, simplesmente não tem utilidade travar longas discussões sobre o que a paciente quer em determinadas ocasiões. Utiliza-se melhor o tempo da terapia aumentando primeiro a capacidade da paciente de alcançar uma variedade de objetivos. Por exemplo, tive uma paciente *borderline* que não conseguia decidir o que queria de suas colegas de trabalho, ou se queria ser promovida, ficar no trabalho atual ou pedir demissão. Depois de várias discussões prolongadas, ficou claro para mim que a extrema falta de comportamento assertivo da paciente na verdade a impedia de sequer lutar por si mesma no trabalho, de escolher a promoção ou de procurar um trabalho diferente. Quando sugeri que trabalhássemos para ela aprender a lutar por si mesma e lidar diretamente com os conflitos, ela reclamou que não poderia, pois nunca sabia o que queria em situações conflituosas. Minha estratégia foi ensiná-la a se afirmar em uma variedade de questões e pedir diversas coisas, raciocinando com ela que ela devia aprender a pedir "o sol e a lua", podendo decidir *o que* pedir mais adiante. Quando ela adquiriu competência com a assertividade, não precisamos mais discutir objetivos e desejos, pois ela sabia o que queria.

Às vezes, especialmente ao pensar em novas respostas para situações de crise, o terapeuta deve gerar metas ou objetivos possíveis, descrevendo-os juntamente com os meios pelos quais a paciente pode alcançá-los. O terapeuta deve fazer tentativas repetidas, se necessário, para envolver a paciente em uma discussão sobre os objetivos que gerou, mantendo o foco em objetivos realistas a curto prazo, ao invés de objetivos a longo prazo e aparentemente inalcançáveis. Talvez ajude gerar, juntamente com a paciente, uma lista de metas ou objetivos para um determinado problema e depois classificá-los em ordem, do mais ao menos desejável.

Um último obstáculo importante à identificação de objetivos, necessidades e desejos é a tendência constante de indivíduos *borderline* e suicidas de acreditar que não merecem a felicidade, a boa vida, o amor ou coisas do gênero. Essa crença em sua total falta de merecimento deve ser combatida sempre que surgir. As técnicas e estratégias para mudar essas crenças disfuncionais são descritas de forma mais completa no Capítulo 11.

2. GERAR SOLUÇÕES

Níveis de soluções

Conforme já comentei, no nível básico, uma solução possível para as dificuldades da paciente é começar e permanecer na TCD. Outras estratégias de solução – em particular, combinar TCD com farmacoterapia ou outras terapias auxiliares – também devem ser exploradas. No segundo nível, a solução pode ser um ou mais dos procedimentos específicos de solução de problemas que compõem a TCD. Uma vez que um determinado problema foi identificado como uma solução apropriada, podem surgir novos problemas que precisem ser respondidos em primeiro lugar. Ou seja, a paciente talvez não consiga utilizar as soluções em seu estado atual. No terceiro nível, o terapeuta e a paciente simplesmente geram soluções para problemas específicos à medida que surgem, ou podem gerar maneiras novas e mais efetivas de lidar com antigos problemas. Depois que uma solução é gerada e escolhida, a paciente deve conseguir implementá-la, ou pelo menos fazer uma boa tentativa. No dia a dia da TCD individual, essas duas abordagens são interligadas.

Gerar soluções cotidianas

Durante a realização da análise comportamental, o terapeuta notará, juntamente com a cadeia, possíveis respostas alternativas que o indivíduo poderia ter usado para resolver o problema em questão. Fazer uma análise de cadeia é como construir um mapa para ver como a paciente chegou de um ponto ao outro. No entanto, como todos os mapas, uma cadeia muitas vezes também indica outros "caminhos" que a paciente poderia ter tomado. Esses outros caminhos, ou soluções, devem ser apontados à medida que se constrói a análise. Entretanto, geralmente, não é aconselhável entrar em discussões prolongadas a cada entroncamento sobre todas as soluções alternativas possíveis. Essa discussão desvia o terapeuta e a paciente da tarefa de construir a cadeia completa. Às vezes, só o que se faz na análise de soluções é indicar soluções alternativas.

Em outras ocasiões, realiza-se uma análise de soluções mais completa. Isso pode ser feito por meio de uma sessão telefônica durante uma crise, quando a paciente está tentando lidar com um problema de maneira mais adaptativa. Ou pode ser feito durante uma sessão de terapia cujo objetivo seja gerar soluções para uma situação atual de crise. De maneira alternativa, grande parte da terapia pode ser considerada uma tentativa de gerar e implementar novas soluções para os problemas crônicos que a paciente enfrenta. A primeira tarefa nesses casos é fazer uma sessão de "*brainstorming*" para pensar em soluções. O terapeuta deve perguntar se a paciente consegue pensar em outras maneiras de resolver seu problema. É importante evocar o maior número possível de soluções alternativas que ela puder pensar. A tendência da paciente será rejeitar muitas soluções inicialmente. Por isso, será necessário incentivá-la e estimulá-la para que ela pare de avaliar e apenas gere alternativas. O terapeuta deve ensinar e modelar o princípio de que "quantidade gera qualidade" que fundamenta as táticas de *brainstorming*.

Se a paciente gera uma lista de soluções, das quais uma ou mais parecem eficazes, não haverá necessidade de que o terapeuta contribua com outras soluções. No entanto, no começo da terapia, é improvável que isso ocorra. Nesse ponto, o terapeuta não pode se enganar com a "aparente competência" da paciente, acreditando que ela já sabe como resolver o problema, mas apenas não está motivada ou sente preguiça para gerar uma boa alternativa. Esse raramente é o caso. O objetivo eventual aqui é que a paciente gere, lembre e implemente novos comportamentos, independentemente do terapeuta. Portanto, o apoio deve ser retirado com o tempo, com uma ênfase crescente em usar os planos comportamentais específicos da paciente para resolver problemas específicos.

Como as pacientes suicidas e *borderline* apresentam pensamento excessivamente rígido e dicotômico, a paciente muitas vezes apresentará apenas uma solução para o terapeuta. Se essa solução for adaptativa (ou pelo menos melhor que as soluções usuais da paciente), o terapeuta deve, é claro, reforçá-la. Todavia, com frequência, a solução apresentada é inadequada, desadaptativa ou não é a melhor solução possível (pelo menos na opinião do terapeuta), devendo ser geradas novas soluções.

Seguidamente, a paciente não consegue gerar um plano de ação eficaz ou não consegue sugerir alternativas efetivas por causa de inibições emocionais ou crenças e expectativas equivocadas sobre os resultados que considera associados a tais alternativas. Nesses casos, é importante que o terapeuta sugira diversos planos de ação para solução do problema. Talvez o terapeuta também precise ajudar a paciente a desenvolver estratégias específicas para lidar com comportamentos autoagressivos que poderiam sabotar a implementação de uma solução.

3. AVALIAR SOLUÇÕES

As soluções devem ser avaliadas em termos de seu potencial de eficácia e os obstáculos possíveis à sua implementação.

Analisar a potencial de eficácia das soluções

O terapeuta deve avaliar cuidadosamente as expectativas da paciente em relação à utilidade dos resultados (de curto e longo prazo) associados a diversas soluções. Durante essas discussões, o terapeuta pode ajudar a paciente a avaliar o quanto essas expectativas são realistas. Ele não deve pressupor automaticamente que as expectativas negativas da paciente sejam irreais. Ela pode, de fato, estar em uma situação ambiental aversiva, onde a variedade de resultados negativos possíveis seja substancial. Quando a paciente apresenta expectativas negativas, talvez seja preferível o terapeuta responder perguntando como esses resultados esperados podem ser superados ou atenuados.

Em outras situações, o terapeuta verá que a paciente está apresentando a síndrome do "sim, mas...": cada solução que o terapeuta propõe é considerada inadequada. Nesses casos, o terapeuta deve identificar sua visão do que está acontecendo na interação terapêutica e pedir sugestões à paciente para resolver o impasse. Talvez ajude discutir as expectativas da paciente para o processo de terapia. Mais uma vez, é importante validar a provável frustração e desespero da paciente ao invés de acusá-la (direta ou indiretamente) de criar obstáculos para a terapia.

Analisar possíveis obstáculos a soluções eficazes

Uma determinada solução pode ser eficaz se for empregada, mas, por uma ou outra razão, a paciente não conseguir usá-la na vida cotidiana. Uma análise cuidadosa dos fatores que podem interferir na implementação das soluções, portanto, é uma parte muito importante da solução de problemas.

A análise dos obstáculos possíveis na TCD baseia-se nos modelos de déficit comportamental e inibição de respostas que propus anteriormente para a análise de falhas no comportamento assertivo (Linehan, 1979). O modelo do déficit comportamental pressupõe que a incapacidade de usar o comportamento efetivo quando ele é necessário é resultado de uma deficiência; ou seja, os comportamentos eficazes e relevantes (i.e., ação e conhecimento de como e quanto usar) estão ausentes do repertório comportamental do indivíduo. O modelo da inibição de respostas pressupõe que a pessoa tem os comportamentos exigidos, mas é inibida de executá-los. Existem duas hipóteses sobre os determinantes da inibição. A primeira é que ela se deve a respostas afetivas negativas condicionadas, e a segunda é que ela resulta de crenças, autoafirmações e expectativas desadaptativas. Uma variação da abordagem da inibição da resposta pressupõe que a pessoa tem os comportamentos exigidos, mas que existe interferência em sua execução. Mais uma vez, existem duas grandes fontes de interferência. Primeiro, uma resposta pode ser impedida pela ocorrência prévia de comportamentos incompatíveis; ou seja, os comportamentos inadequados e incompatíveis estão mais acima na hierarquia de respostas do indivíduo do que respostas eficazes e adequadas. Em segundo lugar, as contingências que atuam no ambiente atual podem favorecer o comportamento que não é eficaz ante a eficácia. Os comportamentos eficazes podem ser punidos, e os que não são eficazes podem ser recompensados.

Ao analisar soluções para uma determinada situação ou padrão de vida problemático, o terapeuta deve ter cuidado para avaliar as variáveis que influenciam o comportamento da paciente naquela área, no lugar de aplicar uma teoria pré-formulada de forma cega. Depois que o terapeuta e a paciente descobriram o que está interferindo no uso de comportamentos eficazes de solução de problemas, eles podem, juntos, considerar como avançar. Se houver um déficit em habilidades, o treinamento de habilidades pode ser necessário. A inibição que parte de medos ou culpas condicionados geralmente indica a necessidade de técnicas baseadas na exposição. As crenças deficitárias podem ser remediadas com procedimentos formais de modificação cognitiva. A existência de contingências problemáticas no ambiente sugere a necessidade de procedimentos de controle das contingências, que são descritos em detalhe nos Capítulos 10 e 11.

4. ESCOLHER UMA SOLUÇÃO PARA IMPLEMENTAR

Gerar, avaliar e discutir soluções em potencial para problemas são atitudes que representam um meio para um fim. Não constituem um fim em si, embora a paciente muitas vezes deseje que seja assim. O objetivo é implementar uma solução que tenha uma certa probabilidade de funcionar ou de melhorar a situação. Assim, no decorrer da avaliação, o terapeuta deve orientar a paciente para escolher uma determinada solução como aquela a seguir. Embora existam muitas maneiras de organizar critérios para essa escolha, o terapeuta deve prestar particular atenção no valor a longo prazo ante a curto prazo, e nos efeitos de diversas soluções para satisfazer os desejos ou objetivos da paciente (eficácia para os objetivos), para manter ou melhorar os relacionamentos interpessoais (eficácia interpessoal) e para manter ou aumentar o respeito da paciente por si mesma (eficácia para autorrespeito). (Uma discussão mais completa desses tipos de eficácia é apresentada no manual de treinamento de habilidades que acompanha este livro.) Trabalhar em conjunto nessa etapa é um meio importante de ajudar a paciente a aumentar a sua capacidade de tomar decisões de acordo com critérios adequados.

Quando a solução envolve a implementação de procedimentos específicos da TCD, o papel do terapeuta em ajudar a paciente a fazer a escolha é muito maior. Por exemplo, quando técnicas de treinamento de habilidades, exposição ou modificação comportamental são escolhidas para atacar um problema, é essencial que ocorra consenso entre paciente e terapeuta, pois esses procedimentos exigem uma cooperação íntima. Em comparação, o controle das contingências pode ser implementado unilateralmente pela paciente (reforçando ou punindo comportamentos do terapeuta) ou pelo terapeuta. A chave, porém, é que o terapeuta deve permanecer flexível, disposto a trabalhar com a ideia de que muitos caminhos levam a Roma.

5. APERFEIÇOAR UMA SOLUÇÃO

Para aperfeiçoar uma solução, o terapeuta e a paciente discutem todas as maneiras em que a implementação da solução pode dar errado e o que a paciente pode fazer a respeito. A ideia aqui é preparar a paciente para dificuldades e pensar antecipadamente em maneiras de resolver novos problemas que surgirem. No começo da terapia e ao lidar com crises, o terapeuta deve ser bastante ativo em relação a essa questão. O aperfeiçoamento costuma vir combinado com o ensaio de novas soluções, discutido a seguir em conexão com a orientação. O mais importante em relação ao aperfeiçoamento é lembrar de fazê-lo.

ESTRATÉGIAS DE ORIENTAÇÃO

As estratégias de orientação e comprometimento estão sempre interligadas, sendo separadas aqui apenas para exposição. A orientação envolve dar informações às pacientes sobre o processo e os requisitos da TCD como um todo (no primeiro nível, quando a TCD é um caso geral de solução de problemas); sobre algum procedimento de tratamento que será empregado (p.ex., treinamento de habilidades comportamentais para proporcionar alternativas a comportamentos suicidas); ou sobre o que se necessita para implementar uma determinada solução selecionada durante a análise de soluções de uma situação problemática específica. As especificidades da orientação da paciente para a terapia como um todo são apresentadas no Capítulo 14. No entanto, antes de cada nova aprendizagem, uma orientação semelhante ou visão geral da tarefa deve ser apresentada direta e deliberadamente para a paciente, de maneira a fornecer informações precisas sobre o que deve ser aprendido, bem como esclarecer o modelo conceitual em que a aprendizagem ocorrerá.

Muitos fracassos na aprendizagem ocorrem porque o indivíduo não entende o que deve ser aprendido, no lugar de ter problemas com a aquisição ou a memória. A compreensão da tarefa aumenta se os requisitos forem esclarecidos antes de começar a prática, e somente haverá garantia de aprendizagem adequada se a paciente souber exatamente o que deve aprender. Outros fracassos no ensino de habilidades podem resultar de esclarecimento inadequado do modelo conceitual ou do raciocínio por trás do procedimento. A importância da base racional do tratamento para obter ganhos terapêuticos foi demonstrada por Rosen (1974), além de outros autores.

Uma reorientação para a tarefa deverá ocorrer várias vezes durante o tratamento, como um primeiro passo geral para a renovação do comprometimento com a terapia, com procedimentos terapêuticos específicos e com a implementação de soluções comportamentais de comum acordo. A ideia geral é que o progresso será mais tranquilo e mais rápido se a paciente tiver o maior número possível de informações sobre os requisitos para a mudança, o raciocínio por trás das estratégias de tratamento selecionadas e a relação do processo de tratamento com o resultado. As estratégias de orientação são resumidas no Quadro 9.5 e descritas a seguir.

Quadro 9.5 Lista de estratégias de orientação

___ T orientar P para TCD e seu papel na terapia (INDUÇÃO PARA PAPÉIS).
  ___ Para TCD como um todo.
  ___ Para tarefas específicas do tratamento.
    ___ T discutir objetivos (metas) de intervenção específicas e sua relação com os objetivos gerais desejados por P.
    ___ T esclarecer para P quais serão os papéis de P e de T na intervenção.
___ T ENSAIAR com P exatamente o que ela deve fazer para tentar resolver o problema.
  ___ T solidarizar-se com P quanto às dificuldades das tarefas de P no tratamento.
  ___ T mostrar que T não criou as leis de aprendizagem/mudança e que não gosta (às vezes) delas mais que P.

1. PROPORCIONAR INDUÇÃO PARA PAPÉIS

A indução para papéis envolve esclarecer para a paciente o que ela pode esperar de maneira realista do tratamento ou procedimento em si e do terapeuta. O foco aqui é no que a paciente e o terapeuta realmente farão, tanto no decorrer da terapia quanto em geral, e na implementação de um procedimento específico. Esclarece-se o que o terapeuta pode esperar da paciente, bem como o que a paciente pode esperar do terapeuta. Quando se discute uma determinada intervenção, suas metas e sua relação com as necessidades e desejos da paciente são enfatizadas. A indução para papéis é importante porque pode haver sentimentos negativos para com o terapeuta e o tratamento como resultado de informações equivocadas ou da falta de informações sobre o que a paciente pode esperar de maneira realista no decorrer da terapia. Da mesma forma, os fatos que confirmam as expectativas já estabelecidas da paciente provavelmente aumentam sua apreciação e confiança no terapeuta.

O esclarecimento de expectativas mútuas deve ser discutido no decorrer da terapia. Em particular, o terapeuta deve estar alerta para expectativas irreais não verbalizadas da parte da paciente. Essas expectativas devem ser refletidas e resumidas para a paciente de um modo não crítico, com discussões esclarecedoras. É importante que o terapeuta comunique compreensão de como a paciente pode ter chegado a essas expectativas irrealistas. Como sempre, deve-se manter o equilíbrio entre aceitação e mudança.

2. ENSAIAR NOVAS EXPECTATIVAS

Para ajudar a paciente a se preparar para implementar uma nova resposta comportamental para um velho ou novo problema, o terapeuta deve repassar em detalhe com a paciente exatamente o que se espera dela – ou seja, exatamente o que ela irá fazer. Com uma paciente muito agitada, em particular, simplesmente não existe substituto para uma revisão detalhada das ações que a paciente deve experimentar. De um modo geral, essa revisão deve ser realizada quando a solução for discutida e escolhida. Ela pode ser realizada brevemente pouco antes de terminar a sessão ou sessão telefônica. Certas pacientes talvez precisem anotar cada passo; outras podem precisar anotar o raciocínio para implementar a solução, para que possam se motivar elas mesmas quando necessário. Esse ensaio cognitivo já é um caso de nova aprendizagem e um apoio à memória, que melhorará o desempenho na situação problemática.

Quando o terapeuta e a paciente terminam de revisar o que se espera que a paciente faça, ela pode estar desestimulada demais para prosseguir se o terapeuta não costurar uma grande quantidade de validação ao longo do caminho. Geralmente, solidarizo-me com a paciente em relação à dificuldade que ela enfrentará. Depois, falo que não criei as leis da aprendizagem e que não gosto delas tanto quanto ela. Considero isso como a estratégia "sim, mas. . ." invertida.

ESTRATÉGIAS DE COMPROMETIMENTO

O último passo na solução de problemas é evocar e manter um comprometimento com a paciente para implementar a solução escolhida. Uma grande quantidade de estudos mostra que o comprometimento de agir de uma determinada maneira – ou, de forma mais geral, o comprometimento com um projeto comportamental, como uma tarefa, um emprego ou um relacionamento – está bastante relacionado com o desempenho futuro (p.ex., Wang e Katzev, 1990; Hall, Havassy e Wasserman, 1990). As pessoas são mais prováveis de fazer aquilo com o qual concordaram, e são mais prováveis de permanecer em empregos e relacionamentos em que tenham assumido firmes compromissos.

Níveis de comprometimento

Nos estágios iniciais da terapia, o comprometimento que se espera da paciente é que participe na TCD com esse terapeuta específico, por um período especificado de tempo e que mantenha os acordos descritos no Capítulo 4. No mínimo, no começo da terapia, a paciente deve concordar em trabalhar para eliminar o comportamento suicida e construir uma vida que valha mais a pena. Comportamentos observados na sessão que possam ser considerados incondizentes com esse grau de comprometimento e cooperação são: negar-se a trabalhar na terapia; evitar ou recusar-se a falar sobre sentimentos e acontecimentos conectados com os comportamentos visados; e rejeitar os comentários do terapeuta ou suas tentativas de gerar soluções alternativas. Nesses momentos, o comprometimento com a terapia deve ser analisado e discutido, com o objetivo de evocar um novo comprometimento. O terapeuta deve reforçar ativamente os momentos (às vezes muito raros no começo) em que a paciente demonstrar uma atitude cooperativa e comprometida.

No segundo nível, o comprometimento procurado é que a paciente coopere nos procedimentos específicos que foram selecionados para o tratamento. Se forem implementados procedimentos de treinamento de habilidades, o comprometimento é que ela trabalhe em aprender a aplicar comportamentos novos e mais hábeis em situações problemáticas. Com a exposição, o comprometimento é que ela penetre na situação temida ou estressante, vivencie no lugar de evitar emoções, ou pense ou faça coisas que tem medo de tentar. Com a modificação cognitiva, o comprometimento é que ela analise e tente modificar, quando necessário, suas regras, crenças e padrões de pensamento característicos relacionados com os comportamentos problemáticos. As estratégias de controle das contingências diferem das outras, no sentido de que o tipo e grau necessários de cooperação são um pouco diferentes. No controle das contingências, o terapeuta aplica contingências baseadas em observações ou relatos do comportamento da paciente. A premissa é que a exposição a novas contingências mudará o comportamento. Assim, o comprometimento necessário por parte da paciente é de se expor às contingências e ser honesta ao relatar o seu próprio comportamento. Para a maioria das pacientes em TCD, cada um desses compromissos se fará necessário.

No terceiro nível, o comprometimento é implementar a solução comportamental que a paciente e o terapeuta escolheram na análise de solução. A ideia aqui é que o terapeuta deve evocar diretamente a concordância da paciente para experimentar um novo comportamento, trabalhar em um problema específico, ou coisas do gênero.

Comprometimento e recomprometimento

Em minha experiência, uma das principais razões para muitos fracassos e términos precoces em terapias é o comprometimento inadequado por parte da paciente, do terapeuta ou de ambos. Pode haver um compromisso insuficiente ou superficial nos estágios iniciais do processo de mudança, ou, mais provavelmente, os fatos inerentes e alheios à terapia podem conspirar para reduzir os comprometimentos fortes que haviam sido firmados. O comprometimento da paciente na TCD é um pré-requisito importante para a terapia eficaz e um objetivo da terapia. Assim, não se pressupõe que já exista um compromisso de mudar ou de implementar novas soluções comportamentais para problemas antigos. O comprometimento já é visto como um comportamento, que pode ser evocado, aprendido e reforçado. A tarefa do terapeuta é encontrar maneiras de ajudar nesse processo.

No decorrer do tratamento, o terapeuta pode esperar que seja necessário lembrar a paciente dos compromissos que assumiu, bem como ajudar a refinar, expandir e refazer comprometimentos comportamentais (às vezes repetidamente). Em alguns casos, uma paciente e eu tivemos que retornar várias vezes ao compromisso original em uma única sessão (muito difícil), fazendo e refazendo o comprometimento. Em outras ocasiões, pode ser necessária uma ou mais sessões inteiras para retomar questões relacionadas com o compromisso de mudar, com a TCD ou com determinados procedimentos. A falta de comprometimento deve ser uma das primeiras coisas avaliadas (mas não pressupostas) quando surge um problema na terapia. Antes de avançar para resolver o problema, o terapeuta deve primeiramente retornar com a paciente à estratégia de comprometimento. Depois que se faz uma revisão do comprometimento, ambos podem avançar para abordar o problema em questão.

Às vezes, o parceiro que não está comprometido é o terapeuta, e não a paciente. Isso pode acontecer em diversas circunstâncias. A paciente pode ter demandado recursos que o terapeuta não possui, ou pode não ter feito progresso por um longo período. Ou então o progresso feito pode ser tão lento que seja imperceptível para o terapeuta. Às vezes, depois de muito progresso, quando a paciente está se reorganizando ou integrando as mudanças, o terapeuta simplesmente perde o interesse nela. Pode haver conflito de valores, ou, depois de crises que foram desgastantes no início da terapia passarem, o terapeuta pode se dar conta de que simplesmente não gosta da paciente. As circunstâncias da vida do terapeuta podem ter mudado de tal modo que tratar essa paciente específica não seja mais prioridade ou não seja mais gratificante. Suspeito que muitos fracassos terapêuticos relacionados com o comprometimento que foram atribuídos a pacientes *borderline* poderiam ser atribuídos de forma mais correta a seus terapeutas. Portanto, o terapeuta deve analisar o seu nível de comprometimento com a paciente e desenvolver compromissos novos e mais vigorosos conforme o necessário. A arena mais adequada para esse trabalho é a equipe de supervisão de caso da TCD, embora a perda do comprometimento também seja um indício importante de que algum comportamento da paciente pode estar interferindo na terapia.

Necessidade de flexibilidade

Talvez seja desnecessário dizer, mas é preciso ter flexibilidade e respeito pelos desejos, objetivos e ideias da paciente sobre "como chegar daqui até lá". Desse modo, o terapeuta deve tentar não ser crítico em relação a escolha de objetivos e/ou compromissos da paciente. O terapeuta deve ter cuidado para não impor seus próprios objetivos ou procedimentos de tratamento sobre a paciente, quando tais objetivos e procedimentos não forem ditados pela TCD ou pelos limites do terapeuta. Embora seja tentador apresentar as escolhas ou preferências arbitrárias do terapeuta como necessárias, essa tendência deve ser evitada ou corrigida quando observada. A equipe de supervisão de caso pode ser particularmente proveitosa nessa situação.

Evocar um comprometimento de uma paciente pode envolver diversos passos. O terapeuta muitas vezes está atuando como um bom vendedor. O produto a vender é a TCD, novos comportamentos, um esforço renovado para mudar, ou às vezes a própria vida. Todos ou a maioria dos passos discutidos a seguir e resumidos no Quadro 9.6 podem ser necessários quando a tarefa exige muito esforço por parte da paciente; quando o esforço deve ser mantido por um longo período ou frente a adversidades ou tentativas de outras pessoas de dissuadir a paciente; quando a paciente sente desesperança em relação à sua capacidade de mudar; ou quando o que se necessita é algo que a paciente teme muito. O melhor exemplo aqui é o comprometimento prioritário com a terapia, que discutimos no Capítulo 14. Em outros momentos, talvez seja necessário apenas um comprometimento verbal, e outras táticas podem ser descartadas. O terapeuta deve se sentir livre para alternar estratégias conforme o necessário.

1. VENDER O COMPROMETIMENTO: AVALIAR PRÓS E CONTRAS

As pessoas mantêm os compromissos em que acreditam mais do que aqueles que não acreditam. Por isso, depois que foi proposto um ou mais planos de ação, o terapeuta deve envolver a paciente em uma discussão dos prós e contras de assumir um comprometimento com um determinado plano ou solução. A ideia aqui tem dois objetivos: (1) ensaiar os bons pontos de solução já avaliados e escolhidos na análise de soluções; e (2) desenvolver argumentos para contrapor as reservas que certamente surgirão mais adiante, geralmente quando a paciente estiver só e sem apoio para combater suas dúvidas. O terapeuta deve fazer um esforço para relacionar os comprometimentos de mudar com os padrões de vida da paciente, com expectativas realistas para o futuro e com o raciocínio e os objetivos esperados para a terapia.

2. REPRESENTAR O ADVOGADO DO DIABO

Às vezes, a paciente assume um compromisso superficial, que não será forte o suficiente para resistir às adversidades futuras. Assim, depois que se faz um comprometimento provisório, o terapeuta deve tentar fortalecê-lo, se for possível. A discussão dos prós e contras (ver antes no capítulo) é uma maneira; outra seria a técnica do "advogado do diabo" discutida no Capítulo 7. Nesse caso, o terapeuta levanta argumentos contra esse comprometimento. O segredo aqui é garantir que os argumentos contrários sejam um pouco mais fracos do que os argumentos da paciente em favor do comprometimento. Se os argumentos contrários forem fortes demais, a paciente pode capitular e retirar seu comprometimento inicial. Quando isso ocorre, o terapeuta deve recuar levemente e reforçar os argumentos favoráveis ao comprometimento, e retomar a posição de advogado do diabo. Essa tática também ajuda a aumentar o sentido de escolha e a "ilusão" de controle da paciente.

Quadro 9.6   Lista de estratégias de comprometimento

___ T enfatizar e discutir os PRÓS E CONTRAS do comprometimento com a mudança.
   ___ T "vender" o comprometimento.
   ___ T relacionar o comprometimento de mudança com os padrões de vida de P, com expectativas realistas para o futuro e com o raciocínio e objetivos esperados para a terapia.
___ T usar a técnica do ADVOGADO DO DIABO para fortalecer o comprometimento de P e construir um senso de controle.
___ T usar as técnicas do "PÉ NA PORTA" e "PORTA NA CARA" para obter comprometimentos de P com os objetivos e procedimentos da TCD.
   ___ T apresentar objetivos pouco vagos e sob uma luz favorável, omitir a discussão do quanto será difícil alcançar os objetivos, de maneira que quase qualquer pessoa concorde.
   ___ T evocar o comprometimento de P de alcançar os objetivos.
   ___ T redescrever os objetivos, apresentando mais especificidades e enfatizando as dificuldades um pouco mais.
   ___ T evocar outro comprometimento de alcançar os objetivos.
   ___ T "elevar a aposta", apresentando os objetivos como algo muito difícil de alcançar, talvez mais difícil do que qualquer coisa que P já tenha tentado – mas alcançável, se P quiser tentar.
   ___ T evocar outro comprometimento com alcançar os objetivos.
___ T enfatizar os COMPROMETIMENTOS ANTERIORES que P já fez ("mas eu achei que você tinha concordado...").
   ___ T discutir com P se ela ainda mantém um comprometimento que fez antes.
   ___ T ajudar P a esclarecer seus comprometimentos.
   ___ T concentrar-se em um novo comprometimento se o objetivo for essencial para a TCD ou para os limites de T.
   ___ T renegociar comprometimentos, se as mudanças não entrarem em conflito com a TCD ou os limites de T.
___ T apresentar OPÇÕES a P, enfatizar sua liberdade de escolha, e, ao mesmo tempo, apresentar consequências realistas das escolhas de forma clara.
   ___ T enfatizar que P é livre para decidir continuar enfrentando a vida com parassuicídio, mas, se fizer essa escolha, terá que encontrar outra terapia, pois a TCD exige a redução do parassuicídio como objetivo.
   ___ T enfatizar que P é livre para continuar com os comportamentos que interferem na terapia, mas também esclarecer os limites de T se essa for a escolha.
___ T usar princípios da MOLDAGEM para evocar o comprometimento de P.
___ T gerar esperança em P com MOTIVAÇÃO.
___ T e P chegarem a um acordo especificamente em relação às TAREFAS DE CASA.

Táticas anti-TCD

___ T é crítico com relação à escolha de objetivos e/ou comprometimentos de P.
___ T é rígido em relação aos objetivos ou procedimentos para alcançá-los, quando a rigidez não é imposta pela TCD ou pelos limites de T.
___ T impor seus próprios objetivos ou procedimentos de tratamento sobre P, quando tais objetivos ou procedimentos não são ditados pela TCD ou pelos limites de T, apresentando-os como algo necessário, e não arbitrário.

3. TÉCNICAS "PÉ NA PORTA" E "PORTA NA CARA"

A técnica do "pé na porta" (Freedman e Fraser, 1966) e da "porta na cara" (Cialdini et al., 1975) são procedimentos bastante conhecidos da psicologia social, usados para aumentar a adesão a solicitações e compromissos assumidos. (Os termos vêm da pesquisa inicial sobre a angariação de doações para caridade.) Na técnica do pé na porta, o terapeuta aumenta a adesão fazendo um pedido mais leve primeiro, seguido por um pedido mais difícil (p.ex., primeiramente, fazendo a paciente concordar em fazer uma ligação telefônica difícil e depois levando-a a concordar em tentar usar suas novas habilidades interpessoais no telefone). Na técnica da porta na cara, o procedimento é o inverso: o terapeuta primeiro pede algo muito maior do que realmente espera, e depois pede algo mais fácil (p.ex., primeiro pedindo que a paciente concorde em não se mutilar na semana seguinte, e depois pedindo que ela telefone para o terapeuta antes de se mutilar). Um procedimento combinado – pedir algo muito difícil primeiro, depois passar para algo muito fácil, e progredir para um pedido mais difícil – às vezes pode ser a estratégia mais eficaz (Goldman, 1986). As três estratégias são prováveis de ser mais eficazes do que simplesmente pedir um comprometimento diretamente.

Quando o terapeuta está buscando o compromisso com a terapia ou com um determinado procedimento do tratamento, pode-se usar uma variação da estratégia combinada, conforme a seguir. Primeiramente, o terapeuta apresenta os objetivos (da terapia ou do procedimento) de um modo vago e sob uma luz favorável, omitindo a discussão do quanto será difícil alcançar os objetivos, de maneira que quase qualquer pessoa concorde. Em segundo lugar, o terapeuta evoca o comprometimento da paciente em alcançar esses objetivos. Em terceiro, ele descreve os objetivos novamente, apresentando mais especificidades e enfatizando um pouco mais as dificuldades. Em quarto lugar, o terapeuta evoca outro comprometimento em relação a alcançar os objetivos. Em quinto, o terapeuta "eleva a aposta", apresentando os objetivos como algo muito difícil de alcançar, talvez mais difícil que qualquer coisa que a paciente já tenha tentado (e mais difícil do que pode ser na verdade) – mas alcançável, se a paciente quiser tentar. Finalmente, o terapeuta evoca outro comprometimento com alcançar os objetivos.

Para evocar comprometimentos com as tarefas de casa ou experimentar novos comportamentos, o procedimento da porta na cara costuma ter mais êxito. Por exemplo, posso pedir para a paciente praticar uma nova habilidade todos os dias, e depois recuar no pedido para uma ou duas vezes entre hoje e a próxima sessão. Uma vez que a paciente concorda com isso, e se acredito ser provável que haja adesão, posso aumentar o pedido levemente para três vezes antes da próxima sessão.

4. CONECTAR COMPROMETIMENTOS ATUAIS COM COMPROMETIMENTOS ANTERIORES

Uma variação da tática do pé na porta é lembrar a paciente de comprometimentos anteriores. Isso sempre deve ser feito quando a intensidade de um compromisso parecer estar decaindo ou quando o comportamento da paciente for incongruente com seus compromissos anteriores ("mas eu achei que você tinha concordado..."). Isso pode ser particularmente útil em uma situação de crise, especialmente quando a paciente está ameaçando cometer suicídio ou outra resposta destrutiva; pode ser excepcionalmente difícil desenvolver novos comprometimentos durante uma crise. Essa tática também pode ser bastante satisfatória para o terapeuta, e é preferível do que atacar a paciente ou ameaçar com comportamentos opositores imediatos. Por exemplo, uma paciente nova me ligou uma vez (quando eu era diretora da clínica) em crise porque se sentia humilhada por ter que participar do grupo de treinamento de habilidades. Como não lhe dei permissão para largar o grupo e continuar em nosso programa, ela disse: "está bem, então vou ter que me machucar". Imediatamente, falei: "mas eu achei que nós iríamos tentar o máximo não fazer isso. Esse é um dos compromissos que você assumiu quando começou a terapia conosco".

Ao lembrar a paciente de seus comprometimentos anteriores, o terapeuta também deve discutir se ela ainda mantém um comprometimento que fez antes, e então ajudá-la a esclarecer seus comprometimentos. Se um compromisso ou objetivo é essencial para a TCD (como o compromisso de trabalhar com o comportamento parassuicida no exemplo anterior) ou para os limites do terapeuta, ele deve se concentrar em estabelecer um novo comprometimento. Se as mudanças não entram em conflito com a TCD ou os limites do terapeuta, talvez seja o momento para renegociar os comprometimentos.

5. ENFATIZAR A LIBERDADE DE ESCOLHA E A AUSÊNCIA DE ALTERNATIVAS

O comprometimento e a adesão aumentam quando ambas pessoas acreditam que escolheram um compromisso livremente e quando acreditam que não existem caminhos alternativos para seus objetivos. Assim, o terapeuta deve tentar aumentar o sentimento de escolha, enquanto, ao mesmo tempo, enfatiza a falta de maneiras alternativas para alcançar os objetivos da paciente. O modo de fazer isso é enfatizar o fato de que a paciente pode simplesmente mudar seus objetivos. Ou seja, embora possa não haver muitas opções de como alcançar um objetivo, ela pode escolher os seus próprios objetivos de vida. A questão é que, para escolher seus objetivos, ela também deve estar preparada para aceitar o que vem junto com eles. Ou seja, ela deve aceitar as consequências naturais de suas escolhas.

Assim, o terapeuta deve enfatizar a liberdade da paciente de escolher, enquanto, ao mesmo tempo, apresenta consequências realistas das suas escolhas de um modo claro. Por exemplo, para desenvolver (ou redesenvolver) o comprometimento da paciente com parar de tentar cometer suicídio, o terapeuta pode enfatizar que a paciente é livre para escolher lidar com a vida por meio do parassuicídio, mas que, se fizer essa escolha, terá que procurar outra terapia, pois a TCD exige como objetivo a redução do parassuicídio. De maneira semelhante, o terapeuta pode observar que a paciente é livre para continuar com comportamentos que interferem na terapia, mas também deve esclarecer os seus próprios limites se essa escolha for feita. Por exemplo, uma vez falei para uma paciente que persistia em um padrão de comportamento particularmente aversivo (para mim) que ela poderia continuar com o padrão, mas que, se continuasse, eu não iria trabalhar com ela. Ela imediatamente perguntou se eu estava ameaçado terminar com a terapia se não parasse. "Não", eu disse, "eu vou continuar a terapia com você; só não vou gostar, é isso".

O leitor pode notar que ambas consequências têm a ver com a relação terapêutica. Geralmente, essas são as consequências mais poderosas para essa estratégia específica, pois são as que o terapeuta pode ter mais confiança. No entanto, conforme discutido no Capítulo 10, as contingências terapêuticas dependem de uma relação forte. Assim, elas devem ser usadas com cautela se a relação terapêutica ainda não estiver formada.

O terapeuta pode voltar às discussões anteriores sobre prós e contras ou às análises de resultados de comportamentos disfuncionais para obter outras ideias sobre as consequências prováveis e realistas de comportamentos disfuncionais. A questão é que o terapeuta e a paciente devem aceitar que ela está livre para escolher esses comportamentos e suas consequências. Enfatizar essa liberdade, enquanto se enfatizam simultaneamente as consequências negativas de não fazer um determinado comprometimento pode fortalecer o comprometimento e a probabilidade de ele ser seguido.

6. UTILIZAR PRINCÍPIOS DA MOLDAGEM

É importante ter em mente que os comprometimentos muitas vezes precisam ser moldados. Nos estágios iniciais da mudança, os comprometimentos devem ser com objetivos limitados, que possam ser expandidos com o tempo. Com frequência, o terapeuta deseja comprometimentos maiores do que a paciente pode firmar. O terapeuta deve ser flexível e criativo para obter a menor diferença observável no comprometimento. A capacidade de reduzir as solicitações ou usar a técnica da porta na cara, sem ao mesmo tempo fazer a paciente parecer um fracasso, é essencial aqui.

7. GERAR ESPERANÇA: MOTIVAR

Um dos principais problemas que enfrentam os indivíduos suicidas e *borderline* é sua falta de esperança de que possam colocar em prática as soluções geradas, ou que suas tentativas não irão terminar em fracasso e humilhação. É extremamente difícil fazer um comprometimento sem ter esperança de mantê-lo. O uso de estratégias de motivação não é mais importante em nenhum lugar do que na solução de problemas. Durante cada interação voltada para a solução de problemas (particularmente quando a interação se aproxima do fim e um comprometimento se faz necessário), o terapeuta deve incentivar a paciente, reforçar até o mínimo progresso de sua parte, e mostrar constantemente que ela tem dentro de si mesma tudo que precisa para superar seus problemas.

8. CONCORDAR EM RELAÇÃO ÀS TAREFAS DE CASA

A prática estruturada e designada de novas soluções para problemas ou novas habilidades comportamentais é uma parte integral dos grupos psicoeducacionais de treinamento de habilidades. Todavia, a paciente e o terapeuta podem concordar em relação a comportamentos específicos que ela pode experimentar entre uma sessão e a próxima. Nesse caso, o terapeuta deve se certificar de anotar a "tarefa" comportamental. Também é bastante importante não esquecer de perguntar sobre ela na sessão seguinte. Às vezes, também pode ser importante que a paciente faça anotações sobre como está indo. Se a tarefa for muito difícil, o terapeuta pode pedir para a paciente aparecer durante a semana para relatar seu progresso ou dificuldades inesperadas.

Comentários finais

As estratégias de solução de problemas na TCD não são diferentes das usadas na maioria das formas de terapia cognitivo-comportamental. Se fossem suficientes por si só, haveria pouca necessidade de desenvolver um tratamento específico para a TCD. Uma diferença importante entre essas estratégias com pacientes *borderline* e aplicá-las com outras pacientes é que, no caso das primeiras, o terapeuta deve estar preparado para repetir cada passo muitas vezes, devendo-se refazer compromissos já assumidos. O mesmo *insight* talvez precise ser repetido interminavelmente até se firmar. A análise comportamental pode ser demorada e tediosa, especialmente quando o processo é pontuado por comportamentos repetidos que interferem na terapia. Comportamentos e soluções alternativos que parecem possíveis para o terapeuta podem parecer impossíveis para a paciente. De um modo geral, torna-se necessário um treinamento de habilidades, a aplicação de contingências, a modificação cognitiva e procedimentos baseados na exposição visando reduzir a interferência da emotividade, isoladamente ou em combinação, para ajudar a paciente a colocar em prática soluções para seus problemas, que desenvolveu juntamente com o terapeuta. Esses procedimentos são desenvolvidos em detalhe nos próximos dois capítulos.

10 PROCEDIMENTOS DE MUDANÇA: PARTE I. PROCEDIMENTOS DE CONTINGÊNCIA (CONTROLAR CONTINGÊNCIAS E OBSERVAR LIMITES)

Os procedimentos de mudança – procedimentos de contingência, treinamento de habilidades comportamentais, procedimentos baseados em exposição e a modificação cognitiva – são combinados ao longo da TCD. Eles são usados por todos os terapeutas, embora a mistura varie com a modalidade de tratamento e a fase da terapia. A aplicação dos procedimentos está relacionada com quatro grupos principais de questões abordadas na análise comportamental, e a relação desses grupos de questões com procedimentos específicos pode ser vista no Quadro 10.1. Cada tipo de procedimento é usado de forma breve e informal em quase todas as interações terapêuticas, podendo todos também ser usados de maneira estruturada e formal.

Entre os exemplos de procedimentos formais relacionados com as contingências, estão coisas como implementar um plano de tratamento consistente, que especifique as consequências de certos comportamentos (p.ex., a regra da TCD de que a paciente não pode telefonar para o terapeuta por 24 horas depois de um parassuicídio, ou a decisão de que, se a paciente telefonar mais de x vezes durante uma mesma semana, ela perde a oportunidade de telefonar para o terapeuta na semana seguinte); implementar sistemas de níveis e privilégios em unidades de internação; ou usar programas de autocontrole "enlatados" ou organizados entre as sessões. De maneira mais informal, e muitas vezes com pouca reflexão, cada resposta que a paciente observa ou experimenta da parte do terapeuta (i.e., comportamentos públicos do terapeuta) pode ser neutra, punitiva ou reforçadora. Assim, cada resposta contingente é um procedimento informal de contingência, proveitoso ou não. Fazer mudanças diretas no ambiente para sustentar comportamentos novos ou mais eficazes também é um exemplo do uso de procedimentos de contingência.

Uma questão importante na aplicação de procedimentos de mudança é que, sempre que possível, a aprendizagem deve ocorrer no contexto em que novos comportamentos são necessários. Por exemplo, aprender a inibir o comportamento suicida em uma unidade de internação e substituí-lo com habilidades de tolerância a estresse e regula-

Quadro 10.1 Relações entre as questões abordadas na análise comportamental e os procedimentos de mudança

Questões	Procedimentos
1. Os comportamentos necessários fazem parte do repertório da pessoa? Ela sabe como:	Treinamento de habilidades comportamentais
a. Regular suas emoções?	Regulação emocional
b. Tolerar estresse?	Tolerância a estresse
c. Responder corretamente a conflitos?	Eficácia interpessoal
d. Observar, descrever e participar sem julgar, com consciência e concentrando-se na eficácia?	Atenção plena
e. Controlar seu próprio comportamento?	Autocontrole
2. Os comportamentos ineficazes estão sendo reforçados? Eles levam a resultados positivos ou desejáveis, ou dão oportunidade para outros comportamentos ou estados emocionais desejáveis? Os comportamentos eficazes são seguidos por resultados neutros ou punitivos, ou os resultados gratificantes são retardados? Os comportamentos se aproximam das metas comportamentais existentes como reforço?	Procedimentos de contingência
3. Os comportamentos eficazes são inibidos por medos ou culpa injustificados? A pessoa é "emofóbica" (fóbica a emoções)? Existem padrões de evitação ou comportamentos de fuga?	Exposição
4. Os comportamentos eficazes são inibidos por crenças e regras falhas? Essas crenças e regras precedem os comportamentos ineficazes? A pessoa não conhece as contingências ou regras que atuam em seu ambiente? Na terapia?	Modificação cognitiva

ção emocional não ajuda muito se as novas habilidades não se generalizarem para outros ambientes e situações, particularmente situações de crise. De maneira semelhante, aprender a interagir adequadamente com o terapeuta não ajuda se não se generalizar para interações em outros relacionamentos. Na TCD, a ênfase é em manter as pacientes em situações problemáticas ou de crise, enquanto, simultaneamente, ensinam-se novas soluções para os problemas e estratégias para lidar com o trauma. Será difícil aprender habilidades de sobrevivência para crise (um foco importante do treinamento de tolerância a estresses), por exemplo, se a paciente for removida da crise cada vez que a situação parecer difícil demais para o terapeuta. Esse tema é discutido amplamente no Capítulo 15, em conexão com as estratégias telefônicas e o protocolo hospitalar da TCD. Aqui, o terapeuta simplesmente deve ter em mente que a aprendizagem deve ocorrer no contexto em que os novos comportamentos são necessários ou, senão, devem-se fazer esforços especiais para garantir que a aprendizagem se generalize para essas situações.

Raciocínio para procedimentos de contingência

Embora a teoria da TCD enfatize os déficits em habilidades, os fatores motivacionais são claramente importantes na aplicação das habilidades que a paciente possui. Assim, a TCD equilibra um modelo de déficit, como o de Kohut (1977, 1984) ou Adler (1985, 1989), com um modelo motivacional, como o de Kernberg (1984) ou Masterson (1976). Mesmo quando as pacientes *borderline* têm as habilidades necessárias para uma determinada situação, elas muitas vezes não as empregam. A diferença aqui é entre a aquisição de habilidades e o seu uso. Na TCD, as questões motivacionais são analisadas em termos de fatores ambientais e pessoais que atualmente influenciam e controlam os comportamentos em questão. Identificar esses fatores é um importante foco da análise comportamental.

Os procedimentos de contingência na TCD baseiam-se em uma premissa simples: as consequências de um comportamento afetam a probabilidade de que o comportamento ocorra novamente. O objetivo é mobilizar o poder das contingências terapêuticas para beneficiar a paciente. No mínimo, os procedimentos de contingência exigem que o terapeuta monitore e organize cuidadosamente o seu próprio comportamento interpessoal com a paciente, para que os comportamentos focados para a mudança não sejam reforçados inadvertidamente, enquanto comportamentos adaptativos e positivos sejam punidos. "Antes de tudo, não faça mal". Além disso, sempre que possível, o terapeuta deve preparar os resultados de modo que os comportamentos hábeis sejam reforçados e os comportamentos inábeis ou desadaptativos sejam substituídos ou extinguidos. Isso necessariamente exige um equilíbrio delicado e um pouco arriscado no caso de comportamentos suicidas, pois o terapeuta tenta não reforçar as respostas suicidas excessivamente e nem ignorá-las de maneira que a paciente leve tais respostas a um nível que coloque sua vida em risco. Essa abordagem exige que o terapeuta corra certos riscos a curto prazo para alcançar ganhos a longo prazo.

O "reforço", aqui, é definido em seu sentido técnico como todas as consequências ou contingências que aumentem ou fortaleçam a probabilidade do comportamento. A definição na verdade é funcional, ou seja, algo somente será um reforço se atuar como reforço. Assim, a identificação separada de reforços concretos é necessária para cada pessoa. Essa questão não pode ser exagerada e será discutida em detalhe mais adiante. Embora os reforços normalmente sejam considerados eventos positivos e desejáveis, eles podem não ser. Kohlenberg e Tsai (1991), por exemplo, observam que o fato de um dentista estar disponível para consultas fortalece o comportamento de marcar uma consulta (em comparação com procurar atendimento dentário sem consulta marcada), mesmo para uma pessoa que deteste ir ao dentista. Ao contrário dos procedimentos de reforço, a extinção e a punição enfraquecem ou diminuem a probabilidade do comportamento. A "extinção" é a cessação do reforço para um comportamento que foi reforçado anteriormente ocorrer. A "punição" é a aplicação de consequências que suprimam a probabilidade do comportamento; qualquer consequência que funcione como uma punição, por definição, é "aversiva". Embora ambos os procedimentos enfraqueçam ou eliminem o comportamento, a maneira como cada um funciona é notavelmente diferente, e essas diferenças são muito importantes para a terapia.

Em princípio, a TCD favorece o uso de procedimentos de reforço, ou reforço mais extinção, ou sobre o uso isolado de punição ou de extinção. De maneira ideal, conforme discutido anteriormente, o terapeuta tenta organizar as coisas de modo que os comportamentos inábeis e desadaptativos sejam substituídos por comportamentos hábeis incompatíveis que se tornaram mais gratificantes para o indivíduo. No entanto, não é comum ter condições ideais com pacientes *borderline* e, como resultado, às vezes, torna-se necessário usar extinção ou consequências aversivas.

Procedimentos de contingência na TCD, especialmente o uso de consequências aversivas, são muito semelhantes aos procedimentos usados para estabelecer limites em outras abordagens terapêuticas. Conforme a definição comum, "estabelecer limites" refere-se às atividades do terapeuta que punem ou ameaçam com a perda de reforços para comportamentos que o terapeuta considere prejudiciais à paciente. Os "limites" referem-se, nesse contexto, aos limites do comportamento aceitável. Geralmente, mas nem sempre, os comportamentos limitados são aqueles que o terapeuta acredita que sejam desadaptativos e fora do controle da paciente, ou aqueles que interferem seriamente na terapia. A TCD define os "limites" de forma mais restrita e faz uma distinção entre comportamentos relevantes para os limites e comportamentos relevantes para as metas (ver a seguir). Porém, mais uma vez, os procedimentos que costumam ser usados na TCD são bastante semelhantes aos procedimentos usados para estabelecer limites em outros tipos de terapia.

Distinção entre controlar contingências e observar limites

Existem dois tipos de procedimentos de contingência na TCD, voltados para dois tipos de comportamentos. A primeira categoria, o "controle das contingências", trata de comportamentos na lista de metas prioritárias da TCD, bem como de comportamentos que tenham relação funcional com elas. Vistos em conjunto, podem ser considerados "comportamentos relevantes para metas" – um termo de significado próximo a "comportamentos clinicamente relevantes", cunhado por Kohlenberg e Tsai (1991). Embora a inclusão de comportamentos com relação funcional certamente possa abrir a caixa de Pandora, os comportamentos abordados são especificados de forma clara no início da terapia (em princípio, pelo menos). A paciente decide trabalhar com esses comportamentos quando decide começar a TCD. Na terapia de longa duração, uma vez que foram abordados padrões comportamentais no topo da hierarquia de metas, os comportamentos relevantes para as metas podem consistir principalmente de padrões de comportamento escolhidos pela paciente. Ou seja, podem refletir a sétima meta da TCD, objetivos individuais da paciente. Os únicos fatores que decidem os comportamentos relevantes para as metas são o bem-estar e os objetivos a longo prazo da paciente.

A segunda categoria, "observar limites", aborda todos os comportamentos da paciente que forçam ou ultrapassam os limites pessoais do terapeuta. Vistos em conjunto, esses comportamentos podem ser considerados "comportamentos relevantes para limites". O bem-estar e os desejos da paciente não são os fatores principais e decisivos nesse caso. Ao invés disso, o fator decisivo é a relação dos comportamentos da paciente com os limites pessoais do terapeuta. Assim, os comportamentos relevantes para os limites diferem entre terapeutas; comportamentos abordados por um terapeuta não serão necessariamente abordados por outro.

A TCD enfatiza vigorosamente a necessidade de diferenciar esses dois tipos de comportamentos no uso de procedimentos de contingência. Observar limites é uma categoria especial de procedimento de contingência da TCD, cujo foco está nos limites dos terapeutas e nos comportamentos das pacientes que são relevantes para eles. Os limites, tanto para pacientes *borderline* quanto para seus terapeutas, costumam ser bastante controversos. A abordagem de observar limites foi desenvolvida para lidar de forma equitativa e eficaz com as dificuldades nessa área, mas difere um pouco das abordagens de estabelecer limites de outras terapias.

Relação terapêutica como contingência

Para a maioria das pacientes *borderline*, o reforço mais poderoso geralmente tem a ver com a qualidade da relação terapêutica. Com certas pacientes, pouca coisa na relação terá poder suficiente para combater os efeitos de reforço já existentes para o comportamento destrutivo e desadaptativo. Desse modo, é quase impossível usar procedimentos de contingência antes de desenvolver uma relação forte entre paciente e terapeuta. Uma relação forte aumenta a valência dos comportamentos do terapeuta, que a TCD usa para reforçar o comportamento da paciente. Em resumo, o desenvolvimento de uma relação interpessoal forte e intensa com a paciente é essencial. Não é que não existam outros reforços disponíveis, mas a maioria deles é fraca demais para combater os resultados que o reforço dos comportamentos das pacientes ou não está sob controle do terapeuta.

Uma vez que foi desenvolvida uma relação positiva e forte, o reforçador mais eficaz disponível para o terapeuta é a expressão e continuação da relação positiva. A punição mais eficaz é a remoção do afeto, boa vontade e/ou aprovação do terapeuta (ou, às vezes, o cancelamento da própria terapia). A relação é utilizada a serviço dos objetivos a longo prazo da paciente. (Na linguagem usada no Capítulo 4, o terapeuta primeiro desenvolve uma forte relação positiva e depois a utiliza para "chantagear" a paciente para fazer as mudanças exigidas, mas dolorosamente difíceis, em seu comportamento.) Duas questões são muito importantes aqui. Primeiramente, o terapeuta não pode usar as contingências do relacionamento antes que se forme um relação positiva forte. "Você precisa ter dinheiro no banco para poder gastá-lo", por assim dizer. Em segundo lugar, como a TCD também enfatiza contingências naturais sobre arbitrárias (discutidas a seguir), a força, ou a intensidade, da relação deve ser mútua. Ou seja, um vínculo falso ou menos que genuíno do terapeuta com a paciente leva necessariamente a respostas arbitrárias ou menos genuínas. (Manter uma apreciação genuína pela paciente é uma das metas das estratégias de supervisão/consultoria do terapeuta discutidas no Capítulo 13.) Longe de ignorar ou fazer pouco caso da relação terapêutica, a TCD enfatiza a força da relação.

Para muitos terapeutas, a noção de usar o afeto interpessoal, o vínculo e coisas do gênero como reforçadores pode parecer incompatível com cuidar genuinamente da paciente. Para alguns, a própria ideia em si já parece manipuladora. Para outros, o cuidar genuíno significa manter o afeto e o vínculo, não importa o que a outra pessoa faça. Como na maioria das controvérsias, existe verdade em ambos os lados. Por um lado, na maioria dos relacionamentos, as pessoas naturalmente reforçam comportamentos adaptativos e pró-sociais e não reforçam comportamentos negativos ou indesejados. Quando o marido mente ou rouba, por exemplo, a esposa amorosa não expressa aprovação e afeto imediatamente. Uma pessoa não responde geralmente a uma agressão hostil passando mais tempo com o agressor. Outros tipos de relacionamentos humanos diferem da relação terapêutica não na maneira como se responde a comportamentos positivos, mas em quem se beneficia com o comportamento positivo e no grau de clareza no uso de contingências. Na relação terapêutica, os comportamentos que beneficiam a paciente são reforçados, e o uso de contingências é intencional e consciente. Na maioria dos outros relacionamentos (particularmente relacionamentos entre amigos), o benefício para ambas as partes é igualmente importante para determinar os comportamentos que serão reforçados, e as contingências são usadas de maneira inconsciente.

Por outro lado, o uso de contingências interpessoais não deve vir como desculpa para retirar o afeto, o vínculo, a intimidade, a aprovação e a validação de uma paciente privada de relacionamentos. A cada minuto, mesmo a paciente mais difícil está apresentando mais comportamentos adaptativos e positivos do que comportamentos problemáticos. O fato de simplesmente vir para a sessão de terapia e ater-se a ela constitui uma realização para muitas pacientes. De fato, as vidas destituídas de muitos indivíduos *borderline* sugerem que os terapeutas devem tentar proporcionar o máximo possível de confiabilidade interpessoal, estímulo e cuidado. Ou seja, devem procurar oportunidades para reforçar as pacientes. Dito de forma mais simples, os terapeutas devem amar suas pacientes, dando-lhes o que precisam para florescer e crescer, e talvez um pouco mais. Além disso, os critérios para afeto e aprovação não podem ser severos demais. Um pequeno deslize não pode ocasionar uma ruptura catastrófica. Discuto essa questão de forma mais completa a seguir, juntamente com os princípios da moldagem.

PROCEDIMENTOS DE CONTROLE DAS CONTINGÊNCIAS

Cada resposta dentro de uma interação interpessoal é uma forma potencial de reforço, punição ou extinção. Isso não é menos verdadeiro na psicoterapia do que em qualquer outro relacionamento, e vale se o terapeuta e a paciente querem ou não. O modo como o terapeuta responde à paciente a cada momento afeta o que ela faz, sente, pensa e percebe subsequentemente. As estratégias de controle das contingências são maneiras de controlar as relações contingentes entre o comportamento da paciente e as respostas do terapeuta, para que os resultados finais sejam benéficos e não iatrogênicos. As mais importantes são revisadas nesta seção e resumidas no Quadro 10.2.

Quadro 10.2 Lista de procedimentos de controle das contingências

____ T orientar P para o controle das contingências
　　____ T explicar como a aprendizagem, incluindo o reforço, ocorre.
　　____ T discutir a diferença entre "pretender" um resultado e o resultado ter "relação funcional" com o comportamento.
____ T REFORÇAR comportamentos adaptativos relevantes para as metas.
　　____ T tornar o reforço imediato.
　　____ T adaptar o protocolo de reforço para se encaixar na intensidade da resposta adaptativa de P.
　　　　____ Quando a resposta é fraca, T aplicar reforço toda vez (ou quase toda vez) que P emitir o comportamento desejado.
　　　　____ À medida que a resposta fica mais forte, T gradualmente diminuir a frequência e a intensidade do reforço em um protocolo intermitente.
　　　　____ À medida que as contingências ambientais e autocontroladas se tornam cada vez mais eficazes, T gradualmente retirar o reforço por completo.
　　____ T utilizar a relação terapêutica como reforçador.
____ T EXTINGUIR comportamentos desadaptativos relevantes para as metas.
　　____ T avaliar se o comportamento está sendo mantido por consequências reforçadoras.
　　____ T não tranquilizar.
　　____ T manter o protocolo de extinção durante ataques comportamentais.
　　____ T envolver P na solução de problemas para ajudá-la a encontrar outro comportamento que possa ser reforçado.
　　____ T rapidamente reforçar um comportamento adaptativo alternativo.
　　____ T acalmar P durante a extinção.
　　　　____ T solicitar e validar o sofrimento de P.
　　　　____ T lembrar P, de modo afetuoso, da fundamentação para a extinção.

(continua)

Quadro 10.2   Lista de procedimentos de controle das contingências   (*Continuação*)

____ T usar CONTINGÊNCIAS AVERSIVAS quando necessário:
   ____ Quando as consequências que reforçam o comportamento desadaptativo prioritário e relevante para as metas não estão sob seu controle.
   ____ Quando o comportamento desadaptativo interferir em todos os outros comportamentos adaptativos.
   ____ T usar desaprovação, confrontação e remoção do afeto (com cautela).
   ____ T utilizar correção-supercorreção.
   ____ T utilizar férias da terapia quando necessário.
   ____ T terminar a terapia *apenas* como último recurso.
____ T determinar a potência das consequências.
   ____ T identificar reforçadores e consequências aversivas por meios empíricos; T não pressupor que um determinado fato, objeto ou resposta (especialmente elogio) seja necessariamente reforçador ou aversivo para uma determinada P.
   ____ T utilizar uma variedade de consequências diferentes.
____ T utilizar consequências naturais no lugar de consequências arbitrárias sempre que possível.
   ____ T combinar consequências arbitrárias com consequências naturais, remover as arbitrárias ao longo do tempo para fortalecer a eficácia das naturais.
____ T utilizar princípios da moldagem para reforçar o comportamento de P. (T adaptar as contingências de reforço para equilibrar os requisitos da situação com as capacidades atuais de P.)
   ____ T utilizar um protocolo de reforço que molda de forma gradual e progressiva as respostas de P, rumo à meta comportamental desejada.
   ____ T reforçar comportamentos do repertório de P que estejam na direção de uma meta comportamental.
   ____ T forçar P quase ao limite da sua capacidade; a dificuldade da tarefa exigida para reforço é apenas um pouco mais difícil do que o que P já realizou.
   ____ Quando P agir quase no limite da sua capacidade, T reforçar seu comportamento.
   ____ T não reforçar (T extinguir) comportamentos distantes da meta comportamental quando existirem comportamentos mais semelhantes a ela dentro da capacidade de P.
   ____ T utilizar informações sobre todas as variáveis em uma situação (inclusive aquelas que afetam a vulnerabilidade de P) para controlar o grau de dificuldade da tarefa.

<u>Táticas anti-TCD</u>
____ T "ceder" às demandas de P e reforçar comportamentos bastante abaixo das capacidades de P quando um comportamento mais capaz é exigido na situação em questão.
____ T ser incoerente no uso de procedimentos de controle das contingências.
____ T ser punitivo no uso de consequências aversivas.
____ T exigir comportamentos além das capacidades de P antes de reforçar a tentativa comportamental.

Orientar para o controle das contingências: visão geral

O terapeuta deve orientar a paciente para o uso do controle das contingências na psicoterapia. A enorme confusão, entre pacientes e profissionais, sobre os princípios do reforço e seus efeitos sobre o comportamento torna essa tarefa muito importante e muito difícil. Para que a paciente coopere para descobrir as forças que controlam o seu comportamento, é crucial fornecer informações precisas sobre como a aprendizagem funciona. Não é necessário dizer que o terapeuta deve estar totalmente familiarizado com os princípios da aprendizagem. A maioria dos livros-texto gerais sobre a modificação comportamental ou a terapia comportamental traz um resumo desses princípios (p.ex., Martin e Pear, 1992; Masters et al., 1987; Millenson e Leslie, 1979; O'Leary e Wilson, 1987). O terapeuta também deve trabalhar para reduzir o estigma de padrões de reforço socialmente inaceitáveis. Em minha experiência, os argumentos seguintes (em qualquer ordem) são os mais proveitosos.

Em primeiro lugar, o terapeuta deve discutir as diferenças entre intenções, planejamento comportamental, propósito e consequências, na medida em que influenciam a maneira como os indivíduos respondem ou agem no mundo. Com pacientes *borderline*, essa questão é particularmente sensível. A intenção de seus comportamentos muitas vezes não está relacionada com pelo menos alguns dos resultados, incluindo aqueles que reforçam seus comportamentos. O terapeuta deve mostrar à paciente (como já falei muitas vezes neste livro) que é um erro de lógica pressupor que as consequências do comportamento necessariamente comprovam a intenção. Muitas consequências, de fato, são involuntárias. Além disso, o fato de que uma consequência fortalece o comportamento (i.e., é um reforçador) não significa que a consequência foi indesejada ou desejada; as consequências indesejadas podem e muitas vezes reforçam o comportamento.

Em segundo lugar, o terapeuta deve discutir a natureza automática da maior parte da aprendizagem. Exemplos que podem ser usados são a aprendizagem de bebês e de animais, na qual geralmente não se atribui intenção consciente ou inconsciente. Os efeitos físicos do reforço sobre o cérebro, independentemente do que a pessoa pode querer ou pretender, também podem ser discutidos. As consequências reforçadoras causam alterações químicas no cérebro, e os circuitos neurais mudam.

Em terceiro, o terapeuta deve mostrar que as consequências podem afetar o comportamento sem a pessoa estar ciente disso. De fato, a maioria das pessoas não tem consciência de como e quando as consequências comportamentais influenciam o seu comportamento. Desse modo, o fato de que "sentimos" que estamos fazendo algo por uma razão ou propósito não significa necessariamente que essa razão ou propósito esteja influenciando o nosso comportamento. Todos os humanos (e não apenas os "pacientes com transtornos mentais") tendem a construir razões para o seu comportamento quando não existem "causas" claras (Nisbett e Wilson, 1977). Um exemplo disso seria o seguinte. Em animais, pesquisas mostraram que a estimulação de certos centros de gratificação no cérebro aumenta a frequência de qualquer comportamento que anteceda imediatamente a estimulação. De fato, o efeito é tão poderoso que se pode fazer um animal apresentar um comportamento "gratificado" com tanta frequência, que ele não parará para comer, mesmo quando privado de alimento. (Essa pesquisa é sintetizada em Millenson e Leslie, 1979.) Em humanos, se houvesse um modo de estimular o centro de gratificação do cérebro como contingência, ele também aumentaria os comportamentos imediatamente anteriores. Se a pessoa soubesse que isso estava ocorrendo, ela, é claro, explicaria o aumento no comportamento como decorrência do estímulo. Porém, e se tivéssemos um meio de estimular o centro de gratificação do cérebro da pessoa sem ela saber? Se essa estimulação pudesse ser contingente a um determinado comportamento, o comportamento aumentaria, mas a pessoa não saberia que a estimulação a estava influenciando. Nessa circunstância, pessoas normais criam uma razão racional, sem relação com a estimulação cerebral (p.ex., "faço isso porque gosto"), para explicar o seu comportamento. O terapeuta pode dar um exemplo de uma ocasião em que "construiu" uma razão para seu comportamento, que, mais adiante, verificou ser influenciado por outra coisa totalmente diferente, e depois pedir exemplos à paciente.

Em quarto lugar, o terapeuta deve observar que, quando uma pessoa descobre o que está influenciando o seu comportamento, isso se chama *insight*. É improvável que o *insight* de padrões socialmente inaceitáveis de reforço comportamental ocorra se ambos terapeuta e paciente suporem que a intenção, as consequências e o reforço necessariamente andam juntos, ou que "sentimentos" ou crenças sobre causas (sem dados para comprovar) sempre sejam as melhores informações sobre o que realmente está influenciando o comportamento. Quando paciente e terapeuta formulam os princípios do reforço desse modo, eles trabalham contrariamente a observar e identificar as relações contingentes que influenciam o comportamento.

Em quinto, é muito importante mostrar uma lição sobre os efeitos da extinção de comportamento. Se necessário, o terapeuta pode explicar à paciente como os comportamentos desadaptativos podem aumentar temporariamente de frequência ou intensidade depois da remoção do reforço. Entender esses efeitos às vezes atenua a dor associada à remoção de reforçadores comuns. A técnica do pé na porta, descrita no Capítulo 9, pode ser usada para ajudar a paciente a se comprometer em tolerar os aspectos dolorosos de contingências mutáveis.

Finalmente, os princípios da punição, discutidos a seguir, devem ser revisados com a paciente. Essas informações têm vários propósitos, além de simples orientação. Elas proporcionam um raciocínio para a paciente decidir abandonar a punição como técnica de autocontrole. Conforme já mencionei várias vezes, a autoagressão às vezes é o único procedimento de autoagressão que os indivíduos *borderline* usam. Além disso, proporcionar informações sobre os efeitos negativos e de tempo limitado da punição aumenta o poder da paciente na relação terapêutica, e dá a ela uma "arma" para usar quando quiser interromper o uso insensato de coação por parte do terapeuta.

As classes de comportamentos visados para reforço (p.ex., tolerância a estresse, atenção plena) e para extinção e punição (p.ex., ameaçar com suicídio, atacar o terapeuta) foram discutidas como parte da avaliação inicial e contínua e do planejamento do tratamento. Os princípios discutidos anteriormente, bem como outros discutidos de forma mais completa neste capítulo, normalmente devem ser revisados com a paciente durante a orientação inicial para terapia. Uma reorientação também pode ser necessária quando a paciente e o terapeuta tentam descobrir o que está mantendo um determinado padrão de comportamento. Princípios podem necessitar de uma nova revisão quando novas contingências forem aplicadas ao comportamento da paciente. No entanto, não é necessário ou particularmente produtivo que o terapeuta explique o porquê, quais ou como as contingências estão sendo implementadas a cada instante. Isso distanciaria tanto o padrão de contingências do usado na vida cotidiana que a generalização poderia ser seriamente comprometida. Isso é particularmente importante quando se usam extinção e punição, que serão discutidas em mais detalhe a seguir.

1. REFORÇAR COMPORTAMENTOS ADAPTATIVOS RELEVANTES PARA METAS

Um princípio central da TCD é que os terapeutas devem reforçar comportamentos adaptativos relevantes para tarefas sempre que ocorrerem. O terapeuta deve, a todo momento, prestar atenção em (1) o que a paciente está fazendo; (2) se o comportamento da paciente deveria aumentar, diminuir, ou é irrelevante para os objetivos atuais (i.e., se o comportamento é relevante para as metas); e (3) como ele responde aos comportamentos da paciente. Nos termos de Kohlenberg e Tsai (1991), o terapeuta deve observar comportamentos clinicamente relevantes e reforçar aqueles que representem progresso. Dois princípios importantes de reforço são o momento adequado e o protocolo adequado.

Momento do reforço

O reforço imediato é muito mais poderoso do que o reforço tardio. É por isso que tantos comportamentos são extraordinariamente difíceis de reduzir: eles resultam em reforço imediato e a curto prazo. Entretanto, muitas vezes, esses mesmos comportamentos levam a resultados negativos e punitivos a longo prazo. Comportamentos aditivos são um bom exemplo aqui. Efeitos de reforço imediato das drogas, do álcool, do jogo, da comida, bem como de comportamentos suicidas, fortalecem os comportamentos muito mais que as consequências aversivas a longo prazo os enfraquecem. Assim, é importante que o terapeuta reforce a melhora comportamental tão logo quanto possível. Comportamentos que ocorrem na presença do terapeuta, ou durante sessões telefônicas, estão muito mais disponíveis para reforço imediato. Desse modo, é importante manter-se alerta à melhora durante as interações da terapia.

Protocolo do reforço

No começo da terapia, pode ser necessário reforço contínuo. Se os comportamentos positivos ocorrem em uma frequência baixa, quase todos os casos devem ser reforçados de algum modo. Depois que a paciente começa a emitir comportamentos hábeis com frequência, o terapeuta pode começar a retirar o protocolo de reforço gradualmente, e pode então terminá-lo totalmente. Os comportamentos que recebem reforço intermitente são muito mais resistentes à extinção. Todavia, o terapeuta deve ficar atento a quedas precipitadas na frequência do reforço e a períodos longos com pouco ou nenhum reforço. Nesses casos, o terapeuta deve analisar a sua própria atenção aos fatos ou suas posturas positivas para com a paciente.

Validação, responsividade e atenção gratuita como reforço

Como é possível reforçar uma paciente *borderline* é algo que pode ser excepcionalmente complexo. Para certas pacientes, expressões de afeto e proximidade são bastante eficazes; para outras, tais expressões são tão ameaçadoras que seu efeito é exatamente o oposto do pretendido. Embora um procedimento central na TCD seja desenvolver uma relação positiva e utilizar essa relação para reforçar progresso, o quanto o terapeuta e a paciente estão perto de ter esse relacionamento determina quais comportamentos do terapeuta são prováveis de reforçar e quais são prováveis de punir. Um modo de determinar a potência das consequências é discutido a seguir.

Para a maioria (mas certamente nem todas) das pacientes *borderline*, os seguintes comportamentos observados na relação são reforçadores: (1) expressões de aprovação, cuidado, preocupação e interesse do terapeuta; (2) comportamentos que transmitam que o terapeuta gosta ou admira a paciente (ver advertências sobre o uso de elogios, a seguir), quer trabalhar com ela e quer interagir com ela; (3) comportamentos que tranquilizem a paciente de que o terapeuta é confiável e que a terapia é segura; (4) quase toda resposta validante (exceto, às vezes, motivação); (5) comportamentos que respondam às solicitações e contribuições da paciente; e (6) atenção do e contato com o terapeuta (p.ex., ter as consultas previstas ou consultas extras, poder telefonar para o terapeuta entre as sessões, ter sessões mais longas ou mais curtas do que deseja).

2. EXTINGUIR COMPORTAMENTOS DESADAPTATIVOS RELEVANTES PARA METAS

As respostas comportamentais são extinguidas quando os reforçadores que mantêm o comportamento são removidos. O terapeuta deve determinar quais reforçadores estão, de fato, mantendo um determinado padrão comportamental desadaptativo, e então reter esses reforçadores sistematicamente após o comportamento. Sendo o resto igual, o terapeuta não deve reforçar os comportamentos desadaptativos visados depois que foram identificados para extinção. O terapeuta deve ter em mente que certas prioridades para o controle das contingências são determinadas pela hierarquia de metas e pelos princípios da moldagem, discutidos a seguir. No entanto, depois que um comportamento está no protocolo de extinção, o terapeuta não deve abandonar o programa de extinção, mesmo que surjam comportamentos mais prioritários.

Como os procedimentos de extinção podem facilmente ser usados de forma incorreta, é importante lembrar que nem todos os comportamentos são mantidos por suas consequências. Alguns comportamentos, pelo contrário, são evocados automaticamente por fatos anteriores. Como exemplo, tomemos um bebê que chora quando se espeta em um alfinete e para de chorar quando o alfinete é removido. Seria razoável supor que tirar alfinetes de bebês mantém (reforça) o choro? Talvez, mas é mais razoável supor que o choro é evocado automaticamente pela espetada do alfinete. No lugar de deixar o alfinete cravado no bebê, para não reforçar o choro, o correto a fazer seja remover o alfinete. (Entretanto, do ponto de vista das "contingências de sobrevivência", talvez seja exatamente essa contingência que fez os humanos desenvolverem o choro automático após acontecimentos dolorosos em primeiro lugar. Os bebês que choram ou gritam quando sentem dor ou estão em perigo são mais prováveis de receber cuidado e, assim, têm um potencial maior de sobreviver a infância e de transmitir seus genes.) Simplesmente, não existe substituto para uma boa análise comportamental para determinar o que, de fato, está mantendo o comportamento desadaptativo em questão. (Essa questão, especialmente no que tange ao comportamento suicida, é discutida de forma mais completa no Capítulo 15.)

Entretanto, grande parte do comportamento humano, inclusive muitos comportamentos desadaptativos de pacientes *borderline*, é mantida por suas consequências. A ideia de reter o reforço após um comportamento marcado para extinção pode parecer simples e óbvia, mas pode ser imensamente difícil de executar na prática, especialmente com pacientes suicidas. A razão para a dificuldade é que muitos comportamentos marcados para extinção estão sob controle de dois tipos de consequências relevantes para a terapia: eles resultam em resultados interpessoais reforçadores, e/ou proporcionam uma fuga de situações aversivas. Do ponto de vista interpessoal, esses comportamentos podem funcionar para comunicar, obter ajuda, manter a proximidade (ou a distância), obter recursos que a pessoa precisa ou deseja, obter uma vingança, e assim por diante. Além disso, os comportamentos muitas vezes distraem a paciente ou colocam um fim em situações ou interações dolorosas. Os comportamentos problemáticos da paciente *borderline* muitas vezes funcionam de modo bastante eficaz. Profissionais da saúde mental (inclusive terapeutas anteriores), familiares e outras pessoas íntimas muitas vezes reforçam, de maneira involuntária e geralmente de um modo intermitente, os mesmos comportamentos que o terapeuta atual e a paciente estão tentando eliminar.

Por exemplo, uma paciente pode implorar para ser hospitalizada porque se sente sobrecarregada demais para conseguir enfrentar a vida. Se o terapeuta recusa porque acredita que a paciente é capaz, mas depois reconsidera quando a paciente ameaça se matar se não for hospitalizada, isso aumentará involuntariamente (e geralmente sem a consciência da paciente ou do terapeuta) a probabilidade e a intensidade de desejos e ameaças suicidas futuras. Se uma postura impotente ou emotividade descontrolada levam o terapeuta a prestar mais atenção ou ajudar mais a paciente do que quando ela pede o que quer de forma direta e competente, isso reforçará a impotência e a emotividade que o terapeuta está tentando reduzir. Se, no meio da discussão de um tema difícil que a paciente está tentando evitar, o terapeuta mudar de assunto ou se tornar solícito quando a paciente se dissocia, despersonaliza ou comete ataques pessoais, pode-se ter certeza de que a dissociação, a despersonalização e os ataques pessoais (o resto sendo igual) aumentarão.

Em comparação, se o terapeuta não reforça esses comportamentos, isso colocará a paciente efetivamente em um protocolo de extinção. Fazer isso tem várias consequências previsíveis. Primeiramente, embora, com o tempo, possa-se esperar que o comportamento diminua, haverá uma "explosão comportamental" perto do começo da extinção, e de forma intermitente depois disso. A extinção tem o efeito paradoxal de aumentar temporariamente a força, a intensidade e a frequência do comportamento. Em segundo lugar, se o comportamento funcionava antes para satisfazer uma necessidade importante da pessoa ou para acabar com estados muito aversivos, e se a paciente não tiver outros comportamentos que funcionem tão bem, o terapeuta pode esperar que o comportamento geral da paciente se torne um pouco desorganizado ou intenso. A pessoa pode procurar comportamentos equivalentes que funcionem e, se eles também falharem, ela pode reagir com emoção e pensamento extremos, e o comportamento pode se tornar caótico.

A maneira como o terapeuta responde a essas reações é crítica. Quando um comportamento é nocivo para a paciente, ou o terapeuta teme um perigo irrevogável para a paciente, existe muita tentação para interromper o procedimento de extinção temporariamente. Nos exemplos citados antes, é bastante difícil manter as posições de não hospitalizar a paciente que ameaça cometer suicídio; de não dedicar mais atenção, ajuda e preocupação quando a paciente está fora do controle; e de não parar e reorientar a sessão de tratamento quando a paciente se dissocia, despersonaliza ou ataca. Embora essas respostas possam, às vezes, ser necessárias, e possam resultar em ganhos a curto prazo, seu efeito sobre o bem-estar da paciente a longo prazo pode ser iatrogênico. Se essas respostas são, de fato, reforçadores para aquela paciente, o comportamento marcado para extinção se torna ainda mais resistente à extinção e, assim, mais provável de aparecer no futuro. Além disso, se uma resposta de reforço vier logo após um ataque comportamental ou um comportamento desorganizado, extremo ou caótico, isso também piora o comportamento. Quando o comportamento em questão é um comportamento suicida, isso pode realmente ser perigoso: o indivíduo pode incrementar o comportamento até quase morrer.

Diversos fatores podem aumentar a probabilidade de o terapeuta romper o protocolo de extinção. Quando a paciente já foi gratificada anteriormente por sua persistência e suas respostas extremas, ela pode simplesmente esgotar o terapeuta. Isso é mais provável quando o terapeuta estiver cansado, extenuado e não estiver observando seus limites. A quebra do protocolo e da conciliação também é provável de ocorrer quando o terapeuta não tem certeza de seu plano de tratamento, não avaliou o comportamento adequadamente, ou sente culpa por não dar à paciente o que ela aparentemente quer e precisa. A conciliação geralmente ocorre quando o processo de extinção leva a uma demonstração de dor maior do que o terapeuta pode suportar, ou o terapeuta se sente ameaçado pelo comportamento da paciente (p.ex., quando o terapeuta teme que a paciente cometa suicídio ou se coloque substancialmente em risco). As pacientes *borderline* seguidamente ameaçam com suicídio se o terapeuta não fizer algo para reduzir a sua dor. "Ceder" reduz a ameaça e a demonstração de dor, e tranquiliza o terapeuta e a paciente.

O terapeuta pode fazer várias coisas para facilitar o processo de extinção para a paciente e para si mesmo. É importante fazer isso, pois, de outra forma, uma ou ambas as partes podem simplesmente abandonar a tentativa. O protocolo de extinção também deve ser voltado para a meta comportamental, e não para o indivíduo. O objetivo é romper a relação entre o comportamento e as consequências que o reforçam. Esse objetivo não acarreta necessariamente privar o indivíduo das consequências por completo. Existem duas estratégias a ser usadas aqui: encontrar outros comportamentos para reforçar, e tranquilizar.

1. *Encontrar outra resposta para reforço*. A primeira estratégia é fazer a paciente buscar um comportamento que possa ser reforçado no lugar do comportamento a ser extinguido. Segundo os princípios da moldagem (discutidos a seguir), a ideia é levar a paciente a fazer algo apenas um pouquinho melhor do que o normal e depois entrar rapidamente com o reforço. Com a paciente *borderline*, isso pode exigir muita solução de problema, e um grau considerável de paciência, mas, geralmente, haverá melhora ou algum comportamento positivo se o terapeuta e a paciente persistirem. (Pelo menos, quando a paciente aprender que o terapeuta provavelmente não irá ceder e reforçar comportamentos que ambos tenham concordado que devem parar.) A tarefa de longo prazo é associar comportamentos adaptativos usados para resolver problemas com resultados mais reforçadores do que os ligados a comportamentos desadaptativos.

2. *Tranquilizar*. Com uma paciente em um protocolo de extinção, é crucial que o terapeuta valide a importância dela obter o que quer e precisa, e de reconhecer de forma solícita como o processo de terapia é difícil. O problema raramente está no que ela quer ou precisa, mas em como ela age para conseguir. Assim, o terapeuta deve combinar a extinção com uma pesada dose de tranquilização e bondade. Isso pode ser particularmente difícil para os terapeutas, especialmente aqueles que se sentem culpados por não darem às pacientes o que elas solicitam. Alguns terapeutas lidam com suas próprias emoções dolorosas fechando-se da emotividade das pacientes; ou seja, também agem de um modo um tanto *borderline* – tudo ou nada. Uma tática possível é achar um modo de sofrer juntamente com a paciente, enquanto se continua com a extinção. (Um pai que diz ao filho que está espancando que o espancamento dói mais nele do que na criança é um exemplo disso.) Também podem ser aplicadas estratégias de orientação, didática e comprometimento. As pacientes muitas vezes experimentam a extinção como algo arbitrário e emocionalmente limitante. Explicar por que está sendo usada e buscar um novo compromisso de trabalhar com o comportamento em questão são atitudes que podem ajudar.

Existem três conclusões aí. Primeiramente, quando a paciente é colocada em um protocolo de extinção, o terapeuta deve encontrar a coragem e o comprometimento necessários para se ater a ele. Em segundo lugar, ao extinguir comportamentos que sejam funcionais para o indivíduo, o terapeuta deve ajudar a paciente a encontrar outros comportamentos mais adaptativos que funcionem tão bem ou melhor e reforçar esses comportamentos. Em terceiro, ao colocar uma paciente em um protocolo da extinção, o terapeuta deve tranquilizá-la o tempo todo. A extinção não é um meio de punir pacientes.

3. UTILIZAR CONSEQUÊNCIAS AVERSIVAS... COM CUIDADO

Quando utilizar consequências aversivas

Conforme comentei antes, a punição é a combinação de uma resposta comportamental com uma consequência aversiva. Fazer algo para a paciente que ela não queira e tirar algo que ela queira, por exemplo, são consequências aversivas para a maioria das pessoas. No entanto, como com o reforço, o efeito de qualquer consequência específica depende da situação particular, do comportamento específico visado e de outras características contextuais. Algo que seja aversivo em um contexto ou situação pode não ser em outro. Mais uma vez, como com o reforço, a definição de punição é funcional ou metodológica, e um fato ou resultado somente é rotulado como "aversivo" (e todo o procedimento é rotulado como "punição") se atuar de forma a suprimir comportamentos específicos.

A diferença entre extinção e punição às vezes é sutil, mas importante. Na extinção, remove-se a consequência que está reforçando o comportamento; já na punição, são removidas condições positivas (ou adicionadas condições aversivas) antes desconectadas da resposta. Por exemplo, se o parassuicídio for reforçado em uma unidade de internação pela atenção da equipe, ignorar a paciente após um comportamento parassuicida será extinção, e tirar privilégios desejados ou humilhá-la em público será punição.

Às vezes, as consequências aversivas são a única maneira de eliminar os comportamentos desadaptativos em questão. Elas são utilizadas na TCD em dois casos. Em primeiro lugar, são usadas quando as consequências que reforçam um comportamento de alta prioridade e relevante para as metas não estão sob o controle do terapeuta e não existem outros reforçadores mais fortes. Ou seja, o comportamento não pode ser colocado em um protocolo de extinção, e não há como reforçar comportamentos alternativos incompatíveis. Por exemplo, os comportamentos *borderline* podem, de forma imediata e eficaz, reduzir ou terminar as emoções, pensamentos e situações dolorosos ou criar formas agradáveis; resultar em internações (ou altas) desejadas ou verbas da assistência pública; proporcionar uma saída para uma tarefa difícil; ou evocar validação e expressões de cuidado e preocupação de outras pessoas. Quando o terapeuta não tem como controlar esses reforçadores, e eles forem mais poderosos do que qualquer reforçador equivalente que o terapeuta tenha à sua disposição, a aplicação de consequências aversivas pode se fazer necessária. Em segundo lugar, as consequências aversivas são utilizadas quando um comportamento desadaptativo interfere em todos os outros comportamentos adaptativos – em outra palavras, quando não ocorrem outros comportamentos que possam ser reforçados. Isso é particularmente provável quando a situação evoca o comportamento problemático de forma mais ou menos automática. Por exemplo, uma paciente em nosso programa às vezes era tão hostil com seu terapeuta que não havia como realizar nenhum trabalho terapêutico. O comportamento parecia ser uma resposta condicionada e automática para certos temas levantados na terapia. Entretanto, depois que começava, o comportamento hostil era tão global que ela apresentava pouco ou nenhum comportamento positivo que pudesse ser reforçado. Nesse caso, o terapeuta respondia terminando as sessões mais cedo, se a paciente não conseguisse controlar seu comportamento hostil e agressivo em 20 minutos.

Desaprovar, confrontar e remover o afeto como consequências aversivas

As críticas, confrontação e remoção da aprovação e afeto do terapeuta podem ser extremamente aversivas para a paciente *borderline* média. (Ver a seguir, advertências quanto à força das consequências.) De fato, elas podem ser tão aversivas que o terapeuta não apenas precise usá-las com muito cuidado, mas também em doses muito baixas e de forma bastante breve. Com frequência, o que o terapeuta enxerga como uma crítica sem maior importância, por exemplo, a paciente experimenta não apenas como uma crítica a todo o seu modo de ser, mas também como uma ameaça à continuidade da própria terapia. Assim, a vergonha intensa e medos igualmente intensos de abandono podem ser consequências imediatas. Embora esse às vezes possa ser o nível de punição pretendido, geralmente é extremo demais para o comportamento em questão. Expressões de frustração ou desânimo podem ser muito mais eficazes que expressões de raiva. A raiva do terapeuta pode ser tão perturbadora que a paciente se torne emocionalmente desorganizada e talvez ainda mais disfuncional que antes. (Por outro lado, para certas pacientes, a raiva do terapeuta na verdade é reforçadora, pois transmite a ideia de que o terapeuta "se preocupa o suficiente" para ficar com raiva.) Ao utilizar consequências interpessoais aversivas, o terapeuta deve ter cuidado e analisar sua eficácia a cada passo.

Entretanto, com a consideração necessária, o uso do nível exato de desaprovação, confrontação ou remoção das emoções pode ser eficaz. Às vezes, não existe nenhuma outra resposta eficaz disponível. Existem diversas maneiras de apresentar opiniões negativas e reações emocionais. Podem-se usar as estratégias recíprocas e irreverentes de comunicação, discutidas em mais detalhe no Capítulo 12. Por exemplo, o terapeuta pode dizer: "quando você sente X eu sinto ou faço Y" (onde X é o comportamento problemático, e Y é uma resposta que a paciente não deseja). Ou, de maneira mais irreverente, o terapeuta pode dizer à paciente que ameaça se matar: "se você se matar, eu não serei mais seu terapeuta".

Quando o terapeuta responde a um comportamento desadaptativo que é relevante para as metas do tratamento com desaprovação, confrontação ou remoção do afeto, é muito importante restaurar uma atmosfera interpessoal positiva depois que a paciente apresentar alguma melhora, mesmo que a mudança positiva seja mínima e pouco discernível. Ou seja, deve haver uma demonstração de aprovação, elogio e afeto emocional. De outra forma, é provável que a paciente sinta (de forma razoável, ainda que às vezes desproporcional) que, não importa o que faça, não conseguirá agradar ao terapeuta. Às vezes, é claro, a paciente pode apresentar comportamentos que sejam tão aversivos ou frustrantes para o terapeuta, que simplesmente não ocorra afeto emocional imediato, mesmo que ela tente consertar a situação. Nesses casos, a consequência natural do comportamento da paciente será mais duradoura que a paciente e, às vezes, o terapeuta desejem. Uma boa estratégia aqui é discutir o problema com a paciente de maneira aberta e empática. A própria discussão já é um passo para consertar a relação e, assim, provavelmente reforce a melhora da paciente.

Correção-supercorreção como consequência aversiva

As primeiras e mais importantes diretrizes no uso de consequências aversivas dizem que a consequência deve se "encaixar no crime" e que a paciente deve ter um modo de evitá-la e terminá-la. A técnica da "correção-supercorreção" reúne ambos critérios (ver Cannon, 1983, e Mackenzie-Keating e McDonald, 1990, para revisões desse procedimento). Além disso, ela costuma ser satisfatória para o terapeuta.

Existem três passos na correção-supercorreção. Primeiramente, após a ocorrência de um comportamento problemático, o terapeuta remove uma condição positiva, retém algo que a paciente deseja, ou adiciona uma consequência aversiva. A melhor consequência é aquela que expande um efeito natural, mas indesejável do comportamento (do ponto de vista da paciente). Em segundo lugar, o terapeuta exige que a paciente tenha um novo comportamento que corrija os efeitos do comportamento desadaptativo, e vá além ou *super*corrija os efeitos. As instruções são explícitas; o raciocínio da correção-supercorreção é explicado de forma clara; e as consequências positivas para a correção-supercorreção são declaradas. O comportamento corretivo exigido, assim, está dialeticamente relacionado com o comportamento problemático. Em terceiro lugar, uma vez que o novo comportamento de "correção-supercorreção" ocorre, o terapeuta interrompe a punição imediatamente – ou seja, desfaz as condições negativas ou para de reter as positivas. Assim, a paciente tem uma forma de terminar com a punição. O desafio, é claro, é criar resultados e comportamentos de supercorreção que sejam suficientemente aversivos, mas que não sejam triviais ou desconectados dos comportamentos que o terapeuta quer ensinar.

A insistência da TCD de que as pacientes que apresentem parassuicídio entre as sessões façam análises comportamentais e de soluções detalhadas sobre seu comportamento antes da discussão de outros temas é um exemplo de correção-supercorreção. A consequência negativa expandida será a preocupação natural do terapeuta pela paciente e sua avidez por garantir que esse comportamento tão difícil termine. Se uma pessoa está se sentindo tão miserável a ponto de cometer um ato parassuicida, como pode um terapeuta responsável ignorar esse fato? O terapeuta insiste em abordar o problema. Procedimentos de correção-supercorreção são as análises comportamentais e de soluções. Embora muitas pacientes *borderline* gostem de discutir o problema que desencadeia seu comportamento parassuicida, pouquíssimas gostam de discutir os acontecimentos e comportamentos que levam à resposta; para quase todas, essa é uma consequência aversiva. Por outro lado, elas geralmente têm assuntos dos quais desejam falar. O reforço é a capacidade de falar sobre outras coisas. Uma paciente minha que costumava tentar suicídio, tomar *overdoses* e regularmente se mutilar, depois de seis meses de terapia, parou completamente e de forma súbita. Perguntei o que havia acontecido, e ela disse que havia descoberto que, se não parasse, jamais poderia falar sobre outra coisa.

Uma estratégia semelhante é usada no treinamento de habilidades. Por exemplo, quando a paciente não fez nenhuma tarefa de casa, o terapeuta deve lançar uma análise ampla e bastante empática dos fatores que inibiram ou interferiram em sua prática. No ambiente de grupo, outros membros são incentivados a dar ideias sobre como combater essas influências. Se a paciente se recusa absolutamente a seguir essas ideias, o terapeuta pode mudar para uma análise total e igualmente solícita de sua resistência. Uma paciente costumava aparecer no treinamento de habilidades envolta em uma névoa emocional, dizendo que não tinha lembrado ou estava muito sobrecarregada para praticar suas habilidades. Uma semana, depois de alguns meses frustrantes, ela começou a relatar e discutir suas tentativas de praticar. Sua prática e as interações em grupo aumentaram e, em pouco tempo, ela estava interagindo no mesmo nível que as outras pacientes. Seu terapeuta individual perguntou o que havia acontecido. Ela disse que tinha se cansado de usar o tempo do grupo para analisar por que não tinha praticado e descobriu que era mais fácil simplesmente agir.

A correção-supercorreção é um exemplo de usar a cenoura e a varinha. A interação com o terapeuta é a cenoura, e a correção-supercorreção é a varinha. Ao sair da consulta, uma paciente, além de arrancar e rasgar pôsteres da parede, roubou os pertences de pessoas que trabalhavam na clínica. Desse modo, ela passou dos limites do terapeuta e da clínica (um tema discutido mais adiante), um caso claro de comportamento que interfere na terapia. A consequência foi que lhe exigiram que não apenas retornasse a clínica ao seu estado anterior e devolvesse os bens roubados, como também melhorasse a segurança da clínica depois do expediente, contribuindo com o custo de contratar um recepcionista para aquele horário. A cenoura foi uma nova consulta com seu terapeuta. Em uma quebra semelhante dos limites, outra paciente consertou vários buracos que havia feito na parede, pintando e arrumando as salas. Depois de consertar os buracos, pôde retomar as sessões. Uma paciente minha (com minha aceitação) desenvolveu um padrão de telefonar à noite, ameaçando cometer suicídio e agindo de forma tão insultante que me fez ter medo de ir para casa e desejar terminar a terapia com ela. Ao invés disso, limitei minha disponibilidade ao telefone a 20 minutos por semana, divididos em duas ligações. Além disso, falei que a tarefa dela seria não apenas corrigir suas interações telefônicas comigo, de maneira que me influenciasse a me dispor a falar com ela, mas de um modo que supercorrigisse o problema, levando-me a querer conversar. Quando isso ocorresse, eu mudaria minha política. Levou um ano, mas ela finalmente conseguiu.

Férias da terapia como consequência aversiva

Outra diretriz no uso da punição é que ela deve ser forte o suficiente para funcionar. A punição final é o término da terapia, uma consequência que muitas pacientes *borderline* já experimentaram mais de uma vez. Muitas unidades de internação e terapeutas têm regras claras de que, se certos comportamentos ocorrerem mesmo uma só vez, a terapia termina. Os atos parassuicidas, especialmente aqueles que são quase letais, são comportamentos típicos que levam automaticamente ao término da terapia. Outros exemplos são consultar com outros terapeutas, obter admissões não autorizadas a unidades de internação, trazer armas para a terapia, atacar os terapeutas, e coisas do gênero.

A TCD desestimula o término unilateral. É como se o terapeuta dissesse: "se você realmente tiver os problemas para os quais procurou terapia, vou terminar a terapia". O término da terapia também acaba com qualquer chance que o terapeuta tem de ajudar a paciente a fazer as mudanças necessárias. Colocar a paciente em "férias da terapia" é uma estratégia de relaxamento na TCD. As férias são usadas para comportamentos relevantes para as metas e os limites, sendo necessárias duas condições: (1) todas as outras contingências fracassaram, e (2) o comportamento ou falta de comportamento é tão sério que ultrapassa os limites terapêuticos ou pessoais do terapeuta. Os "limites terapêuticos" são os limites dentro dos quais o terapeuta pode conduzir uma terapia eficaz. As férias podem ser usadas quando o terapeuta acredita que, a menos que a paciente mude seu comportamento, o terapeuta não poderá ajudar mais; ou seja, o comportamento da paciente está interferindo na terapia em um grau tal que uma terapia eficaz não é mais possível. Os "limites pessoais", conforme observado anteriormente neste capítulo, são os limites dentro dos quais o terapeuta está disposto a trabalhar com a paciente. Podem-se instituir umas férias quando o terapeuta não se dispuser pessoalmente a continuar se as coisas não mudarem. As condições que resultam em férias são diferentes para cada terapeuta e paciente.

As "férias" representam a interrupção da terapia por um período específico de tempo, ou até que uma determinada condição seja satisfeita ou uma mudança ocorra. Para organizar umas férias, diversos passos são necessários. Primeiramente, o terapeuta deve identificar o comportamento que deve mudar; as expectativas devem ser claras. Em segundo lugar, o terapeuta deve dar à paciente uma chance razoável para mudar o comportamento a ajudá-la a fazer isso. Ou seja, a paciente deve ser capaz de evitar as férias. Em terceiro lugar, as condições devem ser apresentadas como resultado dos limites do terapeuta como terapeuta (ver a discussão sobre observar os limites, a seguir). Ou seja, o terapeuta deve demonstrar uma certa humildade aqui, reconhecendo que outro terapeuta talvez possa ajudar a paciente sem essas condições. Em quarto lugar, o terapeuta deve deixar claro que, uma vez que a condição ou a exigência do prazo forem satisfeitas, a paciente pode retornar à terapia. Em quinto lugar, embora a paciente esteja de férias, o terapeuta deve manter contato intermitente por telefone ou carta, incentivando-a a mudar e retornar. (Dito de outra forma, o terapeuta expulsa a paciente e depois deseja sua volta.) Finalmente, o terapeuta deve proporcionar outro terapeuta de apoio enquanto a paciente estiver em férias.

Eis um exemplo. Depois de trabalhar por algum tempo com uma paciente, passei a crer que, se ela não concordasse em trabalhar para reduzir o consumo excessivo de álcool, não poderíamos prosseguir. Eu não podia determinar se o abuso de álcool estava causando muitos dos problemas que lhe restavam ou se era resultado deles. Ela negava, acreditando que o álcool a estava ajudando, mais do que prejudicando. Dei três meses para ela tomar uma decisão diferente – optar entre mim ou o álcool, por assim dizer. Ela teria que trabalhar o abuso de substância comigo ou começar um programa de tratamento para o álcool. Se se recusasse, eu poderia não continuar o tratamento, *mas* (e é assim que as férias diferem do término) a aceitaria de volta assim que ela se dispusesse a aceitar meus termos. Ela achava que não poderia parar de beber com a minha pressão. Isso parecia razoável, então, sugeri que ela procurasse ajuda com outro profissional para decidir, e ela saiu de férias. Depois de ser presa por dirigir embriagada, ela teve que fazer um determinado número de horas por semana de uma terapia para abuso de substâncias aprovada pelo tribunal, de modo que não sobrava tempo para trabalhar comigo. Depois de concluir o programa de dois anos, ela me telefonou para retomar a terapia.

Outra paciente foi colocada de férias porque eu achava que não poderia ajudá-la a menos que ela tivesse atividades produtivas. Por causa de sua dislexia grave, epilepsia e um transtorno degenerativo do SNC, sem falar em seus quinze anos de hospitalizações psiquiátricas frequentes, ela recebia assistência pública. Suas opções eram pelo menos 20 horas por semana de escola, um emprego ou trabalho voluntário, ou férias da terapia. Dei a ela seis meses para começar o aconselhamento vocacional ou a escola, e depois mais seis meses para começar a trabalhar ou estudar. Ela cumpriu a primeira condição na véspera do prazo terminar, e não cumpriu a segunda e entrou em férias, com minha sugestão de que procurasse outro terapeuta para ajudá-la a decidir se queria continuar a terapia comigo. Ela permaneceu na terapia de grupo e conseguiu que o gerente de caso a atendesse individualmente. Ela tinha tanta raiva de mim que se recusava a falar comigo, acabando em uma unidade de internação psiquiátrica, onde tentou fazer as pessoas da equipe me telefonarem para me fazer mudar de ideia. Periodicamente, eu a encontrava antes de sua reunião de grupo e dizia-lhe que sentia sua falta na terapia individual, e que não podia esperar para ela organizar algumas atividades produtivas. Finalmente, ela conseguiu, e a terapia foi retomada.

Os exemplos acima envolvem a ausência de certos comportamentos por parte das pacientes, que considero essenciais para a condução de uma terapia. O que o terapeuta faz quando a paciente está ativa e seguidamente apresentando comportamentos destrutivos em relação ao tratamento, ou quando a disposição do terapeuta para continuar se esgotou (limites pessoais) e todos os outros procedimentos de mudança fracassaram? Uma paciente de um de nossos terapeutas ligava repetidamente para a sua secretária eletrônica e deixava recados. A frequência e a agressividade dos recados era foco do controle de contingências já havia algum tempo. Em uma ligação, a paciente ameaçou não apenas a vida do terapeuta, mas também a do seu filho de 9 anos, que por acaso estava ouvindo quando a mensagem entrou. O comportamento da paciente claramente ultrapassou os limites do terapeuta. A paciente foi informada de que, se o comportamento se repetisse por qualquer razão, ela seria colocada em férias da terapia. A paciente repetiu o comportamento e foi colocada em férias. Outro terapeuta foi indicado para acompanhá-lo. Os termos eram que ela poderia retornar para a terapia se conseguisse passar 30 dias seguidos sem contatar o terapeuta ou pessoas associadas a ele de nenhum modo (por telefone, recados, cartas, etc.). Essa foi a condição exigida para assegurar ao terapeuta que a paciente conseguiria controlar seu comportamento no futuro. A condição que devia ser cumprida era que a paciente tinha que garantir ao terapeuta, com seu comportamento, que a continuidade da terapia não colocaria sua família em risco.

As férias por comportamentos negativos somente devem ser usadas quando os comportamentos realmente interferirem na condução do tratamento. Uma maneira de lembrar isso é que o comportamento da paciente e a punição devem, sempre que possível, ocorrer no mesmo sistema, arena ou contexto. Se os comportamentos atrapalharem a terapia, ela deve ser interrompida. Como na técnica dialética de expandir (ver o Capítulo 7), o terapeuta expande ou exagera as consequências normais do comportamento da paciente. O terapeuta também precisa saber o quanto as férias serão aversivas. Para certas pacientes, ter que perder uma ou duas semanas de terapia depois de comportamentos disfuncionais pode na verdade ser um reforço, pois elas sentem vergonha de aparecer. Obviamente, essas pacientes não devem ser colocadas em férias breves. Para outras, mesmo uma semana de férias já é bastante aversivo e suficiente para afetar seu comportamento. Férias parciais, como não poder telefonar por um determinado período (se, digamos, a paciente tem feito ligações agressivas), já podem ser suficientes. De um modo geral, se o padrão comportamental é extremo e todo o resto falhou (incluindo férias breves), o terapeuta deve considerar colocar a paciente de férias até o final do período contratado. Nesse ponto, a paciente deve poder voltar para renegociar um novo contrato para a terapia com aquele terapeuta. Na TCD, somente uma situação *exige* férias até o fim do contrato: faltar quatro semanas seguidas de terapia marcada (ver o Capítulo 4 para uma discussão dessa regra).

Término da terapia... como último recurso aversivo

Como em um casamento ou relacionamento familiar, qualquer rompimento permanente é considerado um último recurso na TCD. No entanto, sob certas condições, o término é inevitável ou mesmo aconselhável. No começo da terapia, antes que se forme uma relação forte, o terapeuta pode terminar se acreditar que outro terapeuta ajudaria mais. Obviamente, essa somente será uma opção a considerar se houver outro terapeuta disponível. Nos estágios mais avançados da relação, a TCD somente deve ser terminada antes do final do período contratado depois que todas as opções disponíveis para salvar a relação forem esgotadas, incluindo a atenção resoluta a comportamentos que interferem na terapia, orientação externa ou aconselhamento de "casais", e férias. A ideia é tratar comportamentos que causem esgotamento antes que ocorra. No entanto, se houver esgotamento, apesar dos melhores esforços da pessoa, a situação pode ser irremediável; ou seja, o terapeuta pode não ter como recuperá-la. Nesse caso, é melhor terminar e encaminhar a paciente a outro terapeuta do que continuar com uma relação possivelmente destrutiva. O importante a lembrar é que o término da terapia é visto, na TCD, como um fracasso desse tratamento, e não um fracasso da paciente.

Punição versus punitividade

Tratar pacientes *borderline* é extremamente estressante. Com frequência, os comportamentos abordados para mudança são os mesmos que aumentam esse estresse. Vingança e hostilidade para com as pacientes não são sentimentos incomuns para terapeutas nessa situação. Entretanto, punir as pacientes não é um modo adequado de expressar tais sentimentos. Segundo a minha experiência, é extraordinariamente fácil os terapeutas punirem pacientes de forma encoberta, ocultando o comportamento sob o disfarce de resposta terapêutica. Hospitalizar uma paciente involuntariamente (ou recusar-se a hospitalizá-la), sugerir um novo terapeuta, terminar a terapia, medicar demais, confrontar a paciente, fazer alusões invalidantes a motivações inconscientes e escrever anotações pejorativas são coisas que podem parecer "terapêuticas", mesmo quando usadas de maneiras decididamente não terapêuticas. Com as consequências aversivas em particular, os terapeutas devem observar o seu próprio comportamento com pacientes *borderline* de forma bastante cuidadosa. A equipe de consultoria pode ser extremamente útil nesse caso.

Existem diversas diretrizes para avaliar a legitimidade de respostas aversivas. Primeiramente, o comportamento punido deve ser relevante para as metas. Com exceção de observar limites (ver a seguir), a TCD ignora comportamentos que não sejam definidos como metas, mesmo que o terapeuta os desaprove por razões pessoais ou profissionais. Em segundo lugar, os comportamentos inferiores na hierarquia de metas da TCD são ignorados em favor de comportamentos mais prioritários. Assim, na TCD, os terapeutas deixam passar muitos comportamentos desadaptativos. (Porém, comportamentos ignorados nas primeiras fases da terapia podem não ser ignorados em fases posteriores.) Em terceiro lugar, quando se acredita que a extinção ou reforçar comportamentos competitivos funcionaria da mesma maneira, as consequências aversivas devem ser postergadas. Finalmente, os ganhos devem ultrapassar os riscos, que descreverei a seguir.

Efeitos colaterais de consequências aversivas

As consequências aversivas, mesmo quando aplicadas de maneira consciente, têm importantes efeitos colaterais, que o terapeuta deve considerar. Primeiramente, a punição funciona apenas para suprimir o comportamento, e não ensina novos comportamentos. Assim, a punição usada isoladamente não ensina o indivíduo a resolver seus problemas e satisfazer suas necessidades de forma mais adaptativas. Uma vez que uma punição é interrompida – digamos, ao final da terapia ou quando a paciente recebe alta de uma unidade de tratamento – é provável que o comportamento punido retorne imediatamente. Em segundo lugar, os efeitos da punição geralmente duram apenas enquanto o indivíduo que a está aplicando estiver por perto; assim, o comportamento punitivo provavelmente continuará em segredo. Isso pode criar sérios problemas para a terapia, se o terapeuta estiver usando punição para controlar comportamentos suicidas. Em terceiro lugar, as pessoas geralmente se retraem e/ou evitam pessoas que as punem. Assim, é provável que o uso de consequências aversivas como procedimento terapêutico enfraqueça o vínculo interpessoal positivo necessário no tratamento de pacientes *borderline*. Com pacientes *borderline* em particular, as consequências aversivas podem levar a alienação, retração emocional, incapacidade de falar, término prematuro e comportamentos suicidas (incluindo suicídio real). Efeitos iatrogênicos podem resultar de se aplicar a punição errada ao comportamento. Por exemplo, é improvável que confrontar severamente uma paciente retraída ou dissociada durante uma sessão a ajude a falar. Comentar os efeitos de seu retraimento – "sei que isso é difícil para você, mas não posso ajudar se não conseguirmos descobrir um modo de você voltar para a sessão" – pode ajudar. Vistos em conjunto, esses efeitos colaterais negativos sugerem que as consequências aversivas devem ser o último procedimento de controle das contingências a ser considerado.

Determinar potência das consequências

O terapeuta não pode simplesmente *pressupor* que uma determinada consequência será reforçadora, neutra ou punitiva para a paciente. O que funciona para uma paciente pode não funcionar para outra. A única maneira de determinar se uma consequência está funcionando é observar de perto. Embora o terapeuta possa usar sua teoria ou pressupostos, bem como os da paciente, para sugerir reforçadores ou punições possíveis, ele não pode garantir que funcionarão de fato. Não existe substituto para a observação e experimentação nessa situação. Os reforçadores potenciais não apenas diferem entre as pessoas, mas também segundo o contexto na mesma pessoa. Esse padrão cria uma enorme dificuldade e frustração para terapeutas. Elogios, afeto, conselhos, estímulo, motivação, crença na paciente, contato e disponibilidade, por exemplo, podem ou não reforçar, dependendo do estado específico da paciente e dos acontecimentos atuais (i.e., o contexto). Assim, é importante que o terapeuta e a paciente aprendam, juntos, não apenas quais consequências reforçam ou punem a paciente, mas as condições nas quais isso ocorre.

Elogio como reforço

Indivíduos *borderline* e suicidas são ávidos por elogios e, ao mesmo tempo, os temem muito. O medo pode ser expressado de forma direta ou por meio de afirmações indiretas (pedidos para que não se elogie, questões sobre a validade do elogio do terapeuta, etc.). Às vezes, até retornam a comportamentos mais disfuncionais após receberem elogios. Pode haver muitas razões para não gostarem de receber elogios. Uma paciente pode temer que o elogio signifique que ela está indo bem e que a terapia vai terminar, e o medo do abandono vêm à tona. Ou a paciente pode interpretar o elogio como um sinal de que o terapeuta está tentando "se livrar" dela, podendo resultar em raiva e/ou pânico. Quando elogiada, a paciente *borderline* também pode temer que o terapeuta espera mais do que ela pode fazer, e isso desencadeia o medo do fracasso e de decepcionar o terapeuta. Em outras ocasiões, o elogio pode ser experimentado como uma negação das dificuldades verdadeiras da paciente e de seus fracassos em outras áreas. A paciente tem um senso de invalidação. O tema comum em todas essas reações é o medo que a paciente tem de ser deixada por sua conta, ter que ser independente do terapeuta e autoconfiante antes que seja capaz ou esteja pronta.

Temores da paciente com relação aos elogios podem ser reforçados de várias maneiras. No passado, os elogios podem ter sido associados ao fim da ajuda e assistência, ou a punição por um fracasso subsequente na mesma tarefa. Se for o caso, o elogio pelo sucesso ou por ir bem em uma tarefa, quando a paciente não tem certeza de sua capacidade, indicará a falta de necessidade de ajuda e uma ameaça de punição. Uma paciente em treinamento de habilidades quase nunca me dava a oportunidade de elogiá-la, sempre dizendo que não havia praticado novos comportamentos, que se sentia pior agora do que antes, e que queria se matar. Qualquer tentativa de elogiá-la era recebida com alegações de que eu obviamente não a havia entendido. Depois de por volta de seis meses, comecei a questionar se o programa era eficaz para ela e devia continuar. Nesse ponto, ela demonstrou o quanto tinha aprendido realmente, dizendo que não tinha intenção de me falar isso, pois, se eu soubesse, poderia não deixá-la continuar com o treinamento.

A paciente *borderline* muitas vezes estabelece padrões elevados em níveis irreais para si mesma. Como consequência, ela acredita que não merece o elogio. Qualquer pessoa consegue fazer aquilo pelo qual o terapeuta a elogiou. O elogio é experimentado como mais uma reflexão de suas inadequações, e isso é especialmente provável se o comportamento elogiado for trivial ou se o elogio for feito de um modo superficial ou insincero. Isso pode resultar em culpa e/ou humilhação, seguidas rapidamente por raiva de si mesma e, às vezes, episódios parassuicidas. O terapeuta deve prever esse e outros efeitos negativos do elogio e agir para combatê-los. Por exemplo, o terapeuta pode explorar as expectativas irrealistas da paciente para si mesma. Pode-se empregar uma análise dos "deveres" (ver o Capítulo 8), bem como estratégias de modificação cognitiva (ver o Capítulo 11).

De um modo geral, a incapacidade de aceitar elogios adequadamente deve ser considerada como um comportamento que interfere na terapia e analisada e tratada como tal. O terapeuta deve discutir as consequências da incapacidade de aceitar elogios, tanto na terapia como fora dela. A estratégia é continuar elogiando quando for apropriado – ou seja, continuar a dar *feedback* positivo depois de progressos ou mudanças positivas. Porém, para que isso funcione, o terapeuta deve ter cuidado para não combinar o elogio com consequências negativas para a paciente. Assim, o elogio não deve ser seguido por diminuição ou limitações no contato. Depois de elogiar uma paciente, normalmente tranquilizo-a de que sei que ela ainda tem muitos problemas e dificuldades que precisam ser trabalhados. O terapeuta também deve estar especialmente atento para não levantar expectativas elevadas demais para a paciente depois de comportamentos que mereçam elogios. Por exemplo, elogiar a paciente por passar por uma experiência particularmente difícil sem recorrer ao parassuicídio e, na próxima vez que ela cometer um ato de parassuicídio, acusá-la de não querer melhorar o seu comportamento (pois o terapeuta sabe que ela consegue), reforçará os medos dos elogios na paciente.

A exposição constante a elogios em uma atmosfera que não reforce o medo, a vergonha ou a raiva deve, com o tempo, mudar a valência dos elogios, de negativa para neutra. A combinação dos elogios com outros comportamentos terapêuticos positivos deve finalmente levar a uma valência positiva. O raciocínio por trás disso é que é importante para a paciente aprender a aceitar o reforço dos elogios. O elogio é um dos reforçadores sociais mais usados na vida cotidiana, e a pessoa que se sente punida por um elogio ou neutra em relação a ele está em visível desvantagem.

Outros comentários sobre contingências da relação

No Capítulo 5, discuti a paciente "apegada" e a paciente "borboleta". A paciente apegada é aquela que tem pouca dificuldade para estabelecer uma relação próxima e íntima com o terapeuta. Com essa paciente, o afeto, aprovação e a intimidade do terapeuta provavelmente sejam bastante reforçadores. Em comparação, uma relação terapêutico próximo pode não ser um reforçador potente para uma paciente borboleta. De fato, para essa paciente, a proximidade terapêutica pode ser aversiva. Isso pode ser decorrência de fatores limitados, relacionados especificamente com o relação com o terapeuta, ou pode refletir questões mais gerais relacionadas com a proximidade e a intimidade interpessoais. Por exemplo, uma paciente adolescente pode estar tentando obter autonomia de todos os adultos, inclusive o terapeuta adulto. Portanto, comportamentos do terapeuta que indiquem intimidade ou proximidade demais podem ser contraproducentes.

A chave aqui, como em todo o controle das contingências, é manter a atenção voltada para os efeitos do afeto e vínculo interpessoais sobre o comportamento da paciente. Gosto de tomar a teoria do *estabelecer uma ponte* de regulação do peso e aplicá-la ao domínio interpessoal. A teoria do *estabelecer uma ponte* sugere que cada indivíduo tem um *"set point"* para a regulação do peso, de modo que o corpo defenderá aquele peso (mais ou menos cinco quilos). Quando acima dessa faixa, o indivíduo para de sentir fome e tem dificuldade para comer, e o metabolismo do corpo acelera para reduzir o peso corporal da pessoa até o *set point*. Quando abaixo da faixa, o indivíduo sente fome e tem dificuldade para pensar em qualquer outra coisa além de comer, e o metabolismo do corpo desacelera para impedir que a pessoa perca mais peso. Por analogia, em relacionamentos interpessoais, cada indivíduo tem uma faixa de intimidade, na qual se sente confortável, e defenderá essa faixa, por assim dizer. Quando acima do *set point*, as pessoas afastam os outros, e as tentativas de aumentar a intimidade são consideradas aversivas. Mesmo pequenos passos rumo a mais intimidade serão considerados ameaçadores. Quando abaixo desse *set point*, as pessoas buscarão intimidade, o afeto e a proximidade dos outros serão considerados reforçadores, comportamentos que demonstrem frieza e distanciamento da parte dos outros serão considerados aversivos, e mesmo grandes passos para maior intimidade serão considerados inadequados. Comentários frequentes dos terapeutas, de que suas pacientes *borderline* nunca estão "satisfeitas", refletem esse fenômeno. Creio que isso raramente, ou nunca, é verdade. Segundo minha perspectiva, a paciente apegada e a paciente borboleta diferem em seus respectivos *set points*. A paciente apegada, uma vez colocada em uma relação segura, conectada e afetuosa por tempo suficiente, acabará relaxando e parando de se apegar (assim como a pessoa magra com um *set point* elevado para de sentir fome depois que ganha peso suficiente para entrar na sua faixa). A paciente borboleta, se tiver espaço suficiente para se mexer, não for punida por voar frequentemente das mãos do terapeuta, e não for punida quando retornar, com o tempo, se tornará mais apegada.

Princípios da saciedade

A analogia do *set point* proporciona uma segunda visão importante, que se aplica ao uso de elogios (discutido anteriormente), bem como de qualquer outro reforçador: a força de qualquer reforçador depende de se o indivíduo já recebeu o nível desejado ou necessário do reforço. A questão a perguntar é a seguinte: a pessoa já está satisfeita com aquilo que lhe é oferecido? A comida não é provável de ser um bom reforço para uma pessoa que acaba de comer uma grande refeição. Elogio, liberdade ou afeto demais, ligações telefônicas demais, e assim por diante, não funcionarão. O segredo é o "apenas suficiente". Infelizmente, não existe substituto (mais uma vez) para a tentativa e erro e a observação minuciosa para determinar o "apenas suficiente" para cada paciente em especial. O princípio também sugere que, se o terapeuta oferecer muito "algo bom", o valor do que se oferece como reforço provavelmente diminuirá.

Utilizar consequências naturais no lugar de arbitrárias

Sempre que possível, devem-se aplicar consequências naturais no lugar de arbitrárias. As consequências naturais são aquelas que partem de e são resultados característicos de um certo comportamento na vida cotidiana. As consequências são intrínsecas, ao invés de extrínsecas, à situação e do comportamento. Sorrir, aproximar-se e acenar com a cabeça são consequências naturais quando alguém diz algo de que gostamos; dizer palavras agradáveis é um exemplo de reforço arbitrário. Dar à paciente o que ela pede é uma consequência natural de comportamentos assertivos hábeis. Dizer "muito bem!", mas não dar o que ela quer não apenas é um reforço arbitrário, como muito menos potente.

As consequências naturais são usadas por duas razões: as pacientes as preferem, e elas funcionam melhor. Com relação à preferência, em minha experiência, os indivíduos *borderline* têm um olho perspicaz para consequências arbitrárias, e desconfiam e desgostam intensamente delas. Muitas brigas entre pacientes e terapeutas giram em torno de quanto as consequências são razoáveis, especialmente as aversivas. Quanto mais arbitrária for uma consequência, mais dificuldade a paciente terá para considerá-la resultado de seu comportamento. Ao invés disso, é provável que a considere resultado de características do terapeuta ou do ambiente de tratamento, que pouco têm a ver com ela. Ela pode considerar que o terapeuta é autocrático, retraído ou simplesmente pago para aprovar. A relação entre a consequência e o comportamento – uma parte essencial da aprendizagem – é perdida.

As consequências naturais também funcionam melhor porque promovem a generalização. O comportamento sob controle de consequências arbitrárias é menos provável de se generalizar para outras situações. Assim, pode-se esperar que haja regressão ou perda de ganhos. O uso de consequências interpessoais e da técnica de correção-supercorreção, descrita antes, foi preparado para satisfazer esse critério. As reações interpessoais do terapeuta, tanto positivas quanto negativas, são prováveis de qualificar como naturais, desde que as respostas sejam genuínas e razoavelmente típicas ou semelhantes às de outras pessoas. As estratégias de observar limites (ver a seguir) e de comunicação recíproca (ver o Capítulo 12) também refletem essa preferência por consequências naturais.

Às vezes, porém, os reforços arbitrários são os únicos eficazes que o terapeuta têm à sua disposição. Nesses casos, ele deve combinar a consequência arbitrária com uma consequência mais natural. À medida que a consequência natural se torna associada à arbitrária, o terapeuta pode gradualmente, com o passar do tempo, reduzir o uso do reforço arbitrário. A ideia é tentar fortalecer a eficácia das consequências naturais combinando-as com consequências arbitrárias que sejam bastante desejáveis. (Esse argumento já foi usado na discussão sobre elogios.) Para voltar ao exemplo anterior do comportamento assertivo, elogiar o que a paciente disse que influenciou o terapeuta, enquanto, ao mesmo tempo, se dá o que ela pede, é um exemplo de combinar um reforço arbitrário e um natural.

Princípios da moldagem

Na moldagem, as aproximações graduais das metas (ou objetivos) comportamentais são reforçadas. A moldagem exige que o terapeuta decomponha o comportamento desejado em pequenos passos e ensine esses passos de maneira sequencial. A moldagem é essencial com todas as pacientes, mas particularmente com pacientes *borderline*, por causa de seus históricos que favorecem a desesperança e a passividade. Tentar extrair um comportamento adaptativo de uma paciente dessas sem reforçar pequenos passos rumo ao objetivo comportamental simplesmente não funciona. É como prometer a uma alpinista um suntuoso banquete se ela conseguir chegar do outro lado de uma montanha elevada, e recusar-se a alimentá-la durante a jornada de dez dias.

A moldagem tem a ver com comportamentos que o terapeuta espera da paciente e está disposto a reforçar. A incapacidade do ambiente da paciente para ensinar comportamentos mais adaptativos pode ser relacionada, pelo menos em parte, com a omissão do uso dos princípios da moldagem. Ou seja, as expectativas do ambiente são altas demais para as capacidades da paciente; como resultado, o progresso é punido porque não cumpre as expectativas, no lugar de ser reforçado porque representa uma melhora em relação ao comportamento passado. Os padrões irreais das pacientes *borderline*, discutidos no decorrer deste livro, são mais um resultado de não usar os princípios da moldagem.

Talvez ajude pensar em uma linha, que começa onde a paciente estava no início da terapia e termina onde ela está tentando chegar (objetivo comportamental). O fato de se o terapeuta reforça, pune ou ignora o comportamento relevante para as metas tem a ver com: (1) a atual localização da paciente no *continuum*, (2) sua capacidade de apresentar comportamentos mais adiante no *continuum*, e (3) as exigências da situação. Se a paciente avançou ao longo do *continuum* – ou seja, se um comportamento representa progresso – o terapeuta deve reforçá-lo. Senão, o terapeuta deve ignorá-lo ou puni-lo e, se necessário, ensinar novos comportamentos. Durante cada interação, o terapeuta deve continuamente combinar os comportamentos da paciente com seu estado atual (incluindo suas vulnerabilidade na situação), suas capacidades potenciais e a natureza da situação. Essa informação é usada, pois, para produzir uma resposta terapêutica. Não admira que trabalhar com essa população seja tão difícil. Devido à complexidade e amplitude dos problemas das pacientes *borderline*, bem como à natureza inconstante de seus déficits, que depende do contexto, os terapeutas geralmente precisam manter um grande número de *continua* em suas mentes ao mesmo tempo. Manter tantas informações organizadas e disponíveis para uso já é difícil nas melhores condições, e o problema se amplifica com pacientes que impõem tanto estresse pessoal sobre seus terapeutas, dificultando o uso flexível da informação.

A TCD aborda esse problema de duas maneiras. Primeiramente, a hierarquia clara de metas permite que o terapeuta compartimente as informações – lide com certos comportamentos e ignore outros. O terapeuta não trata igualmente de todos os comportamentos da paciente. Pelo contrário, ele verifica os comportamentos em relação à hierarquia de metas e trata apenas daqueles que sejam relevantes para a meta mais prioritária. Assim, a tarefa é simplificada. Em segundo lugar, as estratégias de orientação à paciente, discutidas no Capítulo 13, visam limitar o número de pessoas que o terapeuta está "tratando". Ao contrário da maioria dos outros programas de tratamento, a TCD estipula que o terapeuta apenas trate a paciente. Não existe necessidade de organizar ou tentar implementar os planos de tratamento de outros profissionais; ou seja, cada terapeuta somente deve se preocupar com as suas respostas para a paciente. Assim, mais uma vez, a TCD trabalha limitando o foco do terapeuta em um grau de complexidade que seja administrável.

PROCEDIMENTOS PARA OBSERVAR LIMITES

A abordagem de observar limites é simples na teoria, mas difícil na prática. Ela é a aplicação das estratégias de solução de, p. ix problemas e procedimentos de controle das contingências a comportamentos das pacientes que ameacem ou ultrapassem os limites pessoais do terapeuta. Observar os limites é essencial na TCD. A responsabilidade por cuidar dos limites do terapeuta na TCD pertence ao terapeuta, e não à paciente. O terapeuta deve estar ciente de quais comportamentos da paciente é capaz e está disposto a tolerar e quais são inaceitáveis. Essa informação deve ser apresentada à paciente no momento oportuno, antes que seja tarde demais. O terapeuta também deve especificar quais comportamentos pode aceitar apenas temporariamente e quais são aceitáveis a longo prazo, bem como quais comportamentos da paciente são prováveis de levar a esgotamento do terapeuta e quais não são. Os comportamentos que ultrapassam os limites do terapeuta são um tipo especial de comportamentos que interferem na terapia. Assim, os comportamentos que têm relevância para os limites ficam atrás, como metas da terapia, apenas dos comportamentos de crise suicida e do parassuicídio (ou comportamentos que ameacem a vida). Eles ameaçam a terapia porque interferem na capacidade ou disposição do terapeuta de conduzir a terapia. É crucial que o terapeuta não ignore esses comportamentos. De outra forma, ele, mais cedo ou mais tarde, se esgotará, terminará a terapia ou prejudicará a paciente. Ao observar os limites, cuidando de si mesmo, o terapeuta está cuidando da paciente.

Raciocínio para observar limites

Os limites e como estabelecê-los constituem uma preocupação importante em quase toda discussão sobre o tratamento de pacientes *borderline*. Essas discussões normalmente são formuladas em termos de conter ou interromper os comportamentos desadaptativos das pacientes. Green, Goldberg, Goldstein e Leibenluft (1988, p. ix), por exemplo, afirmam: "se essas [técnicas psicoterapêuticas padrão] não conseguirem impedir a atuação do indivíduo, são necessárias medidas mais vigorosas, na forma de intervenções apropriadas, para estabelecer limites". Os comportamentos desadaptativos são considerados resultado de a paciente não ter uma delimitação ou limites para seu senso de *self*. Portanto, o principal objetivo do estabelecimento de limites é reforçar o sentido de identidade da paciente, definindo seus limites pessoais. (Ver Green et al., 1988, para uma revisão dessa literatura.)

Observar limites na TCD, por outro lado, diz respeito a preservar os limites pessoais do terapeuta – o senso de *self* do *terapeuta*, por assim dizer. O objetivo é garantir que as contingências que atuam na terapia não punam o envolvimento do terapeuta. O foco é na relação entre os limites do terapeuta e o comportamento da paciente. Quando uma paciente força os limites do terapeuta, a situação é analisada em termos do encaixe entre as necessidades ou desejos da paciente e as capacidades ou desejos do terapeuta. Ou seja, não se *pressupõe* que a paciente esteja desordenada (p.ex., carente demais, fluida demais). E nem se *pressupõe* que o terapeuta esteja desordenado (p.ex., manifestando problemas de contratransferência). Ao invés disso, acredita-se que as pessoas, de forma legítima ou de outro modo, muitas vezes querem ou precisam daquilo que as pessoas não podem ou não se dispõem a dar. Elas forçam os limites das pessoas, e existe pouco encaixe interpessoal.

Isso não significa que o comportamento da paciente e os limites do terapeuta não devam ser analisados em busca de transtornos. A capacidade de limitar as próprias demandas em relação aos outros, independentemente das próprias necessidades, é, em si, uma habilidade interpessoal muito importante, pois as relações recíprocas exigem a capacidade de observar e respeitar os limites do outro. Muitas pacientes *borderline* têm deficiência nessa capacidade. Por outro lado, a capacidade de conhecer e observar os próprios limites em uma relação também é importante, e muitos terapeutas são deficientes nessa capacidade. Embora a TCD, mais ainda que muitas terapias comportamentais, enfatize o impacto do terapeuta nas experiências e percepções da paciente na terapia, ela também acredita que o terapeuta é influenciado reciprocamente pelos comportamentos da paciente. Isso não significa que os papéis do terapeuta e da paciente sejam considerados simétricos; espera-se que o terapeuta gere hipóteses mais precisas sobre os fatores que influenciam o relacionamento e apresente mais habilidade interpessoal durante as sessões de terapia. Também se espera que o terapeuta controle o seu próprio comportamento, para garantir que suas ações, pelo menos, não causem nenhum mal à paciente. Apesar dessas advertências, acredita-se que o terapeuta seja afetado inevitavelmente pelo comportamento da paciente. Dependendo do comportamento, ele pode atrapalhar ou promover a motivação e a capacidade do terapeuta para ajudar a paciente.

Limites naturais ou arbitrários

Com pouquíssimas exceções, não existem limites arbitrários na TCD. O único comportamento de pacientes que é limitado arbitrariamente na terapia individual e no treinamento de habilidades é abandonar: a terapia é suspensa se a paciente abandonar qualquer um deles. Os únicos limites arbitrários para o comportamento do terapeuta são aqueles estabelecidos pelas diretrizes da ética profissional. As interações sexuais com pacientes, por exemplo, não são aceitáveis sob quaisquer condições.

Os limites naturais variam entre os terapeutas, e no mesmo terapeuta ao longo do tempo, como resultado de numerosos fatores, inclusive questões pessoais da vida do terapeuta e do ambiente de trabalho, a relação entre a paciente e o terapeuta, os objetivos do terapeuta para a paciente e as características de cada paciente. Os limites se restringem quando o terapeuta está doente ou sobrecarregado, e se ampliam quando ele está descansado e tem uma carga de trabalho razoável. Os limites bastante amplos de um terapeuta de minha equipe se reduziram depois que ele e sua esposa tiveram um bebê. Terapeutas com uma equipe de consultoria ou supervisão que os apoie supostamente terão limites mais amplos do que terapeutas que trabalhem sós ou em um ambiente hostil. Minha disposição para suportar os gritos de uma paciente nas sessões é muito maior em meu consultório privado do que em uma clínica, onde ela poderia incomodar outras pessoas. Minha disposição para suportar ameaças suicidas ao final de uma sessão é maior se eu não tiver outra paciente esperando, do que se tiver.

Além disso, cada terapeuta em uma equipe, incluindo aqueles que trabalham com a mesma paciente, pode ter limites diferentes. Os limites de um terapeuta podem ser bastante amplos, e os de outros, muito pequenos. Por exemplo, um terapeuta pode ler cuidadosamente cada carta que uma paciente escreve, não importa o quanto suas cartas sejam longas e frequentes; outro talvez não faça isso. Um terapeuta pode se dispor a telefonar para uma paciente quando tira férias; outro talvez não faça isso. Meus limites para o risco de suicídio que estou disposta a tolerar entre minhas pacientes externas são mais amplos que os de muitos outros terapeutas em Seattle. Alguns terapeutas não se incomodam quando pacientes não cancelam sessões e faltam ou se atrasam para pagar; outros se incomodam. O fato de pacientes apresentarem comportamentos dependentes ou de apego ou passarem o dia sentadas na sala de espera incomoda alguns terapeutas, mas não outros. A lista pode ser interminável.

De um modo geral, uma aliança terapêutica forte leva a limites mais amplos. As pessoas geralmente estão dispostas a fazer mais e tolerar mais de pessoas de quem se sentem mais próximas do que daquelas de quem se sentem distantes. Os limites dos terapeutas normalmente são mais amplos com pacientes que se dedicam para a terapia e mais restritos com aquelas que se recusam a aderir ou resistem às intervenções. Entretanto, as maneiras em que os limites são afetados pelos comportamentos das pacientes podem variar entre membros da mesma equipe de tratamento. Por exemplo, os limites de alguns terapeutas se reduzem quando as pacientes os agridem e ampliam quando não o fazem; outros terapeutas levam as agressões na brincadeira e não se sentem muito afetados. Sinto-me disposta a permitir uma quantidade razoável de tempo ao telefone, mesmo em horários inconvenientes, para pacientes que ligam e parecem melhorar com a ligação. Pacientes que caracteristicamente dizem que se sentem tão mal ao final quanto no começo, e que criticam minha incapacidade de permanecer mais tempo ao telefone, não são pacientes com quem me disponho a ter longas conversas telefônicas. Quando a paciente responde com " sim, mas..." ou rejeita todas as minhas sugestões, isso não afeta muito os meus limites; considero como um desafio. Outros terapeutas com quem trabalho não se incomodam tanto com ingratidão quanto eu, mas se negam a falar por um longo tempo com pacientes que sempre rejeitam suas sugestões.

Na TCD, não existe necessidade de que os limites sejam universais entre os membros da equipe ou pacientes. Apenas é importante que cada terapeuta entenda os seus próprios limites e comunique-os de forma clara a cada paciente. Essa variabilidade de limites entre os terapeutas e no mesmo terapeuta, por sua vez, proporciona uma semelhança maior entre o ambiente de tratamento e a vida cotidiana. A vida e as pessoas simplesmente não são constantes, nem estão sempre disponíveis para satisfazer as necessidades do indivíduo. Mesmo os amigos mais íntimos de uma pessoa às vezes se retraem ou não conseguem satisfazer todas as expectativas. O objetivo da TCD é ensinar as pacientes a interagir de forma produtiva e alegre dentro desses limites interpessoais naturais.

Observar limites naturais ou pessoais exige muito mais abertura e afirmação do que observar limites arbitrários. O terapeuta comportamental dialético não pode simplesmente relaxar com um conjunto de regras predeterminadas. Não existe livro para procurar como responder quando uma paciente se atrasa pela 35ª vez. A TCD não proporciona um livro de regras sobre os limites, pois as regras e limites arbitrários não levam em conta a individualidade das pessoas no relacionamento. Assim, o terapeuta deve assumir responsabilidade pessoal por seus próprios limites. Essa pode ser uma tarefa muito difícil às vezes, especialmente quando a paciente está sofrendo intensamente e os limites aumentam o sofrimento. No entanto, existem várias diretrizes para observar limites efetivamente com pacientes *borderline*, que são discutidas a seguir e resumidas no Quadro 10.3.

1. MONITORAR LIMITES

Terapeutas devem observar seus próprios limites com relação àquele que é o comportamento aceitável para a paciente em cada relação terapêutica, e observar esses limites na condução da terapia. Em particular, o terapeuta deve observar de forma cuidadosa e contínua a relação entre os comportamentos da paciente e sua própria disposição e motivação para interagir e trabalhar com aquela paciente, a sensação de estar sobrecarregado, a crença de que pode ser eficaz com aquela paciente, e sentimentos de esgotamento. Esse processo é muito mais fácil para terapeutas experientes do que para novos terapeutas. Conforme disse um terapeuta de minha equipe: "é muito difícil saber os seus limites antes que sejam ultrapassados". Os sinais de aviso são sentimentos de desconforto, raiva e frustração, e uma sensação de "ah, não, de novo não". A ideia é que o terapeuta note antes que seus limites sejam ultrapassados – ou seja, antes que, de repente, não consigam ou não queiram interagir mais com uma certa paciente. A equipe de supervisão pode ajudar bastante nesse sentido.

Quadro 10.3   Lista de procedimentos para observar limites

____ T monitorar seus próprios limites na condução da terapia:
    ____ Continuamente.
    ____ Separadamente com cada paciente.
____ T comunicar seus próprios limites para P DE FORMA HONESTA e direta, em termos da capacidade realista e/ou vontade de T de satisfazer as necessidades e desejos de P.
    ____ Com relação a horários, duração e frequência de telefonemas.
    ____ Com relação a violações da privacidade de T.
    ____ Com relação a infrações quanto à propriedade, tempo de T, etc.
    ____ Com relação a comportamento agressivo nas sessões ou dirigido a T.
    ____ Com relação ao tipo de tratamento que T se dispõe a implementar ou tomar parte.
    ____ Com relação à disposição de T para correr o risco de P cometer suicídio.
____ T EXPANDIR os limites temporariamente, quando necessário.
    ____ T procurar apoio ou ajuda profissional quando T está no limite e P precisa de mais.
    ____ T ajudar P a lidar de forma eficaz com os limites de T quando P não está em perigo por causa dos limites.
____ T ser CONSISTENTEMENTE FIRME em relação aos seus próprios limites.
    ____ T usar controle de contingências ante os limites.
____ T combinar VALIDAÇÃO TRANQUILIZADORA E SOLUÇÃO DE PROBLEMAS ao observar os limites.

Táticas anti-TCD

____ T recusar-se a expandir os limites de forma temporária quando P claramente precisa mais do que o usual de T.
____ T limitar a mudança ou oscilar de maneira arbitrária e/ou imprevisível.
____ T apresentar os limites como se fossem para beneficiar P, ao invés de beneficiar T.

2. SER HONESTO QUANTO AOS LIMITES

Os limites do terapeuta não são apresentados como se fossem para beneficiar a paciente, mas para beneficiar o terapeuta. Embora a distinção seja superficial, pois o bem de ambas partes está essencialmente conectado em qualquer relação terapêutica, a ênfase é muito diferente de apresentar limites como se fossem para o bem da paciente. Essa ênfase diferente, por sua vez, tem efeitos diferentes. A principal questão é que, embora a paciente possa e deva ter a última palavra sobre o que é para o seu próprio bem (ela não é uma criança), ela não tem a última palavra sobre o que é bom para o terapeuta. Pode-se fazer uma analogia com o terapeuta dizer para a paciente não fumar no consultório porque faz mal para ela, ao contrário de dizer que é porque ele não gosta de inalar a fumaça. No primeiro caso, ambos podem argumentar; no mínimo, a paciente pode afirmar de maneira razoável que a sua saúde física é sua responsabilidade. No segundo, existe pouco espaço para discussão. No primeiro caso, o terapeuta está demonstrando pouco respeito pela autonomia da paciente e por sua percepção do que é bom para si mesma. No segundo, o terapeuta está modelando o cuidado pessoal. Às vezes, o segundo caso também é o único honesto; ou seja, na maior parte do tempo, todos (inclusive o terapeuta) tentamos controlar o comportamento das pessoas dizendo que é para o bem delas, quando na verdade é para o nosso próprio bem.

A honestidade, como estratégia, pode ser extraordinariamente eficaz. A paciente *borderline* muitas vezes busca respeito, e a honestidade quanto aos limites do próprio terapeuta significa essencialmente respeitar a paciente. É tratar a paciente como um adulto. O terapeuta pode concordar com a paciente que os limites não são justos (quando não o são), mas deve dizer que, mesmo assim, ir além desses limites provavelmente vá ferir a paciente no final. Se for necessário, o terapeuta pode revisar com a paciente as ocasiões em que foi magoada por outros terapeutas que não cuidavam adequadamente de si mesmos.

A desonestidade e/ou a confusão quanto aos limites que devem ser observados é uma tentação especial para os psicoterapeutas, por várias razões. Primeiramente, algumas teorias da psicoterapia sugerem que forçar os limites do terapeuta é patológico por definição. O terapeuta que me disse que todas as ligações de uma paciente para a casa do terapeuta são atos de agressão para com o terapeuta (ver o Capítulo 3) é um exemplo disso. Essa ou uma perspectiva teórica semelhante torna muito difícil para se avaliar a flexibilidade da interação. É improvável que o terapeuta até mesmo analise a possibilidade de que o problema esteja em sua incapacidade ou indisposição de expandir os limites para o bem-estar da paciente. Conceitos como a contratransferência concentram-se sabiamente na patologia possível dos limites do terapeuta. Contudo, não ajudam na situação do "encaixe difícil", quando os limites legítimos do terapeuta o levam a não satisfazer necessidades igualmente legítimas da paciente. Em segundo lugar, ser terapeuta é uma posição de grande poder em relação a outra pessoa, pois permite que a arrogância e a desonestidade possam não ser verificadas. Essa possibilidade é uma das razões por que a consultoria e a supervisão desempenham papéis tão importantes na TCD.

Em terceiro lugar, a maioria dos terapeutas aprende que a terapia deve servir unicamente para o benefício da paciente. Nos programas de formação, o benefício do terapeuta raramente ou jamais é mencionado. Assim, os terapeutas podem facilmente se sentir culpados ou antiterapêuticos se atenderem seus próprios desejos e necessidades. Pacientes *borderline* muitas vezes se sentem péssimas, e os terapeutas sentem que poderiam trabalhar melhor se tivessem limites mais amplos. As opções para o terapeuta, nesse caso, são as seguintes: (1) ultrapassar os seus próprios limites repetidamente; (2) decidir que as necessidades da paciente são simplesmente patológicas; ou (3) permitir que a paciente continue a sofrer e aceitar a responsabilidade por não conseguir ajudar. A dificuldade para aceitar que o terapeuta é a causa proximal do sofrimento da paciente muitas vezes leva à escolha de uma das duas primeiras opções. Observar os limites leva à terceira. Em minha experiência, é essa dificuldade para aceitar a sua própria impotência que causa a maior parte do problema para terapeutas novos e inexperientes; a arrogância costuma ser o problema para terapeutas mais experientes.

3. EXPANDIR LIMITES TEMPORARIAMENTE QUANDO NECESSÁRIO

Observar limites não é uma licença para não cuidar ou não responder a necessidades importantes das pacientes. Também não é permissão para ser caótico nas respostas a pedidos e demandas das pacientes. É necessário que os terapeutas às vezes forcem seus próprios limites, expandam a si mesmos, e deem o que não querem dar. Isso é particularmente verdadeiro com pacientes *borderline* e suicidas crônicas. Uma analogia com cirurgiões pode ajudar aqui. Quando estão de plantão, os cirurgiões não podem se negar a ir ao hospital para uma emergência porque prefeririam ficar em casa, dizendo que isso ultrapassa seus limites. Porém, mesmo os cirurgiões somente podem estar de plantão periodicamente. Um cirurgião que passou cinco noites seguidas de pé, dormindo uma ou duas horas por noite, pode atingir seu limite máximo e precisar que outra pessoa atenda as ligações por um ou dois dias. Ninguém pode sobreviver por muito tempo sem dormir. De maneira semelhante, quando o terapeuta está perto de atingir os seus limites e a vida da paciente está em perigo, a estratégia correta é envolver outros profissionais no cuidado. Quando os limites estão em questão e a paciente não está em perigo, os procedimentos de solução de problemas e outros procedimentos de mudança são as estratégias apropriadas. A dialética aqui é entre forçar os limites quando necessário, por um lado, e observar os limites quando necessário, por outro.

4. MANTER-SE CONSTANTEMENTE FIRME

Pacientes muitas vezes tentam fazer os terapeutas expandirem seus limites, defendendo a validade de suas próprias necessidades, criticando os terapeutas por sua inadequação, ou, às vezes, ameaçando procurar outro terapeuta ou cometer suicídio. Elas podem cometer parassuicídios repetidos, ou recusar-se a cooperar até que os terapeutas "cooperem" com elas. Em ambientes clínicos e de internação, podem procurar outras pessoas da equipe e tentar obter sua assistência, reclamar ruidosamente para outras pacientes ou ir diretamente ao seu supervisor. Como os terapeutas psicodinâmicos colocam, elas podem "atuar".

O importante aqui é que observar os limites muitas vezes significa colocar os comportamentos da paciente em um protocolo de extinção. A resposta às tentativas da paciente de expandir os limites é simples: "sou quem sou". Assim, no final, o terapeuta não tem opção além de observar seus próprios limites. É tentador, quando existe muita pressão, vacilar entre expandir os limites e atacar a paciente, implicando que suas necessidades são excessivas ou inadequadas. Deve-se resistir à tentação. Ceder e apaziguar a paciente após ataques comportamentais apenas reforçará o comportamento que o terapeuta está tentando interromper, e responder de forma punitiva significa arriscar os efeitos colaterais, na forma de consequências aversivas. A tática aqui é usar a mesma estratégia de "quebrar recordes" que as pacientes aprendem no treinamento de habilidades interpessoais: o terapeuta diz e repete, muitas vezes, a sua posição, de forma calma, clara e firme. Também pode ajudar reafirmar frequentemente que a observação desses limites beneficiará a paciente no final. (O terapeuta não irá terminar a terapia subitamente ou prejudicar a paciente de algum outro modo.)

5. COMBINAR TRANQUILIZAR, VALIDAR E SOLUÇÃO DE PROBLEMAS COM OBSERVAR LIMITES

A importância de tranquilizar a paciente, enquanto, simultaneamente, observam-se os limites, não pode ser exagerada. O fato de não dar à paciente o que ela quer, ou de não conseguir tolerar um determinado comportamento, não significa que o terapeuta não pode confortar a paciente de nenhum modo. O terapeuta também precisa validar a perturbação da paciente e ajudá-la a encontrar maneiras de lidar com o problema. A observação dos limites deve ser cercada por todos os lados por estratégias interligadas de validação e solução de problemas. Invalidar os desejos e necessidades da paciente raramente é terapêutico.

Áreas difíceis de observar limites com pacientes *borderline*

Ligações telefônicas

Como a TCD incentiva o contato telefônico, ao invés de proibi-lo, o terapeuta deve determinar horas em que estará disponível e a duração das ligações telefônicas. Os terapeutas que não conseguem aceitar nenhum telefonema depois do expediente provavelmente não devam trabalhar com paciente *borderline*. Além disso, as necessidades de cada paciente e terapeuta, bem como questões imediatas, devem ser consideradas ao se determinar uma política apropriada para o uso do telefone. Um terapeuta que nunca coloca restrições quanto às ligações telefônicas (mesmo que somente seja que a paciente não pode ligar apenas para bater papo às 2 da madrugada) jamais teve uma paciente carente ou está no caminho do esgotamento e rejeição da paciente.

A duração e a frequência das ligações possíveis variam para diferentes terapeutas e diferentes pacientes do mesmo terapeuta. Alguns terapeutas se dispõem a receber ligações quase a qualquer momento e não parecem se incomodar com muitas ligações. Um terapeuta que trabalhou comigo fazia trabalhos em madeira e pintura no porão à noite. As pacientes que ligavam à noite tinham tempo quase ilimitado, pois ele continuava a lixar e pintar enquanto falava. Outros terapeutas não estão dispostos a passar tanto tempo ao telefone e aprendem a terminar as ligações rapidamente ou a ligar para a paciente quando for conveniente. As condições para os telefonemas também podem variar. Por exemplo, em nossa clínica, já tivemos terapeutas que: (1) somente recebiam ligações por meio de um serviço de atendimento e depois ligavam para a paciente (o terapeuta precisava de tempo para pegar um copo de água e se "preparar"); (2) terminavam as ligações subitamente depois de uma certa hora, a menos que fosse uma emergência (o terapeuta nesse caso tinha que acordar cedo); (3) somente retornavam as ligações à noite, sugerindo que a paciente ligasse para uma clínica de crise ou o setor de emergência para emergências durante o dia (o horário dessa terapeuta durante o dia era cheio demais para permitir que ela retornasse as ligações); (4) terminavam as ligações imediatamente, a menos que a paciente já tivesse experimentado um certo número de habilidades (o terapeuta estava cansado de "fazer pela" paciente e acreditava que era anti-terapêutico); (5) terminavam as ligações se a paciente tivesse consumido álcool nas últimas seis horas (beber interferia na capacidade da paciente de receber ajuda); ou (6) recusavam-se a receber outra ligação durante a semana se a paciente telefonasse e depois se negasse a tentar resolver o problema (o terapeuta sempre se sentia frustrado depois dessas ligações). O importante aqui é que cada terapeuta estabeleça seus próprios limites, que devem ser respeitados pelo terapeuta e pela equipe de supervisão/orientação.

Comportamentos suicidas

Alguns terapeutas têm mais tolerância para ameaças suicidas, especialmente as sérias, do que outros. Alguns estão mais dispostos que outros a seguir um plano de tratamento bem-pensado mas de alto risco, que os coloca em perigo de ser processados se a paciente cometer suicídio. Alguns terapeutas se opõem, por razões filosóficas, ao confinamento involuntário para prevenir o suicídio; outros não. Cada terapeuta deve analisar os seus limites nessas áreas. De um modo geral, as pacientes devem saber que a continuação de um comportamento suicida sério, no mínimo, é provável de esgotar os limites do terapeuta. Em minha clínica e minhas áreas de responsabilidade clínica, as pacientes que apresentam comportamento letal não têm permissão para tomar drogas letais. Alguns riscos estão fora dos meus limites. Também já coloquei pacientes no hospital quando precisava de um descanso de suas crises e ameaças suicidas. Todavia, quando as consequências dos limites são extremas para a paciente (p.ex., internação involuntária), é essencial que o terapeuta dê os avisos adequados à paciente e proporcione um meio pelo qual ela possa evitar a consequência aversiva. Também é essencial que o terapeuta observe seus limites. O tema da relação entre o comportamento suicida e os limites é discutido de forma mais completa no Capítulo 15.

Comentários finais

É bastante importante que os terapeutas estejam cientes das contingências que estão aplicando na psicoterapia. É igualmente importante estar ciente do efeito que as contingências têm sobre o comportamento, independentemente de tais efeitos serem pretendidos ou não. Muitos terapeutas parecem sentir que é inaceitável influenciar os comportamentos das pacientes com a aplicação de contingências. As contingências positivas são vistas como propinas, e as negativas são consideradas coercitivas, manipuladoras ou ameaçadoras. Com frequência, esses terapeutas valorizam a autonomia e acreditam que os comportamentos sob controle de influências externas não são tão "reais" ou tão permanentes quanto comportamentos sob controle de influências internas. Em outras palavras, esses terapeutas valorizam comportamentos que estão sob o controle da "escolha" ou da "intenção" do indivíduo. Os terapeutas que se prendem à noção de intenção e escolha inconscientes, às vezes agem como se acreditassem que *todo* o comportamento está sob o controle da intenção e da escolha, e a intenção e a escolha são simplesmente conscientes ou inconscientes. O objetivo da terapia, nesse caso, pode ser colocar todo o comportamento sob o controle da intenção e escolha conscientes. Os terapeutas cognitivo-comportamentais certamente concordariam com esse objetivo, pelo menos com relação aos comportamentos desadaptativos e indesejados.

A diferença entre uma abordagem baseada em "escolha" ou "intenção" e uma abordagem cognitivo-comportamental tem dois lados. Primeiro, os terapeutas cognitivo-comportamentais perguntariam o que controla a "escolha" e a "intenção". Se essa questão for respondida dizendo-se que o indivíduo escolhe aquilo que quer ou prefere, não se adiciona nenhuma informação nova. A explicação é *post hoc*. Terapeutas cognitivo-comportamentais diriam que escolha e intenção são controladas pelos resultados, tanto os comportamentais quanto os ligados ao meio. As pessoas fazem escolhas e desenvolvem intenções que já foram reforçadas antes, e evitam aquelas que foram punidas.

Em segundo lugar, terapeutas cognitivo-comportamentais não sugeririam que, quando os comportamentos não estão sob controle da escolha ou intenção consciente, eles devem estar sob o controle da intenção inconsciente. De fato, essa afirmação pode ser tautológica. Ao invés disso, a visão cognitivo-comportamental é que a ausência de conexão entre a intenção ou escolha e a ação é o problema a resolver. Essa conexão deve ser aprendida, e é aprendida quando resultados reforçadores são consequências de ações com intenção prévia de agir ou uma escolha. Nessa perspectiva, a intenção e a escolha são atividades cognitivas (embora possa haver um componente emocional, especialmente com a intenção). Assim, a relação entre a intenção ou escolha e a ação é uma conexão comportamento-comportamento. A conexão não é entendida *a priori*. De fato, com pacientes *borderline*, o problema muitas vezes é a incapacidade de influenciar o comportamento pela intenção, escolha e comprometimento prévios. Desse modo, os terapeutas podem tentar reforçar essa conexão comportamento-comportamento sistematicamente.

Um visão excessiva da escolha como determinante do comportamento ignora o papel da capacidade comportamental. A noção de escolha pressupõe liberdade para seguir as próprias escolhas. Não se pode fazer o que não se é capaz de fazer, não importa o quanto ou com que frequência se escolha fazê-lo. As pacientes *borderline* muitas vezes não conseguem controlar seu comportamento da maneira como elas e seus terapeutas gostariam. Embora as contingências, às vezes, criem capacidades onde antes havia poucas ou nenhuma, as boas intenções, sozinhas, não são suficientes para levar ao controle e mudança do comportamento.

11 PROCEDIMENTOS DE MUDANÇA: PARTE II. TREINAMENTO DE HABILIDADES, EXPOSIÇÃO E MODIFICAÇÃO COGNITIVA

PROCEDIMENTOS PARA TREINAMENTO DE HABILIDADES

Os procedimentos para treinamento de habilidades são necessários quando a solução de um problema exige habilidades que, atualmente, não fazem parte do repertório comportamental do indivíduo. Ou seja, em circunstâncias ideais (quando o comportamento não sofre interferência de medos, motivações conflitantes, crenças irrealistas, etc.), o indivíduo não consegue gerar ou produzir os comportamentos necessários. A palavra "habilidade" é usada na TCD como sinônimo de "capacidade" e compreende, em seu sentido mais amplo, repertórios de respostas (ou ações) cognitivas, emocionais e comportamentais, juntamente com sua integração, que é necessária para um desempenho eficaz. A eficácia é medida pelas consequências diretas e indiretas do comportamento. O desempenho eficaz pode ser definido como aqueles comportamentos que levam a um nível máximo de resultados positivos, com um mínimo de resultados negativos. Assim, "habilidade" é usada no sentido de "usar meios hábeis", bem como responder a problemas de forma adaptativa e eficaz.

A integração de habilidades é enfatizada na TCD porque, com frequência (na verdade, geralmente), o indivíduo sabe os comportamentos que compõem uma habilidade, mas não consegue juntá-los de forma coerente quando necessário. Por exemplo, todos têm a palavra "não" em seu repertório, mas uma pessoa pode não conseguir colocá-la junto com outras palavras, em uma frase hábil, para recusar um convite sem simultaneamente alienar a pessoa que faz o convite. Uma resposta hábil no sentido interpessoal exige juntar palavras que o indivíduo já conheça, formando sentenças eficazes, juntamente com a apropriada linguagem corporal, entonação, contato ocular, e coisas do gênero. As habilidades comportamentais raramente são novas, mas a sua combinação costuma ser. Na TCD, quase qualquer comportamento desejado pode ser considerado uma habilidade. Assim, lidar efetivamente com os problemas e evitar respostas desadaptativas ou ineficientes são considerados usos das habilidades. O objetivo da TCD é substituir comportamentos ineficazes, desadaptativos ou inábeis por respostas hábeis.

Durante o treinamento de habilidades e, de um modo mais geral, em toda a TCD, o terapeuta insiste, a cada oportunidade, que a paciente se envolva ativamente na aquisição e prática das habilidades de que precisa para lidar com a sua vida. O terapeuta desafia, de forma direta, ativa e repetida, o estilo passivo de solução de problemas do indivíduo. Os procedimentos descritos a seguir podem ser aplicados informalmente por qualquer terapeuta, quando necessário, e são aplicados de maneira formal nos módulos do treinamento estruturado de habilidades (descritos no manual que acompanha este livro).

Existem três tipos de procedimentos de treinamento de habilidades: (1) aquisição de habilidades (p.ex., instruções, modelagem); (2) fortalecimento de habilidades (p.ex., ensaio comportamental, *feedback*); e (3) generalização de habilidades (p.ex., prescrição de tarefas de casa, discussão de semelhanças e diferenças entre situações). Na aquisição de habilidades, o terapeuta ensina novos comportamentos. No fortalecimento e generalização de habilidades, o terapeuta tenta aperfeiçoar o comportamento hábil e aumentar a probabilidade de que a pessoa use os comportamentos hábeis que já fazem parte do seu repertório em situações relevantes. O fortalecimento e a generalização de habilidades exigem a aplicação de procedimentos de controle das contingências, exposição e/ou modificação cognitiva. Ou seja, uma vez que o terapeuta sabe que um determinado padrão de respostas faz parte do repertório atual da paciente, outros procedimentos são aplicados para promover o uso desse padrão na vida cotidiana da paciente. É essa ênfase no ensino ativo e consciente, típica das terapias comportamentais e cognitivas, que diferencia a TCD de muitas abordagens de tratamento de pacientes *bordeline*. Todavia, alguns procedimentos de treinamento de habilidades são praticamente idênticos aos usados na psicoterapia dinâmica de apoio.

As metas do treinamento de habilidades são determinadas pelos parâmetros da TCD (p.ex., habilidades de atenção plena, eficácia interpessoal, regulação das emoções, tolerância a estresse e autocontrole), bem como pela análise comportamental em cada caso. Quase todo padrão comportamental que o indivíduo não tem atualmente em seu repertório, mas que possa ajudar a melhorar a sua vida, pode ser uma meta do treinamento de habilidades. A escolha dos procedimentos específicos (p.ex., procedimentos de aquisição ou de fortalecimento) dependerá das habilidades que a paciente já tiver.

Orientar e comprometer-se com o treinamento de habilidades: síntese

A orientação é a principal maneira que o terapeuta tem para ensinar que novos comportamentos merecem ser aprendidos e que os procedimentos da TCD provavelmente funcionam. O treinamento de habilidades somente pode ser eficaz se a pessoa cooperar ativamente com o programa de tratamento. Algumas pacientes têm déficits em habilidades e têm receio de adquirir novas habilidades. É importante observar aqui que o fato de aprender uma nova habilidade não significa que a paciente realmente deva usá-la. Ou seja, ela pode adquirir uma habilidade, e depois decidir em cada situação se deve usá-la ou não. O problema da paciente é como o de pessoas que têm medo de voar: elas não querem reduzir seus temores, pois assim talvez tenham que voar. Às vezes, a paciente não quer aprender novas habilidades, pois perdeu a esperança de que alguma coisa possa ajudar realmente. Acho importante dizer que as habilidades que estou ensinando me ajudam ou ajudaram outras pessoas que conheço. No entanto, o terapeuta não pode provar antecipadamente que certas habilidades vão ajudar um determinado indivíduo.

Antes de ensinar uma nova habilidade, o terapeuta deve apresentar o raciocínio (ou evocá-lo da paciente, de maneira socrática) que explica a sua utilidade. Às vezes, isso apenas exige um ou dois comentários. Em outras ocasiões, pode exigir uma discussão prolongada. (O raciocínio para cada conjunto de habilidades da TCD é apresentado no manual que acompanha este volume.) Na solução de problemas individual, isso normalmente ocorre na fase de análise de soluções. Em um certo ponto, o terapeuta deve também explicar o raciocínio geral para seus métodos de ensino – ou seja, o raciocínio para os procedimentos de treinamento de habilidades da TCD. O argumento mais importante a fazer aqui, e a repetir sempre que necessário, é que aprender novas habilidades exige prática, prática, prática. Igualmente importante, a prática deve ocorrer em situações em que as habilidades sejam necessárias. Se essas questões não forem explicadas à paciente, não haverá muita esperança de que ela venha a aprender nada novo.

PROCEDIMENTOS DE AQUISIÇÃO DE HABILIDADES

Procedimentos de aquisição de habilidades dizem respeito a remediar os déficits que os indivíduos apresentam em certas habilidades. A TCD não pressupõe que todos ou mesmo a maioria dos problemas da pessoa *borderline* sejam de natureza motivacional. Pelo contrário, avalia-se o nível das capacidades da paciente em uma determinada área, e utilizam-se procedimentos de aquisição de habilidades caso houver déficits. Às vezes, na ausência de outros meios de avaliação, o terapeuta emprega procedimentos de aquisição de habilidades e depois observa as mudanças que ocorrem no comportamento em consequência deles.

Nota sobre avaliar habilidades

Com as pacientes *borderline,* pode ser muito difícil saber se elas são incapazes de fazer algo ou se são capazes, mas emocionalmente inibidas ou limitadas por fatores ambientais. Embora essa seja uma questão complexa para avaliação com qualquer população de pacientes, pode ser particularmente difícil com indivíduos *borderline*, por causa da sua incapacidade de analisar o seu próprio comportamento e suas capacidades. Por exemplo, elas muitas vezes confundem ter *medo* de fazer algo com não ter *capacidade* de fazer. Além disso, existem contingências poderosas jogando contra para que elas possam ter capacidades comportamentais, conforme discuti no Capítulo 10. Particularmente interessantes são os medos da paciente de que, se admitir que possui capacidades, o terapeuta decida (permanentemente) que a terapia está concluída. Ou então a paciente pode temer que, se souber que ela é capaz de fazer algo, o terapeuta pensará que ela pode fazer aquilo em todos os contextos, inclusive aqueles onde não pode. Assim, o terapeuta cortará a assistência que ainda é necessária, criando a possibilidade de fracasso (com todas as perdas associadas e outros problemas que isso causaria). As pacientes também podem dizer que não sabem como se sentem ou o que pensam, ou que não conseguem encontrar palavras, quando na verdade estão com medo de expressar seus pensamentos e sentimentos. Como muitas dizem, elas não querem ficar vulneráveis. Finalmente, algumas pacientes foram ensinadas, por suas famílias e terapeutas, a considerar todos os seus problemas como motivacionais. Elas aceitam esse ponto de vista inteiramente (e, assim, acreditam que podem fazer qualquer coisa, mas apenas não querem), ou se rebelaram completamente e não aceitam a possibilidade de que fatores motivacionais possam ser tão importantes quanto fatores ligados à capacidade (e acreditam que não podem fazer nada, inclusive aprender maneiras mais adaptativas de agir).

Alguns terapeutas respondem às afirmações das pacientes de que não conseguem fazer nada com uma afirmação igualmente polarizada de que elas podem, se quiserem. Não agir de forma hábil e alegar que não sabe agir de outra forma são atitudes consideradas resistentes (ou pelo menos determinadas por motivos fora da consciência). Dar conselhos e instruções, fazer sugestões ou ensinar novos comportamentos são vistos como coisas que incentivam a dependência e necessitam de gratificação, atrapalhando a terapia "real". Outros terapeutas, é claro, caem na armadilha de acreditar que essas pacientes não conseguem fazer quase nada. Às vezes, chegam a crer que as pacientes são incapazes de aprender novas habilidades. A aceitação, nutrição e intervenção ambiental constituem o repertório desses terapeutas. Como não é de admirar, quando essas duas orientações coexistem dentro da equipe de tratamento de uma paciente, surgem conflitos e "dissociação na equipe". A abordagem dialética sugeriria buscar a síntese. (Discuto esse tema no Capítulo 13.)

Para avaliar se um certo padrão comportamental faz parte do repertório da paciente, o terapeuta deve descobrir uma maneira de criar circunstâncias ideais para ela apresentar o comportamento. Para comportamentos interpessoais, uma aproximação disso é usar dramatização no consultório – ou, se a paciente se recusar, pedir que ela descreva o que diria em uma determinada situação. Muitas vezes, surpreendo-me ao ver que indivíduos que parecem ter muitas habilidades interpessoais não conseguem produzir respostas razoáveis em certas situações de dramatização, ao passo que indivíduos que parecem passivos, meigos e inábeis são capazes de responder adequadamente na segurança do consultório. Para analisar a tolerância a estresses, o terapeuta pode pedir para a pessoa descrever as técnicas que usa ou considera úteis para tolerar situações difíceis ou estressantes. A regulação das emoções pode ser avaliada às vezes interrompendo-se a sessão e pedindo para a paciente verificar se consegue mudar seu estado emocional. As habilidades de autocontrole e atenção plena podem ser analisadas observando-se o comportamento da paciente nas sessões e fazendo perguntas sobre o seu comportamento no cotidiano.

Se a paciente apresentar um comportamento, o terapeuta sabe que faz parte do seu repertório. No entanto, se não apresentar, o terapeuta não pode ter certeza. Como na estatística, não existe maneira de testar a hipótese nula. Quando em dúvida (que geralmente é o caso), é mais seguro usar os procedimentos de aquisição de habilidades. De um modo geral, não existe risco, e a maioria dos procedimentos também afeta outros fatores relacionados com o comportamento hábil. Por exemplo, as instruções e a modelagem (os principais procedimentos de aquisição de habilidades) talvez funcionem porque dão "permissão" para o indivíduo agir e, assim, reduzem inibições, e não porque aumentam o repertório comportamental do indivíduo. Esses dois procedimentos básicos são descritos a seguir e são apresentados no Quadro 11.1.

1. INSTRUÇÕES

Instruções são descrições verbais dos componentes da resposta a aprender. De acordo com as necessidades da paciente, elas podem variar de diretrizes gerais ("ao reestruturar o seu pensamento, certifique-se de avaliar a probabilidade de que consequências sérias ocorram", "pense em reforço") a sugestões bastante específicas para o que a paciente deve fazer ("quando tiver um impulso, pegue um cubo de gelo e segure na mão por dez minutos") ou pensar ("repita para si mesmo: 'eu consigo'"). Elas po-

Quadro 11.1   Lista de procedimentos para aquisição de habilidades

____ T avaliar capacidades relevantes para as metas.
    ____ T criar circunstâncias que levem P a usar as habilidades que possui.
    ____ T observar o comportamento de P nas sessões e interações telefônicas.
    ____ T perguntar a P como ela lidaria com uma situação ou problema de maneira ideal.
    ____ T pedir para P experimentar novos comportamentos, como mudar suas emoções, durante as sessões ou interações telefônicas.
    ____ T dramatizar com P.
____ T INSTRUIR P na habilidade a aprender.
    ____ T especificar os comportamentos necessários e seus padrões em termos suficientemente concretos para que P entenda.
    ____ T decompor instruções em passos fáceis de executar.
    ____ T começar com tarefas simples relacionadas com as capacidades e medos de P, e depois passar para aspectos mais difíceis da habilidade.
    ____ T dar a P exemplos da habilidade a aprender.
    ____ T dar folhetos descrevendo as habilidades.
____ T MODELAR o comportamento hábil.
    ____ T dramatizar com P.
    ____ T usar comportamentos hábeis ao interagir com P.
    ____ T pensar em voz alta, utilizar falar consigo mesmo para modelar o pensamento adaptativo.
    ____ T revelar como usar comportamentos hábeis na vida cotidiana.
    ____ T contar histórias ilustrando os comportamentos hábeis.
    ____ T indicar modelos no ambiente para P observar.
        ____ Outras pessoas que P conheça com comportamento hábil.
        ____ Figuras públicas apresentando comportamento hábil.
        ____ Livros (p.ex., biografias), filmes.

dem ser apresentadas de forma didática ou em um formato de palestra, com o apoio de um quadro negro. Na TCD padrão, são dadas instruções escritas nos folhetos de cada área de habilidade (ver o manual que acompanha este volume), podendo ser fornecidos outros livros de autoajuda. As instruções podem ser sugeridas como hipóteses a considerar, podem ser apresentadas como teses e antíteses a ser sintetizadas, ou podem ser evocadas da paciente pelo método socrático. Em todos os casos, o terapeuta deve ter o cuidado de não exagerar a facilidade de agir de forma eficaz ou de aprender a habilidade.

2. MODELAGEM

A modelagem pode ser feita pelo terapeuta, por outras pessoas no meio da paciente, por meio de fitas de vídeo e áudio, filmes ou material impresso. Qualquer procedimento que proporcione à paciente exemplos de respostas alternativas adequadas é uma forma de modelagem. A vantagem de o modelo ser o terapeuta é que a situação e os materiais podem ser adaptados para que se encaixem às necessidades da paciente.

Existem diversas maneiras em que o terapeuta pode modelar comportamentos hábeis. Pode-se usar dramatização *role play* na sessão para demonstrar o comportamento interpessoal apropriado. Quando ocorrem situações, entre a paciente e o terapeuta, semelhantes às situações que a paciente encontra em seu ambiente natural, o terapeuta pode modelar maneiras eficazes de lidar com elas. O terapeuta também pode usar falar consigo mesmo (em voz alta) para modelar autoafirmações, autoinstruções ou reestruturação de expectativas e crenças problemáticas. Por exemplo, pode dizer: "eis o que eu diria para mim mesmo: 'estou esgotado. Qual é a primeira coisa que faço quando estou esgotado? Decompor a situação em passos e fazer uma lista. Depois, faço a primeira coisa da lista'". Contar histórias, relacionar fatos históricos ou fornecer exemplos alegóricos (ver o Capítulo 7) são coisas que podem ajudar a demonstrar estratégias de vida alternativas. Finalmente, a autorrevelação do terapeuta pode ser usada para modelar comportamentos adaptativos, especialmente se o terapeuta teve problemas na vida semelhantes aos que a paciente enfrenta atualmente. Essa tática é discutida detalhadamente no Capítulo 12.

Além da modelagem na sessão, pode ser importante que a paciente observe o comportamento e as respostas de pessoas competentes em seu meio. Os comportamentos que observa podem ser discutidos e praticados para eventual uso pela própria paciente. Modelos escritos de como aplicar algumas das sugestões terapêuticas também são valiosos. Biografias, autobiografias e novelas sobre pessoas que lidaram com problemas semelhantes também dão boas ideias. Sempre é importante discutir com a paciente comportamentos modelados pelo terapeuta ou apresentados como modelos fora da terapia, para garantir que a paciente esteja observando respostas relevantes.

PROCEDIMENTOS FORTALECEDORES DE HABILIDADES

Uma vez que o comportamento hábil foi adquirido, usa-se o fortalecimento de habilidades para moldar, aperfeiçoar e aumentar a probabilidade de seu uso. Sem uma prática reforçada, a habilidade não pode ser aprendida. Não há como exagerar essa questão, pois a prática de habilidades é um comportamento voluntário e combate diretamente a tendência das pacientes *borderline* de empregar um estilo comportamental passivo. Procedimentos para fortalecimento de habilidades são apresentados no Quadro 11.2

1. ENSAIO COMPORTAMENTAL

Ensaio comportamental envolve qualquer procedimento em que a paciente pratique as respostas a ser aprendidas. Pode ser feito em interações com o terapeuta, em situações simuladas, ou *in vivo*. Qualquer comportamento hábil – sequências verbais, ações não verbais, padrões de pensamento ou solução de problemas cognitivos e certos componentes de respostas fisiológicas e emocionais – pode, em princípio, ser praticado.

Quadro 11.2 Lista de procedimentos fortalecedores de habilidades

___ T usar ENSAIO COMPORTAMENTAL para fortalecer.
  ___ T dramatizar (*role play*) com P.
  ___ T orientar P na prática na sessão.
  ___ T orientar P na prática imaginária (oculta).
  ___ T orientar P na prática *in vivo*.
___ T REFORÇAR o comportamento hábil.
___ T dar *feedback* específico para cada comportamento a P.
___ T treinar P.

Táticas anti-TCD

___ T punir ou ignorar os comportamentos de P que representam melhora, mas fazem T se sentir desconfortável.
___ O *feedback* de T se concentrar em motivos, no lugar de desempenho.
___ T não apresentar nenhuma relação entre os motivos inferidos e os comportamentos específicos.
___ T dar *feedback* sobre cada detalhe, no lugar de selecionar pontos importantes.

A prática pode ser aberta ou oculta. Existem várias formas possíveis de ensaio comportamental aberto. Por exemplo, o terapeuta e a paciente podem dramatizar as situações problemáticas juntos, de modo que a paciente possa praticar como responder de forma adequada. O *biofeedback* é um método de praticar o controle das respostas fisiológicas, ou o terapeuta pode pedir que a paciente pratique relaxamento durante a sessão. Para aprender habilidades cognitivas, a paciente talvez precise verbalizar autoafirmações eficazes. No caso específico da reestruturação cognitiva, pode-se pedir que a paciente primeiro analise e verbalize possíveis crenças, regras ou expectativas disfuncionais evocadas pela situação problemática, e depois reestruture essas crenças, gerando afirmações, regras ou expectativas mais produtivas. A prática oculta de respostas – ou seja, a paciente praticar a resposta exigida na imaginação – também pode ser uma forma eficaz de fortalecer habilidades. Ela pode ser mais eficaz que métodos explícitos para ensinar habilidades cognitivas mais complexas, e também é útil quando a paciente se recusa a fazer um ensaio aberto. Pode-se solicitar que a paciente pratique regulação emocional. No entanto, de um modo geral, o "comportamento emocional" não pode ser praticado diretamente. Ou seja, a paciente não pode praticar sentimentos de raiva, tristeza ou alegria. Ao invés disso, ela deve praticar componentes específicos das emoções (mudar expressões faciais, gerar pensamentos que evoquem ou inibam as emoções, mudar a tensão muscular, etc.).

Em minha experiência, pacientes raramente gostam do ensaio comportamental. Assim, precisa-se de uma quantidade razoável de persuasão e moldagem. Se a paciente não quiser dramatizar uma situação interpessoal, por exemplo, o terapeuta pode tentar convencê-la por meio de um diálogo ("o que você poderia dizer então?"), ou tentar praticar apenas uma parte da habilidade, para que a paciente não se sinta sobrecarregada. Porém, a essência da mensagem, aqui, é que, para ser diferente, a paciente deve praticar como *agir* diferente. Alguns terapeutas também não gostam do ensaio comportamental, especialmente quando exige que eles dramatizem com as pacientes. Quando os terapeutas se sentem tímidos ou desconfortáveis com a dramatização, a melhor solução para eles é praticar com outros membros da equipe de consultoria. Em outras ocasiões, os terapeutas resistem à dramatização porque não querem forçá-la sobre suas pacientes. Esses terapeutas talvez não conheçam a quantidade de estudos que indicam a relação entre o ensaio comportamental e a melhora terapêutica (p.ex., Linehan et al., 1979).

2. REFORÇO DE NOVAS HABILIDADES

Reforço do comportamento das pacientes pelo terapeuta é um dos meios mais poderosos de moldar e fortalecer o comportamento hábil em pacientes *borderline* e suicidas. Com frequência, essas pacientes vivem em ambientes que exageram o uso de punição. Elas muitas vezes esperam receber *feedback* negativo e punitivo do mundo em geral, e de seus terapeutas em particular, e aplicam estratégias de autopunição quase exclusivamente para tentar moldar o seu próprio comportamento. No longo prazo, o reforço de habilidades pelo terapeuta pode melhorar a autoimagem da paciente, promover o uso de comportamentos hábeis e aumentar a percepção da paciente de que pode controlar resultados positivos em sua vida.

As técnicas usadas para proporcionar o reforço adequado foram discutidas amplamente no Capítulo 10. Aqui, porém, é importante dizer que o terapeuta deve se manter atento e observar os comportamentos das pacientes que representem melhora, mesmo que o façam se sentir desconfortável. Por exemplo, ensinar habilidades interpessoais para a paciente usar com seus pais, mas punir ou ignorar essas mesmas habilidades quando usadas em uma sessão de terapia, não é terapêutico. Ressaltar que "não se encaixar" em todas as circunstâncias não é um desastre, e que é possível tolerar o estresse, mas depois não tolerar a paciente quando ela não se encaixa confortavelmente no protocolo ou noções preconcebidas do terapeuta sobre como as pacientes *borderline* agem, não é terapêutico.

3. *FEEDBACK* E TREINAMENTO

Dar *feedback* significa dar informações às pacientes sobre o seu desempenho. Enfatizo que o *feedback* deve estar relacionado com o *desempenho*, e não com os motivos que supostamente levaram ao comportamento. Um dos fatores negativos nas vidas de muitos indivíduos *borderline* é que as pessoas raramente dão *feedback* sobre seu comportamento que não seja contaminado com interpretações sobre seus supostos motivos e intenções. Quando os motivos presumidos não encaixam, os indivíduos desconsideram ou se fecham ao *feedback* valioso que podem estar recebendo sobre o seu comportamento. O *feedback* do terapeuta deve ser específico para o comportamento em questão. Ou seja, o terapeuta deve dizer à paciente exatamente o que ela está fazendo que parece indicar problemas ou uma melhora. Dizer à paciente que ela está manipulando, expressando uma necessidade de controlar, reagindo exageradamente, apegando-se ou atuando simplesmente não ajuda se não houver referenciais comportamentais claros para os termos. Isso, é claro, se aplica especialmente quando o terapeuta identificou um comportamento problemático corretamente, mas está inferindo as motivações de forma imprecisa. Muitos desacordos entre pacientes e terapeutas partem exatamente dessa imprecisão.

O terapeuta deve prestar muita atenção no comportamento da paciente (tanto no comportamento na sessão quanto no comportamento relatado entre as sessões) e selecionar aquelas respostas da paciente que devem receber *feedback*. No começo da terapia, quando a paciente consegue fazer pouco que pareça competente, o terapeuta geralmente deve dar *feedback* para um número limitado de componentes de respostas. Por exemplo, deve limitar o *feedback* a apenas uma ou duas das respostas que precisam melhorar, mesmo que pudesse comentar outros déficits. O *feedback* sobre mais respostas pode levar a uma sobrecarga de estímulos e/ou desmotivação em relação à velocidade do progresso. O paradigma da moldagem de respostas (discutido no Capítulo 10) deve ser usado com *feedback*, treinamento e reforço, de maneira a estimular aproximações sucessivas do objetivo do comportamento eficiente.

As pacientes *borderline* costumam estar desesperadas para receber *feedback* sobre o seu comportamento, mas, ao mesmo tempo, são sensíveis ao *feedback* negativo. A solução aqui é cercar o *feedback* negativo de *feedback* positivo. Tratar a paciente como se fosse frágil demais para lidar com o *feedback* negativo não a ajuda em nada. Uma parte importante do *feedback* é fornecer informações sobre os efeitos do comportamento da paciente sobre o terapeuta. Isso é discutido de forma mais detalhada no Capítulo 12, em conexão com estratégias de comunicação recíprocas.

O treinar significa combinar *feedback* com instruções. O terapeuta diz à paciente como uma resposta difere do critério do desempenho hábil e como pode melhorar. Ou seja, treinar é dizer à paciente o que fazer ou como melhorar. A prática clínica sugere que a "permissão" para agir de certas maneiras, que está implícita no treinamento, talvez seja tudo que se precisa para realizar mudanças no comportamento.

PROCEDIMENTOS DE GENERALIZAÇÃO DE HABILIDADES

A TCD não pressupõe que as habilidades aprendidas na terapia necessariamente se generalizam para as situações da vida cotidiana fora da terapia. Portanto, é muito importante que o terapeuta incentive ativamente essa transferência de habilidades. Diversos procedimentos específicos para isso são discutidos a seguir, e apresentados no Quadro 11.3.

1. PROGRAMAR GENERALIZAÇÃO

A cada etapa do treinamento de habilidades, o terapeuta deve programar ativamente dois tipos de generalização. No primeiro tipo, tecnicamente chamado de "generalização de respostas", o terapeuta está preocupado que as habilidades aprendidas se tornem gerais e flexíveis, de modo que, na maioria das situações, a paciente tenha algumas opções comportamentais para escolher. Ao aplicar os procedimentos descritos, o terapeuta deve ter o cuidado de modelar, instruir, reforçar e prescrever uma variedade de respostas hábeis para cada situação. Por exemplo, ao gerar soluções hábeis para situações problemáticas, o terapeuta deve ajudar a paciente a pensar em diversas respostas diferentes, no lugar de parar assim que houver uma resposta hábil. De maneira semelhante, uma variedade de respostas diferentes deve ser modelada e reforçada para o mesmo tipo de situação. No segundo tipo, tecnicamente chamado "generalização de estímulos", o terapeuta está preocupado que as habilidades aprendidas em um ambiente se generalizem para outros. A maior parte dos procedimentos a seguir visa promover esse tipo de generalização. A ideia básica é que o terapeuta deve levar a paciente a experimentar as habilidades no maior número possível de situações. É particularmente importante que o terapeuta tente reproduzir na relação terapêutica

Quadro 11.3 Lista de procedimentos para generalização de habilidades

---
___ T PROGRAMAR A GENERALIZAÇÃO de habilidades.
  ___ T ensinar uma variedade de respostas hábeis para cada situação.
  ___ T variar situações de treinamento em que P pratica as habilidades.
  ___ T reproduzir, na relação terapêutica, características importantes dos relacionamentos interpessoais que P tem fora da terapia.
___ T ORIENTAR P entre as sessões para ajudá-la a aplicar as habilidades *in vivo*.
  ___ T ajuda P a aplicar habilidades para situações problemáticas através de ligações telefônicas.
___ T fornecer a P uma gravação de ÁUDIO da sessão para ouvir entre as sessões.
___ T prescrever TAREFAS DE ENSAIO COMPORTAMENTAL *in vivo*.
  ___ Na TCD padrão (com terapeutas separados para a terapia individual e treinamento de habilidades), o T individual prescrever tarefas específicas para P praticar com os terapeutas do treinamento de habilidades, e estes prescrevem tarefas para P praticar com o terapeuta individual.
  ___ T adaptar as tarefas às necessidades e capacidades de P; T usar princípios de moldagem.
___ T ajudar P a CRIAR UM AMBIENTE que reforce os comportamentos hábeis.
  ___ T ensinar a P como recrutar o reforço da comunidade natural.
  ___ T ensinar comportamentos que se encaixem nas contingências naturais do ambiente de P.
  ___ T ensinar habilidades de autocontrole a P, especialmente como estruturar o seu ambiente.
  ___ T ser explícito e firme quanto à necessidade de P reforçar ou obter reforço do ambiente para respostas desejáveis, para que a vida de P possa mudar.
  ___ Em sessões com a família ou casais, T enfatizar a necessidade de reforço social para comportamentos adaptativos e de reduzir a punição para comportamentos adaptativos.
  ___ T diminuir o reforço até chegar a um modo intermitente, de maneira que o reforço de T seja menos frequente do que o reforço do ambiente.

as características importantes das relações interpessoais que a paciente tem fora da terapia. Uma maneira de fazer isso, mas ainda se manter genuíno no relação, é enfatizar as semelhanças entre situações de fora da terapia e os problemas e interações que ocorrem nas sessões de terapia.

2. CONSULTORIA ENTRE AS SESSÕES

Pacientes devem ser incentivadas a buscar consultoria entre as sessões se não conseguirem aplicar as novas habilidades em seu ambiente natural. Na terapia individual ambulatorial, essa consultoria geralmente é obtida por meio de ligações telefônicas para o terapeuta. Outra técnica, desenvolvida por Charles Swenson, do Cornell Medical Center/New York Hospital em White Plains, e discutida no Capítulo 6, é proporcionar um consultor comportamental com disponibilidade para atendimento diário no consultório, cuja tarefa é ajudar as pacientes a aplicar suas novas habilidades à vida cotidiana. Em unidades de internação e hospital-dia, pacientes podem ser estimuladas a procurar a assistência de outros membros da equipe quando tiverem dificuldade.

Durante essas interações, o terapeuta e a paciente podem discutir a aplicação de habilidades relevantes a situações da vida real da paciente. De um modo geral, as interações devem ser conduzidas visando a solução de problemas, e o terapeuta deve ter o cuidado de ajudar a paciente a chegar a soluções ou maneiras eficazes de usar suas novas habilidades, no lugar de simplesmente dar soluções para a paciente. A tentação de dar uma solução ao invés de trabalhar com a paciente é mais provável quando o terapeuta está com pouco tempo ou não quer se incomodar com a paciente naquele momento. Nesses casos, é preferível que o terapeuta peça para a paciente telefonar mais tarde ou voltar em horário mais conveniente. Telefonemas e outras estratégias de consultoria *ad hoc* são discutidos em mais detalhe no Capítulo 15.

3. FORNECER GRAVAÇÕES DA SESSÃO PARA REVISÃO

Todas as sessões de psicoterapia devem ser gravadas, para fins de avaliação e supervisão. Pode-se fazer uma segunda fita de cada sessão para a paciente, que pode ouvi-lo em sua totalidade entre as sessões. Existe várias razões para a estratégia de monitoramento por áudio. Primeiramente, devido à elevada excitação emocional durante as sessões, às dificuldades de concentração que acompanham a depressão e a ansiedade ou as respostas dissociativas, a paciente muitas vezes não consegue prestar atenção em grande parte do que se passa durante a sessão de terapia. Assim, a paciente pode aumentar a retenção do material oferecido durante a sessão ao escutar a fita. Em segundo lugar, ouvir uma fita pode proporcionar importantes *insights* à paciente sobre o seu próprio comportamento, sobre as reações do terapeuta a ela, e sobre as interações entre os dois. Esses *insights* muitas vezes ajudam a paciente a entender e melhorar seu comportamento interpessoal e sua relação interpessoal com o terapeuta. Em terceiro lugar, ouvir a sessão em casa pode ajudar a paciente a usar e integrar esse material no ambiente natural. Essencialmente, ela está reaprendendo *insights* terapêuticos fora da sessão de terapia. Finalmente, muitas pacientes dizem que ouvir as fitas pode ajudar muito quando estão se sentindo sobrecarregadas, em pânico ou incapazes de lidar com a vida entre as sessões. Apenas ouvir a fita já tem efeito semelhante ao de uma sessão extra com o terapeuta. O uso da gravação deve ser incentivado.

Existem várias dificuldades para se conseguir que a paciente revise as fitas das sessões. Um problema pode ser que a paciente não tenha recursos para comprar um gravador ou as fitas. Se esse for realmente o caso (e muitas vezes é), a paciente deve receber algumas fitas no começo da terapia, para uso próprio. Deve-se emprestar um gravador a ela, e a dificuldade em obter dinheiro para comprar um gravador ou encontrar alguém para pedir emprestado deve ser foco de uma sessão de solução de problemas. Se não for possível encontrar outra solução, deve-se buscar uma forma de a paciente ouvir as fitas no consultório do terapeuta. Em certas ocasiões, a paciente pode esquecer de trazer a fita consigo para a sessão. Se ouvir as gravações for uma parte integral da terapia, esse esquecimento deve ser analisado e tratado como um comportamento que interfere na terapia. Finalmente, a paciente pode dizer que não consegue ouvir as sessões, geralmente porque se sente desconfortável por ouvir a si mesma. Nesses casos, o terapeuta pode dizer que a maioria das pacientes considera difícil ouvir as fitas no começo, mas, com o tempo, isso não apenas se torna mais fácil, como bastante benéfico. No entanto, as gravações não podem se tornar uma questão de poder na sessão de terapia. Se a paciente se recuse terminantemente a ouvir as fitas, seu desejo deve ser respeitado. O tópico deve ser reintroduzido ocasionalmente no decorrer do tratamento para verificar se a paciente pode ser persuadida a mudar de ideia.

4. TAREFAS DE ENSAIO COMPORTAMENTAL *IN VIVO*

Tarefas comportamentais semanais são uma parte importante dos módulos de treinamento estruturado de habilidades e a principal maneira de garantir a generalização de habilidades para a vida cotidiana. Portanto, é essencial que o treinador de habilidades e o terapeuta individual apoiem as tarefas prescritas, peçam para a paciente mostrar como está fazendo, e a ajudem a superar obstáculos à realização da prática prescrita. Com frequência, não existe tempo suficiente no treinamento estruturado de habilidades, especialmente quando realizado em grupo, para dar atenção suficiente a problemas individuais. As pacientes muitas vezes relutam para admitir ou discutir suas dificuldades com a prática. A TCD "padrão" combina o treinamento de habilidades com psicoterapia individual. É essencial que o terapeuta individual concentre-se unicamente em ajudar a paciente a aplicar as habilidades que está aprendendo aos problemas para os quais procurou ajuda. Não é necessário dizer que o terapeuta deve acompanhar o que a paciente está aprendendo no treinamento estruturado de habilidades.

Tarefas prescritas para casa no treinamento de habilidades são relacionadas com as habilidades específicas que estão sendo ensinadas. Entretanto, o terapeuta individual pode querer usar algumas das tarefas e suas fichas na terapia, ou quando parecer necessário. Na terapia individual, o uso das fichas de tarefas de casa pode ser adaptado à necessidade do indivíduo. Por exemplo, uma dessas fichas concentra-se em identificar e rotular emoções, e conduz a paciente por uma série de etapas para ajudá-la a esclarecer o que está sentindo. O terapeuta individual pode sugerir que a paciente use essa ficha sempre que estiver confusa ou sobrecarregada pelas emoções. O manual que acompanha este livro contém um grande número de fichas para tarefas de casa, cobrindo cada uma das habilidades comportamentais da TCD. Não existe razão para os terapeutas individuais não revisarem essas fichas para se encaixarem em suas preferências e necessidades pessoais e nas de suas pacientes.

Utilizar estratégias de consultoria à paciente para desenvolver tarefas. Na TCD padrão, as pacientes muitas vezes reclamam de um terapeuta enquanto interagem com outro terapeuta do programa de tratamento. Essas reclamações também são ouvidas com frequência em ambientes clínicos, de hospital-dia e de internação. Problemas com outros terapeutas do programa de tratamento proporcionam oportunidades ricas para a paciente e o terapeuta trabalharem em uma variedade de habilidades, que podem então ser praticadas com o outro terapeuta.

Por exemplo (como é comum em meu programa), uma paciente em treinamento estruturado de habilidades pode reclamar para seu terapeuta individual que o terapeuta do treinamento de habilidades não está sendo razoável ou está cometendo algum outro erro. O terapeuta individual deve responder ajudando a paciente a analisar a situação e determinar qual grupo(s) de habilidade pode ser o mais apropriado ou produtivo de praticar com o outro terapeuta. A paciente pode praticar suas habilidades interpessoais para fazer o treinador de habilidades mudar o seu comportamento. Ou tudo isso pode ser uma oportunidade para praticar a tolerância a estresse – aceitar o problema no treinamento de habilidades e os próprios sentimentos em relação a ele. Ou, se as emoções forem particularmente intensas ou dolorosas, pode ser uma oportunidade para a paciente praticar como modular ou mudar as respostas emocionais a esse tipo específico de problema interpessoal. Enquanto isso, o terapeuta individual pode prestar especial atenção em ajudar a paciente a praticar suas habilidades de atenção plena (particularmente a postura acrítica) na situação. Na sessão seguinte, a paciente e o terapeuta podem revisar como foi a prática de habilidades. Também é comum, em meu programa, que as queixas sejam na outra direção: pacientes reclamam de seus terapeutas individuais durante as sessões de treinamento de habilidades. O treinador de habilidades pode ajudar essa paciente a descobrir quais habilidades novas ela pode praticar com seu terapeuta individual.

Com pacientes suicidas, pode ser importante ajudá-las a praticar novas habilidades, particularmente quando falam sobre comportamentos suicidas com membros da equipe de emergência. Por exemplo, as pacientes podem praticar habilidades interpessoais para entrar no hospital, sair do hospital, obter mais (ou menos) atenção da equipe do hospital, reduzir as preocupações do pessoal da emergência, prevenir retenções involuntárias, e assim por diante. As habilidades de tolerância a estresse e regulação das emoções podem ser praticadas se as regras forem arbitrárias, se as restrições forem irracionais, e se as demandas forem excessivas. Ensinar as pacientes a usar suas habilidades comportamentais com outros profissionais da saúde é tão importante na TCD que existe todo um conjunto de estratégias de tratamento dedicado a isso – estratégias de consultoria à paciente (descritas no Capítulo 13).

Utilizar estratégias dialéticas e de moldagem para preparar tarefas de casa. Na perspectiva da TCD, as situações problemáticas *in vivo* e terapêuticas podem ser consideradas oportunidades para praticar habilidades comportamentais. Mudar a visão dessa maneira (de problema para oportunidade) é um exemplo da estratégia dialética de "fazer de limões uma limonada" descrita no Capítulo 7. A tensão dialética geral aqui geralmente é entre querer que a paciente expresse novas habilidades em situações difíceis e querer que a paciente tenha experiências de sucesso para que novas habilidades sejam reforçadas e fortalecidas. Os princípios da moldagem (ver o Capítulo 10) também são cruciais para preparar tarefas de casa e devem ser defendidos vigorosamente pelo terapeuta. Pacientes que somente queiram praticar em situações seguras devem ser forçadas, e as pacientes que queiram praticar em situações muito além do seu nível de capacidade devem ser contidas.

5. MUDANÇA AMBIENTAL

Conforme discuti anteriormente, os indivíduos *borderline* tendem a ter um estilo passivo de regulação pessoal. No *continuum* cujos polos são a autorregulação interna e a regulação ambiental externa, eles se encontram perto do polo ambiental. Muitos terapeutas parecem crer que o polo da autorregulação do *continuum* é inerentemente melhor ou mais maduro, e gastam grande quantidade do tempo da terapia tentando tornar os indivíduos *borderline* mais autorregulados. Embora a TCD não sugira o inverso – que estilos de regulação ambiental sejam preferíveis – ela sugere que seguir a potencialidade da paciente provavelmente se mostre mais fácil e mais benéfico no longo prazo. Assim, uma vez que existem habilidades comportamentais, o terapeuta deve ensinar a paciente a maximizar a tendência do ambiente natural de reforçar comportamentos hábeis sobre comportamentos inábeis. Isso pode envolver ensinar a paciente a criar estrutura, a assumir compromissos públicos no lugar de privados, a encontrar comunidades e estilos de vida que deem apoio aos seus novos comportamentos e a evocar reforço das pessoas para comportamentos hábeis, e não para comportamentos inábeis. Isso não significa dizer que não devemos ensinar habilidades de autorregulação às pacientes. Pelo contrário, os tipos de habilidades de autorregulação ensinadas devem ser compatíveis com suas potencialidades. O automonitoramento escrito, com uma ficha diária preenchida, por exemplo, é preferível do que tentar observar o comportamento a cada dia e fazer uma anotação mental dele. Manter a casa livre de álcool é preferível do que experimentar uma estratégia de falar consigo mesmo para inibir a aproximação da garrafa.

Um argumento final deve ser feito aqui. Às vezes, as habilidades recém-aprendidas das pacientes não se generalizam porque elas mesmas punem o seu comportamento no mundo real. Isso geralmente ocorre porque suas expectativas comportamentais para si mesmas são tão elevadas que elas simplesmente nunca alcançam o critério para reforço. Para que ocorra generalização e progresso, esse padrão deve mudar. Problemas com o autorreforço e a autopunição foram discutidos extensivamente nos Capítulos 8 e 10. Estratégias de validação comportamental, usadas para combater esses problemas, também devem ser utilizadas nesse caso.

Sessões com a família e o casal. Uma maneira de maximizar a generalização é proporcionar que indivíduos da comunidade social da paciente participem das sessões. Geralmente, serão os membros da família da paciente ou seu cônjuge ou parceiro. Sessões de família e casal promovem generalizações de diversas maneiras. Habilidades aprendidas e praticadas com o terapeuta podem ser praticadas com outras pessoas importantes. Essas sessões também permitem que o terapeuta observe com a paciente exatamente quais são as dificuldades. Às vezes, ambas partes podem considerar que as habilidades ensinadas por enquanto simplesmente não são suficientes, e que novas habilidades devem ser desenvolvidas. Essas sessões também proporcionam a oportunidade de instruir a família, cônjuge ou parceiro sobre a necessidade de reforçar comportamentos hábeis sobre comportamentos inábeis. Com frequência, as novas habilidades não se generalizam porque são punidas, ao invés de gratificadas, pela comunidade natural. As habilidades de assertividade, por exemplo, são um problema típico nesse sentido, especialmente quando o ambiente social não tem o tempo, energia ou desejo de responder às necessidades do indivíduo.

Princípios de redução gradual. No início do treinamento de habilidades, o terapeuta modela, instrui, reforça, dá *feedback*, e treina a paciente para usar as habilidades nas sessões de terapia e em seu ambiente natural. No entanto, para que o comportamento hábil se torne independente da influência do terapeuta no ambiente natural, o terapeuta deve reduzir gradualmente o uso desses procedimentos, particularmente de instruções e reforço. O objetivo aqui é reduzir os procedimentos de treinamento de habilidades até um modo intermitente, de modo que o terapeuta proporcione instruções e treino com menor frequência do que a própria paciente pode proporcionar a si mesma, e menos modelagem, *feedback* e reforço do que a paciente esteja obtendo do seu ambiente natural.

PROCEDIMENTOS BASEADOS EM EXPOSIÇÃO

Procedimentos de tratamento baseados em exposição foram criados originalmente para reduzir o medo problemático e indesejado e as emoções relacionadas com esse medo.[1] Na TCD, esses procedimentos são ampliados e modificados para tratar outras emoções, incluindo a culpa, vergonha e raiva. Quatro condições comuns entre indivíduos *borderline* sugerem que é necessário ter um foco direto em emoções dolorosas em qualquer terapia para esses indivíduos. Primeiramente, a ansiedade, medo, pânico, vergonha, culpa, tristeza e raiva são problemas importantes para muitos deles. O valor funcional de muitos padrões disfuncionais de comportamento *borderline* está em sua eficácia para reduzir essas emoções. Em segundo lugar, embora os indivíduos *borderline* muitas vezes tenham muitas das habilidades comportamentais de que necessitam em uma determinada situação, sua capacidade de usar as habilidades pode ser inibida pelo medo antecipatório, vergonha ou culpa, juntamente com raiva ou tristeza excessivas. Em terceiro, muitas pacientes *borderline* têm tanto medo de sentir e expressar emoções que muitas vezes não conseguem discutir temas emocionais na terapia. Em outras palavras, elas têm fobia a emoções. Finalmente, devido a acontecimentos traumáticos do passado (inclusive abuso sexual na infância), muitos indivíduos *borderline* sofrem com reações emocionais intrusivas e mal-resolvidas associadas ao estresse. Alguns padrões *borderline* podem estar diretamente relacionados com essas respostas emocionais constantes. Na TCD, procedimentos baseados em exposição, concebidos de forma ampla, são um ingrediente importante no tratamento dessas dificuldades.

Existe pouca dúvida de que a exposição sem reforço a situações ou objetos temidos é eficaz para tratar transtornos emocionais relacionados com a ansiedade. Exposição a sinais relacionados com a ansiedade é importante no tratamento de medos disfuncionais, pânico, fobias, respostas de estresse pós-traumático, agorafobia, pensamento obsessivo, comportamentos compulsivos e ansiedade em geral (Barlow, 1988). Entretanto, os tratamentos baseados na exposição não são aplicados tradicionalmente a emoções como a vergonha, a culpa e a raiva. Na TCD, versões modificadas de procedimentos de exposição são usadas para reduzir essas emoções, bem como emoções relacionadas com o medo. Em particular, procedimentos usados na TCD incluem a exposição sem reforço a situações que evocam medo, tristeza, culpa, vergonha e raiva, bem como o bloqueio simultâneo ou a reversão de tendências de ação e expressão emocionais automáticas e desadaptativas. A ênfase está na exposição e em agir de maneira diferente.

Procedimentos baseados em exposição são usados de maneira um pouco informal na TCD. Ou seja, não existe um módulo formal em que sessões inteiras ou uma série de sessões sejam dedicadas ao uso desses procedimentos de maneira explícita. A exceção aqui é o tratamento de respostas de estresse pós-traumático no segundo estágio da terapia. No caso de abuso sexual em particular, a estratégia é empregar os procedimentos baseados em exposição da TCD de um modo concentrado. De maneira alternativa, qualquer módulo adequado de tratamento, especialmente um que seja dedicado especificamente para vítimas de abuso sexual, pode ser inserido ou conduzido simultaneamente.

Apesar da natureza informal da exposição na TCD, o processo mesmo assim ocorre ao longo de toda a terapia. Muitas das estratégias que discuti anteriormente podem ser reanalisadas em termos de suas tendências de expor a paciente a estímulos emocionalmente condicionados e de bloquear as tendências de ação emocional. Os passos básicos na exposição são os seguintes: (1) são apresentados estímulos que correspondem à situação problemática e evocam a resposta afetiva condicionada; (2) a resposta afetiva não é reforçada; (3) as respostas desadaptativas são bloqueadas, incluindo respostas de fuga e outras tendências de ação; (4) promove-se o sentido de controle do indivíduo sobre a situação ou sobre si mesmo; e (5) a exposição dura o suficiente (ou ocorre com frequência suficiente) para funcionar.

Orientar e comprometer para a exposição: síntese

O antigo conselho: "se você cair do cavalo, monte novamente" é um exemplo da exposição como tratamento para o medo. A maioria das pacientes já ouviu esse refrão ou algo semelhante. Ao orientar uma paciente para a exposição, o terapeuta deve enfatizar a eficácia desse conselho. Ou seja, o terapeuta deve convencer a paciente de que fazer o oposto do que suas emoções lhe dizem para fazer ajudará a longo prazo. Geralmente, ela concordará em princípio com o refrão, mas não o considerará relevante para seus problemas. A tarefa do terapeuta é torná-lo relevante. As estratégias dialéticas, como a contar histórias e outras utilizações de metáforas, podem ajudar bastante aqui.

Mais uma vez, as pacientes *borderline* têm tanto medo das emoções, especialmente das negativas, que tentam evitá-las, bloqueando experiências de emoções. Assim, elas não têm nenhuma oportunidade para aprender que, quando desimpedidas, as emoções vêm e vão. A tarefa do terapeuta é convencer a paciente de que emoções são como ondas de água que chegam do mar para a praia. Se deixada em paz, a água vem e vai. A paciente com fobia a emoções tenta impedir que as ondas cheguem construindo um muro, mas, ao invés de impedir que a água saia, o muro na verdade prende a água dentro das paredes. A solução é derrubar o muro.

Na maioria dos casos de exposição, a cooperação da paciente é crucial. Uma paciente pode bloquear a exposição dissociando-se, despersonalizando-se, distraindo-se com outros pensamentos e imagens, fugindo ou indo embora, digressionando, ou desviando o assunto. Em resumo, ela pode fechar olhos e ouvidos. Estratégias de consultoria e compromisso, portanto, são cruciais. Em particular, é importante orientar a paciente para o fato de que exposições muito breves podem levar a sacrifícios, mas não ajudar. Ou seja, se ela costuma se fechar à exposição rapidamente, pode se sentir ainda pior, no lugar de melhorar. Validar a dificuldade extrema da exposição a estímulos dolorosos e ameaçadores e combinar isso com a estratégia do "pé na porta" (ver o Capítulo 9) são atitudes muito importantes nesse sentido.

Ajudar a paciente a entender a fundamentação de tratamentos baseados em exposição muitas vezes é a chave para chegar ao comprometimento e cooperação. Revisar resultados de pesquisas e a experiência pessoal e clínica do terapeuta também pode ajudar. Explicar de maneira clara como as emoções funcionam e como as emoções mudam também pode ser proveitoso. Como na teoria do aprendizado e no controle das contingências, o terapeuta deve ter um entendimento razoavelmente claro da pesquisa sobre as emoções para orientar a paciente e usar os procedimentos de exposição de maneira adequada. Existem diversos livros excelentes sobre o tema, incluindo os de Barlow (1988) e Greenberg e Safran (1987). Foram propostas diversas teorias opostas sobre a mudança emocional. Dependendo do grau de resistência à exposição e de sofisticação da paciente, elas podem ser discutidas durante a consultoria. A eficácia do tratamento baseado na exposição é atribuída aos processos de extinção, habituação e enrijecimento biológico (ver Barlow, 1988, para uma revisão). Os teóricos do processamento de informações sugerem que a mudança é resultado do processamento emocional que leva à integração de novas informações corretivas incompatíveis com estruturas cognitivas existentes relacionadas com ameaças (Foa e Kozak, 1986). A ideia geral é que as reações de ansiedade aprendidas ou condicionadas podem ser desaprendidas ou descondicionadas. Todavia, Barlow (1988) e outros (p.ex., Izard, 1977) citando teorias e pesquisas sobre as emoções, sugerem que a eficácia desses procedimentos pode ser atribuída ao fato de que os procedimentos baseados em exposição previnem as tendências de ação associadas às emoções. Em todos os procedimentos voltados para problemas relacionados com o medo, por exemplo, a fuga e a evitação causadas pelas emoções são bloqueadas de maneira resoluta. Ou seja, a tendência de ação associada ao medo (fuga) é prevenida. Conforme observa Barlow, nos procedimentos de exposição, os indivíduos "atuam" seus novos sentimentos.

Com exceção do bloqueio da fuga prematura ao tratar o medo, os procedimentos padrão de exposição geralmente não buscam mudar o comportamento emocional durante a exposição a situações que causem emoções. Na TCD, essa ênfase é adicionada, e é muito importante transmitir um raciocínio claro e convincente sobre ela para a paciente. Muitas pacientes acreditam que expressar uma emoção diferente daquela que se está sentindo é algo invalidante. De fato, o ambiente invalidante valoriza tanto ocultar e "disfarçar" emoções negativas que é provável que a paciente experimente um pedido do terapeuta para mudar o comportamento emocional como mais uma invalidação. O terapeuta pode usar vários argumentos para discutir esse pedido.

É importante distinguir "disfarçar as emoções" de "mudar a expressividade emocional". Disfarçar geralmente envolve o tensionamento dos músculos faciais. Expressar uma emoção oposta, como calma ao invés de medo ou satisfação ao invés de culpa ou vergonha, exige o relaxamento desses mesmos músculos. Disfarçar e tensionar são muito diferentes de relaxar. Por exemplo, sorrir para disfarçar a raiva é bastante diferente de sorrir como uma expressão de alegria. Pedir que a paciente experimente as diferentes expressões faciais pode ser bastante eficaz.

A ideia por trás de mudar expressões faciais e posturais é que os músculos, especialmente os do rosto, enviam mensagens para o cérebro sobre o que se está sentindo. Essas mensagens se amplificam e mantêm a emoção original. Nos procedimentos de exposição da TCD, a ideia é tentar fazer o rosto e o corpo enviarem uma mensagem diferente para o cérebro – por exemplo, que uma situação temida não é assustadora. O disfarce, ao contrário do relaxamento, envia a mensagem "isso é assustador mas eu não posso demonstrar isso". De maneira semelhante, as ações também enviam mensagens ao cérebro sobre emoções. Mudar uma ação muda a mensagem. A literatura de pesquisa é razoavelmente clara ao dizer que mudar a mensagem pode mudar a duração e a intensidade da emoção. Inibir a expressão emocional, modular (reduzir ou aumentar) a intensidade ou duração de emoções e simular expressões emocionais são estratégias que podem ser usadas para regular ou mesmo para ativar emoções genuínas (Duncan e Laird, 1977; Laird, 1974; Laird, Wagener, Halal e Szegda, 1982; Rhodewalt e Comer, 1979; Zuckerman, Klorman, Larrance e Spiegel, 1981; Lanzetta, Cartwright-Smith e Kleck, 1976; Lanzetta e Orr, 1980). Assim, modular as expressões emocionais é um método de regulação e controle emocionais. Essa literatura pode ser revisada com a paciente.

A mudança das expressões e tendências de ação deve ser apresentada como uma tática para mudar aquelas emoções que a paciente quer mudar. Assim, a tática é usada para reduzir emoções aversivas disfuncionais e indesejadas nas situações que as evocam. Ela não é usada para reduzir todas as emoções aversivas. De fato, um dos pilares da TCD é que a incapacidade de tolerar emoções aversivas, ao invés das emoções aversivas em si, é fonte de muitos padrões de comportamento *borderline*. Assim, tolerar as emoções no lugar de mudá-las muitas vezes é o objetivo da TCD. Da mesma forma, procedimentos de exposição não visam mudar a expressividade emocional em si. Pelo contrário, um foco importante da TCD é reduzir o medo associado à expressividade emocional comum. Estratégias específicas de exposição são discutidas a seguir e apresentadas no Quadro 11.4.

1. PROPORCIONAR EXPOSIÇÃO SEM REFORÇO

O primeiro requisito é que o indivíduo seja exposto a sinais que desencadeiem uma emoção aversiva, de um modo que não recondicione a emoção que o terapeuta e a paciente estão tentando diminuir. Ou seja, a pessoa não deve reexperimentar o mesmo tipo de condição que produziu a reação emocional aversiva em primeiro lugar. Dito de forma mais organizada, a situação de exposição não reforça a resposta de ansiedade. Conforme colocam Foa e Kozak (1986), a situação de exposição deve conter "informações corretivas".

Critérios para ausência de reforço

No caso de emoções relacionadas com o medo, a pessoa deve ser exposta a sinais que estejam desencadeando respostas de ansiedade ou medo de um modo que receba e processe novas informações. A situação deve proporcionar novas informações sobre as qualidades ameaçadoras da situação. Por exemplo, um estudante que fracassou em cinco exames seguidos desenvolve ansiedade em relação a testes. É improvável que outro exame, seguido por mais um fracasso, reduza essa ansiedade. Embora a situação seja correspondente e evoque medo, não existem informações corretivas; de fato, o medo associado a fazer exames é reforçado. Se a pessoa teme que possa perder o controle depois que uma emoção começar (p.ex., desmaiar), e depois isso realmente acontecer, a exposição terá aumentado o medo ao invés de reduzi-lo. Uma questão importante a ter em mente, então, é que os procedimentos baseados na exposição para emoções aversivas, inclusive medo, somente se justificam quando as respostas emocionais são reações excessivas às circunstâncias atuais – no caso do medo, quando este é desproporcional à ameaça verdadeira.

No caso da culpa, o quesito de que a exposição não a reforce sugere que os procedimentos baseados em exposição somente devem ser usados quando a culpa não tem fundamento. A culpa pode ser fundamentada pelas firmes crenças ou código moral da pessoa ou pela comunidade social. Com "culpa sem fundamento", quero dizer que o indivíduo, em seus momentos

Quadro 11.4   Lista de procedimentos de exposição

___ T orientar P em procedimentos de exposição e evocar o compromisso de cooperar.
 ___ T certificar-se de que P entende os princípios dos procedimentos baseados na exposição, para que P possa cooperar mais.
 ___ T distinguir "disfarçar emoções" de "mudar a expressividade emocional".
___ T proporcionar EXPOSIÇÃO SEM REFORÇO para sinais que evoquem emoções problemáticas.
 ___ T certificar-se de que novas informações sobre situações que evocam medo e ansiedade sejam recebidas e processadas.
 ___ Para problemas com culpa e vergonha, T somente usar procedimentos baseados em exposição quando a culpa e a vergonha não são fundamentadas pela situação.
 ___ T apresentar situações que evocam raiva, que finalmente funcionam da maneira que P desejar, se tolerar a frustração por um tempo.
 ___ T combinar a situação de exposição com a situação problemática.
 ___ T garantir que a exposição realmente ocorra.
  ___ T manter-se alerta para táticas de distração.
  ___ Na exposição oculta, T faz P descrever cenas em detalhe e no tempo presente.
 ___ T alterar gradualmente a intensidade da exposição.
 ___ T certificar-se de que a exposição dura o suficiente para a emoção ser evocada e haver alguma redução, mas não demais para que P perca o controle.
 ___ T usar estratégias e procedimentos específicos de mudança como técnicas de exposição, conforme o necessário:
  ___ Análise comportamental.
  ___ Treinamento de habilidades.
  ___ Procedimentos de contingências.
  ___ Remoção ou redução gradual de atividades de apoio.
___ T BLOQUEAR AS TENDÊNCIAS DE AÇÃO associadas às emoções problemáticas de P.
 ___ T bloquear a tendência de P de fugir/evitar quando sentir medo.
 ___ T bloquear a tendência de P de se esconder ou retrair quando sentir vergonha.
 ___ T bloquear a tendência de P de tentar consertar ou punir-se quando sentir culpa sem fundamento.
 ___ T bloquear a tendência de P para respostas hostis e agressivas; ou, se P tiver medo de sentir raiva, T bloquear a evitação da raiva e ajudar P a desinibir a experiência de raiva.
___ T ajudar P a EXPRESSAR EMOÇÕES CONTRÁRIAS às que está sentindo.
 ___ T diferenciar "disfarçar" de expressar uma emoção diferente.
___ T AUMENTAR O SENSO DE CONTROLE DE P sobre situações que excitam o afeto aversivo.
 ___ T projetar o tratamento de exposição juntamente com P.
 ___ T instruir P, já no início, de que ela tem o controle final sobre os estímulos e que pode terminar a exposição a qualquer momento.
 ___ T fazer com que P coopere, permanecendo em condições de estímulo emocional pelo maior tempo possível.
 ___ T ajudar P a sair ou fugir de situações voluntariamente, ao invés de automaticamente.
 ___ T ser vulnerável à influência de P.
___ T usar procedimentos de exposição mais formais quando necessário, especialmente no tratamento de respostas de estresse pós-traumático (segundo estágio da TCD).

Táticas anti-TCD

___ T incentivar P a disfarçar as emoções.
___ T reforçar tentativas altamente desadaptativas de P de fugir ou evitar as emoções.
___ T punir estilos adaptativos de terminar situações aversivas.
___ T esquecer os princípios da moldagem.
___ T tratar P como se fosse excessivamente frágil.

mais calmos – usando a "mente sábia", por assim dizer – não acredita que os atos em questão sejam errados ou imorais. Ou seja, a culpa não é sustentada por suas próprias crenças ou código moral, e nem ela enfrenta condenação social crível ou acusações morais pessoais durante a reexposição. Ou seja, os tratamentos baseados na exposição para fatores associados a abuso sexual na infância na presença de um terapeuta empático devem reduzir a culpa condicionada. A exposição a fatores associados a um ato que o indivíduo acredita firmemente estar errado (p.ex., roubar, enganar, mentir, magoar um amigo), especialmente se o ato não for consertado, pode intensificar a culpa, ao invés de reduzi-la. Um indivíduo que sente culpa por defender seus direitos provavelmente sentirá mais culpa se, cada vez que praticar suas habilidades de assertividade, lhe disserem que está sendo egoísta e controlador.

A vergonha é uma emoção particularmente incômoda e difícil, principalmente porque é muito comum entre os indivíduos *borderline* e porque, por sua própria natureza, interfere no fluxo livre do discurso terapêutico. O fato interpessoal que reforça a vergonha é a censura ou humilhação públicas. Os problemas que a vergonha cria na condução da terapia com um indivíduo *borderline* são que, em primeiro lugar, ela não costuma ser expressada de um modo que o terapeuta consiga entender; e, em segundo, a paciente muitas vezes tenta ocultar seu sentimento de vergonha. Assim, o terapeuta muitas vezes nem sequer sabe que existe um problema com a vergonha. Fatos interpessoais que reforçam a vergonha são o ostracismo, a rejeição e a perda do respeito das pessoas. Assim, quando uma paciente está revelando material que cause vergonha, é particularmente importante que o terapeuta responda com validação ao invés de censura, com aceitação no lugar de rejeição. Em particular, o terapeuta deve se manter atento ao fato de que revelar situações vergonhosas também causa vergonha. Desse modo, é preciso ter cuidado ao responder e validar o ato da revelação.

Como no caso da culpa e da vergonha, a eficácia da exposição na redução da raiva não é explorada em detalhe na literatura da emoção. Entretanto, a eficácia provavelmente esteja inexoravelmente ligada à prevenção de tendências de ação e expressão da raiva e à indução de ações e pensamentos opostos, que discuto mais adiante. Com relação ao procedimento da exposição sem reforço, porém, parece razoável supor que se deve prestar atenção para alterar o quanto a situação frustra a realização dos objetivos do indivíduo, seja no sentido real ou perceptivo. Por exemplo, uma paciente pode querer falar sobre o assunto A durante a sessão, e então responder com raiva quando o terapeuta quer falar sobre seu comportamento parassuicida da semana anterior. A exposição consistente a sessões em que a conversa sobre o parassuicídio é seguida por discussões do assunto A provavelmente reduzirá a resposta de raiva automática à insistência do terapeuta em fazer análises comportamentais sobre atos parassuicidas anteriores. A exposição consistente à falta de oportunidade de discutir o assunto A pode (todo o resto sendo igual) aumentar a raiva. Da mesma forma, a exposição consistente à indisponibilidade do terapeuta durante crises que resultam em situações indesejadas, como sofrimento intenso ou hospitalização, provavelmente aumente a raiva da paciente quando ela for exposta novamente à indisponibilidade do terapeuta durante uma crise. A exposição consistente à indisponibilidade do terapeuta, combinada com a capacidade de obter outra forma de ajuda ou de fazer uso independente de habilidades comportamentais para evitar sofrimento ou hospitalização, neutralizará o problema.

Alguns outros princípios devem ser lembrados. Primeiramente, o terapeuta deve garantir que a situação de exposição corresponda à situação problemática. Em segundo lugar, o terapeuta não deve supor que a exposição esteja ocorrendo simplesmente porque a paciente está na situação. Em terceiro, a exposição deve ser suficientemente intensa para as emoções serem evocadas, mas não tão intensa a ponto de interferir no processamento das informações ou fazer a paciente evitar a terapia. Em quarto, a exposição deve durar o suficiente para que as emoções aumentem, mas não a ponto de a paciente perder o controle.

Combinar a situação de exposição com a situação problemática

Não existe nada que substitua avaliar as características da situação que evocam a emoção problemática e os elementos da situação que reforçam a resposta emocional. A situação de exposição deve reproduzir a situação problemática. O contexto é importantíssimo aqui. Por exemplo, uma pessoa que tenha medo de afirmar suas necessidades com amigos íntimos pode não ter medo com estranhos e vice-versa. Uma pessoa que não se incomoda com críticas em casa pode se incomodar muito no trabalho. Furtar em lojas pode evocar pouca culpa, ao passo que roubar de um amigo pode evocar uma culpa considerável. O terapeuta deve ter tanto cuidado para avaliar os fatos que reforçam ou recondicionam a emoção quanto para avaliar o contexto que evoca a emoção. Por exemplo, o estudante que sente ansiedade em testes provavelmente tenha medo de fazer exames e de rodar nos exames. O medo de fazer exames pode ser reforçado se ele rodar nos exames, e o medo de rodar pode ser reforçado pelas consequências de rodar, como ser expulso da escola; o medo de ser expulso pode ser reforçado por perder amigos e *status* social; e assim por diante. Os parâmetros do contexto que fazem a diferença variam conforme a paciente, a emoção e o problema, e o tratamento efetivo pode exigir a exposição a um parâmetro de cada vez. A exposição realizada na segurança relativa das interações terapêuticas deve ser complementada pela exposição direta no ambiente cotidiano da paciente. Quanto mais prática em exposição a paciente tiver em seu mundo cotidiano, melhor. Os procedimentos de generalização discutidos para o treinamento de habilidades também podem servir como procedimentos de exposição.

Garantir que ocorra exposição

A apresentação dos fatores relevantes para as emoções pode ser direta ou indireta. Na exposição direta, a paciente é exposta a situações reais relacionadas com as emoções. Ela entra em situações temidas, faz coisas que tem medo de fazer, e pensa e fala sobre assuntos associados à emoção temida. Revive repetidamente as mesmas coisas de que tem vergonha ou culpa. A mensagem é simples: a única maneira de sair das emoções é através delas. Dependendo da situação problemática, a exposição durante as sessões pode incluir a confrontação verbal, a discussão estruturada de temas emocionais evitados, ou instruções para a paciente praticar a autoconsciência atenta durante a interação. Para muitas pacientes *borderline*, simplesmente ir a uma sessão de terapia é uma condição de exposição. Praticamente qualquer coisa na terapia que evoque emoções problemáticas incondicionadas pode ser foco da exposição direta, *desde que* o terapeuta tenha o cuidado de colocar informações novas e corretivas lado a lado com os elementos que evocam as emoções. A exposição oculta ou indireta envolve a paciente imaginar as cenas que evocam as emoções. Com a exposição imaginada, é particularmente importante que o terapeuta oriente a paciente para "entrar" na imaginação, ao invés de "assisti-la" como em uma tela de televisão. Entre as sessões, a paciente pode praticar a exposição oculta ouvindo as gravações da terapia. Com temas particularmente difíceis, o terapeuta pode fornecer fitas especiais de exposição para a paciente usar para praticar entre as sessões.

É muito importante que o terapeuta certifique-se de que a exposição que deveria estar ocorrendo realmente ocorra. Ele deve se manter atento a táticas de distração cognitiva, como dissociação, despersonalização, concentrar-se em pensamentos ou imagens sem relação com o tema, devaneios, e coisas do gênero. Às vezes, essas estratégias de evitação são tão automáticas que a paciente não está sequer ciente da sua ocorrência. Ao usar a exposição oculta, o terapeuta deve pedir para a paciente descrever a cena nos mínimos detalhes, no tempo presente.

Variar gradualmente a intensidade da exposição

Será que o terapeuta deve fazer a paciente entrar na piscina pelo lado raso ou jogá-la no lado profundo já na primeira vez, por assim dizer? Essa questão tem sido controversa há muitos anos. A intensidade da exposição varia desde a exposição muito baixa e gradual da dessensibilização sistemática à exposição intensa dos procedimentos de implosão e inundação. A literatura acumulada sugere que a exposição deve ser intensa pelo menos o suficiente para evocar a emoção condicionada. No entanto, não existe necessidade de exposição a situações extremas. De fato, a exposição gradual a sinais crescentes é mais fácil para a paciente e tem o mesmo grau de eficácia.

Controlar a duração da exposição

A questão da duração da exposição também é tema de muita controvérsia teórica na literatura da pesquisa sobre o medo. Os dados são complexos, mas três questões são importantes. Primeiramente, a exposição deve durar o suficiente para evocar a emoção aversiva em um nível relativamente intenso, mas ainda suportável. É improvável que fugir ou desviar a atenção antes de a emoção ser evocada seja benéfico. Em segundo lugar, a paciente deve terminar a exposição voluntariamente, ao invés de permitir que processos automáticos (dissociação, despersonalização, fuga impulsiva, ataques contra o terapeuta, etc.) interrompam a exposição. Com o medo, em particular, o fato de a paciente saber que pode controlar a quantidade e o grau de exposição pode ser terapêutico e tornar a exposição futura menos ameaçadora (essa questão será discutida mais adiante). Em terceiro lugar, quando a emoção problemática é o medo (incluindo medo de emoções), vergonha ou culpa, alguma redução na emoção deve ocorrer antes que a exposição termine. Embora não esteja claro se esse ingrediente é essencial, a tendência das pacientes *borderline* de crer que as emoções são incontroláveis e intermináveis sugere que as informações corretivas que essa tática fornece podem ser muito importantes. Às vezes, a relação entre a duração da exposição e sua eficácia pode exigir sessões mais longas que o normal. Por exemplo, com medos intensos e complexos (como aqueles típicos de vítimas de trauma), a exposição talvez precise durar uma hora ou mais.

Estratégias e procedimentos específicos de mudança como técnicas de exposição

Análise comportamental como exposição. Conforme comentei várias vezes e descrevi no Capítulo 9, se uma paciente apresenta um comportamento de alta prioridade entre ou durante as sessões de terapia, realiza-se uma análise comportamental estruturada e minuciosamente detalhada.

Ou seja, o terapeuta pede que a paciente fale publicamente e em detalhes claros sobre seus comportamentos desadaptativos e as circunstâncias que os cercam. Os indivíduos *borderline* muitas vezes experimentam intensa vergonha, humilhação, medo da desaprovação, ansiedade e às vezes pânico quando devem descrever suas ações e reações desadaptativas. Alguns sentem uma tristeza tão intensa por falar que temem não sobreviver à experiência. Quase todos tentam evitar ou sabotar a análise. Mais de uma paciente em nosso programa teve que ser "arrastada chutando e gritando" ao longo do processo.

Como já vimos, a análise comportamental de comportamentos *borderline* é uma importante estratégia de solução de problemas. É uma avaliação e uma via para desenvolver *insight* e interpretações comportamentais (Capítulo 9). Também é um procedimento de correção-supercorreção do controle das contingências (Capítulo 10), e pode também ser considerado um exemplo de exposição. O indivíduo é exposto de forma verbal e imaginária não apenas a seus comportamentos aversivos e aos fatos que os cercam, mas à circunstância do discurso público. Até onde o terapeuta valida ao invés de criticar, proporciona empatia ao invés de censura social, e entende e aceita ao invés de humilhar, essa exposição não reforça a vergonha. À medida que o indivíduo analisa repetidamente o seu comportamento na presença do terapeuta, sobrevive à experiência e não perde a simpatia do terapeuta, a exposição não reforça a ansiedade e o medo.

Estratégias de contingências e treinamento de habilidades como exposição. Grande parte da prática comportamental relacionada com os módulos de treinamento de habilidades tem, como um de seus efeitos, a exposição do indivíduo a atividades e situações associadas a emoções intensas e aversivas. Como rotina, as pacientes devem fazer coisas de que têm medo ou sentem uma culpa irrealista, entrar em situações que desencadeiem raiva ou tristeza, e se expor a situações públicas em que sentem vergonha. No controle das contingências e ao observar limites, o terapeuta confronta a paciente sobre seu comportamento problemático. Nos procedimentos de treinamento de habilidades e de contingências, em outras palavras, o terapeuta dá *feedback* avaliativo direto sobre seu comportamento problemático e as consequências prováveis. A paciente é exposta a desaprovação ou críticas interpessoais e à ênfase pública de seus comportamentos negativos ou problemáticos. Como na análise comportamental, esses procedimentos expõem a paciente a circunstâncias que evocam emoções condicionadas relacionadas com o medo e a vergonha. No entanto, ao contrário da análise comportamental, onde a emoção é uma resposta ao ato da autorrevelação, a emoção é uma resposta aos atos do terapeuta. De fato, esses atos do terapeuta (confrontação, desaprovação) podem ser exatamente aqueles que a paciente teme na autorrevelação. A paciente pode responder automaticamente (e, às vezes, com uma velocidade estontante) com medo do abandono, vergonha relacionada com a dependência, raiva intensa, ou todos os três em uma rápida sucessão. As tendências alternadas de fugir, esconder-se e atacar confundem a paciente e o terapeuta.

Depois que o terapeuta entende que os procedimentos de treinamento de habilidades e contingências contêm elementos de exposição, existem várias outras diretrizes sobre o uso desses procedimentos. Em primeiro lugar, o terapeuta não deve parar de usar os procedimentos simplesmente porque eles deixam a paciente desconfortável. Em particular, o terapeuta não deve usar uma exposição breve e durante a excitação da paciente. A tática deve ser recuar levemente, acalmar a paciente e parar quando a excitação (medo, vergonha, etc.)

da paciente diminuir, mesmo que apenas um pouco. Em segundo lugar, a exposição deve ser gradual, ao invés de concentrada ou intensa. Às vezes, um pouco de concentração ou desaprovação pode ajudar muito com pacientes *borderline*. Em terceiro lugar, como com qualquer outra forma de exposição, o terapeuta deve cuidar para o procedimento não reforçar respostas relacionadas com a vergonha e o medo. Quando um procedimento evoca raiva, o terapeuta deve manter a exposição, enquanto, simultaneamente, fornece informações que diminuem a frustração de objetivos ou necessidades importantes. Finalmente, os procedimentos de treinamento de habilidades e contingências sempre devem ser combinados com a validação das respostas da paciente. O fato de que ela precisa mudar não significa que suas reações não sejam compreensíveis, nem que qualquer coisa associada a um problema comportamental seja problemática. Desconectar o *feedback* comportamental de motivos inferidos pode ser uma tática especialmente benéfica nesse caso.

Prática de atenção plena como exposição. Na prática da atenção plena (descrita em detalhe no manual de treinamento de habilidades), as pacientes são instruídas a "sentir" exatamente o que está acontecendo no momento, sem afastar nenhuma parte ou prender-se a nada. Elas também são instruídas a "recuar" e observar as respostas críticas a seus próprios comportamentos. A prática da atenção plena pode ser particularmente proveitosa para indivíduos que têm medo ou vergonha de seus próprios pensamentos e emoções. A ideia é deixar os pensamentos, sentimentos e sensações virem e irem embora, surgirem e desaparecerem, sem tentar exercer controle (embora seja importante dizer que, na realidade, o indivíduo está no controle e pode interromper o processo a qualquer momento). Em sua totalidade, a atenção plena é um caso de exposição a pensamentos, sentimentos e sensações que surgem naturalmente. Ela pode ser particularmente produtiva como um meio de encorajar a exposição a sinais somáticos associados às emoções. O recondicionamento está no fato de que, se a pessoa recua, por assim dizer, e simplesmente observa as sensações, pensamentos e sentimentos, eles farão exatamente isso – vir e ir. Para muitos indivíduos *borderline*, essa é uma experiência totalmente nova, e é importante para reduzir seus medos das emoções.

Remover atividades de apoio do terapeuta como exposição. Durante a última fase da terapia, o terapeuta remove ou reduz gradualmente as atividades de validação e apoio. De um modo geral, essa remoção desencadeará uma intensa ansiedade e, às vezes, raiva. A paciente está sendo exposta a situações onde é privada de ajuda e deve se virar sozinha. Os terapeutas muitas vezes trabalham juntamente com as pacientes para desfazer essa exposição, pois ela é dolorosa para ambos. Contudo, com consultoria e momento adequados, a exposição pode levar a reduções em ansiedades com relação à independência e solidão. O segredo, é claro, não é remover a validação e apoio antes que a paciente possa se virar sozinha adequadamente, pois isso reforça e recondiciona emoções aversivas.

2. BLOQUEAR TENDÊNCIAS DE AÇÃO ASSOCIADAS A EMOÇÕES PROBLEMÁTICAS

Durante os procedimentos de exposição, é essencial que o terapeuta bloqueie as tendências de ação emocionais da paciente associadas à emoção problemática. De certo modo, toda a TCD envolve essa estratégia. A TCD concentra-se em mudar o comportamento relacionado com as emoções antes de mudar as emoções que esses comportamentos controlam. A ideia básica aqui é seguir o conselho de Barlow (1988) e tentar fazer a paciente "agir" até que venha a se sentir diferente.

A resposta mais importante a bloquear é a evitação. A tendência de ação fundamental nas emoções relacionadas com o medo é a fuga ou evitação. As pacientes *borderline* (e muitas outras populações de pacientes) tentam evitar situações que criem emoções aversivas. Durante as sessões, elas resistem à análise comportamental e discussões sobre situações que provoquem ansiedade. Uma vez que são persuadidas a participar, elas desviam a discussão para temas mais confortáveis. Durante procedimentos de imaginação, elas começam a pensar em outra coisa. A maioria das pacientes evita fazer tarefas de casa e reluta para dramatizar nas sessões. Às vezes, a evitação ocorre tão cedo na cadeia emocional que a paciente nunca chega a sentir a emoção aversiva. A tendência de ação fundamental associada à vergonha é a ocultação. Na terapia, a paciente usa ocultação fechando-se em si mesma, não revelando informações ou fatos importantes, não trazendo os cartões diários ou não os preenchendo, retraindo-se emocionalmente e verbalmente, ou não vindo para as sessões ou terminando-as prematuramente. Tendências de ação importantes associadas à culpa são as tentativas de reparação ou autopunição. Confissões e desculpas excessivas, presentes, longas cartas implorando perdão, e fazer favores para a pessoa agredida, bem como autocríticas excessivas e pejorativas e atos parassuicidas e suicidas, são respostas típicas.

A tarefa do terapeuta é bloquear a evitação do medo, a ocultação da vergonha e a reparação da culpa. O objetivo é expor a pessoa à situação emocional sem deixar que ela mude a situação escapando, ocultando ou reparando. A melhor maneira de fazer isso, é claro, é obter a cooperação da paciente. Isso pode ser realizado com a orientação adequada nos princípios da exposição. Às vezes, a paciente precisará ser reorientada muitas vezes em uma sessão. Em outras ocasiões, as respostas de fuga devem ser bloqueadas de forma unilateral, chamando a atenção da paciente verbalmente para outros fatores, diversas vezes. O segredo é o terapeuta ser persistente e tranquilizador, e não se desmoralizar.

O caso da raiva merece um comentário especial. Fugir de situações que evoquem emoções na verdade vai ao encontro da tendência de ação da raiva, ao contrário do medo, vergonha e da culpa. Ou seja, a raiva leva naturalmente à resposta de "fuga", incluindo aproximar-se e atacar, fixar a situação ou superá-la, e assim por diante. O oposto disso é retirar-se da situação por algum tempo (e pensar em outra coisa) ou mudar o assunto. Quando a raiva é a emoção condicionada que o terapeuta e a paciente estão tentando reduzir, as respostas a inibir se enquadram em uma classe que, como grupo, pode ser considerada uma postura hostil ou de ataque. Em primeiro lugar, é claro, o terapeuta quer bloquear a agressão verdadeira, inclusive os comportamentos autodestrutivos que muitas vezes acompanham a raiva autodirigida. Além disso, quer bloquear ou inibir a tendência que o indivíduo tem de responder com agressões verbais claras ou encobertas (p.ex., diálogos hostis ou diatribes, gritos, ameaças agressivas e comentários sarcásticos). A agressividade verbal, seja ela explícita ou encoberta, geralmente envolve revisões mentais ou verbais críticas, unilaterais e crescentes dos acontecimentos frustrantes e suas consequências deletérias para a realização dos objetivos da paciente. Às vezes, a agressão explícita assume a forma de ataques verbais imaginários contra o objeto da raiva. A pessoa pode ser estimulada a substituir essas respostas hostis por respostas descatastrofizantes e acríticas. Porém, substituí-las por pensar ou falar sobre outros temas (distração) também pode ser eficaz. Um dos exercícios da prática da atenção plena, que tem a ver com desenvolver empatia pelos inimigos, também tem o efeito de mudar a resposta de raiva natural do indivíduo. Existem evidências razoáveis de que a catarse aumenta ao invés de reduzir a raiva.

O problema para muitas pacientes *borderline* não é a experiência e expressão exageradas da raiva, mas a sua subexpressão. Ou seja, elas têm fobia à raiva. Nesses casos, o objetivo é desinibir a experiência e expressão da raiva. Paradoxalmente, aprender a inibir depois que foi excitada pode ser muito importante para aprender a desinibir a experiência e expressão iniciais da raiva. Muitas pacientes têm medo de que, se ficarem com raiva, possam perder o controle e reagir com violência. Elas também temem que, se agirem de forma hostil, seja explicitamente ou de forma encoberta, serão rejeitadas. Muitas na verdade já tiveram essas experiências no passado. Com essas pacientes, o terapeuta deve combinar a exposição à excitação da raiva e comportamento raivoso com um treinamento em controle da expressão. A redução da fobia à raiva exige um equilíbrio entre aceitar a excitação e expressão da raiva (de modo que a vergonha e ansiedades em relação à rejeição por sentir raiva não sejam reforçadas ainda mais) e ajudar a paciente a inibir a superexpressão (de modo que o medo de perder o controle não seja reforçado ainda mais).

3. BLOQUEAR TENDÊNCIAS EXPRESSIVAS ASSOCIADAS A EMOÇÕES PROBLEMÁTICAS

Conforme comentei anteriormente, mudar o comportamento emocionalmente expressivo pode ser um meio eficaz de mudar a emoção que se está sentindo. Assim, é importante instruir a paciente para fazer o melhor que puder para expressar fisicamente uma emoção diferente daquela evocada pela exposição – por exemplo, concentrar-se em relaxar os músculos faciais, e sorrir. Pacientes normalmente resistem a esse procedimento, temendo que, se relaxarem seus rostos, possam chorar. A maioria das pacientes *borderline* tem muito medo e/ou vergonha de chorar, e talvez o terapeuta precise usar uma abordagem gradual.

Trabalhar com as expressões posturais das emoções também pode ajudar. O posicionamento da cabeça, dos ombros, braços, torso e pernas é importante na expressão emocional. Com frequência, o terapeuta deve dar instruções precisas à paciente sobre quais mudanças ela deve fazer exatamente. Pode-se aconselhar a paciente a praticar na frente do espelho. Problemas com a imagem corporal, especialmente desconforto com o tamanho do corpo, representavam um problema especial com uma paciente *borderline* com quem trabalhei. Desse modo, o terapeuta deve ter muito cuidado e sensibilidade. Conforme observado antes, também é importante mostrar a diferença entre disfarçar e realmente relaxar e mudar as expressões faciais e posturais. Geralmente, precisa-se de muita orientação nesse sentido.

É importante saber quando se deve instruir uma paciente a mudar sua expressão emocional e quando não se deve. A regra é razoavelmente simples. Se a meta de redução é uma emoção secundária a uma emoção primária (p.ex., medo de sentir medo ou vergonha da raiva), o terapeuta deve expor a paciente a fatores que levem à emoção primária (medo e raiva, respectivamente). O objetivo nesse caso não é mudar as expressões da emoção primária, mas expor a paciente aos fatores emocionais primários (inclusive sinais somáticos) associados à expressão emocional. Mudar a expressividade emocional primária, nesses casos, significa evitar a exposição. Por outro lado, o bloqueio e a mudança da expressividade devem ser associados à emoção secundária. Para o medo do medo, deve-se bloquear a evitação dos fatores que causam medo; para a vergonha evocada pela raiva, a ocultação da raiva ou as explicações para ela é que devem ser bloqueadas. Por outro lado, se a meta de redução envolve uma emoção primária (p.ex., medo ou raiva primários e disfuncionais), o terapeuta deve sugerir mudar a expressividade emocional.

4. AUMENTAR CONTROLE SOBRE SITUAÇÕES AVERSIVAS

O fato de que o terapeuta bloqueia a evitação não significa que a paciente nunca possa interromper a exposição. De fato, adquirir um senso de controle sobre eventos aversivos pode ser importante para recuperar o controle emocional. Assim, enquanto a evitação é bloqueada, o indivíduo também deve aprender a controlar a situação. Às vezes, sair da situação e interromper a exposição pode ser terapêutico. Conforme discutido, a ideia geral é que a paciente acabe com a exposição voluntariamente – ou seja, controle o final – ao invés de acabá-la com respostas automáticas ou impulsivas que não estão sob seu controle. A estrutura da TCD, como um todo, visa aumentar o controle do indivíduo sobre o ambiente e sobre si mesmo. Esse controle maior, juntamente com a exposição a condições relevantes para as emoções, supostamente atuará para promover a regulação emocional e diminuir emoções debilitantes.

Como tantas das interações terapêuticas normais na TCD podem ser interpretadas como testes de exposição, é importante entender que esse princípio prevê que se dê à paciente um certo grau de controle sobre a forma como se usa o tempo da sessão. Ou seja, ela deve poder diminuir ou interromper a exposição quando as emoções evocadas forem intoleráveis. Desse modo, o terapeuta e a paciente devem trabalhar juntos, de maneiras positivas e adaptativas, ao invés de maneiras negativas e disfuncionais, para terminar a exposição. Uma agressão ou ameaça de cometer suicídio quando o terapeuta confronta a paciente ou insiste em uma análise comportamental do parassuicídio, por exemplo, não é o tipo de comportamento controlador a incentivar. Negociar a intensidade ou quantidade de confrontação durante as sessões (especialmente quando a paciente está mais vulnerável que o normal), estabelecer agendas que incluam a discussão de outros temas juntamente com a análise comportamental e outras táticas semelhantes são comportamentos a encorajar. Com relação à análise comportamental em particular, muitas vezes, negocio a quantidade de tempo dedicada a ela e a posição da análise dentro da sessão (começo, meio ou fim). Em resumo, quando os comportamentos dos terapeutas são as condições da exposição, as pacientes devem ter algum controle sobre o que os terapeutas fazem e como o fazem, e os terapeutas devem ser vulneráveis à sua influência.

Procedimentos estruturados de exposição

Embora muitas estratégias da TCD aumentem a exposição terapêutica, o tratamento do trauma por abuso sexual, em particular, pode necessitar de uma implementação mais formal de procedimentos de exposição. Outros acontecimentos traumáticos, como a morte de um familiar próximo ou uma catástrofe física, também podem exigir atenção estruturada. Essas metas são o foco da segunda fase da TCD, na qual o terapeuta combina o essencial da TCD com uma abordagem mais organizada de exposição. Nessa fase, quase todas as sessões devem ser dedicadas à implementação da exposição, geralmente pela recriação imaginária de fatores associados ao abuso. Para manter a paciente atenta, o terapeuta pede que ela descreva o fato traumático, detalhe por detalhe (inclusive detalhes visuais, cinestésicos, auditivos, olfativos e somáticos, bem como o que ela estava pensando e fazendo a cada momento). Sessões de exposição podem ser gravadas. As pacientes devem ser instruídas a praticar exposição entre as sessões. Mesmo quando conduzido em doses controladas, esse procedimento de tratamento cria um estresse tão grande e às vezes tão imprevisível que é postergado até que as metas da primeira fase estejam sob controle. Em algumas circunstâncias, hospitalizar a paciente para as sessões iniciais de exposição pode ser bastante proveitoso. Procedimentos formais baseados na exposição foram desenvolvidos por Foa (Foa e Kozak, 1986; Foa, Steketee e Grayson, 1985) e Horowitz (1986), e podem ser adaptados para a segunda fase do tratamento.

PROCEDIMENTOS DE MODIFICAÇÃO COGNITIVA

A relação entre o processamento cognitivo, as emoções e as ações é complexa e multidirecional. O conhecimento clínico é rico em evidências de que os indivíduos *borderline* distorcem os fatos cognitivamente, geralmente por meio de atenção seletiva, maximizando e exagerando fatos, tirando conclusões absolutas e enxergando o mundo de maneira dicotômica, em preto e branco. As pessoas suicidas e *borderline* também tendem à rigidez cognitiva, o que exacerba qualquer outro problema cognitivo que possam ter. Teorias cognitivas das emoções e transtornos emocionais (p.ex., Arnold, 1960, 1970; Beck et al., 1979; Beck et al., 1990; Lazarus, 1966; Mandler, 1975; Schachter e Singer, 1962; Lang, 1984) sugerem que as avaliações cognitivas do indivíduo sobre os fatos são os principais determinantes de suas respostas emocionais. Young (Young, 1987; Young e Swift, 1988) sugere que esquemas desadaptativos precoces estão por trás dos transtornos da personalidade. Tanto a percepção inicial de um estímulo quanto as elaborações cognitivas dessa percepção são consideradas importantes. Um grande *corpus* de pesquisa e teoria sugere que as expectativas e regras cognitivas, ou crenças implícitas e explícitas sobre as contingências, são determinantes igualmente importantes da ação (ver Hayes et al., 1989, para uma revisão dessa literatura). As terapias cognitivas, baseadas em teorias cognitivas da emoção, visam mudar as avaliações, regras e estilo cognitivo típicos do indivíduo, como o primeiro passo em remediar as dificuldades emocionais e comportamentais.

A TCD difere da terapia cognitiva e de muitas terapias cognitivo-comportamentais no lugar que ocupa a modificação cognitiva. Conforme já observei repetidas vezes, a primeira tarefa na TCD é encontrar e reforçar as crenças, expectativas, regras e interpretações válidas e funcionais do indivíduo *borderline*. Ou seja, o objetivo é validar aspectos do conteúdo cognitivo e do estilo cognitivo característicos do indivíduo. Entretanto, depois que isso é feito, o terapeuta fica com uma paciente que, embora chegue a conclusões válidas em certos casos, também seleciona, lembra e processa informações de maneira disfuncional em muitos outros. Isso cria novos problemas ao invés de proporcionar soluções para os problemas atuais.

Em nome da simplicidade, uso o termo "conteúdo cognitivo" em referência a pressupostos, crenças, expectativas, regras, pensamentos automáticos, falar consigo mesmo e esquemas. Ou seja, o conteúdo refere-se àquilo que o indivíduo pensa e ao que o indivíduo lembra. "Pensar", da maneira usada aqui, refere-se ao processamento cognitivo verbal ou proposital e pode ocorrer nos níveis consciente e não consciente (ver Williams, no prelo, para uma revisão dessa questão). O "estilo cognitivo", do modo como uso o termo, refere-se a modos característicos de processamento de informações, como a rigidez cognitiva e a flexibilidade, estilos de pensamento divergentes e convergentes, pensamento dicotômico, concentração, estilos de abstração e déficits de atenção. As distinções não são tão claras quando as faço parecer, mas ajudam a discutir o foco dos procedimentos cognitivos. Os procedimentos de modificação cognitiva na TCD ajudam a paciente a avaliar e mudar o conteúdo cognitivo e modificar estilos cognitivos. No entanto, como a exposição, a modificação cognitiva é mais informal que formal. Ou seja, a TCD não contém um módulo autocontido composto principalmente de atividades estruturadas visando a mudança cognitiva. Ao contrário das terapias cognitivas para transtornos da personalidade, o objetivo principal do tratamento não é identificar e mudar esquemas gerais que supostamente estão por trás dos padrões *borderline*. Entretanto, processos cognitivos não são ignorados na TCD. Uma importante tarefa da avaliação é identificar o papel do conteúdo cognitivo, bem como do estilo cognitivo, na evocação e manutenção dos comportamentos visados, incluindo as emoções. Os procedimentos de modificação cognitiva estão embutidos em toda a TCD.

Uma questão muito importante a lembrar com pacientes *borderline* é que os procedimentos cognitivos sempre devem ser mesclados com mais validação do que modificação. A maioria dos indivíduos *borderline* passa a vida escutando as pessoas acusarem-nos de distorcer e perceber as coisas incorretamente. Com frequência, essas críticas são um modo de rejeitar as alegações legítimas da paciente. Dizer "está tudo na sua cabeça" é uma abordagem simplista de terapia cognitiva, mas que a maioria das pacientes já encontrou. Assim, quando o terapeuta diz que a paciente poderia realmente se beneficiar se analisasse a veracidade de suas percepções, conclusões sobre fatos e lembranças dos acontecimentos, é provável que ela interprete isso de maneira tipicamente tudo ou nada, significando, mais uma vez, que seus problemas estão "todos em sua cabeça". Um problema particular que surge é a dificuldade com a ideia de que ela pode estar "errada" em uma conclusão ou ideia sem, consequentemente, estar "errada" em tudo o que pensa ou acredita. O problema é compreensível. Se ela está distorcendo algo, sem que se dê conta, como pode confiar em suas percepções, ideias e lembranças? Ou seja, que diretrizes ela pode usar para dizer quando pode confiar em si mesma e quando não pode? Ajudar a paciente a desenvolver essas diretrizes é uma parte importante da modificação cognitiva na TCD.

Existem dois tipos principais de procedimentos de modificação cognitiva: reestruturação cognitiva e esclarecimento de contingências. A reestruturação cognitiva visa mudar o conteúdo ou forma geral ou habitual do pensamento da paciente, bem como o seu estilo cognitivo. O esclarecimento das contingências é um caso especial da reestruturação cognitiva mais geral. O foco é em modificar regras disfuncionais ou expectativas do tipo "se...então" que atuam em momentos específicos. A relação entre o esclarecimento de contingências e a reestruturação cognitiva é semelhante à relação entre a análise comportamental e o *insight* (ver o Capítulo 9). No esclarecimento das contingências e na análise comportamental, o foco é no caso ou fato específico, no aqui e agora, em situações concretas, e em relações contingentes. Na reestruturação cognitiva e nas estratégias de *insight*, o foco é em padrões de eventos, pensamentos ou regras pessoais para muitos fatos, casos e momentos; a ênfase é no geral e habitual.

O esclarecimento das contingências é discutido aqui como um procedimento especial para chamar a atenção do terapeuta para a sua importância. Em minha experiência, os indivíduos *borderline* muitas vezes têm dificuldade para aprender regras comportamentais apropriadas. Com "regra", quero dizer uma proposição verbal, explícita ou implícita, de relações contingentes entre eventos. As regras comportamentais dizem respeito a relações contingentes entre comportamentos e resultados. As pacientes *borderline*, especialmente as que se encontram na adolescência e na faixa dos 20 anos, às vezes parecem notavelmente ingênuas para a sua idade. Por exemplo, embora digam se sentir desesperançosas, observá-las em ação sugere que elas seguidamente confiam demais, esperando que as pessoas respondam de forma positiva e altruísta a elas, quando isso não é realista. As pacientes *borderline* costumam responder bem a níveis muito elevados de ameaça. Em comparação, elas podem não responder à comunicação das contingências cotidianas, especialmente quando essas comunicações são sutis ou indiretas. Às vezes, apenas ameaças extremas conseguem modificar o seu comportamento. É como se fosse preciso ameaçá-las para chamar sua atenção ou para fazê-las entender uma regra. (Colocando isso de forma mais positiva, elas às vezes estão bem quando, e se, chegam no fundo do poço.) A dificuldade para apreender as contingências pode resultar de muitos fatores, incluindo a influência do humor sobre a aprendizagem e a atenção; problemas atenção em si; ou dificuldades mais gerais para selecionar, abstrair e lembrar informações relevantes. O esclarecimento das contingências aborda esses problemas.

Orientar para procedimentos de modificação cognitiva

Na perspectiva da TCD, o conteúdo e estilo cognitivos disfuncionais são causas de disfunções emocionais e comportamentais, bem como resultado delas. É a ênfase nesses que distingue a TCD de muitos outros tratamentos cognitivo-comportamentais e constitui uma parte importante da orientação dada às pacientes. Ou seja, diz-se às pacientes que muitas de suas avaliações errôneas e erros de processamento de informações são resultados normais do humor e da excitação emocional extrema. A incapacidade de aprender e lembrar regras adequadas pode resultar da interferência do humor na aprendizagem e na recordação. As distorções (ou a falta de distorções normais) são vistas como resultados de seus problemas, e não como causas fundamentais. No entanto, depois que começam as distorções cognitivas e o processamento de informações deficiente, eles exacerbam no lugar de reduzir problemas. A incapacidade de aprender e lembrar, ainda que compreensível, deve ser remediada.

Em minha experiência supervisionando e em consultoria a terapeutas, a ideia de que as pacientes *borderline* podem nem sempre estar distorcendo, exagerando, maximizando ou simplesmente "entendendo mal" parece extremamente difícil para a maioria dos terapeutas colocar em prática. Como a paciente usa informações de maneira diferente de seu terapeuta, observa aspectos de situações que o terapeuta ignora e chega a conclusões diferentes das do terapeuta, é muito difícil para o terapeuta evitar o pensamento dicotômico. Alguém tem que estar errado. Com frequência, o terapeuta pressupõe que deve ser a paciente. Mesmo quando o terapeuta está disposto a explorar a possibilidade de que ele esteja "errado", pode haver pouco a ganhar. A ideia de que ambas as partes possam estar "certas" é que é necessária. Pode ajudar bastante se o terapeuta e a paciente tiverem conhecimento da literatura do humor, comportamento e processamento cognitivo. O material apresentado no Capítulo 2 sobre a influência do humor e da emoção na cognição e no controle da atenção (ver a seção de "Vulnerabilidade emocional") geralmente é compartilhado com a paciente em pequenas doses no decorrer da terapia, conforme o necessário. É crucial que o terapeuta entenda esse material e o apresente em uma linguagem que a paciente possa compreender e aceitar.

PROCEDIMENTOS DE ESCLARECIMENTO DE CONTINGÊNCIAS

Esclarecimento das contingências visa ajudar o indivíduo a observar e deduzir as contingências que atuam em sua vida. Conforme discutido anteriormente, as pessoas *borderline* às vezes parecem ter dificuldade para observar certas contingências relevantes e, assim, não agem de maneiras que levem a resultados positivos. Em outras ocasiões, elas observam, mas não conseguem deduzir ou lembrar regras importantes. Existem dois tipos de intervenções para esclarecimento das contingências. Em primeiro lugar, o terapeuta ressalta as regras naturais que atuam na vida da paciente. Ou seja, ele ajuda a paciente a observar e deduzir relações do tipo "se...então". Nesse sentido, o esclarecimento das contingências faz parte das estratégias de análise comportamental, *insight* e comunicação recíproca. Em segundo lugar, o terapeuta explica à paciente as regras que estarão atuando em novas situações que ela viver, e ressalta as expectativas apropriadas para a situação. O esclarecimento das contingências, nesse sentido, é usado principalmente com relação às contingências que atuam na terapia. Os procedimentos são discutidos a seguir e sintetizados no Quadro 11.5.

1. RESSALTAR AS CONTINGÊNCIAS ATUAIS

O primeiro objetivo é ajudar a paciente a observar, abstrair e lembrar das contingências que atuam em sua vida cotidiana. Conhecer as regras e prever os resultados corretamente aumenta a probabilidade do comportamento adaptativo. Em particular, é importante que a paciente entenda os resultados de seu comportamento e os efeitos que ele tem sobre as pessoas. As pacientes muitas vezes prestam atenção nos detalhes errados de uma situação, ou, por outro lado, podem estar tão sensíveis aos detalhes que não conseguem abstrair as relações importantes do tipo "se...então". Esclarecer os resultados de comportamentos desadaptativos é particularmente importante para obter um compromisso de mudar: se os resultados não são negativos ou dolorosos, por que mudar? Deve-se prestar atenção nos resultados imediatos e de longo prazo, e nos efeitos sobre a paciente e as outras pessoas.

Também é importante esclarecer os efeitos das situações, especialmente do comportamento das outras pessoas, sobre

---

Quadro 11.5 Lista de procedimentos de esclarecimento de contingências

____ T RESSALTAR AS CONTINGÊNCIAS; T concentrar a atenção de P nos efeitos do comportamento sobre os resultados.
    ____ Na vida cotidiana.
    ____ Com relação ao comportamento problemático de P.
    ____ Com relação ao efeito dos comportamentos de P sobre outras pessoas e suas respostas a P.
    ____ Com relação ao efeito do comportamento de P sobre a relação terapêutica.
    ____ Com relação ao efeito do comportamento de P sobre os resultados do tratamento.
    ____ T esclarecer as contingências ao usar estratégias de análise comportamental, *insight* e comunicação recíproca.
____ T ESCLARECER AS CONTINGÊNCIAS FUTURAS NA TERAPIA, especialmente ao orientar P para a TCD como um todo ou para procedimentos específicos do tratamento.
    ____ O que T fará ante certos comportamentos de P (especialmente comportamentos suicidas ou que interfiram na terapia).
    ____ O que P pode esperar razoavelmente de T e dos procedimentos do tratamento.

as respostas da paciente – sentimentos, pensamentos, e tendências de ação. Os indivíduos *borderline* às vezes têm uma capacidade notável de esquecer que certas situações ou pessoas têm efeitos prejudiciais sobre eles. Contrariando as evidências, eles continuam esperando que a situação ou suas próprias respostas sejam diferentes. Finalmente, o terapeuta também ajuda a paciente a identificar as regras gerais que atuam no ambiente, especialmente as regras sociais. Conforme observado anteriormente, os indivíduos *borderline* costumam ter concepções ingênuas sobre como as pessoas reagem a situações diversas. Embora consigam prever as atitudes de pessoas como eles, têm dificuldade para prever respostas que nunca tiveram. Ou seja, sua empatia é forte com pessoas que vivem circunstâncias semelhantes às suas, mas fraca com pessoas que sejam diferentes.

Esclarecer contingências em estratégias de análise comportamental e de insight. A realização de uma análise de cadeia do comportamento oferece uma oportunidade para o terapeuta ressaltar as relações contingentes. Ao analisar a cadeia de eventos que leva a comportamentos disfuncionais, o terapeuta ajuda a paciente a deduzir regras sobre o que leva a quê. Ao analisar a utilidade funcional dos comportamentos, o terapeuta ajuda a paciente a deduzir regras sobre os resultados do seu próprio comportamento. O terapeuta faz, e incentiva a paciente a fazer a si mesma, perguntas como as seguintes: "o que aconteceu depois?", "qual foi o efeito disso em você", "qual foi o efeito do que você fez?" e "como as pessoas reagiram?". A ideia é direcionar a atenção da paciente para a relação entre seu comportamento e as respostas das pessoas. Nas estratégias de *insight*, o terapeuta ajuda a paciente a sintetizar informações de diversos casos do comportamento em questão. O terapeuta ressalta as regras (i.e., padrões "se...então"

consistentes) que emergiram ao longo do tempo. A ideia é articular as regras de maneira breve e propositiva, e então estimular a paciente a repeti-las periodicamente para o terapeuta.

Esclarecer contingências em estratégias de comunicação recíproca. Discuto a comunicação recíproca no próximo capítulo. Entretanto, uma parte importante dessas estratégias é o terapeuta fornecer informações sobre o efeito do comportamento da paciente sobre ele. Uma afirmação como: "quando você faz X, eu sinto Y" é, no sentido exato da palavra, a afirmação de uma relação contingente entre o comportamento da paciente e o do terapeuta. O terapeuta deve manter um padrão verbal contínuo, do tipo "quando você faz X, Y acontece". O valor dessas afirmações para ajudar a paciente a conhecer os efeitos de seu comportamento sobre outra pessoa é uma das principais razões para incluir estratégias de comunicação recíproca na TCD.

2. COMUNICAR CONTINGÊNCIAS FUTURAS NA TERAPIA

Entre as contingências mais importantes para uma paciente *borderline*, estão aquelas que têm a ver com a terapia. O esclarecimento das contingências, nesse sentido, tem dois aspectos: (1) o que o terapeuta fará, dados certos comportamentos por parte da paciente; (2) o que a paciente pode esperar razoavelmente do terapeuta e da terapia. A TCD enfatiza a clareza e a certeza, pelo menos no início da terapia. Na fase final, essa certeza pode ser reduzida para promover as capacidades da paciente de ler comunicações sutis e indiretas na relação.

A consultoria para a TCD como um todo, e para os procedimentos de tratamento à medida que são implementados, foi discutida amplamente neste capítulo e nos dois anteriores. A consultoria é um exemplo de ensinar as regras da terapia à paciente. A paciente é informada de quais comportamentos seus levarão a resultados positivos e negativos, quais expectativas suas são prováveis de ser satisfeitas e quais não são, e quais provavelmente serão as consequências de alguns dos seus comportamentos. A consultoria não ocorre apenas no começo da terapia (ver o Capítulo 14 para regras específicas a ensinar) e de cada novo procedimento, mas deve ser um pano de fundo contínuo para a terapia. Ou seja, o terapeuta deve estar continuamente ensinando, avaliando a compreensão e memória da paciente, e treinando. É esse esclarecimento contínuo das contingências, em muitos contextos e estados de humor diferentes, que é essencial à TCD. Especialmente durante os estágios iniciais da terapia, o terapeuta simplesmente não deve esperar que a paciente deduza e lembre todas as regras. Da mesma forma, não se deve sempre interpretar o fato de a paciente não aprender ou lembrar as contingências em termos motivacionais.

PROCEDIMENTOS DE REESTRUTURAÇÃO COGNITIVA

A reestruturação cognitiva é uma maneira de ajudar a paciente a mudar o estilo e conteúdo do seu pensamento. Quatro aspectos do pensamento são de interesse: (1) o pensamento não dialético (p.ex., estilos de pensamento extremos, dicotômicos e rígidos); (2) regras gerais deficientes que governam o comportamento (crenças, regras básicas, ideias, expectativas); (3) descrições disfuncionais (p.ex., pensamentos automáticos, xingamento avaliativo, rótulos exagerados); e (4) atenção disfuncional. O procedimento exige primeiro a observação e análise desses aspectos do pensamento da paciente, seguidas por uma tentativa de gerar estilos, regras, descrições e estratégias de atenção novos e mais funcionais para substituir aqueles que causam problemas à paciente. A mudança pode ser iniciada por: um desafio verbal ao pensamento e vieses da atenção; teorias, explicações e descrições alternativas; e uma análise das evidências existentes (e novas evidências quando for necessário) pertinentes à adequação das regras e rótulos da paciente. As mudanças são fortalecidas pela prática incessante. Os procedimentos de reestruturação cognitiva são discutidos a seguir e sintetizados no Quadro 11.6.

1. ENSINAR AUTO-OBSERVAÇÃO COGNITIVA

Para que a paciente possa monitorar e mudar seus padrões cognitivos ao longo do tempo e em diferentes situações, é crucial que ela aprenda a observar os seus próprios padrões e estilos de pensamento. Por uma série de razões, indivíduos suicidas e *borderline* raramente têm essa capacidade. Pelo contrário, seu envolvimento no processo de avaliar ou pensar sobre um acontecimento ou situação é tão intenso que eles não conseguem se distanciar de si mesmos, por assim dizer, e refletir sobre os processos de pensamento e avaliação independentemente da ação em si. A principal estratégia terapêutica usada é a da prática da auto-observação cognitiva (i.e., ensaio comportamental, onde o comportamento ensaiado é a auto-observação de processos cognitivos), com o terapeuta dando instruções, *feedback*, acompanhamento e reforço à paciente. Os métodos de prática podem variar de instruir a paciente a tentar se imaginar fora de si mesma e observar o que está acontecendo na sessão, prescrever a tarefa de monitorar e anotar seus padrões de pensamento durante situações específicas ou em condições especificadas. Se for prescrita uma tarefa escrita, é importante que o terapeuta revise em detalhe com a paciente diversos métodos de executar a tarefa. A prática da atenção plena (ver o manual) e outras disciplinas da meditação também podem ajudar a paciente a aprender a auto-observação.

Quadro 11.6 Lista de procedimentos de reestruturação cognitiva

____ T ajudar P explicitamente a OBSERVAR E DESCREVER seu próprio estilo de pensamento, regras e descrições verbais.

____ T IDENTIFICAR, CONFRONTAR e desafiar certas regras, rótulos e estilos disfuncionais, mas o faz de maneira dialética.

____ T ajudar P a GERAR estilos de pensamento, regras e descrições verbais mais funcionais e/ou precisos.
    ____ T não reivindicar ter a posse da verdade absoluta.
    ____ T valorizar fontes intuitivas de saber.
    ____ T valorizar buscar dados quando ainda não foram coletados.
    ____ T concentrar-se no pensamento funcional e eficaz no lugar do pensamento necessariamente "verdadeiro" ou "preciso".
    ____ T forçar P ao limite da sua capacidade de gerar seus próprios estilos de pensamento, regras e descrições verbais adaptativos.

T ajudar P a desenvolver DIRETRIZES de quando confiar e quando suspeitar das suas próprias interpretações.

____ T aplicar procedimentos de treinamento de habilidades e contingências na modificação cognitiva.

____ T ajudar P a integrar estratégias cognitivas usadas em módulos de treinamento de habilidades à vida cotidiana.

____ T implementar ou encaminhar P para um programa formal de terapia cognitiva, se necessário.

Táticas anti-TCD

____ T dizer a P que os problemas estão "na sua cabeça".

____ T diminuir os problemas de P, implicando que tudo ficará bem se P mudar sua "atitude", seus pensamentos ou a sua maneira de ver as coisas.

____ T travar uma disputa de poder com P sobre a maneira de pensar.

O problema básico no ensino da auto-observação cognitiva é que ela geralmente é mais necessária quando a paciente está sentindo afeto negativo extremo. E é exatamente nesses momentos que a paciente é menos provável de tolerar a emoção o suficiente para observar seus padrões de pensamento e avaliação com exatidão. O medo do que poderá encontrar se olhar "para dentro" também pode fazê-la evitar a tarefa. Assim, o terapeuta deve monitorar o procedimento cuidadosamente para manter as exigências em um nível que a paciente possa aprender. Os princípios da moldagem devem ser lembrados aqui.

2. IDENTIFICAR E CONFRONTAR CONTEÚDO E ESTILO COGNITIVOS DESADAPTATIVOS

Conforme observado repetidamente, a TCD sugere que o conteúdo cognitivo e o estilo cognitivo não são menos importantes que o ambiente ou outros fatores comportamentais para o desenvolvimento e a manutenção de padrões *borderline* disfuncionais. Assim, na análise comportamental, o terapeuta deve procurar os precursores e efeitos *cognitivos* de ações e reações desadaptativas com tanto cuidado quanto teria com outros precursores e resultados.

Muitas das estratégias da TCD exigem que o terapeuta (de maneira implícita, ou mesmo explícita) identifique, desafie e confronte crenças problemáticas, regras, teorias, avaliações críticas e tendências de pensar de forma rígida e em termos absolutos e extremos (i.e., pensamento não dialético). As estratégias dialéticas, estratégias de solução de problemas, estratégias de comunicação irreverente e todos os módulos do treinamento de habilidades concentram-se total ou parcialmente em como a paciente organiza e usa informações e o que a paciente pensa sobre si mesma, sobre a terapia e sobre a relação entre ela e o seu mundo. A capacidade do terapeuta de esmiuçar o problema cognitivo em um caso específico, de apresentá-lo para a paciente de maneira persuasiva e de sugerir uma alternativa viável é muito importante. Várias das estratégias discutidas em capítulos anteriores (p.ex., a estratégia dialética de advogado do diabo, a estratégia do pé na porta para firmar comprometimento) foram criadas tendo isso em mente. No entanto, o estilo dialético é muito importante, pois o terapeuta deve ajudar a paciente a expandir suas opções cognitivas ao invés de provar que ela está "errada". Portanto, é importante validar os pontos de vista existentes enquanto se sugere que outros são possíveis.

3. GERAR CONTEÚDOS E ESTILOS COGNITIVOS ALTERNATIVOS E ADAPTATIVOS

Uma vez que foram identificados padrões de pensamento desadaptativos, regras e expectativas disfuncionais e estilos cognitivos problemáticos, o próximo passo é encontrar maneiras mais adaptativas de pensar, que a paciente possa adotar. A regra mais importante da TCD nesse sentido é que o terapeuta deve ensinar e reforçar estilos de pensamento dialéticos sobre o pensamento puramente "racional" ou puramente emocional. O pensamento dialético (bem como dilemas dialéticos para pacientes *borderline*) foi discutido em detalhe nos Capítulos 2, 3, 5 e 7. Assim, não irei defini-lo e discuti-lo aqui. Entretanto, de acordo com a abordagem dialética, o terapeuta deve lembrar que ele não tem a posse da verdade absoluta. Mesmo o pensamento dialético tem seus limites. Uma das tensões dialéticas na modificação cognitiva é entre o pensamento racional e empírico, por um lado, e o pensamento intuitivo e emocional por outro. No primeiro caso, como em terapias puramente cognitivas (p.ex., a terapia cognitiva de Beck), o terapeuta deve valorizar "experimentos" no mundo real para testar os pressupostos, crenças e regras do indivíduo. No segundo, o terapeuta valoriza o conhecimento intuitivo, que não pode ser comprovado em nenhum sentido convencional. Valoriza-se o pensamento funcional e efetivo, no lugar do pensamento necessariamente "verdadeiro" ou preciso.

Como qualquer outra habilidade, para aprender a pensar de forma dialética e funcional, é necessário um esforço ativo por parte da paciente. O terapeuta pode contribuir para esse esforço com um questionamento criterioso entre as sessões, além da prescrição de tarefas cognitivas para casa. No segundo caso, o terapeuta solicita que a paciente monitore o pensamento disfuncional durante a semana, tente substituí-lo por um pensamento mais funcional, faça um diário ou anotações, e discuta os esforços durante a sessão seguinte. (As fichas para esse exercício podem ser encontradas no manual de treinamento de habilidades.) Em muitos casos, o terapeuta, inicialmente, precisa quase arrancar pensamentos mais apropriados da paciente. As pacientes *borderline* muitas vezes dizem "não sei" quando alguém lhes pede para encontrar novas maneiras de abordar velhos problemas. Com frequência, estão simplesmente com medo de demonstrar maneiras mais eficazes de pensar por medo de ser punidas ou ridicularizadas. Assim, pode ser necessária uma grande quantidade de motivação, moldagem e incentivo para fazer a paciente gerar seus próprios estilos, regras e descrições verbais adaptativos dos acontecimentos.

4. DESENVOLVER DIRETRIZES DE QUANDO CONFIAR E QUANDO DUVIDAR DE INTERPRETAÇÕES

É crucial que o terapeuta aborde as tendências da paciente de crer que, se está errada, tendenciosa ou distorcendo em um momento, ela deve estar sempre errada – e estará sempre errada no futuro. Isso, é claro, é um caso quase puro de pensamento não dialético. Mas qual é o argumento correto para contrapor isso? A melhor solução é ajudar a paciente a desenvolver diretrizes que a ajudem a determinar quando provavelmente deve confiar em si mesma e ignorar outras opiniões, e quando deveria pelo menos verificar as suas percepções e conclusões.

Algumas diretrizes gerais se aplicam a quase todas as pessoas. Os psicólogos sociocognitivos e da personalidade, por exemplo, passaram anos estudando as tendências das pessoas de terem vieses em suas avaliações e juízos. Diversos vieses conhecidos que influenciam as pessoas em geral e, portanto, são relevantes para nós, são listados no Quadro 11.7. Além disso, cada paciente individual terá áreas específicas em que será mais provável de distorcer. Assim, além de identificar áreas gerais que devem ser observadas, as diretrizes também devem cobrir as tendências específicas da paciente. Por exemplo, uma paciente pode cometer erros característicos quando está com muita raiva, ou com pes-

Quadro 11.7 Heurística e vieses críticos

1. As pessoas são influenciadas pela relativa disponibilidade, ou acessibilidade na memória, de situações relacionadas com um juízo que estão fazendo ("heurística da disponibilidade"). (Exemplo: as estimativas subjetivas da probabilidade de morrer de causas diversas estão relacionadas com a exposição desproporcional a situações letais nos meios de comunicação, bem como sua capacidade de recordação e imaginação.)
2. As pessoas baseiam seus juízos no nível em que acreditam que uma determinada situação é protótipo de um grupo maior de situações ("heurística da representatividade"). (Exemplo: a tendência de ignorar a frequência usual ao prever o que alguém fará. Por exemplo, na maioria dos programas de doutorado, mais de 90% dos alunos admitidos obtêm o grau de doutor. Ainda assim, muitos alunos diriam que um aluno que tem a desaprovação de seu orientador não terminaria. Isso ignora o fato de que muito mais alunos terminam o doutorado do que não terminam, e que pelo menos alguns deles caíram na ira de seus orientadores.)
3. Posições adotadas inicialmente continuam a influenciar juízos subsequentes mesmo quando sua irrelevância deveria ser óbvia ("heurística da ancoragem"). (Exemplo: as pessoas se prendem a hipóteses iniciais, mesmo quando os indícios em que se baseavam originalmente foram totalmente desacreditados).
4. As pessoas procuram informações que confirmem suas crenças, ao invés de informações que as desafiem ("viés de confirmação"). (Exemplo: quando as pessoas tentam determinar se outra pessoa tem uma certa característica ou tendência de personalidade, elas geralmente fazem perguntas que tendem a confirmar ao invés de desconfirmar a característica que estão testando).
5. As pessoas tendem a adaptar a sua avaliação lembrada ou reconstruída das probabilidades para adequá-la ao conhecimento atual ("viés da visão tardia"). (Exemplo: ao explicar um resultado hipotético para casos clínicos, como suicídio, as estimativas das probabilidades para esse resultado ocorrer aumentam sistematicamente.)
6. Os estados de humor negativos geram um viés negativo consistente no juízo e estimativas ("viés do humor"). (Exemplo: quando em um humor positivo [comparado com um humor neutro ou negativo], as pessoas se dizem mais satisfeitas com o que têm e avaliam o seu desempenho de forma mais positiva, mesmo quando o desempenho é controlado experimentalmente por meio de um *feedback* falso de sucesso ou fracasso. Quando em um humor negativo, as pessoas apresentam um incremento global em suas estimativas da probabilidade subjetiva de que uma variedade de desastres ocorra.)
7. Quando as pessoas imaginam a ocorrência de um certo resultado, elas aumentam sua probabilidade estimada de que o resultado realmente ocorra ("viés do resultado imaginado"). (Exemplo: pessoas que imaginaram ser acusadas falsamente de um crime são mais propensas a aceitar a ideia de que poderiam realmente ser acusadas dessa forma.)

Obs. Adaptado de *The Psychological Treatment of Depression: A Guide to the Theory and Practice of Cognitive Behavior Therapy*, 2nd ed. J. M. G. Williams, 1993, New York: Free Press. Copyright 1993 Free Press. Adaptado sob permissão.

soas específicas. Outra pode distorcer as coisas principalmente quando está triste. As mulheres que sofrem da síndrome pré-menstrual talvez precisem ser especialmente cuidadosas nos dias que antecedem o período menstrual. Os indivíduos *borderline* muitas vezes prestam atenção seletivamente a sinais de rejeição. As feministas podem ter atenção seletiva a fatores que possam ser interpretados como sexuais ou sexistas. Uma paciente minha, que era solteira e gostaria de ser casada, nunca notava pessoas caminhando sós, mas podia dizer, de memória, o número exato de casais por que passara em um passeio.

Duas questões são importantes aqui. Primeiro, deve-se dizer à paciente que todas as pessoas têm vieses e distorções, e que isso não significa que as pessoas jamais possam confiar em si mesmas. Em segundo lugar, saber é poder, ou pelo menos aumenta a segurança. Saber quando e em que condições se é mais provável de fazer distorções pode ajudar a identificar e corrigir os erros. A ideia é normalizar ao invés de patologizar o viés da informação.

Aplicar procedimentos de treinamento de habilidades e contingência à modificação cognitiva

Como em todas as intervenções ativas da TCD, o papel do terapeuta em confrontar e desafiar o conteúdo e estilos de pensamento desadaptativos, e de gerar novos padrões mais adaptativos e dialéticos, deve ser diminuído ao longo do tempo, à medida que a paciente se torna mais competente para observar e substituir os seus próprios erros e vieses cognitivos. No começo da terapia, muitas vezes, é necessário que o terapeuta "leia a mente" (ver o Capítulo 8 para uma ampla discussão sobre esse tema). No meio da terapia, o terapeuta deve forçar a paciente a observar e descrever suas próprias suposições, crenças ou regras desadaptativas, e gerar novas maneiras de pensar. Ao final da terapia, a paciente deve ser capaz de pensar de forma mais dialética e de identificar o seu estilo e conteúdo problemático, com pouco ou sem acompanhamento do terapeuta. Os princípios do controle das contingências e do treinamento de habilidades, discutidos no Capítulo 10 e anteriormente neste capítulo, devem ser aplicados à modificação cognitiva.

Integrar habilidades cognitivas aos módulos de habilidades

Conforme discutido, as habilidades cognitivas são ensinadas em todos os módulos de habilidades. Autoafirmações específicas são ensinadas nos módulos de tolerância a estresse e eficácia interpessoal. Esclarecer os resultados e as expectativas apropriadas para eles também é uma parte importante do treinamento de eficácia interpessoal. As habilidades de identificar e mudar descrições avaliativas e críticas são ensinadas no módulo da atenção plena, assim como as habilidades de se distanciar e observar. O módulo de regulação emocional compreende habilidades para identificar avaliações cognitivas relacionadas com emoções. Se essas habilidades forem ensinadas no treinamento de habilidades, mas o terapeuta individual usar terminologia diferente ou simplesmente ignorá-las, é improvável que sejam aprendidas e que tragam algum benefício à paciente. Assim, é essencial, na TCD, que o terapeuta individual preste muita atenção nas habilidades cognitivas ensinadas nos módulos de habilidades, baseando-se nelas e reforçando-as.

Programas formais de terapia cognitiva

Não existe nada na TCD que proíba implementar ou encaminhar pacientes para programas formais de terapia cognitiva. Como programas de terapia auxiliar, especialmente para pacientes que estejam prontas e dispostas, eles são bastante recomendáveis. Procedimentos organizados e estruturados de mudança cognitiva não são incluídos como um módulo formal da TCD por várias razões. Primeiramente, em minha experiência, concentrar-se primeiramente em mudar a maneira como o indivíduo pensa e usa as informações como solução para seus problemas muitas vezes assemelha-se demais ao ambiente invalidante. É difícil contrapor a mensagem de que, se a paciente pensar direito, tudo ficará bem. Embora essa seja uma resposta involuntária e não dialética a uma terapia cognitiva bem implementada, tenho observado que é uma objeção extraordinariamente difícil de superar.

Em segundo lugar, a terapia cognitiva formal geralmente exige pelo menos um pouco de automonitoramento cognitivo, anotar pensamentos e regras, criar desafios ou experimentos para testar pensamentos e ideias, e implementar os experimentos realmente. Essas atividades exigem muitas habilidades preliminares, que muitas pacientes *borderline* simplesmente não possuem, e um programa que exija uma quantidade razoável de trabalho independente já no começo não é adequado para pacientes gravemente perturbadas. Quando o tratamento cognitivo é modificado, de modo que os procedimentos de mudança sejam executados com o terapeuta nas sessões de terapia, a diferença entre os procedimentos de mudança da TCD e muitos outros tipos de terapia cognitiva e cognitivo-comportamental diminui.

Comentários finais

Neste capítulo e no Capítulo 10, revisei os procedimentos cognitivo-comportamentais básicos da mudança e discuti como podem ser aplicados aos problemas de pacientes *borderline*. Esses quatro grupos de procedimentos – a aplicação de contingências, treinamento de habilidades, técnicas de exposição e modificação cognitiva – formam o núcleo da terapia comportamental atual. Ou seja, a TCD não traz muita coisa nova nesse sentido. É importante que você, o leitor, tenha em mente que pode e deve adicionar novas técnicas que acreditar que sejam procedimentos eficazes de mudança ou que tenham se mostrado eficazes em pesquisa. Ou seja, você ou eu poderíamos escrever capítulos adicionais para procedimentos de terapia que não incluí. Por exemplo, se você trabalha com *gestalt*, não existe razão para não acrescentar técnicas da *gestalt*. No segundo e terceiro estágios do tratamento em particular, procedimentos como a técnica das duas cadeiras podem ser bastante produtivos.

Ao trabalhar com problemas comportamentais específicos (p.ex., disfunção sexual ou marital, abuso de substâncias, transtornos da alimentação, ou outros transtornos do Eixo I), você pode considerar adicionar procedimentos que já se mostraram eficazes com esses problemas. Se estiver trabalhando com um indivíduo que preenche critérios para transtorno da personalidade múltipla, você pode adicionar algumas das técnicas que os especialistas da área desenvolveram para promover a integração ou "fusão" da personalidade. No entanto, é importante integrar outros procedimentos de maneira criteriosa e teoricamente coerente. A prescrição aqui não é mudar de tática cada vez que se sentir desestimulado, ou experimentar imediatamente cada técnica de que ouvir falar.

Nota

1 Muitas das diretrizes e grande parte da estrutura desta seção foram propostas por Edna Foa (comunicação pessoal, 1991), que desenvolveu diversos programas eficazes de tratamento baseado em exposição.

ESTRATÉGIAS ESTILÍSTICAS: EQUILIBRAR A COMUNICAÇÃO   12

As estratégias estilísticas, conforme sugere o nome, têm a ver com o estilo e a forma da comunicação do terapeuta. Elas envolvem *como* o terapeuta usa outras estratégias de tratamento, ao invés do conteúdo da comunicação. O estilo tem a ver com o tom (afetuoso *versus* frio ou confrontacional), com a rispidez (suave e fluente *versus* ríspido e abrupto), com a intensidade (leve ou humoroso *versus* muito sério), com a velocidade (rápido ou interrupto *versus* lento, criterioso e reflexivo) e com a responsividade (vulnerável *versus* impenetrável). O estilo do terapeuta pode transmitir posturas como condescendência e arrogância, ou respeito e afeição.

Existem dois estilos principais de comunicação na TCD. O estilo de comunicação recíproca é definido pela responsividade, autorrevelação, afeto e genuinidade. Em comparação, o estilo de comunicação irreverente é *iníquo*, impertinente e incongruente. A reciprocidade é vulnerável; a irreverência pode ser confrontacional. Os dois estilos constituem os polos de uma dialética. Eles não apenas se equilibram, como devem ser sintetizados. O terapeuta deve ser capaz de alternar entre os dois com tal rapidez que a própria mescla constitua uma estratégia estilística.

As pessoas *borderline* são notavelmente sensíveis a diferenças no poder interpessoal e aos "jogos" que o terapeuta joga. Muitas vezes, a maior parte das suas experiências de vida foi na posição de "derrotada". Muitos de seus problemas interpessoais resultam de tentativas canhestras de corrigir desequilíbrios de poder, e a intenção da comunicação recíproca é corrigir esses desequilíbrios de um modo mais hábil e proporcionar um ambiente que acolha a paciente dentro da terapia. Ela também visa modelar para a paciente como interagir como um igual dentro de um relacionamento importante.

As pessoas *borderline* têm muita dificuldade para manter distância psicológica suficiente para observar e descrever os acontecimentos e processos de suas vidas. Todavia, essa observação é essencial para a mudança. A intenção da comunicação irreverente é proporcionar essa distância, mantendo o indivíduo suficientemente desequilibrado para sacudir sua abordagem rígida e limitada à vida, a si mesmo e à resolução de problemas. A ideia é enfatizar cada polo da dialética sem negar o outro.

ESTRATÉGIAS DE COMUNICAÇÃO RECÍPROCA

A responsividade, a autorrevelação, o envolvimento afetuoso e a genuinidade são as quatro estratégias básicas da comunicação recíproca. A reciprocidade é importante em qualquer bom relacionamento interpessoal, mas particularmente importante em um relacionamento íntimo, como a psicoterapia, e essencial no relacionamento terapêutico com um indivíduo *borderline*. A comunicação recíproca é o modo usual de comunicação na TCD.

Poder e psicoterapia: quem faz as regras?

As pacientes em psicoterapia costumam reclamar que, embora possam ser emocionalmente tocadas e profundamente magoadas por seus terapeutas, se sentem incapazes de influenciá-los de maneira semelhante. Elas são vulneráveis, e os terapeutas, invulneráveis. As pacientes se despem totalmente, enquanto os terapeutas mantêm suas roupas, por assim dizer. O risco é dividido de forma desigual. As pacientes também têm uma percepção da impenetrabilidade de seus terapeutas – ou seja, que, embora os terapeutas tenham limites infinitos, elas não têm nenhum. Em suma, o poder em um relacionamento terapêutico não apenas é desigual, mas, pela própria natureza da psicoterapia, é desigual exatamente naquelas áreas da vida da paciente que contam mais. Muitas das batalhas que ocorrem na psicoterapia têm a ver com essa distribuição desigual de poder e com as tentativas das pacientes de corrigi-la.

Embora os terapeutas não sejam tão invulneráveis quanto as pacientes acreditam, existe muito mais nos atuais costumes da psicoterapia para explicar a insatisfação e confusão das pacientes com esse tema. Ou seja, mesmo que os terapeutas talvez queiram que seja diferente, as queixas das pacientes muitas vezes são válidas. As regras que orientam o comportamento e o estilo interpessoal do terapeuta muitas vezes são arbitrárias, conhecidas para o terapeuta, mas não para a paciente. Como resultado, o comportamento do terapeuta não apenas é incompreensível para a paciente, mas também imprevisível. O terapeuta incentiva a intimidade emocional no relacionamento, mas as regras normais de relacionamentos íntimos não se aplicam nesse caso. As regras de intimidade criadas para uma pessoa envolvida simultaneamente em muitos relacionamentos paciente-terapeuta (o terapeuta) podem ser totalmente inadequadas para uma pessoa que está em apenas um (a paciente). O terapeuta muitas vezes se sente desconfortável ou teoricamente contrário a fazer revelações pessoais, enquanto insiste na autorrevelação da paciente. Embora o relacionamento terapêutico seja apresentado como um relacionamento que nutre e ajuda a paciente, a disponibilidade e a flexibilidade inerentes em quase todos os outros relacionamentos desse tipo costumam não existir ou ser gravemente reduzidas.

Na terapia, a paciente *borderline* é tratada de maneira semelhante, em alguns sentidos, a um relacionamento entre pais e filhos: ela é tratada como se fosse menos qualificada que o terapeuta para tomar decisões sobre o seu próprio bem-estar. Todavia, uma criança um dia se torna igual a seus pais. Em comparação, à medida que a paciente "cresce", seu poder no relacionamento terapêutico não muda necessariamente. Quando isso (igualdade) parece provável na psicoterapia, o relacionamento deve terminar.

Existe um ditado na academia que diz que os alunos estão à altura dos ombros dos professores. A linhagem de professor a aluno é traçada de maneira a demonstrar a hierarquia de influência. Todavia, na psicoterapia, os costumes da cultura conspiram para manter o relacionamento secreto – algo que causa vergonha, ao invés de orgulho. Mesmo os terapeutas que foram pacientes em psicoterapia costumam não revelar essa informação para seus pacientes.

As pacientes *borderline*, em particular, são rápidas para captar as diferenças de poder e intolerantes para com a arbitrariedade no relacionamento terapêutico. Isso pode ocorrer porque já sofreram muito no passado com distribuições desiguais de poder interpessoal. Além disso, elas muitas vezes não têm outros relacionamentos íntimos, nos quais o poder seja quase igual, para equilibrar o relacionamento terapêutico. Muitos dos problemas na psicoterapia com pacientes *borderline* têm a ver com essa desigualdade fundamental. Incapazes de equalizar o poder relacional ou de abrir mão do relacionamento, oscilam entre um comportamento subserviente, carente e apegado e um comportamento de dominação, recusa e rejeição. Elas alternam entre a superdependência e a superindependência. Pouquíssimos adultos se dispõem a ficar muito tempo em relacionamentos íntimos em que sua posição de poder e influência seja tão limitada. A necessidade de um relacionamento terapêutico de longo prazo coloca o indivíduo *borderline* em uma posição particularmente vulnerável. A terapia efetiva exige que o terapeuta seja particularmente sensível a esse dilema.

As estratégias de comunicação recíproca são criadas para: reduzir o diferencial de poder percebido entre o terapeuta e a paciente; aumentar a vulnerabilidade do terapeuta à paciente e, assim, comunicar confiança e respeito pela paciente; e aprofundar o vínculo e a intimidade do relacionamento (ver Derlega e Berg, 1987, para revisões da literatura sobre a responsividade e a autorrevelação). As estratégias são discutidas a seguir e apresentadas no Quadro 12.1.

Quadro 12.1 Lista de estratégias de comunicação recíproca

___ T ser RESPONSIVO a P.
   ___ T tratar P com atenção plena; T estar "desperto" durante interações com P.
      ___ T prestar atenção em pequenas mudanças no comportamento de P durante as interações.
      ___ T variar a expressão de afeto e respostas não verbais (postura, contato ocular, sorrisos, acenos com a cabeça) segundo o conteúdo da comunicação de P, expressando interesse e envolvimento ativo.
      ___ T corresponder à intensidade de P.
      ___ O tempo da resposta de T transmitir entendimento e interesse.
   ___ T levar a agenda de P a sério.
      ___ T responder ao conteúdo das comunicações de P.
         ___ T responder às questões de P com respostas relevantes.
         ___ O conteúdo da resposta de T ser diretamente relevante à comunicação de P.
      ___ T elaborar o conteúdo de P.
___ T AUTORREVELAR-SE.
   ___ T orientar P para o papel da autorrevelação na TCD.
   ___ T usar autorrevelação autoenvolvente.
   ___ T ter reações imediatas a P e a seu comportamento, usando o pronome "eu" na forma de "quando você faz X, eu sinto [ou penso ou quero fazer] Y".
   ___ T revelar a sua própria experiência da interação e do relacionamento; T "fala ao coração".
      ___ T concentrar-se no processo da interação.
      ___ T esclarecer a P o seu lugar com ele.
      ___ T mesclar autoenvolvimento e responsividade.

(continua)

Quadro 12.1   Lista de estratégias de comunicação recíproca   *(Continuação)*

___ T ser claro quanto ao comportamento de P e ao seu, diferenciando os dois.
___ T avaliar os efeitos da autorrevelação e da responsividade sobre o comportamento de P.
___ T revelar as reações das pessoas a ele.
___ T fazer revelações pessoais.
  ___ T usar autorrevelação como modelagem.
    ___ T revelar esforços pessoais (e sucessos ou fracassos) ao lidar com problemas semelhantes aos de P.
    ___ T modelar comportamentos normativos e problemas.
    ___ T modelar como lidar com os problemas em sua vida.
    ___ T modelar como lidar com o fracasso.
  ___ T revelar informações profissionais sobre si mesmo.
    ___ Formação profissional, diplomas.
    ___ Orientação terapêutica.
    ___ Experiência com pacientes *borderline*/suicidas.
  ___ T revelar informações pessoais sobre si mesmo (idade, estado civil, etc.), até onde se sente confortável e parecer ajudar P.
___ T usar a equipe de orientação para administrar a autorrevelação.
___ T expressar ENVOLVIMENTO AFETUOSO (ao invés de relutância para interagir e trabalhar com P).
  ___ T ser honesto quando reluta momentaneamente.
___ Se T é reservado interpessoalmente por natureza, T demonstra interesse de outras formas.
___ Quando P evoca raiva em T, T lida com ela.
___ T usar o toque de maneira terapêutica.
  ___ O papel do toque no plano de tratamento de T deve ser bastante claro.
  ___ Abraços ou toques são breves.
  ___ Abraços ou toques expressam o nível atual de proximidade no relacionamento terapêutico.
  ___ T ser bastante sensível aos desejos e conforto de P.
  ___ T ser franco quanto aos seus limites pessoais em relação ao toque.
  ___ T evitar qualquer toque sexual terminantemente.
  ___ T trata toques ou abraços inadequados como comportamentos que interferem na terapia.
  ___ T manter o contato físico potencialmente público.
___ T ser GENUÍNO.
  ___ O comportamento de T ser natural, ao invés de arbitrário.
  ___ A obsequiosidade de T ser independente de seu papel.
  ___ T observar os limites naturais do relacionamento.

Táticas anti-TCD

___ As revelações pessoais de T serem relevantes para as necessidades de T, e não para as de P.
___ T não observar os limites da responsividade e autorrevelação.
___ T ter conversas de "coração para coração" com P, ao invés de trabalhar com comportamentos problemáticos relevantes.
___ T ser falso.
___ T envolver-se em comportamento sexual com P ou é sexualmente sedutor ou flerta com P.

1. RESPONSIVIDADE

A "responsividade", definida de forma ampla, é o grau em que o terapeuta lida com as comunicações da paciente de um modo que indique interesse no que ela está dizendo, fazendo e entendendo, bem como preocupação com a substância da comunicação, os desejos e as necessidades da paciente. É um estilo que indica que o terapeuta está ouvindo a paciente e levando-a sério, ao invés de diminuir, ignorar ou passar por cima do que ela diz e quer. As características do estilo responsivo são as seguintes:

Manter-se desperto

Manter-se desperto significa manter a atenção concentrada na paciente, sem fazer ruminações ou devaneios que a desviem, rabiscar enquanto ouve (a menos que seja necessário fazer anotações), permitir interrupções para telefonemas ou ficar olhando o relógio. O terapeuta deve se manter particularmente atento a mudanças no humor ou na resposta emocional da paciente na interação. Conforme comentei repetidamente, a expressão emocional não verbal da paciente *borderline* costuma ser muito sutil e difícil de captar. Desse modo, o terapeuta deve observar pequenas mudanças e conferir periodicamente com a paciente o que está acontecendo ou mudando. Perguntar "como você está se sentindo agora?" pode ajudar. Às vezes, podem ser necessários alguns minutos para explorar o efeito da interação sobre a paciente, podendo ou não ser necessárias mudanças no estilo ou foco da terapia. Embora isso possa desviar o conteúdo momentaneamente do que está acontecendo, é relativamente fácil voltar ao rumo. Manter-se desperto é a qualidade de não omitir nada.

Manter-se desperto também exige um padrão de interação recíproca e engajada. As expressões verbais de emoções e a intensidade dessas expressões, bem como respostas não verbais (postura, contato ocular, sorrisos, acenos com a cabeça), devem variar segundo o que a paciente está dizendo e fazendo, de um modo que transmita um envolvimento ativo na interação.

Levar a agenda da paciente a sério

A responsividade exige levar em conta os desejos e necessidades da paciente com relação à agenda da sessão – ou seja, levá-los a sério. Todavia, levar a agenda da paciente a sério não significa necessariamente seguir a agenda dela ao invés da do terapeuta, mas reconhecer seus desejos abertamente, ao invés de ignorá-los, negociar uma concessão quando possível, colocar a agenda da paciente à frente da do terapeuta se for realmente importante, e validar a legitimidade de seus desejos se o terapeuta quiser insistir em sua própria agenda.

Responder ao conteúdo das comunicações da paciente

A responsividade exige que o terapeuta responda às perguntas da paciente com respostas relevantes, faça comentários relacionados com o que ela disse ou fez, e elabore ou amplie o conteúdo do que a paciente acaba de dizer. Responder uma questão da paciente com a pergunta "por que você está perguntando isso?" pode ser terapêutico, mas não é responsivo.

2. AUTORREVELAÇÃO

A "autorrevelação" envolve o terapeuta comunicar suas próprias posturas, opiniões e reações emocionais à paciente, bem como suas reações à situação terapêutica ou informações sobre experiências de vida pertinentes. Na literatura da psicoterapia, a autorrevelação do terapeuta é um tema de muita controvérsia profissional, e também pode ser um ponto de controvérsia entre a paciente e o terapeuta. Geralmente, mas nem sempre, a paciente deseja mais autorrevelação terapêutica do que é confortável para o terapeuta. Às vezes, porém, ela pode querer menos. A TCD incentiva a autorrevelação terapêutica em certas situações e desincentiva em outras. As decisões sobre a autorrevelação sempre devem ser tomadas a partir do ponto de vista da utilidade para a paciente e da relevância para o tema em questão no momento.

Dois tipos principais de autorrevelação são usados na TCD: (1) a autorrevelação autoenvolvente e (2) a autorrevelação pessoal. A "autorrevelação autoenvolvente" é um termo técnico para as declarações do terapeuta para a paciente sobre suas reações pessoais e imediatas à ela. Na literatura sobre o aconselhamento, isso às vezes é chamado de "imediatez". Na terminologia psicodinâmica, pode ser um foco na contratransferência. A "autorrevelação pessoal" refere-se ao terapeuta fornecer informações sobre si mesmo à paciente, como informações sobre qualificações profissionais, relacionamentos sociais fora da terapia (p.ex., estado civil), experiências passadas ou atuais, opiniões, planos que possam não estar necessariamente relacionados com a terapia ou a paciente.

A autorrevelação pode ser usada efetivamente como parte de quase qualquer estratégia da TCD. Ela faz parte: (1) da validação, quando normaliza a experiência ou as respostas da paciente, demonstrando a concordância com as percepções ou interpretações da paciente sobre uma dada situação, entendimento de suas emoções, ou valorização para suas decisões; (2) da resolução de problemas, quando revela maneiras de analisar um problema ou soluções que o terapeuta experimentou para problemas semelhantes; (3) do treinamento de habilidades, quando o terapeuta propõe novas maneiras de lidar com a situação, baseadas em sua própria experiência pessoal; (4) do controle e esclarecimento das contingências, se for usada para revelar as reações do terapeuta ao comportamento da paciente; (5) da exposição, quando as reações do terapeuta são as que a paciente teme ou considera frustrantes. Além disso, a autorrevelação aumenta a força do relacionamento terapêutico, aumentando a intimidade e o afeto. Como com todas as estratégias, existem diversas diretrizes para usar a autorrevelação de forma sensata.

Orientar a paciente para a autorrevelação do terapeuta

A utilidade da autorrevelação muitas vezes depende de se a paciente espera que haja autorrevelação do terapeuta como parte da relação terapêutica. Pacientes que foram informadas de que os profissionais e terapeutas efetivos não fazem revelações pessoais provavelmente fiquem confusas com autorrevelações do terapeuta e podem considerar esse terapeuta ineficaz e incompetente. Uma paciente me foi encaminhada depois que seu terapeuta terminou a terapia unilateralmente. Algum tempo depois, eu precisei viajar, e a paciente perguntou onde eu ia. Minha resposta informativa foi recebida com raiva e escárnio: se me dispus a dizer onde ia, obviamente não era uma boa terapeuta. Seu terapeuta anterior jamais teria contado! Eu não a havia preparado para as diferenças entre a TCD e a psicanálise. Embora uma preparação cuidadosa pudesse não ter resolvido o problema nesse caso, o terapeuta deve orientar a paciente no começo da terapia sobre o papel da autorrevelação do terapeuta na TCD. É importante identificar e discutir as expectativas e visões da paciente sobre a questão.

Autorrevelação autoenvolvente

Revelando reações à paciente e a seu comportamento. Na TCD, o terapeuta apresenta, como parte do diálogo contínuo da terapia, suas reações imediatas à paciente e ao seu comportamento. A forma de autorrevelação aqui é "quando você faz X, eu sinto [ou penso ou quero fazer] Y". Por exemplo, um terapeuta pode dizer "quando você telefona para a minha casa e critica todas as minhas tentativas de ajudá-la, eu me sinto frustrado", ou "...eu não quero mais falar com você", ou "...eu começo a pensar que você não quer realmente que eu lhe ajude". Depois de uma semana em que o comportamento da paciente ao telefone melhorou, o terapeuta pode dizer "como você me criticou menos ao telefone esta semana, ficou muito mais fácil ajudar você". Um terapeuta em minha clínica, cuja paciente reclamou de sua frieza, disse: "quando você exige afeto de mim, isso me afasta e torna mais difícil sentir afeto". Quando uma paciente implorava para que eu a ajudasse, mas não preenchia os cartões diários de automonitoramento, eu disse: "você fica me pedindo para ajudar, mas não faz as coisas que eu acredito que sejam necessárias para ajudá-la. Eu fico muito frustrada, pois quero ajudá-la, mas sinto que você não deixa". "Estou feliz" é uma revelação comum de minha parte quando as pacientes apresentam uma melhora, confrontam algo particularmente difícil, ou fazem algo bom para mim (p.ex., me enviam um cartão de aniversário). "Estou desmoralizada" pode ser minha revelação para a paciente que se interna pela décima vez contra a minha orientação.

A autorrevelação de reações à paciente serve para validar e desafiar. É um importante método de controle das contingências, observação de limites e esclarecimento das contingências, que aborda o comportamento da paciente em relação ao terapeuta. É controle das contingências porque as reações do terapeuta aos comportamentos da paciente quase nunca são neutras para ela. Elas ou são positivas e reforçam o comportamento "X", ou são negativas e punem o comportamento. Conforme discuti no Capítulo 10, o relacionamento do terapeuta com a paciente é uma das contingências mais importantes no trabalho com uma paciente *borderline*. A autorrevelação autoenvolvente é o meio de comunicar o estado atual do relacionamento.

A autorrevelação de limites individuais, da capacidade e da preferência, é essencial para se usarem os procedimentos de observar limites. Aqui, de fato, o terapeuta tem o cuidado de revelar limites como uma propriedade sua, ou do *self*, e não como propriedade da terapia ou de algum manual de regras de terapia. A autorrevelação já é uma forma de observar limites.

Revelar reações à paciente e seu comportamento também é um meio de esclarecimento das contingências, pois dá à paciente informações sobre os efeitos do seu comportamento. Até onde as reações do terapeuta são razoavelmente normativas, essa informação pode ser extremamente importante para ajudar a paciente a mudar os seus comportamentos interpessoais. Os indivíduos *borderline* geralmente cresceram em famílias onde as reações ao seu comportamento não eram comunicadas ou não eram normativas. Assim, a paciente muitas vezes não sabe como seu comportamento afeta as pessoas até ser tarde demais para reparar o dano. É particularmente importante dar *feedback* à paciente sobre o seu comportamento no início da sequência de comportamentos interpessoais prejudiciais, ao invés de esperar até que uma reação seja tão forte que seja difícil reparar o relacionamento.

De coração para coração. A autorrevelação autoenvolvente também prevê discutir com a paciente a experiência do terapeuta sobre o que está acontecendo na interação, seja por telefone ou em uma sessão de terapia. Embora isso não seja realmente muito diferente de revelar reações ao comportamento da paciente, o foco aqui é na interação alternada entre as duas partes. O terapeuta revela suas percepções da interação atual, juntamente com sua resposta a ela. A forma é "parece-me que está acontecendo X entre nós. O que você acha?". Por exemplo, estou sentindo que nossa interação está ficando cada vez mais tensa. Você também sente isso?". O terapeuta muda o foco do diálogo para o aqui e agora do processo de interação. A mudança pode ser muito breve (apenas um comentário de passagem) ou pode levar a uma discussão aprofundada da interação.

Quando solicitado, o terapeuta deve estar disposto a discutir com a paciente o lugar que ela ocupa em seu relacionamento. Nesse sentido, o terapeuta revisa com a paciente como ela enxerga o relacionamento como um todo, ao invés de se concentrar em uma interação específica. Por exemplo, uma das minhas pacientes faltou a uma sessão (mais uma vez) sem telefonar porque não havia tomado sua medicação anticonvulsiva (mais uma vez) resultando em admissão na clínica de convulsão. Na sessão seguinte, ela perguntou se eu ficaria brava com ela (mais uma vez). Respondi (essencialmente): "bem, sim, acho que vou. Mas notei que, quando você faz esse tipo de coisas, eu me incomodo, trabalhamos o problema e continuamos. Parecemos ter um relacionamento muito bom, e ambas conseguimos tolerar os altos e baixos muito bem". A paciente *borderline* costuma perguntar diretamente: "como você se sente em relação a mim?" ou "você gosta de trabalhar comigo?". Essas questões devem ser respondidas de forma direta e clara. No caso citado, eu poderia ter dito: "você está me deixando louca, mas eu gosto de você mesmo assim".

Discussões sobre o processo costumam ser necessárias quando a paciente está apresentando comportamentos que interferem na terapia durante uma interação. Pode ser muito difícil decidir se devemos manter a agenda e ignorar o comportamento ou parar e lidar com o processo. Em minha experiência, se sempre pararmos para discutir as interferências, não faremos mais quase nada na terapia. Contudo, se esse comportamento nunca for discutido, o mesmo ocorrerá – pouca ou nenhuma terapia. Os comportamentos que interferem na terapia muitas vezes são atos de evitação que funcionam para desviar a terapia da tarefa em questão. O terapeuta deve ter muito cuidado para não ser conivente com a distração. As discussões processuais, em comparação, geralmente atuam como reforço para a paciente e o terapeuta e constituem o que se pode chamar livremente de discussões "de coração para coração".

O uso efetivo desse tipo de discussão exige que o terapeuta tenha um entendimento firme de sua função a cada momento e com cada paciente. A ideia geral é usá-la para promover a solução de problemas ou reforçar as atividades terapêuticas, e evitá-la quando serve para desviar a atenção de um tema importante em questão. Dito isso, existem várias ocasiões em que as discussões de coração para coração são apropriadas.

Em primeiro lugar, as discussões de coração para coração podem ser usadas para interromper comportamentos da paciente que interferem no trabalho com problemas mais prioritários. Usadas dessa maneira, representam uma forma de ênfase (uma estratégia de *insight*; ver o Capítulo 9) e, dependendo do nível de confrontação, também podem servir como uma contingência aversiva (ver o Capítulo 10). Por exemplo, uma paciente pode chegar para a terapia com um humor hostil mas passivo e rejeitar todas as minhas ideias e tentativas de resolver um problema na terapia. Posso perguntar: "sinto que estamos em uma disputa pelo poder, com você tentando me responsabilizar por esse problema, e eu sentindo que você está apenas esperando que eu faça todo o trabalho. Então, estou tentando envolvê-la cada vez mais, mas não parece estar funcionando muito. O que você acha? Essa também é a sua percepção?". Depois de uma breve interação sobre o tema (tendo o cuidado de impedir que desvie para discussões mais gerais sobre nosso relacionamento), retorno ao problema original. Essa tática pode ser repetida várias vezes durante a sessão ("estamos entrando novamente em uma disputa de poder"). Todavia, é crucial sempre voltar ao tema. De outra forma, instigar uma discussão de coração para coração será uma maneira efetiva para a paciente evitar temas difíceis.

Em segundo lugar, as discussões de coração para coração elaboradas são usadas como reforçadores. Nesse caso, elas devem se seguir imediatamente a alguma melhora comportamental da paciente, ou pelo menos alguma exposição à tarefa evitada. Por exemplo, posso arrastar uma paciente através de uma análise comportamental e depois ter uma discussão de coração para coração sobre como foi difícil.

Em terceiro lugar, discussões "de coração para coração" elaboradas são usadas para reparar o relacionamento quando o terapeuta comete um erro. Elas também podem ser usadas para reparar o relacionamento, quando a paciente comete um erro e quer trabalhar para consertá-lo. As estratégias de solução de problemas no relacionamento, discutidas detalhadamente no Capítulo 15, são, em alguns aspectos, versões elaboradas de uma discussão "de coração para coração". Todavia, é importante aqui ter em mente o valor de reforço das discussões de coração para coração para a maioria das pacientes. O terapeuta não deve permitir que as discussões "de coração para coração" desviem o foco da terapia de tópicos difíceis. O equilíbrio entre essas discussões e o foco nos temas que a paciente está tentando evitar é semelhante ao equilíbrio que o terapeuta deve alcançar entre a validação e a solução de problemas ativa.

Mesclando autoenvolvimento e responsividade. Conforme indicou esta discussão, a autorrevelação autoenvolvente exige que o terapeuta esteja atento à paciente e a si mesmo. Ela requer uma certa capacidade de ser claro quanto aos próprios sentimentos e reações, bem como a capacidade de colocar essas reações em palavras que a paciente possa ouvir. Duas questões são importantes nesse sentido. Primeiramente, ao apresentar a situação, o terapeuta deve se ater àquilo que seja "observável", ao invés de fazer inferências sobre os motivos, fantasias ou desejos da paciente como parte da situação, pois eles não fazem parte da situação em si. Dizer "sinto que você está jogando comigo" é muito diferente de dizer "você está jogando comigo". Em segundo lugar, ao apresentar suas reações, o terapeuta deve ter cuidado para não demonstrar uma intensidade alta demais ou baixa demais. Por exemplo, dizer "estou muito frustrado" para uma nova paciente que teme a rejeição pode ser melhor do que dizer "estou com raiva". Fazer a intensidade (e não necessariamente a emoção) corresponder com a da paciente é uma boa maneira de começar.

Como em todo comportamento do terapeuta, é essencial monitorar o efeito da autorrevelação sobre cada paciente. O objetivo é que o terapeuta consiga compartilhar com a paciente – de forma verbal e comportamental, aberta e espontânea – as suas reações a ela. Isso pode não ser possível no começo da terapia, devendo a revelação ser gradual.

Autorrevelação das reações de outras pessoas ao terapeuta. A autorrevelação sobre como os outros reagem ao terapeuta também pode ser importante para ajudar a paciente a aceitar as suas próprias reações ao terapeuta, e as dele a ela. O terapeuta emocionalmente frio que mencionei antes respondia a reclamações sobre sua falta de afeto dizendo (em essência): "você não é a única que se sente assim. Outras pessoas em minha vida, no trabalho e fora dele, já me disseram a mesma coisa. Sei que seria melhor para você se eu fosse mais afetuoso, mas estou fazendo o melhor que posso". Essa resposta reveladora e vulnerável tornou difícil para a paciente continuar com as suas demandas. Ela não tinha mais necessidade de validar a sua experiência com o terapeuta ou provar seu argumento de que precisava de mais afeto. Ao invés disso, ela e o terapeuta poderiam se concentrar em como administrar um relacionamento em que a outra pessoa não poderia lhe dar o afeto que ela queria e talvez precisasse. Minhas pacientes reclamam de muitas das minhas fraquezas interpessoais que outras pessoas também identificam.

Partilhar o fato de que outras pessoas também reclamam é imensamente validante e animador para essas pacientes. Partilhar o fato de que estou trabalhando com a característica (se for realmente prejudicial e se puder ser mudada), mas fazer isso sem sentir culpa ou vergonha indevidas, sugere um grau de autoaceitação, que as pacientes podem imitar.

Autorrevelação pessoal

Autorrevelação como modelagem. A TCD incentiva a autorrevelação pessoal para modelar respostas normativas a problemas ou maneiras de lidar com situações difíceis. O terapeuta pode revelar suas opiniões ou reações a problemas, seja para validar as respostas da paciente ou para desafiá-las: "concordo" ou "discordo". Essa modelagem pode ser especialmente poderosa para pacientes que cresceram em famílias caóticas ou "perfeitas", onde as opiniões e reações a que foram expostas não eram normativas para a cultura. Com frequência, elas não estão cientes de que outras reações a acontecimentos e opiniões sobre o mundo não apenas são possíveis, como aceitáveis.

De maneira semelhante, a autorrevelação do terapeuta pode ser usada quando as reações da paciente divergem das reações normativas, mas, todavia, são válidas, admiráveis ou devem ser incentivadas por outra razão. Se o terapeuta e a paciente não "se encaixam" na cultura vigente de maneiras semelhantes, a autorrevelação pode ser extremamente validante para a paciente. A mulher feminista em uma cultura sexista, o membro de uma minoria étnica que vive dentro da cultura da maioria, e a pessoa relacional em uma cultura individuada são exemplos disso. Nesses casos, é igualmente importante que o terapeuta explique como lida com o fato de não se encaixar, para manter a autovalidação e relacionamentos positivos com a maioria.

Ao ensinar habilidades comportamentais, pode ser extremamente produtivo apresentar um modelo de enfrentamento (ao invés de um modelo de domínio) para a aplicação das habilidades. O terapeuta, nesse caso, compartilha os seus esforços com a paciente, incluindo fracassos e sucessos, no uso das habilidades ensinadas. Incluir os fracassos pode ser especialmente importante quando o terapeuta descreve o modo de lidar com o fracasso. Todavia, o importante a lembrar é que, embora a situação do terapeuta possa ser semelhante à da paciente, ela jamais é idêntica.

Autorrevelação de informações profissionais. O terapeuta deve ser claro com a paciente em relação à sua experiência profissional, formação, orientação terapêutica e visões sobre questões profissionais. A paciente às vezes pergunta sobre a experiência do terapeuta no tratamento do TPB e sobre sucessos e fracassos do tratamento. Essas informações devem ser reveladas, juntamente com informações sobre arranjos de supervisão e orientação.

Autorrevelação de informações pessoais. As pacientes, muitas vezes, se interessam por detalhes pessoais sobre seus terapeutas, como a idade, o estado civil, filhos, amizades, religião ou crenças religiosas, hábitos de trabalho, se os terapeutas já fizeram terapia, e coisas do gênero. Os terapeutas devem revelar informações que se sintam confortáveis em compartilhar. O princípio aqui é que, como a revelação é do interesse da paciente, não existem regras que limitem as informações fornecidas à paciente (além do bom senso e das diretrizes citadas). Alguns terapeutas são mais privados que outros. O importante é que observem e façam revelações dentro de seus limites de privacidade. A menos que o comportamento da paciente seja claramente inadequado em qualquer relacionamento íntimo, o terapeuta não deve comunicar à paciente que seu desejo por mais revelação é patológico.

Uma paciente, às vezes, pode perguntar se o terapeuta já teve problemas pessoais semelhantes aos seus. A maneira de responder depende das experiências reais do terapeuta, do quanto ele está disposto a se abrir em relação à sua própria vida, e de se a paciente pode usar as informações de maneira efetiva. Em alguns programas de tratamento, como aqueles voltados para indivíduos com abuso de substâncias, os terapeutas são selecionados porque tiveram os mesmos problemas que seus pacientes. Desse modo, compartilhar essa informação é uma parte importante do programa de tratamento. Os grupos de mulheres se baseiam na mesma noção – de que existem elementos em comum entre a experiência da terapeuta e das participantes do grupo. Na TCD, esse compartilhamento não faz parte da definição da terapia, mas também não é proscrito.

Várias questões devem ser lembradas em relação a esse tipo de autorrevelação. Primeiramente, não importa o quanto as situações sejam semelhantes, as diferenças entre o terapeuta e a paciente podem ser muito maiores que as semelhanças, devendo-se respeitar tanto as diferenças quanto as semelhanças. Em segundo lugar, o terapeuta deve ter muito cuidado quando compartilhar problemas atuais. Deve-se evitar sobrecarregar a paciente, ou colocá-la no papel de "terapeuta do terapeuta". Essas questões serão discutidas em mais detalhe a seguir.

Usando supervisão/orientação

Administrar a autorrevelação é uma tarefa muito difícil e uma razão por que muitas escolas de terapia sugerem que os terapeutas também façam psicoterapia. Na TCD, o supervisor individual ou a equipe de orientação de caso podem ser essenciais para ajudar os terapeutas a monitorar o seu comportamento de autorrevelação.

3. ENVOLVIMENTO AFETUOSO

O afeto interpessoal e a cordialidade terapêutica são associados a resultados positivos na literatura da pesquisa em psicoterapia (ver Morris e Magrath, 1983, para uma revisão da literatura em terapia comportamental). Isso vale tanto para pacientes *borderline* quanto para outras populações (Woollcott, 1985). Paradoxalmente, essas pacientes podem evocar afeto muito positivo e muito negativo nos terapeutas. Por um lado, a tendência a empatia, afeto e cordialidade incontrolados (i.e., afeto positivo excessivo) pode levar os terapeutas a romper o contrato terapêutico em favor de uma cordialidade anti terapêutica, proximidade emocional e física e, às vezes, inversão de papéis. Por outro lado, conforme discuto no Capítulo 1, pode ser particularmente difícil gostar das pacientes *borderline* em certas ocasiões. A tendência de muitos terapeutas de demonstrar raiva e hostilidade, e de invalidar e "culpar a vítima", é tão grande que a TCD atua ativamente para promover a apreciação e a motivação para trabalhar com pacientes *borderline*. Com frequência, o mesmo terapeuta oscila entre se envolver demais e punir a paciente agressivamente. (Esse tema é discutido em muito mais detalhe no Capítulo 13.)

O caminho do meio, expressar envolvimento afetuoso, é a postura terapêutica usual na TCD. O "afeto" pode ser definido como a comunicação ativa de uma resposta positiva à paciente. O envolvimento afetuoso mescla a resposta positiva à paciente com um interesse positivo em trabalhar com ela na terapia. O tom de voz e o estilo conversacional devem refletir afeto e envolvimento na interação terapêutica, ao invés de relutância e retraimento. Particularmente ao telefone, o terapeuta deve participar plenamente da conversa, tendo cuidado para que o seu tom de voz não comunique involuntariamente impaciência ou irritação por ser interrompido. Sua postura deve refletir interesse e cuidado. Por muitas razões (algumas bastante válidas), a paciente *borderline* muitas vezes acredita que o terapeuta está bravo com ela, quer se livrar dela, a considera chata, ou coisas do gênero. Essa paciente pode ter medo de vir para as sessões, temendo uma recepção fria, desaprovadora ou desinteressada. Um dos aspectos mais terapêuticos dessa diretriz específica é a comunicação de afeto e de vontade de ver a paciente a cada semana. O objetivo aqui é demonstrar um estilo amigável e afetuoso, ao invés de uma abordagem fria e comercial.

Limites ao afeto

O envolvimento afetuoso pode ser difícil em certas ocasiões, especialmente quando a paciente procura contato terapêutico adicional, seja pelo telefone ou por meio de uma visita não agendada ao consultório. Se o terapeuta não está disposto a falar com a paciente naquele momento específico (e não existe nenhuma crise imediata que exija atenção), ele pode se oferecer para falar em outro momento. De outro modo, o terapeuta pode ser claro quanto a suas reservas, negociar uma interação breve e se envolver da forma mais plena e afetuosa possível com a paciente durante esse período breve. O terapeuta que costuma se sentir frio, distante, desinteressado ou aborrecido com a paciente durante as sessões regulares pode ter certeza de que algo está errado – com o terapeuta, com a paciente, ou com ambos. As estratégias aqui são discutir o tópico com a equipe de orientação, analisar as interações com a paciente, e empregar um procedimento para resolver problemas no relacionamento. Com frequência, a indisposição do terapeuta é um sinal de que a paciente está apresentando comportamentos que interferem na terapia ou que o terapeuta não está observando os seus limites.

Alguns terapeutas simplesmente não são do "tipo carinhoso"; ou seja, são reservados por natureza do ponto de vista interpessoal. É claro, não existe problema em pacientes que gostam de manter uma certa distância no relacionamento. Em comparação, para pacientes que preferem ou precisam de mais afeto, ou que interpretam essa reserva incorretamente como falta de afeto, isso pode ser um obstáculo à terapia. A primeira coisa é lembrar os procedimentos de observar limites (ver o Capítulo 10). Nesse caso, a estratégia é que o terapeuta reservado seja honesto com a paciente em relação à sua capacidade de expressar afeto de maneira óbvia ou direta. Em segundo lugar, o terapeuta deve ajudar a paciente a interpretar (e, de maneira ideal, experimentar) outras características do relacionamento como indicativos de sua cordialidade e afeto. Ou seja, o terapeuta deve tentar mitigar os efeitos da sua reserva, enfatizando outros aspectos positivos do relacionamento. Por exemplo, um terapeuta que é excepcionalmente solícito pode observar que isso é um sinal de cuidado e afeto. Em terceiro, o terapeuta pode usar palavras para transmitir seus sentimentos – por exemplo, "eu gosto de trabalhar com você", "acho você interessante", "espero vê-la na próxima semana" ou "pode me ligar, não me incomodo por falar com você" (quando isso for verdade).

Sentir raiva da paciente

Dizer aos terapeutas para expressarem um envolvimento afetuoso é fácil e bom quando a paciente: não está questionando a competência, credibilidade e genuinidade do terapeuta a cada interação; não está sobrecarregando o terapeuta com telefonemas indesejados a toda hora; não ameaça se matar cada vez que o terapeuta comete o menor engano ou quando ele está sobrecarregado com outras preocupações; não ameaça abandonar a terapia a cada semana; não reclama do terapeuta (de maneiras exageradas) para qualquer pessoa disposta a ouvir; não reformula rigidamente o que o terapeuta diz, de um modo distorcido e extremo (dizendo também: "bem, se é assim, eu posso..."); não responde com um silêncio prolongado sempre que se faz um comentário insensível; e não está simultaneamente deixando de melhorar e até deteriorando-se apesar dos melhores esforços do terapeuta. Porém, e quando a paciente faz tudo isso, ou algo até pior? Não apenas é difícil se envolver afetuosamente nesses casos, como também é difícil não retaliar, atacando a paciente. Nunca presenciei ou observei tanta raiva em outros terapeutas quanto para com pacientes *borderline*. A raiva é especialmente intensa quando a paciente está comunicando sofrimento intenso e parece não estar melhorando. Main (1975), em uma ótima e empática análise das dificuldades dos profissionais com essa angústia recalcitrante, descreve a essência do problema da seguinte maneira:

> Com relação à angústia recalcitrante, pode-se quase dizer *pacientes* recalcitrantes, os tratamentos tendem, quase sempre, a se tornar desesperados e a ser usados cada vez mais a serviço tanto do ódio quanto do amor; a morrer, aplacar e silenciar, bem como a reviver... nunca se pode ter certeza garantida de que o terapeuta que enfrenta uma grande e persistente perturbação estará imune de usar interpretações da maneira que enfermeiros usam sedativos – para apaziguar a si mesmos quando desesperados, e para fugir de sua própria e perturbadora doença da ambivalência e do ódio. A tentação de ocultar, de nós mesmos e de nossas pacientes, o ódio crescente com uma bondade frenética tanto maior é quanto mais preocupados ficamos. Talvez devamos nos lembrar regularmente de que a palavra "preocupado" tem dois significados, e que se a paciente nos preocupa de forma tão brutal, será impossível manter uma objetividade afetuosa.

O primeiro passo para superar a raiva é a disposição para "deixá-la vir e ir". Ou seja, o terapeuta deve cultivar uma postura atenta de enxergar as suas próprias reações emocionais, incluindo a raiva da paciente, de modo que as reações emocionais venham e se vão. Embora qualquer reação emocional possa dar pistas importantes ao terapeuta para entender a paciente e suas dificuldades, pouco se ganha se a raiva persistir. A raiva persistente ou muito frequente geralmente é um sinal de que certas questões pessoais do terapeuta foram tocadas pelo comportamento da paciente. Em agências e ambientes de grupo, a raiva persistente também pode indicar problemas institucionais. Autoanálises honestas e o uso das estratégias de supervisão/orientação ao terapeuta (discutidas no Capítulo 13) são essenciais. Uma supervisão e/ou terapia individuais, ou orientação fora da instituição, também podem ser indicadas.

A raiva se baseia invariavelmente em algum tipo de juízo ou "dever" pejorativo sobre os acontecimentos que evocam raiva. A pessoa que apresenta o comportamento indesejado é considerada responsável, livre e capaz de agir melhor se quiser: "ela não devia ter feito isso", "ela está me manipulando", "ela não quer melhorar", e assim por diante. A teoria biossocial da TCD foi desenvolvida em parte para combater exatamente essas atitudes. Assim, o segundo passo para se combater a raiva é tentar mudar de perspectiva, enxergando o comportamento da paciente como resultado de fatores biossociais que ainda não foram remediados. O terapeuta deve adotar uma perspectiva fenomenológica, enxergando os fatos do ponto de vista da paciente. Somente quando o terapeuta consegue enxergar ambos pontos de vista ao mesmo tempo – a visão da paciente de que "minha resposta é a única possível, dada minha história de vida" e a visão do terapeuta de que "sua resposta é inaceitável mesmo assim, e deve mudar" – é que pode haver progresso na terapia. Tive períodos com determinadas pacientes em que precisei fazer essa troca muitas vezes no espaço de uma interação com uma paciente. Desse modo, o terapeuta deve ter uma paciência praticamente inexaurível para repetir o processo muitas vezes.

Em terceiro lugar, o terapeuta deve examinar minuciosamente os seus próprios limites com relação ao comportamento da paciente, e questionar se eles estão sendo observados e comunicados adequadamente à paciente. Os procedimentos de observar limites, apresentados no Capítulo 10, foram desenvolvidos principalmente para moderar a frustração e a raiva do terapeuta. Eles raramente são usados para transmitir esses limites no meio de uma reação de raiva. Porém, depois que o terapeuta se acalma, a discussão pode ser frutífera. Infelizmente, com muitas pacientes *borderline*, o terapeuta deve ampliar seus limites por algum tempo, até que o comportamento da paciente melhore. Aqui, é essencial que se tenham em mente os princípios da moldagem (ver o Capítulo 10 para uma revisão). De fato, lembrar a si mesmo desses princípios pode ajudar a reduzir a raiva.

Finalmente, é importante ter em mente que o controle perfeito e a terapia perfeita simplesmente não são possíveis de alcançar. Não será uma catástrofe se o terapeuta ocasionalmente explodir ou tiver um comportamento hostil ou bravo. Ou melhor, não será catastrófico se o terapeuta consertar o relacionamento. Esse tema é discutido em mais detalhe no Capítulo 15, então não o aprofundarei mais aqui. Contudo, é importante lembrar que o afeto constante não é característico de nenhum relacionamento, não importa o quão positivo ele seja.

Envolvimento afetuoso e toque na psicoterapia

Um problema com as pacientes *borderline* é que é fácil passar dos limites – ser afetuoso *demais* e envolvido *demais*. Na tentativa de evitar isso, alguns terapeutas exageram na outra direção e se afastam demais de suas pacientes, tanto física quando emocionalmente. Em nenhum lugar isso é mais verdadeiro do que na área do toque físico na terapia. Muitos terapeutas (especialmente nesta era de processos judiciais) têm uma regra arbitrária de que jamais tocam em uma paciente, não importam as circunstâncias. Todavia, quando responde a uma necessidade ou pedido da paciente, o toque pode ser curativo em qualquer relacionamento interpessoal, incluindo a relação terapêutica. A paciente *borderline* muitas vezes pede ou dá início ao contato físico ou a um abraço. Quando isso é apropriado, parece insensato negar o pedido ou afastar a paciente por razões arbitrárias. Não se deve subestimar o valor do toque nesses casos, pelo menos com certas pacientes. Mesmo quando uma sessão foi encerrada de maneira adequada, despedir-se pode ser bastante difícil para muitas pacientes.

Desconfio que o problema nesse caso é que as regras são obscuras, mas as penalidades por violá-las (seja de forma voluntária ou involuntária) são muito altas. Se as regras fossem mais claras, as coisas seriam mais fáceis. Quais são, então, as regras da TCD?

1. *Os toques físicos devem ser cuidadosos*. Seu papel no contexto da relação terapêutica com cada paciente específica deve estar claro na mente do terapeuta. A relação do toque com o plano de tratamento deve ser consciente e explícita. Em resumo, o toque deve ser criterioso, ao invés de despreocupado.
2. *Os toques físicos devem ser breves*. Um toque no ombro da paciente enquanto ela está sentando na sala de terapia, abraçá-la ao se despedir ou ao encontrá-la depois de um certo tempo, colocar a mão brevemente so-

bre a mão da paciente durante uma revelação particularmente difícil, e pegar a mão ou o braço da paciente com firmeza quando ela está fora de controle podem ser atitudes apropriadas e terapêuticas em certas circunstâncias.

3. *Os toques físicos devem expressar uma relação terapêutica existente.* Eles são uma estratégia de comunicação, e não devem ser usados como procedimento de mudança. Desse modo, o contato físico deve ser adequado ao nível de intimidade terapêutica no relacionamento. Em relacionamentos íntimos, o toque (p.ex., um abraço de despedida) deve refletir o estado atual do relacionamento, e não deve ser usado para criar um estado diferente. Por exemplo, se o relacionamento está abalado, não se deve usar o toque para tentar repará-lo. Um abraço reflete o reparo que já foi realizado (para ambas as partes), mas não é um meio de corrigir um problema. Massagear o pescoço da paciente para relaxá-la não é adequado na TCD. O contato físico também não é um procedimento de validação para um procedimento de mudança. Por isso, abraçar a paciente na sessão de terapia, mesmo durante revelações particularmente difíceis, não é um estratégia da TCD. As únicas exceções aqui são aquelas raras situações em que o contato físico firme pode ajudar ou ser necessário para controlar ou restringir uma paciente muito agitada.

Às vezes, a paciente pede um abraço de despedida ou consolo, mas o terapeuta não se sente próximo o suficiente no relacionamento para se sentir confortável com toques. Isso é especialmente provável com pacientes novas e em relacionamentos terapêuticos marcados por hostilidade ou falta de vínculo com a paciente (p.ex., as pacientes "borboletas" discutidas no Capítulo 5). Nesse caso, a discussão deve se concentrar em ajudar a paciente a aprender a monitorar quando esses pedidos ou iniciativas de toque são adequados e agir segundo essa visão. Indivíduos com histórico de abuso sexual costumam ter problemas nessa área.

Se a paciente continuar pedindo um abraço de despedida, com o qual o terapeuta não se sinta confortável, ele deve analisar como as sessões têm terminado. O terapeuta talvez não esteja dando tempo suficiente para a paciente relaxar antes de ir embora. (Ver o Capítulo 4 para uma discussão mais aprofundada sobre esse tema.) Se a paciente é forçada a deixar a interação quando está se sentindo vulnerável, um abraço de despedida pode ser especialmente importante. Muitas disputas relacionadas com a questão do toque giram em torno desse problema. O problema da paciente não deve ser ignorado, mas não se deve substituir a conclusão apropriada da sessão por um abraço.

4. *Os toques físicos devem ser sensíveis aos desejos e à necessidade de conforto da paciente.* O terapeuta deve pedir permissão antes de abraçar a paciente ou de tocar em sua mão, e não deve tocar uma paciente que não queira ser tocada. Ele deve se manter atento a mudanças no nível de conforto e agir segundo essa percepção. Não se deve pressupor que a paciente não se importa simplesmente porque não reclama. A comunicação não verbal é importante nesse sentido.

5. *Os toques físicos devem ficar dentro dos limites pessoais do terapeuta.* Por exemplo, se o terapeuta é do tipo que não abraça ninguém, isso deve ficar claro para a paciente, sem implicar que seu desejo por contato físico seja

algo patológico ou problemático em princípio (ver discussão anterior). Conforme discuti no Capítulo 10, aprender a observar os limites das pessoas é uma importante habilidade social. Ou o terapeuta pode não se sentir seguro para tocar a paciente (mesmo quando parecer seguro), especialmente quando amigos ou colegas seus foram processados ou repreendidos por envolvimento sexual com pacientes. Essa preocupação é mais provável de ocorrer em duplas com os dois sexos, mas pode ser uma consideração importante em duplas do mesmo sexo, ou quando uma ou ambas as partes são lésbicas ou gays. O terapeuta talvez prefira restringir os abraços de despedida a locais públicos e abertos (como o corredor ou o consultório com a porta aberta). Pode ser muito importante discutir as questões éticas que envolvem o toque com a paciente *borderline*.

6. Deve ficar claro que *toques sexuais nunca são aceitáveis*, assim como a expressão de disposição sexual, seja por um toque, palavra, tom de voz ou convite, jamais é apropriada. As pacientes *borderline* e seus terapeutas, em particular, tendem a ter relacionamentos sexuais inadequados. Os riscos ou erros relacionados com os toques físicos são mais comuns nesse caso do que com muitas outras populações de pacientes. Assim, é necessário ter muito cuidado. O terapeuta deve ser particularmente cuidadoso em relação à maneira como a paciente interpreta o toque. Não existe substituto para uma conversa sobre como a paciente interpreta um abraço ou tapinha no ombro. O terapeuta não deve simplesmente pressupor, com base no gênero ou orientação sexual, que o toque é percebido como não sexual.

Se não existe maneira de o terapeuta tocar na paciente sem que isso se torne um pouco sexual para uma das partes, não deve haver nenhuma forma de toque. Se o terapeuta se sente sexualmente atraído por uma paciente (mais do que brevemente), recomendo não apenas evitar qualquer toque físico, como procurar orientação imediatamente. O segredo aqui é não confiar demais em si mesmo.

7. *Quando a paciente faz toques inapropriados ou uma proposta sexual, o terapeuta deve "discuti-la à exaustão"*. Isso é um comportamento que interfere na terapia e deve ser tratado como tal. O terapeuta também deve estar disposto a analisar o seu próprio comportamento para garantir que não haja incentivo ou reforço inadvertido ao comportamento.

8. *Os toques físicos devem ser potencialmente públicos*. Isso não significa que todo e qualquer toque deva ocorrer em público. Também não significa que o terapeuta deva discutir a situação publicamente com qualquer ou todos os seus colegas profissionais. Significa apenas que o terapeuta não deve transformar em segredo o fato de que, por exemplo, abraça uma paciente na despedida. Esse tema deve ser discutido periodicamente nas reuniões de supervisão/orientação. Um terapeuta que filma as sessões não deve afastar a câmera ao abraçar a paciente. Os propósitos dessa regra são honestidade e autoproteção. O terapeuta que costuma discutir o tema é menos provável de cair em erros.

4. GENUINIDADE

Quase todas as escolas de terapia e psicoterapeutas experientes valorizam a genuinidade como uma característica importante para os terapeutas, e a TCD não é exceção a isso. As pacientes *borderline*, em particular, costumam exigir um grau de genuinidade dos terapeutas que pode ser exaustivo para manter. Essas pacientes conseguem captar comunicações sutis, e é extraordinariamente difícil para seus terapeutas se esconder atrás de seu papel. Ter uma paciente *borderline* é como ter um supervisor como paciente: cada resposta artificial, intervenção inábil, comentário incoerente ou tentativa de usar a força de maneira inadequada é notada e comentada.

As pacientes *borderline* costumam expressar uma necessidade de que seus terapeutas sejam "reais". Com frequência, sentem-se desconfortáveis com a ambiguidade de significados imposta pelo papel terapêutico. Será que o terapeuta "realmente se importa", ou o comportamento cuidadoso é uma reflexão do seu papel? A maioria das outras pacientes consegue tolerar limites e barreiras artificiais impostos pelo papel terapêutico, mas os indivíduos *borderline* não os toleram bem, em parte porque suas vidas foram cheias de regras, limites e distinções arbitrários. Isso não significa que o terapeuta não deva ter limites, pois isso também seria arbitrário. Um relacionamento genuíno no contexto da terapia permite que a paciente aprenda que, mesmo em um bom relacionamento, existem limites e barreiras naturais, bem como arbitrários.

A TCD coloca uma forte ênfase na terapia como um relacionamento "real", ao invés de um relacionamento transferencial. Ao invés de agir como um espelho para a paciente resolver problemas de transferência, o terapeuta apenas é ele mesmo. O terapeuta desenvolve um relacionamento real com a paciente e a ajuda a mudar dentro do relacionamento. A ideia é que a cura ocorre dentro desse relacionamento genuíno. A genuinidade do terapeuta é um veículo que contém os procedimentos de terapia que levam à mudança. Ela também proporciona um referencial contra e com o qual a paciente reage para aperfeiçoar o seu comportamento interpessoal. Finalmente, a genuinidade do terapeuta proporciona um sentido de intimidade e conexão, que melhora as vidas da paciente e do terapeuta. Essa qualidade de ser ele mesmo foi descrita da seguinte maneira:

> Ele [*sic*] não tem um disfarce ou fachada, vivenciando abertamente os sentimentos e posturas que fluem no momento dentro de si. Isso envolve o elemento da autoconsciência, significando que o sentimento que o terapeuta está sentindo está disponível para ele, disponível para sua consciência, e também que ele consegue vivenciar esses sentimentos, ser eles no relacionamento e comunicá-los quando apropriado. Significa que ele tem um encontro pessoal direto com sua cliente, que o encontra de maneira pessoal. Significa que ele está *sendo* ele mesmo, e não negando a si mesmo. (Rogers e Truax, 1967, p. 101)

Na mesma linha, Safran e Segal (1990, p. 249-250) discutem o relacionamento na terapia cognitiva da seguinte maneira:

> Essencialmente, deve-se lembrar que todos os conceitos teóricos e técnicas... são simples ferramentas; são ferramentas criadas para ajudar o terapeuta a superar os obstáculos de ter uma relação eu-tu com a paciente. Todavia, essas ferramentas podem se tornar obstáculos se forem usadas para evitar encontros humanos autênticos, ao invés de facilitá-los. Conforme fala um velho ditado Zen: "*as ferramentas certas nas mãos do homem errado podem se tornar ferramentas erradas*". O terapeuta sensato não confunde o veículo específico com a mudança... com a essência subjacente da mudança.
>
> Os terapeutas que deixam os conceitos cegá-los à realidade do que está ocorrendo realmente no momento com suas pacientes estão se relacionamento com as pacientes como objetos, ou, na fraseologia de Buber, como um "que" ao invés de um "quem". Os terapeutas que se escondem atrás da segurança do arcabouço conceitual apresentado aqui, ao invés de arriscarem

encontros humanos autênticos, que poderiam fazê-los transcender todos os papéis e pré-concepções sobre como devem ser, excluem a possibilidade das experiências em relações humanas que seriam curativas para suas pacientes.

Uma característica muito importante da genuinidade tem a ver com o comportamento arbitrário e definido pelos papéis, ao invés do comportamento natural, congruente e livre de papéis. Na TCD, o terapeuta não enfatiza demais o seu papel; ou seja, a resposta do terapeuta é determinada pela efetividade e limites naturais, ao invés de definições arbitrárias de papéis. Essa naturalidade pode ser bastante difícil para terapeutas treinados em escolas que enfatizem limites rígidos e comportamentos "profissionais". Como na observação dos limites, não existe um manual de regras na TCD para indicar quais comportamentos refletem o terapeuta ser ele mesmo na terapia. Pelo contrário, os terapeutas devem olhar o seu próprio estilo natural de ajudar.

A necessidade de invulnerabilidade do terapeuta

Algumas abordagens terapêuticas consideram um fato aceito que os níveis de vulnerabilidade e autorrevelação para pacientes e terapeutas não apenas não são, como não *devem* ser iguais. Nessas abordagens, o relacionamento terapeuta-paciente é semelhante a qualquer relacionamento com diferentes graus de poder. A marca desses relacionamentos é que uma pessoa (a pessoa com menos poder) é mais vulnerável à outra. Todavia, conforme observei anteriormente, os indivíduos *borderline* são muito sensíveis a diferenças de poder em relacionamentos. Eles muitas vezes se opõem intensamente à natureza quase parental de muitas relações terapêuticas, afirmando, com bastante propriedade, que não são crianças, e perguntam por que a vulnerabilidade não é compartilhada de maneira mais igualitária. A TCD não se baseia em um modelo médico e trabalha ativamente contra relacionamentos paternalistas, ou que tratem a paciente como criança. Ela é mais semelhante, em seu modelo de relacionamento, à terapia feminista, cujo objetivo é "empoderar" a paciente. Ainda assim, mesmo na TCD, a vulnerabilidade e a reciprocidade não são compartilhadas igualmente entre terapeuta e paciente. Desse modo, a questão seguinte é muito boa: como deve o terapeuta responder quando a paciente argumenta que a vulnerabilidade e revelação recíprocas melhorariam o tratamento, e não interfeririam nele? Como disse uma paciente para um colega meu: "quanto menos agir como terapeuta, mais você me ajudará".

Existem muitas respostas. Na TCD, paradoxalmente, cada resposta gira em torno da disposição do terapeuta para ser natural ao invés de arbitrário no relacionamento. Três razões importantes têm a ver com os limites pessoais do terapeuta, com as características específicas da paciente e com a interação entre a vulnerabilidade e a capacidade do terapeuta de conduzir uma terapia efetiva.

Limites do terapeuta em relação à vulnerabilidade

Uma razão importante por que os níveis de vulnerabilidade e autorrevelação não são iguais entre a paciente e o terapeuta é que este não conseguiria aguentar se fossem. O nível de reciprocidade é exatamente aquele que qualquer pessoa consegue tolerar, e ninguém é completamente vulnerável e aberto em todos os seus relacionamentos. Nenhum de nós conseguiria suportar isso realmente. A maioria das pessoas é aberta e vulnerável com uma ou duas, ou no máximo com três ou quatro pessoas em suas vidas (geralmente nossos familiares). As pessoas que não têm família têm um ou dois amigos íntimos com quem são vulneráveis e fazem revelações. De um modo geral, os seres humanos não são reciprocamente vulneráveis com todos. Se os terapeutas fossem vulneráveis dessa forma com todas as suas pacientes, todos os dias, eles não conseguiriam sequer se arrastar até em casa no final do dia.

Quando o terapeuta força a vulnerabilidade e autorrevelação em nome da terapia, a interação não é genuína ou autêntica. As queixas da paciente de que o comportamento de cuidar simplesmente faz parte do papel de terapeuta estão corretas. Embora a paciente possa querer vulnerabilidade recíproca, esperar ou exigir isso pode ser irrealista. Um relacionamento que é autenticamente recíproco, autorrevelador e genuíno somente pode ocorrer no contexto daquilo que o terapeuta está disposto e é capaz de fazer ou ser. Não é necessário criar regras ou histórias sobre como a revelação e a vulnerabilidade recíprocas seriam prejudiciais para uma paciente, embora possam, de fato, ser prejudiciais. Não é necessário convencer a paciente de que a incapacidade ou indisposição do terapeuta para interagir como ela deseja é do seu próprio interesse. Não é necessário pensar que as necessidades e desejos da paciente por mais reciprocidade são um tanto patológicas. O que se necessita aqui é honestidade por parte do terapeuta. Quando falo em "comunicação recíproca", não estou falando de o terapeuta revelar tudo que está acontecendo em sua vida ou partilhar cada reação com a paciente. Ao invés disso, estou me referindo a uma postura aberta no momento e ao momento.

Características da paciente que limitam a vulnerabilidade

Na TCD, o terapeuta não constrói limites ou barreiras interpessoais. Todavia, isso não significa que não existam barreiras e limites entre o terapeuta e a paciente, mas que o terapeuta não os constrói propositalmente como parte da terapia. Observar limites inclui observar essas barreiras, bem como as barreiras à vulnerabilidade e autorrevelação.

Várias características e padrões de comportamento da paciente podem criar barreiras à intimidade e à reciprocidade. As pacientes *borderline*, com uma certa frequência, forçam, infringem ou exigem intimidade e vulnerabilidade das pessoas, incluindo seus terapeutas. Quando isso acontece, as pessoas que são forçadas, infringidas ou exigidas se afastam e erguem barreiras. É uma reação natural. É difícil ser relaxado e espontâneo com uma pessoa que ameaça cometer suicídio se cometermos um engano interpessoal. É difícil ser íntimo com um indivíduo que responde de forma afetuosa em um dia e faz ataques mordazes no outro. A comunicação recíproca exige a observação dessas barreiras e das razões para elas. O terapeuta discute as barreiras com a paciente, descrevendo como a paciente está contribuindo para elas.

Às vezes, a paciente e o terapeuta simplesmente não combinam muito. Diferenças em personalidade e estilo de comunicação, classe social, gênero, religião, política, educação ou idade, por exemplo, podem diminuir o nível de conforto do terapeuta, bem como a utilidade das autorrevelações. A comunicação recíproca não significa derrubar essas barreiras, mas reconhecê-las abertamente. Um fato natural da vida é que as pessoas têm barreiras culturais e estilísticas, por várias razões. O valor terapêutico é que a paciente pode aprender sobre barreiras naturais em um contexto que não seja moralista ou crítico. Não é do interesse da paciente aprender que nunca existem barreiras, mas aprender sobre o mundo como ele é. As barreiras existem.

Os terapeutas que trabalham com a TCD devem aceitar o fato de que grande parte da formação em psicoterapia defende que se criem barreiras entre pacientes e terapeutas. Assim, na TCD, os terapeutas devem analisar constantemente quantos dos limites e barreiras que existem dentro de si são artificiais e quantos são naturais, e devem trabalhar para reduzir os artificiais e reconhecer os naturais.

Limites da terapia eficaz

O grau de vulnerabilidade e autorrevelação do terapeuta também deve ser restringido pelos limites entre a terapia eficaz e ineficaz. Existem duas fontes de limites: a experiência do terapeuta com a vulnerabilidade e revelação, e o foco da TCD na paciente. Com relação ao primeiro, a TCD exige um equilíbrio às vezes difícil entre a experiência pessoal com pacientes diferentes e um entendimento da individualidade da paciente atual. O que é eficaz com uma determinada paciente pode não ser com outra. O que antes era eficaz com uma determinada paciente pode não ser mais. Certas pacientes são adequadas a relacionamentos próximos e íntimos, mas outras se assustam e precisam de uma certa distância. Como com todas as estratégias, não existe substituto para a avaliação contínua.

Em segundo lugar, na TCD, o foco da terapia deve se manter na paciente. Os terapeutas devem ter cuidado para não falar sobre seus sentimentos ou história de vida de um modo que desvie o foco para si mesmos. Essa mudança pode ser particularmente tentadora com pacientes *borderline*, que usam argumentos persuasivos contra a desigualdade e as normas dependentes dos papéis inerentes na psicoterapia. Seguidamente, seu desejo por maior intimidade, sua capacidade de estimular e reforçar a autorrevelação do terapeuta, e sua tendência de punir a distância interpessoal conduzem os terapeutas por um caminho perigoso, levando-os a abandonar a relação terapêutica. O desconforto da paciente *borderline* com o papel de paciente às vezes leva a uma reversão completa dos papéis: o terapeuta, de fato, se torna o paciente. Em outras ocasiões, a reversão é parcial e o relacionamento se transforma em aconselhamento mútuo. Embora a reversão de papéis ou um relacionamento de aconselhamento mútuo nem sempre seja prejudicial para a paciente, ambos são problemáticos, por diversas razões. Nenhum dos dois foi o tipo de relacionamento acordado inicialmente; ou seja, ambos violam o contrato da terapia. Quando essa mudança ocorre, a paciente considera mais difícil reclamar, mesmo que queira mais atenção para os seus próprios problemas. A paciente também pode considerar os problemas ou a história de vida do terapeuta pesados. Na TCD, a autorrevelação deve ser usada de maneira estratégia – ou seja, dentro do arcabouço de um plano de tratamento.

Estratégias de comunicação irreverente

As estratégias de comunicação irreverente são usadas para provocar a paciente para "sair do rumo", por assim dizer. A ideia básica aqui é "desequilibrar" a paciente, para que haja um reequilíbrio. A comunicação irreverente é usada (1) para chamar a atenção da paciente, (2) para mudar a resposta afetiva da paciente e (3) para levar a paciente a enxergar um ponto de vista completamente diferente. Ela é usada sempre que a paciente, ou a paciente e o terapeuta, estão "travados" em um padrão emocional, de pensamento ou comportamento disfuncional. O estilo é inconvencional.

A comunicação irreverente indica à paciente que qualquer ideia ou crença que o terapeuta ou a paciente tenha está essencialmente aberta a questionamento, exploração e mudança. Usa-se a lógica para costurar uma rede da qual a paciente não possa sair. Para ser efetiva, a irreverência deve ter dois componentes: (1) deve vir do "centro" do terapeuta (i.e., deve ser genuína), e (2) deve ser construída sobre um alicerce de compaixão, carinho e afeto. De outra forma, haverá possibilidade de uso indevido quando fora do contexto. A comunicação irreverente equilibra a comunicação recíproca.

A comunicação irreverente é difícil de definir ou explicar em termos comportamentais, e é mais fácil de aprender por exemplo ou observação. Em muitos casos, ela exige um estilo trivial, quase inexpressivo: o terapeuta toma a premissa básica da paciente e a maximiza ou minimiza de um modo que não seja emotivo (semelhante ao de um homem franco em um grupo de comédia), para fazer um argumento que a paciente não tenha considerado antes. Em comparação, se a própria paciente for trivial ou inexpressiva, a intensidade e emocionalidade elevadas ou o uso de afirmações extremas também podem ser efetivamente irreverentes. Seja inexpressivo ou intenso, o estilo contraria nitidamente a responsividade afetuosa do estilo recíproco[1]. Estratégias específicas de comunicação irreverente são discutidas a seguir e apresentadas no Quadro 12.2.

Estratégias dialéticas e irreverência

Muitas (se não a maioria) das estratégias dialéticas descritas no Capítulo 7 têm um toque irreverente. De fato, seu sucesso muitas vezes depende de o terapeuta apresentar posições paradoxais ou heterodoxas como críveis e razoáveis. Penetrar no paradoxo, representar o advogado do diabo, permitir a mudança e fazer limonada de limões são estratégias

Quadro 12.2 Lista de estratégias de comunicação irreverente

____ O tom de voz de T ser casual no que diz respeito aos comportamentos desadaptativos.
____ T usar a lógica de maneira irreverente para tecer uma rede.
____ T empregar um estilo inexpressivo ou muito intenso, conforme o necessário, para contrapor o estilo de P.
____ T usar estratégias dialéticas de maneira irreverente:
 ____ Penetrando no paradoxo.
 ____ Representando o advogado do diabo.
 ____ Expandindo.
 ____ Permitindo a mudança.
 ____ Fazendo limonada de limões.
____ De maneira trivial, T REFORMULAR a comunicação de P para um modo heterodoxo, ou desenvolver aspectos involuntários da comunicação de P.
____ T MERGULHAR em áreas sensíveis.
 ____ O estilo de T ser franco, direto e claro; T "chamar uma espada de espada".
 ____ T usar humor.
 ____ T discutir comportamentos disfuncionais de maneira trivial.
 ____ T envolver a irreverência com validação.
____ T usar CONFRONTAÇÃO DIRETA com comportamentos disfuncionais.
 ____ T falar que é "papo furado" ao receber respostas que não o comportamento adaptativo esperado.
 ____ T impedir a fuga para traumas disfuncionais diversos.
____ T ACEITAR OS BLEFES DE P.
____ T ALTERNAR A INTENSIDADE das emoções, voz e postura; T também usar SILÊNCIO para interagir com P.
____ T adotar uma postura de ONIPOTÊNCIA ou admitir IMPOTÊNCIA, conforme parecer apropriado.

Táticas anti-TCD

____ T usar comunicação irreverente de maneira maldosa.
____ T usar comunicação irreverente sem consciência dos efeitos sobre P.
____ T usar comunicação irreverente de maneira afetada ou rígida.

que somente são eficazes se o terapeuta apresentá-las com confiança e de maneira totalmente casual. O terapeuta usa um estilo "natural", talvez levemente incrédulo, para que a paciente não enxergue a questão imediatamente. Por exemplo, no procedimento de expandir, o terapeuta reformula a posição da paciente de maneira incrédula: "como você pode esperar que eu responda à sua infelicidade por ser despedida quando está pensando em suicídio? É claro que temos que lidar primeiro com o suicídio! De que serve um emprego se você morrer?". Permitindo a mudança, o terapeuta responde às questões da paciente, como "na semana passada, você disse que eu tenho tudo de que preciso; agora, está dizendo que eu não tenho as habilidades de que preciso?", com um simples "correto". E assim, o terapeuta continua, deixando que a paciente encontre a síntese. Ou então ele muda as técnicas e estratégias subitamente, sem aviso, sem desculpas e sem explicação. Se a paciente disser: "você mudou o tratamento novamente?", o terapeuta diz: "sim" e prossegue normalmente.

1. REFORMULAR DE MANEIRA HETERODOXA

Uma resposta irreverente quase nunca é a reação que a paciente espera. Embora responda à comunicação da paciente, não responde a suas expectativas (e, talvez, a seus desejos imediatos). O terapeuta reformula a comunicação da paciente de maneira heterodoxa, ou desenvolve aspectos involuntários da comunicação da paciente. Por exemplo, se a paciente diz: "vou me matar", o terapeuta pode responder: "eu achava que você tinha concordado em não abandonar a terapia".

Uma paciente minha estava fracassando mais uma vez em suas tentativas de ter um emprego. Descobrindo (de forma bastante realista) que poderia ser despedida na semana seguinte, ela tentou me convencer que o estresse desse fracasso constante era razão suficiente para se matar. Ela então disse que eu não sabia ou entendia o quanto era estressante, pois eu claramente era uma profissional bem-sucedida. Respondi de forma calma e natural, e de um modo irreverente: "ah, mas eu entendo. Tenho que viver com uma quantidade de estresse semelhante a maior parte do tempo. Imagine como é estressante para mim ter uma paciente constantemente ameaçando se matar. Nós duas temos que nos preocupar em ser despedidas!". Quando usada de forma criteriosa, a reformulação irreverente facilita a solução de problemas e, ao mesmo tempo, não reforça o comportamento suicida.

2. MERGULHAR ONDE OS ANJOS TEMEM PASSAR

Os indivíduos *borderline* muitas vezes são interpessoalmente diretos e intensos. Conforme já falei antes, eles não são bons em manipulação social. Com frequência, relacionam-se melhor com pessoas com estilo semelhante – aquelas que se comunicam de maneira franca, direta e clara. Esse estilo faz parte da comunicação irreverente. A TCD pressupõe que as pacientes *borderline* são e não são frágeis, e a irreverência é direcionada para os aspectos não frágeis das pacientes. A irreverência pressupõe que o momento das "interpretações" ou hipóteses geralmente não é crucial. O estilo do terapeuta é direto, claro, concreto, cândido e aberto. O terapeuta "chama uma espada de espada", mergulha onde os anjos temem passar. O humor e uma certa ingenuidade e inocência aparentes também são características do estilo. O raciocínio para essa irreverência é o mesmo do bombeiro que, abrindo mão de sutilezas sociais, joga uma vítima de incêndio da janela, para a rede de segurança, ou o salva-vidas que agarra uma nadadora que está se afogando e a leva para a segurança. Quando a dor é intensa, o tempo é essencial. Economiza-se tempo tomando a rota direta.

As tentativas disfuncionais de resolver problemas e outros temas sensíveis, incluindo comportamentos suicidas, comportamentos que interferem na terapia e outros comportamentos de fuga, são aceitas como consequências normais da história de vida do indivíduo e de fatores que agem atualmente na sua vida. Os comportamentos são tratados como consequências normais de contextos aberrantes. O terapeuta não se abstém de discuti-los ou abordá-los devagar, mas mergulha de forma tranquila e resoluta. Em particular, a ideação suicida, ameaças de suicídio e parassuicídios são discutidos de maneira semelhante ao modo de discutir outros comportamentos quaisquer. A possibilidade de que a paciente possa realmente se matar é reconhecida abertamente (mas não estimulada). Essa naturalidade geralmente não é surpresa para a paciente, cujos comportamentos costumavam evocar uma resposta significativa da comunidade no passado. O estilo natural distrai a paciente um pouco da intensidade do tema e de suas emoções fortes usuais. A ideia é que o terapeuta avance de forma suficientemente rápida e natural para levar a paciente junto com ele. Em essência, a resposta ao comportamento suicida é tratá-lo de modo leve e natural e, ao mesmo tempo, levá-lo completamente a sério.

Finalmente, a irreverência é cercada de validação. Assim, se o terapeuta diz à paciente que ela não deve se matar porque interferiria na terapia, essa declaração é seguida imediatamente por uma afirmação de que ela deve estar se sentindo frustrada, desesperançosa e coisas do gênero. Não devemos confundir uma estratégia irreverente com ser impassível. Por isso, o drama e a expressividade emocional são incentivados.

3. USAR UM TOM CONFRONTACIONAL

O terapeuta irreverente confronta o comportamento disfuncional diretamente e, às vezes de forma ostensiva (p.ex., "você está sendo irracional comigo novamente?", ou "você perdeu a cabeça?", ou "você não achou por um segundo sequer que eu estava pensando que essa era uma boa ideia, achou?"). O terapeuta fala "papo furado" quando recebe respostas que não a resposta adaptativa esperada. Ele também pode usar um estilo irreverente para impedir a fuga para traumas disfuncionais diversivos. Por exemplo, quando a paciente responde a temas que provoquem ansiedade desviando para (e persistindo em) uma discussão de outros traumas irrelevantes ou da "novela", o terapeuta pode dizer: "você quer ajuda com seus problemas reais ou não?" ou "ah, não! Mais uma novela". Conforme indicam esses exemplos, a confrontação depende de uma relação muito forte e positiva, e também não pode se manter sem validação.

4. ACEITAR OS BLEFES DA PACIENTE

O terapeuta irreverente aceita os blefes da paciente. Por exemplo, se a paciente diz: "vou largar a terapia", o terapeuta responde: "você gostaria de um encaminhamento?". A estratégia dialética de expandir – levar a paciente mais a sério do que ela deseja – geralmente é um exemplo de aceitar o blefe da paciente. Todavia, o terapeuta deve ter cuidado para deixar ou proporcionar uma saída quando identificar o blefe. O segredo aqui é o momento de aceitar o blefe e proporcionar uma rede de segurança. O terapeuta gentil proporciona os dois ao mesmo tempo (blefe e rede); o terapeuta cruel, insensível ou bravo esquece a rede.

5. ALTERNAR A INTENSIDADE E USAR SILÊNCIO

Alternar deliberadamente a intensidade das emoções, da voz e da postura pode ser irreverente quando cruza a intensidade da paciente. Aqui, o terapeuta muda rapidamente de uma forte intensidade para uma calma relaxada e retorna, ou de uma seriedade inativa para jocosidade e retorna novamente. A irreverência está na alternância em si, bem como na incongruência entre o humor aparente da paciente e o do terapeuta.

O silêncio também pode ser usado para aumentar ou reduzir a intensidade, e para afastar-se ou aproximar-se da paciente. Por exemplo, o terapeuta pode estar tentando obter um comprometimento da paciente, uma mudança de afeto ou o abandono de uma posição insensata. Depois de argumentar os dois lados, o terapeuta pode usar o silêncio para encontrar a paciente e produzir um vácuo que a paciente possa preencher. O terapeuta não fala, sorri ou se mexe, mas olha a paciente, o espaço ou um ponto fixo. Ele espera a resposta desejada da paciente (p.ex., com afeto, um comprometimento, um comentário "razoável"). Depois disso, ele responde.

6. EXPRESSAR ONIPOTÊNCIA E IMPOTÊNCIA

Às vezes, pode ser bastante eficaz e irreverente o terapeuta assumir uma posição de onipotência, sugerindo que somente trabalhando com ele ou seguindo suas sugestões a paciente poderá fazer progresso. Por exemplo, o terapeuta pode dizer: "o problema com o suicídio, é claro, é que, se você estiver morta, não me terá para ajudá-la". Ou se a paciente disser: "como você sabe que eu tenho uma 'mente sábia'?", o terapeuta pode dizer: "como eu sei? Acredite em mim, eu sei dessas coisas". O oposto também funciona – admitir impotência. Por exemplo, em resposta a comportamentos que interferem na terapia, o terapeuta pode dizer: "você ganhou. Talvez esta terapia não funcione para você". Ou ao discutir o relacionamento de tratamento, o terapeuta pode admitir: "você pode me vencer se quiser. Não é difícil. Tudo que você tem a fazer é mentir". Quando a paciente reclama novamente sobre o comportamento do terapeuta ou sua desesperança, a resposta pode ser "talvez você precise de um terapeuta melhor que eu". Um certo elemento de aceitar o blefe da paciente está evidente nesses exemplos. Como a bateia de areia que contém uma pepita de ouro, o comentário deve ter um elemento de verdade. A irreverência não é substituto para genuinidade.

Comentários finais

A reciprocidade e a irreverência devem ser costuradas, formando um único tecido estilístico. Se usadas de forma exclusiva ou desequilibrada, nenhuma das duas representa a TCD. A reciprocidade, sozinha, corre o risco de ser "doce" demais; a irreverência, quando usada isoladamente, tem o perigo de ser "má" demais. A reciprocidade pode ser exagerada por terapeutas gentis ou que se sintam culpados, e a irreverência pode ser exagerada por terapeutas arrogantes ou bravos. Na TCD, os estilos devem se equilibrar. Infelizmente, saber isso não proporciona diretrizes precisas para como se pode fazer essa mistura. Embora a teoria dialética possa lhe orientar, somente a prática e uma certa quantidade de certeza ou autoconfiança podem produzir o rápido movimento e mistura que a comunicação exige na TCD. O ritmo dos seus movimentos de estilo para estilo deve se basear no que está acontecendo no aqui e agora da interação terapêutica. Você deve observar o que está acontecendo e o que é necessário – onde se encontra no momento e aonde está indo.

A irreverência geralmente é mais arriscada no curto prazo. Ela pode produzir explosões, às vezes quando você menos espera. Em outras ocasiões, a irreverência pode gerar uma descoberta depois de um longo período com pouco progresso. A reciprocidade, embora geralmente mais segura no curto prazo, pode ser arriscada no longo. Como a validação sem mudança, ela pode não levar a difícil situação da paciente a sério. Da mesma forma que a validação é misturada com estratégias de mudança, a reciprocidade deve ser mesclada com a irreverência. Durante certas sessões, a irreverência predominará; em outras, a reciprocidade terá precedência. Como com qualquer habilidade (incluindo as que ensinamos às pacientes), a arte muitas vezes está no momento adequado de usá-la, e isso somente pode ser aprendido com a experiência.

Nota

1 O estilo da comunicação irreverente na TCD é bastante semelhante ao estilo de Carl Whitaker (ver Whitaker, Felder, Malone e Warkentin, 1962/1982, para uma descrição; para uma introdução ao trabalho de Whitaker em geral, ver Neill e Kniskern, 1982). O estilo de Whitaker, pelo menos conforme sua representação na página escrita, é um tanto mais forte do que o recomendado aqui. O estilo também é semelhante ao uso da intenção paradoxal por certos terapeutas.

13 ESTRATÉGIAS DE MANEJO DE CASO: INTERAGIR COM A COMUNIDADE

As estratégias de manejo de caso dizem respeito à maneira como o terapeuta reage e interage com o ambiente externo da relação paciente-terapeuta. Essas estratégias concentram-se em como o terapeuta responde a outros profissionais (inclusive outros consultores para paciente, bem como orientadores do terapeuta); familiares e pessoas importantes para a paciente; e outros indivíduos que trazem demandas cotidianas à paciente. As estratégias de manejo de caso não envolvem nenhuma estratégia de tratamento nova. Ao invés disso, elas proporcionam diretrizes de como aplicar estratégias dialéticas, de validação e de solução de problemas a problemas relacionados com o manejo de caso. Existem três grupos de estratégias de manejo de caso, que se equilibram: estratégias de orientação à paciente, estratégias de intervenção ambiental, e estratégias de supervisão/consultoria ao terapeuta.

O "manejo de caso" refere-se a ajudar a paciente a lidar com o seu ambiente físico e social, para promover o seu funcionamento geral e seu bem-estar, facilitar seu progresso rumo a objetivos de vida e acelerar o progresso do tratamento. Desse modo, sempre que problemas ou obstáculos do ambiente interferirem no funcionamento ou progresso da paciente, o terapeuta usa as estratégias de manejo do caso. Com uma paciente *borderline*, os problemas geralmente surgem quando outros profissionais ou agências se envolvem no tratamento médico ou psicológico auxiliar da paciente. O terapeuta, como gestor do caso, ajuda a paciente a lidar com suas interações com outros profissionais ou agências, além de lidar com questões ligadas à sobrevivência no mundo cotidiano.

No papel de gestor do caso, as questões de autonomia ou dependência, liberdade ou segurança, controle ou impotência são centrais. De um modo geral, a ênfase no manejo de caso tradicional (e nas estratégias de intervenção ambiental da TCD) está nas intervenções do terapeuta no ambiente da paciente. O gestor do caso, nesse ponto de vista, é o coordenador de sistemas e o agente de serviços. Na TCD, o viés é de ensinar a paciente a ser seu próprio gestor do caso (as estratégias de consultoria à paciente). Desse modo, a orientação à paciente é a forma dominante de manejo de caso, equilibrada quando necessário com estratégias de manejo de caso voltadas para intervenções tradicionais. As estratégias de intervenção ambiental são usadas quando, por causa das características do ambiente ou das capacidades da paciente, as estratégias de orientação sejam claramente impraticáveis e inadequadas.

Na perspectiva de administrar o terapeuta, o manejar o caso tem a ver com ajudar o terapeuta a aplicar o protocolo da TCD de maneira hábil e eficaz. A supervisão e a consultoria na TCD visam manter o terapeuta no modelo da TCD, por assim dizer, não importa o quão forte seja a tentação para romper com o modelo. Em ambientes com vários cuidadores, a equipe de supervisão/consultoria reúne-se para coordenar e trocar informações. A equipe atua como a comunidade terapêutica na qual o tratamento é administrado e equilibra o terapeuta em suas interações com a paciente.

Dito de maneira mais simples, as estratégias de intervenção ambiental envolvem cuidar da paciente, transmitir informações sobre a paciente em seu nome para outras pessoas, dar conselhos a outras pessoas sobre como tratar a paciente e intervir em seu ambiente para fazer mudanças. As estratégias de consultoria à paciente envolvem ajudá-la a realizar essas mesmas tarefas por conta própria – cuidar de si mesma, transmitir informações sobre si mesma para outras pessoas, orientar os outros sobre o que precisa e deseja e fazer mudanças em seu ambiente. As estratégias de supervisão/consultoria ao terapeuta envolvem trocar informações sobre pacientes que os terapeutas estejam tratando em conjunto, cuidar uns dos outros, dar conselhos uns aos outros sobre o planejamento do tratamento e orientar uns aos outros sobre como fazer mudanças benéficas no ambiente de tratamento.

Em cada grupo de estratégias, valoriza-se a coordenação do tratamento entre ambientes e profissionais. Em cada grupo de estratégias, a inclusão da família e da rede social no trabalho terapêutico é bem-vinda e incentivada. Em cada grupo de estratégias, a segurança, bem-estar e progresso da paciente no longo prazo são fundamentais. O que difere é a maneira como o terapeuta tenta alcançar esses objetivos em cada caso.

É extremamente importante ter em mente o espírito das estratégias de manejo do caso – ensinando a paciente a administrar a sua própria vida (incluindo sua rede social e de saúde) de forma eficaz em um ambiente que não seja necessariamente arriscado ou inseguro. As decisões sobre como o terapeuta deve interagir com outras pessoas fluem do espírito, ao invés do seu texto. É especialmente difícil prever de antemão todas as dificuldades potenciais e as situações em que possam surgir. De fato, uma função significativa das estratégias de supervisão/consultoria ao terapeuta é ajudá-lo a equilibrar os outros dois grupos de estratégias em cada caso específico.

ESTRATÉGIAS DE INTERVENÇÃO AMBIENTAL

Embora o principal objetivo da TCD seja tornar a paciente ativa para resolver os seus próprios problemas de vida (a base das estratégias de orientação à paciente), às vezes, uma questão é tão importante e/ou a capacidade da paciente de intervir em seu próprio favor é tão limitada que a intervenção do terapeuta se torna necessária. As estratégias de intervenção ambiental são usadas no lugar de estratégias de orientação à paciente quando: (1) o resultado é essencial e (2) a paciente claramente não tem o poder ou a capacidade necessários para produzir o resultado. "Essencial", nesse contexto, geralmente significa evitar prejuízo substancial para a paciente. As estratégias de intervenção ambiental também são necessárias às vezes quando o ambiente tem muito poder em relação à paciente. Nesse caso, o terapeuta pode intervir para equalizar a distribuição de poder.

A regra na TCD é que intervenções diretas ou unilaterais da parte do terapeuta devem ser mantidas ao absoluto mínimo, condizente com o bem-estar da paciente. O terapeuta intervém *apenas* quando o risco de não intervir para a paciente supera o risco (de curto e longo prazo) de intervir em nome dela. Além disso, quando o terapeuta intervém ativamente, o grau de intervenção unilateral deve ser o mais baixo possível. Desse modo, quando o terapeuta está em orientação com outros profissionais ou familiares, a paciente não apenas deveria estar presente, como ser incentivada a ser o mais ativa possível na orientação. Se a paciente não puder estar presente, mas a intervenção for absolutamente necessária, um resumo completo da intervenção deve ser fornecido a ela o mais rápido possível. Não é preciso dizer que, sempre que possível, a paciente deve ser informada antecipadamente sobre a intervenção. De fato, com exceção de emergências em que haja risco de suicídio, automutilação séria ou violência contra outras pessoas, a paciente *deve* dar o consentimento antes que a intervenção ocorra.

Manejo de caso e observação de limites

Em muitos ambientes, é comum pacientes terem um gestor de caso e um psicoterapeuta. Nesses cenários, a maioria das intervenções de manejo de caso pode e deve ser realizada pelo gestor de caso, ao invés dos outros terapeutas da equipe de tratamento. Se for necessária uma grande quantidade de assistência em outros ambientes, o terapeuta talvez queira discutir com a paciente as possibilidades de obter um gestor de caso. Quando a paciente tem um gestor de caso designado, o papel dos outros terapeutas, incluindo o terapeuta primário, é ajudá-la a usar esses serviços de maneira adequada. Embora seja apropriado na TCD que o terapeuta individual também realize as tarefas associadas tradicionalmente ao manejo de caso, os limites pessoais de tempo e energia do terapeuta provavelmente limitarão as suas capacidades.

Condições que exigem intervenção no ambiente

Intervir quando a paciente é incapaz de agir a seu próprio favor e o resultado é muito importante

Às vezes, a paciente é incapaz de agir em seu próprio interesse, não importa o quanto é amparada. A paciente que se encontra em um estado psicótico transitório ou inconsciente por uma *overdose* de drogas é um exemplo. Ou uma situação problemática pode exigir tantos comportamentos diferentes que os princípios da moldagem ditam que a paciente aja por si mesma e que o terapeuta também atue por ela. Uma paciente adolescente do nosso programa vinha fazendo um progresso muito lento, mas estável. De repente, foi acusada de um crime particularmente humilhante – que, até onde podíamos dizer, não havia cometido. Quando seus pais adotivos, de quem ela dependia, acreditaram que ela havia cometido o crime e pediram que se mudasse de casa, ela dissociou, despersonalizou e se tornou extremamente suicida. Seu histórico nessas situações era mutilar-se, às vezes em tal grau que precisava de até 100 suturas. Ela concordou em se internar em uma clínica psiquiátrica, no lugar de se machucar, mas ainda se mantinha em um aparente choque psicológico. Para garantir a admissão necessária, o terapeuta conversou diretamente com o coordenador de admissões, fornecendo as informações necessárias para uma decisão sobre sua admissão e colocação. O plano era que a paciente usaria a hospitalização para integrar a crise e encontrar um lar para tratamento residencial onde pudesse morar. No entanto, depois de admitida, a paciente se fechou e não falava com as pessoas da equipe de tratamento, que não sabiam sobre os fatos que levaram à crise. Desse modo, eles não sabiam como poderiam ajudá-la. O terapeuta interveio e orientou a equipe por telefone em relação à paciente (com a permissão da paciente, mas não em sua presença). O terapeuta continuou a interagir de forma intermitente com a equipe de internação por telefone até que a paciente pudesse começar a intervir em seu próprio nome.

Às vezes, uma paciente pode ser admitida à sala de emergência em coma, ou correndo perigo ou risco médico substancial. Conhecer os medicamentos que a paciente toma pode ser crucial. O terapeuta fornece essas informações se a paciente não puder, e valida (ou corrige) as informações que a paciente deu sobre si mesma, seus medicamentos e o curso do tratamento.

Intervir quando o ambiente é intransigente e com muito poder

Às vezes, o problema é um ambiente intransigente e com muito poder. Por exemplo, os profissionais da saúde mental muitas vezes não se dispõem a modificar o tratamento de uma paciente, a menos que uma pessoa poderosa intervenha, não importa o nível de capacidade da paciente ao interagir com eles. No começo de nosso programa de tratamento, eu tinha que telefonar para a maioria dos hospitais na região metropolitana de Seattle para dizer que sim, o que as pacientes disseram era verdade. Esperava que as pacientes recebessem licença para virem para a terapia, mesmo quando estivessem em uma unidade de internação. E, sim, era verdade que, se faltassem a quatro semanas de terapia agendada seguidas, estariam fora do nosso programa de tratamento.

De maneira semelhante, as seguradoras talvez não se disponham a pagar por uma terapia sem um diagnóstico e plano de tratamento de um terapeuta, não importa o nível de capacidade da paciente em suas interações com a seguradora. Os programas de assistência pública podem exigir relatórios dos terapeutas para manter os benefícios. Os encaminhamentos por telefone para terapeutas, bem como orientações com o escritório de admissão, podem ser bastante úteis (e às vezes necessários) para se admitir uma paciente em uma unidade psiquiátrica de agudos. Um atendente assustado pode estar pronto para internar uma paciente suicida involuntariamente mesmo que não seja do interesse da paciente, a menos que o terapeuta intervenha.

Intervir para salvar a vida da paciente ou evitar um risco substancial para outras pessoas

Intimamente relacionada com a capacidade da paciente de intervir em seu próprio nome é a sua indisposição para fazê-lo. Embora o terapeuta geralmente não intervenha nesses casos, quando existe risco substancial de dano à paciente (como um risco elevado de suicídio), o terapeuta pode intervir ativamente para salvaguardar a paciente. De maneira semelhante, como em todas as terapias, o terapeuta deve intervir se a paciente representar um risco significativo para o bem-estar de um filho ou de outra pessoa. Deve-se obedecer às leis estaduais, bem como as diretrizes profissionais e padrões éticos. As intervenções para prevenir o suicídio são discutidas em maior detalhe no Capítulo 15 e não serão discutidas aqui.

Intervir quando é uma atitude humana a tomar e não causará mal

Às vezes, o problema é a mistura entre um ambiente intransigente e incapacidade temporária da paciente. Por exemplo, uma paciente está a caminho da terapia e seu carro estraga inesperadamente. O problema do carro não pode ser consertado imediatamente, e a paciente não tem dinheiro com ela para pegar um táxi ou ônibus. Ela não consegue encontrar um transporte alternativo a tempo para sua consulta. Portanto, telefona para o terapeuta, que tem tempo e a busca. A regra aqui é que o terapeuta faça para a paciente o mesmo que faria para qualquer amigo em situação semelhante, desde que isso não acarrete ajudar a paciente a trocar a solução de problemas ativa por comportamentos passivos. Ao contrário da psicoterapia típica, mas semelhante à maioria das formas de manejo de caso, a TCD não impõe que as intervenções se confinem ao consultório do terapeuta. Pelo contrário, o terapeuta pode intervir na casa da paciente durante uma crise, na estrada se o carro estragar, ou no escritório habitacional se precisar de ajuda para orientá-la na complexidade administrativa dessa agência.

No entanto, quando o problema é falta de capacidades que a paciente deveria aprender, o terapeuta somente intervém em circunstâncias excepcionais (não em todas as crises). Ou seja, o terapeuta não intervém regularmente. Portanto, é necessário ter a capacidade de tolerar os problemas e infortúnios da paciente até que ela adquira as habilidades exigidas. Quando o problema é a falta de capacidades da paciente, que não são possíveis de obter (como aprender a fazer as seguradoras pagarem sem um relatório do terapeuta) ou não são razoáveis ou necessárias (como aprender a consertar carros estragados), o terapeuta intervém.

Intervir quando a paciente é menor de idade

A TCD não é usada por minha equipe de tratamento para tratar pacientes com menos de 15 anos. Para um menor, considerações legais e práticas podem exigir que o terapeuta suspenda o papel de consultor da paciente em certas circunstâncias. Em particular, pode ser muito importante trabalhar com os pais, tutores e professores de uma paciente menor. Embora a política normal na TCD seja intervir com a paciente presente, isso talvez não seja prático ou sempre proveitoso com uma adolescente muito jovem. Mesmo quando a menor está presente, talvez seja necessário que o terapeuta seja mais ativo que a paciente. Finalmente, exigências legais de denunciar abuso infantil geralmente exigem que o terapeuta intervenha e contate as autoridades em todos os casos dessa forma de abuso.

Estratégias específicas de intervenção ambiental são descritas a seguir e listadas no Quadro 13.1.

1. FORNECER INFORMAÇÕES INDEPENDENTEMENTE DA PACIENTE

Fornecer informações para outras pessoas é uma das formas mais comuns de intervenção ambiental na comunidade de saúde mental. Registros médicos, relatórios de admissão e alta, e resultados de testes e exames são enviados rotineiramente para outros profissionais que tratem a paciente. Orientações por telefone para planejar a terapia, para coordenar os benefícios, ou para ganhar conselhos em uma crise são mais ou menos rotina na maioria dos ambientes de tratamento. O crucial a lembrar em qualquer terapia, incluindo a TCD, é que as informações devem ser fornecidas apenas quando forem necessárias. Detalhes confidenciais e pessoais da terapia, confidências privadas e informações que possam embaraçar ou humilhar a paciente se tornadas públicas devem ser mantidas confidenciais. Descrições pejorativas, inferências motivacionais sem dados para ampará-las e outras caracterizações da pa-

Quadro 13.1   Lista de estratégias de intervenção ambiental

___ T intervir quando P não consegue agir por si mesma e o resultado é muito importante
   ___ T organizar a hospitalização psiquiátrica para P quando necessária.
   ___ T fornecer as informações necessárias para a equipe de internação para auxiliar na hospitalização imediata e implementar um plano de tratamento congruente com o tratamento externo com TCD.
___ T intervir quando o ambiente é intransigente e de muito poder.
   ___ T escrever cartas, fazer telefonemas necessários para manter o seguro, benefícios por invalidez ou a admissão a programas de tratamento colaterais, etc.
   ___ T intervir para impedir que P seja colocada involuntariamente em um tratamento alternativo ou de internação.
___ T intervir para salvar a vida de P e evitar riscos para outras pessoas.
   ___ Quando apropriado, T notifica a família quando P estiver em risco de suicídio; T não manter o risco de suicídio confidencial.
   ___ T notificar a agência adequada se P estiver cometendo abuso ou negligência contra seus filhos ou idosos ou ameaça cometer agressões físicas contra um determinado indivíduo; T obedecer às leis relacionadas com a proteção de outros indivíduos.
   ___ T intervir quando essa é a atitude humana a tomar (p.ex., dar carona a P para a sessão quando seu carro estragou) e não causa nenhum dano.
___ T intervir da maneira anterior se P for menor de idade, mas com o devido respeito pelos direitos dos pais ou guardiões.
___ T FORNECER INFORMAÇÕES sobre P para outros profissionais quando for necessário.
   ___ T manter confidenciais informações que possam embaraçar ou humilhar P desnecessariamente.
___ T REPRESENTAR P.
___ T PENETRAR no ambiente de P para ajudá-la.
   ___ T observar seus próprios limites em tarefas de manejo de caso.

Táticas anti-TCD

___ T somente intervir porque é mais fácil ou economizar tempo.
___ T não avaliar as capacidades reais de P.
___ T não avaliar as demandas do ambiente.
___ T usar descrições pejorativas, inferências motivacionais sem dados corroborativos, e outras caracterizações negativas de P ao comunicar-se com outras pessoas sobre P.

---

ciente que possam ter uma influência negativa nas atitudes das pessoas para com a paciente devem ser estritamente evitadas.

2. REPRESENTAR A PACIENTE

Ao representar a paciente, o terapeuta age em nome dela para obter um resultado favorável ou para influenciar o seu tratamento por outras pessoas. Exemplos são enviar a fundamentação teórica do tratamento e relatórios de progresso quando solicitados para manter os benefícios médicos da paciente; telefonar para seguradoras para resolver problemas com a cobrança; defender a aceitação da paciente para um programa de tratamento ou residencial; trabalhar para manter a paciente livre do *status* de tratamento involuntário (ou nesse *status*); conseguir sua liberação de um programa de internação; e coisas do gênero. A representação somente ocorre quando é absolutamente necessária.

3. PENETRAR NO AMBIENTE DA PACIENTE PARA LHE PRESTAR ASSISTÊNCIA

Muitos indivíduos *borderline* vivem vidas bastante isoladas e costumam ter dificuldade para construir e manter uma rede interpessoal de apoio. Podem não ter parentes por perto, ou o relacionamento com os familiares pode estar gravemente abalado. Os amigos são poucos ou não conseguem dar a ajuda necessária. Com frequência, uma paciente não consegue encontrar ninguém além do terapeuta que possa chamar para ajudá-la em uma crise. Nesses casos, o terapeuta pode ajudar a paciente diretamente se as condições discutidas se cumprirem. Por exemplo, o terapeuta às vezes pode levar a paciente para a emergência do hospital se ela estiver gravemente suicida; pode acompanhá-la para ajudar em tarefas específicas quando está tão fóbica que não consegue fazer sozinha; ou pode dar uma carona até sua casa depois da terapia, se a paciente perder o último ônibus.

Em certas ocasiões, a paciente precisa de mais que um simples conselho e acompanhamento à distância, mas não é capaz de agir em seu próprio nome. Conforme observa Kanter (1988), o gestor de caso (aqui, o terapeuta da TCD) às vezes atua não apenas como um "guia de viagem", mas também como um "parceiro de viagem" para diminuir a solidão da paciente. A solidão que a TCD visa amainar é a solidão da solução de problemas ativa sem acesso fácil a apoio caso haja necessidade. Assim, o terapeuta às vezes acompanha a paciente para prestar apoio moral. O modelo para essa abordagem na terapia comportamental é o tratamento de exposição *in vivo*, onde o terapeuta geralmente acompanha a paciente em suas tentativas de penetrar em situações temerosas em seu ambiente cotidiano. Conforme já conservei antes neste livro, o terapeuta comportamental dialético adere à paciente como cola, sussurrando incentivos e conselhos ao seu ouvido. Todavia, é importante deixar clara a diferença entre acompanhamento e apoio moral e assumir o controle para a paciente. Isto somente ocorre em circunstâncias excepcionais.

ESTRATÉGIAS DE CONSULTORIA À PACIENTE

As estratégias de consultoria à paciente são simples conceitualmente, mas muito difíceis de executar. O conceito é o seguinte: o papel primário do terapeuta comportamental dialético é orientar a paciente sobre como interagir efetivamente com seu ambiente, ao invés de orientar o ambiente sobre como interagir de maneira eficaz com a paciente. O indivíduo *borderline* é que está em tratamento, e não o sistema ou rede. Portanto, o terapeuta atua como um *consultor da paciente*, e não da rede da paciente. Para os problemas que a paciente tem com sua rede, o terapeuta implementa solução de problemas com a paciente, e a rede fica de fora, para a paciente administrar.

Com algumas exceções, os profissionais da saúde que prestam tratamento auxiliar para pacientes em TCD são considerados da mesma maneira que outras pessoas na vida da paciente. Em minha experiência, esse aspecto da TCD – o estilo de interações com profissionais auxiliares – é um dos aspectos mais inovadores do tratamento. Ele pode ser difícil de implementar porque é contrário à maneira como os profissionais da saúde são treinados para tratar problemas de saúde. A maioria das comunidades dedica uma quantidade razoável de seus recursos de saúde tentando coordenar e integrar o tratamento para indivíduos no sistema de saúde. A TCD não se opõe a essa visão, pois, de um modo geral, o cuidado coordenado provavelmente seja um cuidado melhor. A diferença está em como a TCD considera o seu próprio papel na coordenação do cuidado.

Nesta seção, discuto inicialmente a fundamentação ou espírito das estratégias de orientação à paciente em geral. Depois, apresento algumas estratégias de orientação específicas. Finalmente, discuto mais explicitamente os argumentos contra a abordagem de orientação e as razões por que essa abordagem foi escolhida sobre a abordagem mais padronizada de orientação com a comunidade médica e de saúde mental. Espero convencê-lo a experimentar a abordagem.

Fundamentar e espírito da consultoria à paciente

A abordagem da consultoria à paciente foi escolhida com três objetivos em mente: (1) ensinar as pacientes a administrar suas próprias vidas; (2) diminuir os casos de "dissociação" entre os terapeutas da TCD e outros indivíduos que interagem com as pacientes; e (3) estimular o respeito pelas pacientes.

Ensinar o autocuidado eficaz

A primeira consideração foi ter uma política que funcionasse como o polo oposto à preferência das pacientes *borderline* por evitar a solução de problemas. Frequentemente, essas pacientes usam meios indiretos ao invés de meios diretos de influência interpessoal. Elas, com uma certa frequência, tentam fazer seus terapeutas intervirem por elas em dificuldades interpessoais. As estratégias de orientação requerem que as pacientes apresentem soluções ativas. Isso parece essencial, pois os terapeutas não podem resolver todos os problemas ambientais que suas pacientes encontrarem agora ou no futuro.

Existem duas necessidades opostas aqui. Por um lado, há a necessidade de informações de todos os indivíduos que tratam ou interagem com a paciente. Os profissionais da saúde, bem como familiares, colegas de trabalho e amigos, responderão de maneira mais eficaz a uma paciente que conhecem e entendem. O fato de o terapeuta fornecer informações aumenta o entendimento da paciente. Do outro lado, está a necessidade de a paciente aprender a interagir de forma eficaz com outros indivíduos (incluindo profissionais da saúde), cuidar de si mesma e desenvolver suas próprias capacidades e autoconfiança. As estratégias de orientação abordam essas necessidades. Desse modo, na TCD, o terapeuta está disposto a deixar a paciente sofrer algumas das consequências negativas de curto prazo que advêm do autocuidado ineficaz em nome da melhora a longo prazo. Se as consequências imediatas das estratégias de consultoria seriam graves demais, o terapeuta troca para as estratégias de intervenção ambiental.

Implícita nessa abordagem, está uma crença na capacidade da paciente de aprender a interagir com eficácia. Na TCD, a paciente é parcialmente responsável nas interações com outras pessoas. A abordagem baseia-se na visão de que o trabalho do terapeuta é ajudar a paciente a lidar com o mundo *como ele é*, com todos os seus problemas e desigualdades – não é mudá-lo para a paciente. Ao invés de intervir para a paciente resolvendo problemas ou fazendo o que a paciente precisa ou quer, o terapeuta ensina e instrui a paciente em como resolver os problemas e obter o que deseja e precisa. A adversidade e o "mau" tratamento da paciente pelo ambiente são considerados como oportunidades para prática e aprendizagem: em outras palavras, os limões são usados para fazer limonada. A paciente é ensinada a "administrar" o ambiente, e não a se submeter passivamente a ele.

Reduzir a "dissociação"

O fenômeno da "dissociação" ocorre com regularidade nas vidas de pacientes *borderline*. A dissociação ocorre quando diferentes indivíduos na rede de uma paciente divergem em relação à maneira correta de interagir ou responder a ela. Os pais podem estar divididos. Por exemplo, um dos pais pode continuar a dar abrigo e comida livres para a paciente, enquanto o outro insiste que ela comece a pagar a sua parte nas despesas do lar. Os amigos podem estar divididos, alguns acreditando que os outros estão agindo de maneiras maldosas ou destrutivas. As amigas da paciente podem culpar seu marido ou parceiro por seus problemas, e vice-versa. Na "dissociação da equipe", os profissionais da saúde que tratam uma mesma paciente não apenas discordam sobre os métodos de tratamento e prioridades, como o fazem de maneira veemente. (Isso é discutido em maior detalhe mais adiante no capítulo.)

A abordagem de orientação à paciente foi desenvolvida para reduzir a dissociação. Permanecendo no papel de consultor da paciente, o terapeuta evita de cair nas posições muitas vezes contraditórias adotadas pelas pessoas envolvidas com a paciente. Discordâncias quanto à maneira de reagir à paciente são consideradas oportunidades para a paciente aprender a se defender e pensar por si mesma, integrar conselhos divergentes e, de um modo geral, assumir a responsabilidade por sua vida e bem-estar. Afastando-se de discussões sobre como os outros devem reagir à paciente, o terapeuta comportamental dialético evita de participar e contribuir para a dissociação.

Promover o respeito pela paciente

Finalmente, a abordagem de consultoria promove o respeito pela paciente e suas capacidades, que é condizente com a postura geral da TCD. A mensagem enviada à paciente é que ela é uma fonte confiável de informações e pode intervir com eficácia em seu próprio nome dentro de sua rede social e de saúde. Embora não seja incomum "especialistas" se orientarem em relação aos casos em que estão trabalhando (independente de a área ser educação, direito, medicina ou psicoterapia), essa orientação, quando realizada na ausência da pessoa envolvida no caso, pode enviar várias outras mensagens. Pode implicar que o meio de alcançar o objetivo da pessoa é complexo demais para ela entender, que as opiniões e desejos da pessoa não são necessariamente importantes, ou que não se confia nas informações que ela fornece. Estratégias de consultoria normalmente sugerem que se deve confiar nos desejos e opiniões da paciente em relação a seu próprio bem-estar. A abordagem envolve ensinar, com o objetivo de desmistificar o processo da mudança comportamental e psicológica, para que a paciente possa se tornar mais capaz de lutar por si mesma.

A "equipe de tratamento" versus "os outros"

Existem diversas variações da abordagem de consultoria à paciente. As variações dependem principalmente de se a pessoa que precisa de informações ou consultoria faz parte da equipe de terapia ou não. Em princípio, todos os terapeutas auxiliares podem fazer parte da equipe de tratamento da TCD. Os únicos requisitos para um terapeuta fazer parte da equipe são os seguintes: (1) a paciente concordar; (2) o terapeuta concordar em aplicar os princípios da TCD ao tratamento; e (3) o terapeuta participar das reuniões regulares de supervisão/consultoria da TCD. A TCD foi desenvolvida como um tratamento externo, implementado em uma clínica de pesquisa, onde todos os terapeutas estavam comprometidos com o modelo. Esse cenário é reproduzido em unidades de internação e ambulatoriais onde se institui um programa especial de tratamento de TCD (ou um programa dentro de um programa). É reproduzido quando um pequeno grupo de profissionais proporciona tratamento conjunto para diversas pacientes *borderline* (p.ex., um ou mais terapeutas proporcionam psicoterapia individual, mas atuam de forma coordenada com um ou mais terapeutas que proporcionam treinamento de habilidades). E é reproduzido, ainda, em ambientes onde profissionais individuais tratam pacientes *borderline*, mas reúnem-se regularmente com colegas para supervisão/consultoria em

TCD. Em situações em que uma paciente é tratada por uma equipe, mas apenas um ou poucos dos membros da equipe estão aplicando TCD, as estratégias de consultoria provavelmente não possam ser aplicadas de maneira tão rígida como descrevi, a menos que todos os membros da equipe possam ser persuadidos a seguir, pelo menos, a filosofia de manejo de caso da TCD.

Por definição, os membros da equipe de tratamento se orientam regularmente, trocando informações sobre a paciente, bem como suas reações e interações com a paciente. Por definição, as pessoas fora da equipe (i.e., os outros) não trocam informações regularmente. Os membros da equipe são tratados como familiares. Todos concordaram com as regras de confidencialidade, e todos estão interessados em aplicar os mesmos princípios de tratamento a pacientes e terapeutas. As informações fornecidas são interpretadas de um modo razoavelmente previsível. Pessoas que não fazem parte da equipe são tratadas como amigos, e não se espera que estejam aplicando as mesmas regras à paciente que a equipe da TCD, não sendo claro como interpretarão e usarão as informações partilhadas. Embora os princípios gerais e a filosofia da abordagem de consultoria à paciente sejam os mesmos para a equipe de TCD e os outros, as estratégias específicas diferem. Essas diferenças são importantes.

Estratégias específicas de consultoria são listadas no Quadro 13.2 e descritas a seguir.

1. ORIENTAR A PACIENTE E A REDE SOCIAL PARA A ABORDAGEM

Quando foi introduzida em Seattle, a abordagem de consultoria à paciente gerou uma grande controvérsia na comunidade local. Foi necessária uma ampla orientação para a comunidade, e foi necessário acostumar-se à ideia. Tanto a paciente quanto as pessoas da sua rede social devem ser orientadas para a abordagem de consultoria. Na primeira vez que o terapeuta se recusa a intervir pela paciente, todos devem discutir por que isso está sendo feito e como tratar a paciente como uma pessoa competente será do seu interesse no longo prazo. Um estilo irreverente – irreverência quanto à suposta fragilidade ou incompetência da paciente – pode ajudar bastante aqui. A paciente muitas vezes teme que será jogada aos leões e abandonada para que se defenda sozinha. A consultoria não é isso; o terapeuta estará do lado da paciente a cada passo do caminho. Essa consultoria talvez precise ser repetida diversas vezes.

Com outros profissionais, a melhor política para o terapeuta é simplesmente atribuir a sua postura às regras da terapia, e explicar a abordagem de consultoria a eles. Geralmente, digo algo como: estou aplicando uma terapia específica, que exige que, sempre que possível, ensine a paciente a intervir por si mesma ao invés de fazer por ela. Posso dizer que as pacientes *borderline* costumam ter muita dificuldade para interagir de maneira eficaz no sistema de saúde. Por isso, estou concentrando minha energia em ensinar à paciente como ser mais eficaz. Digo que estou bastante disposta (e, de fato, posso estar ansiosa) para orientar o outro profissional na presença da paciente.

O truque é fazer os outros profissionais enxergarem que é do seu interesse de longo prazo que o terapeuta trabalhe com a paciente, ao invés de com eles. Em minha experiência, uma vez que os profissionais da comunidade se acostumam com essa política, eles não se incomodam. Entretanto, é preciso que se acostumem, e os outros profissionais precisam de um pouco de validação ao longo do caminho. Com profissionais recalcitrantes, o terapeuta pode ter que abandonar as estratégias de orientação ocasionalmente e aplicar as estratégias de intervenção ambiental.

Quadro 13.2 Lista de estratégias de consultoria à paciente

____ T ORIENTAR P e outros profissionais para a abordagem de consultoria.

____ T ORIENTAR P sobre como interagir com OUTROS PROFISSIONAIS; T não intervir para adaptar P ao ambiente de tratamento (ver o Quadro 13.1 para exceções).

    ____ T fornecer outras informações gerais sobre o programa de tratamento, filosofia do tratamento, os limites do programa, e assim por diante.

    ____ T falar por si mesmo, não por P.

____ Fora da equipe de tratamento, T somente discutir P na sua presença.

    ____ T pedir para P marcar consultoria por telefone ou presenciais quando necessário.

    ____ T instruir P para as discussões de caso; T incentivar e ajudar P a marcar essas reuniões.

    ____ T cooperar com P para escrever relatórios e cartas sobre P.

____ Dentro da equipe de tratamento, T obter e fornecer informações sobre P para orientar o planejamento do tratamento.

    ____ Embora P não esteja presente nas reuniões da equipe, T manter o espírito da estratégia e não fazer por P o que ela pode fazer sozinha.

____ T abster-se ativamente de dizer a outros profissionais como tratar P.

    ____ T dizer a outros profissionais ou agências para "seguir suas políticas usuais" e depois orientar P.

____ T ajudar P a agir como sua própria agente ao lidar com questões relacionadas com o planejamento do tratamento com profissionais fora da equipe da TCD (bem como agências e pessoas em posições de autoridade):

    ____ Marcar consultas com outros cuidadores.

    ____ Obter os medicamentos adequados, consultoria para a medicação, mudar medicamentos inadequados, obter uma nova prescrição, etc.

    ____ Interagir de maneira eficaz com a equipe de internação psiquiátrica para ser admitida, receber alta, ganhar licenças para o treinamento de habilidades e TCD individual, mudar os planos do tratamento.

    ____ Evitar internação involuntária.

    ____ Buscar atendimento de emergência quando T não está disponível.

____ T não intervir ou resolver problemas interpessoais para P com outros profissionais.

    ____ T orientar P sobre como resolver problemas com outros membros da equipe de tratamento da TCD e profissionais auxiliares.

____ T não defender outros profissionais (ou acusar injustamente).

    ____ T aceitar responsabilidade por seu próprio comportamento, não pelo comportamento de outros membros da equipe; T não defender outros terapeutas perante P.

    ____ T aceitar que todos os terapeutas cometem enganos.

____ T ajudar P a intervir em sua própria comunidade de tratamento quando outros tratamentos se mostrarem ineficazes ou iatrogênicos.

____ T lidar com telefonemas de outras pessoas relacionados com crises com P como um conselheiro, não como gestor de caso; T não falar por P na sua ausência.

    ____ T fornecer informações gerais, obtém do interlocutor informações relacionadas com os riscos e orientar P para desenvolver uma resposta eficaz.

____ T instruir P para as reuniões sobre o caso; T ajudar P a marcar essas reuniões.

____ T ORIENTAR P sobre a melhor maneira de responder a FAMILIARES E AMIGOS, especialmente em questões relacionadas com a terapia.

    ____ T fornecer informações gerais a familiares e amigos que telefonarem e obter deles informações relacionadas com os riscos, mas não dá informações sobre P.

    ____ T fazer sessões com a família e com P, quando necessário.

        ____ T instruir P, mas não falar por ela.

        ____ T fornecer informações para os familiares sobre o tratamento, a teoria da TCD, etc.

        ____ T ajudar a família a validar P.

Táticas anti-TCD

____ T defender outros profissionais que trabalham com P ou intervir por *eles*.

____ T tratar P como se fosse muito frágil.

____ T tratar P como se fosse muito manipuladora.

2. ORIENTAR A PACIENTE SOBRE COMO LIDAR COM OUTROS PROFISSIONAIS

A essência da consultoria à paciente é a seguinte: o papel do terapeuta é orientar a paciente sobre como lidar com outras pessoas, ao invés de orientar as pessoas sobre como lidar ou tratar a paciente. A tarefa de cada terapeuta comportamental dialético é ajudar a paciente a interagir de forma mais eficaz com todos os membros da sua rede interpessoal, incluindo outros profissionais médicos e da saúde mental – sejam eles membros da equipe de tratamento da TCD, ou terapeutas auxiliares que tratam a paciente. Como regra geral (e com as exceções descritas antes), o terapeuta comportamental dialético não intervém para adaptar o ambiente, incluindo o tratamento que a paciente recebeu de outros profissionais, em favor da paciente. Em resumo, essa estratégia é uma prescrição ("diga à paciente o que fazer com os profissionais") e uma proscrição ("não diga aos outros profissionais o que fazer com a paciente"). Existem várias estratégias ou regras gerais que decorrem dessa estratégia, como as seguintes:

Corolário 1: fornecer informações gerais a outros profissionais sobre o programa de tratamento. A consultoria à paciente não impede o terapeuta de fornecer a outras pessoas informações gerais sobre a TCD, a filosofia de tratamento do terapeuta, os limites individuais do terapeuta e do tratamento, e os princípios comportamentais subjacentes à TCD. Embora o terapeuta não fale pela paciente, ele pode e fala por si mesmo e pelo programa como um todo. Pelo telefone, por carta ou em reuniões conjuntas com outros profissionais e a paciente, o terapeuta explica o seu ponto de vista.

Corolário 2: fora da equipe de tratamento, não discutir a paciente ou seu tratamento sem ela estar presente. Observando as exceções discutidas antes em relação às estratégias de intervenção ambiental, o terapeuta não interage à revelia da paciente com indivíduos que não façam parte da equipe de tratamento da TCD. Ou seja, o terapeuta não faz interações telefônicas, não envia relatórios e não participa de reuniões para discutir o caso sem o envolvimento da paciente. Mesmo quando a paciente dá permissão e a troca com outros profissionais é necessária, as informações não são compartilhadas de maneira unilateral. O terapeuta e a paciente escrevem cartas e relatórios em conjunto e participam juntos das reuniões. Qualquer ligação necessária para os terapeutas auxiliares e outras pessoas envolvidas com a paciente deve ser discutida previamente com a paciente no consultório, durante a consultoria. Um telefone com viva-voz pode ser bastante útil nesse caso. Quando o terapeuta está coordenando o cuidado de apoio enquanto estiver fora da cidade, o plano de apoio é desenvolvido com a paciente, e ela tem a tarefa de telefonar para o profissional de apoio antes que o terapeuta deixe a cidade para revisar o plano. Geralmente, é claro, o terapeuta terá feito arranjos prévios com seus colegas (depois de orientar a paciente) para o atendimento de apoio. Dependendo da paciente, o terapeuta também pode revisar o plano de apoio com seu colega antes de viajar.

Os terapeutas e membros da equipe não escrevem cartas de referência de cortesia para apresentar seus pacientes. Pressupõe-se que a paciente consiga se apresentar e falar por si mesma. Se uma carta desse tipo for necessária ou útil, a paciente e o terapeuta escrevem a carta conjuntamente. As informações que devem ser fornecidas para o novo profissional são transmitidas pela paciente. Presume-se que a paciente possa resumir seus problemas, seu tratamento até aqui, e suas necessidades atuais, pelo menos com acompanhamento da equipe de TCD. Se não puder falar por si mesma, marca-se uma reunião conjunta, com a presença da paciente.

Corolário 3: na equipe de tratamento, compartilhar informações, mas manter o espírito da estratégia. Todos os terapeutas da TCD que trabalham com uma dada paciente reúnem-se semanalmente com a equipe de supervisão/consultoria para revisar e discutir o progresso da paciente. A paciente não está presente. O principal objetivo dessas reuniões é compartilhar informações que possam ser usadas para trabalhar com a paciente e obter consultoria para o tratamento com base nessas informações compartilhadas. Nesses casos, toda a equipe é considerada como a unidade terapêutica (mesmo que apenas um terapeuta esteja realmente atendendo a paciente). São reunidas informações de todas as partes, para que a unidade, como um todo, possa ensinar a paciente. A abordagem de consultoria à paciente é violada nesse contexto quando o terapeuta faz para a paciente aquilo que ela pode fazer (ou pode aprender) por si mesma. As informações são compartilhadas para guiar o planejamento do tratamento, e não para falar pela paciente.

Corolário 4: não dizer a outros profissionais como tratar a paciente. Exceto quando exigido pelas estratégias de intervenção ambiental (ver anteriormente), a paciente atua como sua própria intermediária entre a equipe de tratamento e os profissionais auxiliares e outros indivíduos em sua rede, bem como entre o terapeuta e todos os outros indivíduos. Com profissionais auxiliares, a resposta usual do terapeuta comportamental dialético para a orientação do tratamento é alguma variação do comentário "siga seus procedimentos usuais". Dentro da equipe de tratamento, o terapeuta pode ajudar outros membros da equipe a pensar sobre várias opções de tratamento, e pode fornecer informações sobre a paciente, que serão úteis nesse planejamento, mas, em última análise, o conselho ainda é o mesmo: "siga seus procedimentos usuais de TCD".

Essa regra é seguida quando o tratamento auxiliar pode ter um impacto significativo sobre o tratamento do terapeuta. Eis um exemplo: uma paciente em TCD está aprendendo habilidades de assertividade no módulo de habilidades de eficácia interpessoal. A paciente tem muita dificuldade para lutar por si mesma. Ela ou é muito agressiva ou muito passiva. Seu terapeuta individual não aceita ligações em sua casa depois das 9h da noite. A paciente trabalha até as 8:30 e não chega em casa antes das 9h. Ela quer que o terapeuta mude esse ponto de corte para 9:30, e já tentou exigir, com uma agressão verbal, que não adiantou. Ela chega no treinamento de habilidades reclamando do seu terapeuta. O treinador de habilidades trabalha com ela para desenvolver uma abordagem mais hábil, que a paciente concorda em experimentar na próxima sessão de terapia. O treinador quer veementemente que o seu novo comportamento mais hábil seja reforçado. Em uma reunião de supervisão/consultoria antes da sessão do terapeuta individual com a paciente, como o treinador de habilidades deve aplicar a abordagem de consultoria?

O fator mais importante aqui é a postura do treinador de habilidades em relação ao terapeuta individual. Na reunião, seria correto compartilhar com a equipe o que está sendo tratado no treinamento de habilidades. O treinador pode até compartilhar o trabalho que está fazendo com a paciente e as tarefas de casa (embora isso seja um pouco periférico). O treinador também pode compartilhar suas esperanças de que a paciente receba reforço se usar as novas habilidades. Porém, a chave está em manter a postura de que, aconteça o que acontecer, o treinador de habilidades ajudará a paciente a lidar com a situação. O trabalho do terapeuta individual nesse caso é representar a sociedade. Já o trabalho do treinador de habilidades é ensinar a paciente a lidar com a sociedade. Se pede algo de maneira hábil e recebe reforço, ela aprende que o comportamento hábil funciona mais que um comportamento exigente e agressivo. Se não recebe reforço, ela tem a chance de aprender que mesmo o comportamento perfeito nem sempre é reforçado no mundo cotidiano. Qual é a lição mais importante? Não está claro, pois ambas são cruciais.

Suponhamos que a paciente chegue para a próxima sessão de treinamento de habilidade e conte que, antes que tenha sequer concluído seus pedidos, o terapeuta individual a corta, diz não abruptamente e se recusa a negociar. A tarefa do treinador de habilidades é ajudar a paciente a analisar o seu comportamento e o da outra pessoa da maneira mais objetiva possível, e descobrir como lidar com essa mudança nos acontecimentos. Na próxima reunião da equipe, como o treinador aplica a abordagem de consultoria? O papel da troca de informações nesse caso é entender a perspectiva do terapeuta individual – não para decidir quem está certo, mas para ajudar a paciente a aperfeiçoar a sua estratégia. O objetivo é que o treinador de habilidades obtenha as informações que teria obtido se participasse da sessão individual. É algo como ter uma câmera focada na interação, exceto (e isso é muito importante) que, ao invés de uma câmera, o treinador de habilidades tem o prisma do terapeuta individual. A TCD não pressupõe que as pacientes distorcem os fatos, e os terapeutas não.

Na próxima interação com a paciente, o treinador de habilidades pode compartilhar as informações que obteve sobre como a paciente agiu com o terapeuta ou como terapeuta a enxergou. Talvez ambos considerem a interação de maneira semelhante. Ou quem sabe o terapeuta estava tendo um dia "ruim", ou quem sabe a paciente não tenha entendido que fez o pedido no meio da discussão de outro tema importante, do qual o terapeuta não queria se desviar? Ou talvez o terapeuta tenha sentido que a paciente fez seu pedido mais uma vez de um modo exigente e muito ineficaz. Seja qual for o caso, o treinador de habilidades agora tem os dois lados da história e pode usar as informações (ou não) para tentar ajudar a paciente a melhorar seu estilo de interação.

Essa regra pode ser particularmente difícil, é claro, quando o terapeuta acredita que a forma como a outra pessoa está tratando a paciente é prejudicial. Porém, a crença na paciente é tão forte que ela o leva a segurar seus comentários para o outro profissional e supor que a paciente conseguirá modificar ou impedir o tratamento prejudicial. Por exemplo, se o outro profissional está reforçando comportamentos desadaptativos inadvertidamente (uma ocorrência que não é infrequente), o terapeuta comportamental dialético ensina a paciente a trabalhar com o outro profissional para fazer as mudanças necessárias. Aprender a ser um consumidor informado e capaz no sistema médico é um objetivo importante da TCD. Por causa da sua importância, esse tema será discutido novamente mais adiante.

Corolário 5: ensinar a paciente a agir como sua própria agente para obter o cuidado adequado. Um papel importante do terapeuta comportamental dialético é ensinar à paciente como obter o cuidado profissional que possa estar precisando. Assim, o terapeuta deve ensinar a paciente a avaliar as suas necessidades, pesquisar os recursos disponíveis, contatar esses recursos e solicitar serviços, bem como avaliar os serviços que recebe. Por exemplo, quando uma paciente é admitida a uma unidade de internação, é sua responsabilidade obter uma licença para as sessões individuais e de treinamento de habilidades, e manter suficiente controle sobre os medicamentos para que não lhe administrem medicamentos que não ajudem (ou que não sejam permitidos em seu programa de tratamento). O terapeuta não deve telefonar para a equipe da internação (a menos que seja absolutamente necessário, conforme descrito antes), mas deve ensinar a paciente a ser eficaz naquele ambiente. A própria paciente (talvez com orientação do terapeuta da TCD) deve trabalhar com o farmacoterapeuta para limitar o acesso indevido a drogas potencialmente letais (ver o Capítulo 15 para uma discussão mais aprofundada).

Esse princípio parece enganosamente simples. Na prática, devemos repensar muitas das maneiras favoritas de tratar pacientes. Por exemplo, uma paciente em uma clínica de internação que se mutila profundamente. Na TCD, o terapeuta ou membro da equipe não telefona para marcar uma consulta médica (a menos, é claro, que a paciente claramente não consiga fazê-lo). Ao invés disso, a paciente é instruída a telefonar e marcar a consulta. A equipe instrui, e a paciente telefona. Os terapeutas e membros da equipe não marcam consultas para pacientes com outros profissionais. Presume-se que adultos sejam capazes de marcar suas próprias consultas. O terapeuta somente intervém quando a paciente é claramente incapaz de fazê-lo e a falta da consulta possa levar a consequências mais negativas do que a aprendizagem positiva em que a paciente está envolvida.

Corolário 6: não intervir, resolver problemas ou agir para a paciente com outros profissionais. Esse corolário é o outro lado do Corolário 5. Se a paciente servir como sua própria agente para resolver dificuldades com outras pessoas, incluindo outros profissionais médicos e da saúde mental, é razoável que o terapeuta não deva intervir por ela. Se a paciente está insatisfeita com um tratamento auxiliar que está recebendo, ou com outro terapeuta, o terapeuta que está trabalhando com ela no momento a ajuda a descobrir como comunicar isso de forma eficaz para o outro profissional. O terapeuta trata a paciente como essencialmente capaz (com mais ou menos treinamento de habilidades) de agir a seu próprio favor. Por exemplo, se a paciente está tendo dificuldade com uma ou mais pessoas da equipe de tratamento, o terapeuta que sabe disso não procura os outros e explica ou tenta resolver o problema. Os terapeutas não servem como substitutos para as pacientes. Por exemplo, dizer: "ela está muito brava com você, mas tem medo de lhe dizer. Como você pode fazer isso com ela?" não é uma comunicação aceitável. Pode-se enxergar imediatamente por que isso é fácil conceitualmente, mas difícil na prática. A humildade é um requisito básico para esta abordagem não perder o rumo.

Corolário 7: não defender outros profissionais. Dentro da equipe de terapia, a consultoria à paciente exige que cada terapeuta somente aceite a responsabilidade por seu próprio comportamento, e não pelo de outras pessoas. Assim, não é trabalho de um terapeuta defender outro terapeuta perante a paciente. Como no mundo real, certas pessoas conseguem interagir com a paciente melhor que outras. Todos os terapeutas cometem enganos. As regras podem mudar, dependendo de quem as está aplicando. Um pressuposto da TCD é que os terapeutas provavelmente façam as coisas "ruins" que as pacientes pensam que eles fazem. Conforme observado antes, o terapeuta não intervém pela paciente com os outros profissionais do tratamento. A questão aqui é que o terapeuta também não intervém pelos outros profissionais com a paciente. Ou seja, o terapeuta não defende seus colegas profissionais.

A regra não significa que um terapeuta não possa ajudar a paciente a entender outro melhor. De fato, ensinar à paciente como ser eficaz com outras pessoas inclui ajudá-la a desenvolver uma postura empática e compreensiva. Também não significa que um terapeuta não possa concordar com outro, mesmo que a paciente esteja furiosa com o outro. Por exemplo, tivemos uma paciente em nossa clínica que tinha enorme dificuldade com a terapeuta do treinamento de habilidades, que, de fato, cometeu erros terapêuticos significativos. Depois que os erros foram cometidos, não parecia haver maneira de consertar a relação. A paciente não apenas se tornou extremamente abusiva, como continuou o abuso muito depois do final do treinamento de habilidades. A treinadora finalmente rompeu todo o contato. A paciente começou a me telefonar (como diretora da clínica), implorando que eu "fizesse" sua antiga treinadora de habilidades falar com ela. Minha resposta foi validar o problema da paciente, validar o direito da treinadora de observar seus próprios limites e ajudar a paciente a resolver como lidaria com esse doloroso estado de coisas.

Situações em que outro tratamento está atrapalhando a terapia

Com as exceções citadas da intervenção ambiental, o terapeuta comportamental dialético não intervém com outros profissionais para fazê-los mudar tratamentos ineficazes ou iatrogênicos ou aqueles que não se encaixem na TCD. Ao invés disso, a resposta é analisar a situação de tratamento auxiliar com a paciente e ensinar à paciente como intervir em sua própria comunidade de tratamento. A primeira opção deve ser tentar ajudar a paciente a influenciar outros profissionais para mudar a sua abordagem de tratamento com ela. Se isso fracassar, deve-se avaliar a opção de terminar ou mudar para outro profissional ou programa de tratamento. Vários exemplos podem ilustrar a questão.

Uma paciente da minha clínica vai para o setor de emergência sempre que tem uma crise (que é frequente). Como costuma ameaçar cometer suicídio, quase sempre é admitida. Segundo ela, essas admissões são contra a sua vontade, embora admita que ir para o hospital é um método de evitar seus problemas. (Além disso, a comida é muito boa.) A paciente não apenas está recebendo reforço por seu comportamento passivo e suicida, como as hospitalizações frequentes são tão diruptivas que ela já perdeu três empregos e está agora recebendo assistência pública. Seu ânimo tem diminuído mais (juntamente com o nosso), e a terapia está decaindo. Será que eu poderia orientar os hospitais para desenvolver outras maneiras mais eficazes de lidar com ela? Não. Por que não? Porque, mesmo que consiga que um hospital adote uma política mais eficaz, em Seattle, existem pelo menos dez unidades de internação psiquiátrica razoavelmente boas. Se eu "moldar" uma, a paciente pode ir para outra. Quando eu tiver conversado com todos os hospitais, a paciente pode voltar para o primeiro, que, provavelmente, terá uma equipe totalmente nova. Eu teria que orientá-los novamente. E se a paciente se mudar? Devo segui-la de cidade em cidade? Não. Parece que será muito mais fácil apenas "moldar" a paciente para lidar com respostas ineficazes dos hospitais. A paciente deve aprender a conversar com a equipe do hospital e a recusar admissões hospitalares desnecessárias. Ela e o hospital devem decidir juntos o plano de tratamento – talvez um lugar onde ela possa chegar e falar com alguém durante uma emergência, mas não receba reforço por comportamento passivo e suicida.

A abordagem de consultoria também é bastante eficaz para diminuir a raiva do terapeuta para com outros profissionais, e para manter a atenção e energia voltadas para ajudar a paciente. Tive uma paciente epilética que era paciente antiga de um dos especialistas da cidade. Às vezes, os níveis sanguíneos de seus anticonvulsivantes estavam altos ou baixos demais, e ela ia parar na emergência. Ela era admitida com frequência em uma clínica médica. Invariavelmente, a equipe começava por trocar seus medicamentos, ignorando suas afirmações de que não melhorava com o novo medicamento e seus pedidos de que consultassem seu especialista. Depois da alta, ela levava até três semanas para voltar aos seus medicamentos normais e se estabilizar. Um dia, isso aconteceu novamente: ela foi admitida no setor médico e, enquanto falava comigo ao telefone, disse que o funcionário estava trocando seus medicamentos novamente. Minha resposta emocional imediata foi de raiva do médico que a atendia, principalmente porque sabia que era eu quem tinha que "juntar os cacos" cada vez que isso acontecia. Minha primeira tentação foi telefonar para o médico e intervir. Eu estava cansada e impaciente e queria interromper o ciclo. Porém, telefonar teria sido uma violação da abordagem de consultoria. Logo, compreendi que minha tarefa não era mudar as pessoas que tratavam minha paciente (uma tarefa que parecia imensa), mas mudar a paciente (uma tarefa que parecia muito mais administrável). Minha raiva caiu a zero. Telefonei de volta para a paciente e falei a ela (com uma voz firme) que, desta vez, ela simplesmente deveria se negar a permitir que eles mudassem sua medicação sem orientação adequada. Ela era mais especialista em seu próprio corpo nesse ponto do que eles. Embora tenha demorado um pouco, a abordagem de consultoria à paciente finalmente funcionou. Atualmente, a paciente consegue garantir que seus medicamentos sejam monitorados corretamente. O leitor atento provavelmente notou que o autocuidado eficaz para essa paciente significava que ela deveria fazer com que um profissional da saúde conversasse com outro profissional da saúde. Ou seja, ela estava tentando fazer seu especialista intervir perante o médico que a atendia – uma boa estratégia.

O que o terapeuta deve fazer quando faz parte de uma equipe de TCD que está administrando uma terapia destrutiva ou antiterapêutica? É aqui que o terapeuta caminha em uma delicada corda esticada entre a abordagem de consultoria à paciente (não defender a paciente ou dizer a outras pessoas como devem tratá-la) e a abordagem de supervisão/consultoria ao terapeuta (implementar o planejamento do tratamento e a modificação do tratamento como grupo). A abordagem de consultoria à paciente prevê trocar informações com outros terapeutas sobre os planos e objetivos do tratamento, e os efeitos do tratamento usado por outros membros da equipe sobre a paciente e seus objetivos. A abordagem de supervisão/consultoria ao terapeuta visa encontrar uma síntese entre duas ou mais abordagens de tratamento.

Lidar com telefonemas durante crises

Telefonemas de profissionais que não fazem parte da equipe de tratamento. A maioria dos profissionais da saúde está acostumada a coordenar o tratamento de determinadas pacientes sem o envolvimento ativo (embora, é claro, com consentimento) da paciente. As equipes de intervenção para crises, esquadrões de resgate e policiais, supervisores habitacionais, conselheiros residenciais e gestores de caso, bem como os funcionários da sala de emergência, às vezes têm muita dificuldade para telefonar para o psicoterapeuta individual para obter orientação sobre como devem reagir à paciente durante uma crise. Não importa a situação, a política da TCD é a mesma: quando profissionais que não fazem parte da equipe de tratamento telefonam, o terapeuta deve (1) obter o máximo possível de informações que puder sobre a situação; (2) fornecer as informações necessárias, que a paciente não deu, e verificar (ou corrigir) as informações que a paciente tiver dado; (3) dizer para que sigam seus procedimentos normais; e (4) pedir para falar com a paciente. O terapeuta então instrui a paciente sobre como lidar com a situação e interagir com os profissionais. (Mais uma vez, a abordagem de orientação não se aplica se a paciente não puder cooperar e o resultado for importante. Por exemplo, se a paciente estiver inconsciente ou grogue, ou hostil demais para falar, o terapeuta fornece informações necessárias sobre o histórico, o tratamento e os medicamentos.)

Por exemplo, minha unidade de terapia às vezes usa espaço em uma clínica psiquiátrica maior. Uma de nossas pacientes vinha constantemente distraindo a equipe, envolvendo as pessoas em conversas que não conseguiam interromper e ocasionalmente agindo de maneira hostil na sala de espera, criando dificuldades para as outras pacientes. O diretor da clínica respondeu enviando-me uma série de bilhetes reclamando da "minha" paciente, sugerindo indiretamente que deveria controlar a paciente melhor. A clínica não estava preparada para esse tipo de paciente, e os outros pacientes estavam em risco. Eu estava mais interessada em manter a paciente viva, pois havia um grande risco de suicídio na época. Além disso, sabia que o comportamento da paciente na clínica já representava uma melhora considerável em relação ao seu comportamento em outras clínicas. A clínica respondeu à paciente desenvolvendo uma série de regras repressivas (conforme me pareceram) quando ao comportamento permitido para pacientes. Respondi disparando minha própria série de cartas de reclamação para o diretor da clínica. Nossos temperamentos se inflamaram e houve dissociação da equipe. Onde estava o erro? O erro estava em eu responder ao diretor da clínica com algo além de "siga seus procedimentos usuais e eu ajudarei a paciente". Protegi a fragilidade da paciente, no lugar de fortalecer o seu potencial. Embora uma reunião de solução de problemas com o diretor pudesse ter ajudado, essa reunião deveria ocorrer na presença da paciente.

Telefonemas de outros membros da equipe de tratamento. Dentro da equipe de tratamento, o terapeuta individual ou primário normalmente lida com as situações de crise. Assim, todos os terapeutas comportamentais dialéticos colaterais devem telefonar para o terapeuta principal para pedir instruções sobre como lidar com a paciente se houver uma crise (a menos que procedimentos claros já tenham sido definidos). Nesse caso, o terapeuta primário não diz: "siga seus procedimentos usuais". Pelo contrário, ela dá instruções. O Capítulo 15 discute isso em mais detalhe.

Participar de discussões de caso

A abordagem de consultoria à paciente não impede que se coordene o tratamento e participe de reuniões para tratar da paciente. A coordenação do tratamento com terapeutas auxiliares que não seguem o modelo da TCD às vezes pode ser bastante proveitosa, especialmente com terapeutas que venham a ter um relacionamento razoavelmente longo com a paciente, como gestores de caso, médicos da internação, ou farmacoterapeutas. Ela pode ser especialmente valiosa quando o terapeuta está "travado" ou quando a paciente está em crise e está em uma unidade de internação ou mudando de terapeuta para terapeuta. A situação ideal é aquela em que a paciente organiza a reunião.

Durante a reunião de caso, as tarefas primárias do terapeuta são ajudar a paciente a falar por si mesma e compartilhar e obter informações. (Porém, isso geralmente não é possível até que o terapeuta tenha orientado a rede social.) O terapeuta concentra-se em ajudar a paciente a interagir com habilidade. A menos que absolutamente necessário, ele não fala pela paciente. O terapeuta está lá como um acompanhante, e não como substituto. Ele fala por si mesmo ao explicar os princípios e o plano do tratamento, explicando os seus próprios limites, e coisas do gênero. O terapeuta, às vezes, deve trabalhar ativamente para manter a paciente cooperativamente envolvida na discussão e planejamento do seu tratamento. A passividade ativa da paciente, bem como as práticas tradicionais de muitos profissionais da saúde mental, pode conspirar para criar uma atmosfera onde a paciente possa estar presente de corpo, mas seja excluída em alma.

3. ORIENTAR À PACIENTE SOBRE COMO LIDAR COM FAMILIARES E AMIGOS

Familiares e amigos podem ser aliados importantes no tratamento de pacientes *borderline*. Seu apoio para a paciente permanecer em terapia é muito importante. Em minha experiência, familiares e amigos invalidantes costumam acreditar que as pessoas devem ser capazes de lidar com seus próprios problemas, não importa o quanto sejam graves, sem procurar um terapeuta. Em particular, os pais às vezes se opõem terminantemente a seus filhos fazerem um programa de tratamento. A aceitação da psicoterapia é bastante variada em diferentes meios culturais e de classe. Outros familiares e amigos talvez queiram se envolver ativamente no processo de tratamento. O principal papel do terapeuta em cada um desses casos é: ajudar a paciente a se comunicar de forma eficaz com sua rede social sobre seus problemas, seu tratamento e suas necessidades; avaliar conselhos conflitantes sobre o tratamento e soluções para problemas; e tomar decisões por si mesma com habilidade.

Telefonemas de familiares e amigos

Um encontro que costuma ser difícil para o terapeuta é um telefonema angustiado de familiares e amigos (p.ex., colegas de quarto) da paciente. Muitas vezes, eles querem que o terapeuta os aconselhe sobre o que fazer ou como lidar com problemas gerais ou específicos com a paciente. Às vezes, querem um relatório do progresso na terapia ou garantias sobre as credenciais do terapeuta. (Isso é especialmente provável quando a paciente é um familiar e/ou está pagando pela terapia.) Ou então, podem estar ligando por medo de que a paciente cometa suicídio. O princípio geral aqui é que o terapeuta pode obter informações (especialmente se a ligação for sobre o risco de suicídio), pode fornecer informações sobre si mesmo (p.ex., credenciais ou experiência) e pode fornecer informações gerais sobre a TCD e o TPB. No entanto, o terapeuta não deve dar informações sobre a paciente ou sobre sua terapia. Ele pode ajudar a pessoa que está ligando a lidar com seus próprios problemas e sentimentos, mas não a ajuda a lidar com a paciente quando esta não faz parte da interação.

As ligações de familiares e amigos devem ser tratadas com o máximo de sensibilidade. Uma rejeição arrogante ou insensível do terapeuta para com os familiares e amigos pode prejudicar a paciente em sua tentativa de permanecer em terapia. De um modo geral, é melhor explicar no começo de cada conversa que o terapeuta não pode compartilhar informações sobre a paciente. Ele deve deixar claro que a recusa em compartilhar informações reflete a natureza da psicoterapia, e não as características da pessoa que está ligando.

Embora o terapeuta possa escutar as dificuldades da pessoa, as orientações com a rede da paciente sempre incluem a paciente. Desse modo, sem a presença da paciente, o terapeuta pode aconselhar a pessoa sobre como obter a orientação que precisa, mas não sobre como ajudar a paciente. Às vezes, o terapeuta pode sentir empatia e refletir a angústia emocional que a pessoa está comunicando. A ideia é concentrar a conversa nessa pessoa e no terapeuta, não na paciente ou na terapia.

A paciente deve ser informada sobre a ligação, e o conteúdo da conversa deve ser revelado e discutido. O plano do terapeuta em relação a isso deve ser revelado à pessoa que ligou.

Realizar sessões com a família

Conforme observado anteriormente neste capítulo, a TCD não é usada para tratar pacientes com menos de 15 anos de idade. Para uma adolescente (especialmente uma adolescente emancipada), a família da paciente é tratada de um modo condizente com a abordagem de consultoria. Se o terapeuta pensa que a comunicação com a família pode ajudar às vezes, ela é tratada como qualquer outra solução para problemas – como algo que a paciente deve decidir e implementar. No entanto, as sessões de terapia familiar não são incongruentes com a TCD e podem ser prescritas às vezes (ver o Capítulo 15). Contudo, sessões com familiares sem a presença da paciente não condizem com a TCD. Isso significa que, embora o terapeuta ajude a paciente a entender a reação de seus familiares e amigos, o contrato do terapeuta sempre é com a paciente, e não com essas pessoas. Durante uma reunião com familiares ou cônjuges, o terapeuta também ajuda os participantes a demonstrar uma compreensão maior e uma postura mais validante para com a paciente. Explica-se a teoria da TCD e discute-se a necessidade de validação e capacitação.

Argumentos contra a abordagem de consultoria

A abordagem de consultoria à paciente na TCD é bastante diferente e às vezes diametralmente oposta aos comportamentos esperados dos profissionais da saúde mental. Além disso, ela é inegavelmente demorada. Ela também parece incoerente, pelo menos à primeira vista, com a abordagem sistêmica (incluindo uma abordagem sistêmica dialética). Esses argumentos são discutidos a seguir, juntamente com meus contra-argumentos para manter a abordagem de consultoria.

Tradições da psicoterapia

Espera-se que os psicoterapeutas troquem informações rotineiramente com seus colegas sobre o histórico, diagnósticos, medicamentos, resposta ao tratamento, estado atual e qualquer outra informação sobre a paciente que possa ajudar os profissionais que a tratam atualmente. Porém, mesmo quando as pacientes são capazes de falar por si mesmas e intervir em seu favor, ainda se espera que os terapeutas forneçam informações e conversem com os outros profissionais da saúde que tratam a paciente. A tradição terapêutica é um pouco desconsiderada na TCD. A divergência entre a TCD e as práticas usuais baseia-se em duas linhas de argumento, uma clínica e outra empírica.

Argumento clínico. A tradição do comportamento colegiado na psicoterapia baseia-se no modelo de tratamento médico. A orientação de caso e a indicação de referências são necessárias na medicina, pois a paciente média que procura um médico não tem competência para transmitir informações médicas complexas corretamente para o novo médico. Quando uma paciente com histórico de doenças cardíacas é levada para a emergência, pode ser questão de vida ou morte que o médico conheça o histórico médico e medicamentos atuais daquele indivíduo.

O problema surge ao se transferirem as regras do tratamento médico de transtornos físicos para o tratamento psicossocial de transtornos comportamentais. Embora as pacientes possam não ser capazes de fazer uma revisão coerente de suas funções cardíaca e hepática, a maioria dos indivíduos, incluindo pacientes *borderline* em psicoterapia, pode fazer um relato coerente de seu funcionamento comportamental. Até onde a psicoterapia é cooperativa, também se espera que pacientes em psicoterapia consigam fazer um relato razoável de seu atual plano de tratamento, embora as pacientes raramente sejam especialistas nesse sentido. Entretanto, quando o objetivo é promover as capacidades do indivíduo de controlar o seu próprio comportamento e influenciar o seu destino, a situação é diferente: ou a paciente é a melhor especialista sobre seu comportamento ou deveria ser. A abordagem de consultoria à paciente visa garantir que, se o indivíduo não é um especialista em si mesmo, que se torne um.

É claro que, às vezes, a paciente não consegue fazer tal relato e pode até distorcer as informações propositalmente para obter o tratamento que deseja. E, conforme observado antes, quando o resultado imediato é muito importante e a paciente é incapaz ou não está disposta a intervir de forma eficaz por si mesma, o terapeuta deve avançar das estratégias de consultoria para as estratégias de intervenção ambiental. Porém, em minha experiência clínica, muitos terapeutas e ambientes de tratamento subestimam as capacidades das pacientes e superestimam a tendência dos indivíduos *borderline* de distorcer e manipular as comunicações para satisfazer seus desejos. Com frequência, faz-se demais pela paciente. O indivíduo *borderline* é tratado como se fosse mais frágil e mais manipulador do que é. O terapeuta intervém quando a paciente pode e deve intervir de maneira eficaz por conta própria. Um comentário comum das pacientes *borderline* em nosso programa é que uma parte bastante terapêutica do tratamento é a nossa crença nas capacidades das pacientes quando outras pessoas (incluindo a paciente) não costumam acreditar. Confiamos nelas quando muitas pessoas as acusam.

Argumentos empíricos. O argumento mais forte para adotar as estratégias de consultoria à paciente que são recomendadas na TCD é a evidência empírica de que o modelo de tratamento da TCD, incluindo esse grupo de estratégias, é eficaz. Embora as estratégias de consultas possam ter se mantido irrelevantes para o resultado do tratamento, não é irrelevante que o tratamento como um todo tenha sido considerado eficaz. No momento, não conheço dados empíricos que indiquem que as estratégias sejam prejudiciais ou ineficientes.

Demandas de tempo sobre profissionais de saúde

A abordagem de consultoria pode consumir muito tempo. Muitas vezes, é mais fácil fazer algo por outra pessoa do que auxiliá-la a cumprir cada etapa por conta própria. Uma analogia útil aqui é comparar o terapeuta com uma mãe com pressa no supermercado com uma criança que está aprendendo a caminhar: é mais fácil pegar a criança no colo do que esperar que ela tente dar cada passo. Ensinar às vezes exige uma paciência infinita. Cuidar *de* muitas vezes é mais fácil do que cuidar *por*. Apesar do viés da TCD para que se dedique o tempo que for necessário, às vezes, o terapeuta precisa ser prático e pegar a pessoa no colo.

Por exemplo, uma paciente pode ir para a emergência, ameaçar cometer suicídio e dizer que precisa de hospitalização imediata. Saber que a paciente foi hospitalizada repetidas vezes nas mesmas circunstâncias no passado sem ter benefícios pode ser importante para decidir se é correto hospitalizá-la agora. No ambiente da emergência, pode ser difícil obter um longo histórico. Certamente, é mais fácil e mais rápido se a paciente ou o terapeuta puderem fornecer essas informações. Se a paciente está desesperada para ser hospitalizada, ela pode não divulgar informações corretas sobre o seu passado. Assim, o mais rápido a fazer é telefonar para o terapeuta atual da paciente e pedir informações e recomendações para o tratamento. A expectativa é que o terapeuta forneça essas informações. Na TCD, o terapeuta não fornece essas informações em todos os casos, mas também não recusa em todos os casos. Isso poderia afastar o profissional que a paciente mais precisa a seu lado. A política nesse caso é revisar a situação com a paciente, deixando claro que o outro profissional não tem tempo para avaliar o caso específico e, então, com a permissão da paciente, fornecer as informações necessárias para que o novo profissional vá adiante. Entretanto, o terapeuta geralmente não diz ao médico da emergência se deve hospitalizar a paciente ou não, embora possa dar informações sobre suas políticas de hospitalização em geral ou particularmente com essa paciente.

E o sistema?

Quando o indivíduo vive em um ambiente inseguro, como o terapeuta deve direcionar o tratamento? Será que deve voltá-lo para tornar o ambiente mais seguro? Será que o indivíduo deve ser removido do ambiente inseguro se não puder ser mudado? Ou será que o tratamento deve ensinar o indivíduo a se manter seguro em um ambiente inseguro? Cada abordagem tem seus méritos; cada uma é necessária em certas ocasiões. Porém, na TCD, a ênfase filosófica é na última delas – ensinar a paciente a criar segurança para si mesma. Como na terapia feminista, o foco é "empoderar" o indivíduo.

Na TCD, o papel do terapeuta é mostrar à paciente como mudar o sistema (inclusive o sistema da TCD). A abordagem de intervenção é de "baixo para cima" (*bottom-up*) no lugar de "cima para baixo" (*top-down*). Quando isso não é possível – por exemplo, o sistema é extraordinariamente abusivo, ou não está disposto ou é capaz de mudar – ajuda-se a paciente a sair do sistema. Embora o terapeuta possa tentar mudar sistemas profissionais ou outros sistemas, isso é feito em nome de todas as pacientes, e não para uma paciente específica. As aspirações das pacientes de colocar a si mesmas e suas vidas sob um grau razoável de controle, e depois trabalhar para melhorar o sistema, são incentivadas.

ESTRATÉGIAS DE SUPERVISÃO/ CONSULTORIA AO TERAPEUTA

A supervisão/consultoria com terapeutas é parte integral, ao invés de auxiliar, da TCD. A consultoria ao terapeuta, como grupo de estratégias de tratamento, equilibra as estratégias de consultoria à paciente discutidas anteriormente. A TCD, a partir dessa perspectiva, é definida como um *sistema* de tratamento, no qual (1) os terapeutas aplicam a TCD às pacientes, e (2) a equipe de supervisão e/ou consultoria aplica a TCD aos terapeutas. A equipe de supervisão e/ou consultoria proporciona um equilíbrio dialético para os terapeutas, em suas interações com pacientes.

Existem três funções principais para a consultoria ao terapeuta na TCD. Primeiramente, a equipe de supervisão ou consultoria ajuda a manter cada terapeuta individual na relação terapêutica. Em segundo lugar, a equipe equilibra o terapeuta em suas interações com a paciente (ver a Figura 13.1). Proporcionando equilíbrio, os consultores podem se aproximar do terapeuta, ajudando-o a manter uma posição forte. Ou pode recuar em relação ao terapeuta, exigindo que este se aproxime da paciente para manter o equilíbrio. Em terceiro lugar, dentro das aplicações programáticas da TCD, a equipe de supervisão/consultoria proporciona o contexto para o tratamento. Em sua forma mais pura, a TCD é uma relação transacional entre uma comunidade de pacientes *borderline* e uma comunidade de profissionais da saúde mental.

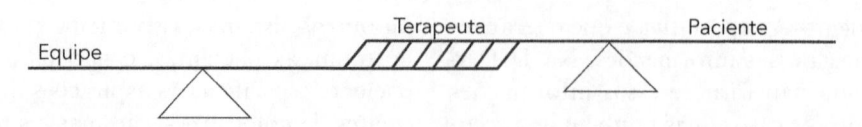

Figura 13.1 Relação da equipe de supervisão/consultoria com o terapeuta e a paciente na TCD.

Necessidade de supervisão/consultoria

Conforme observei anteriormente, a TCD foi desenvolvida e aplicada inicialmente em um contexto de pesquisa clínica. Um amplo treinamento para o terapeuta, supervisão minuciosa de casos individuais e consultoria entre todos os terapeutas quanto às aplicações do tratamento para problemas clínicos emergentes são componentes integrais de qualquer programa de pesquisa clínica. Todavia, a supervisão e consultoria eram originalmente consideradas elementos auxiliares do tratamento. Eu acreditava que toda essa supervisão/consultoria seria desnecessária fora do contexto de pesquisa e/ou uma vez que a formação de novos terapeutas estivesse concluída. Porém, o *feedback* dos terapeutas no decorrer do programa de pesquisa e de pacientes com histórico de terapias que não deram certo me persuadiu gradualmente que o papel da supervisão e consultoria em usos terapêuticos que não a pesquisa talvez seja mais importante do que havia imaginado em princípio.

Hoje, acredito que é extraordinariamente difícil administrar um tratamento eficaz para a maioria das pacientes *borderline* sem consultoria ou supervisão. Surpreende-me ao ver quantos ótimos terapeutas acabam conduzindo uma terapia ineficaz ou cometendo grandes erros com essa população de pacientes. Em ambientes clínicos, como agências e unidades de internação, os terapeutas às vezes parecem agir de maneira quase tão *borderline* quanto suas pacientes. Eles têm posições extremas; invalidam uns aos outros e suas pacientes; culpam as pacientes tanto quanto elas mesmas se culpam. São vulneráveis a críticas ou comentários das pessoas sobre seu modo de tratamento; têm relacionamentos caóticos entre si, muitas vezes marcados pela "dissociação da equipe"; e vacilam entre se sentirem sós, desencorajados, desesperançosos e deprimidos, se sentirem bravos e hostis para com pacientes e outras pessoas da equipe, e se sentirem enérgicos, confiantes, encorajadores e esperançosos. Ainda que não seja difícil entender por que esses padrões ocorrem, os terapeutas impõem demandas irrealistas sobre si mesmos, na ausência de um contexto ou comunidade que dê suporte para a mudança. Por que esses padrões ocorrem? Existem diversas razões.

Primeiramente, as pacientes, como um todo, apresentam os três comportamentos mais estressantes observados em pacientes (tentativas de suicídio, ameaças de suicídio e hostilidade) (Hellman, Morrison e Abramowitz, 1986). Elas também comunicam seu intenso sofrimento constantemente, aumentando o estresse do terapeuta. Além disso, o progresso na terapia é muito menor do que com a maioria das pacientes, mesmo quando foram instituídos os tratamentos mais eficazes. Em resumo, as pacientes imploram para que seus terapeutas as ajudem imediatamente e ameaçam cometer suicídio se eles falharem. Isso não seria tão estressante se fosse possível ajudar a paciente imediatamente, mas geralmente não é. Os terapeutas acabam se sentindo incompetentes, ineficazes e impotentes, em uma situação com a qual se importam muito e querem ter êxito. As tendências resultantes são "culpar as vítimas", mudar impulsivamente de tratamento, e/ou iniciar atividades paliativas que ajudam as pacientes a se sentirem melhor no momento, mas prejudicam seu prognóstico a longo prazo. Se tudo isso fracassar, os terapeutas, de maneiras sutis, levam as pacientes a abandonar a terapia (talvez dizendo que elas não estão prontas para a terapia) ou terminam a terapia precipitadamente.

Em segundo lugar, as pacientes muitas vezes proporcionam reforço involuntariamente aos terapeutas por fazerem uma terapia ineficaz e os punem por uma terapia eficaz. Pelo menos, isso ocorre quando os terapeutas estão tentando implementar a TCD. Na terapia individual, a paciente geralmente não quer discutir os comportamentos visados, como o parassuicídio, seus comportamentos que interferem na terapia, ou padrões comportamentais que interferem seriamente em sua vida. Se fizer isso, ela tenta ter uma discussão "de coração para coração" sobre seus sentimentos ou o comportamento do terapeuta, no lugar de analisar seu comportamento ou buscar uma forma mais adaptativa de resolver os problemas. A disputa de poder que se segue geralmente é bastante aversiva para o terapeuta. É muito mais fácil deixar que a paciente controle a agenda. Com frequência, também é muito mais interessante. No treinamento de habilidades, as pacientes tentam discutir suas crises atuais, no lugar de se concentrarem em aprender habilidades. Quando estão dispostas a se concentrar no treinamento de habilidades, elas criticam as habilidades por não ajudarem o suficiente. O treinador de habilidades pode vir a questionar: "para que se incomodar?". Se o treinador fica bravo, é fácil perder o controle da estrutura do treinamento, ignorando completamente questões processuais importantes. Se o treinador fica frustrado, é fácil abandonar o treinamento e "nadar com a corrente", por assim dizer.

Em terceiro lugar, as pacientes não apenas se mostram carentes, como bastante capazes de cuidar dos terapeutas. Muitas vezes, elas acreditam que ser amigas dos terapeutas é do seu interesse terapêutico. Assim, é fácil os terapeutas caírem em discussões sobre si mesmos e seus próprios problemas. Isso pode levar a uma inversão de papéis, onde as pacientes se tornam terapeutas dos terapeutas. Em minha clínica, orientei casos em que pacientes emprestaram dinheiro ao terapeuta para pagar hipoteca, foram à casa do terapeuta para cuidar deles quando doentes, aceitaram ligações quando o terapeuta estava em crise porque estava se divorciando, e prestaram serviços domésticos ou como secretárias para o terapeuta. Com pacientes *borderline*, pode ser muito fácil os terapeutas se enganarem e pensarem que o contato e atividades sexuais podem ser terapêuticos para as pacientes.

As estratégias de consultoria/supervisão ao terapeuta são descritas a seguir e apresentadas no Quadro 13.3.

1. REUNIR-SE PARA DISCUTIR O TRATAMENTO

Modos de supervisão/consultoria

A maneira como o terapeuta participa da supervisão/consultoria e a questão de quem é a comunidade dependem quase totalmente de seu ambiente de trabalho e da sua carga de trabalho com pacientes *borderline*. No consultório particular, os terapeutas podem obter supervisão formal com um terapeuta mais experiente, podem marcar supervisão com um colega, ou participar de um grupo de supervisão. Esses arranjos geralmente não são difíceis de fazer no meio urbano, mas podem exigir criatividade (p.ex., reuniões de consultoria pelo telefone) em ambientes rurais. Na agência, no hospital-dia e na internação, a supervisão/consultoria da TCD pode ocorrer na reunião semanal regular da equipe, ou pode haver uma reunião especial de consultoria para a TCD.

Quadro 13.3 Lista de estratégias de supervisão/consultoria ao terapeuta

____ T frequentar REUNIÕES regulares de supervisão/consultoria
____ T assumir e cumprir COMPROMISSOS de supervisão/consultoria
    ____ T adotar uma perspectiva dialética, buscando a síntese de todas as visões expressadas na reunião de consultoria.
    ____ T orientar P sobre como interagir com outros terapeutas, mas não dizer aos outros terapeutas como interagir com P.
    ____ T aceitar o comportamento dos outros terapeutas da TCD mesmo quando segue regras ou expectativas diferentes para P, enxergando-o como um limão para P fazer limonada.
    ____ T aceitar os limites pessoais dos outros terapeutas, mesmo quando diferem dos de T, e ajudar os outros terapeutas a observar seus próprios limites.
    ____ T procurar interpretações que não sejam pejorativas, mas fenomenologicamente empáticas para o comportamento de P.
    ____ T aceitar que todos os terapeutas são falíveis.
____ T MOTIVAR outros terapeutas.
    ____ T procurar o progresso oculto nas pacientes.
    ____ T ajudar os terapeutas a encontrar recursos para suas pacientes.
    ____ T ajudar outros terapeutas a fazer planos, reparar dificuldades com o tratamento e a relação.
____ T ajudar os outros terapeutas a manter o EQUILÍBRIO de suas posturas e comportamentos com os das pacientes; além disso, T equilibrar aceitação e mudança na reação aos terapeutas.
____ Quando envolvido em uma "dissociação de equipe", T aceitar um certo grau de responsabilidade; T ajudar a resolver esses problemas quando surgem.
    T lidar com comportamentos antiéticos ou destrutivos de outro terapeuta quando for necessário e da maneira adequada.
____ T manter as informações sobre terapeutas e/ou pacientes confidenciais.

Táticas anti-TCD

____ T culpar P pela "dissociação da equipe".
____ T procurar quem está "certo" e quem está "errado" quando os membros da equipe discordam.
____ T insistir que tem a interpretação "certa" sobre P ou a verdade absoluta.
____ T dizer aos outros terapeutas como responder a P, intervindo por P.
____ T insistir que todos devem ser coerentes na maneira como interpretam as regras, estabelecer limites e interagir com P; T criticar aqueles que divergem.
____ T julgar os limites dos outros terapeutas.
____ T agir de forma defensiva, ser sensível demais ao *feedback* crítico.
____ T ser excessivamente crítico ao dar *feedback*, esquecer-se de validar os outros terapeutas.

A frequência e duração das reuniões depende do número de terapeutas que participam e do número de pacientes a discutir. As reuniões na minha clínica geralmente ocorrem a cada semana e duram duas horas. Quando presto consultoria individual para profissionais privados, as reuniões geralmente são em sessões quinzenais de uma hora. Geralmente, discuto minhas pacientes com um consultor ou uma equipe pelo menos duas vezes por mês. Embora o número mínimo de pessoas exigido para uma reunião seja duas, é muito mais fácil aderir à abordagem dialética quando existem três ou mais. Quando se desenvolve uma polaridade, a terceira pessoa pode ajudar a enxergar a dialética e incentivar a síntese.

Agenda da reunião

Na consultoria individual, é claro, a agenda é estabelecida pelo terapeuta que procura consultoria. Em reuniões de consultoria com colegas ou com a equipe, ou reuniões de caso em ambientes institucionais ou programáticos, vários formatos são possíveis para as reuniões. Os pontos importantes da agenda são os seguintes:

1. Cada terapeuta deve ter uma oportunidade de trazer os problemas que estiver tendo com uma determinada paciente. Os problemas podem ser determinar quais comportamentos da paciente o tratamento deve focar no momento; selecionar ou implementar estratégias de tratamento; responder a comportamentos problemáticos das pacientes; ou lidar com os sentimentos ou atitudes do próprio terapeuta para com a paciente ou a terapia. Cada terapeuta deve revisar pelo menos um caso (mesmo que apenas brevemente) a cada reunião, e deve apresentar um breve relatório do progresso de todas as pacientes. O papel da equipe ou consultor aqui é ajudar o terapeuta a pensar de forma clara sobre como deve conceituar a paciente, a relação e a mudança nos termos teóricos da TCD, e como aplicar o tratamento corretamente.
2. Treinadores de habilidades devem ter a oportunidade de dizer ao terapeuta individual quais habilidades estão sendo ensinadas no momento e de enfatizar os problemas que as pacientes estejam tendo no treinamento. Os terapeutas individuais podem fornecer informações sobre as dificuldades das pacientes com as habilidades e sobre áreas específicas de competência ou incompetência. Essa é a chance de os terapeutas individuais e treinadores de habilidades trocarem informações sobre as pacientes e discutirem seus planos respectivos de tratamento. Princípios semelhantes se aplicam às interações com outros modais de terapia (p.ex., reabilitação vocacional, manejo de caso) que podem fazer parte do programa da TCD. Como a TCD não exige consistência, não é necessário chegar a um consenso entre os membros da equipe. No entanto, o pacto dialético defende que se chegue a uma síntese se houver posições contrárias. Toda a equipe ajuda o treinador de habilidades e o terapeuta individual em determinado caso, ou o gestor de caso e o terapeuta individual em outro, a fazer isso.
3. Na agência ou clínica, ou quando a terapia faz parte de um programa de TCD, são discutidas as decisões institucionais que devem ser tomadas. O objetivo é chegar a uma síntese de como se deve responder a problemas institucionais (embora, mais uma vez, não seja estritamente necessário chegar a um acordo). Um exemplo aqui é a paciente que vai para o treinamento de habilidades e chuta as paredes ou age de um modo que perturbe outras sessões de terapia. Quais são os limites institucionais? O que o diretor da clínica ou da unidade está disposto a aguentar? Quem deve observar os limites? Quem deve comunicar os limites e consequências à paciente? Normalmente, o terapeuta individual da paciente será responsável pelo manejo cotidiano do caso, incluindo a comunicação de limites institucionais. Todavia, a coordenação (até onde a coordenação é factível ou possível) é conduzida na reunião da TCD. Não é incomum que as pacientes procurem outros membros da equipe diretamente, incluindo o diretor da unidade. Essas interações são compartilhadas.
4. Todos os terapeutas devem ter a chance de trazer malentendidos ou problemas que estejam tendo na implementação da TCD. Nessa situação, os elementos da TCD são como a Constituição, e o grupo, como um todo, atua como o Supremo Tribunal

Federal. Tentam descobrir como implementar os elementos em cada caso específico.
5. Para terapeutas e outros membros da equipe do programa que estiverem aprendendo a TCD, é bastante produtivo que uma parte da reunião seja dedicada a revisar os princípios de tratamento da TCD de um modo mais geral. Em minhas reuniões com a equipe, durante a primeira meia hora de cada reunião, reviso algum aspecto da TCD. Isso pode ser muito importante para desenvolver uma cultura de TCD na unidade ou equipe. A tarefa de desenvolver e manter uma filosofia de tratamento e uma conceituação de caso compartilhadas não deve ser protelada, ou sua importância, minimizada.

2. CUMPRIR COMPROMISSOS DE SUPERVISÃO/CONSULTORIA

Os compromissos de supervisão/consultoria do terapeuta foram discutidos no Capítulo 4 e são resumidos no Quadro 13.3. Não há como exagerar a sua importância. Eles formam o contrato fundamental sobre o qual se baseiam essas reuniões. A vulnerabilidade e abertura que são características exigidas daqueles que participam das reuniões simplesmente não são possíveis se não houver uma base de entendimento comum.

Em certos cenários institucionais, essa prescrição pode criar um dilema. Diversas orientações teóricas, filosofias de tratamento, limites de tempo e letargia institucional podem interferir na disposição da equipe para concordar e implementar as estratégias de supervisão/consultoria da TCD. Por exemplo, em certas unidades de internação, os psicoterapeutas individuais aplicam tratamentos baseados em outras abordagens teóricas, não participam das reuniões da equipe e não fazem parte do ambiente da internação. (É claro, quando esse é o caso, a TCD somente está sendo implementada parcialmente, pois o núcleo do tratamento é a psicoterapia individual.) Ou um programa de tratamento para o TPB pode ser uma subunidade de uma clínica mais ampla que abriga diversos programas de tratamento de muitas orientações diferentes. Quando um pequeno número de terapeutas comportamentais dialéticos trabalha dentro de um ambiente institucional maior, a equipe da TCD deve se reunir, coordenar seus tratamentos e seguir os compromissos de supervisão/consultoria. Aqueles que aplicam outros programas de tratamento – por exemplo, os psicoterapeutas individuais em unidades de internação – são considerados profissionais auxiliares do tratamento (de TCD). Em certos locais, a equipe simplesmente não concorda em experimentar a TCD. Nesse caso, deve-se buscar uma síntese entre as polaridades daqueles que implementam a TCD e dos que não querem implementar. Os terapeutas comportamentais dialéticos devem, no mínimo, seguir os acordos da TCD. Polarizar entre TCD e não TCD é anti-TCD.

3. MANTER A MOTIVAÇÃO

É muito fácil se desmoralizar ao tratar pacientes *borderline*. As fontes de desmoralização são várias. Às vezes, pode ser excepcionalmente difícil notar que uma paciente está fazendo qualquer progresso. Em outras, o terapeuta está perto demais das árvores para enxergar a floresta. O papel dos supervisores e membros da equipe é encontrar e ampliar o pouco de mudança ou progresso que a paciente realmente faz. Lembrar o terapeuta do progresso geralmente lento dos indivíduos *borderline* e de outros pacientes semelhantes que eram tão recalcitrantes quanto eles, mas que melhoraram, também faz parte do trabalho do consultor. Esses lembretes constantes podem ser necessários por algum tempo. Tive uma paciente com a qual me sentia um fracasso a cada semana. Todas as semanas, ia para a reunião de consultoria dizendo que devíamos encaminhá-la ou colocá-la de volta no hospital. Obviamente, não podia ajudá-la. E, todas as semanas, o treinador de habilidades mostrava um avanço pequeno, mas ainda assim positivo, que a paciente havia feito. Renovada e revigorada, eu voltava para a batalha com mais energia. Depois de um ano de progresso cumulativo, mesmo eu já conseguia enxergar claramente, e a desmoralização deixou de ser um problema para mim.

Devido aos ambientes extremamente difíceis onde costumam viver, as pacientes *borderline* se sentem sem esperança e impotentes para mudar a sua situação, e os terapeutas podem facilmente cair em desespero junto com elas. Uma dificuldade específica em nossa clínica é a falta de recursos financeiros de muitas pacientes. Por exemplo, as pacientes perdem os benefícios médicos da ajuda pública se conseguirem um emprego. Os problemas médicos recorrentes as forçam a largar o emprego para buscar tratamento médico. De volta na ajuda pública, elas não apenas se sentem fracassadas, como devem viver com benefícios tão baixos que não conseguem mais pagar pela terapia. Se tivessem aspirações educacionais, as pacientes não poderiam pagar por sua educação. Pouquíssimas pacientes *borderline* conseguem lidar com o trabalho e a escola ao mesmo tempo. Elas talvez vivam melhor se morarem sozinhas, mas não conseguem pagar por isso. Muitas de nossas pacientes têm dificuldade para pagar o transporte para a terapia, especialmente porque os aluguéis costumam ser mais baixos longe do centro da cidade. Pode ser impossível mudar para fugir de famílias abusivas ou aproveitar oportunidades em outros locais. Os terapeutas dessas pacientes não apenas devem manter a esperança, como também devem ser criativos ante dificuldades que seriam difíceis mesmo para indivíduos bem-adaptados.

Em outros casos, os terapeutas estão desesperados consigo mesmo, e não com as pacientes. Conforme observei muitas vezes, os terapeutas tendem a cometer muitos enganos com pacientes *borderline*. O efeito emocional desses enganos pode ser intenso, e os terapeutas podem se sentir horríveis. Embora seja bom observar os próprios erros, sentir-se excessivamente mal por causa deles não costumam ajudar. Geralmente, o que está acontecendo é que esses terapeutas estão julgando a si mesmos (i.e., não estão suando as habilidades da atenção plena) e comparando o seu comportamento terapêutico com o de ideais míticos. O papel dos consultores aqui é usar as estratégias de validação e solução de problemas para ajudar os terapeutas a responder de forma mais razoável aos erros na terapia. Geralmente a melhor estratégia de consultoria será fazer um esforço concentrado para ajudar os terapeutas a produzir um plano para fazer limonada com os limões que criaram. Ser capaz de reparar os erros desse modo pode ser extremamente gratificante.

4. PROPORCIONAR UM EQUILÍBRIO DIALÉTICO

Um objetivo fundamental da consultoria ao terapeuta é proporcionar um equilíbrio para cada terapeuta, de modo que possa permanecer dentro do modelo dialético da terapia. Quando a paciente é rígida, polarizada, intensa e está sentindo muita dor, pode ser extraordinariamente difícil o terapeuta permanecer flexível. Quando a paciente ataca o terapeuta, recusa-se a cooperar, ou retrocede ao invés de avançar, não é incomum o terapeuta ir para o extremo oposto – retraindo-se da paciente, desejando contra-atacar, ou querendo desistir. Não é incomum, em minha equipe, um terapeuta chegar para a reunião dizendo: "quero matar essa paciente; me mostrem uma maneira de pensar dentro da

TCD!". A equipe está pronta para o desafio, valida a posição do terapeuta e começa a trabalhar para resolver o problema. Os membros da equipe aplicam as estratégias da TCD uns aos outros.

Quando uma paciente está em uma crise aparentemente incontrolável, acreditando que é vulnerável demais para lidar com ela, também não é incomum o terapeuta passar para o lado da paciente na gangorra terapêutica e se tornar excessivamente atencioso e solícito. O terapeuta chega na reunião dizendo: "quero matar cada um de vocês que estiver sendo mau com minha paciente; me mostrem uma maneira de pensar dentro da TCD!". O trabalho da equipe de TCD nesse caso é validar a razoabilidade da resposta do terapeuta e proporcionar uma interpretação de contraponto segundo a TCD, que o ajude a passar para uma posição mais equilibrada. A equipe usa as estratégias da TCD para tratar o terapeuta.

É muito importante que consultores e supervisores lembrem o paradoxo da TCD: a mudança somente pode ocorrer em um contexto de aceitação. Desse modo, um papel importante dos consultores é encontrar as respostas válidas do terapeuta e refleti-las na reunião de consultoria. Também é trabalho dos consultores ajudar o terapeuta a fazer mudanças adequadas no tratamento, para ajudar a paciente da maneira mais eficiente possível. Às vezes, os orientadores tomam o lado da paciente, defendendo-a perante um terapeuta recalcitrante e renitente. Em outras ocasiões, eles adotam a visão a longo prazo, argumentando que são necessárias medidas firmes.

A equipe de consultoria em um ambiente clínico ou programático geralmente tem duas fontes de informações sobre a paciente e seu tratamento. Uma é a revisão do caso que o terapeuta faz, e a outra é as interações que ele tem com outros membros do programa. Com base em todas as informações disponíveis, a equipe aplica as estratégias da TCD para ajudar cada terapeuta a aceitar a si mesmo no momento e também mudar as estratégias da terapia conforme o necessário para que sejam mais eficazes. Para usar a expressão de minha colega Kelly Koerner, os membros da equipe da TCD são tão "afetuosamente implacáveis" com relação a manter os terapeutas dentro dos parâmetros da TCD quanto a ajudar os pacientes.

Trabalhar com problemas de "dissociação da equipe"

A "dissociação da equipe", conforme mencionada antes, é um fenômeno bastante discutido, no qual os profissionais que tratam pacientes *borderline* começam a discutir e brigar por causa de uma paciente, do plano de tratamento, ou do comportamento de outros profissionais com a paciente. A responsabilidade pelo tensão entre a equipe é atribuída a paciente, que é considerada a pessoa que divide a equipe. Daí o termo "dissociação da equipe".

Por exemplo, como parte do planejamento para sua alta, uma paciente internada foi encaminhada à minha equipe de tratamento. Uma pessoa da nossa equipe estava na metade de uma entrevista de avaliação quando um enfermeiro interrompeu, dizendo que a avaliação não devia continuar. Posteriormente, ficamos sabendo que o médico não acreditava que um tratamento comportamental seria adequado para a paciente. A paciente e os membros da minha equipe de tratamento ficaram bravos. Ela foi então encaminhada a um programa externo do mesmo hospital, com instruções para a nova unidade de que a paciente não tinha permissão para fazer o meu programa. A chefe da nossa unidade então ficou brava pela implicação de que ela não era capaz de fazer planos apropriados para o tratamento. Na reunião da equipe, observou-se que estava claro que a paciente de fato era *borderline*, pois havia conseguido dividir a equipe antes mesmo de chegar à unidade.

Na TCD, as brigas entre membros da equipe e diferenças de pontos de vista, tradicionalmente associadas à dissociação da equipe, são consideradas fracassos na síntese e processo interpessoal entre os membros da equipe, no lugar de um problema da paciente. A equipe divide a equipe. A visão de que a paciente é quem faz isso se aproxima perigosamente do tipo de pensamento que os terapeutas tentam mudar em suas pacientes – colocar a culpa pelos problemas que estão tendo em outras pessoas e em fatos externos. Na TCD, os membros da equipe são incentivados a usar suas habilidades interpessoais para trabalhar esses problemas quando surgirem. Os desacordos dos terapeutas em relação a uma paciente são tratados como polos igualmente válidos de uma dialética. Desse modo, o ponto de partida para o diálogo é o reconhecimento de que surgiu uma polaridade, juntamente com uma premissa implícita (senão explícita) de que a solução exigirá trabalhar rumo a uma síntese.

Precipitantes da dissociação em equipe são vários, e existem diversos cenários possíveis. Uma boa parte dessa dissociação tem a ver com o fato de que as posturas dos terapeutas para com as pacientes seguem um padrão oscilatório, semelhante à alternância das pacientes entre a idealização e a desvalorização excessivas dos terapeutas. A onda flutua dentro de um espaço ancorado em um extremo, por uma postura de que a paciente deve tentar mais e que a equipe deve ser mais firme e, no outro, por uma postura de que a paciente é frágil, o mundo é duro demais com ela e a equipe deve ser mais suave e mais carinhosa. Em um cenário comum, existem dois fatores presentes. Primeiramente, a intensidade das comunicações de dor da paciente evoca um intenso desejo recíproco de cuidar da paciente e curar a dor. A incapacidade de fazer isso leva a uma sensação intensa de fracasso ou ansiedade, especialmente quando ameaças de suicídio fazem parte da comunicação de dor. Em segundo lugar, diferentes terapeutas que interagem com a mesma paciente têm posturas temporariamente não sincronizadas, como polos extremos do padrão oscilatório. Esse estado é mostrado na Figura 13.2, entre os membros da equipe A e B. A intensidade da "dissociação" tem a ver com a intensidade das comunicações de dor da paciente e a intensidade do desconforto dos terapeutas com essa dor. A TCD lida com esse problema procurando a síntese entre as posições firme e suave. Na Figura 13.2, a pessoa C talvez possa ajudar A e B a chegar a uma síntese.

Um segundo cenário tem a ver com as queixas da paciente para um terapeuta ("o cara legal") sobre o comportamento terrível de outro terapeuta ("o cara mau"). Se o "cara legal" está no pico da onda da "paciente frágil", será particularmente fácil para ele sentir raiva do "cara mau". Essa tendência é exacerbada quando as apostas são altas (p.ex., quando a paciente é suicida) e o "cara mau" está no pico de "vamos ser firmes" da onda. Mais uma vez, a TCD lida com isso pressupondo que existe uma síntese a encontrar. A equipe de supervisão/consultoria procura a validade das queixas da paciente e a validade do comportamento do terapeuta acusado. Uma postura defensiva por parte do "cara mau", é claro, não ajuda as coisas. Aqui, o compromisso de falibilidade (os terapeutas geralmente cometem erros) e o compromisso de empatia fenomenológica (os terapeutas tentam enxergar a vida pela perspectiva da paciente) podem ajudar.

Lidar com comportamento antiético ou destrutivo por parte de terapeutas

A abordagem de supervisão/consultoria ao terapeuta baseia-se na premissa de que todos os terapeutas que trabalham em uma equipe satisfazem pelo menos níveis mínimos de competência, ética e abertura.

Paciente frágil

Vamos ser firmes | 1a | 2b | 3a | 4b | 5a | 6b
Tempo

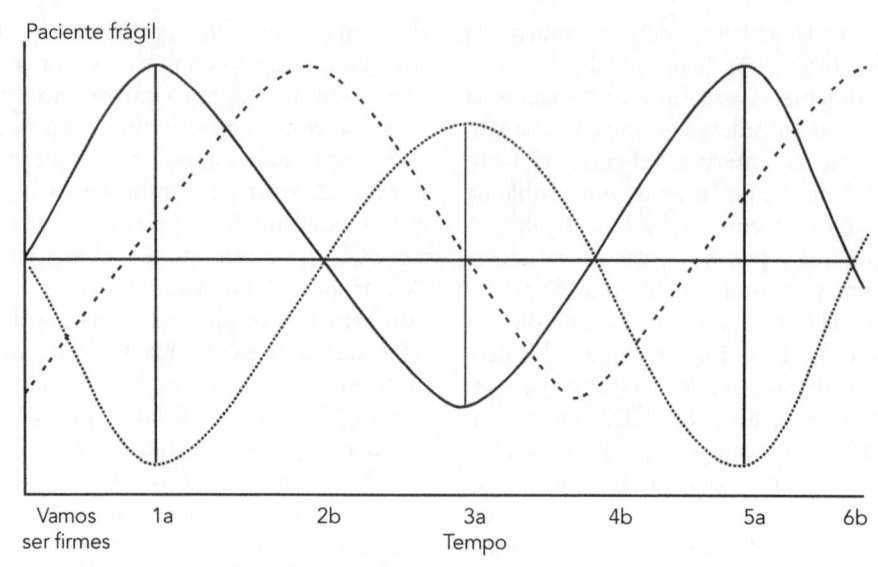

— Membro da equipe A
···· Membro da equipe B
-- Membro da equipe C

a. Pontos com maior probabilidade de dissociação da equipe se houver conflitos entre A e B.
b. Pontos de menor probabilidade de dissociação da equipe se houver conflitos entre A e B.

Figura 13.2 Ilustração de um cenário possível de "dissociação da equipe": padrões ondulatórios de posturas de diferentes membros da equipe para com uma paciente.

Os compromissos baseiam-se no respeito mútuo. É difícil um terapeuta validar o comportamento de outro que não respeita, ou compartilhar opiniões abertamente com outro terapeuta que é excessivamente sensível a comentários críticos. Ocasionalmente, um terapeuta da equipe ou do grupo de supervisão/consultoria pode ter problemas sérios que atrapalhem o tratamento, pode apresentar violações cruciais da ética, ou pode manter uma relação destrutiva no tratamento. As pacientes podem fazer acusações sérias contra um terapeuta para outro. De um modo geral, esses problemas são tratados inicialmente em particular, na supervisão individual ou fora das reuniões da equipe. Pode-se confrontar o terapeuta individual diretamente, ou consultar o diretor da unidade. As acusações sérias e rompimentos da terapia não podem ser ignorados.

Manter as informações confidenciais

Com uma exceção, todas as discussões de consultoria são confidenciais. É claro que as informações sobre as pacientes são confidenciais, mas, da mesma forma, as informações que os terapeutas revelam sobre si mesmos também são. A única exceção é que as pacientes são informadas do fato de que são discutidas nas reuniões de supervisão/consultoria. Quando a paciente solicita, o terapeuta individual pode revelar, a seu critério, uma parte do conteúdo da discussão, se essa informação for ter um efeito positivo nas relações da paciente com outros terapeutas ou quando o *feedback* das pessoas pode ajudar a paciente a aperfeiçoar suas habilidades. Deve-se lembrar e reconhecer o potencial de distorção das informações.

Comentários finais

Para certos terapeutas, as estratégias de manejo de caso da TCD são as mais difíceis de implementar. A abordagem da TCD às vezes vai contra a corrente: a maior parte das pessoas aprende princípios que são o exato oposto de alguns que estou defendendo. Meus colegas e eu desenvolvemos esses princípios e estratégias ao longo de vários anos de trabalho com essas pacientes em um ambiente de pesquisa clínica. Alguns dos princípios foram implementados inicialmente porque nossa pesquisa exigia. Por exemplo, não podíamos usar o número de dias de internação como medida do resultado para a TCD ambulatorial se a nossa equipe de tratamento controlasse quanto tempo o indivíduo ficava no hospital. Observações e exceções eram desenvolvidas à medida que chegávamos no limite de uma estratégia e descobríamos que não tínhamos permitido modificações. Eu me surpreendi em verificar que muitas das estratégias de tratamento desenvolvidas unicamente para fins de pesquisa se mostraram clinicamente eficazes. Aquelas que funcionaram foram mantidas e hoje fazem parte da TCD.

A abordagem de supervisão/consultoria, em princípio, era uma necessidade da pesquisa, pois eu tinha que me certificar de que todos os terapeutas estavam realmente seguindo o tratamento. Porém, quando administramos treinamento de habilidades em grupo a um grande número de pacientes que faziam psicoterapia individual na comunidade, fiquei sabendo em primeira mão quantos terapeutas estavam atuando sem o apoio de um grupo de consultoria. Também orientei um grande número de terapeutas que me procuraram em busca de ajuda com problemas terapêuticos. Conforme comentei antes, fiquei surpresa pelos erros terapêuticos cometidos por aqueles que pareciam ser terapeutas muito bons. Como também orientei unidades de internação e agências públicas, choquei-me muitas vezes pela falta de supervisão e apoio para a equipe em muitos cenários institucionais. Creio que a dificuldade para obter e proporcionar consultoria e apoio adequados baseia-se na falta de reconhecimento da importância do contexto e dos eventos ambientais para moldar o comportamento, incluindo o comportamento terapêutico. O comportamento terapêutico exige um contexto que o reforce, e as leis do comportamento humano que se aplicam a nossas pacientes aplicam-se igualmente a seus terapeutas.

PARTE IV

ESTRATÉGIAS PARA TAREFAS ESPECÍFICAS

14 ESTRATÉGIAS ESTRUTURAIS

As estratégias estruturais têm a ver com a maneira como a TCD, como um todo, e as sessões individuais começam e terminam. Elas também têm a ver com a maneira como o terapeuta estrutura o tempo durante as diversas fases do tratamento e durante as sessões individuais.

A principal tarefa no começo da TCD é desenvolver um contrato de tratamento cooperativo. Já a principal tarefa no final da TCD é preparar a paciente para a vida sem a TCD e orientá-la para o que pode esperar do terapeuta e da equipe de tratamento depois que o tratamento formal acabar.

A ênfase fundamental nas primeiras e últimas sessões individuais está em criar uma atmosfera emocional que proporcione que a paciente interaja abertamente durante a sessão e que a proteja o máximo possível de emoções negativas controláveis depois que a sessão acabar. O tempo da sessão na terapia individual é estruturado conforme a hierarquia de metas da TCD (reduzir os comportamentos suicidas, reduzir os comportamentos que interferem na terapia, reduzir os comportamentos que interferem na qualidade de vida, promover habilidades comportamentais, reduzir estresse pós-traumático, promover o autorrespeito e alcançar objetivos individuais). A estrutura da sessão em outros modos de terapia (p.ex., treinamento de habilidades, sessões telefônicas, etc.) é determinada pelas metas prioritárias do modo específico de interação. (A estruturação do treinamento de habilidades é discutida no manual de treinamento de habilidades que acompanha este livro.)

Não existem estratégias novas de aceitação ou mudança envolvidas aqui. Como nas estratégias de manejo de caso, o foco das estratégias estruturais está nas tarefas a serem realizadas. Assim, as estratégias estruturais expandem e integram as antigas estratégias, no lugar de criarem novas. As estratégias dialéticas e as estratégias nucleares de validação e solução de problemas formam a espinha dorsal das estratégias estruturais.

ESTRATÉGIAS DO CONTRATO: INÍCIO DO TRATAMENTO

A primeira tarefa ao conhecer uma paciente potencial é orientá-la para a TCD e desenvolver um contrato inicial de tratamento com ela. Esse contrato forma a base de todo o tratamento futuro.

As estratégias de contrato são usadas durante as primeiras sessões com a paciente para orientá-las quanto o que é a TCD, o que se espera dela, o que ela pode esperar do terapeuta, e como e por que se espera que o tratamento funcione. O objetivo é firmar um compromisso entre a paciente e o terapeuta para trabalharem juntos como uma equipe. Firmar um contrato é aplicar as estratégias de orientação e comprometimento (da solução de problemas; ver o Capítulo 9) no início da terapia. A partir daí, essas estratégias são reaplicadas quando a paciente: (1) viola o contrato de terapia ou está ameaçando fazê-lo (p.ex., diz que vai largar o treinamento de habilidades); (2) ameaça cometer suicídio ou parassuicídio; (3) parece estar fazendo demandas irrealistas ou ter expectativas irrealistas em relação ao terapeuta; (4) tem dificuldade para usar a terapia adequadamente (p.ex., não telefona para o terapeuta por medo de oprimi-lo, quando seria correto fazê-lo). Em resumo, o contrato de tratamento é refeito muitas vezes. Estratégias específicas de contrato são resumidas no Quadro 14.1 e discutidas a seguir.

Quadro 14.1 Lista de estratégias de contrato

___ T fazer uma AVALIAÇÃO DIAGNÓSTICA.
    ___ T usar uma entrevista diagnóstica estruturada (p.ex., SCID-II, DIB-R).
    ___ T certificar-se de que o tratamento é voluntário.
___ T apresentar uma ABORDAGEM BIOSSOCIAL aos problemas da vida em geral e a padrões de comportamento *borderline* em particular.
    ___ T apresentar uma abordagem funcional de solução de problemas para comportamentos desadaptativos (particularmente os parassuicidas).
    ___ T apresentar um modelo de déficit de habilidades para o comportamento desadaptativo.
___ T ORIENTAR P para a TCD, com ênfase na filosofia da TCD.
    ___ A TCD pressupõe aprovação.
    ___ A TCD é comportamental.
    ___ A TCD é cognitiva.
    ___ A TCD é voltada para habilidades.
    ___ A TCD equilibra a aceitação e a mudança.
    ___ A TCD exige uma relação cooperativa.
___ T ajudar P a ORIENTAR A SUA REDE SOCIAL para a TCD.
___ T revisar os COMPROMISSOS E LIMITES DO TRATAMENTO.
    ___ T discutir os compromissos exigidos das pacientes.
        ___ Permanecer em terapia pelo tempo acordado.
            ___ T negociar a duração do contrato inicial de tratamento.
            ___ T esclarecer para P os quesitos para a renovação do contrato por mais um período.
        ___ Comparecer às sessões de terapia.
            ___ T negociar a frequência e a duração das sessões com P, evocar as preferências de P.
            ___ T comunicar que se espera que P compareça a sessões semanais individuais e de treinamento de habilidades. Explicar o limite de quatro faltas seguidas.
        ___ Trabalhar para reduzir comportamentos suicidas.
        ___ Trabalhar cooperativamente com T.
            ___ T informar a P quais comportamentos são apropriados na sessão e entre sessões (p.ex., "não é apropriado faltar sessões apenas porque não está com vontade").

(continua)

Quadro 14.1   Lista de estratégias de contrato   (*Continuação*)

___ Comparecer ao treinamento de habilidades.
___ Cumprir os compromissos de pesquisa e pagamento.
___ T explicar os quesitos de pesquisa.
___ T negociar arranjos de pagamento e tarifas.
___ T discutir compromissos exigidos do terapeuta.
___ Fazer todo esforço razoável para ajudar P a fazer as mudanças que deseja.
___ Obedecer a diretrizes éticas padronizadas.
___ Estar razoavelmente disponível a P.
___ Respeitar P.
___ Manter a confidencialidade.
___ T discutir a inconfidencialidade do comportamento suicida de alto risco.
___ Obedecer à consultoria da terapia quando necessário.
___ T discutir a possibilidade de contato por telefone e de gravar/filmar as sessões.
___ T usar ESTRATÉGIAS DE COMPROMETIMENTO para obter o comprometimento de P com a TCD, e especialmente com o objetivo de reduzir o comportamento parassuicida.
___ Depois de uma análise cuidadosa, T se compromete a trabalhar com P.
___ T FAZER UMA ANÁLISE dos principais comportamentos visados.
___ Comportamento parassuicida.
___ Terapias anteriores, incluindo cada término prematuro.
___ Problemas sérios que interferem na qualidade de vida.
___ Respostas de estresse pós-traumático (na segunda fase da terapia).
___ T começar a desenvolver a RELAÇÃO TERAPÊUTICA
___ T tratar comportamentos ligados à relação nas sessões de contrato.
___ T transmitir experiência, credibilidade e eficácia.
___ T ter um estilo relaxado, interessado e profissional.
___ T revelar sua formação e experiência.
___ T transmitir um senso de confiança e confiabilidade.

Táticas anti-TCD

___ T não avaliar o TPB; T fazer o diagnóstico conforme sua "percepção" de P.
___ T começar a terapia sem o comprometimento necessário de P.
___ T ser indiferente quanto à obtenção de comprometimentos; T ser conivente com a ideia de P de que os problemas ou dores emocionais devem ser "resolvidos" antes que se possam firmar compromissos.
___ T omitir ou abreviar estratégias de contrato para responder a crises imediatas e depois não retornar para concluir as estratégias.
___ T prometer uma terapia que não pode ou não quer administrar.

1. FAZER UMA AVALIAÇÃO DIAGNÓSTICA

Se uma entrevista diagnóstica estruturada não foi realizada antes, a primeira tarefa durante a fase de contrato é fazer essa entrevista e obter um histórico comportamental e psiquiátrico detalhado, concentrando-se particularmente nas experiências anteriores da paciente em psicoterapia. Em nossa clínica, usamos a Structured Clinical Interview for DSM-III-R, Axis II (SCID-II; Spitzer e Williams, 1990), bem como a versão revisada da Diagnostic Interview for Borderlines (DIB-R; Zanarini et al., 1989).

Várias características são exigidas das pacientes para a TCD. A mais importante delas é a participação voluntária. A TCD requer pelo menos a possibilidade de uma relação cooperativa. A continuidade da relação com o terapeuta somente pode ser usada como contingência positiva quando a paciente quer estar no programa de tratamento. Tratamentos por ordem judicial são aceitáveis se a paciente concordar em permanecer em terapia, mesmo que o terapeuta consiga retirar a ordem.

Em minha experiência, ter uma residência próxima também é desejável. Pacientes que não residem na área imediata (i.e., quando o tempo de transporte é de no máximo uma hora) ou que devem se mudar para a área para fazer terapia terão dificuldade para encontrar o apoio social e recursos da comunidade de que precisam para tolerar o estresse da terapia. Desse modo, elas são mais prováveis de terminar precocemente. Outra característica exigida das pacientes para a terapia em grupo é a capacidade de controlar a hostilidade para com outras pessoas. Os grupos borderline com um membro muito hostil são bastante prejudicados, devido à combinação comum de sensibilidade emocional elevada e passividade comportamental entre as pacientes.

Na pesquisa que demonstra a eficácia da TCD, as pacientes passaram por uma triagem para psicose ativa e transtornos mentais orgânicos. Para um uso da TCD que não a pesquisa, essa triagem somente seria necessária até onde comprometimentos cognitivos significativos, como a incapacidade de prestar atenção ou de entender os conceitos das habilidades, impedissem as pacientes de se beneficiar com o treinamento de habilidades. A presença de dependência de substância não é razão para exclusão, exceto em casos em que a paciente não possa se beneficiar com outro tratamento antes que a dependência seja eliminada. Em princípio, não existe razão por que a TCD não possa ser modificada para tratar problemas primários com abuso de substâncias. Entretanto, várias das nossas pacientes foram encaminhadas para programas a curto prazo para abuso de substâncias antes de serem admitidas à TCD.

2. APRESENTAR A TEORIA BIOSSOCIAL SOBRE COMPORTAMENTO *BORDERLINE*

Durante as primeiras sessões, o terapeuta deve apresentar o ponto de vista dialético/biossocial sobre o comportamento parassuicida e o TPB (ver o Capítulo 2). O comportamento suicida deve ser apresentado como uma tentativa do indivíduo atormentado de resolver os problemas da sua vida. Desse modo, o comportamento suicida não difere em princípio de outros comportamentos desadaptativos, exceto por ter um risco elevado de ser fatal. Embora a função do parassuicídio possa variar com o tempo, situação e indivíduo, certas características funcionais do comportamento parassuicida são comuns à maioria das pessoas suicidas. Essas características devem ser descritas e discutidas com a paciente. É melhor que essa discussão seja do tipo socrático, no qual a própria paciente indica muitas das funções. O terapeuta deve ter o cuidado de mostrar que as funções do parassuicídio são comuns a muitas pessoas, sem implicar que a paciente é *necessariamente* como os outros indivíduos.

Nesse contexto, também é importante descrever a natureza da relação funcional para a paciente. Conforme discuti nos Capítulos 9 e 10, não é incomum a paciente entender a apresentação do terapeuta sobre relações funcionais como uma sugestão de que a pessoa pretende conscientemente alcançar certos objetivos pelo parassuicídio. Desse modo, o terapeuta deve deixar claro para a paciente que uma determinada relação comportamento-resultado não significa necessariamente que a pessoa queria o resultado de forma consciente (ou inconsciente). Por outro lado, deve-se ajudar a paciente a enxergar que essas consequências podem servir para reforçar o comportamento parassuicida mesmo que ela não queira isso. O terapeuta pode fazer muita coisa para promover a confiança da paciente, abordando a questão especificamente logo no começo, pois, certamente, alguém já disse à paciente que seu comportamento suicida é consciente e manipulativo. Essa questão foi discutida em mais detalhe nos Capítulos 1 e 9.

A paciente também deve ser informada sobre o modelo de como os comportamentos *borderline* se desenvolvem a partir de uma combinação entre desregulação emocional e um ambiente invalidante (ver o Capítulo 2). Novamente, o terapeuta deve apresentar o modelo de maneira socrática, evocando a confirmação ou desconfirmação da paciente à medida que a discussão avança. Embora a TCD se baseie em um firme modelo teórico, a tarefa durante a fase de contrato (e ao longo da terapia) é desenvolver e modificar a teoria, de modo que ela se encaixe na paciente em questão.

É importante, nesse momento, fazer uma lista no quadro-negro com as habilidades que os indivíduos *borderline* supostamente não possuem (ver o manual que acompanha este livro para um exemplo desse material). Embora o mesmo material seja apresentado no treinamento de habilidades, a repetição em cada modal de tratamento é benéfica. Depois de descrever de que consiste cada uma das habilidades, é importante discutir a interdependência entre as habilidades de um modo humoroso ou levemente dramático, para dar à paciente uma compreensão e entendimento da origem da sua frustração ao tentar desenvolver um conjunto de habilidades quando não tem outro conjunto de habilidades que são necessárias para aprender as primeiras.

Por exemplo, como o indivíduo não consegue tolerar ambientes aversivos, é improvável que aprenda a ter autocontrole. Qualquer programa eficaz de autocontrole deve ser conduzido em pequenos passos e, portanto, exige tolerância ao estado negativo das coisas por um certo período de tempo. Certamente, se a paciente tivesse habilidades de autocontrole, ela consideraria muito mais fácil tolerar ambientes difíceis, pois a falta de tolerância muitas vezes é resultado da sensação da paciente de que a situação nunca vai melhorar por causa da sua falta de habilidade para melhorar a situação. De maneira semelhante, aprender a controlar as emoções depende de ter as habilidades de autocontrole necessárias para executar um programa para aprender os comportamentos necessários à regulação emocional. No entanto, a colocação desse plano em ação é atrapalhada pela falta de habilidades de regulação emocional. Emoções muito intensas tornam difícil lembrar quais passos implementar, e inevitavelmente tentam a paciente a abandonar o bem elaborado plano de manejo comportamental em favor de tentar se livrar do afeto doloroso por algum meio mais rápido, mas desadaptativo.

Conforme indicam esses exemplos, é muito fácil mostrar à paciente como as habilidades comportamentais são interdependentes. Nesse ponto, é importante mostrar à paciente que é apenas um "acaso" que ela possa ser deficiente em cada uma dessas áreas. Além de dar esperança à paciente de que ela pode remediar esses déficits, essa descrição também pode ajudá-la a enxergar por que está se sentindo frustrada. Esse entendimento supostamente pode tornar mais fácil para se tolerar o processo de capacitação envolvido na TCD.

3. ORIENTAR A PACIENTE PARA O TRATAMENTO

As primeira sessões de terapia envolvem orientar a paciente para a TCD e compreendem uma indução para papéis, visando fornecer à paciente informações adequadas sobre seu papel como paciente e o papel do terapeuta como terapeuta. O conteúdo apresentado a seguir deve ser tratado durante essas sessões. Porém, a ordem da apresentação pode ser adaptada individualmente. Mais uma vez, é aconselhável evocar, no contexto da discussão, o máximo possível do material da paciente, para que seja necessário o mínimo de apresentação didática.

A terapia em si, bem como o número, forma e conteúdo das sessões, deve ser descrita de forma clara e detalhada para a paciente. Além disso, as seguintes características da filosofia de tratamento da TCD devem ser descritas:

1. *A TCD pressupõe aprovação.* A orientação do terapeuta da TCD é apoiar a paciente em suas tentativas de reduzir o comportamento suicida e aumentar a satisfação com sua vida. Nesse sentido, o terapeuta comportamental dialético busca ajudar a paciente a reconhecer os seus próprios atributos positivos e potencialidades, e a incentiva a desenvolver essas características e usá-las para aumentar a sua satisfação com a vida. É hora de dizer à paciente que a TCD não é um programa de prevenção do suicídio; é um programa para melhorar a vida.
2. *A TCD é comportamental.* Um importante foco da terapia é ajudar a paciente a (a) aprender a analisar seus padrões comportamentais problemáticos, incluindo as situações que os causam e suas características funcionais, e (b) aprender a substituir o comportamento desadaptativo por comportamentos hábeis.
3. *A TCD é cognitiva.* A terapia também se concentra em ajudar a paciente a mudar crenças, expectativas e regras que ela tiver aprendido com sua experiência em situações anteriores, mas que não são mais eficazes ou proveitosas. Além disso, a terapia a ajudará a analisar e mudar o seu estilo de pensamento quando for necessário, particularmente o pensamento do tipo "tudo ou nada" e as tendências de ser excessivamente crítica (especialmente com relação a si mesma).
4. *A TCD orienta para habilidades.* O treinamento estruturado de habilidades e a terapia individual visam ensinar novas habilidades à paciente e promover as capacidades que ela já possui. Pelo menos no treinamento estruturado, o foco está em habilidades de atenção plena, eficácia interpessoal, tolerância a estresse, autocontrole e regulação emocional. A terapia individual concentra-se em ajudar a paciente a integrar as habilidades que está aprendendo no treinamento de habilidades à sua vida cotidiana.
5. *A TCD equilibra aceitação e mudança.* A terapia concentra-se em ajudar a paciente a desenvolver mais tolerância para sentimentos dolorosos, ambientes aversivos, ambiguidade e para o ritmo lento da mudança em geral. Um tema constante da terapia será resolver as contradições que surgem pelo foco simultâneo no aperfeiçoamento das habilidades e na tolerância a realidade. Muitas vezes, é importante mostrar à paciente que ela provavelmente costuma alternar entre duas posições aparentemente contraditórias. Vários exemplos disso podem ser evocados a paciente neste ponto. Por exemplo, ela pode observar que oscila entre sentir esperança e desesperança, entre sentir-se em total controle e independente e sentir-se totalmente fora do controle e dependente, e assim por diante.
6. *A TCD exige uma relação cooperativa.* A TCD exige que a paciente e o terapeuta atuem como uma equipe para alcançar os objetivos da paciente. Com essa finalidade, não apenas a paciente deve permanecer na terapia, como paciente e terapeuta devem trabalhar constantemente com os

comportamentos que apresentam na relação, para facilitar no lugar de atrapalhar o progresso. Assim, um foco importante do tratamento será ajudar paciente e terapeuta a adaptarem seus estilos interpessoais característicos às necessidades da relação atual.

4. ORIENTAR A REDE SOCIAL PARA O TRATAMENTO

Durante a avaliação inicial, o terapeuta terá reunido informações sobre a rede interpessoal da paciente e sobre todos os seus outros tratamentos médicos e psicológicos atuais. É responsabilidade do terapeuta garantir que a paciente oriente sua rede social e sua rede de tratamento médico/psicológico para a TCD e sua participação nela. Se a natureza da relação terapêutica permitir, uma reunião conjunta entre a paciente, o terapeuta e um ou mais membros da rede da paciente também pode ajudar bastante. Isso pode ser particularmente importante com uma paciente muito suicida, quando a comunicação do risco elevado para toda a rede social da paciente quase sempre é indicada. (O envolvimento da rede social no controle dos comportamentos suicidas é discutido de forma mais detalhada no Capítulo 15.) Essas reuniões iniciais com a rede social também são oportunidades para o terapeuta orientar a rede para as estratégias de consultoria à paciente discutidas no Capítulo 13, apresentar a formulação teórica da TCD para o TPB, e obter mais informações sobre a paciente e sua rede social.

5. REVISAR COMPROMISSOS E LIMITES DO TRATAMENTO

Compromissos da paciente e do terapeuta

Os compromissos da paciente e os compromissos do terapeuta, apresentados no Capítulo 4, devem ser discutidos minuciosamente. Existem seis compromissos da paciente necessários para a TCD (entrar e permanecer em terapia, frequentar a terapia, trabalhar para reduzir o comportamento suicida, trabalhar com os comportamentos que interferem na terapia, frequentar o treinamento de habilidades e cumprir os compromissos de pesquisa e pagamento). Também existem seis compromissos do terapeuta (fazer um esforço razoável para ser eficaz, agir de maneira ética, estar disponível à paciente, demonstrar respeito pela paciente, manter a confidencialidade e buscar consultoria quando necessária). Esses compromissos operacionalizam a filosofia de tratamento da TCD, discutida anteriormente. Sua fundamentação teórica é discutida no Capítulo 4, e não irei repeti-la aqui.

Disponibilização de contato telefônico

Durante a primeira sessão, devem-se informar à paciente os números de telefone para contactar o terapeuta e serviços de emergência disponíveis na comunidade. Também se devem discutir os limites do terapeuta para as ligações telefônicas. Se, nesse ponto, a paciente diz que não conseguiria ligar para um terapeuta, o terapeuta deve discutir com ela a consultoria da TCD para telefonemas. De um modo geral, ela diz que nem toda a terapia pode ocorrer no contexto das sessões individuais e do treinamento de habilidades. Por isso, é necessário que a paciente telefone às vezes para o terapeuta para receber acompanhamento individual, especialmente em situações de crise, quando ela se sentir tentada a fazer algo suicida ou seriamente desadaptativo. Outras estratégias relacionadas com o contato telefônico são discutidas no Capítulo 15.

Gravar/filmar as sessões

Se as sessões forem gravadas, a paciente deve ser avisada disso. A TCD aconselha gravar as sessões de terapia individual e as sessões do treinamento de habilidades, devendo-se discutir o papel dessas gravações em seu tratamento. Se uma parte do plano de tratamento for a paciente ouvir as gravações entre as sessões, o terapeuta deve garantir que a paciente tenha um gravador para ouvir as fitas entre as sessões. O papel das fitas na TCD, juntamente com os problemas que podem surgir com esse procedimento, é discutido no Capítulo 11.

6. COMPROMISSO COM A TERAPIA

A terapia formal não pode começar até que a paciente e o terapeuta tenham chegado a um compromisso de trabalhar juntos, a paciente se empenhe nos seus compromissos e o terapeuta se empenhe nos seus. Não há como exagerar essa questão. As estratégias de contrato apresentadas no Capítulo 9 são o principal meio de obter e fortalecer o comprometimento da paciente *borderline* com o processo e os objetivos da TCD. Até que se assumam os compromissos verbais necessários, o terapeuta não deve começar a discutir nenhum outro tópico. Não deve haver investigações do passado da paciente para obter pistas sobre sua "resistência", assim como discussões sobre a penúria emocional da paciente ou o caos em sua vida para chegar a uma compreensão maior do porquê de ela simplesmente não poder se comprometer agora, ou discussões de coração para coração sobre a relação da paciente com o terapeuta (exceto como parte da orientação inicial e avaliação mútua) para ver se ela pode trabalhar com esse terapeuta específico. Essa questão é crucial, pois as pacientes às vezes empacam em um ou outro compromisso da TCD, dizendo que não estão prontas ou não são capazes de assumir um compromisso nesse nível agora. Ao mesmo tempo, elas se mostram tão desesperadas que os terapeutas se desesperam para ajudá-las o mais rápido possível.

Apesar do desespero da paciente (e, às vezes, do terapeuta), se a paciente se recusa a assumir os seis compromissos necessários citados, o terapeuta deve aceitar o que ela diz, mas se manter firme de que a terapia não pode prosseguir sem esses compromissos. Começar a terapia sem o compromisso necessário da paciente é como ser um engenheiro ferroviário que tem tanta pressa de levar os passageiros do trem a algum lugar, que sai com o trem da estação antes que os vagões estejam engatados. Não importa o quanto a locomotiva corra, os passageiros que ficaram na estação não chegarão rapidamente ao seu destino. As pacientes *borderline* geralmente têm muita dificuldade para assumir um compromisso de reduzir o risco de suicídio e parassuicídio. Como se pode obter esse compromisso é discutido em detalhe nos Capítulos 9 e 15, e não me aprofundarei nisso.

Às vezes, é tão fácil concentrar-se em obter um comprometimento da paciente que o terapeuta esquece de considerar cuidadosamente se o seu tratamento pode realmente ajudar a paciente tanto ou mais que os tratamentos alternativos existentes, e se ele realmente quer tratar essa paciente específica. Quando os indivíduos chegam para o tratamento em crise, prontos e dispostos a assumir qualquer compromisso, é particularmente fácil correr para tratá-los sem a consideração cuidadosa que um compromisso desses merece. Promessas fáceis de terapia podem inspirar a esperança em uma paciente desesperada, mas, exatamente por essa razão, podem ser extremamente difíceis de quebrar sem causar danos sérios à paciente. Na maioria dos casos, o terapeuta não deve prometer que continuará o tratamento durante a primeira sessão. Geralmente, digo a uma paciente em potencial que usarei as duas ou três sessões iniciais para avaliar se podemos trabalhar juntas e se os problemas da pessoa são do tipo que sou capaz de tratar. Entre as sessões, considero se sou capaz e estou disposta a oferecer um tratamento potencialmente eficaz para esse indivíduo específico. Se for o caso, assume-se um compromisso firme durante a segunda ou terceira sessão. Se não for, ajudo a pessoa a encontrar um tratamento alternativo. Ocasionalmente, sugiro que a paciente comece e conclua um tratamento alternativo (p.ex., um programa para abuso de substâncias ou um programa estruturado e de internação de longo prazo com TCD) e depois retorne para falar comigo.

7. FAZER ANÁLISE DE METAS COMPORTAMENTAIS IMPORTANTES

Durante as primeiras sessões, o terapeuta deve realizar uma análise comportamental abrangente para cada caso de comportamento parassuicida que a paciente consiga lembrar. Problemas sérios com tratamentos anteriores também devem ser analisados. De um modo geral, faço pelo menos uma análise detalhada de cada término prematuro de uma terapia. Quando o tratamento avança para a segunda fase do tratamento (ou se a terapia começar nela), deve-se fazer uma análise abrangente das respostas de estresse pós-traumático. Nesse caso, o terapeuta talvez precise primeiro identificar padrões diferentes e depois selecionar um ou dois casos de cada padrão para uma análise mais aprofundada. O foco deve ser em respostas de estresse atuais, ao invés de passadas. As diretrizes para conduzir essas análises são apresentadas no Capítulo 9. Se a terapia for realizada em um contexto de pesquisa, as avaliações da pesquisa podem ser usadas como guias para essas análises. Porém, em qualquer caso, não devem ser omitidas para se chegar rapidamente às intervenções. Elas não apenas são vitais para obter informações e esclarecer padrões, como ajudam a paciente a desenvolver explicações para o seu comportamento como algo que não é "louco" nem "mau" (ver o Capítulo 9 para uma discussão mais detalhada).

8. INICIAR A DESENVOLVER A RELAÇÃO TERAPÊUTICA

Observar padrões de relação nas sessões de contrato

Uma tarefa essencial dessas sessões iniciais de contrato é começar a estabelecer uma relação interpessoal positiva. Essas sessões representam uma oportunidade para a paciente e o terapeuta explorarem problemas que possam surgir no estabelecimento e manutenção da aliança terapêutica. As sessões de avaliação e contrato servem como uma amostra do padrão de interação entre a paciente e o terapeuta, e podem ajudar a prever padrões futuros. Os padrões observados na sessão, a variabilidade das respostas e outras coisas do gênero, portanto, devem ser observados e documentados cuidadosamente para uma análise subsequente.

Transmitir experiência, credibilidade e eficácia

A experiência, a credibilidade e a eficácia podem ser transmitidas de várias maneiras. De um modo geral, muitas das estratégias e técnicas da TCD visam aumentar a eficácia do terapeuta. A experiência pode ser transmitida por meio de características estilísticas interpessoais, como vestir-se profissionalmente, mostrar-se interessado e relaxado, adotar uma postura confortável mas atenta ao sentar, falar fluentemente com confiança e segurança, e estar preparado para a sessão de terapia. O terapeuta também apresenta sua titulação, afiliação institucional e experiência acadêmica e profissional com casos semelhantes à situação e experiência específicas da paciente, bem como com a abordagem de tratamento a ser seguida. A credibilidade é influenciada por características como confiabilidade, segurança, previsibilidade e coerência. Particularmente importante para a paciente suicida é sua percepção dos supostos motivos e intenções do terapeuta ao conduzir o tratamento. Portanto, é importante prestar atenção em fatores como firmar compromissos, começar as sessões na hora e transmitir um interesse claro pela paciente como pessoa, no lugar de apenas como cliente ou objeto de pesquisa.

A credibilidade do tratamento e do terapeuta às vezes pode ser aumentada se o terapeuta organizar um modo de a paciente ter uma experiência de aprendizagem dramática e positiva nas primeiras sessões. Por exemplo, ensinar à paciente brevemente como relaxar ou como reduzir a excitação emocional em uma sessão pode ter um efeito dramático sobre a visão que a paciente terá do terapeuta. As estratégias de sobrevivência para crises podem ter o mesmo efeito (ver o manual de treinamento de habilidades).

Advertências para o mundo real

Apresentei as estratégias de contrato de um modo bastante direto, que implica que a terapia se dá por meio das estratégias discutidas. Entretanto, muitas vezes, isso não ocorre, particularmente quando a paciente começa a terapia com uma crise séria, está bastante séria em relação a se matar, ou apresenta comportamentos tão graves interferindo na terapia que nada pode ser feito até que esses comportamentos sejam modificados. O terapeuta talvez precise usar um modelo de intervenção para crise (ver o Capítulo 15) por algum tempo no começo do tratamento. Nesses casos, o terapeuta deve acrescentar um tempo extra no começo (geralmente uma sessão é suficiente) para orientar a paciente para os fundamentos do tratamento e obter os compromissos rudimentares necessários. Essas duas coisas (orientação e contrato) devem ser feitas antes de todo o resto. A avaliação diagnóstica formal pode ser feita por um colega ou outro terapeuta da clínica. A apresentação da teoria biossocial da TCD, a identificação de metas comportamentais importantes, a obtenção do histórico e orientação da rede social deverão ser trabalhadas posteriormente no tratamento.

Por exemplo, uma paciente me foi encaminhada para terapia externa depois de três tentativas quase letais de suicídio durante os nove meses anteriores, todas envolvendo cortes nas artérias do pescoço. A paciente também havia tomado veneno doze vezes no ano passado, e tinha tantas queimaduras autoinfligidas que havia sido necessário fazer enxertos. Depois de se comprometer em trabalhar com esses comportamentos durante a primeira sessão, ela se mostrou ambivalente em relação a viver ou se matar, e se comprometeria a apenas fazer o possível para não se matar na próxima vez que sentisse uma vontade forte de morrer. (Seus estados dissociativos eram um fator complicador, e ela dizia que não conseguia controlar seu comportamento durante esses estados.) Como os impulsos suicidas quase incontroláveis eram frequentes e o desejo de morrer era quase contínuo, a terapia passou a se concentrar em ajudar a paciente a se manter viva e relativamente segura. Como falei a ela muitas vezes, trabalharíamos em seus problemas e em conhecer uma à outra assim que conseguíssemos controlar os comportamentos suicidas. Isso levou três meses de esforço ininterrupto, incluindo várias internações e a análise de opções alternativas ao tratamento. Quando o risco de suicídio imediato diminuiu, pelo menos, comecei a tomar o histórico e fazer a avaliação que normalmente teria feito muito mais perto do começo da terapia.

Um segundo exemplo envolvia uma paciente atendida em nossa clínica por um terapeuta do sexo masculino. (Não havia terapeuta disponível do sexo feminino, como a paciente preferia, e, infelizmente, não conseguimos encontrar nenhum tratamento alternativo na comunidade.) A paciente começou a terapia, assumiu os compromissos necessários, e quase imediatamente foi tomada por medos intensos de fazer terapia com um homem. Na terceira semana, o seguinte padrão havia se desenvolvido: a paciente deixava cinco ou seis mensagens por semana dizendo que não poderia continuar a terapia, não poderia trabalhar com um terapeuta tão inexperiente, não poderia ficar em um programa de tratamento tão confuso, não poderia continuar uma terapia onde as pessoas eram tão insensíveis, não poderia continuar se nós continuássemos a exigir o treinamento de habilidades simultâneo, e assim por diante. Os pedidos de que retornássemos a ligação eram cancelados uma ou duas horas depois com uma mensagem de que estava terminando a terapia e que o terapeuta não devia se sentir culpado. A paciente faltava duas ou três sessões, esclarecia suas dúvidas pelo telefone ou em uma sessão e, horas depois do esclarecimento e novo contrato (mesmo que experimental), recomeçava o ciclo. A terapia não focou nada além desse padrão de comportamento que interferiu na terapia pelos primeiros quatro meses (que era um passo à frente do padrão de suas terapias anteriores, de ameaçar cometer suicídio com a mesma frequência). A avaliação diagnóstica foi feita por um colega. A obtenção do histórico e a avaliação de outros problemas tiveram que esperar.

ESTRATÉGIAS PARA INÍCIO DA SESSÃO

A maneira como a sessão começa é importante em qualquer psicoterapia. O começo estabelece o tom para o restante da sessão. A paciente muitas vezes espera que o terapeuta a aborde com uma postura negativa ou de rejeição. Às vezes, ela chega às sessões com medo, preparada para se retrair ou fugir, e isso é especialmente provável se a interação anterior tiver sido intensa e negativa. A maioria das pacientes *borderline* não aprendeu que as emoções negativas vêm e vão e que os problemas podem ser resolvidos. Sem essas experiências, os encontros negativos podem ter um impacto catastrófico. Receber a paciente com uma postura afetuosa e acolhedora pode gradualmente ensiná-la que a raiva, a frustração, problemas na relação e enganos de sua parte não levam necessariamente ao abandono ou a um problema emocional irreparável. A autotranquilização, que é necessária para manter as emoções sob um certo grau de controle, pode se tornar consideravelmente mais fácil como resultado disso.

Uma palavra sobre cenários possíveis para a terapia se faz necessária aqui. Em minha clínica, o consultório clínico do terapeuta normalmente é o cenário para as sessões individuais de TCD e geralmente é satisfatório. Outro cenário importante para a TCD é a sessão telefônica, que já foi discutida em detalhe e será tratada de forma mais ampla no próximo capítulo. Já as estratégias de intervenção ambiental podem ocorrer *in vivo*. Para algumas pacientes adolescentes que se sentem muito ambivalentes em relação à terapia, a flexibilidade do ambiente pode ser extremamente importante para mantê-las em tratamento. Sessões fora do consultório, em locais como pistas de boliche e carros, podem ajudar a manter o contato durante fases difíceis. A mesma meta talvez possa ser alcançada simplesmente mantendo o contato até que a adolescente compareça a uma consulta no consultório, mas, com o limite de quatro ausências consecutivas, isso não é prático. Também é possível que esses locais de encontro alternativos sejam ambientes mais naturais para certas adolescentes, e possam ser tolerados em meio aos traumas de suas vidas.

As estratégias a ter em mente ao começar a terapia são discutidas a seguir e apresentadas no Quadro 14.2.

Quadro 14.2 Lista de estratégias para o início de sessão

___ T CUMPRIMENTAR P de maneira agradável, transmitir uma percepção de que T está feliz por ver P; T começar a sessão de um modo que demonstre interesse por P e transmitir afeto.
___ T prestar atenção ao ESTADO EMOCIONAL ATUAL de P; conferir, quando adequado, se P tem alguma urgência que exija atenção durante a sessão.
___ T REPARAR a relação quando necessário, utilizar comunicação recíproca e solução de problemas.

1. CUMPRIMENTAR A PACIENTE

De um modo geral, o terapeuta deve cumprimentar a paciente com afeto, de maneira que demonstre prazer por encontrar a paciente mais uma vez. Isso geralmente envolve sorrir para a paciente e, se ela faltar a uma ou mais sessões, comentar como é bom vê-la novamente. O objetivo é comunicar o valor e apreciação pela paciente no encontro inicial.

2. RECONHECER O ESTADO EMOCIONAL ATUAL DA PACIENTE

É importante reconhecer o estado emocional atual da paciente no início da sessão. Agendas ocultas por parte da paciente (ou do terapeuta) devem ser esclarecidas. Se existem temas urgentes para a paciente, isso deve ser mencionado. Pode-se estabelecer uma agenda informal no começo da sessão, para que ambas as partes saibam os temas que devem ser discutidos e em que ordem isso ocorrerá. As estratégias de metas, discutidas a seguir, são cruciais no estabelecimento da agenda.

3. REPARAR A RELAÇÃO

Com poucas exceções, as tentativas de reparar a relação, pelo menos brevemente, devem preceder o trabalho sério na sessão. No entanto, as discussões "de coração para coração" não devem substituir as metas comportamentais prioritárias na sessão. Os perigos dessa tentação são discutidos de forma mais ampla no Capítulo 12.

Um terapeuta que se sinta ambivalente ao encontrar a paciente, ansioso quanto ao material que deve ser discutido, ou ainda frustrado com a paciente deve analisar cuidadosamente se realmente deseja resolver esses conflitos com a paciente. Se a resposta for não, o problema deve ser abordado na próxima reunião da equipe para supervisão/consultoria. Talvez seja necessária uma certa quantidade de trabalho de reparação, longe da paciente, antes que o tema seja mencionado a ela. Se a resposta for sim, o terapeuta deve usar estratégias de comunicação recíproca (ver o Capítulo 12) e estratégias de relação terapêutica (ver o Capítulo 15) para discutir a relação com a paciente e dar início à solução de problemas.

ESTRATÉGIAS DE METAS

As estratégias de metas têm a ver com a maneira como o terapeuta estrutura o tempo durante as sessões individuais de terapia e os temas que recebem atenção. Elas foram desenvolvidas para refletir a ênfase da TCD na organização hierárquica das metas do tratamento e para garantir que os terapeutas sigam a ordem hierárquica necessária na TCD. Para implementar as estratégias de metas, é preciso integrar quase todas as estratégias de tratamento anteriores. Isso pode ser extremamente difícil na primeira fase da TCD, pois a paciente e o terapeuta muitas vezes não querem lidar com os comportamentos visados.

O raciocínio por trás das estratégias de metas e objeções variadas e dificuldades com elas (bem como soluções potenciais) foram discutidos extensivamente nos Capítulos 5 e 6. Todavia, é importante repetir aqui que um terapeuta que ignorar as estratégias de metas não estará fazendo TCD. Ou seja, na TCD, *o que* se discute é tão importante quanto *como* se discute. As dificuldades para fazer a paciente seguir as estratégias de metas devem ser tratadas da mesma maneira como se trata qualquer comportamento que interfira na terapia. Discutimos como fazer isso no próximo capítulo. Um terapeuta que está tendo dificuldade para seguir as estratégias de metas (um problema que não é improvável) deve trazer a questão para a reunião de supervisão/consultoria. Outros terapeutas quase certamente estarão tendo o mesmo problema.

Como já discuti a fundamentação para trabalhar com metas em outros capítulos, não vou repeti-la aqui. Pode ser importante enxergar as metas como o estabelecimento da agenda. Embora a agenda deva permanecer flexível, dependendo do comportamento da paciente durante a semana, pode ser importante revisá-la durante e depois de cada sessão. As estratégias de metas são descritas a seguir e resumidas no Quadro 14.3. Embora essas estratégias possam ser usadas na ordem desejada, todas devem ser usadas a cada sessão.

1. REVISAR COMPORTAMENTOS VISADOS DESDE A ÚLTIMA SESSÃO

A primeira tarefa terapêutica de cada sessão é revisar com a paciente seu progresso comportamental durante a semana que passou. Nos dois primeiros estágios da TCD, essa investigação geralmente é estruturada pelo terapeuta para obter informações específicas sobre os comportamentos visados.

Cartões diários

Começo cada sessão com uma pergunta simples: "você trouxe o cartão diário?" (ver o Capítulo 6 para uma descrição dos cartões diários). Se a paciente tiver trazido, verifico-o imediatamente e, a partir do cartão, determino a agenda inicial para a sessão. Se a paciente não tiver trazido o cartão, pergunto se ela o preencheu, o que aconteceu, e assim por diante. Se foi preenchido, mas, por uma ou outra razão, a paciente não o trouxe, reviso as informações rapidamente, por via oral. As perguntas específicas dependem do estágio da terapia e das metas comportamentais atuais, embora eu geralmente tente tirar o máximo das informações do cartão (sobre comportamentos e impulsos parassuicidas, ideação e impulsos suicidas, uso de substâncias [incluindo medicamentos], sofrimento cotidiano, uso de habilidades comportamentais, e qualquer coisa que estivermos monitorando). Se ela não preencheu o cartão, normalmente dou um cartão para ela preencher durante a sessão, enquanto eu espero. Conforme observei no Capítulo 6, esse tipo de atenção constante aos cartões diários tende a gerar adesão, mais cedo ou mais tarde. (Senão, seria um exemplo de comportamento que interfere na terapia e, assim, seria submetido a ainda mais atenção.) A fundamentação para os cartões diários, juntamente com táticas para responder à resistência to terapeuta e da paciente aos cartões, é discutida no Capítulo 6 e novamente no Capítulo 15.

Tarefas de casa

Se forem prescritas tarefas para fazer em casa, o terapeuta deve lembrar de indagar a respeito durante a sessão.

2. UTILIZAR METAS PRIORITÁRIAS PARA ORGANIZAR AS SESSÕES

Conforme discuti em diversas ocasiões, uma das características que definem a TCD é o uso de metas comportamentais prioritárias para organizar as interações. As regras básicas são as seguintes. O tempo da psicoterapia individual é orientado para os comportamentos atuais (desde a última sessão), e a prioridade a receber atenção é determinada pela hierarquia de

Quadro 14.3 Lista de estratégias de metas

____ T REVISAR O PROGRESSO de P desde o último contato.
 ____ Durante a primeira e segunda fase do tratamento, T coletar e verificar o cartão diário de um modo explícito, de maneira que sua importância fique clara para P.
  ____ Se P não trouxer o cartão diário, as razões devem ser evocadas; quando apropriado, utilizar protocolos para comportamentos que interferem na terapia (ver o Capítulo 15).
  ____ Se P não trouxer o cartão diário, T perguntar a P sobre comportamentos suicidas durante a semana anterior (além de outros comportamentos acompanhados nos cartões diários); T pedir que P preencha o cartão na sessão, se apropriado.
  ____ Qualquer resposta inusitada ou problemática ser comentada e reforçar progresso.
 ____ T perguntar sobre o progresso nas tarefas comportamentais.
____ T usar METAS COMPORTAMENTAIS PRIORITÁRIAS para organizar a sessão.
 ____ Se há relato de comportamento suicida (além de ideação suicida recorrente e leve), T discutir o assunto, usando estratégias de solução de problemas; T empregar protocolos para comportamento suicida (ver o Capítulo 15).
  ____ Se existe muito sofrimento e pouca ideação suicida, e/ou se houver muito impulso para automutilação mas não houver parassuicídio, T comentar e lidar com o sofrimento/impulso, validando que os problemas de P são importantes mesmo quando não são acompanhados por comportamentos suicidas.
 ____ Se houver comportamentos que interfiram na terapia ou na qualidade de vida, eles são discutidos, e aplica-se solução de problemas (geral ou sobre a relação).
  ____ Se as ligações telefônicas são uma meta atual, ou se tiver ocorrido ligações inusitadas na semana anterior, elas são revisadas durante a sessão.
 ____ Depois que as metas necessárias foram abordadas (comportamentos suicidas, comportamentos que interferem na terapia, comportamentos que interferem na qualidade de vida, estresse pós-traumático), P permitir que T controle o conteúdo e o rumo da sessão.
____ T PRESTAR ATENÇÃO AO ESTÁGIO de terapia de P; T não misturar estágios.
 ____ T retornar ao estágio anterior de terapia se houver reincidência de problemas daquele estágio.
____ T verificar o progresso de P em OUTROS MODAIS DE TERAPIA.
 ____ T verificar o progresso e a frequência de P no treinamento de habilidades.
  ____ Se P não estiver comparecendo às sessões de treinamento de habilidades, não estiver fazendo as tarefas de casa no treinamento, ou demonstrar insatisfação com o treinamento, essas questões são exploradas.
  ____ Quando apropriado, empregar o protocolo para comportamentos que interferem na terapia (ver o Capítulo 15) para aumentar a adesão às normas do treinamento de habilidades.
  ____ T transmitir a P o valor do treinamento de habilidades.
  ____ T ajudar P a relacionar as habilidades aprendidas no treinamento com os problemas atuais da sua vida; quando necessário, T instruir P em relação às habilidades.
 ____ T ajudar P a relacionar os problemas que está tendo no treinamento de habilidades, terapia de apoio em grupo ou outros modo de TCD com outros problemas que esteja tendo em sua vida.
 ____ T ajudar P a relacionar questões processuais do treinamento de habilidades ou terapia de apoio em grupo com questões analisadas na terapia individual.

Táticas anti-TCD

____ T não pedir para ver os cartões diários.
 ____ T ser conivente com P não trazer o cartão.
 ____ T não pedir informações que estariam no cartão se tivesse sido preenchido.
 ____ T ceder ou sujeitar-se a P.
____ T ignorar ou discutir superficialmente comportamentos suicidas.
____ T ignorar ou discutir superficialmente comportamentos que interferem na terapia.
____ T ignorar ou discutir superficialmente comportamentos que interferem na qualidade de vida.
____ T seguir as regras das metas prioritárias mas não o espírito da estratégia.
____ T forçar P a discutir abuso na infância enquanto ainda está no estágio 1.
____ T dizer que o treinamento de habilidades é responsabilidade de outra pessoa.

metas. Para lembrar o leitor da hierarquia (ver o Capítulo 6), a maior prioridade na terapia individual externa são os comportamentos suicidas, seguidos por comportamentos que interferem na terapia, comportamentos sérios que interferem na qualidade de vida, déficits de habilidades, comportamentos relacionados com o estresse pós-traumático, autorrespeito e objetivos individuais, nessa ordem. Nos telefonemas, o terapeuta individual também organiza a interação segundo uma hierarquia de metas: reduzir os comportamentos de crise suicida, aplicar habilidades comportamentais ao problema em questão e resolver crises interpessoais ou a alienação entre o terapeuta e a paciente, nessa ordem. As sessões de treinamento de habilidades, grupos processuais de apoio, e todos os outros modos de tratamento têm suas hierarquias próprias. A tarefa de cada terapeuta é usar a ordem do modo de interação em questão para orientar o uso do tempo. Essa estratégia específica é uma das mais difíceis para terapeutas novos e uma das mais importantes para o progresso geral da terapia. (Ver os Capítulos 5 e 6 para uma discussão completa sobre o uso de metas prioritárias. A organização do tempo e o trabalho com a resistência são discutidos amplamente nos Capítulos 6 e 15.)

3. ATENÇÃO A ESTÁGIOS DA TERAPIA

Também discutido no Capítulo 6, a TCD é organizada em quatro estágios: o estágio pré-tratamento de orientação e contrato; o estágio 1, desenvolver capacidades básicas; o estágio 2, reduzir estresse pós-traumático; e o estágio 3, aumentar o autorrespeito e alcançar objetivos individuais da paciente. É importante que o terapeuta preste atenção nesses estágios – sem avançar a terapia para um estágio superior antes que os objetivos do estágio atual tenham sido cumpridos, e retrocedendo a terapia para um estágio anterior quando os problemas daquele estágio reaparecem. A necessidade de concluir a orientação e o contrato (pré-tratamento) antes de começar a terapia em si foi discutida anteriormente. Conforme discuto de forma mais detalhada no Capítulo 6, é igualmente importante fazer um progresso substancial no estágio 1 antes de passar para o estágio 2. A estratégia de estágios também informa o terapeuta de que não se pode ignorar o estresse traumático prévio na TCD. Desse modo, na ausência de uma fundamentação convincente, saltar da aquisição de capacidades básicas para os objetivos individuais (a menos que temporariamente) geralmente seria uma violação dessa estratégia.

4. VERIFICAR O PROGRESSO EM OUTROS MODOS DE TERAPIA

Na psicoterapia individual, quando a paciente está participando simultaneamente de outros modais de TCD (como o treinamento de habilidades), o terapeuta deve verificar o progresso nesses outros modos a cada sessão. O terapeuta individual deve lembrar que é o principal terapeuta e, assim, responsável por coordenar todos os modais de tratamento. É difícil para a maioria das pacientes acreditar que um determinado modo de terapia é importante se o terapeuta individual não acreditar que é importante o suficiente para sequer perguntar a respeito. Os problemas com a frequência ou cooperação em outros modos de tratamento também são responsabilidade do terapeuta individual e são tratados como comportamentos que interferem na terapia.

ESTRATÉGIAS PARA FINAL DA SESSÃO

A maneira como a sessão com uma paciente *borderline* e suicida termina pode ser extremamente importante. As pacientes *borderline*, com frequência, deixam as sessões de terapia com emoções negativas tão intensas, como raiva, frustração, pânico pesar, desesperança, desespero, vazio e solidão, que têm muita dificuldade para tolerar o sofrimento emocional sem recorrer a comportamentos desadaptativos. É muito importante prever essas emoções e trabalhar com elas como "problemas a resolver". É igualmente importante concluir e resumir a parte "comercial" da sessão – ou seja, revisar as tarefas de casa e sintetizar o progresso feito na sessão. As estratégias para o final da sessão são apresentadas no Quadro 14.4.

1. PROPORCIONAR TEMPO SUFICIENTE PARA UMA CONCLUSÃO

Quando o final da sessão começa é algo que depende da paciente específica. Para certas pacientes, o final começa no começo. Ou seja, elas estão tão ansiosas para ir embora que seu comportamento desde o começo da sessão é influenciado pelo fato preponderante de que a interação, em suas palavras, está "quase terminada antes de começar". Conforme já observei anteriormente, as pacientes *borderline* muitas vezes dizem que não podem e não irão se "abrir" emocionalmente durante as sessões, pois, depois que o fizerem, não haverá tempo suficiente para "concluir". Nesse caso, ficam com emoções intensas que não conseguem regular. Embora esse problema não possa ser evitado totalmente, não importa o quanto a sessão dure, cada terapeuta e paciente devem decidir juntos quantos minutos devem sobrar ao final das sessões para fazer o importante trabalho de conclusão. O tempo necessário certamente irá variar para cada paciente e em uma mesma paciente, dependendo do material discutido durante a sessão.

Quadro 14.4 Lista de estratégias para final de sessão

____ T DEIXAR TEMPO SUFICIENTE para o final, de modo que P não se sinta apressada e a sessão não termine abruptamente.
  ____ P ser avisada de que a sessão está chegando ao final.
  ____ T ajudar P a lidar com o final da sessão.
  ____ T ajudar P a fazer um fechamento emocional.
____ T REVISAR TAREFAS DE CASA ou tarefas combinadas para a semana seguinte.
____ Quando apropriado, T SINTETIZAR a sessão.
____ T fornecer a P uma GRAVAÇÃO da sessão.
____ T incentivar e MOTIVAR, expressando fé na capacidade de P de progredir e lidar com as dificuldades que possa vir a enfrentar, enquanto, ao mesmo tempo, valida as dificuldades que P ainda enfrenta.
____ T TRANQUILIZAR P e proporcionar uma percepção da sua presença constante (p.ex., organizar o contato telefônico, lembrar P da disponibilidade de contato telefônico ou de um plano para telefonemas, etc.).
____ T ANALISAR E CORRIGIR ERROS (se apropriado); são usadas estratégias de solução de problemas para lidar com dificuldades esperadas depois da sessão ou durante a semana seguinte.
____ T levantar e se despedir de P de um modo que transmita afeto e a expectativa de que se encontrem novamente; outros RITUAIS DE FINALIZAÇÃO são desenvolvidos e empregados, que sejam confortáveis para T e P.

Táticas anti-TCD

____ T finalizar precocemente sem avisar P.
____ T abordar material sensível pouco antes do final da sessão.
____ T invalidar as dificuldades de P com finalizar e deixar a sessão.
---

2. COMBINAR TAREFAS DE CASA PARA A PRÓXIMA SESSÃO

No decorrer da sessão, a paciente e o terapeuta podem discutir diversas atividades que a paciente pode fazer durante a semana seguinte. Ao final de cada sessão, qualquer sugestão para tarefa de casa deve ser revisada e explicada, e a paciente deve reafirmar que concorda em fazer a tarefa. Nesse ponto, o terapeuta deve perguntar à paciente se ela vê algum problema para concluir a tarefa durante a semana vindoura. Geralmente, deve-se supor que tais problemas existirão, e o terapeuta deve aproveitar a oportunidade para ajudar a paciente a trabalhar com eles.

3. SINTETIZAR A SESSÃO

Quando apropriado, o terapeuta deve sintetizar, ao final da sessão, os pontos importantes que foram cobertos. Geralmente, essa síntese deve ser apresentada de maneira "otimista". *Insights* importantes que a paciente tenha tido durante a semana anterior ou a sessão devem ser mencionados brevemente. Às vezes, apenas uma sentença ou duas são necessárias.

4. FORNECER UMA GRAVAÇÃO DA SESSÃO À PACIENTE

Ao final de cada sessão (se isso faz parte do plano), a paciente deve receber uma cópia da gravação da sessão, com instruções para ouvir pelo menos uma vez durante a semana seguinte. A gravação pode servir como estímulo para a paciente quando estiver se sentindo sobrecarregada, e é uma maneira de fazer o terapeuta presente, por assim dizer, no ambiente natural da paciente.

5. MOTIVAR

Ao final de cada sessão, o terapeuta deve incentivar a paciente de forma direta e aberta em relação ao progresso que está fazendo, e deve mostrar à paciente algum atributo positivo ou um comportamento digno de elogio. Essencialmente, essa é uma oportunidade para o terapeuta validar o comportamento da paciente sem que ela tenha que pedir. Também é uma oportunidade para o terapeuta dar esperança e incentivo para a paciente. O incentivo do terapeuta é especialmente importante se uma parte substancial da sessão tiver sido dedicada a ajudar a paciente a se tornar mais ciente de comportamentos autodestrutivos de sua parte. Com frequência, a paciente se sentirá desestimulada e desesperançosa, mas transmitirá competência para o terapeuta. É importante que o terapeuta não se engane com essa competência aparente. O terapeuta deve ter o cuidado de combinar elogios com validação do quanto a vida da paciente é difícil e sofrida, e não deve superestimar a capacidade da paciente de lidar sozinha com a vida. À medida que a terapia avança, o terapeuta pode começar a evocar afirmações de incentivo e autovalidação da paciente. Na segunda metade da terapia, o terapeuta pode perguntar diretamente à paciente o nível de progresso que ela enxerga durante a semana anterior ou durante a sessão atual.

6. ACALMAR E TRANQUILIZAR A PACIENTE

A paciente muitas vezes se sente desolada ao deixar a sessão de terapia. Seu senso de desespero e solidão ressurge à medida que a sessão se aproxima do encerramento. O terapeuta deve prever isso e lembrar a paciente de que ela pode telefonar se for necessário antes da próxima sessão. Ou seja, o contato não terminou irrevogavelmente. O terapeuta deve lembrá-la também de que ela pode ligar para os serviços de emergência a qualquer momento e pode pedir ajuda a outras pessoas em seu meio se for necessário. Conforme observado antes, a paciente parassuicida e *borderline* muitas vezes tem dificuldade para pedir ajuda adequadamente. Embora possa telefonar para o terapeuta em meio a uma crise, agindo e sentindo-se desesperada e fazendo demandas inadequadas ao terapeuta, ela raramente telefona para o terapeuta para pedir ajuda *antes* de estar em crise.

No início da terapia, um objetivo importante é ensinar à paciente como pedir ajuda da maneira adequada. É especialmente importante para a paciente aprender que pode ligar para alguém apenas para discutir problemas, pedir conselhos ou mesmo para compartilhar o que está acontecendo com ela. Geralmente, é muito difícil para a paciente fazer isso e, nos primeiros estágios da terapia, talvez ligar para o terapeuta deva se tornar uma tarefa de casa. Quando a paciente se sente confortável para ligar para o terapeuta durante uma crise, ela deve ser instruída ao final das sessões a tentar ligar para ele antes que a crise comece. Depois que a paciente consegue ligar para o terapeuta da maneira apropriada, deve-se voltar a atenção para generalizar essa habilidade para outras pessoas em seu meio. Nesse ponto, o terapeuta pode descobrir que a paciente tem pouquíssimas pessoas de apoio para telefonar quando precisa. Essa questão pode então se tornar um foco importante da terapia. De qualquer modo, um objetivo importante da terapia é tornar a paciente capaz de telefonar para outras pessoas em seu ambiente para pedir ajuda depois que a terapia tiver terminado.

7. IDENTIFICAR E CORRIGIR ERROS

Se a paciente continua a ter uma considerável dificuldade emocional no final da sessão, o terapeuta deve ajudá-la a desenvolver estratégias de regulação emocional e tolerância a estresse para usar depois de ir embora. Mais uma vez, é particularmente importante não se enganar com a aparente competência da paciente. Certamente, no começo, quase todas as pacientes terão considerável dificuldade para lidar com os finais das sessões. Embora o sofrimento emocional diminua por si mesmo com o tempo, o terapeuta e a paciente devem tentar ativamente desenvolver soluções para problemas e aliviar o sofrimento emocional e evitar padrões desadaptativos de comportamento.

8. DESENVOLVER RITUAIS DE ENCERRAMENTO

O desenvolvimento de rituais de encerramento pode ser tranquilizante para a paciente e tornar a despedida mais fácil. No mínimo, o terapeuta deve acompanhar a paciente até a porta e transmitir a expectativa de que se encontrem logo. Para certas pacientes, um abraço de despedida pode ser uma parte importante do final da sessão (ver o Capítulo 12 para diretrizes).

ESTRATÉGIAS PARA TÉRMINO

É essencial preparar a paciente para o término da terapia desde o começo. Como em qualquer relação íntima forte e positiva, o final pode ser extremamente difícil. A TCD não defende uma ruptura completa na relação. Ao invés disso, a paciente passa da categoria de paciente para a de ex-paciente, e o terapeuta passa do papel de terapeuta para o de ex-terapeuta. Os papéis de "ex" são bastante diferentes dos papéis de "não". Nos primeiros, o fato de ter existido um vínculo intenso e positivo é reconhecido e valorizado. A mudança é semelhante à transformação de aluno para ex-aluno, ou de filho dependente para um filho adulto e emancipado. O término bem-sucedido também exige que as habilidades interpessoais que a paciente aprendeu com a terapia se generalizem para situações não terapêuticas. Estratégias específicas para lidar com

Quadro 14.5   Lista de estratégias para o término da terapia

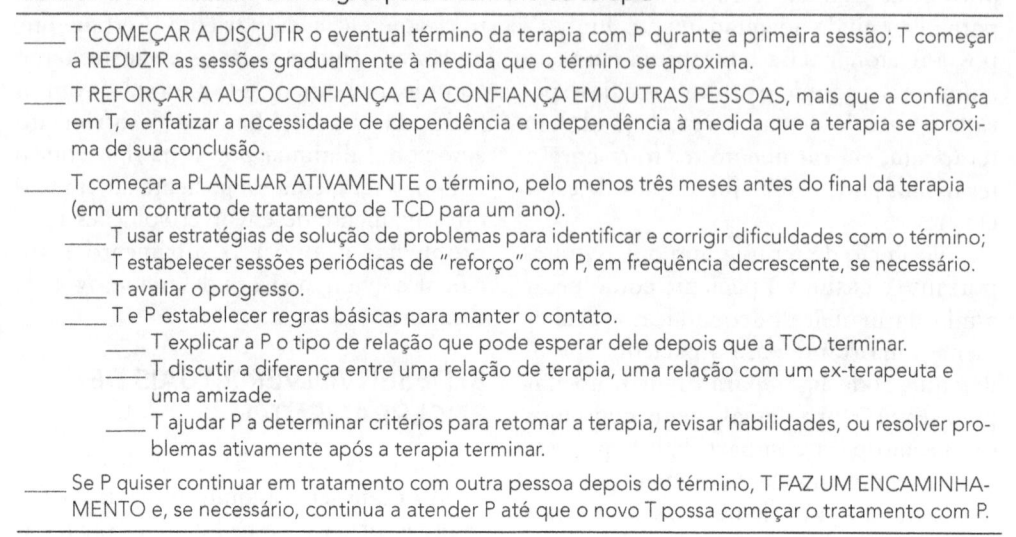

___ T COMEÇAR A DISCUTIR o eventual término da terapia com P durante a primeira sessão; T começar a REDUZIR as sessões gradualmente à medida que o término se aproxima.

___ T REFORÇAR A AUTOCONFIANÇA E A CONFIANÇA EM OUTRAS PESSOAS, mais que a confiança em T, e enfatizar a necessidade de dependência e independência à medida que a terapia se aproxima de sua conclusão.

___ T começar a PLANEJAR ATIVAMENTE o término, pelo menos três meses antes do final da terapia (em um contrato de tratamento de TCD para um ano).
    ___ T usar estratégias de solução de problemas para identificar e corrigir dificuldades com o término; T estabelecer sessões periódicas de "reforço" com P, em frequência decrescente, se necessário.
    ___ T avaliar o progresso.
    ___ T e P estabelecer regras básicas para manter o contato.
        ___ T explicar a P o tipo de relação que pode esperar dele depois que a TCD terminar.
        ___ T discutir a diferença entre uma relação de terapia, uma relação com um ex-terapeuta e uma amizade.
        ___ T ajudar P a determinar critérios para retomar a terapia, revisar habilidades, ou resolver problemas ativamente após a terapia terminar.

___ Se P quiser continuar em tratamento com outra pessoa depois do término, T FAZ UM ENCAMINHAMENTO e, se necessário, continua a atender P até que o novo T possa começar o tratamento com P.

o término da terapia são apresentadas no Quadro 14.5.

1. COMEÇAR A DISCUSSÃO SOBRE TÉRMINO: REDUZIR AS SESSÕES GRADUALMENTE

Embora o foco na generalização e no término seja constante no decorrer da terapia, a discussão ativa da aproximação do término deve começar muito antes de a terapia acabar. Entretanto, o momento adequado dependerá do tempo que a terapia durará. Para tornar a transição para fora da terapia mais suave, as sessões de terapia devem ser "reduzidas gradualmente" em relação à sua frequência, ao invés de interrompidas abruptamente. Durante esse processo de término ativo, o terapeuta enfatiza e elogia o progresso da paciente; expressa confiança clara em sua capacidade de viver de forma independente fora da terapia; e enfatiza que o cuidado e a preocupação com a paciente não terminarão simplesmente porque a terapia termina, e que recursos privados e/ou da comunidade permanecem disponíveis para a paciente, se houver necessidade.

2. GENERALIZAR A DEPENDÊNCIA INTERPESSOAL PARA A REDE SOCIAL

O rumo normal dos acontecimentos na terapia com uma paciente parassuicida e *borderline* é que a paciente inicialmente tem muita dificuldade para confiar no terapeuta, para pedir a sua ajuda e para chegar ao equilíbrio ideal entre a independência e a dependência, conforme discutimos antes. A análise desses padrões muitas vezes indica que eles também ocorrem com outras pessoas no ambiente em que a paciente vive. Essencialmente, a capacidade de pedir ajuda é uma habilidade necessária à sobrevivência em um ambiente que muitas vezes é aversivo. Desse modo, a capacidade de confiar, de pedir ajuda adequadamente e de depender de alguém e ser independente podem ser objetivos do tratamento.

À medida que a paciente começa a desenvolver confiança no terapeuta, ela geralmente começa a ser mais honesta com o terapeuta em relação à sua necessidade de ajuda. Durante os estágios iniciais da terapia, coloca-se muita ênfase em reforçar a paciente por ligar para o terapeuta para pedir ajuda quando estiver tendo dificuldade com uma determinada situação. No entanto, se essa capacidade de pedir ajuda não se transferir para outras pessoas do ambiente da paciente, e se a paciente não aprender a ajudar a si mesma, o término da terapia será extremamente traumático. Mesmo em ausências rápidas do terapeuta (p.ex., em viagens para fora da cidade), é provável que uma paciente parassuicida reaja com comportamento parassuicida. Por isso, a transição da dependência do terapeuta para a independência e dependência de outras pessoas deve começar quase imediatamente. Mais uma vez, as estratégias dialéticas devem ser empregadas. Nesse caso, o terapeuta enfatiza que a paciente deve ser capaz de depender de outras pessoas enquanto aprende a ser independente.

3. PLANEJAR O TÉRMINO ATIVAMENTE

Conforme observado anteriormente, o término da terapia deve ser discutido durante as primeiras sessões de TCD. Todavia, o término da terapia e o término do terapeuta devem ser diferenciados de forma clara. Além disso, o papel de ex-terapeuta e o papel de amigo devem ser igualmente diferenciados. Com poucas exceções, ex-terapeutas não se tornam amigos pessoais de ex-pacientes, e não se deve criar essa expectativa. Se uma amizade começar, ela será algo inesperado, ao invés de um direito a esperar.

Identificar e corrigir erros

O terapeuta deve discutir com a paciente quaisquer dificuldades que possam surgir durante ou imediatamente após o término. As estratégias de solução de problemas devem ser usadas para desenvolver soluções. Entre as soluções potenciais, deve estar a possibilidade de fazer "sessões de reforço". Às vezes, uma boa ideia é planejar essas sessões, talvez em intervalos de seis meses, mesmo quando não forem esperados problemas.

Avaliar o progresso

Deve-se dar tempo suficiente para fazer uma revisão detalhada de como a terapia tem progredido, quais ganhos foram alcançados e o progresso que a paciente gostaria de fazer em sua vida. Deve-se revisar a relação terapêutica (segundo as perspectivas do terapeuta e da paciente), bem como as mudanças que a paciente fez nos comportamentos visados. O terapeuta deve apresentar a ideia de que ninguém jamais está completamente "curado", e que tudo na vida envolve crescimento e mudança.

Estabelecer regras básicas para a continuidade no contato

Os papéis de ex-terapeuta e ex-paciente foram explorados de maneira insuficiente na literatura da psicoterapia. É extremamente importante que o terapeuta tenha uma ideia clara de suas próprias preferências em relação à interação futura com a paciente. Essa ideia deve ser apresentada de forma clara para a paciente, e fazer promessas que não sejam cumpridas não ajuda. No rumo normal dos acontecimentos, o contato de ex-pacientes com seus ex-terapeutas pode ser bastante frequente imediatamente após o término da terapia e por aproximadamente um ano depois disso, quando começa a diminuir em frequência. Como quase sempre estou interessada em acompanhar ex-pacientes por bastante tempo, assim como ex-alunos, incentivo-as a entrar em contato periodicamente para saber como estão indo. Esse é o momento para usar a comunicação recíproca e observar limites.

O desejo da paciente de manter a interação com o terapeuta também deve ser investigado. Algumas querem mais contato que outras, e algumas podem querer um rompimento total do contato. Ambas as partes devem definir os critérios para o retorno à terapia. Se for impossível retornar, o terapeuta deve ser claro quanto a isso e ajudar a paciente a aplicar solução de problemas à questão de como encontrar outro terapeuta.

4. FAZER ENCAMINHAMENTOS ADEQUADOS

Num mundo perfeito, a terapia com a paciente *borderline* avançaria através dos estágios 1, 2 e 3 e terminaria com uma paciente razoavelmente satisfeita com sua vida e em paz consigo mesma. Para uma paciente que começa o estágio 1, isso pode levar vários anos. De fato, para a paciente *borderline* seriamente suicida, mesmo a progressão do estágio 1 para o estágio 2 pode levar pelo menos um ano, e às vezes mais. Dependendo a gravidade dos traumas anteriores e tendências de dissociar, o estágio 2 da terapia pode levar um ano ou mais. Pelo menos até que desenvolvamos terapias mais eficazes e mais eficientes, tentar apressar as pacientes através desses estágios às vezes cria mais problemas do que resolve.

Infelizmente, por causa de limitações financeiras e impostas por seguradoras e planos de saúde, normas da gestão de saúde, limitações pessoais do terapeuta e/ou restrições de pesquisa, muitas vezes não é possível um terapeuta e uma paciente permanecerem como uma equipe pelo tempo necessário para alcançar esses objetivos. Nesses casos, é essencial que o terapeuta não abandone a paciente. Ou seja, o terapeuta deve ajudar a paciente a fazer planos alternativos para o seguimento. Por todas as razões citadas, fazer esses planos pode ser extraordinariamente difícil para a paciente que não possui recursos financeiros para pagar uma terapia privada. Outro problema é a relutância de muitos terapeutas privados para atender pacientes *borderline* e/ou suicidas em terapia. O terapeuta talvez precise encontrar recursos públicos e privados de baixo custo para a saúde mental, bem como grupos de apoio e aconselhamento formados por pessoas com problemas semelhantes (p.ex., Alcoólicos Anônimos). Se o terapeuta souber no começo que a terapia será de tempo limitado, o planejamento para o encaminhamento deve começar bem antes do final da terapia.

Comentários finais

Minhas pacientes muitas vezes me perguntam se um dia irão melhorar, se um dia serão felizes. É uma pergunta difícil de responder. Certamente, elas podem ficar melhor e mais felizes do que estão quando chegam para me ver pela primeira vez. E, sim, acredito que a vida pode valer a pena, mesmo para uma pessoa que, em um certo momento, preenchia critérios para o TPB. Entretanto, não tenho tanta certeza de que qualquer pessoa possa superar totalmente os efeitos dos ambientes extremamente abusivos que muitas das minhas pacientes vivenciaram. Pode ser necessário um certo trabalho de luto ao longo de todas as suas vidas. O importante aqui é não catastrofizar essa realidade. Muitas pessoas ao longo da história tiveram que aceitar situações extraordinariamente dolorosas. Ainda assim, prosseguiram e desenvolveram vidas de qualidade razoável e realização. É claro, como fazer isso não está completamente claro, e nem é fácil. A psicoterapia é apenas uma pequena parte das tentativas que a sociedade faz de confrontar esse dilema. Os limites da psicoterapia podem ser compensados pelo envolvimento em religiões, práticas espirituais, estudo de literatura, história ou filosofia, atividades comunitárias, e coisas do gênero. Ou seja, muitas respostas são encontradas fora da psicoterapia.

Da mesma forma, nem todos os indivíduos encontrarão e manterão as relações interpessoais amorosas, acolhedoras e de apoio que tanto desejam. No mínimo, podem não encontrar essas qualidades em um relacionamento e, mesmo que estabeleçam um relacionamento assim, ele pode não ser permanente. A relação com o terapeuta talvez seja o melhor que o indivíduo jamais encontre – não necessariamente por deficiências de sua parte, mas porque a capacidade de nossa sociedade de proporcionar um sentido de comunidade e companheirismo é limitada, mesmo para muitos de seus membros. Uma terapia com grupos de apoio após o término da terapia individual pode ser uma boa opção para muitas ex-pacientes *borderline*. Algumas talvez queiram permanecer nesses grupos indefinidamente. Creio que isso deve ser incentivado e apoiado. Com outras, a continuação do contato, ainda que intermitente, com seus ex-terapeutas pode ser muito importante.

15 ESTRATÉGIAS ESPECIAIS DE TRATAMENTO

Este capítulo aborda estratégias para responder a questões e problemas específicos do tratamento de pacientes *borderline*. Como as estratégias estruturais, elas exigem a combinação das estratégias usuais de maneiras novas e singulares. São discutidas estratégias integradoras para responder às seguintes questões: (1) crises de pacientes, (2) comportamentos suicidas, (3) comportamentos que interferem na terapia, (4) telefonemas, (5) tratamentos auxiliares e (6) questões ligadas à relação entre paciente e terapeuta.

ESTRATÉGIAS PARA CRISE

Conforme observado ao longo deste livro, as pacientes *borderline* muitas vezes se encontram em estado de crise. Esse estado inevitavelmente diminui a capacidade da paciente de utilizar habilidades comportamentais que está aprendendo. A excitação emocional interfere no processamento cognitivo, limitando assim a capacidade da paciente de se concentrar em qualquer coisa além da crise atual. Nesses casos, o terapeuta deve empregar o formato de resposta a crises descrito nesta seção.

Na TCD ambulatorial comum, a responsabilidade de ajudar a paciente em crise é do terapeuta individual ou principal. Outros terapeutas externos e membros da equipe de tratamento devem: (1) encaminhar a paciente ao seu terapeuta primário, ajudando-a a fazer contato se necessário; e (2) ajudar a paciente a aplicar habilidades de tolerância a estresse até que encontre seu terapeuta primário. Essa divisão do trabalho pode ser muito importante para tratar de forma eficaz a paciente que telefona para outros membros da equipe de tratamento sempre que não consegue encontrar seu terapeuta imediatamente, ou que "procura" uma resposta que considere solidária quando não gosta de resposta do terapeuta principal. Muitas das estratégias de resposta a crises apresentadas no Quadro 15.1 e discutidas a seguir podem se mostrar proveitosas nessa tarefa específica. A TCD não defende, como prática usual,

Quadro 15.1   Lista de estratégias de crise

____ T prestar atenção ao AFETO ao invés do conteúdo.
____ T analisar o problema no AGORA.
   ____ T abordar o período transcorrido desde o último contato.
   ____ T identificar fatos que desencadearam as emoções atuais.
   ____ T formular e resumir o problema.
____ T concentrar-se em SOLUÇÃO DE PROBLEMAS.
   ____ T dar conselhos e fazer sugestões.
   ____ T formular soluções possíveis em termos das habilidades comportamentais que P está aprendendo.
   ____ T prever as consequências futuras dos planos de ação.
   ____ T confrontar diretamente as ideias ou comportamentos desadaptativos de P.
   ____ T esclarecer e reforçar as respostas adaptativas de P.
   ____ T identificar os fatores que interferem em planos produtivos de ação.
____ T concentrar-se na TOLERÂNCIA AO AFETO.
____ T ajudar P a se COMPROMETER com um plano de ação.
____ T avaliar o POTENCIAL SUICIDA de P.
____ T prever uma RECORRÊNCIA da resposta de crise.

o procedimento do "plantão", no qual pacientes em crise somente podem ligar para os membros da equipe que estiverem de plantão naquele dia. (Ver a discussão sobre as estratégias de uso do telefone, a seguir, para outros comentários.) Em outros cenários, como na internação ou hospital-dia, a responsabilidade pela intervenção para crise deve ser atribuída a outros membros da equipe de tratamento.

1. PRESTAR ATENÇÃO AO AFETO NO LUGAR DO CONTEÚDO

Quando a paciente está emocionalmente excitada, é especialmente importante prestar atenção ao afeto no lugar do conteúdo da crise. As técnicas para validar experiências emocionais são descritas no Capítulo 8. Em resumo, o terapeuta deve identificar os sentimentos da paciente, comunicar à paciente a validade dos seus sentimentos, proporcionar uma oportunidade para ventilação emocional, refletir verbalmente para a paciente as suas próprias respostas emocionais aos sentimentos da paciente e fazer outras afirmações reflexivas.

2. ANALISAR O PROBLEMA DO AGORA

Abordar o período de tempo desde o último contato

Em um estado de excitação emocional elevada, o indivíduo muitas vezes perde de vista o fato que precipitou a resposta emocional em primeiro lugar. A paciente pode prestar atenção não apenas no fato precipitante, mas a todos os fatos semelhantes que tenham ocorrido no decorrer da sua vida ou nas últimas semanas. Desse modo, um fato pode ter desencadeado a crise, mas a paciente mudar rapidamente de um tema para outro na tentativa de comunicar o que está lhe acontecendo. O terapeuta deve se concentrar em ajudar a paciente a focar exatamente o que aconteceu desde o último contato, no lugar de cair em uma discussão sobre todos os fatos negativos da vida da paciente.

Identificar precipitantes básicos da crise atual

Com frequência, um fato sem maior importância desencadeia uma resposta de crise avassaladora. Nessas situações, é crítico que o terapeuta ajude a paciente a identificar esse fato precipitante. Muitas vezes, a paciente lista toda uma série de acontecimentos e condições difíceis da sua vida. O terapeuta deve ouvir e responder seletivamente – ou seja, responder apenas ao material aproveitável e ignorar aspectos irrelevantes e/ou impraticáveis da história. Nesse contexto, deve-se pedir que a paciente seja concreta e específica ao descrever o que está lhe acontecendo.

O terapeuta deve selecionar alguma parte da resposta de crise da paciente, como o fato de se sentir sobrecarregada, sem esperança, desesperada, suicida, e coisas do gênero, e pedir para a paciente identificar exatamente quando a resposta começou, quando aumentou ou diminuiu, e assim por diante. Por exemplo, se o sentimento é de medo, o terapeuta pode perguntar: "você sentiu medo nesse momento?". Se a resposta for sim, o terapeuta pode seguir com: "e você sentiu medo antes dele dizer 'Z, Y ou Z'?". Se a resposta for sim, o terapeuta retorna no tempo, momento a momento, para descobrir exatamente qual comentário ou fato desencadeou o medo. Um pouco mais adiante na história, o terapeuta pode dizer: "e isso aumentou ou diminuiu o terror?", e assim por diante. A ideia é relacionar uma resposta de crise específica da paciente (ou conjunto de respostas) a um fato ou série de fatos específicos.

Formular e resumir a situação problemática

Fazer uma formulação e síntese do problema pode ser necessário muitas vezes durante uma sessão voltada para uma crise. O terapeuta deve se concentrar em chegar a um consenso quanto à definição dos principais elementos do problema. Com frequência, a paciente se concentrará em soluções para o problema, sem definir o problema adequadamente. Certamente, a solução principal que a paciente encontra para o problema muitas vezes é o comportamento suicida. O terapeuta deve estar bastante atento à tendência da paciente de citar um comportamento suicida como um problema, ao invés de solução.

Desse modo, a paciente pode dizer: "o problema é que eu quero me matar". O terapeuta deve comunicar de maneira enfática e direta que o comportamento suicida não é um problema, mas solução para um problema. Ele pode dizer: "Está bem. É a solução para um problema. Vamos identificar exatamente quando o primeiro pensamento sobre se matar passou pela sua cabeça. Quando você pensou nisso pela primeira vez? O que desencadeou a ideia?". Depois que o momento é identificado, o terapeuta pode analisar o que, naquele fato, é tão problemático que evocou o impulso de cometer suicídio. Para certos indivíduos, os pensamentos sobre o suicídio são simples respostas superaprendidas a qualquer fato problemático ou, então, emoções ou interpretações dolorosas do fato podem ter interferido. Como podemos ver, encontrar o fato precipitante geralmente é a rota mais direta para conhecer a situação problemática. Essa análise deve ser seguida pela reformulação imediata do problema, evocando e reforçando-se o consenso da paciente quando possível.

3. FOCAR NA SOLUÇÃO DE PROBLEMAS

Mais uma vez, o terapeuta deve tentar sintetizar pontos de vista contraditórios. Ele deve ajudar a paciente a reduzir emoções aversivas e negativas, enquanto, ao mesmo tempo, ajuda a paciente a enxergar que a capacidade de lidar com algum afeto desagradável é necessária para a redução da excitação. Se técnicas de solução de problemas forem usadas aqui, quase sempre é essencial selecionar alguma área limitada da crise atual para intervir. A paciente muitas vezes transmite um intenso desejo de "resolver tudo imediatamente". O terapeuta deve *modelar* a maneira de decompor o problema em pequenas partes e lidar com um aspecto de cada vez. Para resolver problemas durante uma crise, deve-se usar o procedimento a seguir, além das técnicas de solução de problemas descritas no Capítulo 9.

Dar conselhos e fazer sugestões diretas

Na TCD, o terapeuta atua em diversos papéis (consultor, professor, motivador, etc.). Embora seja preferível adotar um papel de consultor para ajudar a paciente a escolher entre as várias alternativas de resposta que gerou, existem ocasiões em que a paciente simplesmente não sabe o que fazer ou como lidar com uma determinada situação. Nesses casos, é adequado o terapeuta dar conselhos concretos e fazer sugestões diretas à paciente sobre possíveis planos de ação. Isso é especialmente importante ao lidar com uma paciente "aparentemente competente". Nesse caso, é bastante comum o terapeuta pressupor que a paciente pode descobrir o que fazer, mas simplesmente não confia em sua própria capacidade. É fácil cometer o erro de se recusar a aconselhar a paciente com base na teoria equivocada de que a paciente não precisa. Desse modo, é importante avaliar as capacidades da paciente cuidadosamente e respeitar o conhecimento da paciente sobre suas próprias capacidades. A passividade da paciente não deve ser interpretada unilateralmente como falta de motivação, resistência, falta de confiança, ou algo do gênero. Muitas vezes, a passividade é função de conhecimento e/ou habilidades inadequados.

Propor solução baseada nas habilidades comportamentais que a paciente está aprendendo

Todos os problemas podem ser resolvidos de mais de uma maneira, a qual depende da perspectiva da pessoa. A capacidade de empregar a perspectiva das habilidades comportamentais ao gerar soluções para problemas é crucial na TCD. Desse modo, quando a tolerância a estresse é o módulo de tratamento atual (ou um conjunto de habilidades que o terapeuta deseja que a paciente pratique), pode-se considerar a crise como um momento que exige tolerância a estresses. Se o foco é a eficácia interpessoal, pode-se formular o problema em relação a ações interpessoais. De um modo geral, os fatos se tornam "problemas" porque são associados a respostas emocionais aversivas. Uma solução pode ser a paciente mudar sua resposta emocional à situação. Uma resposta eficaz pode ser formulada em termos de habilidades de atenção plena. A capacidade de aplicar qualquer uma das habilidades comportamentais a qualquer situação problemática é, ao mesmo tempo, importante e muito difícil. Os terapeutas devem conhecer as habilidades comportamentais às avessas, sendo capazes de pensar nelas rapidamente durante uma crise.

Um exemplo pode ajudar aqui. Suponhamos que uma paciente chegue para a sessão e, durante a revisão da semana, comece a chorar, dizendo que simplesmente não consegue falar sobre a semana porque é difícil demais. O terapeuta pode tomar um dos seguintes caminhos. Em primeiro lugar, pode comentar que a paciente parece estar sentindo muita angústia, e pode incentivá-la a se concentrar nas habilidades que possa usar nesse momento para tolerar a dor que está sentindo – de fato, tolerar o suficiente para mergulhar na discussão da semana. Em segundo, o terapeuta pode concentrar a discussão em ajudar a paciente a avaliar seus objetivos nesse momento, na interação com o terapeuta. Que habilidades interpessoais ela poderia usar agora para cumprir seus objetivos? O que ela deve dizer ou fazer para se sentir bem consigo mesma quando essa interação acabar? Como ela quer que o terapeuta se sinta quando a interação acabar e o que pode dizer ou fazer agora para ser efetiva nesse sentido? Em terceiro lugar, o terapeuta pode concentrar a discussão em identificar a emoção atual e gerar ideias sobre como pode se sentir melhor agora. Finalmente, dependendo de qual habilidade de atenção plena está sendo ensinada (ou qual a paciente deve praticar), o terapeuta pode sugerir que ela se concentre em observar ou descrever o seu estado atual ou que ela tente responder a si mesma neste momento de um modo acrítico; que ela reconcentre sua atenção apenas no momento atual e na tarefa em questão; ou que reflita sobre o que deve fazer agora para se concentrar no que "funciona".

Prever consequências futuras de diversos planos de ação

Pacientes suicidas e *borderline* muitas vezes se concentram em ganhos a curto prazo e ignoram as consequências a longo prazo de suas opções comportamentais. O terapeuta deve instar a paciente a se concentrar nas consequências a longo prazo de seu comportamento. Deve-se ajudar a paciente a analisar os prós e contras de diversas alternativas de ação em termos de sua eficácia para alcançar os objetivos, manter relacionamentos interpessoais e ajudar a paciente a se respeitar e a se sentir melhor consigo mesma.

Confrontar diretamente ideias ou comportamento da paciente

Em meio a uma crise e muita excitação emocional, não é comum a paciente ser capaz de analisar com calma os prós e contras de diversos planos de ação. Quando o terapeuta acredita que um determinado curso de ação terá efeitos prejudiciais, ele deve confrontar a paciente diretamente em relação aos resultados de sua escolha comportamental. Com frequência, as escolhas estão ligadas a ideais irrealistas por parte da paciente. Nesses casos, as ideias da paciente também devem ser confrontadas. Quando o terapeuta confronta uma paciente em estado de intensa excitação emocional, a paciente muitas vezes responde com afirmações que indicam que o terapeuta não entendeu a sua situação realmente. Nesses casos, é importante expressar entendimento e validação da dor que a paciente está sentindo, e dar seguimento a isso indicando a visão de que uma opção de ação alternativa, ainda que dolorosa, seria preferível a longo prazo.

Esclarecer e reforçar respostas adaptativas

Quando a paciente começa a aprender respostas cognitivas e comportamentais adaptativas, essas respostas devem ser reforçadas. Durante uma crise, é importante prestar bastante atenção às ideias ou respostas adaptativas geradas, ajudar a esclarecê-las e reforçá-las. Em outros momentos, o terapeuta pode se referir a outras ocasiões em que a paciente tenha lidado com situações semelhantes de maneira adaptativa e elogiar tais comportamentos.

Identificar fatores que interferem em planos produtivos de ação

Uma vez que ambos identificaram um plano de ação que pareça produtivo, o terapeuta deve ajudar a paciente a identificar fatores que possam interferir no plano. Se isso for negligenciado, é provável que a paciente fracasse e, consequentemente, seja mais difícil resolver problemas no futuro. A identificação de fatores que interferem em planos produtivos deve ser seguida, é claro, por uma discussão aprofundada de como é possível resolver esses problemas.

4. FOCO NA TOLERÂNCIA AO AFETO

Geralmente, a paciente comunica ao terapeuta a sua incapacidade de tolerar a situação de crise: não apenas a situação em si é impossível de lidar, como ela não consegue suportá-la. Enquanto a paciente está em sofrimento, o terapeuta também deve confrontá-la diretamente em relação à necessidade de tolerar o afeto negativo. Com frequência, é importante fazer uma afirmação como a seguinte: "se eu pudesse acabar com a sua dor, eu o faria. Mas não posso. E, ao que parece, você também não pode. Sinto pelo seu sofrimento, mas, no momento, você precisa tolerá-lo. Passar pela dor é a única saída". Não se deve esperar que a paciente simpatize com esse ponto de vista nos primeiros estágios da terapia. No entanto, isso não deve impedir o terapeuta de fazer essas afirmações *repetidamente* ao longo desses estágios.

5. OBTER UM COMPROMISSO COM UM PLANO DE AÇÃO

O terapeuta deve fazer todos os esforços possíveis para persuadir a paciente a concordar com um plano de ação que especifique o que a paciente e o terapeuta farão desde agora até o próximo contato. Um contrato explícito e de tempo limitado – que inclua demandas ou requisitos que a paciente deve satisfazer antes do próximo contato – deve ser negociado. Em outras palavras, o terapeuta deve comunicar à paciente que espera que ela dê os passos combinados para começar a resolver a crise atual.

6. AVALIAR O POTENCIAL SUICIDA

Ao final de cada interação de crise, o terapeuta deve reavaliar o risco de suicídio da paciente. A paciente pode começar essa interação dizendo que vai se matar, se mutilar, ou cometer algum outro ato destrutivo. Apesar dos melhores esforços do terapeuta, a paciente ainda pode manter esse ponto de vista ao final da interação. O terapeuta deve verificar se a crise foi aliviada o suficiente, a ponto de a paciente acreditar que conseguirá não se matar entre esta interação e o próximo contato. Se a paciente não puder concordar com isso, o terapeuta deve usar as estratégias para o comportamento suicida, descritas a seguir.

7. PREVER RECORRÊNCIA DA RESPOSTA DE CRISE

Juntos, terapeuta e paciente formulam um plano de ação que promete reduzir a sensação atual da paciente de estar sobrecarregada. Embora esses planos possam ajudar de fato, a paciente geralmente experimenta um retorno do afeto negativo (depois de um período curto). Assim, durante a crise, o terapeuta assume a responsabilidade de ajudar a paciente a planejar ou estruturar o seu tempo entre o contato atual e o seguinte. Deve-se advertir a paciente de que é muito provável que ocorram sentimentos aversivos e que é preciso planejar várias estratégias para lidar com tais sentimentos.

ESTRATÉGIAS PARA COMPORTAMENTO SUICIDA

O tratamento de indivíduos suicidas exige um protocolo estruturado para responder a comportamentos suicidas, incluindo comportamentos de crise suicida, parassuicídio, ameaças de suicídio ou de parassuicídio, ideação suicida e impulsos de cometer parassuicídio. Esse protocolo pode ser implementado durante ou depois da sessão de tratamento, pelo telefone, em um ambiente hospitalar, ou (com menos frequência) no ambiente normal do terapeuta ou da paciente. As informações sobre o comportamento suicida podem ser transmitidas de maneira espontânea ao terapeuta, podem ser evocadas da paciente com um questionamento, ou podem ser obtidas em telefonemas para o terapeuta, de outros profissionais ou indivíduos preocupados no meio da paciente.

A tarefa terapêutica

A tarefa do terapeuta ao responder ao comportamento suicida se divide em dois componentes: (1) responder de forma suficientemente ativa para impedir que a paciente se mate ou se machuque seriamente; e (2) responder de um modo que reduza a probabilidade de comportamento suicida subsequente. Os requisitos dessas duas tarefas muitas vezes são conflitantes. Há uma tensão dialética entre as demandas de manter a paciente segura e as demandas de ensinar à paciente os padrões comportamentais que farão valer a pena permanecer vivo. Complicando tudo isso, existem os temores que quase todos os terapeutas têm de ser responsabilizados pela morte de um paciente se derem um passo em falso ou cometerem um erro. As estratégias descritas a seguir visam abordar as necessidades terapêuticas da paciente e os limites do terapeuta.

A maneira como o terapeuta responde a um caso individual de ameaça de comportamento suicida sempre será mitigada pelas características de cada paciente, sua situação e a relação terapêutica. Existem apenas três regras arbitrárias na TCD relacionadas com o comportamento suicida (que, é claro, devem ser informadas à paciente durante a orientação para o tratamento). Primeiramente, os atos suicidas e comportamentos de crise suicida sempre são analisados em profundidade, e jamais são ignorados. Em segundo lugar, a paciente que comete atos parassuicidas não pode telefonar para o terapeuta durante 24 horas após o ato, exceto em uma emergência médica em que precise do terapeuta para salvar sua vida. Mesmo assim, a paciente deve ligar para os serviços de emergência, e não para o terapeuta. Em terceiro, pacientes potencialmente letais não recebem medicamentos letais. (Essa última questão é discutida mais adiante, nas estratégias de tratamento.)

As estratégias para lidar com comportamentos suicidas devem ser implementadas em pelo menos quatro situações: (1) a paciente relata comportamento suicida prévio a seu terapeuta individual ou primário durante uma sessão de terapia individual (e agora não está em risco médico); (2) a paciente ameaça cometer suicídio ou parassuicídio para seu terapeuta primário; (3) a paciente comete parassuicídio enquanto em contato com o terapeuta primário, ou faz contato imediatamente depois de um ato parassuicida; (4) a paciente relata ou ameaça cometer comportamentos suicidas para um terapeuta auxiliar. Quando a paciente está em crise e também suicida, as estratégias de crise descritas devem ser integradas com os passos apresentados nesta seção e resumidos no Quadro 15.2.

COMPORTAMENTOS SUICIDAS ANTERIORES: PROTOCOLO PARA O TERAPEUTA PRIMÁRIO

Uma paciente pode fornecer informações espontaneamente sobre um comportamento suicida prévio durante qualquer interação terapêutica, incluindo conversas ao telefone, sessões de treinamento de habilidades ou de terapia processual em grupo, ou sessões individuais de terapia. Os cartões diários da TCD, coletados no começo de cada sessão de terapia individual, perguntam sobre a ocorrência de ideação suicida e impulsos parassuicidas no cotidiano, e também indagam se a paciente cometeu algum ato parassuicida real desde a última sessão de terapia individual. Essas informações devem ser revisadas pelo tera-

Quadro 15.2 Lista de estratégias para o comportamento suicida

PARA O TERAPEUTA PRIMÁRIO, QUANDO TIVER OCORRIDO COMPORTAMENTO
DE CRISE SUICIDA/PARASSUICIDA:

___ T não ter contato telefônico com P por 24 horas depois do incidente (exceto em uma emergência médica); o comportamento ser discutido na próxima sessão de terapia individual.
___ T AVALIAR a frequência, a intensidade e a gravidade do comportamento suicida.
___ T fazer uma ANÁLISE EM CADEIA do comportamento.
___ T discutir SOLUÇÕES ALTERNATIVAS OU TOLERÂNCIA.
___ T concentrar a atenção nos EFEITOS NEGATIVOS do comportamento suicida.
___ T REFORÇAR as respostas não suicidas.
___ T ajudar P a se COMPROMETER com um plano comportamental não suicida.
___ T VALIDAR a dor de P.
___ T CONECTAR o comportamento atual com o padrão geral.

PARA O TERAPEUTA PRIMÁRIO, QUANDO EXISTIREM AMEAÇAS
DE SUICÍDIO OU PARASSUICÍDIO IMINENTE:

___ T AVALIAR o risco de suicídio ou parassuicídio.
   ___ T usar fatores conhecidos relacionados com o comportamento suicida para prever o risco de longo prazo.
   ___ T usar fatores conhecidos relacionados com o comportamento suicida iminente para prever o risco iminente.
   ___ T fazer, disponibilizar e usar uma planilha de planejamento para crise.
   ___ T conhecer a letalidade provável de diversos métodos de suicídio/parassuicídio.
   ___ T consultar os serviços de emergência ou orientadores médicos sobre o risco médico do método planejado e/ou disponível.
___ T REMOVER ou fazer com que P remova materiais letais.
___ T INSTRUIR P, DEMONSTRANDO EMPATIA, para não cometer suicídio ou parassuicídio.
___ T manter a posição de que o suicídio NÃO É UMA BOA SOLUÇÃO.
___ T gerar afirmações e soluções ESPERANÇOSAS.
___ T manter o CONTATO e seguir o PLANO DE TRATAMENTO quando o risco de suicídio é iminente e elevado.
   ___ T ser mais ativo quando o risco de suicídio é elevado.
   ___ T geralmente não intervir ativamente para impedir o parassuicídio, a menos que o risco médico seja elevado.
   ___ T ser mais conservador com uma nova P.
   ___ T avaliar se o comportamento suicida é um comportamento respondente.
     ___ T tentar impedir os fatos precipitantes.
     ___ T ensinar a P como preveni-los no futuro.
   ___ T avaliar se o comportamento suicida é um comportamento operante.
     ___ T procurar uma resposta que satisfaça os requisitos do plano de tratamento e também seja uma contingência natural.
     ___ T proporcionar uma contingência um pouco aversiva – uma resposta terapêutica que não seja uma resposta de reforço.
   ___ T procurar uma resposta que seja natural, reduzir ao mínimo os fatores precipitantes (comportamento respondente) e reforço (comportamento operante).
   ___ T tentar evocar uma melhora comportamental em P antes de intervir ativamente.
   ___ T ser flexível quanto às opções de resposta consideradas.
   ___ Se T considerar uma intervenção involuntária, T ser honesto quanto às razões para isso.
___ T PREVER reincidência.
___ T COMUNICAR o risco de suicídio de P a outras pessoas em sua rede social.

(continua)

Quadro 15.2   Lista de estratégias para o comportamento suicida   (*Continuação*)

PARA O TERAPEUTA PRIMÁRIO, QUANDO UM ATO PARASSUICIDA ESTÁ ACONTECENDO DURANTE O CONTATO OU ACABA DE ACONTECER.

____ T AVALIAR O RISCO MÉDICO POTENCIAL do comportamento, consultar serviços de emergência locais ou outros recursos médicos para determinar o risco, quando necessário.
____ T avaliar a capacidade de P de obter tratamento médico por conta própria.
____ T determinar a presença de outras pessoas por perto.
____ Se houver uma emergência médica, T ALERTAR indivíduos próximos a P e CHAMAR SERVIÇOS DE EMERGÊNCIA.
____ T telefonar para P e manter o contato até que a ajuda chegue.
____ Se for necessário tratamento médico não emergencial, e P estiver disposta, T treinar P para obter tratamento médico.
____ T instruir P para telefonar do local do tratamento médico, limitar a ligação a um resumo do tratamento e do estado médico.
____ Se for necessário tratamento médico não emergencial, e P não estiver disposta, T usar ESTRATÉGIAS DE SOLUÇÃO DE PROBLEMAS.
____ T não aceitar não como resposta.
____ T identificar e trabalhar com os medos de P da hospitalização involuntária.
____ T treinar P em como interagir com profissionais médicos.
____ T dizer aos profissionais auxiliares para seguir seus procedimentos normais.
____ T intervir, se necessário, para impedir a hospitalização involuntária.
____ Se estiver claro que a atenção médica não é necessária, T MANTER A REGRA DAS 24 HORAS.

PARA TERAPEUTAS AUXILIARES:

____ T manter P SEGURA.
____ O treinador de habilidades ajudar P a aplicar habilidades comportamentais até que o T individual possa ser contatado.
____ O farmacoterapeuta orientar P para fazer ajustes na medicação que possam ajudar até que o T individual possa ser contatado.
____ O terapeuta da equipe de internação usar estratégias de intervenção para crise, solução de problemas e/ou de treinamento de habilidades até a próxima consulta de P com o T individual.
____ T ENCAMINHAR P ao T individual ou primário.

peuta, sem falta, no começo de cada sessão de terapia individual. A maneira como o terapeuta responde a relatos de comportamentos suicidas prévios influenciará a probabilidade de haver comportamentos suicidas subsequentes. É preciso ter muito cuidado com isso.

Se tiverem ocorrido comportamentos de crise suicida (p.ex., ameaças de suicídio) ou atos parassuicidas desde a última sessão de terapia individual, são implementadas estratégias de solução de problemas. Entretanto, análises detalhadas de comportamentos suicidas passados somente são realizadas durante as sessões individuais. Se, entre as sessões, o terapeuta primário ouve (da paciente ou de outra fonte) falar de comportamentos parassuicidas ou comportamentos de crise suicida prévios, incluindo ameaças feitas a outras pessoas, deve-se postergar a intervenção para esse comportamento até a sessão seguinte, a menos que a paciente corra risco de repetir o comportamento ou risco médico.

O primeiro passo para responder ao comportamento parassuicida prévio é fazer uma avaliação comportamental detalhada e minuciosa. Essa avaliação *sempre* é realizada durante a próxima sessão de terapia individual (embora o seu lugar dentro da sessão seja opcional). Às vezes, a análise comportamental pode levar toda a sessão e, geralmente, leva pelo menos 15 a 20 minutos. (Se for mais curta do que isso, provavelmente o terapeuta ou a paciente está evitando o tema.) Uma análise de soluções vem a seguir ou é embutida nesse processo. O terapeuta e a paciente analisam quais outros comportamentos poderiam ter sido empregados ou podem ser usados na próxima vez. Às vezes, podem ser identificados vários pontos onde uma resposta diferente poderia ter levado a um resultado diferente. As análises comportamentais e de soluções levam, de maneira ideal, ao planejamento para prevenção de recaídas – uma abordagem desenvolvida por Alan Marlatt (Marlatt e Gordon, 1985) para tratar alcoolistas.

Simplesmente, não existem exceções à implementação dessas estratégias. Seu uso não depende de: o comportamento ser medicamente grave ou ter risco elevado ou ser menos grave e de baixo risco; humor ou cooperação da paciente (ou humor do terapeuta); se houve outras crises mais imediatas desde o comportamento suicida. As estratégias também não são interrompidas se a paciente disser que não lembra ou não sabe a resposta para uma questão. Nesses casos, o terapeuta simplesmente analisa o que levou até o ponto em que a memória da paciente falhou, e continua no próximo ponto no tempo. Se *não* houver comportamento cooperativo, o terapeuta retorna para as estratégias de comprometimento (ver o Capítulo 9) ou para estratégias para lidar com comportamentos que interferem na terapia (descritas a seguir). Se o tempo for curto, o terapeuta deve reduzir a análise de soluções em favor da análise comportamental. Se houve comportamentos de crise suicida atuais que devam ser atendidos imediatamente, o comportamento de crise suicida ou parassuicídio passado será o próximo na lista de prioridades, mesmo que deva aguardar pela próxima sessão.

Com o tempo, as análises comportamentais ficarão mais rápidas à medida que os precipitantes típicos de comportamentos suicidas são esclarecidos. No entanto, terapeutas de pacientes em terapia de longa duração devem ter cuidado ao pressuporem que entendem os comportamentos suicidas atuais com base em informações sobre o comportamento passado. Os determinantes dos comportamentos suicidas podem mudar e mudam com o passar do tempo.

Conforme discuti nos Capítulos 9 e 10, a análise comportamental (e, em um grau menor, a análise de soluções) pode ser considerada um uso de correção e supercorreção comportamentais – um procedimento de controle de contingências. Discutir comportamentos de crise suicida e parassuicídios passados pode ser difícil por diversas razões. Exige esforço, pois a paciente precisa prestar atenção, ao invés de falar o que lhe vier à mente naturalmente. Muitas vezes, pensar e falar sobre atos suicidas causa vergonha. Falar sobre comportamentos suicidas também significa que outros temas importantes para a paciente não podem ser discutidos por causa de limites de tempo.

Se não tiver ocorrido parassuicídio e comportamentos de crise suicida desde a última sessão, o terapeuta deve focar alguma ideação suicida ou impulso para cometer parassuicídio que tenha ocorrido, bem como os componentes afetivos e cognitivos do comportamento suicida. A quantidade de tempo e atenção dedicada à discussão da ideação e impulso raramente é tão grande quanto a exigida para comportamentos de crise suicida e parassuicídio. Às vezes, apenas uma ou duas questões, ou um comentário de ênfase, já é suficiente. Níveis baixos desses comportamentos não são abordados a cada caso. De outra forma, haveria pouco tempo para lidar com outras metas.

Respostas de reforço e não suicidas a fatos que antes evocavam uma resposta suicida são cruciais até que as mudanças se estabilizem. Às vezes, porém, a única evidência dessas respostas não suicidas é a ausência ou redução nos comportamentos suicidas. Em minha experiência, muitos terapeutas têm bastante dificuldade para gastar o tempo com comportamentos suicidas que não ocorrem. Como todo o tema é bastante angustiante para a paciente e o terapeuta, parece mais fácil apenas ignorá-lo. Entretanto, uma análise de como a paciente evita os comportamentos suicidas, especialmente na presença de muita ideação suicida, impulsos parassuicídios e/ou sofrimento geral, pode ser bastante útil para proporcionar oportunidades para o terapeuta reforçar comportamentos alternativos voltados para solução de problemas. A atenção deve ser reduzida ao longo do tempo para garantir que a resistência aos comportamentos suicidas fique sob controle de reforços naturais.

Durante a sessão individual, os seguintes passos devem ser implementados.

1. AVALIAR A FREQUÊNCIA, INTENSIDADE E GRAVIDADE DO COMPORTAMENTO SUICIDA

O primeiro passo para responder ao comportamento suicida de uma paciente é obter informações descritivas detalhadas. Quando ocorreram comportamentos suicidas em uma interação com o terapeuta, eles devem ser revisados para garantir que exista consenso sobre quais foram os comportamentos, incluindo o que foi dito, como foi dito e outras atividades que tenham ocorrido (deixar um bilhete suicida, obter meios letais, etc.). Se a ameaça de suicídio foi feita a outros profissionais da saúde mental, deve-se obter uma descrição exata do que foi dito e feito, como foi dito e feito, e em quais circunstâncias. Após a sessão, devem-se fazer anotações descritivas sobre o caso.

Com relação a atos parassuicidas, o terapeuta avalia o caráter exato do comportamento de automutilação (p.ex., o local e a profundidade do corte, exatamente quais substâncias ou drogas foram ingeridas e em que quantidade), o contexto ambiental (sozinha ou com outras pessoas), os efeitos físicos, se foi necessária atenção médica, a presença de ideação suicida e intenções conscientes que a paciente possa lembrar. O terapeuta deve avaliar cuidadosamente o grau de letalidade ou risco médico do episódio parassuicida. A escala de pontos listada no Apêndice 15.1 pode ser usada para esse fim. Essa escala, desenvolvida por Smith, Conroy e Ehler (1984), e depois atualizada por Bongar (1991), pode ser usada facilmente por terapeutas não médicos e não depende da disposição da paciente para discutir a sua "intenção" no momento do episódio parassuicida. As instruções para o uso da escala foram publicadas por Smith e colaboradores, e também foram atualizadas por Bongar.

A frequência e a intensidade emocional da ideação suicida desde o último contato devem ser avaliadas. Como dito antes, nem sempre é necessário ser discutida a ideação suicida e impulsos parassuicidas constantes. Porém, devem-se analisar as mudanças nesses fatores (sejam aumentos ou reduções), mesmo que breves. Periodicamente, o terapeuta deve avaliar se a paciente fez planos de cometer suicídio e se tem meios para tentar, devendo-se evocar informações semelhantes relacionadas com os impulsos parassuicidas. É particularmente importante verificar se a paciente está obtendo ou mantendo implementos parassuicidas (guardando drogas, carregando lâminas consigo, etc.). Um nível saudável de suspeita às vezes pode ser valioso.

2. FAZER UMA ANÁLISE EM CADEIA

Deve-se fazer uma análise em cadeia, momento por momento e com detalhes minuciosos. O terapeuta deve evocar detalhes suficientes para explicar acontecimentos do ambiente, respostas emocionais e cognitivas e ações explícitas que levaram ao comportamento crítico, bem como consequências do comportamento (e, assim, as funções que ele teve). O ponto de partida da análise é o momento que a paciente identifica como o começo da crise suicida, ou o momento do primeiro pensamento ou impulso de cometer suicídio, ameaçar suicídio, ou cometer um parassuicídio. Uma consequência indireta (mas intencional) dessa avaliação detalhada e específica é que as perguntas – por exemplo: "a ideia do suicídio passou pela sua cabeça nesse momento ou antes disso?", "nesse momento, você estava sentindo que queria se matar, ou esse sentimento veio depois?" ou "você disse que se sentia suicida porque ele a está deixando por outra mulher. Esse sentimento (de querer se matar ou de morrer) começou no momento que ele disse que ia embora, ou você começou a pensar nisso ou a pensar no que significava para você e depois começou a se sentir suicida?" – enfatizam que (a contrário das crenças da paciente) as respostas suicidas não são respostas *necessárias* para a situação em discussão. Deve-se seguir o modelo de avaliação apresentado no Capítulo 9.

3. DISCUTIR SOLUÇÕES ALTERNATIVAS VERSUS TOLERÂNCIA

Depois que foi identificada uma situação problemática, o terapeuta e a paciente devem discutir soluções alternativas que a paciente poderia ter usado na situação. O terapeuta sempre deve sugerir que uma solução para o problema poderia simplesmente ser tolerar as consequências dolorosas, incluindo o afeto negativo, que a situação gerou. Além disso, deve-se enfatizar que *sempre* existe mais de uma solução possível, mesmo para o problema mais difícil. Deve-se seguir o modelo para a análise de soluções apresentado no Capítulo 9.

4. CONCENTRAR-SE NOS EFEITOS NEGATIVOS DO COMPORTAMENTO SUICIDA

O terapeuta deve enumerar ou evocar da paciente os efeitos negativos reais ou potenciais do comportamento suicida. As estratégias e procedimentos usados aqui são os da análise de soluções, esclarecimento de contingências e, às vezes, comunicação recíproca. É importante que a paciente comece a enxergar as consequências interpessoais negativas dos comportamentos suicidas e atos parassuicidas. A paciente talvez precise de muita ajuda para entender o impacto emocional do seu comportamento sobre as outras pessoas, bem como a seriedade com a qual as pessoas consideram o comportamento suicida. As estratégias de comunicação recíproca podem ser usadas para dar *feedback* à paciente sobre qualquer impacto negativo dos comportamentos suicidas sobre a relação terapêutica ou os sentimentos e posturas do terapeuta para com a paciente.

Mesmo que o comportamento tenha ocorrido em particular e os efeitos ambientais negativos não sejam imediatamente óbvios, o terapeuta deve dizer que, com o tempo, o comportamento suicida não funciona como meio de resolver problemas, mesmo que alivie temporariamente os estados afetivos dolorosos ou traga a ajuda necessária do ambiente. Devem-se discutir os efeitos negativos do comportamento suicida sobre a autoestima da paciente. No caso de ideação suicida, o terapeuta deve abordar o fato de que pensar sobre suicídio em resposta aos problemas da vida somente serve para desviar a atenção de maneiras de solucionar o problema, para maneiras de fugir dele. Ameaçar com suicídio ou preparar-se para cometer suicídio também são atitudes que podem desviar a paciente de encontrar soluções mais eficazes, além de criar outras consequências negativas.

5. REFORÇAR RESPOSTAS NÃO SUICIDAS

É importante proporcionar reforço quando a paciente lida com situações problemáticas de maneiras que não os comportamentos de crise suicida ou parassuicídio. Os reforçadores podem ser: mais afeto do terapeuta, uma sessão terapêutica mais natural e controle sobre a distribuição do tempo da sessão. A atenção e o *feedback* positivo geralmente são eficazes nesse sentido, mas o terapeuta deve ter muito cuidado para seus elogios não serem interpretados como falta de preocupação pelas perturbações emocionais da paciente. Relatos da paciente de sofrimento, mas com pouca ideação suicida ou impulsos parassuicidas, devem ser recebidos com tanto cuidado e preocupação quanto a ideação suicida. Se a paciente precisar manter o comportamento suicida para evocar preocupação e ajuda terapêutica ativa, os comportamentos suicidas certamente continuarão. Além disso, pode ser preciso tranquilizar a paciente de que a terapia não acabará apenas porque seu comportamento suicida está melhorando.

6. OBTER UM COMPROMISSO COM UM PLANO COMPORTAMENTAL NÃO SUICIDA

O terapeuta deve ajudar a paciente a fazer planos comportamentais de evitar comportamentos suicidas no futuro, quando se deparar com situações problemáticas semelhantes. Novamente, devem-se usar as estratégias de análise de soluções apresentadas no Capítulo 9. Com frequência, a paciente diz que não existe solução para o problema, exceto o comportamento suicida. Duas respostas são possíveis. Primeiro, o terapeuta pode revisar com a paciente o seu compromisso de fazer o máximo para evitar o comportamento suicida. Em segundo lugar, ele pode propor outros comportamentos alternativos e evocar o compromisso da paciente com tentar esses comportamentos de maneira experimental. Um comportamento alternativo é a paciente pedir ajuda *antes* de começar os comportamentos suicidas.

7. VALIDAR O SOFRIMENTO DA PACIENTE

Não importa o quanto o comportamento suicida possa parecer irracional, o terapeuta sempre deve ter o cuidado de expressar compreensão para com os sentimentos de insuportável sofrimento psicológico que levaram a paciente ao parassuicídio ou a considerar o suicídio. É muito fácil invalidar o comportamento suicida como solução para problemas e não validar os sentimentos que levaram ao comportamento. Shneidman (1992, p. 54) coloca essa perspectiva de maneira bastante eloquente:

> O suicídio pode ser compreendido como um movimento combinado rumo à cessação *e* um afastamento da angústia intolerável, insuportável e inaceitável. Estou falando da dor psicológica; a "meta dor", a dor de sentir dor. Do ponto de vista psicodinâmico tradicional, a hostilidade, vergonha, culpa, medo, aversão, vontade de unir-se a um ente querido falecido, e coisas do gênero, individualmente e combinadas, foram identificados como as raízes do suicídio. Não é nenhum deles, e sim a dor envolvida em todos eles.

O parassuicídio difere do suicídio apenas no grau em que o movimento para a cessação (i.e., morte) pode ou não estar presente.

8. RELACIONAR O COMPORTAMENTO ATUAL COM PADRÕES GERAIS

O terapeuta deve ajudar a paciente a enxergar os padrões de comportamento suicida que estejam ocorrendo. As estratégias de *insight* (interpretação), apresentadas no Capítulo 9, constituem o modelo para isso.

Quando esses padrões ficam claros, o terapeuta e a paciente podem se concentrar em aprender a gerar os resultados desejados de maneiras não suicidas ou lidar de maneira mais eficaz com situações problemáticas.

AMEAÇAS DE SUICÍDIO OU PARASSUICÍDIO IMINENTES: PROTOCOLO PARA O TERAPEUTA PRIMÁRIO

Uma resposta ativa se faz necessária quando a paciente comunica direta ou indiretamente a intenção de cometer suicídio ou algum ato parassuicida não letal. Essas comunicações podem ocorrer em condições de crise, e o terapeuta deve determinar o risco imediato, possivelmente em um momento inconveniente e ao telefone. Em outros casos, a intenção da paciente de cometer suicídio ou parassuicídio pode ser comunicada durante uma sessão normal do tratamento, com a ameaça de que o comportamento suicida acontecerá em seguida (p.ex., no mesmo dia) ou somente se algum fato futuro ocorrer (p.ex., uma rejeição prevista ou fracasso da terapia). No caso de uma ameaça, os seguintes passos devem ser dados.

1. AVALIAR O RISCO DE SUICÍDIO OU PARASSUICÍDIO

Existem dois tipos cruciais de avaliação de risco: avaliação do risco iminente ou a curto prazo e do risco a longo prazo. A questão na avaliação a longo prazo é se a pessoa está no grupo de alto risco de suicídio ou parassuicídio. Preencher critérios para TPB, por exemplo, aumenta o risco a longo prazo para ambos. Ser mulher aumenta o risco de parassuicídio e diminui o risco de suicídio. A idade está positivamente correlacionada com o suicídio e negativamente com o parassuicídio. Os fatores relacionados com o risco a longo prazo para suicídio e parassuicídio são listados no Quadro 15.3. Esses fatores de risco são discutidos mais amplamente em Linehan (1981) e Linehan e Shearin (1988). Os fatores que ajudam a avaliar o risco de suicídio e parassuicídio iminentes são listados no Quadro 14.5 e também são discutidos amplamente em Linehan (1981)[1]. Bongar (1991) e Maris, Berman, Maltsberger e Yufit (1992) também fazem revisões excelentes de estratégias de avaliação de risco. Os terapeutas devem memorizar os fatores de risco, de maneira que possam recordá-los imediatamente quando necessário, pois não é possível consultar manuais no meio de uma crise.

Pessoas que cometem suicídio e aquelas que cometem atos parassuicidas muitas vezes comunicam suas intenções antecipadamente. Pacientes *borderline* que cometem parassuicídios habitualmente, por exemplo, podem contar seus impulsos ou intenções de se mutilar, tomar remédios que as façam dormir por uma semana, ou coisas do gênero. Esses indivíduos podem deixar bastante claro que não têm intenção de cometer suicídio. Uma pessoa que corta seus pulsos ou braços, por exemplo, pode dizer que pretende se cortar para aliviar a tensão insuportável que sente. Da mesma forma, um indivíduo que planeja cometer suicídio pode ser bastante direto em relação ao seu plano de morrer.

Pacientes também costumam pensar ou planejar seus comportamentos suicidas sem informar diretamente aos seus terapeutas. Uma questão, portanto, é se o terapeuta deve perguntar sobre a ideação suicida se a paciente não tiver levantado o tema. Vários fatos podem sugerir a necessidade de investigar se existe ideação suicida. A ocorrência de qualquer fato que seja um precipitante conhecido de parassuicídio ou ideação suicida anterior é razão para tal questionamento. Além disso, afirmações da paciente de que não aguenta mais, que gostaria de morrer, que acredita que as pessoas estariam melhor sem ela, ou coisas do gênero devem alertar o terapeuta para investigar mais.

Quadro 15.3 Fatores associados a risco a longo prazo para suicídio ou parassuicídio

Fator	Parassuicídio	Suicídio
I. Características ambientais		
A. Mudanças na vida	Perdas	Perdas; luto
	Relacionamentos problemáticos	–
	Separações	–
	Outras mudanças	–
		Alta de hospital psiquiátrico (em 6 a 12 meses)
		Eventos adversos após a alta
B. Apoio social		
1. Trabalho	Ausente	Ausente
2. Proporção de casais	Não casado > casado	Não casado > casado
3. Família	Hostil	Pouco disponível
4. Contato interpessoal	Pouco/falta de confiança	Pouco/mora só
C. Modelos	Socialmente relacionados com outros parassuicídios. Muitos, depois da ampla divulgação do suicídio.	Taxa elevada de suicídio na família. Muitos, depois da ampla divulgação do suicídio.
D. Disponibilidade de métodos	Disponível	Disponível
II. Características demográficas		
A. Sexo	Masculino > feminino	Masculino > feminino (quase igual entre pacientes psiquiátricos)
B. Idade	Diminui com a idade	Aumenta com a idade (diminui com a idade para negros, hispânicos, nativos americanos)
C. Raça	Grande proporção de não brancos	Brancos > não brancos
III. Características comportamentais		
A. Cognitivas		
1. Estilo	Rígido	–
	Possivelmente impulsivo	–
	Solução de problemas fraca	–
	Passivo na solução de problemas	
2. Conteúdo	Possivelmente desesperançoso	Desesperançoso
	Impotente	–
	Autoconceito negativo	–
B. Fisiológicas/afetivas		
1. Afetivas	Raiva, hostilidade	Apática, anedônica
	Depressiva	Deprimida
	Insatisfeita com o tratamento	Indiferente ao tratamento
	Preferência por afiliação e afeição	Possivelmente dependente, insatisfeita
	Desconfortável com as pessoas	Ansiedade psíquica, ataques de pânico

(continua)

Quadro 15.3   Fatores associados a risco a longo prazo para suicídio ou parassuicídio
(*Continuação*)

Fator	Parassuicídio	Suicídio
2. Somáticas	Saúde possivelmente fraca – Baixa tolerância a frustrações –	Saúde fraca (aumenta com a idade) Insônia Baixa tolerância à dor Suicídio de parente biológico
C. Motoras visíveis		
1. Interpessoais	Pouco envolvimento social Menos provável de pedir ajuda Muito atrito e conflito	Pouco envolvimento social Menos provável de pedir apoio ou atenção Dados dúbios sobre atrito e conflito
2. Comportamentais gerais	20 a 55% parassuicídios anteriores Abuso de álcool e drogas – Desemprego	20 a 55% parassuicídios anteriores Abuso de álcool e drogas Comportamento criminoso (homens jovens) Desemprego/aposentado

Obs. Adaptado de "A Social-Behavioral Analysis of Suicide and Parasuicide: Implications for Clinical Assessment and Treatment", de M. M. Linehan, 1981, in H. Glaezer e J. F. Clarkin (eds.), *Depression: Behavioral and Directive Intervention Strategies*. New York: Garland. Copyright 1981 Garland Publishing. Adaptado sob permissão.

Quando fica claro que a paciente está pensando em cometer suicídio ou parassuicídio, o terapeuta deve fazer uma avaliação dos fatores de risco imediatos apresentados no Quadro 15.4. É extremamente importante que o terapeuta interrogue a paciente sobre o método que pretende usar (e se existem implementos disponíveis para o método ou se podem ser obtidos facilmente). No caso de uma *overdose* de drogas, o terapeuta devem perguntar o nome de cada droga que a paciente possui atualmente (ou que seja facilmente acessível), juntamente com o número de pílulas que restam e a dosagem. Além disso, o terapeuta deve determinar se a pacientes escreveu um bilhete de suicídio, tem algum plano de se isolar, ou tomou alguma precaução para ninguém descobrir ou intervir. Também é importante avaliar o quanto as outras pessoas estão disponíveis para a paciente e o quanto estarão nos próximos dias. Se a paciente se recusa a fornecer essas informações, o risco, é claro, é maior. O terapeuta deve ficar atento a sinais de afeto depressivo grave ou crescente e de ataques de pânico. Se a avaliação do risco for feita pelo telefone, é importante determinar se a paciente tem bebido ou tomado drogas sem prescrição ultimamente, onde ela está no momento da ligação, e onde outras pessoas se encontram em relação à paciente.

Drogas letais: uso das fichas de planejamento para crise. As pacientes que ameaçam tomar *overdoses* seguidamente roubam remédios de amigos ou familiares. Elas podem ter uma ideia vaga do que têm, ou podem descrever, mas muitas vezes não sabem o nome exato ou a dosagem. O *Physician's Desk Reference* (PDR) pode ser muito útil para determinar as drogas específicas e os níveis de dosagem que a paciente tem à mão ou já ingeriu. Indivíduos que não tenham formação médica não devem, em circunstâncias normais, tomar decisões sobre a letalidade ou o risco médico daquilo que a paciente ingeriu ou está ameaçando ingerir. Os efeitos da combinação de drogas entre si ou com álcool, com condições médicas específicas, com o peso da paciente e outros fatores tornam essas decisões complicadas.

Quadro0 15.4 Fatores associados a risco iminente de suicídio ou parassuicídio

I. Indícios diretos de risco iminente de suicídio ou parassuicídio
1. Ideação suicida
2. Ameaças suicidas
3. Planejamento e/ou preparação para o suicídio
4. Parassuicídio no último ano

II. Indícios indiretos de risco iminente de suicídio ou parassuicídio
5. Paciente cai nas populações de risco para suicídio ou parassuicídio
6. Perturbação ou perda recente de relacionamento interpessoal; mudanças negativas no ambiente no último mês; alta recente de hospital psiquiátrico
7. Indiferença ou insatisfação com a terapia; fugas ou retornos precoces de licenças para uma paciente hospitalizada
8. Atual desesperança, raiva, ou ambas
9. Atendimento médico recente
10. Referências indiretas à própria morte, arranjos para a morte
11. Mudança clínica abrupta, seja negativa ou positiva

III. Circunstâncias associadas ao suicídio e/ou parassuicídio nas horas/dias seguintes
12. Distúrbio depressivo, ansiedade grave, ataques de pânico, ciclagem rápida do humor
13. Consumo de álcool
14. Bilhete suicida escrito ou em andamento
15. Métodos disponíveis ou facilmente obtidos
16. Isolamento
17. Precauções contra descoberta ou intervenção; engano ou ocultação de data e hora, local, etc.

Obs. Adaptado de "A Social-Behavioral Analysis of Suicide and Parasuicide: Implications for Clinical Assessment and Treatment", de M. M. Linehan, 1981, in H. Glaezer e J. F. Clarkin (eds.), *Depression: Behavioral and Directive Intervention Strategies*. New York: Garland. Copyright 1981 Garland Publishing. Adaptado sob permissão.

No entanto, a resposta a uma paciente que ameaça cometer suicídio dependerá da estimativa do terapeuta sobre o risco real de morte ou perigo substancial. Portanto, é importante fazer alguma tentativa de determinar a letalidade das drogas que a paciente tem à mão ou já ingeriu. Existem diversos materiais e procedimentos para tal. Primeiramente, o terapeuta deve ter uma ficha de planejamento para crise e mantê-la atualizada para a paciente (ver a Figura 15.1). A ficha de planejamento para crise deve conter informações sobre todas as drogas prescritas e não prescritas que a paciente possua ou tome, juntamente com os níveis das dosagens, o médico que as prescreveu e o peso da paciente em quilos. A ficha de planejamento para crise também deve indicar a dose diária média de cada droga que a paciente toma regularmente ou possui. É importante lembrar que uma dose que não é potencialmente letal ainda pode ser medicamente perigosa. Por isso, apenas saber a letalidade da droga é insuficiente para uma resposta adequada.

Em segundo lugar, um terapeuta que não tenha formação médica sempre deve verificar a letalidade da droga imediatamente com alguém que tenha qualificação médica. Às vezes, o problema é conseguir alguém que forneça informações necessárias, pois as pessoas têm medo de serem responsabilizadas por alguma coisa. Em minha experiência, o melhor lugar para telefonar é a emergência do hospital público local (preferivelmente o mais movimentado). Esse é o lugar menos provável de exigir hospitalizações desnecessárias e, assim, mais provável de querer ajudar. Um terapeuta que saiba a dose exata que a paciente tomou ou ameaça tomar, e os

Data _____

Nome da paciente _____ Clínica nº. _____ Data de nascimento _____ Peso (kg) _____

Endereço _____

Endereço profissional _____

Telefone (casa) _____ (Trabalho) _____

Cônjuge:
Nome _____ Telefone _____ Cidade _____

Parente:
Nome _____ Telefone _____ Cidade _____

Terapeuta que encaminhou:
Nome _____ Telefone _____ Cidade _____

Terapeuta individual:
Nome _____ Telefone (dia) _____
                                               (Noite) _____

Terapeuta primário de treinamento de habilidades:
Nome _____ Telefone (dia) _____
                                               (Noite) _____

Terapeutas auxiliares de treinamento de habilidades:
Nome _____ Telefone (dia) _____
                                               (Noite) _____

Farmacoteraputa:
Nome _____ Telefone (dia) _____
                                               (Noite) _____

PLANO DE CRISE

Anotações de referência (histórico breve de parassuicídio, plano de tratamento)
_____
_____
_____
_____
_____
_____
_____
_____
_____
_____
_____
_____
_____
_____
_____
_____

Figura 15.1 Ficha de planejamento para crise da TCD.

MEDICAMENTOS

Receita 1 _____ Nome genérico _____ Data _____

Médico _____ Telefone _____

Farmacêutico _____ Telefone _____

   Dose diária _____ mg/g N°. caps. por dia _____ Dose por cap. _____ mg/g

   Quant. prescrita _____ Cuidados _____

   Obs. _____

Data parou de tomar _____ Número caps. restantes _____

Receita 2 _____ Nome genérico _____ Data _____

Médico _____ Telefone _____

Farmacêutico _____ Telefone _____

   Dose diária _____ mg/g N°. caps. por dia _____ Dose por cap. _____ mg/g

   Quant. prescrita _____ Cuidados _____

Obs. _____

Data parou de tomar _____ Número caps. restantes _____

Receita 3 _____ Nome genérico _____ Data _____

Médico _____ Telefone _____

Farmacêutico _____ Telefone _____

   Dose diária _____ mg/g N°. caps. por dia _____ Dose por cap. _____ mg/g

   Quant. prescrita _____ Cuidados _____

   Obs. _____

Data parou de tomar _____ Número caps. restantes _____

Figura 15.1 Continuação.

problemas médicos que a paciente tem, pode prestar uma ótima orientação. Se o terapeuta não conseguir uma orientação médica, ele terá pouca opção além de errar no lado da precaução.

A menos que o terapeuta tenha formação médica, ele deve seguir os conselhos médicos para decidir se a paciente deve receber atenção médica. (Se o terapeuta tiver dúvidas quanto ao conselho, deve buscar uma segunda opinião para discutir o problema novamente.) Esse argumento não pode ser exagerado. É muito comum um terapeuta cansado e sobrecarregado, que, na pressa de fazer alguma outra coisa, subestima as consequências de uma *overdose* de drogas. Porém, as reações podem ser retardadas, e o fato de que a paciente não está grogue ou parece bem não é razão suficiente para não agir. Muitas vezes, o terapeuta justifica a inércia dizendo que a atenção médica reforçaria o comportamento, mas essa linha de raciocínio às vezes pode ter consequências potencialmente fatais.

Outros meios letais. Pacientes podem ameaçar cometer suicídio com outros meios que não a *overdose*. Por isso, o terapeuta deve conhecer a letalidade provável de diversos métodos de suicídio. Obviamente, a ameaça de pular de um metro de altura é menor que a ameaça de pular de 20 metros. Os métodos comuns, em ordem decrescente de letalidade, são: (1) armas de fogo e explosivos, (2) saltar de lugares altos, (3) cortar e perfurar órgãos vitais, (4) enforcamento, (5) afogamento (não sabendo nadar), (6) envenenamento (sólidos e líquidos), (7) cortar e perfurar órgãos não vitais, (8) afogamento (sabendo nadar), (9) envenenamento (gases) e (10) substâncias analgésicas e soporíferas (Schutz, 1982).

2. REMOVER OU CONVENCER A PACIENTE A REMOVER OS MATERIAIS LETAIS

Depois que o terapeuta determinou que a paciente é suicida e possui meios letais, a atenção deve-se voltar para convencê-la a remover ou livrar-se desses meios letais. Durante conversas ao telefone, isso pode ser feito instruindo a paciente a jogar drogas potencialmente letais no toalete ou entregá-las a outra pessoa na casa. Se a paciente estiver bebendo álcool e planeja tomar drogas, também se deve pedir para ela se livrar de todo álcool que tiver. Lâminas de barbear e outros instrumentos cortantes, fósforos, venenos e coisas do gênero devem ser jogados na lata do lixo fora da casa. Armas e munição podem ser trancadas no portamalas do carro ou em um armário, entregando-se a chave para outra pessoa. A ideia geral é colocar distância e esforço entre a paciente e os meios, e o terapeuta deve ser criativo nesse sentido. Durante a sessão, deve-se pedir para a paciente entregar tudo que estiver portando.

O terapeuta deve dar essas instruções à paciente de um modo casual, e transmitir uma expectativa positiva de que a paciente as cumprirá de fato. Pelo telefone, o terapeuta deve apenas dizer à paciente o que deve fazer e esperar enquanto ela se livra dos materiais letais. Se a ameaça de suicídio ocorrer durante uma sessão regular, a paciente deve ser instruída a trazer os materiais letais na sessão seguinte, ou mesmo ir até sua casa e trazê-los imediatamente. Manter meios letais por perto pode ser considerado um comportamento que interfere na terapia, e tratado como tal. Esse é o momento para usar a comunicação recíproca, bem como observar os limites.

É importante que o terapeuta não se afaste da tarefa de remover os materiais letais. A paciente geralmente percebe a posse de meios letais como um fator de segurança, podendo ficar ansiosa ante a perspectiva de se impedir a possibilidade de se matar. Uma explicação racional para remover os materiais letais é que a presença desses materiais pode levar a um suicídio acidental, mesmo que, em uma análise retrospectiva da situação, ela provavelmente não tivesse decidido se matar. O terapeuta também pode enfatizar que a paciente sempre pode voltar a armazenar materiais letais em um momento futuro. A remoção dos materiais letais deve ser apresentada como uma técnica para dar mais tempo à paciente para pensar, ao invés da exclusão absoluta de qualquer comportamento suicida no futuro.

Também é importante não exagerar na tarefa quando fica claro que a paciente simplesmente não vai aderir. A disputa de poder que se segue pode ser muito difícil de ganhar. Se a paciente se recusa a cooperar, o terapeuta deve simplesmente recuar e levantar o assunto novamente outro dia, pois a persistência em momentos oportunos deve resultar em sucesso. Entretanto, o terapeuta não deve subestimar a importância de a paciente entregar os materiais letais ou jogá-los fora. Uma paciente minha guardava um estoque de medicamentos diversos, que a teriam matado muitas vezes. Por dois anos, ela se recusou a entregá-los, pois eram sua válvula de segurança. Finalmente, ela os trouxe em uma caixa enrolada com fita isolante preta, com uma cruz e uma flor coladas na tampa. Ela havia me trazido seu caixão, e isso marcou um ponto de virada significativo na terapia.

3. INSTRUIR A PACIENTE, DEMONSTRANDO EMPATIA, A NÃO COMETER SUICÍDIO OU PARASSUICÍDIO

Muitas vezes, é importante apenas dizer à paciente, demonstrando empatia, que ela não deve se matar ou se machucar. Mais uma vez, o terapeuta pode dizer à paciente que o fato de se abster do comportamento suicida agora não a impede de fazê-lo *no futuro*.

4. SUSTENTAR QUE SUICÍDIO NÃO É UMA BOA SOLUÇÃO

Pacientes suicidas muitas vezes tentam fazer seus terapeutas concordarem que o suicídio é uma boa solução, para que possam ter "permissão" para ir em frente e se matar. É essencial não dar essa permissão. Assim, um terapeuta comportamental dialético *nunca* deve instruir uma paciente para ir em frente e fazer algo, com base na premissa equivocada de que essas afirmações podem causar suficiente raiva na paciente para inibir o comportamento suicida (i.e., o terapeuta não deve usar instrução paradoxal). Além disso, a paciente também não deve ser "atiçada" com afirmações implicando que ela nunca vai cumprir suas ameaças. Essas afirmações podem forçar a paciente a provar que *está* falando sério. Ao invés disso, o terapeuta deve validar a dor emocional que levou ao comportamento suicida, enquanto, ao mesmo tempo, recusa-se a validar tal comportamento como a solução adequada. (Ver o Capítulo 5 para mais argumentos contra os comportamentos suicidas.)

5. GERAR AFIRMAÇÕES E SOLUÇÕES ESPERANÇOSAS

Em certas crises, a melhor coisa que o terapeuta pode fazer é gerar o maior número possível de afirmações e soluções esperançosas e esperar que uma delas ajude a paciente a reconhecer que pode haver outras soluções para o problema. Se uma não "colar", outra deve ser proposta. Uma vez, estava fazendo uma visita de emergência na casa de uma mulher que ameaçava cometer suicídio porque seu marido e seus filhos a tratavam de maneira cruel. Ela se sentia completamente sem esperança. Passei mais de uma hora falando com ela, enquanto minha colega falava com a família. Estava ficando tarde, e eu queria resolver a crise para que pudéssemos ir para casa. Porém, nada parecia ajudar, e ela rejeitava cada ideia e solução que eu pudesse pensar. Finalmente, eu disse: "bem, apenas porque seu casamento e sua família podem ser uma catástrofe, isso não significa que toda a sua vida e seu futuro devem ser uma catástrofe". Ela me olhou em total surpresa e disse: "eu nunca tinha pensado nisso desse jeito, mas você está certa". Falamos por mais alguns minutos, e a crise foi resolvida naquele momento. Eu havia ampliado os limites do seu horizonte, levando a uma nova interpretação de sua vida e permitindo a mudança afetiva.

Concentrar-se na situação problemática ao invés do comportamento suicida planejado é importante, pois uma ênfase indevida no segundo pode desviar a atenção da busca de soluções alternativas. Alguns problemas podem ser tão complexos que mesmo o terapeuta é incapaz de chegar a alternativas que possam reduzir o tamanho do problema. Nesses casos, o terapeuta deve simplesmente dizer que, embora ninguém possa pensar em uma solução não suicida no momento, isso não *prova* que não existe recurso além do suicídio. Pode-se então discutir a finalidade do suicídio como solução, e apresentar a possibilidade de não cometer suicídio.

6. QUANDO O RISCO DE SUICÍDIO É IMINENTE E ELEVADO: MANTER O CONTATO E SEGUIR O PLANO DE TRATAMENTO

Talvez a situação mais difícil que o terapeuta encontre seja a paciente que ameaça cometer suicídio de um modo convincente, está sozinha, e se recusa a ser dissuadida de seu propósito. A regra geral é manter o contato com a paciente, seja pessoalmente ou pelo telefone, até que o terapeuta se convença de que a paciente estará segura (do suicídio ou perigo sério) quando o contato for interrompido. Se possível, a sessão de terapia e o telefonema devem ser estendidos até que o terapeuta consiga desenvolver um plano satisfatório com a paciente. Uma visita residencial pode ser necessária, se isso não reforçar involuntariamente a comunicação suicida. As visitas residenciais na TCD devem ser realizadas juntamente com outra pessoa da equipe (nunca só), e um terapeuta do sexo masculino sempre deve ser acompanhado por uma terapeuta do sexo feminino. As visitas residenciais são extremamente raras na TCD.

Um terapeuta que não pode manter o contato deve evocar a ajuda do cônjuge da paciente, de familiares, ou outras pessoas encarregadas do tratamento (como gerentes de caso ou conselheiros residenciais, se a paciente mora em um lar de grupo), ou sugerir uma hospitalização temporária. A ameaça de suicídio iminente não é o momento para confidencialidade. Se a paciente se dispuser, ela pode ser encaminhada aos serviços de emergência, como o setor de emergência do hospital. A regra básica é selecionar a intervenção necessária que seja menos intrusiva.

Fatores de risco e comportamento operante ou respondente. É importante ter dois fatores em mente ao planejar o tratamento e decidir o quanto se deve ser ativo em resposta a uma crise suicida. O primeiro fator é o risco de suicídio a curto prazo se o terapeuta não intervir ativamente. O segundo é o risco de suicídio a longo prazo, ou uma vida que não vale a pena viver, se o terapeuta intervir ativamente. A resposta à paciente em um determinado caso exige um bom conhecimento dos fatores de risco atuais e das funções do comportamento suicida para essa paciente. O terapeuta saberá muito menos sobre os fatores de risco e as funções do comportamento suicida para pacientes novas. Assim, nos primeiros estágios da terapia, o tratamento deve ser muito mais conservador e ativo.

Fatores de risco foram descritos anteriormente. A regra geral é que, quanto mais alto o risco, mais ativa deve ser a resposta. No entanto, isso é mitigado pelas funções do comportamento e pelas consequências prováveis a longo prazo de linhas de ação diversas. Embora, no curto prazo, uma certa resposta possa reduzir a probabilidade de suicídio, a mesma resposta pode na verdade aumentar a probabilidade de suicídio no futuro. A análise que deve se fazer é se, no caso específico, a ideação suicida, preparações e comunicações da paciente são comportamentos operantes ou respondentes. Um comportamento é respondente quando é evocado automaticamente pela situação ou estímulo específico. O comportamento está sob controle dos eventos que o precedem, e não das consequências. A ideação suicida e ameaças de suicídio evocadas pela desesperança extrema e pelo desejo de morrer, por "vozes" dizendo à paciente para se matar, ou por uma depressão profunda, são exemplos disso. Quando o comportamento suicida é respondente, os terapeutas não devem se preocupar tanto de que possam reforçá-lo acidentalmente com sua intervenção.

Quando o comportamento é operante, ele está sob controle das consequências. Os comportamentos operantes atuam de maneira a afetar o ambiente. Quando a ideação suicida e as ameaças funcionam para envolver as pessoas ativamente (p.ex., para obter ajuda, para determinar a atenção ou preocupação, para fazer as pessoas resolverem problemas, para obter uma admissão no hospital, etc.), eles são funcionalmente operantes. Nesses casos, os terapeutas deve ter cautela para não reforçar inadvertidamente os mesmos comportamentos que estão tentando interromper – comportamentos suicidas de alto risco. A dificuldade é que, se o terapeuta não se envolver ativamente, a paciente sempre pode incrementar o seu comportamento até um ponto em que o terapeuta deva intervir. Isso pode reforçar um comportamento mais letal do que estava acontecendo anteriormente. À medida que essa incrementação continua, o comportamento suicida pode se tornar letal.

Em grande parte do tempo, os comportamentos suicidas entre pacientes *borderline* são simultaneamente respondentes e operantes. A desesperança, o desespero e as dificuldades da vida evocam o comportamento. As respostas da comunidade – dar ajuda, levar a pessoa a sério, tirar a pessoa de situações difíceis, e assim por diante – reforçam o comportamento. A melhor resposta é aquela que reduz os fatores que evocam e que reforçam minimamente o comportamento. A menos que haja uma emergência médica, uma intervenção ativa que seja potencialmente reforçadora requer algum grau de melhora comportamental inicialmente da paciente, bem como manter a paciente segura.

A flexibilidade das opções de resposta é essencial. O terapeuta deve descobrir a função do comportamento e ser ativo, mas não de um modo que mantenha o comportamento funcional. Existem muitas maneiras de manter a paciente segura. Por exemplo, se o comportamento consegue obter tempo e atenção do terapeuta, e se ir para o hospital é negativo para a paciente, insistir que o problema é sério a ponto de ela ter que ir imediatamente para o hospital mantém a segurança sem proporcionar reforço. É claro que o terapeuta não deve proporcionar tempo extra uma vez que ela esteja no hospital. Quando o valor funcional do comportamento é levar a paciente para o hospital, a resposta, é claro, deve ser diferente. Nesse caso, o terapeuta talvez precise dar muito mais atenção e apoio ativo à paciente fora do hospital, ou mobilizar recursos suficientes da comunidade para mantê-la segura fora do hospital. Ou talvez deva se considerar uma hospitalização involuntária (pressupondo que essa não seja uma boa opção de reforço). Sempre é uma boa ideia conhecer a ordem de preferência da paciente para os hospitais locais. Uma paciente que se torna suicida para obter uma admissão deve ser admitida ao local *menos* preferido, se possível.

Para complicar as coisas, porém, há o fato de que o terapeuta deve lembrar que o objetivo é remover consequências que realmente reforçam o comportamento suicida para a paciente em questão. Como o leitor pode lembrar do Capítulo 10, o que é e não é reforço ou punição para uma determinada paciente somente pode ser determinado pela observação empírica minuciosa. O fato de que a paciente não gosta de uma consequência, ou mesmo que ela reclama amargamente dela, não significa necessariamente que a consequência não atue como reforço. A necessidade de ter alguma ideia das consequências que estão mantendo os comportamentos suicidas da paciente é a principal razão por trás da ênfase da TCD na avaliação comportamental minuciosa de cada episódio de parassuicídio e comportamento de crise suicida.

Em resumo, para o comportamento suicida operante, o plano é projetar uma resposta que seja natural ao invés de arbitrária, um pouco aversiva (mas não tanto que suprima o comportamento apenas temporariamente ou o transforme em um segredo), e não seja um reforço para aquela paciente específica. Geralmente, mas nem sempre, isso significa evocar algo além da resposta terapêutica preferida da paciente. Para o comportamento suicida respondente, o plano é projetar uma resposta terapêutica que interrompa (ou pelo menos reduza) os eventos que evocam o comportamento, ensine a paciente a preveni-los no futuro, e reforce comportamentos alternativos de resolução de problemas. Para uma combinação de comportamentos suicidas operantes e respondentes, as estratégias devem ser combinadas.

Duas questões são importantes aqui. Primeiro, a decisão de se o comportamento suicida é operante ou respondente deve se basear em uma avaliação cuidadosa. A teoria não pode responder essa questão, somente uma observação minuciosa. Em segundo lugar, ao trabalhar com indivíduos cronicamente suicidas, existem momentos em que devemos correr riscos de curto prazo razoavelmente elevados para trazer benefícios no longo prazo. É muito difícil sentir-se seguro quando a paciente está direta ou indiretamente ameaçando cometer suicídio. A dificuldade para encontrar a melhor resposta é mais provável quando o comportamento suicida é respondente e operante e já esteve antes em um formato de reforço intermitente. Os riscos necessários nesse caso são o que torna a TCD semelhante ao jogo do "covarde". Naquele jogo, dois motoristas aceleram rumo a um obstáculo, e o objetivo é ser o último a desviar o carro.

Geralmente, a intervenção ativa é adotada para prevenir o suicídio, mas não para prevenir o parassuicídio, a menos que haja razão para crer que o ato parassuicida resultará em risco médico sério. Normalmente, queimaduras, cortes, ingestão de mais remédios que o recomendado, ou atos semelhantes não são causa para a intervenção ambiental do terapeuta. A escolha aqui é entre a abordagem de consultoria à paciente e uma abordagem de intervenção ambiental, e o terapeuta normalmente escolhe a primeira. Com uma paciente cronicamente parassuicida, o terapeuta pode esperar diversos parassuicídios repetidos antes que o comportamento esteja sob controle. Todavia, é essencial que o comportamento esteja sob controle da paciente, e não do terapeuta ou da comunidade.

Intervenção voluntária. Diretrizes sobre quando e como hospitalizar pacientes, incluindo pacientes suicidas, são fornecidas em conjunto com estratégias de tratamento auxiliares (ver a seguir). A TCD não tem uma política específica relacionada com a internação involuntária de indivíduos em risco de cometer suicídio. Alguns terapeutas estão mais dispostos do que outros a usar essa opção, e as opiniões diferem quanto à sua ética e eficácia. O importante na TCD é que os terapeutas devem saber absolutamente onde se enquadram nessa questão *antes* que as pacientes se tornem suicidas. O meio de uma crise suicida não é momento para definir isso. Além disso, os terapeutas devem conhecer as diretrizes legais, procedimentos e precedentes jurídicos aplicáveis em seu estado para a internação involuntária.

É importante ser direto e claro em relação às razões para intervenções contra a vontade da paciente. Muitas vezes, o terapeuta está agindo em seu próprio interesse (por medo ou exaustão) e não necessariamente no interesse da paciente. De qualquer modo, quando a intervenção é involuntária, a visão do terapeuta e da paciente sobre os interesses dela entram em conflito. Feliz ou infelizmente, quando uma pessoa ameaça cometer suicídio de um modo crível, em nosso sistema legal, ela confere poder aos profissionais da saúde mental e perde os direitos individuais à liberdade. Isso ocorre apesar do fato de que não existem evidências empíricas de que uma intervenção ou hospitalização psiquiátrica involuntárias realmente reduzam de algum modo o risco de suicídio.

Em casos em que o interesse pessoal do terapeuta está em questão, pode-se observar os limites e usar comunicação recíproca para indicar isso para a paciente. Por exemplo, o terapeuta pode internar uma paciente suicida involuntariamente para evitar a ameaça de ser processado ou responsabilizado se a paciente cometer suicídio. O terapeuta pode estar ciente de que a hospitalização reforça o comportamento, mas ter medo de correr o risco do suicídio se a paciente não for hospitalizada. Alguns terapeutas estão dispostos a correr muito menos riscos pessoais do que outros. Nem todas as intervenções ativas devem ser justificadas como sendo projetadas para proteger o bem-estar da paciente, independente do bem-estar do terapeuta. Se a paciente assustou o terapeuta, isso deve ficar claro, e o direito do terapeuta de manter uma existência confortável deve ser explicado. Quando o interesse pessoal do terapeuta não está em questão – geralmente, quando o risco de suicídio parece muito alto e o indivíduo não parece capaz de agir em seu próprio interesse – isso também deve ficar claro. Por exemplo, embora geralmente me oponha à internação voluntária como método de prevenção do suicídio, não hesitaria em internar um indivíduo ativamente suicida no meio de um episódio psicótico. Um foco importante ao se trabalhar com uma paciente suicida é ajudar a paciente a prever as motivações dos indivíduos da comunidade que respondem ao seu comportamento suicida.

A posição do terapeuta sobre a internação voluntária e sua resposta provável a ameaças de suicídio iminente deve ficar muito clara para a paciente no começo da terapia. Falo a minhas pacientes que, se elas me convencerem de que irão cometer suicídio, eu provavelmente intervirei ativamente para impedi-las. Embora acredite no direito de autodeterminação do indivíduo (incluindo os direitos de uma paciente *borderline* em terapia), não tenho intenção de que minha vida profissional e meu programa de tratamento sejam ameaçados por um processo judicial porque uma paciente cometeu suicídio quando eu poderia ter impedido. Explico minha filosofia pessoal contra a internação involuntária, mas deixo claro que posso violá-la, se necessário for. Explico que, em última análise, se existe um conflito insolúvel entre os direitos da paciente de agir de um determinado modo (cometer suicídio) e permanecer livre da internação involuntária e o meu direito de manter um consultório profissional e um programa de tratamento para outras pessoas que lutam com questões de vida e morte, provavelmente porei meus direitos em primeiro lugar. Embora o estilo de comunicação seja irreverente, a questão terapêutica é importante. O suicídio não pode ser separado de seu contexto interpessoal. Ao entrar na terapia, a paciente está entrando em uma relação interpessoal, e seu comportamento terá consequências dentro daquele relacionamento. O mesmo se aplica, é claro, ao comportamento do terapeuta, devendo-se explorar a visão da paciente sobre a internação voluntária e seu direito de optar pelo suicídio.

7. PREVER A REINCIDÊNCIA DE IMPULSOS SUICIDAS

Uma vez que a paciente não está mais ameaçando com um suicídio iminente, o terapeuta deve prever e fazer planos para a reincidência dos impulsos suicidas ou impulsos para se automutilar.

8. LIMITAR A CONFIDENCIALIDADE

A paciente que ameaçar cometer suicídio ou apresenta comportamentos suicidas potencialmente letais muitas vezes pede que o terapeuta mantenha esse comportamento confidencial, e o terapeuta não deve concordar com isso. Isso deve ser explicado de forma bastante clara para a paciente e sua família durante a fase de orientação da terapia.

ATOS PARASSUICIDAS CONSTANTES: PROTOCOLO PARA O TERAPEUTA PRIMÁRIO

1. AVALIAR E RESPONDER A EMERGÊNCIAS

Se uma paciente telefona para o seu terapeuta depois de começar a se mutilar, ou se esse comportamento é iniciado durante ligação telefônica, o terapeuta deve concentrar a conversa imediatamente em avaliar a letalidade potencial do comportamento e obter o endereço e telefone de onde a paciente se encontra. No caso de uma *overdose*, deve-se usar a ficha de planejamento para crise para determinar a letalidade potencial do comportamento para aquela paciente específica. Se a paciente está se cortando, o terapeuta deve determinar a quantidade de sangue e se o corte parece precisar de atenção médica. Se a paciente abriu o gás em casa, deve-se descobrir o grau de ventilação e o tempo transcorrido desde que o gás foi aberto. Se a paciente está ingerindo substâncias químicas (p.ex., soda, água clorada), o tipo e a quantidade devem ser iminência.

Se o comportamento de automutilação pode ser fatal, deve-se avaliar a imediatez do perigo médico, juntamente com a capacidade da paciente de buscar atendimento médico por conta própria e a presença de outras pessoas com ela. Se o risco constitui uma emergência médica, o terapeuta deve tentar alertar os indivíduos que estejam perto da paciente e ligar imediatamente para os serviços de emergência da comunidade, informando-lhes a localização da paciente e dando informações sobre seu comportamento parassuicida. (Essa necessidade potencial exige que todos os terapeutas tenham os números da telefone e endereços da paciente sempre à mão.) O terapeuta deve então ligar de volta para a paciente e manter o contato até que a ajuda chegue. Se for necessária atenção médica, mas o tempo não for crucial, o terapeuta deve avaliar primeiro se a paciente está disposta a buscar a atenção necessária voluntariamente. Se for o caso, ele deve ajudar a paciente a descobrir como chegar ao médico, clínica ou pronto-socorro. Dependendo da condição da paciente e das circunstâncias, devem ser recrutadas pessoas do seu ambiente para proporcionar transporte ou para enviar a paciente em seu próprio carro ou de táxi. Dependendo do grau de confiança que o terapeuta tiver na paciente, também pode ser importante instruí-la a telefonar da sala de emergência para informar sobre a situação. No entanto, essa conversa deve se limitar a informações sobre o tratamento e o estado médico da paciente.

As pacientes muitas vezes não querem buscar atenção médica para um parassuicídio, temendo (de maneira razoável) que isso resulte em uma hospitalização psiquiátrica involuntária. Nesse caso, o terapeuta deve aplicar estratégias de solução de problemas. Se houver indicação médica (ou, às vezes, se o terapeuta simplesmente temer que possa haver), não fazer pelo menos um exame médico não deve ser uma das opções. A relação terapêutica é o principal aliado do terapeuta nesse ponto. A menos que a paciente esteja em risco elevado de se matar se não for hospitalizada (ou, é claro, se precisa de atenção médica constante), o terapeuta comportamental dialético não recomenda hospitalização após um episódio parassuicida. Em nossa clínica, as pacientes são instruídas a dizer ao pessoal do pronto-socorro que estão em nosso programa de tratamento e que a hospitalização não faz parte do plano de tratamento. A ideia é que a paciente use todas as suas habilidades interpessoais. Se o médico ou profissionais da saúde mental não se convencerem, a paciente pode pedir que telefonem para o terapeuta, que poderá confirmar a descrição que a paciente fez do programa de tratamento. Às vezes, a equipe do pronto-socorro pode ter medo de ser responsabilizada se a paciente não for hospitalizada. Já me perguntaram mais de uma vez se eu assumiria a responsabilidade clínica por uma paciente, se fosse liberada. Essa situação pode ser difícil para qualquer terapeuta, pois geralmente ocorre por telefone, e não na presença da paciente. A maneira como o terapeuta responde depende de seu conhecimento sobre a paciente e do risco atual. Porém, a maneira como o terapeuta responde também pode ser muito importante para a relação terapêutica.

Por exemplo, uma de minhas pacientes que era nova na terapia tomou uma *overdose* moderadamente séria de vários medicamentos. Sua mãe me telefonou, e falei para as duas irem para a emergência do hospital. De lá, a paciente me ligou, implorando para que eu falasse com o médico, que estava ameaçando fazer uma internação involuntária na unidade psiquiátrica. Embora a paciente estivesse claramente fora de perigo médico, o médico acreditava que qualquer pessoa que tivesse tomado uma *overdose* deveria ser hospitalizada por uma noite. Ele insistia que eu devia assumir toda a responsabilidade clínica se desse alta a ela. Conversando com a paciente, mostrei que estava me arriscando por ela, e avaliei o seu compromisso de evitar novos comportamentos suicidas e sua disposição e capacidade para cumprir esse compromisso. Depois de instruir a paciente sobre o comportamento apropriado para o setor de emergência e confirmar nossa próxima consulta, falei ao médico que aceitaria a responsabilidade por seu tratamento se ele a liberasse. Foi um ato de confiança muito difícil de minha parte, mas era o que eu acreditava que a paciente precisava. No entanto, na maioria das vezes, as habilidades interpessoais da paciente (talvez com muito *coaching*) serão suficientes. A melhor estratégia para o terapeuta é recomendar que o pessoal da emergência, os paramédicos ou policiais presentes executem seus procedimentos habituais.

Embora a principal preocupação em uma crise médica dessas seja manter a paciente viva, duas questões secundárias são importantes no manejo amplo do indivíduo suicida. Primeiramente, os terapeutas devem trabalhar com os agentes comunitários para desenvolver estratégias *gerais* de resposta a crises, que reforcem o comportamento suicida ao mínimo. Em segundo lugar, não se deve interferir nas consequências sociais do comportamento suicida sério. O terapeuta deve reiterar constantemente para a paciente que não tem controle sobre os órgãos da comunidade. Assim, a paciente pode desenvolver expectativas realistas sobre as respostas prováveis da comunidade a seu comportamento suicida.

A paciente suicida compreende facilmente as diferenças entre as respostas do terapeuta comportamental dialético e as da comunidade ao seu comportamento suicida. De um modo geral, as agências da comunidade responderão de maneira muito mais ativa do que o terapeuta. Nesses casos, o terapeuta deve discutir com a paciente, de maneira casual, o efeito que tem ela fazer coisas que assustam os outros.

2. MANTER A REGRA DAS 24 HORAS

Se o comportamento de automutilação *claramente* não é ou não pode ser potencialmente fatal ou perigoso, o terapeuta deve aplicar a regra das 24 horas, que é descrita de forma mais detalhada em conexão com as estratégias para o uso do telefone. O terapeuta deve lembrar a paciente de que não é apropriado telefonar depois de cometer automutilação, e deve instruí-la para contatar outros recursos (família, amigos, serviços de emergência). Exceto em circunstâncias muito incomuns, a conversa deve terminar aí. A ligação inapropriada e o comportamento parassuicida devem ser discutidos na próxima sessão de terapia.

COMPORTAMENTOS SUICIDAS: PROTOCOLO PARA TERAPEUTAS AUXILIARES

1. MANTER A PACIENTE SEGURA

Se a paciente apresenta comportamentos que sugerem um risco elevado iminente de suicídio, todos os terapeutas tratam do comportamento. Todos os terapeutas além do terapeuta primário devem fazer o que for necessário para manter a paciente em segurança (ver discussão anterior) até que se possa fazer contato com o terapeuta primário.

2. ENCAMINHAR AO TERAPEUTA PRIMÁRIO

Depois que a segurança está garantida, a primeira atitude a tomar é contatar o terapeuta primário. Todos os terapeutas deixam claro para a paciente que a ajuda para a crise suicida, mesmo que a paciente pense que um terapeuta auxiliar é a fonte da crise, deve ser obtida com o terapeuta primário. Os treinadores de habilidades devem ajudar a paciente a usar habilidades de tolerância a estresses até que esse contato seja possível; farmacoterapeutas podem alterar os medicamentos para aumentar sua tolerância (p.ex., prescrever um hipnótico a uma paciente com insônia); e assim por diante. Contudo, além de lidarem com questões ligadas à segurança e observarem os seus próprios limites com relação ao nível de risco de suicídio que estão dispostos a tolerar, todos os terapeutas, com exceção do terapeuta primário, respondem aos comportamentos de crise suicida encaminhando a paciente ao terapeuta primário. Este responde com estratégias de solução de problemas relevantes, discutidas anteriormente.

Exceções: treinamento de habilidades e grupos processuais de apoio. Uma regra do treinamento de habilidades e dos grupos processuais de apoio é que os atos parassuicidas não podem ser discutidos com outros pacientes fora das reuniões do grupo. Se o tema for levantado em uma sessão de grupo, a atenção volta-se imediatamente para como o comportamento poderia ter sido evitado ou pode ser evitado no futuro (i.e., outras soluções). No grupo, o terapeuta direciona a atenção de maneira casual para como a TCD ou outras habilidades comportamentais podem ser aplicadas nessas situações. Usa-se uma abordagem semelhante para discutir a ideação suicida e impulsos suicidas. Demonstrações sobre sequelas parassuicidas (p.ex., braços enfaixados, cortes expostos) ou discussões de resultados (p.ex., ser hospitalizada) geralmente são ignoradas. O único comportamento tratado diretamente é qualquer tentativa de parassuicídio durante a sessão de terapia, dizendo-se para o indivíduo parar e, se necessário, impedindo o comportamento. Se o comportamento persistir, o terapeuta primário é chamado para dar instruções, ou solicita-se que a paciente saia. (É claro, se houver muito risco médico ou de suicídio, a segurança é a principal preocupação.)

Exceções: internação e hospital-dia. Os ambientes de internação e hospital-dia oferecem oportunidades singulares para promover a aplicação de estratégias de solução de problemas a comportamentos suicidas, por causa do maior número de indivíduos que podem responder a tais comportamentos de maneira concentrada, buscando resolver os problemas.

Por exemplo, em um ambiente de internação, a equipe de enfermagem e/ou técnicos de saúde mental realizam análises comportamentais e de soluções profundas sobre todos os comportamentos parassuicidas ou de crise suicida. As análises são repetidas durante a reunião comunitária semanal, onde as interações da paciente com a equipe são revisadas. A chave para o sucesso desse procedimento público é realizar as análises de maneira acrítica, casual e validante. Os membros da equipe devem proporcionar uma atmosfera de exposição, que não reforce a vergonha, a culpa e o medo que as pacientes sentem por admitirem e discutirem o seu comportamento. Assim, não apenas as análises comportamentais e de soluções são modeladas para as pacientes, como elas têm a chance de participar da sua realização (supostamente aumentando sua habilidade), e também podem se beneficiar da exposição vicária e das contingências aplicadas. Finalmente, as análises comportamentais e de soluções, juntamente com outras estratégias de solução de problemas, também são aplicadas pelo terapeuta individual.

Em outra situação, as pacientes costumavam ser colocadas em observação pública e constante após apresentarem comportamentos parassuicidas e de crise suicida. Com poucas exceções, a paciente não podia falar com ninguém durante as 24 horas seguintes ao ato. O procedimento foi modificado segundo os princípios da TCD para abandonar a regra do silêncio. A nova regra é que, nas 24 horas depois de um comportamento parassuicida ou de crise suicida, os *únicos* temas de conversa permitidos com a equipe ou outras paciente são análises comportamentais e de soluções formais sobre o comportamento. Em cada um desses protocolos, os comportamentos suicidas e a dor que os acompanha são levados muito a sério.

Princípios do controle do risco com pacientes suicidas

A TCD, como um todo, foi desenvolvida para pacientes *borderline* cronicamente suicidas. Desse modo, costurou-se ao corpo da terapia a maioria das modificações da psicoterapia "comum" para lidar com comportamentos suicidas. No entanto, nem todas as pacientes *borderline* se apresentam com um risco elevado de suicídio. Para as que se enquadram nesse grupo, ou se tornam pacientes de alto risco durante o tratamento, o terapeuta deve ser particularmente cauteloso e empregar estratégias que minimizem o risco de suicídio das pacientes. Entretanto, o terapeuta também deve tomar atitudes que minimizem o risco de um processo judicial se a paciente vier a cometer suicídio. Conforme Bongar (1991) e outros sugeriram, seria ingênuo o terapeuta não considerar questões clínicas e legais adequadas ao tratar populações de alto risco. Bongar sugere diversas estratégias para controle do risco clínico e legal que são ou podem ser facilmente incorporadas à TCD, incluindo as seguintes:

1. *Autoavaliação da competência técnica e pessoal* para tratar comportamentos suicidas é essencial. Essa competência deve incluir o conhecimento da literatura clínica e de pesquisa específica sobre as intervenções recomendadas para comportamentos suicidas, bem como para outros transtornos que a paciente apresente. Nem todos os terapeutas são talhados para o trabalho com pacientes suicidas, e certamente muitos não têm o temperamento ou formação necessários para trabalhar com pacientes *borderline* suicidas. O terapeuta deve encaminhar a paciente ou buscar supervisão e formação adicional se sua competência não for suficiente.
2. *Necessidade de documentação meticulosa e oportuna.* Terapeuta deve manter registros detalhados de: avaliações do risco de suicídio; análises dos riscos e benefícios de vários planos de tratamento; decisões relacio-

nadas com o tratamento e sua fundamentação (incluindo decisões de não hospitalizar uma paciente ou de não tomar outras precauções); orientações obtidas e conselhos recebidos; comunicações com a paciente e outras pessoas sobre os planos de tratamento e riscos associados; e consentimentos recebidos. A regra básica geral é "o que não está escrito não aconteceu".
3. *Registros médicos e psicoterapêuticos* anteriores devem ser obtidos para cada paciente, especialmente os relacionados com tratamentos para comportamentos suicidas. Na TCD, o procedimento ideal seria tornar a paciente responsável por obter esses registros e trazê-los para a terapia.
4. *Envolver a família* e, se necessário, o sistema de apoio da paciente (com a sua permissão), no controle e tratamento do risco de suicídio; informar familiares de riscos e benefícios de tratamentos propostos, em comparação com tratamentos alternativos; e procurar ativamente o apoio da família para manter a paciente envolvida no tratamento são coisas que podem ajudar muito. Isso tudo é compatível com a TCD quando a paciente é atendida conjuntamente com a família ou a rede de apoio social, e costuma ser recomendado por especialistas em suicídio.
5. *Consultoria com outros profissionais* sobre o controle e avaliação do risco é uma parte característica da TCD e também faz parte do tratamento padronizado de comportamentos suicidas. O terapeuta não médico deve consultar especificamente seus colegas médicos sobre a adequação de usar medicamentos ou a necessidade de uma avaliação médica adicional. A farmacoterapia auxiliar é compatível com a TCD e pode ajudar em casos específicos.
6. *Intervir póstumamente* apos o suicídio da paciente – incluindo abordar questões pessoais e legais, aconselhar outros membros da equipe envolvidos no cuidado da paciente, e reunir-se e trabalhar com familiares e amigos – pode ser extremamente difícil, mas ainda assim é essencial. Uma consultoria com colega experiente sobre ações póstumas, incluindo orientação legal, é bastante recomendada.

ESTRATÉGIAS PARA COMPORTAMENTOS QUE INTERFEREM NA TERAPIA

Conforme enfatizo no decorrer deste livro, a TCD exige a participação ativa e cooperativa por parte da paciente. Existem três tipos principais de comportamentos da paciente que interferem na terapia: (1) comportamentos que interferem na recepção da terapia (comportamentos de falta de atenção, de cooperação e de adesão); (2) comportamentos entre pacientes; e (3) comportamentos que esgotam o terapeuta (i.e., comportamentos que forçam os limites pessoais do terapeuta ou diminuem a sua motivação). Casos específicos desses comportamentos são discutidos no Capítulo 5. A estratégia geral para lidar com o comportamento que interfere na terapia da parte da paciente é abordá-lo como um problema a resolver e supor que a paciente está motivada para resolver seus problemas. (Métodos especiais para lidar com comportamentos do terapeuta que interferem na terapia são discutidos a seguir, juntamente com as estratégias para a relação.)

Conforme observado no Capítulo 3, a paciente *borderline* alterna entre dois tipos diferentes de autoinvalidação. Por um lado, ela acredita que todos os seus fracassos comportamentais, incluindo fracassos na terapia, são essencialmente problemas motivacionais e demonstram que ela não está se esforçando o suficiente, é preguiçosa ou simplesmente não quer melhorar. Por outro lado, ela acredita que todos esses fracassos resultam de déficits de caráter irremediáveis. Em comparação, o terapeuta pressupõe que a paciente está tentando, fazendo o melhor, e não é fatalmente fracassada, e faz afirmações claras nesse sentido ao discutir o comportamento problemático. Essa orientação leva o terapeuta e a paciente a considerar o comportamento que interfere na terapia como evidência de um problema no próprio tratamento, ao invés de evidência em favor de conclusões negativas sobre certos traços da paciente. As estratégias para lidar com os comportamentos que interferem na terapia são discutidas a seguir e apresentadas no Quadro 15.5.

1. DEFINIR COMPORTAMENTO QUE INTERFERE NA TERAPIA

O primeiro passo é especificar comportamentos que interferem na terapia da maneira mais exata e precisa possível. A natureza do comportamento deve ser discutida com a paciente, resolvendo-se as discrepâncias entre as percepções da paciente e do terapeuta.

2. FAZER UMA ANÁLISE EM CADEIA SOBRE O COMPORTAMENTO

O terapeuta não deve começar uma análise perguntando à paciente *por que* ela fez ou não uma determinada coisa. Pelo contrário, assim como para os comportamentos suicidas, a análise em cadeia deve especificar os antecedentes que geram a resposta, a resposta em si e as consequências daquela resposta, todos em detalhes exaustivos. Quando a paciente tem dificuldade para identificar ou comunicar as variáveis que influenciam o seu comportamento, o terapeuta deve propor hipóteses para discussão, que devem ser baseadas no conhecimento do indivíduo específico e de pacientes suicidas em geral. Uma grande variedade de situações pode gerar comportamentos que interferem na terapia, e cada caso desse comportamento deve ser abordado ideograficamente. Por exemplo, uma paciente pode faltar a uma sessão de terapia porque não acredita que possa ajudar ou porque se sente impotente em relação a suas chances de melhorar. Outra paciente pode faltar a sessões por sentir ansiedade,

---

Quadro 15.5   Lista de estratégias para lidar com comportamentos que interferem na terapia

____ T DEFINIR, em termos comportamentais, o que P está fazendo que interfere na terapia.

____ T fazer uma ANÁLISE EM CADEIA dos comportamentos que interferem; T propor hipóteses sobre a função do comportamento e não pressupor funções.

____ T adotar um PLANO de solução de problemas.

____ Quando P se recusar a modificar o comportamento:
  ____ T discutir os objetivos da terapia com P.
  ____ T evitar disputas de poder desnecessárias.
  ____ T considerar implementar férias da terapia ou encaminhar P a outro T.

Táticas anti-TCD

____ T culpar a paciente.

____ T inferir, sem avaliação, que P não quer mudar ou progredir.

____ T ser rígido na interpretação do comportamento de P.

____ T colocar toda a responsabilidade pela mudança em P.

____ T adotar uma posição e se recusar a mudar.

____ T ser defensivo.

____ T não enxergar a sua contribuição para o comportamento de P.

depressão ou outros sentimentos negativos antecipatórios. Uma terceira paciente pode faltar às sessões por causa da sua incapacidade de apresentar os comportamentos necessários para comparecer à sessão (p.ex., sair de casa a tempo, combinar com a babá, dizer a amigos que precisa ir embora para uma consulta). Uma quarta paciente pode faltar a sessões por causa da pressão em seu meio. Por exemplo, as pessoas da sua família ou com quem ela mora podem pressioná-la a parar com a terapia, podem ridicularizá-la por fazer terapia, ou podem puni-la pelo comparecimento às sessões.

3. ADOTAR UM PLANO DE SOLUÇÃO DE PROBLEMAS

Uma vez que o problema é definido e os determinantes são identificados, a paciente e o terapeuta devem chegar a um consenso sobre um programa para reduzir o comportamento que interfere na terapia. Esse programa deve se basear nos resultados das análises do comportamento. O programa pode se concentrar em questões motivacionais e em mudar as contingências, ensinar as habilidades necessárias para os comportamentos exigidos, reduzir as emoções inibitórias, mudar crenças e expectativas ou manipular determinantes ambientais. Como com todos os problemas da terapia, o terapeuta deve enfatizar verbalmente e modelar uma abordagem de solução de problemas.

4. RESPONDER À PACIENTE QUE SE RECUSA A MUDAR O COMPORTAMENTO QUE INTERFERE NA TERAPIA

Às vezes, uma paciente *borderline* simplesmente se recusa a seguir as exigências da terapia. A paciente pode dizer que não precisa de tantas sessões, pode se negar a fazer *role play* ou tarefas de casa, pode simplesmente se recusar a cumprir compromissos terapêuticos, pode exigir que o terapeuta a cure, ou pode dizer que a responsabilidade do terapeuta é ajudar, e não está ajudando. Nesses casos, o terapeuta deve travar com a paciente uma discussão dos objetivos gerais do tratamento, bem como dos compromissos iniciais que a paciente aceitou ao entrar para a terapia e que eram condições para a sua aceitação no programa de tratamento. Como com muitas metas da TCD, a estratégia é falar à exaustão sobre o problema comportamental.

Terapeutas devem ter muito cuidado para evitar disputas de poder desnecessárias. Se uma questão não parece importante, ela não deve ser seguida. Aprender a recuar é muito importante na TCD, assim como escolher as batalhas com sensatez. Porém, o terapeuta deve estar preparado para lidar e vencer *certas* batalhas para ajudar a paciente. A paciente não deve ser descrita como descuidada ou preguiçosa, acusada de sabotar a terapia intencionalmente ou descrita em qualquer outra linguagem pejorativa.

Se a paciente simplesmente se recusa a acompanhar a terapia, deve-se trazer para a discussão a possibilidade de férias da terapia ou de um encaminhamento para outro terapeuta. Essas discussões sempre devem enfatizar que é a paciente que está escolhendo tirar férias ou terminar a terapia, e não o terapeuta. De fato, o terapeuta enfatiza com firmeza que se preocupa com a paciente e espera que possam trabalhar juntos para resolver o impasse atual. Essas discussões somente devem ser feitas quando a paciente se recusa a trabalhar para resolver o problema e outras opções menos drásticas já foram exploradas com a paciente e a equipe de supervisão/consultoria.

ESTRATÉGIAS PARA USO DO TELEFONE

As estratégias da TCD para o uso do telefone são projetadas tendo-se várias questões em mente. Primeiramente, o princípio geral é que não se deve exigir que a paciente esteja suicida para obter tempo e atenção extras de seu terapeuta primário. Assim, as estratégias visam minimizar o contato telefônico do terapeuta como um reforço para o parassuicídio e a ideação suicida. Em segundo lugar, as estratégias buscam ensinar a paciente a aplicar as habilidades que está aprendendo na terapia a situações problemáticas de sua vida cotidiana – em outras palavras, estimular generalização de habilidades.

Em terceiro, as estratégias de uso do telefone proporcionam tempo adicional de terapia para a paciente entre as sessões, quando surgem crises ou a paciente não consegue lidar com os problemas da vida. As pacientes suicidas e *borderline* muitas vezes necessitam de mais contato terapêutico do que pode ser proporcionado com uma sessão individual por semana, especialmente porque as preocupações das pacientes individuais raramente podem ser discutidas em sessões de treinamento de habilidades. Embora sessões extras de terapia possam ser marcadas ocasionalmente, a necessidade de mais tempo de terapia geralmente é satisfeita pela disponibilidade do terapeuta para receber telefonemas da paciente.

Em quarto lugar, as estratégias de uso do telefone são projetadas para proporcionar treinamento para a paciente em como pedir ajuda das pessoas de maneira apropriada. Na TCD, a paciente pode ligar para seu terapeuta primário para pedir ajuda quando precisar. As ligações para terapeutas auxiliares, incluindo terapeutas de grupo, são bastante limitadas. A paciente pode telefonar para obter informações sobre horários de reuniões, para marcar consultas, ou para resolver um problema que, de outra forma, levaria ao término da terapia. Essas condições são discutidas no manual que acompanha este volume.

Embora os telefonemas de pacientes para seus terapeutas ocorram em um *continuum* de "poucas ou nenhuma" a "excessivas", as ligações de pacientes *borderline* geralmente ficam em um extremo do *continuum* ou alternam entre um lado e o outro em diferentes períodos. Certas pacientes telefonam para seus terapeutas ao menor sinal de problema, ligando em horários inadequados e interagindo com os terapeutas de maneira exigente e hostil. Outras pacientes se recusam a ligar sob qualquer circunstância, com a exceção possível de já terem iniciado ou completado o comportamento parassuicida. Com frequência, para esse tipo de paciente, é importante transformar em tarefa de casa o ato de ligar para o terapeuta entre as sessões. Outras pacientes podem, em diferentes épocas da terapia, ligar pouco ou demais.

A aplicação das estratégias para o uso do telefone será um pouco diferente para pacientes que não telefonam e para pacientes que ligam excessivamente. Muitas vezes, a paciente que não liga deve aprender a pedir ajuda no início da sequência de crise, para que o comportamento suicida não sirva para chamar a atenção. A paciente que liga demais muitas vezes precisa melhorar suas habilidades de tolerância a estresse. Existem três tipos principais de contato telefônico com a paciente: (1) ligações da paciente para o terapeuta por causa de uma crise ou incapacidade de resolver um problema atual na vida, ou por uma ruptura na relação terapêutica; (2) ligações telefônicas pré-planejadas da paciente para o terapeuta; e (3) ligações do terapeuta para a paciente. As estratégias para cada uma são discutidas a seguir e resumidas no Quadro 15.6.

1. ACEITAR LIGAÇÕES TELEFÔNICAS DA PACIENTE SOB CERTAS CONDIÇÕES

Ligações telefônicas e comportamento suicida: a regra das 24 horas

As pacientes são informadas, como parte da orientação, que se espera que elas liguem para seus terapeutas individuais *antes* de

Quadro 15.6   Lista de estratégias para uso do telefone

___ T ACEITAR telefonemas de P conforme o necessário em situações variadas.
___ T informar P da regra das 24 horas para telefonemas após o comportamento parassuicida e a cumprir.
___ Durante telefonemas para resolver problemas, T instruir P sobre o uso das habilidades de sobrevivência em crises e outras habilidades para guiá-la até a próxima sessão.
___ T buscar corrigir a alienação de P durante os telefonemas.
___ T considerar MARCAR horários regulares para ligações telefônicas de P.
___ T tomar a INICIATIVA nos contatos telefônicos:
  ___ Para extinguir a conexão funcional entre a atenção de T e o comportamento suicida.
  ___ Para interferir na evitação de P.
___ T dar *FEEDBACK* a P sobre o comportamento ao telefone durante as sessões de terapia.

Táticas anti-TCD

___ T fazer psicoterapia pelo telefone.
___ T ser maldoso com relação aos telefonemas.
___ T fazer interpretações pejorativas dos telefonemas de P para T.
___ T não estar disponível durante períodos de crise.

---

fazerem algo parassuicida, e não depois. De fato, elas não precisam estar suicidas para ligar. Conforme observado anteriormente neste capítulo, uma vez que o comportamento parassuicida ocorreu, a paciente não tem permissão para telefonar para o terapeuta por 24 horas (a menos que seus ferimentos sejam potencialmente fatais). A ideia aqui é que o terapeuta pode ser mais útil antes do que depois de uma tentativa de resolver problemas por meio de um ato parassuicida. A explicação apresentada é que uma ligação telefônica já não serve mais depois que a paciente começou a automutilação, pois a paciente já resolveu o problema (ainda que de maneira desadaptativa) e agora tem pouca necessidade de atenção do terapeuta. O papel do reforço do terapeuta para precipitar a ideação suicida deve ser descrito de forma clara à paciente. Além disso, o terapeuta deve indicar claramente à paciente que é extraordinariamente difícil alguém ajudar uma pessoa que espera até uma crise ter se formado para pedir ajuda.

Geralmente, o comportamento da paciente envolve telefonar depois de um ato parassuicida. Essas ligações devem ser tratadas da maneira descrita anteriormente neste capítulo. O objetivo é moldar a paciente para ligar para o terapeuta nos estágios iniciais da crise. Um passo intermediário na moldagem pode ser telefonar antes do parassuicídio, mas depois que a ideação suicida tenha começado. O objetivo final, é claro, é ligar antes que a ideação suicida comece.

Essa estratégia obtém diferentes efeitos, dependendo da disposição da paciente para ligar para o terapeuta. Para uma paciente que considere aversivo ligar para o terapeuta, a estratégia traz uma oportunidade de aprender a substituir o comportamento destrutivo por pedir ajuda adequadamente. O comportamento parassuicida que não é precedido por uma tentativa de ligar para o terapeuta é considerado um comportamento que interfere na terapia e, assim, torna-se foco da terapia. Para a paciente que considera confortante conversar com o terapeuta, qualquer comportamento associado a um telefonema será reforçado. Desse modo, o terapeuta tem a opção de reforçar o comportamento adaptativo ou o comportamento suicida. Uma ligação para o terapeuta é permitida depois de 24 horas sem comportamento parassuicida, mas, se a paciente cometer parassuicídio novamente nas primeiras 24 horas, o relógio começa novamente. Muito raramente, esse modelo de tempo pode ser reduzido para 12 horas. O terapeuta deve ter o cuidado de proporcionar o mesmo tipo de tempo e atenção para momentos que não sejam voltados para uma crise do que para os períodos suicidas. É essencial instruir a paciente que ela não precisa se sentir suicida para ligar para o terapeuta.

Tipos de ligações

As ligações para o terapeuta são incentivadas em duas condições, e essas condições determinam a maneira de conduzir a ligação. A primeira condição é quando a paciente está em crise e enfrentando um problema que não pode resolver por conta própria. A segunda é quando a relação terapêutica está com problemas e é necessário fazer correçoes. De um modo geral, as ligações duram não mais que 10 a 20 minutos, embora possam se fazer exceções em situações de crise. Se for necessário mais tempo, talvez o terapeuta deva marcar uma sessão extra com a paciente ou sugerir que a paciente telefone novamente em um ou dois dias.

Concentrar-se nas habilidades. A fundamentação para essas ligações (pelo menos do ponto de vista do terapeuta) é que a paciente muitas vezes precisa de ajuda para aplicar as habilidades comportamentais que aprendeu até agora, ou ainda está aprendendo, aos problemas e crises da vida cotidiana. O foco dessas ligações deve ser aplicar habilidades – *não* analisar o problema todo, analisar a resposta da paciente ao problema, ou fazer uma catarse. As estratégias de crise descritas anteriormente devem ser implementadas. Com um problema relativamente fácil, o foco pode ser em habilidades para resolver o problema de forma eficaz. Para problemas mais intransigentes ou complexos, o foco pode ser em responder de um modo que possibilite que a paciente tenha a próxima sessão sem que precise apresentar o comportamento desadaptativo. Ou seja, evita-se o comportamento disfuncional, mas o problema não é resolvido necessariamente. É essencial ter isso em mente e lembrar a paciente disso. Os problemas muitas vezes devem ser tolerados por algum tempo. Para isso, as habilidades de tolerância a estresse são recomendadas.

Todas as pacientes e terapeutas devem ter as estratégias de sobrevivência para crise à sua disposição perto do telefone (ver o manual que acompanha este livro). Depois de obter uma breve descrição do problema ou crise da paciente, o terapeuta deve perguntar quais habilidades a pessoa já experimentou (sejam aquelas que ela está aprendendo na TCD ou outras habilidades que tenha desenvolvido de maneira independente). Depois, o terapeuta deve revisar outras habilidades da TCD que possam ajudar ou outras ideias que a paciente tenha. Posso pedir à paciente para experimentar uma ou duas respostas mais hábeis e me telefonar para verificar. Nesse ponto, podemos pensar em uma nova resposta, se isso for necessário.

A armadilha a evitar é fazer a psicoterapia individual da TCD pelo telefone. Isso pode ser difícil, pois a paciente muitas vezes apresenta suas crises como algo irreparável ou pode estar tão excitada emocionalmente que suas habilidades de solução de problemas ficam comprometidas. O pensamento rígido e a incapacidade de enxergar novas soluções são comuns, e o terapeuta deve responder a isso de três maneiras. Primeiro, as estratégias de crise descritas anteriormente neste capítulo devem ser usadas quando apropriado. Em segundo lugar, o foco deve ser mantido nas habilidades que a pessoa consiga usar, e o terapeuta é responsável por manter a ligação no rumo certo. Em terceiro, todas as iniciativas de solução de problemas devem ser costuradas com a validação do sofrimento e das dificuldades das pacientes. O comportamento persistente do tipo "sim, mas..." interfere na terapia e deve ser analisado (na próxima sessão) se for comum. Em uma ligação telefônica, o terapeuta deve responder a esse comportamento com comunicação recíproca, discutindo o efeito do comportamento sobre a sua disposição para prosseguir.

Com o tempo, se o terapeuta persistir com essa estratégia, as habilidades da paciente para a vida cotidiana e suas habilidades para obter ajuda pelo telefone devem melhorar, diminuindo a frequência e a duração das ligações. Conforme disseram várias pacientes de nossa clínica depois de algum tempo e uma grande redução nas ligações, com o tempo, elas sabem exatamente o que vamos fazer e dizer, e podem simplesmente fazer e dizer por conta própria. Ou então, como disse uma paciente, "falar sobre habilidades o tempo todo já não tem mais graça".

Corrigir a relação. Se existe uma ruptura na relação terapêutica, não considero razoável pedir que a paciente espere por uma semana inteira antes que possa ser corrigida. Essa regra é arbitrária e me parece carecer de compaixão. Por isso, quando a relação está com problemas e a paciente se sente alienada, é adequado que ela ligue para uma breve discussão "de coração para coração" – ou seja, para processar seus sentimentos sobre o terapeuta e a maneira como o terapeuta a trata. Geralmente, essas ligações serão precipitadas por uma raiva intensa, por medo do abandono, ou por sentimentos de rejeição. Também é apropriado que a paciente ligue apenas para "checar as coisas". O papel do terapeuta nessas ligações é acalmar e tranquilizar (exceto na última fase do tratamento, quando o foco está em a paciente aprender a se acalmar sozinha). A análise aprofundada deve esperar até a próxima sessão. Porém, sem a ligação telefônica, talvez não haja uma próxima sessão.

Certos terapeutas têm medo de que, se permitirem que as pacientes telefonem quando o relação está com problemas, isso reforce a ruptura inadvertidamente, e a relação terapêutica piore gradualmente. Esse é um resultado provável se duas condições forem satisfeitas: (1) falar com o terapeuta pelo telefone proporciona mais reforço do que evitar rupturas e a alienação, e (2) os telefonemas são combinados com respostas que prejudicam a relação. A solução aqui tem duas partes. Primeiro, o terapeuta deve desfazer a relação entre a ruptura e o reforço, certificando-se de que a paciente sempre pode ligar para uma "checagem" rápida quando não houver ruptura na relação. Por exemplo, pode-se usar o agendamento de ligações telefônicas descrito na próxima sessão; isso pode ser particularmente importante para uma paciente que considere difícil passar uma semana inteira sem nenhum contato. Em segundo lugar, o terapeuta deve tentar tornar uma relação sem rupturas e sem telefonemas mais reforçador do que uma relação com rupturas e telefonemas. Atitudes nesse sentido incluem uma análise comportamental e solução de problemas sistemáticas nas sessões de terapia subsequentes aos fatos que levaram a paciente a fazer ligações telefônicas excessivas. Além disso, o terapeuta não deve dar à paciente mais controle sobre a terapia ou mais validação, elogios ou outras formas de reforço social somente quando a relação não está indo bem, mas deve prestar atenção às contingências que proporciona quando o relacionamento *está* indo bem. O reforço social não deve ser removido de forma rápida demais.

2. AGENDAR TELEFONEMAS DA PACIENTE

Às vezes, a paciente pode precisar de mais tempo e atenção regularmente do que o terapeuta consegue proporcionar na sessão individual semanal. Por exemplo, a paciente pode estar ligando três ou mais vezes por semana constantemente. Nesses casos, o terapeuta deve agendar as ligações para intervalos regulares e predeterminados. Essa política reconhece a necessidade que a paciente tem de receber mais assistência; minimiza as consequências positivas de estar em crise; e, inserindo um período de espera entre as ligações, exige que a paciente desenvolva mais habilidades de tolerância a estresse. Embora a paciente receba mais tempo do terapeuta, o tempo extra não tem relação temporal com o fato de a paciente sentir pânico ou estar em crise. Em essência, essa estratégia é semelhante a dar coquetéis analgésicos aleatoriamente para pacientes com dor, no lugar de torná-los dependentes da presença da dor. Se forem agendadas sessões regulares pelo telefone, o terapeuta deve resistir à tentação de falar com a paciente fora dos horários marcados, mesmo que haja uma crise.

3. CONTATOS TELEFÔNICOS DO TERAPEUTA

Telefonemas iniciados pelo terapeuta visam extinguir qualquer conexão funcional entre a atenção do terapeuta e o comportamento suicida da paciente e o afeto negativo intenso. Essas ligações devem ser independentes das ligações da paciente para o terapeuta, embora, geralmente, somente sejam planejadas quando se sabe que a paciente está tendo muita dificuldade ou passando por um momento muito estressante. Essas ligações podem ser bastante breves e devem se concentrar em como a paciente está se saindo em aplicar os princípios terapêuticos a seus problemas cotidianos.

Um segundo momento para contato telefônico por iniciativa do terapeuta é quando a paciente está tentando evitar a terapia ou trabalhar em um problema. Nesses casos, o telefonema rompe a evitação. Por exemplo, se uma paciente tem medo de vir para a terapia e não aparece, posso telefonar imediatamente e ser bastante diretiva para encontrar uma maneira de ela vir à sessão enquanto ainda há tempo ou agendá-la para mais tarde naquele dia. Mais uma vez, o terapeuta deve analisar a função dos comportamentos desadaptativos da paciente e responder adequadamente.

4. COMENTAR DURANTE AS SESSÕES O COMPORTAMENTO AO TELEFONE

Conforme observado anteriormente, um objetivo das estratégias de uso do telefone é ajudar a paciente a aprender a pedir ajuda adequadamente a outros indivíduos. Para buscar ajuda, é necessário que o indivíduo seja socialmente sensível, para que não peça ajuda excessivamente ou em momentos inadequados. Além disso, o pedido não deve ser feito de um modo exigente ou de maneira que a pessoa não consiga ajudar. Por isso, é essencial dar *feedback* à paciente sobre o seu comportamento ao pedir ajuda e, quando apropriado, as respostas que esses pedidos evocam no terapeuta.

Um objetivo importante do tratamento na TCD é ajudar a paciente a encontrar outros indivíduos em seu meio para pedir ajuda. Entretanto, deve-se reconhecer que, se as habilidades da paciente não estão em um nível razoável, pedir ajuda aos outros pode levar a mais isolamento do que aumentar a rede social. Por outro lado, o terapeuta deve estar atento para não promover independência demais por parte da paciente.

Esse é um problema especial quando o tratamento é de tempo limitado. Não importa o quanto a paciente seja inapta para pedir ajuda, ao final do limite de tempo, ela deverá pedir a assistência necessária a outras pessoas, e não ao terapeuta. No máximo até a metade da terapia, o terapeuta deve estar trabalhando ativamente com a paciente para encontrar outros indivíduos em seu meio para quem ela possa ligar quando estiver com problemas em sua vida. Se essas ligações não tiverem resultados positivos, elas devem ser discutidas e analisadas nas sessões de terapia. As estratégias para melhorar os resultados devem ser planejadas e praticadas pela paciente.

Disponibilidade do terapeuta e controle do risco de suicídio

Quando faço *workshops* com terapeutas, um dos medos mais persistentes levantados é o de receber ligações excessivas de pacientes *borderline* depois do horário de trabalho. Muitos terapeutas se sentem sobrecarregados e incapazes de limitar o que lhes parece ser intrusões em suas vidas cotidianas. Alguns terapeutas lidam com isso desenvolvendo regras arbitrárias que limitam os telefonemas para suas casas. Outros usam uma secretária eletrônica ou serviço de atendimento como intermediário, instruindo o atendente a dizer às pacientes que não estão disponíveis ou deixando que a máquina resolva quando não querem ser perturbados. Outros ficam tão bravos com suas pacientes que elas aprendem rapidamente a não telefonar. Outros, ainda, simplesmente se recusam a atender pacientes suicidas e/ou *borderline*. Os procedimentos de observar limites da TCD, juntamente com as estratégias para lidar com comportamentos que interferem na terapia, visam dar aos terapeutas um certo grau de controle sobre telefonemas potencialmente difíceis de suas pacientes.

No entanto, a tensão entre os desejos e necessidades do terapeuta e os desejos e necessidades da paciente pode ser bastante real e potencialmente muito séria. Existem momentos em que o terapeuta deve expandir os seus limites, às vezes por períodos de tempo razoavelmente longos, e estar disponível para a paciente pelo telefone e durante as horas da noite. Acredito fortemente, assim como diversos especialistas (ver Bongar, 1991) no tratamento de pacientes suicidas (incluindo aqueles que satisfazem os critérios para o TPB), que as pacientes devem ser informadas de que podem ligar para seus terapeutas a qualquer hora – dia ou noite, dias úteis ou feriados, se necessário. Uma paciente suicida de alto risco deve receber um número de telefone em que possa encontrar seu terapeuta em casa. Se for usado um serviço de atendimento, ele deve ser instruído a contatar o terapeuta quando houver ligações de pacientes suicidas, a menos que circunstâncias muito especiais exijam que o terapeuta limite o acesso. Se o acesso for limitado, o terapeuta deve proporcionar acesso a outro profissional de apoio.

Com minhas pacientes, por exemplo, digo a elas que, sempre que me telefonarem e eu não estiver disponível, elas podem ter certeza de que, no mínimo, telefonarei de volta antes de ir dormir naquela noite. Se não puderem esperar, elas têm números de apoio para os quais podem ligar. (Também já passei incontáveis horas com pacientes ativamente parassuicidas discutindo soluções alternativas que poderiam ter empregado para lidar com suas crises e/ou raiva por não me encontrarem imediatamente no telefone.) Quando uma paciente está em uma crise suicida, posso dar a ela meu horário, mostrando quando ela pode me encontrar pelo telefone, e posso planejar ligações periódicas para garantir que estaremos em contato. Quando saio da cidade, dou meus números de telefone às pacientes ou me mantenho disponível para contatos de emergência por intermédio do meu serviço telefônico. Os líderes do treinamento de habilidades também proporcionam cobertura de apoio. Assim, a continuidade do cuidado é garantida. Nunca sofro abuso em minha disponibilidade quando viajo, e o fato de saber que posso ser encontrada é bastante tranquilizador para muitas pacientes.

Em minha experiência, pouquíssimas pacientes em TCD abusam da capacidade de telefonar para seus terapeutas quando as estratégias da TCD são usadas de maneira consistente. Para aquelas que o fazem, as ligações inadequadas simplesmente se tornam um comportamento que interfere na terapia e são trabalhadas nas sessões. Se houver uma discussão a cada vez que a paciente abusa do telefone, o comportamento não continuará por muito tempo. É essencial, é claro, que o terapeuta não considere abusivas ou manipuladoras todas (ou a maioria) as ligações durante crises ou ligações pedindo ajuda para evitar uma crise.

ESTRATÉGIAS AUXILIARES DE TRATAMENTO

1. RECOMENDAR TRATAMENTO AUXILIAR QUANDO NECESSÁRIO

Não existe nada na TCD que proscreva o uso de tratamentos auxiliares de saúde mental, desde que esses programas sejam claramente auxiliares à TCD e não os tratamentos principais. Pacientes externas podem: ser admitidas para internações psiquiátricas breves ou programas residenciais para abuso de substâncias (desde que não faltem a mais de quatro sessões agendadas da TCD); tomar medicamentos psicotrópicos e consultar um médico, enfermeiro ou outro farmacoterapeuta para o monitoramento; participar de classes de habilidades comportamentais oferecidas na comunidade; participar de reuniões de grupos e reunir-se com seus conselheiros em comunidades de tratamento residencial; consultar com gestores de caso associados ao tratamento auxiliar; fazer orientação conjugal, vocacional ou fisioterapia; e participar de um programa de hospital-dia. É provável que as pacientes tenham contato ocasional com outros profissionais da saúde mental (p.ex., clínicas de crise e pronto-socorro). Em minha experiência, qualquer tentativa de proscrever tratamentos auxiliares para pacientes *borderline* levariam a desonestidade ou rebeldia declarada por parte da paciente. Assim, na situação usual de tratamento com uma paciente *borderline*, a rede de saúde mental costuma ser ampla e complexa. Um cenário possível é o ilustrado na Figura 15.2. Os círculos envolvem unidades exigidas pela TCD, e aqueles em parênteses são profissionais auxiliares opcionais. As estratégias auxiliares de tratamento são apresentadas no Quadro 15.7.

As chances de que a paciente seja admitida a uma unidade de internação psiquiátrica e tome medicamentos psicotrópicos são tão grandes que foram desenvolvidos protocolos especiais da TCD para o hospital e o uso de medicação, os quais são discutidos a seguir. Com todos os tratamentos auxiliares, devem ser aplicadas as estratégias de manejo de caso, especialmente as estratégias de consultoria à paciente discutidas no Capítulo 13. Ao interagir com profissionais auxiliares e com a paciente em relação a esses profissionais, o terapeuta deve lembrar que seu papel é o de consultor da paciente, e não de consultor da unidade de tratamento auxiliar. É importante lembrar as estratégias dialéticas da TCD, especialmente a ênfase na verdade como algo construído ao invés de absoluto e o princípio de que não é necessário manter a consistência. Se a paciente receber conselhos, opiniões ou interpretações conflitantes, o terapeuta primário deve ajudá-la a pensar como deseja considerar a si mesma e sua vida e problemas.

2. RECOMENDAR CONSULTORIA EXTERNA PARA A PACIENTE

O terapeuta primário está livre para recomendar que a paciente obtenha consultoria externa quando estiver infeliz com a terapia individual ou com sua relação com o terapeuta primário ou a equipe de tra-

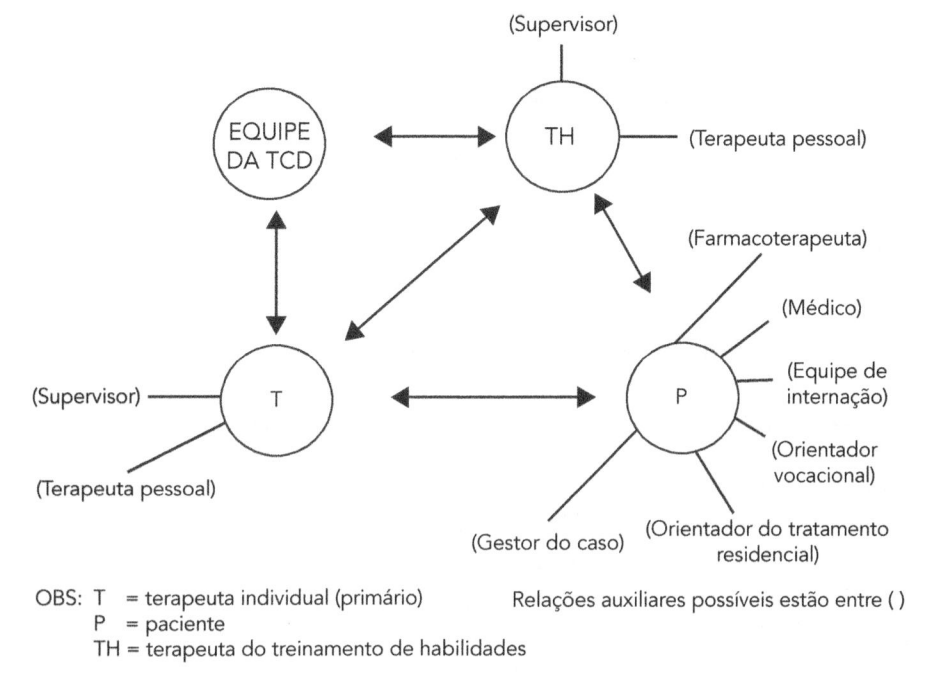

Figura 15.2 Cenário possível de tratamento auxiliar na TCD.

Diagrama: EQUIPE DA TCD ↔ TH (Supervisor, Terapeuta pessoal); T (Supervisor, Terapeuta pessoal) ↔ P (Farmacoterapeuta, Médico, Equipe de internação, Orientador vocacional, Gestor do caso, Orientador do tratamento residencial).

OBS: T = terapeuta individual (primário)
P = paciente
TH = terapeuta do treinamento de habilidades

Relações auxiliares possíveis estão entre ( )

tamento. Uma das iniquidades na TCD é que o terapeuta tem uma equipe de apoio em sua relação com a paciente, mas a paciente não pode ter uma equipe com o mesmo grau de competência para ajudá-la a se relacionar com o terapeuta. A iniquidade é um pouco mitigada pela terapia de grupo, onde os membros e líderes do grupo ajudam as pacientes em seus traumas episódicos com terapeutas individuais. Buscar outras formas de consultoria não apenas é desejável, como o terapeuta está disposto a ajudar a paciente a encontrar tal ajuda. Conforme discuto a seguir, os membros da equipe de internação psiquiátrica podem ser extremamente úteis nesse sentido.

A paciente não deve participar de mais de uma relação psicoterápica individual de cada vez. Ou seja, somente pode haver um terapeuta primário a cada momento. Na TCD, todos os terapeutas além do psicoterapeuta individual são claramente complementares a este, e a mesma relação deve ser firmada com profissionais externos. No contexto da TCD, é permitido consultar com um consultor individual externo por até três sessões sucessivas próximas. Mais do que isso seria considerado estar em duas terapias, o que seria considerado uma forma de comportamento que interfere na terapia e, assim, uma prioridade importante para o foco das sessões.

PROTOCOLO PARA MEDICAÇÃO

PROTOCOLO QUANDO O FARMACOTERAPEUTA É UM PROFISSIONAL AUXILIAR

1. SEPARAR A FARMACOTERAPIA DA PSICOTERAPIA. Na TCD padrão, o terapeuta primário não supervisiona, controla ou prescreve medicamentos psicotrópicos. Com as exceções discutidas a seguir, essa estratégia vale mesmo quando o terapeuta primário é um médico ou um enfermeiro

Quadro 15.7   Lista de estratégias para tratamentos auxiliares

____ T RECOMENDAR tratamento auxiliar quando necessário.
   ____ T recomendar farmacoterapia adequada.
   ____ T recomendar internação hospitalar quando adequada.
____ T ajudar P a encontrar um CONSULTOR quando P está insatisfeito com a terapia de T.

PROTOCOLO PARA MEDICAÇÃO
QUANDO O FARMACOTERAPEUTA É UM PROFISSIONAL AUXILIAR:

____ T SEPARAR a psicoterapia da farmacoterapia.
____ T atuar como CONSULTOR para P em questões ligadas à farmacoterapia como forma de consumo.
____ T TRATAR O ABUSO DE PRESCRIÇÕES da maneira adequada (como comportamento suicida, comportamento que interfere na terapia, ou comportamento que interfere na qualidade de vida).

QUANDO T TAMBÉM É O FARMACOTERAPEUTA:

____ T conhecer a LITERATURA DE PESQUISA ATUAL sobre a farmacoterapia da TCD.
____ T abordar o HISTÓRICO E RISCO DE ABUSO DE SUBSTÂNCIAS de P.
____ T não fornecer DROGAS LETAIS A UMA P LETAL.
____ T DISSIPAR as disputas de poder com encaminhamento a outros profissionais.

PROTOCOLO HOSPITALAR

____ T EVITAR a hospitalização psiquiátrica sempre que possível.
____ T RECOMENDAR hospitalização breve em certas condições (ver Quadro 15.8).
____ T NÃO AGIR como médico de internação de P.
____ T agir como CONSULTOR de P em questões relacionadas com o tratamento de internação.
____ T ensinar a P como se hospitalizar por conta própria quando T não acredita ser necessário.
   ____ T manter sua posição e opinião.
   ____ T validar o direito de P de manter a sua posição.
   ____ T insistir que P cuide de si mesma.
      ____ T ensinar P a assumir a responsabilidade por seu próprio bem-estar.
      ____ T ensinar P a confiar em sua "mente sábia" mesmo quando outras pessoas respeitadas discordam.
   ____ T ensinar P a se internar no hospital.
   ____ T reforçar a autovalidação, não punindo P por se internar.

Táticas anti-TCD

____ T interpretar o desejo de P por consultoria externa de maneira pejorativa.
____ T ter uma postura de poder excessivo em relação a P.
____ T punir P por seguir a sua "mente sábia" e contrariar recomendações.

profissional. A abordagem foi derivada de nossas experiências clínicas tentando combinar farmacoterapia com psicoterapia, e dos princípios comportamentais usados para ensinar pacientes a ser consumidores responsáveis e competentes de medicamentos. Minhas experiências clínicas sugerem que as pacientes muitas vezes são desonestas em relação ao uso de medicamentos. Conforme disse um paciente, se eu proibisse os medicamentos que ela queria, ela simplesmente os conseguiria em outro lugar e não me contaria. Ficou claro que, se o terapeuta primário de uma paciente tiver o papel de supervisor da medicação, a paciente terá um estímulo para mentir sobre abuso da medicação, como forma de obter mais drogas do terapeuta. Do ponto de vista comportamental, isso torna o terapeuta quase ineficaz no papel de professor do uso adequado de medicamentos e orientação médica. Essencialmente, o terapeuta estaria na posição de poder da pessoa que prescreve a droga, e esse papel interfere em sua capacidade de trabalhar cooperativamente com a paciente em relação ao uso adequado dos medicamentos.

Nos anos que passaram desde que instituí a política de separar a psicoterapia da farmacoterapia em meu programa de tratamento, descobrimos uma tendência perturbadora da parte das pacientes de usar demais, de menos e, de um modo geral, usar os medicamentos prescritos de forma indevida; combinar medicamentos de maneiras idiossincráticas; acumular medicamentos para uma possível tentativa de suicídio no futuro ou no caso de seus benefícios médicos serem cortados; e interagir com o psiquiatra ou enfermeiro de um modo ineficaz às vezes e dissimulado em outras ocasiões. Não tenho certeza de se essa tendência é maior em pacientes suicidas e *borderline* do que em qualquer outra população de pacientes, mas ficou claro em nossa clínica que descobrimos muito mais sobre essas práticas depois que separamos os dois tipos de terapia.

2. ORIENTAR A PACIENTE EM QUESTÕES RELACIONADAS COM A FARMACOTERAPIA COMO CONSUMO. Depois que esses dois papéis são separados, o psicoterapeuta se torna o consultor da paciente em relação a como interagir de forma eficaz com o pessoal médico; como comunicar quais são suas necessidades de um modo que as pessoas possam ouvir e responder; como obter as informações que deseja sobre os riscos e benefícios de diversos regimes de farmacoterapia; como avaliar a orientação e o plano de tratamento médico que recebeu; como lidar com as prescrições; como mudar prescrições quando necessário; e assim por diante. Como as pacientes *borderline* são hospitalizadas com frequência, o terapeuta também deve ensinar a paciente a insistir que novas equipes de tratamento médico consultem as equipes existentes anteriores antes de mudar todos os seus medicamentos. Na TCD, é responsabilidade da paciente garantir que não permaneça em tratamentos iatrogênicos. Desse modo, o psicoterapeuta também ensina à paciente como obter uma segunda opinião e como encontrar psicoterapeutas com quem consiga trabalhar bem. O objetivo do longo prazo da TCD, é claro, é substituir o controle médico do comportamento, incluindo processos cognitivos e afetivos, pelo controle comportamental ou autocontrole. No entanto, para certas pacientes, esse não é um objetivo de curto prazo.

3. TRATAR O ABUSO DE PRESCRIÇÕES. Quando uma paciente abusa de medicamentos prescritos, esse comportamento é tratado como: um comportamento suicida se o comportamento for potencialmente fatal ou for instrumental para comportamentos parassuicidas; um comportamento que interfere na terapia, se a medicação for uma parte formal do plano de tratamento; e um comportamento que interfere na qualidade de vida, se não for. Os cartões diários da TCD evocam informações sobre medicamentos (lícitos e ilícitos), bem como o consumo diário da paciente para cada um. O terapeuta primário deve revisar essas informações regularmente. A paciente muitas vezes decide por conta própria parar de registrar o uso dos medicamentos, dizendo que é a mesma coisa todos os dias e que, portanto, não precisa ser escrito. O terapeuta não deve aceitar isso. Pelo contrário, a paciente e o terapeuta devem encontrar alguma forma de anotação taquigráfica para que a paciente possa registrar as informações com mais facilidade. Desse modo, a paciente somente poderá impedir que o terapeuta saiba sobre o uso de medicamentos se mentir.

O fato de a paciente mentir para o psicoterapeuta em relação ao uso de medicamentos depende principalmente da resposta do terapeuta ao uso indevido e à mentira. Geralmente, o terapeuta deve responder de forma mais negativa à mentira e/ou ocultação de informações do que ao uso indevido. As estratégias de solução de problemas, procedimentos de contingências e procedimentos de treinamento de habilidades são as abordagens mais importantes para mudar o uso inapropriado de medicamentos e orientação médica por pacientes. Na TCD, a resposta usual ao uso indevido de medicamentos é a orientação à paciente, ao invés de uma intervenção ambiental (i.e., chamar o farmacoterapeuta). Porém, é crucial que o psicoterapeuta garanta que cada farmacoterapeuta que trabalhe com a paciente saiba sobre as estratégias de consultoria e manejo de caso da TCD. Isso é especialmente importante porque, em muitas comunidades, a abordagem da TCD não é a esperada. De certo modo, então, o farmacoterapeuta deve ser alertado a tratar a paciente com tanto cuidado quanto teria se a paciente não estivesse em uma psicoterapia simultânea à farmacoterapia.

Uma paciente em risco de comportamento suicida precisa de ajuda para limitar o seu acesso a quantidades letais de medicamentos. A regra geral na TCD é que não se deem drogas letais para pessoas letais. Uma vez que as pacientes aprendem essa regra, elas geralmente a transmitem para seus médicos e/ou enfermeiros. A paciente e o terapeuta devem discutir e criar métodos de controlar a quantidade de medicação disponível e de garantir a adesão à prescrição. Esses métodos podem incluir o uso de um enfermeiro público, a cooperação de familiares, o uso de prescrições pequenas, e o monitoramento do nível no sangue ou na urina (p.ex., níveis de lítio) para verificar se a paciente está tomando ou guardando a medicação. É necessário ter um grau considerável de cuidado nesse sentido. Deve ser responsabilidade do médico propor e monitorar esse programa formal, mas o psicoterapeuta e a paciente deverão chegar a um compromisso de trabalho no contexto do controle do comportamento suicida.

PROTOCOLO PARA QUANDO O TERAPEUTA PRIMÁRIO TAMBÉM É O FARMACOTERAPEUTA

Embora a TCD favoreça separar a psicoterapia da farmacoterapia, existem momentos em que isso não é prático. A paciente talvez não consiga consultar com mais ninguém. Especialmente na zona rural, pode não haver mais ninguém disponível. Ou, se o terapeuta também é médico ou enfermeiro, essa separação pode violar os seus princípios de trabalho. Para terapeutas que lidam com psicoterapia e farmacoterapia, as diretrizes da TCD são as seguintes:

1. CONHECER A LITERATURA DE PESQUISA. A literatura de pesquisa sobre a farmacoterapia na TCD vem crescendo constantemente, e é essencial acompanhar esse crescimento. É importante lembrar que as respostas a determinados medicamentos podem ser bastante diferentes para indivíduos *borderline* do que para outras pessoas, mesmo quando preencham os mesmos critérios para transtornos do Eixo I. Por exemplo, uma paciente deprimida *borderline* e uma paciente deprimida não *borderline* podem precisar de regimes de medicação diferentes. Alguns medicamentos aumentam o descontrole comportamental, um problema especial ao se tratar um indivíduo *borderline* (Gardner e Cowdry, 1986; Soloff, George, Nathan, Shulz e Perel, 1985).

2. ABORDAR O HISTÓRICO E RISCO DE ABUSO DE SUBSTÂNCIAS DA PACIENTE. O abuso de substâncias é um problema especial com indivíduos *borderline*. Desse modo, é possível que uma paciente abuse dos medicamentos que lhe forem

prescritos. Esse é um problema especialmente com benzodiazepínicos e, por essa razão, eles raramente, ou nunca, devem ser usados. O abuso pode ser muito difícil de detectar (ou, uma vez detectado, de controlar), e é uma das principais razões para separar a farmacoterapia da psicoterapia na TCD. O terapeuta que prescreve medicamentos deve abordar essa questão de maneira casual e intermitente, analisando com a paciente os fatores que promovem a fraude e os que favorecem a honestidade. Ou seja, o terapeuta deve ajudar a paciente a analisar os prós e contras de mentir ou ocultar informações sobre o abuso de substâncias, devendo enfatizar periodicamente as consequências para a relação terapêutica se a paciente não for totalmente honesta com ele.

3. NÃO DAR DROGAS LETAIS A PESSOAS LETAIS. Terapeutas devem ter muito cuidado ao prescrever drogas que as pacientes possam depois usar para tomar *overdoses* ou cometer suicídio. O princípio geral aqui é que, quando as pacientes têm histórico de uso indevido ou *overdose* de drogas, elas não devem receber quantidades de drogas que, se tomadas de uma vez, sejam prejudiciais. Para certas pacientes, isso significa restringir a farmacoterapia rigidamente. Para outras, pode significar que outras pessoas de seu meio social deverão controlar a medicação. Para todas, deve significar a prescrição de quantidades pequenas e a necessidade de tornar as prescrições renováveis. Quando, por razões financeiras, as pacientes precisam comprar grandes quantidades de uma vez, deve-se desenvolver um método para administrá-las em pequenas quantidades.

4. DISSIPAR DISPUTAS DE PODER COM ENCAMINHAMENTOS A OUTROS PROFISSIONAIS. Às vezes, a paciente deseja um regime de medicação diferente daquele que o terapeuta está disposto a prescrever. Se o terapeuta e a paciente não puderem chegar a um consenso sobre essa questão, o terapeuta deve considerar encaminhar a paciente para outro profissional para consultoria ou controle da medicação. A explicação para isso tem dois aspectos. Primeiro, o terapeuta deve aceitar que pode estar errado, ou que pode haver mais de uma maneira "certa" de lidar com os medicamentos. Em segundo lugar, o terapeuta e a paciente não precisam concordar imediatamente na questão. A longo prazo, é mais importante ensinar a paciente a usar recursos médicos de forma eficaz do que acertar a medicação em um exato momento.

PROTOCOLO HOSPITALAR

1. BATER ENQUANTO O FERRO ESTÁ QUENTE: EVITAR INTERNAÇÕES PSIQUIÁTRICAS

Na TCD, evita-se a hospitalização sempre que possível. Por enquanto, não existem dados empíricos que sugiram que a hospitalização aguda seja eficaz para reduzir o risco de suicídio, mesmo quando o indivíduo é considerado de alto risco. As evidências disponíveis também não sugerem que a hospitalização seja o tratamento de escolha para comportamentos *borderline*. O modelo de tratamento da TCD nesse sentido assemelha-se mais a um modelo de reabilitação médica: os terapeutas mantêm os indivíduos em seus ambientes estressantes e entram neles para ajudar os indivíduos a lidar com a vida como ela é. As pacientes se fortalecem dentro da situação, e não fora dela. Em uma situação de crise, a TCD diz que: "este é o momento de aprender novos comportamentos". A noção é "bater enquanto o ferro está quente". Tirar pacientes de ambientes estressantes é algo que suspende a terapia temporariamente e, às vezes, atua como um retrocesso na terapia. Desse modo, raramente é o tratamento de escolha.

2. RECOMENDAR HOSPITALIZAÇÃO BREVE... SOB CERTAS CONDIÇÕES

Não obstante esse viés, existem certas situações em que o terapeuta comportamental dialético recomenda ou considera o uso de hospitalizações breves. Essas situações são listadas no Quadro 15.8. Quando a hospitalização é recomendada, o terapeuta faz a maior parte do trabalho necessário para sua preparação. Ou seja, ele normalmente usa as estratégias de intervenção ambiental e prepara a admissão. O terapeuta deve ter conhecimento dos serviços de emergência e psiquiátricos agudos existentes na região, além de estar familiarizado com as necessidades de cada paciente para a admissão. Cada hospital terá suas próprias políticas e preferências. Além disso, as prioridades em termos do hospital devem corresponder às preferências das pacientes.

O terapeuta deve discutir sua política de hospitalização com a paciente durante a consultoria da terapia. Uma paciente pode, na opinião do terapeuta, necessitar

Quadro 15.8 Situações em que se deve recomendar ou considerar uma hospitalização psiquiátrica breve

Recomendar:
1. Paciente está em estado psicótico e ameaçando cometer suicídio, a menos que haja evidências convincentes para sugerir que não corre risco elevado.
2. Risco de suicídio é maior que o risco em uma hospitalização inapropriada. (Ver as estratégias para comportamento suicida para uma discussão a respeito.)
3. Ameaças de suicídio operante estão aumentando e a paciente não quer ser hospitalizada. A paciente não deve ser hospitalizada por um aumento no parassuicídio, a menos que o comportamento represente um perigo sério para a saúde ou a vida. (Ver as estratégias para comportamento suicida para uma discussão a respeito.)
4. Relação entre a paciente e o terapeuta está gravemente prejudicada, criando um risco de suicídio ou uma crise incontrolável para a paciente, e a consultoria externa parece necessária. A equipe de internação pode ser valiosa para aconselhar ambas as partes e ajudar a reparar a relação. Deve-se considerar uma reunião conjunta com o terapeuta, a paciente e um terapeuta da internação.
5. Paciente está tomando medicamentos psicotrópicos, tem histórico de abuso sério ou *overdose* de medicamentos, e está tendo dificuldades que necessitam de monitoramento minucioso da medicação e/ou dosagem.
6. Paciente precisa de proteção durante os primeiros estágios de tratamento de exposição para estresse pós-traumático, ou durante estágios posteriores que sejam particularmente difíceis. Isso deve ser programado em uma reunião completa com a equipe de internação. (Muitos membros de equipes de internação temem a "regressão" de pacientes e não querem ou não conseguem tratar pacientes que estejam fazendo tratamento de exposição.)
7. Terapeuta precisa de férias. Embora a TCD tenha um viés contrário à hospitalização, ela não defende que o terapeuta substitua o hospital. Às vezes, a paciente precisa de tanta ajuda durante um período de crise que o terapeuta se aproxima do esgotamento e simplesmente precisa de alguns dias longe dela. A TCD recomenda isso, desde que o terapeuta seja honesto com todos em relação à razão para tal. (Em minha experiência, as unidades de internação preferem usar terapeutas externos nesses casos.)

Considerar:
1. Paciente não tem respondido à TCD ambulatorial e está com depressão grave ou ansiedade debilitante.
2. Paciente está passando por uma crise avassaladora e não consegue enfrentá-la sozinha sem um risco significativo para si mesma, e não se pode encontrar outro ambiente seguro.
3. Existe psicose emergente pela primeira vez; deve haver psicose posteriormente, a paciente não consegue lidar facilmente com esse estado e tem pouco ou nenhum apoio social.

de hospitalização de emergência, mas recusar-se a ser hospitalizada. Essa situação está prevista em leis estaduais relacionadas com as condições e meios de tratamento involuntário. Os terapeutas devem estar plenamente familiarizados com os procedimentos de seu estado ou localidade, pois a crise não é o momento para aprendê-los. Como já falei antes, os terapeutas também devem saber o que pensam sobre a internação involuntária, e devem deixar isso claro para suas pacientes. Finalmente, os terapeutas devem ter os números de telefone necessários prontamente disponíveis para admissões de emergência, no trabalho e em casa.

3. SEPARAR O PAPEL DO TERAPEUTA PRIMÁRIO DO PAPEL DO MÉDICO DA INTERNAÇÃO

Na TCD padrão, o terapeuta primário não atua também como médico da paciente, e também não é quem interna a paciente. O terapeuta que deseja internar uma paciente em um hospital onde tem privilégios de admissão deve encontrar outra pessoa para internar a paciente. A explicação para isso é a mesma para o terapeuta primário não ser o farmacoterapeuta. Neste caso, o papel do terapeuta é orientar a paciente sobre a maneira apropriada de interagir com a equipe de internação. Uma tarefa recorrente geralmente é ensinar a paciente a comunicar-se sobre o comportamento suicida de maneira que não assuste a equipe desnecessariamente e crie consequências negativas para a paciente. Andar por aí ameaçando cometer suicídio em uma unidade de internação, por exemplo, não costuma ser uma estratégia muito eficaz. Ensinar à paciente como mesclar assertividade e a cooperação adequada, bem como aconselhá-la sobre como agir em um sistema às vezes arbitrário e com muito poder, também são questões comuns na consultoria. Um terapeuta primário que tenha o poder de manter a paciente no hospital ou deixá-la sair, ou de dar ou tirar privilégios, não pode ser um bom orientador.

4. ORIENTAR A PACIENTE EM QUESTÕES RELACIONADAS A UMA INTERNAÇÃO

Quando a paciente é admitida em uma unidade de internação, o terapeuta deve se manter no papel de consultor da paciente, guardadas as exceções descritas no Capítulo 13. O terapeuta deve esperar que a paciente tenha licença para frequentar as sessões individuais e o treinamento de habilidades, e arranjar transporte e uma companhia se necessário for. Em nossa experiência, como os membros da equipe de internação sabem que faltar a quatro sessões de tratamento agendadas, *por qualquer razão*, resulta no término da terapia externa, eles se preocupam em garantir que a paciente não falte. Se absolutamente essencial, o terapeuta pode atender a paciente na unidade de internação, para suas sessões individuais.

Quando solicitado, o terapeuta individual deve participar das reuniões da paciente com a equipe de internação. O ambiente de internação também pode ser um bom local para outras reuniões maiores com a paciente, como reuniões com familiares, com todos os terapeutas auxiliares e/ou com terapeutas auxiliares da TCD. Se não for solicitada uma reunião, mas o terapeuta acreditar que é aconselhável, a primeira abordagem deve ser ajudar a paciente a preparar e coordenar uma reunião. (Conforme observo no Capítulo 13, essa política pode não dar certo e gerar raiva contra a paciente quando a unidade de internação não tiver sido instruída para as estratégias de orientação à paciente da TCD.) Geralmente, é uma boa ideia manter-se em contato próximo com a paciente por telefone para monitorar o progresso. Costumo telefonar regularmente para pacientes internadas.

Diretrizes para quando a paciente quer ser hospitalizada e o terapeuta discordar

Muitas vezes, a paciente *borderline* quer ser hospitalizada e o terapeuta acredita não ser do seu interesse. Ela pode estar em meio a uma crise e sentindo-se suicida e pedir para ser internada. Em certas situações, pode ser extremamente difícil avaliar o risco real dessa pessoa e sua necessidade de hospitalização. Nessas situações, as diretrizes da TCD são as seguintes:

1. *Manter sua posição*. O fato de que a paciente sente que não consegue lidar com a vida fora do hospital sem se matar não significa que o terapeuta deva concordar com ela. O terapeuta pode acreditar (depois da avaliação de risco adequada) que ela é capaz de enfrentar a situação e sobreviver, pelo menos com ajuda.
2. *Validar o direito da paciente de manter sua posição*. Por outro lado, o fato de que o terapeuta pensa que a paciente pode lidar com a vida não significa que ela possa; o terapeuta pode estar errado. Nesse caso, é necessário ter honestidade, humildade e um espírito de disposição. O terapeuta deve incentivar a paciente a usar sua "mente sábia" para avaliar as duas posições, e deve aceitar o seu direito de manter uma posição independente da do terapeuta. Fingir que concorda com ela a rouba da oportunidade de aprender isso.
3. *Insistir que a paciente pode cuidar de si mesma*. O terapeuta deve dizer à paciente que, nessa situação, ela deve fazer o que acredita ser melhor para si, mesmo que o terapeuta discorde. Se acreditar que a hospitalização é importante, deve procurá-la. Ela deve seguir sua "mente sábia". Ela é a responsável final por sua própria vida, e deve cuidar dela.
4. *Ajudar a paciente a se internar*. O terapeuta deve ensinar a paciente a ser admitida em uma unidade de internação aguda hospitalar. Isso quase sempre é possível, é claro, se a paciente for até o setor de emergência e disser que vai se matar. Entretanto, existem várias opções menos drásticas, e o terapeuta deve orientar a paciente em relação a elas, dedicando-se tanto a ensiná-las quanto faria para ensinar uma opção de sua preferência.
5. *Não punir a paciente por ir contra seu conselho*. É absolutamente essencial não punir a paciente se ela for admitida em um hospital contra a orientação do terapeuta. A única coisa importante a considerar é se a paciente está agindo de acordo com a sua "mente sábia", no lugar de segundo a "mente emocional" ou (muito mais raramente) a "mente racional".

ESTRATÉGIAS PARA A RELAÇÃO

É essencial ter uma relação forte e positiva com a paciente suicida. Embora certas terapias possam ser eficazes com determinados indivíduos ou certas queixas na ausência de tal relação, ou com uma relação consideravelmente fraca, isso não se aplica ao trabalho com pacientes *borderline* suicidas. De fato, a força da relação é o que mantém uma paciente (e, com frequência, o próprio terapeuta) na terapia. Às vezes, se todo o resto falha, a força da relação é o que mantém a paciente viva durante uma crise. A eficácia de muitas estratégias e procedimentos da TCD, como motivação, validação emocional, controle das contingências e comunicação recíproca e irreverente, depende da presença de uma relação positiva entre a paciente e o terapeuta. Também existem ocasiões em que o relação positiva ajuda o terapeuta a manter uma aliança de trabalho com a paciente ou impede que ela responda com hostilidade, frustração ou outros comportamentos antiterapêuticos. Embora a TCD seja programada para promover a relação terapêutica, a força da relação promoverá, de maneira recíproca, a eficácia da TCD.

A relação terapêutica, na TCD, tem um duplo papel. Ela é o veículo pelo qual o terapeuta pode viabilizar a terapia, e também *é* a terapia. Existe uma tensão dialética entre essas duas visões. A segunda implica que a terapia terá êxito se o terapeuta conseguir agir de um determinado modo – nesse caso, compassivo, sensível, flexível, acrítico, aberto e paciente. Com uma relação com essas qualidades, as feridas das experiências passadas da paciente se curarão, suas deficiências evolutivas serão corrigidas, e seu potencial inato e capacidade de crescimento serão estimulados. O controle sobre o comportamento e o curso da terapia em geral reside principalmente com a paciente. Por outro lado, quando a relação terapêutica é utilizada como o veículo que conduz a terapia, o terapeuta controla a terapia com o consentimento da paciente. A relação então é um meio para um fim – um meio de ter suficiente contato e influência com a paciente para causar mudança e crescimento. Segundo essa visão, as feridas somente saram por causa da exposição ativa da paciente a condições semelhantes, mas benignas; as deficiências são corrigidas pela aquisição de estratégias de enfrentamento; e o crescimento ocorre porque é tornado mais gratificante do que outras alternativas.

Na TCD, existe uma dialética na relação terapêutica. O terapeuta deve encontrar o equilíbrio adequado entre essas duas abordagens a cada momento. "A relação como terapia" facilita a aceitação da cliente como ela é e o seu desenvolvimento. "A terapia por meio da relação" facilita ao terapeuta controlar o comportamento que a paciente não consegue controlar, bem como a aquisição de habilidades que a paciente antes desconhecia ou não consegue generalizar de maneira suficiente.

Antes que cada abordagem possa avançar, porém, deve haver uma relação entre a paciente e o terapeuta. Portanto, um dos objetivos da fase inicial da terapia é desenvolver o vínculo entre paciente e terapeuta rapidamente. Os meios para atingir isso são a ênfase na validação das experiências afetivas, cognitivas e comportamentais da paciente; a clareza do contrato (acabar com os comportamentos suicidas e construir uma vida que valha a pena); o foco nos comportamentos que interferem na terapia; contato e disponibilidade por meio de ligações telefônicas; o estilo de comunicação recíproca do terapeuta; e solução de problemas para sentimentos ligados à relação. Com esses procedimentos, o terapeuta estimula os sentimentos de vínculo e confiança da paciente. Igualmente importante, contudo, é o vínculo do terapeuta para com a paciente. Se o terapeuta sente ambivalência ou não gosta da paciente, isso será transmitido por meio de omissões, senão de ações diretas, e o relação sofrerá. A solução é facilitada pelo foco nos comportamentos suicidas (que reduzirão o estresse do terapeuta), comportamentos que interferem na terapia e sentimentos sobre a relação, bem como pela supervisão e consultoria.

A relação terapêutica geralmente não é tão intensa em outros modos de TCD, como no treinamento de habilidades e na terapia processual de grupo. No entanto, o vínculo entre paciente e terapeuta ainda é bastante importante e deve receber os mesmos tipos de atenção descritos. Como na terapia individual, a relação às vezes pode ser o único ingrediente terapêutico que mantém a paciente viva.

Embora a maioria das estratégias da TCD tratem e promovam a relação terapêutica, às vezes, é preciso um foco específico na relação. Existem três questões particularmente importantes, cada uma marcada por uma estratégia de relacionamento. Mais uma vez, essas estratégias não exigem nova aprendizagem, mas uma integração diferente de estratégias já discutidas. As estratégias são: (1) aceitação da relação, (2) solução de problemas na relação, e (3) generalização da relação terapêutica. A menos que se tenha uma abordagem dialética clara em mente, a presença de técnicas tão opostas, como a aceitação da relação e a solução de problemas na relação, no mesmo conjunto de estratégias parece paradoxal. As estratégias voltadas relação terapêutica são resumidas no Quadro 15.9.

1. ACEITAR A RELAÇÃO

Ao aceitar a relação, o terapeuta reconhece, aceita e valida a paciente e a si mesmo como terapeuta dessa paciente, bem como a qualidade da sua relação. Cada um é aceito *como é* no momento atual, o que inclui uma aceitação explícita do estágio do progresso terapêutico ou a falta dele. Aceitar a relação, como todas as outras estratégias de aceitação, não pode ser abordada como uma técnica de mudança – aceitação para passar de um determinado ponto. Aceitar a relação requer muitas coisas, mas, de maneira mais importante, requer a disposição de viver uma situação e uma vida repleta de dor, de sofrer juntamente com a paciente, e de não manipular o momento para parar com a dor. Muitos terapeutas não estão preparados para a dor que encontrarão ao tratar pacientes *borderline*, ou para os riscos profissionais, dúvidas pessoais e momentos traumáticos que encontrarão. Em nenhum lugar o velho ditado "se você não aguenta o calor, não entre na cozinha" é tão verdadeiro quanto no trabalho com pacientes suicidas e *borderline*. Além disso, uma tolerância elevada por críticas e afeto hostil e a capacidade de manter uma abordagem comportamental acrítica são extremamente importantes para a aceitação do relacionamento.

Dito de outra forma, aceitar a relação significa que o terapeuta deve mergulhar

Quadro 15.9   Lista de estratégias para relação

____ T formar vínculo com P.
____ T usar a relação para manter P viva.
____ T equilibrar a "relação como terapia" e a "terapia por meio da relação".
____ T ACEITAR a relação terapêutica como é no momento atual.
    ____ T aceitar e validar P como está no momento.
    ____ T aceitar a si mesmo como está no momento.
    ____ T aceitar o nível de progresso como está no momento.
    ____ T se dispor a sofrer com P.
    ____ T aceitar que haverá erros terapêuticos; T enfatizar a necessidade de corrigir os erros.
____ T focar a SOLUÇÃO DE PROBLEMAS na relação, quando surge um problema.
    ____ T pressupor que T e P estão motivados para resolver os problemas da relação.
    ____ T adotar uma postura dialética, acreditando que os problemas resultam dos procedimentos da terapia.
    ____ T discutir com a equipe de supervisão/consultoria sobre como corrigir erros na terapia.
____ T tratar diretamente da GENERALIZAÇÃO de comportamentos aprendidos na relação da terapia para outros relacionamentos.

Táticas anti-TCD

____ T manipular o momento para acabar com a dor.
____ T ser defensivo.
____ T pressupor que a aprendizagem na terapia se generalizará para fora da terapia.

radicalmente na relação terapêutica, encontrando-se com a paciente onde ela estiver no momento. "Encontrar a paciente onde ela está" pode ser um ditado banal, mas, em minha experiência com consultoria, é uma postura que os terapeutas de pacientes *borderline* consideram quase impossível. Aceitar a relação é "radical" porque não pode ser usada de maneira discriminatória. A aceitação radical não escolhe o que aceitar e o que não aceitar. Assim, ela exige a aceitação da paciente, de si mesmo, do empreendimento terapêutico, e do "estado da arte" sem distorção, sem acrescentar o juízo de bom e mau, e sem tentar manter ou livrar-se da experiência (no momento). Outra maneira de se pensar sobre a aceitação, incluindo a aceitação da relação, é que ela é a verdade radical. Significa enxergar a relação terapêutica de forma clara, sem a turvação do que se quer ou o que não se quer que ele seja. Do ponto de vista analítico, é a capacidade de responder, em privado e em público, sem uma postura defensiva.

Uma das coisas mais importantes que o terapeuta de uma paciente *borderline* deve aceitar é que haverá enganos terapêuticos. Os erros podem ser sérios e podem causar muito sofrimento à paciente e ao terapeuta. A TCD não coloca sua principal ênfase em evitar os enganos. Ao invés disso, a ênfase principal é em corrigir os enganos de maneira hábil e adequada. Pode-se entender um engano como um rasgo ou corte em um tecido. Um bom terapeuta comportamental dialético não é aquele que nunca rasga o tecido, mas o que sabe costurar bem e fazer bons reparos. Aprender que as relações podem ser reparadas talvez seja mais importante para uma paciente *borderline* do que aprender que os reparos não são necessários nesse relacionamento específico (ver Kohut, 1984, para uma visão semelhante).

2. SOLUÇÃO DE PROBLEMAS NA RELAÇÃO

Resolver problemas na relação é necessário sempre que o relacionamento for uma fonte de problemas para uma das duas partes. A infelicidade, insatisfação e raiva da paciente ou do terapeuta para com o outro são tratadas como um sinal de que o relacionamento precisa de atenção com solução de problemas. Todas as estratégias de solução de problemas discutidas no Capítulo 9 são apropriadas nesse sentido. A solução dos problemas no relação na TCD baseia-se na visão da relação terapêutica como um relacionamento "verdadeiro", no qual ambas as partes podem ser a fonte do problema.

Elementos comuns em reuniões para discutir pacientes *borderline* são comentários relacionados com a maneira como uma certa paciente está "jogando", está tentando manipular o terapeuta, está tentando "dividir a equipe" ou está tentando pegar o terapeuta e destruir a terapia. A ideia é que, se a paciente está agredindo, humilhando ou enraivecendo o terapeuta, ou causando problemas, essa deve ser a sua intenção (seja consciente ou inconsciente). Como enfatizei repetidas vezes, esse raciocínio baseia-se em uma lógica equivocada. Os terapeutas muitas vezes sentem que a paciente *borderline* tem uma capacidade fantástica de descobrir seus pontos fracos e atacá-los. Duvido disso. Creio que as pacientes *borderline* muitas vezes têm tantos comportamentos interpessoais problemáticos que, pela lei das probabilidades, são prováveis de acertar um ponto fraco em quase todos os terapeutas.

As pacientes, é claro, têm diversas queixas sobre seus terapeutas, que discuti extensivamente no Capítulo 5, e não vou entrar nelas novamente aqui. A maioria dos problemas tem a ver com a paciente querer mais respeito, mais reciprocidade emocional, menos arbitrariedade e mais ajuda. Acima de tudo, as pacientes *borderline* querem ser ouvidas. (Mais de uma paciente clínica nos disse que nossa disposição para admitir erros é uma das suas partes preferidas da TCD.)

A abordagem geral para tratar os comportamentos da paciente e do terapeuta que interferem no relacionamento é abordá-los como problemas a ser resolvidos, pressupor que os indivíduos estejam motivados para resolver problemas na relação terapêutica e acreditar que esses problemas podem ser resolvidos. Não se *pressupõe* que um ou outro lado seja mais responsável pelos problemas que surgem. Essa abordagem muitas vezes proporciona uma mudança distinta na relação com a paciente. A ideia de que a paciente está causando problemas, no lugar de fazer o melhor para se ajudar, repete uma comunicação comum que ela recebeu por toda a sua vida. Quando autoinvalidante, a paciente enxerga todos os problemas do relação como culpa sua. No outro extremo, ciente de que está fazendo o melhor que pode, ela pode atribuir todos os problemas do relacionamento a falhas do terapeuta. Os terapeutas às vezes apresentam uma tendência semelhante de atribuir a culpa de todos os problemas do relação a uma patologia da paciente. Com menos frequência, atribuem todos os problemas a deficiências pessoais e à "contratransferência". A verdade, é claro, está em algum lugar no meio do contraste dialético.

Onde e como os problemas da relação terapêutica podem ser discutidos e resolvidos dependem até um certo grau de onde o problema está acontecendo (terapia de grupo ou terapia individual), qual é o problema, e quem está infeliz (a paciente ou o terapeuta). Os problemas de relação na terapia de grupo podem ser abordados dentro do ambiente do grupo ou individualmente. (Vários fatores fazem parte da decisão, como restrições de tempo nas sessões de grupo e a capacidade da paciente de trabalhar com seu próprio comportamento dentro do grupo.) Alguns problemas, como medo ou raiva tão extremos que a paciente não consiga retornar ou erros sérios do terapeuta no relação que não são admitidos durante a sessão (de grupo ou individual), podem ser tratados pelo telefone. Muitas vezes, o impacto de uma interação não é entendido plenamente até depois da sessão. Telefonemas para aliviar uma sensação de alienação ou resolver uma raiva intolerável são aceitáveis na TCD. Essa questão foi discutida de maneira mais plena em conexão com as estratégias de uso do telefone.

Comportamentos do terapeuta que causam problemas na relação são tratados em reuniões da equipe de consultoria, na supervisão individual ou com a paciente, na sessão de terapia. As queixas da paciente para o terapeuta, sobre o seu comportamento, sempre são discutidas na terapia. Geralmente, a chave para a solução é o terapeuta se manter aberto ao fato de que houve um engano (quando esse realmente for o caso). Embora a influência do comportamento da paciente sobre o do terapeuta (e vice-versa) seja um importante tema de discussão, o terapeuta deve ter cuidado para não direcionar a discussão para culpar a paciente pelo comportamento inadequado do terapeuta. Os problemas que interferem no relacionamento que não são levantados pela paciente geralmente são resolvidos nas reuniões de consultoria ou supervisão individual. Nessas situações, os colegas aplicam estratégias de TCD ao terapeuta.

3. GENERALIZAR A RELAÇÃO

A generalização da relação terapêutica para outros relacionamentos não é algo que a TCD considere automático. Embora existam muitas diferenças entre uma relação terapêutica e um relacionamento "verdadeiro", o terapeuta deve usar os momentos de dificuldades e solução de problemas no relação para explorar as semelhanças com relacionamentos da vida da paciente e para sugerir como abordagens análogas podem ser produtivas. Quando a relação está bem, esse fato deve ser reconhecido, e a relação com o terapeuta deve ser comparado a outros relacionamentos que a paciente tenha. Essa comparação pode enfatizar a que a paciente quer de um relacionamento e o que está faltando em suas relações cotidianas. Todas as estratégias de generalização de habilidades, discutidas no Capítulo 11, devem ser empregadas aqui.

Comentários finais

O único protocolo que não está incluído neste livro é o protocolo para conduzir o treinamento de habilidades comportamentais com pacientes *borderline*. O conteúdo e o processo do treinamento de habilidades são tratados em detalhe no manual que acompanha este livro. As habilidades são descritas no Capítulo 5, e os procedimentos de treinamento de habilidades para a terapia individual são descritos no Capítulo 11. O importante a lembrar é que, seguindo o manual ou não, você deve ensinar a paciente *borderline* a responder e agir de maneira diferente do que faz. Sua tarefa como terapeuta é ensinar, treinar, persuadir e conduzi-la suavemente para uma nova maneira de ser e de agir neste mundo. As estratégias descritas neste capítulo são veículos para manter o modelo de tratamento em existência, enquanto você ensina o que for necessário e a paciente aprende como ser diferente.

APÊNDICE 15.1
Escala para avaliação da letalidade*

0.0 A morte é impossível como resultado do comportamento "suicida".

Cortes: Arranhões leves que não rompam a pele; geralmente feitos com anéis de lata de refrigerante, plásticos, alfinetes, clipes de papel; reabrir feridas antigas também está incluído neste nível. Feridas que exijam sutura devem ser classificadas em um nível superior.

Ingestão: Inclui tomar *overdoses* leves e engolir objetos, como dinheiro, clipes de papel e termômetros descartáveis. Dez ou menos comprimidos de ácido acetilsalicílico, Tylenol, "remédios para gripe", laxantes ou outros medicamentos vendidos sem prescrição médica; doses leves de tranquilizantes ou medicamentos prescritos (geralmente menos de 10 pílulas). Colocar cacos de vidro na boca mas não engolir seria classificado nesta categoria.

Outros: Atos claramente ineficazes, que a paciente geralmente apresenta para a equipe ou outras pessoas (p.ex., sair no clima frio apenas de camisola ou depois de dizer aos pais que vai cometer suicídio "morrendo congelada").

1.0 A morte é altamente improvável. Se ocorrer, é resultado de complicações secundárias, um acidente ou circunstâncias muito inusitadas.

---

* De *The Suicidal Patient: Clinical and Legal Standards of Care* (pp. 277-283), por B. Bongar, 1991, Washington, DC: American Psychological Association. Copyright 19991 American Psychological Association. Reimpresso sob permissão. Atualizado e revisado por Bongar, a partir de "Lethality of Suicide Attempt Rating Scale", de K. Smith, R. W. Conroy, e B. D. Ehler, 1984. *Suicide and Life-Threatening Behavior*, 14(4), 215-242. Copyright 1984 Guilford Publications, Inc. Adaptado sob permissão. Essa escala de pontos foi sugerida originalmente por T. L. MacEvoy (1974).

Cortes: Cortes superficiais sem lesões em tendões, nervos ou vasos sanguíneos. Essas feridas podem exigir pequenas suturas. Os cortes são feitos com algo afiado, como uma lâmina de barbear. Pouquíssima perda de sangue. Arranhões (ao contrário de cortes) no pescoço inicialmente são classificados aqui.

Ingestão: Tomar *overdoses* relativamente pequenas ou engolir cacos de vidro ou de cerâmica sem fio, fatos que a paciente geralmente traz à atenção da equipe. Vinte ou menos comprimidos de ácido acetilssalicílico, laxantes e/ou medicamentos vendidos sem prescrição médica (p.ex., Sominex, difenidramina, 15 ou menos Tylenol). Pequenas doses de medicamentos potencialmente letais (p.ex., seis secobarbital) também são comuns; menos de 20 cápsulas de Thorazina (10mg).

Outros: Amarrar um cordão, linha ou fio de lã no pescoço e mostrar para a equipe.

2.0 A morte é improvável como resultado do ato. Se ocorrer, provavelmente se deva a efeitos secundários imprevisíveis. Com frequência, o ato é cometido em um ambiente público ou relatado pela pessoa ou por outros. Quando é necessária ajuda médica, não é exigida para a sobrevivência.

Cortes: Pode receber, mas geralmente não *exige* intervenção médica para sobreviver.

> *Exemplos*: Cortes relativamente superficiais com um instrumento afiado que pode envolver uma leve lesão nos tendões. Cortes em braços, pernas e pulsos que exijam sutura. Cortes no lado do pescoço são classificados inicialmente nesta categoria e não devem necessitar de sutura.

Ingestão: Pode receber mas geralmente não *exige* intervenção médica para sobreviver.

> *Exemplos*: Trinta ou menos comprimidos de ácido acetilsalicílico e/ou outros medicamentos vendidos sem prescrição médica; menos de 100 laxantes; 25 ou menos Tylenol de intensidade média; beber líquidos tóxicos (300 gramas ou menos), xampu ou adstringente, fluido de isqueiro ou outros produtos à base de petróleo (menos de 50 gramas). Pequenas doses de medicamentos potencialmente letais (p.ex., 21 Darvon de 65mg, 12 cápsulas de Fiorinal, "*overdose* de fenobarbital, mas apenas para deixar bastante grogue", 10 a 15 cápsulas de 50mg de Thorazina), quantidades maiores de Aspirina podem ser tomadas quando a paciente notifica a equipe dentro de alguns minutos). Quatorze ou menos cápsulas de carbonato de lítio. A paciente pode engolir pequenas quantidades de produtos de limpeza ou fluidos como limpador Comet (menos de quatro colheres).

Outros: Métodos não letais, geralmente impulsivos e ineficazes.

> *Exemplos*: Inalar desodorante sem causar problemas respiratórios, engolir cacos de vidro afiado, evidências de tentativa fracassada de se sufocar com fronha (p.ex., abrasões do tipo *rash*).

3.5 A morte é improvável, desde que a vítima ou outra pessoa administre primeiros socorros. A vítima geralmente comunica ou comete o ato de maneira pública ou não toma medidas para se esconder ou ocultar a lesão.

Cortes: Cortes profundos envolvendo lesões nos tendões (ou cortes) e possivelmente lesões nos nervos, vasos sanguíneos e artérias; cortes no pescoço que exijam suturas, mas não tenham cortado vasos importantes. A perda de sangue geralmente é menor que 100 cc. Cortes no pescoço vão além de arranhões, mas não chegam a cortar veias ou artérias importantes.

Ingestão: *Overdose* significativa e pode corresponder à parte inferior da faixa LD_{50}*.

---

* N. de R. LD_{50}, da sigla inglesa, que significa *Lethal Dosis 50%*, dose letal para 50% da população em teste.

Exemplos: Menos de 60 comprimidos de ácido acetilssalicílico ou similares vendidos sem prescrição médica. Doses maiores podem ser tomadas, mas a paciente garante que haja intervenção. Mais de 100 laxantes; 50 ou menos Tylenol. *Overdoses* potencialmente letais (p.ex., 60 cápsulas de fenitoína e meio copo de rum), mas feito de maneira a garantir que haja intervenção (p.ex., na frente da equipe de enfermagem, contando a alguém dentro de uma hora). Sinais de perturbação psicológica podem estar presentes, como náusea, pressão sanguínea elevada, alterações respiratórias, convulsões e alterações da consciência aproximando-se de coma. Fluido de isqueiro (80 gramas ou mais); 15 a 20 cápsulas de carbonato de lítio.

Outros: Atos possivelmente sérios que a paciente em seguida traz à atenção da equipe (p.ex., amarrar um cadarço apertado ao redor do pescoço, mas procurar a equipe imediatamente).

5.0 A morte tem 50% de probabilidade, direta ou indiretamente, ou, na opinião da pessoa média, o método escolhido tem resultado questionável. Use esta classificação apenas quando (a) os detalhes forem vagos; (b) não haja como comprovar a adequação nos itens 3.5 ou 7.0.

Cortes: Cortes graves que resultem em considerável perda de sangue (mais de 100 cc) com alguma chance de morte. Os cortes podem ser acompanhados por uso de álcool ou drogas, que podem obscurecer a questão.

Ingestão: Relatos de quantidades vagas mas possivelmente significativas de medicamentos letais. Quantidades desconhecidas de drogas que sejam letais em pequenas dosagens também se aplicam aqui.

Exemplos: "Tomar uma grande quantidade de hidrato de cloral e Doriden"; "tomou 60 comprimidos de ácido acetilssalicílico e uma quantidade indeterminada de outros medicamentos".

Outros: Atos potencialmente letais.

Exemplos: Tentar inserir dois fios desencapados em uma tomada elétrica com um enfermeiro presente na sala; pular de cabeça de um carro dirigido por um membro da equipe a 50 quilômetros por hora; desenroscar uma lâmpada do saguão e colocar o dedo no soquete com outras pacientes ao redor.

7.0 *A morte é o resultado provável, a menos que haja primeiros socorros ou atenção médica "imediatos" e "vigorosos" da própria vítima ou de outro agente. Um ou ambos os seguintes fatores também estão presentes: (a) comunica (direta ou indiretamente); (b) comete ato em público ou onde provavelmente receba ajuda ou seja descoberta.*

Cortes: Cortes graves.

Exemplos: Fugir e "cortar o pescoço com lâmina" (com corte na jugular), mas retornar sozinha ao hospital e pedir ajuda; enquanto está só, corta cabeça com caco de vidro e "quase sangra até a morte" – telefona para o médico depois de se cortar. Fugir e cortar-se gravemente em um banheiro público ou motel – cortes levam a choque hemorrágico com choque vascular – paciente faz pedido direto de ajuda depois de se cortar.

Ingestão: Medicamentos e quantidades potencialmente letais. Envolveria uma dose que, sem intervenção médica, mataria a maioria das pessoas (geralmente no extremo superior da faixa LD_{50} ou além).

Exemplos: Fugir e ingerir aproximadamente dois vidros de comprimidos de ácido acetilssalicílico e depois voltar ao hospital; 50 Tylenol de intensidade forte, fugir para um motel e ingerir grandes quantidades de Inderal, flunazepan, Melleril e um litro de uísque, e fazer comunicações indiretas de perturbações; tomou 23 cápsulas de 100mg de fenobarbital, mas contou imediatamente à colega de quarto, que contou a alguém da equipe; 16 a 18 cápsulas de Nembutal – deixou bilhete com amiga, que não viu, quase resultando na morte da paciente.

Outros: Ações letais realizadas de um modo que maximize as chances de intervenção.

> *Exemplos*: Amarrou toalha apertada ao redor do pescoço – cortando o ar – tentou desamarrar, mas desmaiou e caiu no chão – encontrada cianótica e em parada respiratória – havia visto membros da equipe em ronda antes da tentativa; cordão amarrado várias vezes ao redor do pescoço e à cama – rosto ruborizado quando encontrada.

8.0 *A morte normalmente seria considerada o resultado provável do ato suicida, a menos que salva por outro agente, em um risco "calculado" (p.ex., ronda da enfermagem ou esperando colega de quarto ou cônjuge em um determinado momento). Um dos seguintes deve ocorrer: (a) não faz comunicações diretas; (b) comete o ato em particular.*

Cortes: Vários cortes grandes, com muita e rápida perda de sangue. Pode ocultar parcialmente da equipe, cônjuge ou amigos.

> *Exemplos*: Paciente foi ao banheiro do quarto, deixou a porta aberta e cortou o pulso gravemente, resultando em muita perda de sangue; a morte teria ocorrido se não tivesse sido encontrada 30 minutos depois pela equipe de enfermagem em sua ronda.

Ingestão: Doses claramente letais e nenhuma comunicação.

> *Exemplos*: Tomar uma dose letal de barbitúricos, mas vomitar antes de entrar em coma; *overdose* com 900 mg de Stelazine sozinha no apartamento; *overdose* de fanobarbital e álcool, encontrada em coma na cama. Tomou 20 secobarbital e ficou muito sonolenta enquanto visitava amigos – os amigos ficaram desconfiados e a levaram para a emergência – em coma por 36 horas; tomou 15 secobarbital – encontrada inconsciente em casa, na banheira com água morna.

Outros: Mais comuns aqui são os enforcamentos e sufocações que podem ou não ter êxito, mas que são realizados de maneira que possa haver uma chance calculada de intervenção.

> *Exemplos*: Amarrar cinto muito apertado no pescoço e se enforcar no banho; amarrou cadarço levemente ao redor do pescoço e foi para a cama – encontrada cianótica na ronda; bloqueou vias aéreas com plástico e amarrou uma meia ao redor do pescoço – encontrada na cama murmurando e pálida, mas não cianótica; foge e tenta se afogar em lago próximo, mas em plena luz do dia; salta na frente de carro veloz (mais de 50 km/h); saco plástico na cabeça – encontrada profundamente cianótica; jogou roleta russa e tirou "passar".

9.0 *A morte é um resultado altamente provável: intervenção "fortuita" e/ou circunstância imprevista pode salvar a vítima. Também existem duas das seguintes condições: (a) não faz nenhuma comunicação; (b) tenta ocultar ato da atenção dos atendentes; (c) institui precauções para não ser encontrada (p.ex., fugir).*

Cortes: Cortes graves, geralmente múltiplos, envolvendo perda grave de sangue.

> *Exemplos*: Corte grave no braço com lâmina e sangrar no cesto do lixo e ir para a cama (era hora de dormir, então ir para a cama não levantou suspeitas) – encontrada inconsciente e em choque; arrancar um pedaço de pele de 2cm do pulso com mordidas selvagens, perdendo dois litros de sangue, e encontrada em choque sob as cobertas; cortar pescoço no banheiro da oficina de artesanato (quando a oficina estava fechada) com lâmina de 10cm, encontrada inconsciente; cortar a garganta gravemente com uma garrafa de refrigerante quebrada no banheiro da unidade – quando a maioria das pacientes estava fora da unidade – dificuldade para respirar quanto encontrada; cortar pescoço e pulso na banheira em casa – morreu afogada – "esperava" que o marido descobrisse.

Ingestão: Doses claramente letais

> *Exemplos*: Beber vários mililitros de acetona – encontrada coberta na cama gaguejando, pálida e com grande quantidade de espuma saindo da boca – levemente em coma; tomou 30 cápsulas de 500mg de Doriden antes de ir para a cama – na cama, parecia estar dormindo, mas na verdade estava inconsciente em coma profundo.

Outros: Meios altamente letais empregados.

> *Exemplos*: Saco plástico sobre a cabeça, amarrado com cachecol – encontrada inconsciente com cabeça dentro do vaso sanitário; entrou com o carro de frente em um caminhão de gasolina, mas sobreviveu com pequenos arranhões e concussões; inseriu saco plástico nas narinas e na faringe oral, fechando as vias aéreas totalmente – parecia estar dormindo e sob as cobertas; fugiu para outra cidade de carro, colocou mangueira plástica no escapamento e morreu sufocada em estacionamento; enforcou-se no armário com a porta fechada – não respirava quando a corda foi cortada; saltou de uma ponte de 30m na água – estava inconsciente quando encontrada. Tiro na região torácica (se arma de fogo é usada, classificação 10.0); saltou de cabeça de edifício de três andares.

10.0 *A morte é quase certa, independente das circunstâncias ou intervenções de agentes externos. A maioria das pessoas nesse nível morre logo após a tentativa. Poucas sobrevivem, sem serem responsáveis por isso.*

Cortes: Cortes tão graves quanto no item 9.0, mas a probabilidade de intervenção é ainda mais remota. Perda de sangue grave e rápida.

> *Exemplos*: Fugir para uma casa vazia e cortar os pulsos e o pescoço gravemente com uma lâmina – quando chegou, a paciente estava sentada em um grande lago de sangue, ameaçou o policial com a lâmina.

Ingestão: Devido ao tempo geralmente necessário para que uma toxina faça efeito, existem pouquíssimos casos de *overdoses* que possam ser considerados tão sérios assim.

> *Exemplos*: Alguns que foram sérios: ingerir lustra-móveis, tinta, *thinner*, e muitos medicamentos vendidos sob prescrição médica enquanto estava sozinha em casa e sem ninguém para chegar; *overdose* com grandes quantidades de flunazepan e barbitúricos com o marido viajando e sem filhos ou outras companhias na casa; ingerir 60 Nembutal, ir para bosque isolado no inverno e cobrir-se com folhas que a fizeram não ser encontrada por vários dias.

Outros: Estes são os tipos mais comuns de tentativas neste nível.

> *Exemplos*: Saltar de um prédio alto (quatro andares ou mais); saltar na frente de carros na estrada e ser atingido; fugir e enforcar-se no banheiro da academia de ginástica à noite; fugir e afogar-se em um lago, em um horário sem atividade no parque e quando não seria esperada na unidade; tiros na cabeça e qualquer iniciativa envolvendo armas.

Nota

1 Esses fatores de risco são para pacientes adultas. Os fatores de risco para crianças e adolescentes, ainda que semelhantes, diferem em aspectos importantes. Ver Berman e Jobes (1992) e Pfeffer (1986) para revisões dos fatores de riscos para crianças e adolescentes.

APÊNDICE: SUGESTÕES DE LEITURA

* Bastante recomendado

** Bastante recomendado (um ou mais) para leitores sem experiência em terapia comportamental

Barker, P. (1985). *Using metaphors in psychotherapy.* New York: Brunner/hazel.

As metáforas são cruciais na TCD e representam um conjunto importante de estratégias dialéticas. Esse livro traz uma interessante discussão sobre a metáfora e a psicoterapia e também dá exemplos de muitas metáforas potencialmente úteis na TCD.

* Barlow, D. H. (1988). *Anxiety and its disorders: The nature and treatment of anxiety and panic.* New York: Guilford Press.

O livro de Barlow é um dos melhores recursos existentes para o tratamento de transtornos da ansiedade. Barlow faz uma boa descrição da teoria e pesquisa sobre o papel do "processamento emocional" e estratégias de exposição na terapia. A teoria e o tratamento também são aplicáveis à vergonha e à culpa – emoções fundamentais abordadas na TCD. Compreender os argumentos usados aqui é importante para a aplicação de estratégias de exposição na TCD, pois muitos (ou a maioria) dos indivíduos *borderline* têm fobia a emoções.

* Basseches, M. (1984). *Dialectical thinking and adult development.* Norwood, NJ: Ablex.

Esse livro faz uma excelente síntese do que significa o "estilo de pensamento dialético". Também traz uma breve revisão da filosofia dialética. Entender os argumentos apresentados aqui é essencial para conduzir TCD.

* Berg, J. H. Responsiveness and self-disclosure. In V. J. Derlega & J. H. Berg (Eds.), *Self-disclosure: Theory, research, and therapy.* New York: Plenum Press.

A responsividade e a autorrevelação formam a espinha dorsal das estratégias de comunicação recíproca. Esse é um ótimo reumo dos princípios.

* Bongar, B. (1991). *The suicidal patient: Clinical and legal standards of care.* Washington, DC: American Psychological Association.

Esse livro traz uma excelente síntese de questões clínicas e legais que permeiam o tratamento de comportamentos suicidas. É um dos melhores guias clínicos publicados até hoje. Bongar revisa a literatura teórica e empírica sobre comportamentos suicidas de alto risco, e sintetiza os precedentes jurídicos relacionados com o tratamento de pacientes suicidas. O livro apresenta estratégias de controle do risco no contexto de recomendações clinicamente sensíveis para o tratamento. Diversas escalas de avaliação são apresentadas no final do livro.

Egan, G. (1982). *The skilled helper: Model, skills, and methods for effective helping* (2nd ed.). Monterey, CA: Brooks/Cole. (Ver especialmente os Capítulos 3,4 e 5.)

Os dois primeiros passos na validação – observar e descrever (escuta ativa, empatia precisa) – são descritos e discutidos minuciosamente. As discussões sobre o respeito, a genuinidade e a influência social são relevantes para estratégias de comunicação recíproca.

* Hanh, T. N. (1976). *The miracle of mindfulness: A manual on meditation.* Boston: Beacon Press.

Esse livro apresenta a fundamentação racional e os métodos da prática da atenção plena. Embora tenha uma orientação essencialmente espiritual, a abordagem não é religiosa. A atenção plena é a qualidade de estar desperto. Entendê-la é crucial para ensinar as habilidades nucleares da atenção plena. A importância da "aceitação" é enfatizada na prática da atenção plena. Assim, não é possível conduzir TCD sem um entendimento íntimo dessa prática.

Hollandsworth, J. G. (1990). *The physiology of psychological disorders: Schizophrenia, depression, anxiety, and substance abuse.* New York: Plenum Press.

A TCD baseia-se em uma teoria biossocial do comportamento e dos transtornos comportamentais. Desse modo, é muito importante ter uma compreensão razoável de como a biologia, o ambiente e a experiência interagem para influenciar o funcionamento. O modelo sistêmico do funcionamento apresentado por Hollandsworth é compatível com a visão dialética biossocial. O livro proporciona uma ótima introdução para a genética comportamental e para a literatura de pesquisa sobre fatores físicos, bioquímicos e psicofisiológicos envolvidos na esquizofrenia, depressão, ansiedade e abuso de substâncias.

* Kabat-Zinn, J. (1990). *Full catastrophe living: Using the wisdom of your body and mind to face stress, pain, and illness.* New York: Dell.

Esse livro descreve o programa da clínica de redução do estresse do Centro Médico da Universidade de Massachusetts. Embora tenha sido criado no contexto de um programa de medicina comportamental, o programa ensina uma ampla variedade de práticas de atenção plena. Como diz o autor, é um programa de treinamento autodirigido e intensivo na arte do viver consciente. É um recurso valioso para o terapeuta que deseja ampliar o treinamento de habilidades de atenção plena.

Kanter, J. (1989). Clinical case management: Definition, principles, components. *Hospital and Community Psychiatry, 40,* 361-368.

Um breve resumo de princípios de manejo de caso. Enfatiza a intervenção ambiental mais do que o faz a TCD, mas lida muito bem com as questões e a integração da orientação à paciente e intervenção ambiental.

Kohlenberg, R. J., & Tsai, M. (1991). *Functional analytic psychotherapy: Creating intense and curative therapeutic relationships.* New York: Plenum Press.

Esse livro descreve em ótimos detalhes como aplicar os princípios da aprendizagem operante no contexto de uma psicoterapia de orientação interpessoal e intensiva. São os mesmos princípios que estão por trás dos procedimentos de contingências na TCD. No terceiro (e último) estágio do tratamento, a TCD se assemelha muito e de várias maneiras a esse tratamento.

Kopp, S. B. (1971). *Metaphors from a psychotherapist guru.* Palo Alto, CA: Science & Behavior Books.

Kopp apresenta muitas metáforas de religiões primitivas, judaísmo, cristianismo, do Oriente, da Grécia e Roma antigas, da Renascença, de contos infantis e da ficção científica. Há uma ótima listagem no final do livro.

Maris, R. W., Berman, A. L., Maltsberger, J. T., & Yufit, R. I. (Eds.). (1992). *Assessment and prediction of suicide*. New York: Guilford Press.

Um folheto que sintetiza a literatura atual sobre a avaliação e a previsão de suicídio. Revisa e discute a maioria dos métodos de avaliação do suicídio, incluindo escalas de previsão de suicídio, testes psicológicos, entrevistas clínicas, e assim por diante.

** Martin, G., & Pear, J. (1992). *Behavior modification: What it is and how to do it* (4th ed.). *Part II. Basic behavioral principles and procedures*. Englewood Cliffs, NJ: Prentice-Hall.

Uma ótima revisão básica de princípios da modificação comportamental, incluindo condicionamento operante e clássico, moldagem, cadeia de eventos, etc. É especialmente relevante para os procedimentos de treinamento de habilidades e contingência.

** Masters, J. C., Burish, T. G., Hollon, S. T., & Rimm, D. C. (1987). *Behavior therapy: Techniques and empirical findings* (3rd. ed.). New York: Harcourt Brace Jovanovich.

Uma ótima síntese básica de técnicas de terapia comportamental. Os capítulos são organizados por técnicas no lugar de transtornos. Um ótimo apêndice trata dos princípios da aprendizagem.

* Whitaker, C. A., Felder, R. E., Malone, T. P., & Warkentin, J. (1982). First-stage techniques in the experimental psychotherapy of chronic schizophrenic patients. In J. R. Neill & D. P. Kniskem (Eds.), *From psyche to system: The evolving therapy of Carl Whitaker*. New York: Guildford Press. (Original publicado em 1962.)

As técnicas iniciais para trabalhar com pacientes esquizofrênicos são bastante semelhantes às estratégias de comunicação irreverente usadas na TCD. Esse capítulo é um bom resumo de vários exemplos. Algumas das técnicas sugeridas por Whitaker e seus colegas não seriam usadas na TCD porque são suscéptíveis demais a abuso ou uso indevido. Além disso, o estilo pessoal é importante nesse caso, e muitas simplesmente não se encaixam no meu estilo.

Wilber, K. (1981). *No boundary: Eastern and Western approaches to personal growth*. Boulder, CO: New Science Library.

Wilber faz uma descrição convincente de como criamos polaridades, limites e partes do todo. Entender a unidade essencial das polaridades e a natureza artificial desses limites é essencial para a visão dialética.

REFERÊNCIAS

Abel, E. L. (1981) Behavioral teratology of alcohol. *Psychological Bulletin, 90,* 564-581.

Abel, E. L. (1982). Consumption of alcohol during pregnancy: A review of effects on growth and development of offspring. *Human Biology, 54,* 421-453.

Adam, K. S., Bouckoms, A., & Scan, G. (1980). Attempted suicide in Christchurch: A controlled study. *Australian and New Zealand Journal of Psychiatry, 14,* 305-314.

Adler G. (1985). *Borderline psychopathology and its treatment.* New York: Aronson.

Adler, G. (1989). Psychodynamic therapies in borderline personality disorder. In A. Tasman, R. E. Hales, & A. J. Frances (Eds.), *Review of psychiatry* (vol. 8, pp. 49-64) Washington, DC: American Psychiatric Press.

Aitken, R. (1987). The middle way. *Parabola, 12* (9), 40-43.

Akhtar, S., Byrne, J. P., & Doghramji, K. (1986). The demographic profile of borderline personality disorder. *Journal of Clinical Psychiatry, 47,* 196-198.

Akiskal, H. S. (1981). Subaffective disorders: Dysthymic, cyclothymic and bipolar II disorders in the "borderline" realm. *Psychiatric Clinics of North America, 4,* 25-46.

Akiskal, H. S. (1983). Dysthymic disorder: Psychopathology and proposed chronic depressive subtypes. *American Journal of Psychiatry, 140,* 11-20.

Akiskal, H. S., Chen, S. E., Davis, G. C., Pusantian, V. R., Kashgariam, M., & Bolinger, J. M. (1985a). Borderline: An adjective in search of a noun. *Journal of Clinical Psychiatry, 46,* 41-48.

Akiskal, H. S., Yerevanian, B. I., Davis, G. C., King, D. & Lemmi, H. (1985b). The nosologic status of borderline personality: Clinical and polysomnograph study. *American Journal of Psychiatry, 142,* 192-198.

American Psychiatric Association. (1987). *Diagnostic and statistical manual of mental disorders* (3rd ed., rev.). Washington, DC: Author.

American Psychiatric Association. (1991). *DSM-IV options book: Work in progress.* Washington, DC: Author.

Andrulonis, P. A., Glueck, B. C., Stroebel, C. E, Vogel, N. G., Shapiro, A. L., & Aldridge, D. M. (1987). Organic brain dysfunction and the borderline syndrome. *Psychiatric Clinics of North America, 4,* 47-66.

Arnkoff, D. B. (1983). Common and specific factors in cognitive therapy. In M J. Lambert (Ed.), *Psychotherapy and patient relationships* (pp. 85-125). Homewood, IL: Dorsey Press.

Arnold, M. B. (1960). *Emotion and personality* (2 vols.). New York: Columbia University Press.

Arnold, M. B. (1970). Brain function in emotion: A phenomenological analysis. In P. Black (Ed.), *Physiological correlates of emotion* (pp. 261-285). New York: Academic Press.

Averill, J. R. (1968). Grief: Its nature and significance. *Psychological Bulletin, 70,* 721-748.

Bahrick, H. P., Fitts, P. M., & Rankin, R. E. (1952). Effect of incentives upon reactions to peripheral stimuli. *Journal of Experimental Psychology, 44,* 400-406.

Bancroft, J., & Marsack, P. (1977). The repetitiveness of self-poisoning and self-injury. *British Journal of Psychiatry, 131*, 394-399.

Bandura, A. (1973). *Aggression: A social learning analysis.* Englewood Cliffs, NJ: Prentice-Hall.

Barker, P. (1985). *Using metaphors in psychotherapy.* New York: Brunner/Mazel.

Barley, W. D., Buie, S. E., Peterson, E. W., Hollingsworth, A. S., Griva, M., Hickerson, S. C., Lawson, J. E., & Bailey, B. J. (no prelo). The development of an inpatient cognitive-behavioral treatment program for borderline personality disorder. *Journal of Personality Disorders.*

Barlow, D. H. (1988). *Anxiety and its disorders: The nature and treatment of anxiety and panic.* New York: Guilford Press.

Baron, M., Gruen, R. Asnis, & Lord, S. (1985). Familial transmission of schizotypal and borderline personality disorders. *American Journal of Psychiatry, 142*, 927-933.

Basseches, M. (1984). *Dialectical thinking and adult development.* Norwood, NJ: Ablex.

Baumeister, R. F. (1987). How the self became a problem: A psychological review of historical research. *Journal of Personality and Social Psychology, 52*,163-176.

Beck, A. T. (1976). *Cognitive therapy and the emotional disorders.* New York: International Universities Press.

Beck, A. T., Brown, G., & Steer, R. A. (1989). Prediction of eventual suicide in psychiatric inpatients by clinical ratings of hopelessness. *Journal of Consulting and Clinical Psychology, 57*, 309-310.

Beck, A. T., Brown, G., Steer, R. A., Eidelson, J. I., & Riskind, J. H. (1987). Differentiating anxiety and depression: A test of the cognitive content-specificity hypothesis. *Journal of Abnormal Psychology, 96*, 179-183.

Beck, A. T., Davis, J. H., Frederick, C. J., Perlin, S., Pokorny, A. D., Schulman, R. E., Seiden, R. H., & Wittlin, B. J. (1973). Classification and nomenclature. In H. L. P. Resnick & B. C. Hawthorne (Eds.), *Suicide prevention in the 70's* (pp. 7-12). Rockville, MD: Center for Studies of Suicide Prevention, National Institute of Mental Health.

Beck, A. T., Freeman, A., & Associates. (1990). *Cognitive therapy of personality disorders.* New York: Guilford Press.

Beck, A. T., Rush, A. J., Shaw, B. E, & Emery, G. (1979). *Cognitive therapy of depression.* New York: Guilford Press.

Beck, A. T., Steer, R. A., Kovacs, M., & Garrison, B. (1985). Hopelessness and eventual suicide: A ten year prospective study of patients hospitalized with suicidal ideation. *Journal of Personality and Social Psychology, 142, 559-563.*

Benjamin, L. S. (no prelo). *Interpersonal diagnosis and treatment of the DSM personality disorders.* New York: Guilford Press.

Berent, I. (1981). *The algebra of suicide.* New York: Human Sciences Press.

Berg, A. B., & Sternberg, R. J. (1985). A triarchic theory of intellectual development during adulthood. *Developmental Review, 5*, 334-370.

Berkowitz, L. (1983). Aversively stimulated aggression: Some parallels and differences in research with animals and humans. *American Psychologist, 38*, 1135-1144.

Berkowitz, L. (1989). Frustration-aggression hypothesis: Examination and reformation. *Psychological Bulletin, 106*, 59-73.

Berkowitz, L. (1990). On the formation and regulation of anger and aggression: A cognitive-neoassociationistic analysis. *American Psychologist, 45*, 494-503.

Berman, A. L., & Jobes, D. A. (1992). *Adolescent suicide: Assessment and intervention.* Washington, DC: American Psychological Association.

Bender, L. E., Engle, D., Ord-Beutler, M. E., Daldrup, R., & Meredith, K. (1986). Inability to express intense affect: A common link between depression and pain? *Journal of Consulting and Clinical Psychology, 54*, 752-759.

Bogard, H. M. (1970). Follow-up study of suicidal patients seen on emergency room consultation. *American Journal of Psychiatry, 126*, 1017-1020.

Bongar, B. (1991). *The suicidal patient: Clinical and legal standards of care.* Washington, DC: American Psychological Association.

Bower, G. H. (1981). Mood and memory. *American Psychologist, 36*, 129-148.

Brasted, W. S., & Callahan, E. J. (1984). A behavioral analysis of the grief process. *Behavior Therapy, 15*, 529-543.

Briere, J. (1988). The long-term clinical correlates of childhood sexual victimization. In R. A. Prentky & V. L. Quinsey (Eds.), *Human sexual aggression: Current perspectives* (pp. 327-334). New York: New York Academy of Sciences.

Briere, J. (1989). *Therapy for adults molested as children.* New York. Springer.

Briere, J., & Runtz, M. (1986). Suicidal thoughts and behaviours in former sexual abuse victims. *Canadian Journal of Behavioural Science, 18*, 413-423.

Bryer, J. B., Nelson, B. A., Miller, J. B., & Krol, P. A. (1987). Childhood sexual and physical abuse as factors in adult psychiatric illness. *American Journal of Psychiatry, 144*, 1426-1430.

Buck, R. (1984). The evolution of emotion communication. In R. A. Baron & J. Rodin (Eds.), *The communication of emotion* (pp. 29-67). New York: Guilford Press.

Bursill, A. E. (1958). The restriction of peripheral vision during exposure to hot and humid conditions. *Quarterly Journal of Experimental Psychology, 10*, 123-129.

Callahan, E. J., Brasted, W. S., & Granados, J. L. (1983). Fetal loss and sudden infant death: Grieving and adjustment for families. In E. J. Callahan & K. A. McCluskey (Eds.), *Life-span developmental psychology. Non-normative life events* (pp. 145-166). New York: Academic Press.

Callahan, E. J., & Burnette, M. M. (1989). Intervention for pathological grieving. *The Behavior Therapist, 12*, 153-157.

Callaway, E., III, & Stone, G. (1960). Re-evaluating focus of attention. In L. Uhr & J. G. Miller (Eds.), *Drugs and behavior* (pp. 393-398). New York: Wiley.

Cannon, S. B. (1983). A clarification of the components and the procedural characteristics of overcorrection. *Educational and Psychological Research, 3*, 11-18.

Carpenter, W. T. Gunderson, J. G., & Strauss, J. S. (1977). Considerations of the borderline syndrome: A longitudinal comparative study of borderline and schizophrenic patients. In P. Hartcollis (Ed.), *Borderline personality disorder: The concept, the syndrome, the patient* (pp. 231-253). New York: International Universities Press.

Carrol, J. F. X., & White, W. L. (1981). Theory building: Integrating individual and environmental factors within an ecological framework. In W. S. Paine (Ed.), *Job stress and burnout*. Beverly Hills, CA: Sage.

Chamberlain, P., Patterson, G., Reid, J., Kavanagh, K., & Forgatch, M. (1984). Observation of client resistance. *Behavior Therapy, 15*, 144-155.

Chatham, P. M. (1985). *Treatment of the borderline personality*. New York: Jason Aronson.

Cherniss, C. (1980). *Staff burnout: Job stress in the human services*. Beverly Hills, CA: Sage.

Chess, S., & Thomas, A. (1986). *Temperament in clinical practice*. New York: Guilford Press.

Cialdini, R. B., Vincent, J. E., Lewis, S. K., Catalan, J., Wheeler, D., & Darby, B. L. (1975). Reciprocal concessions procedure for inducing compliance: The door-in-the-face technique. *Journal of Personality and Social Psychology, 31*, 206-215.

Clarkin, J. F., Hurt, S. W., & Hull, J. W. (1991). Sub-classification of borderline personality disorder: A duster solution. Manuscrito inédito. New York Hospital-Cornell Medical Center. Westchester, NY

Clarkin, J. F., Marziali, E., & Munroe-Blum, H. (1991). Group and family treatments for borderline personality disorder. *Hospital and Community Psychiatry, 42*, 1038-1043.

Clarkin, J. F., Widiger, T. A., Frances, A., Hurt, S. W., & Gilmore, M. (1983). Prototypic typology and the borderline personality disorder. *Journal of Abnormal Psychology, 92*, 263-275.

Cornelius, J. R., Soloff, P. H., George, A. W. A., Schulz, S. C., Tarter, R., Brenner, R. P., & Schulz, P. M. (1989). An evaluation of the significance of selected neuropsychiatric abnormalities in the etiology of borderline personality disorder. *Journal of Personality Disorders, 3*, 19-25.

Cornsweet, D. J. (1969). Use of cues in the visual periphery under conditions of arousal. *Journal of Experimental Psychology, 80*, 14-18.

Costa, P. T., Jr., & McCrea, R. R. (1986). Personality stability and its implications for clinical psychology. *Clinical Psychology Review, 6*, 407-423.

Cowdry, R. W., & Gardner, D. L. (1988). Pharmacotherapy of borderline personality disorder: Alprazolam, carbamazepine, trifluoperazine, and tranylcypromine. *Archives of General Psychiatry, 45*, 111-119.

Cowdry, R. W., Pickar, D., & Davies, R. (1985). Symptoms and EEG findings in the borderline syndrome. *International Journal of Psychiatry in Medicine, 15*, 201-211.

Crook, T., Raskin, A., & Davis, D. (1975). Factors associated with attempted suicide among hospitalized depressed patients. *Psychological Medicine, 5*, 381-388.

Dahl, A. A. (1990, November). *The personality disorders: A critical review of family, twin, and adoption studies*. Artigo apresentado na NIMH Personality Disorders Conference, Williamsburg, VA.

Davids, A., & Devault, S. (1962). Maternal anxiety during pregnancy and childbirth abnormalities. *Psychosomatic Medicine, 24*, 464-470.

Deikamn, A. J. (1982). *The observing self. Mysticism and psychotherapy*. Boston: Beacon Press.

Dennenburg, V H. (1981). Hemispheric laterality in animals and the effects of early experience. *Behavioral and Brain Sciences, 4*, 1-49.

Derlega, V. J., & Berg, J. H. (1987). *Self-disclosure: Theory, research and therapy*. New York: Plenum Press.

Derryberry, D. (1987). Incentive and feedback effects on target detection: A chronometric analysis of Gray's model of temperament. *Personality and Individual Differences, 6*, 855-866.

Derryberry, D., & Rothbart, M. K. (1984). Emotion, attention, and temperament. In C. E. Izard, J. Kagan, & R. B. Zajonc (Eds.), *Emotions, cognition, and behavior* (pp. 132-166). Cambridge, England: Cambridge University Press.

Derryberry, D., & Rothbart, M. K. (1988). Arousal, affect, and attention as components of temperament. *Journal of personality and Social Psychology, 55,* 958-966.

Deutsch, H. (1942). Some forms of emotional disturbance and their relationship to schizophrenia. *Psychoanalytic Quarterly, 11,* 301-321.

Diener, C. I., & Dweck, C. S. (1978). Analysis of learned helplessness: Continuous changes in performance, strategy, and achievement cognitions following failure. *Journal of Personality and Social Psychology, 36,* 451-462.

Duclos, S. E., Laird, J. D., Schneider, E., Sexter, M., Stem, L., & Van Lighten, O. (1989). Emotion-specific effects of facial expressions and postures on emotional experience. *Journal of Personality and Social Psychology, 57,* 100-108.

Duncan, J., & Laird, J. D. (1977). Cross-modality consistencies in individual differences in self-attribution. *Journal of Personality, 45,* 191-196.

Dweck, C. S., & Bush, E. S. (1976). Sex differences in learned helplessness. I. Differential deliberation with peer and adult evaluations. *Developmental Psychology, 12,* 147-156.

Dweck, C. S., Davidson W., Nelson, S., & Emde, B. (1978). Sex differences in learned helplessness: II. The contingencies of evaluative feedback in the classroom and III. An experimental analysis. *Developmental Psychology, 14,* 268-276.

Easser, R., & Less, S. (1965). Hysterical personality: A reevaluation. *Psychoanalytic Quarterly, 34,* 390-402.

Easterbrook, J. A. (1959). The effect of emotion on cue utilization and the organization of behavior. *Psychological Review, 66,* 183-201.

Edwall, G. E., Hoffman, N. G., & Harrison, P. A. (1989). Psychological correlates of sexual abuse in adolescent girls in chemical dependency treatment. *Adolescence, 24,* 279-288.

Efran, J., Chorney, R. L., Ascher, L. M., & Lukens, M. D. (1981), April. *The performance of monitors and blunters during painful stimulation.* Artigo apresentado no encontro da Eastern Psychological Association, New York.

Ekman, P., Friesen, W. V., & Ellsworth, P. (1972). *Emotion in the human face: Guidelines for research and an integration of findings.* New York: Pergamon Press.

Ekman, P., Friesen, W. V., O'Sullivan, M., Chan, A., Diacoyanni-Tarlatzis, I., Heider, K., Krause, R., LeCompte, W. A., Pitcairn, T., Ricci-Bitti, P. E., Scherer, K., Tomita, M., & Tzavaras, A. (1987). Personality processes and individual differences: Universals and cultural differences in the judgments of facial expressions of emotion. *Journal of Personality and Social Psychology, 53,* 712-717.

Ekman, P., Levenson, R., & Friesen, W. V. (1983). Autonomic nervous system activity distinguishes among emotions. *Science, 221,* 1208-1210.

Ekstein, R. (1955). Vicissitudes of the "internal image" in the recovery of a borderline schizophrenic adolescent. *Bulletin of the Menninger Clinic, 19,* 86-92.

Ellis, A. (1962). *Reason and emotion in psychotherapy.* New York: Lyle Stuart.

Evenson, R. C., Wook, J. B., Nuttall, E. A., & Cho, D. W. (1982). Suicide rates among public mental health patients. *Acta Psychiatrica Scandinavica, 66,* 254-264.

Eysenck, H. J. (1967). *The biological basis of personality.* Springfield, IL: Charles C. Thomas.

Eysenck, H. J. (1968). A theory of the incubation of anxiety/fear responses. *Behaviour Research and Therapy, 6,* 309-321.

Fiedler, K. (1988). Emotional mood, cognitive style, and behavior regulation. In D. Fiedler & J. Forgas (Eds.), *Affect, cognition, and social behavior* (pp. 100 119). Toronto: Hogrefe.

Finkelhor, D. (1979). *Sexually victimized children.* New York. Free Press. Firestone, S. (1970). *The dialectic of sex: The case for feminist revolution.* New York: Bantam Books.

Firth, S. T., Blouin, J., Natarajan, C., & Blouin, A. (1986). A comparison of the manifest content in dreams of suicidal, depressed and violent patients. *Canadian Journal of Psychiatry, 31,* 48-53.

Flaherty, J., & Richman, J. (1989). Gender differences in the perception and utilization of social support: Theoretical perspectives and an empirical test. *Social Science and Medicine, 28,* 1221-1228.

Foa, E. B., & Kozak, M. J. (1986). Emotional processing of fear: Exposure to corrective information. *Psychological Bulletin, 99,* 20-35.

Foa, E. B., Steketee, G., & Grayson, J. B. (1985). Imaginal and *in vivo* exposure: A comparison with obsessive-compulsive checkers. *Behavior Therapy, 16,* 292-302.

Frances, A. (1988). In (Chair), *Alternative models and treatments of patients with borderline personality disorder.* Simpósio conduzido no encontro da Society for the Exploration for Psychotherapy Integration, Boston.

Frank, J. D. (1973). *Persuasion and healing: A comparative study of psychotherapy.* Baltimore: Johns Hopkins University Press.

Freedman, J. L., & Fraser, S. C. (1966). Compliance without pressure: The foot-inthe-door technique. *Journal of Personality and Social Psychology, 4,* 195-202.

Frijda, N. H., Kuipers, P., & Schure, E. (1989). Relations among emotion, appraisal, and emotional action readiness. *Journal of Personality and Social Psychology, 57*, 212-228.

Garber, J., & Dodge, K. A. (1991). *The development of emotion regulation and dysregulation.* Cambridge, England: Cambridge University Press.

Gardner, D. L., & Cowdry, R. W. (1986). Alprazolam-induced dyscontrol in borderline personality disorder. *American Journal of Psychiatry, 143*, 519-522.

Gardner, D. L., & Cowdry, R. W. (1988). *Anticonvulsants in personality disorders.* Clifton, NJ: Oxford Health Care.

Gauthier, J., & Marshall, W. (1977). Grief: A cognitive-behavioral analysis. *Cognitive Therapy and Research, 1*, 39-44.

Gilligan, C. (1982). *In a different voice: Psychological theory and women's development.* Cambridge, MA: Harvard University Press.

Gilligan, S. G., & Bower, G. H. (1984). Cognitive consequences of emotional arousal. In C. E. Izard, J. Kagan, & R. B. Zajonc (Eds.), *Emotions, cognition, and behavior* (pp. 547-588). Cambridge, England: Cambridge University Press.

Goldberg, C. (1980). The utilization and limitations of paradoxical intervention in group psychotherapy. *International Journal of Group Psychotherapy, 30*, 287-297.

Goldfried, M. R.. & Davidson, G. C. (1976). *Clinical behavior therapy.* New York: Holt, Rineholt & Winston.

Goldfried, M. R., Linehan, M. M., & Smith, J. L. (1978). The reduction of test anxiety through cognitive restructuring. *Journal of Consulting and Clinical Psychology, 46*, 32-39.

Goldman, M. (1986). Compliance employing a combined foot-in-the-door and doorin-the-face procedure. *Journal of Social Psychology, 126*, 111-116.

Goodstein, J. (1982). *Cognitive characteristics of suicide attempters.* Tese de doutorado não publicada, The Catholic University of America.

Goodyer, I. M.. Kolvin, I., & Gatzanis, S. (1986). Do age and sex influence the association between recent life events and psychiatric disorders in children and adolescents? A controlled enquiry. *Journal of Child Psychology and Psychiatry, 27*, 681-687.

Gottman, J. M., & Katz, L. F. (1990). Effects of marital discord on young children's peer interaction and health. *Developmental Psychology, 25*, 373-381.

Gottman, J. M., & Levenson, R. W. (1986). Assessing the role of emotion in marriage. *Behavioral Assessment, 8*, 31-48.

Green, S. A., Goldberg, R. L., Goldstein, D. M., & Liebenluft, E. (1988). *Limit setting in clinical practice.* Washington, DC: American Psychiatric Press.

Greenberg, L. S. (1983). Psychotherapy process research. In C. E. Walker (Ed.), *Handbook of clinical psychology.* Homewood, IL: Dow Jones-Irwin.

Greenberg, L. S., & Safran, J. D. (1987). *Emotion in psychotherapy.* New York: Guilford Press.

Greenberg, L. S., & Safran, J. D. (1989). Emotion in psychotherapy. *American Psychologist, 44*, 19-29.

Greenough, W. T. (1977). Experimental modification of the developing brain. In I.L. Janis (Ed.), *Current trends in psychology* (pp. 82-90). Los Altos, CA: William Kaufmann.

Greenwald, A. G. (1992). New Look 3: Unconscious cognition reclaimed. *American Psychologist, 92*, 766-779.

Greer, S., & Gunn, J. C. & Koller, K. M. (1966) A etiological factors in attempted suicide. *British Medical journal, ii*, 1352-1355.

Greer, S., & Lee, H. A. (1967). Subsequent progress of potentially lethal attempted suicides. *Acta Psychiatrica Scandinavica, 40*, 361-371.

Grinker, R. R., Werble, B., & Drye, R. (1968). *The borderline syndrome: A behavioral study of ego functions.* New York: Basic Books.

Grotstein, J. S. (1987). The borderline as a disorder of self-regulation. In J. S. Grotstein, M. F. Solomon, & J. A. Lang (Eds.), *The borderline patient. Emerging concepts in diagnosis, psychodynamics, and treatment* (pp. 347-384). Hillsdale, NJ: The Analytic Press.

Gunderson, J. G. (1984). *Borderline personality disorder.* Washington DC: American Psychiatric Press.

Gunderson, J. G., & Elliott, G. R. (1985). The interface between borderline personality disorder and affective disorder. *American Journal of Psychiatry, 142*, 277-288.

Gunderson, J. G., & Kolb, J. E. (1978). Discriminating features of borderline patients. *American Journal of Psychiatry, 135*, 792-796.

Gunderson, J. G., Kolb, J. E., & Austin, Y. (1981). The Diagnostic Interview for Borderline Patients. *Journal of Personality and Social Psychology, 138*, 896-903.

Gunderson, J. G., & Zanarini, M. C. (1989). Pathogenesis of borderline personality. In A. Tasman, R. E. Hales, & A. J. Frances (Eds.). *Review of psychiatry* (vol. 8, pp. 25-48). Washington, DC: American Psychiatric Press.

Guralnik, D. B. (Ed.). (1980). *Webster's new world dictionary of the American language* (2nd college ed.). Cleveland, OH: William Collins.

Hall, S. M., Havassy, B. E., & Wasserman, D. A. (1990). Commitment to abstinence and acute stress in relapse to alcohol, opiates, and nicotine. *Journal of Consulting and Clinical Psychology, 58,* 175-181.

Hankoff, L. D. (1979). Situational categories. In L. D. Hankoff & B. Einsidler (Eds.), *Suicide: Theory and clinical aspects* (pp. 235-249). Littleton, MA: PSG.

Hayes, S. C. (1987). A contextual approach to therapeutic change. In N. S. Jacobson (Ed.), *Psychotherapists in clinical practice: Cognitive and behavioral perspectives.* New York: Guilford Press.

Hayes, S. C., Kohlenberg, B. S., & Melancon, S. M. (1989). Avoiding and altering rule-control as a strategy of clinical intervention. In S. C. Hayes (Ed.), *Rulegoverned behavior: Cognition, contingencies, and instructional control* (pp. 359-385). New York: Plenum Press.

Heard, H. L., & Linehan, M. M. (no prelo). Problems of self and borderline personality disorder. In Z. V Segal & S. J. Blatt (Eds.), *Cognitive and psychodynamic perspectives* New York: Guilford Press.

Hellman, I. D., Morrison, T. L., & Abramowitz, S. I. (1986). The stresses of psychotherapeutic work: A replication and extension. *Psychological Medicine, 42,* 197-205.

Herman, J. L. (1986). Histories of violence in an outpatient population. *American Journal of Orthopsychiatry, 56,* 137-141.

Herman, J. L. (1992). *Trauma and recovery: The aftermath of violence from domestic abuse to political terror.* New York: Basic Books.

Herman, J. L., & Hirschman, L. (1981). Families at risk for father-daughter incest. *American Journal of Psychiatry, 138,* 967-970.

Herman, J. L., Perry J. C., & van der Kolk, B. A. (1989). Childhood trauma in borderline personality disorder. *American Journal of Psychiatry, 146,* 490-495.

Hoffman, L. W. (1972). Early childhood experiences and women's achievement motives. *Journal of Social Issues, 28,* 129-156.

Hooley, J. M. (1986). Expressed emotion and depression: Interactions between patients and high-versus low-expressed-emotion spouses. *Journal of Abnormal Psychology, 95,* 237-246.

Horowitz, M. J. (1986). Stress-response syndromes: A review of posttraumatic and adjustment disorders. *Hospital and Community Psychiatry, 37,* 241-249.

Howard, J. (1989). Cocaine and its effects on the newborn. *Developmental Medicine and Child Neurology, 31,* 255-257.

Howard, J. A. (1984). Societal influences of attribution: Blaming some victims more than others. *Journal of Personality and Social Psychology, 47,* 494-505.

Howe, E. S., & Loftus, T. C. (1992). Integration of intention and outcome information by students and circuit court judges: Design economy and individual differences. *Journal of Applied Social Psychology, 22,* 102-116.

Hurt, S. W., Clarkin, J. F., Monroe-Blum, H., & Marziali, E. A. (1992). Borderline behavior clusters and different treatment approaches. In J. F. Clarkin, E. A. Marziali, & H. Monroe-Blum (Eds.), *Borderline personality disorder: clinical and empirical perspectives* (pp. 199-219). New York: Guilford Press.

Hurt, S. W., Clarkin, J. F., Widiger, T. A., Fyer, M. R., Sullivan, T., Stone, M. H., & Frances, A. (1990). Evaluation of DSM-III decision rules for case detection using joint conditional probability structures. *Journal of Personality Disorders, 4,* 121-130.

Hyler, S. E., Reider, R. O., Williams, J. B., Spitzer, R. L., Hendler, J., & Lyons, M. (1987). *Personality Diagnostic Questionnaire-Revised (PDQ-R).* New York: New York State Psychiatric Institute.

Ingram, R. E. (1989). Affective confounds in social-cognitive research. *Journal of Personality and Social Psychology, 57,* 715-722.

Isen, A. M., Daubman, K. A., & Nowicki, G. P. (1987). Positive affect facilitates creative problem solving. *Journal of Personality and Social Psychology, 52,* 1122-1131.

Isen, A. M., Johnson, M., Mertz, E., & Robins, G. (1985). Positive affect and the uniqueness of word association. *Journal of Personality and Social Psychology, 48,* 1413-1426.

Izard, C. E. (1977). *Human emotions.* New York: Plenum Press.

Izard, C. E., Kagan, J., & Zajonc, R. B. (Eds.) (1984). *Emotions, cognition, and behavior.* Cambridge, England: Cambridge University Press.

Izard, C. E., & Kobak, R. R. (1991). Emotions systems functioning and emotion regulation. In J. Garber & K. A. Dodge (Eds.), *The development of emotion regulation and dysregulation* (pp. 303-322). Cambridge, England: Cambridge University Press.

Jacobson, A., & Herald, C. (1990). The relevance of childhood sexual abuse to adult psychiatric inpatient care. *Hospital and Community Psychiatry, 41,* 1545-158.

Jacobson, N. S. (1992). Behavioral couple therapy: A new beginning. *Behavior Therapy, 23,* 493-506.

Janoff-Bulman, R. (1985). The aftermath of victimization: Rebuilding shattered assumptions. In C. R. Figley (Ed.), *Trauma and its wake. The study and treatment of post-traumatic stress disorder* (pp. 15-35). New York: Brunner/Mazel.

The Jerusalem Bible. (1966). (A. Jones, Ed.). Garden City, NY: Doubleday.

Johnson, F. (1976). Women and power: Toward a theory of effectiveness. *Journal of Social Issues, 32*, 99-109.

Kanter, J. S. (1988). Clinical issues in the case management relationship. In M. Harris & L. L. Bachrach (Series Eds.) and H. R. Lamb (vol. Ed.), *Clinical case management: No. 40. New directions for mental health services* (pp. 15-27). San Francisco: Jossey-Bass.

Kastenbaum, R. J. (1969). *Death and bereavement* in later life. In A. H. Kutscher (Ed.), Death and bereavement (pp. 28-54). Springfield, IL: Charles C. Thomas.

Keele, S. W., & Hawkins, H. H. (1982). Explorations of individual differences relevant to high level skill. *Journal of Motor Behavior, 14*, 3-23.

Kegan, R. (1982). *The evolving self. Problem and process in human development.* Cambridge, MA: Harvard University Press.

Kernberg, O. F. (1975). *Borderline conditions and pathological narcissism.* New York: Aronson.

Kernberg, O. F. (1976). *Object-relations theory and clinical psychoanalysis.* New York: Aronson.

Kernberg, O. F. (1984). *Severe personality disorders: Psychotherapeutic strategies.* New Haven, CT Yale University Press.

Klein, D. F. (1977). Psychopharmacologicalmatment & delineation of borderline disorders. In P. Hartocollis (Ed.), *Borderline personality disorder: the concept, the syndrome, the patient* (pp. 365-383). New York: International Universities Press.

Knight, R. P. (1954). Management and psychotherapy of the borderline schizophrenic patient. In R. P. Knight & C. R. Friedman (Eds.), *Psychoanalytic psychiatry and psychology* (pp. 110-122). New York: International Universities Press.

Knussen, C., & Cunningham, C. C. (1988). Stress, disability and handicap. In S. Fisher & J. Reason (Eds.), *Handbook of life, stress, condition and health* (pp. 335-350). New York: Wiley.

Koenigsberg, H. W., Clarkin, J., Kernberg, O. F., Yeomans, F., & Gutfreund, J. (no prelo). Some measures of process and outcome in the psychodynamic psychotherapy of borderline patients. In *The Integration of Research and Psychoanalytic Practice: The Proceedings of the IPA First International Conference on Research.*

Kohlenberg, R. J., & Tsai, M. (1991). *Functional analytic psychotherapy. Creating intense and curative therapeutic relationships.* New York: Plenum Press.

Kohut, H. (1977). *The restoration of the self.* New York: International Universities Press.

Kohut, H. (1984). *How does analysis cure?* Chicago: University of Chicago Press.

Kopp, S. B. (1971). *Metaphors from a psychotherapist guru.* Palo Alto, CA: Science & Behavior books.

Kreitman, N. (1977). *Parasuicide.* Chichester, England: Wiley.

Kroll, J. L., Carey, K. S., & Sines, L. K. (1985). Twenty-year follow-up of borderline personality disorder: A pilot study. In C. Stragass (Ed.), *IV World Congress of Biological Psychiatry.* New York: Elsevier.

Kuhn, T. S. (1970). *The structure of scientific revolutions* (2nd ed.). Chicago: University of Chicago Press.

Kyokai, B. D. (1966). *The teachings of Buddha.* Tokyo: Author.

Laird, J. D. (1974). Self-attribution of emotion: The effects of expressive behavior on the quality of emotional experience. *Journal of Personality and Social Psychology, 29*, 475-486.

Laird, J. D., Wagener, J. J., Halal, M., & Szegda, M. (1982). Remembering what you feel: The effects of emotion on memory. *Journal of Personality and Social Psychology, 42*, 646-657.

Lamping, D. L., Molinaro, V., & Stevenson, G. W. (1985, March). *The effects of perceived control and coping style on cognitive appraisals during stressful medical procedures: A randomized, controlled trial.* Artigo apresentado no encontro da Eastern Psychological Association, Boston.

Lang, P. J. (1984). Cognition in emotion: Concept and action. In C. E. Izard, J. Kagan, & R. B. Zajonc (Eds.), *Emotions, cognition, and behavior* (pp. 192-226). Cambridge, England: University Press.

Lanzetta, J. T., Cartwright-Smith, J., & Kleck, R. E. (1976). Effects on nonverbal dissimulation on emotional experience and automatic arousal. *Journal of Personality and Social Psychology, 39*, 1081-1087.

Lazarus, R. S. (1966). *Psychological stress and the coping process.* New York; McGraw-Hill.

Lazarus, R. S. (1991). Cognition and motivation in emotion. *American Psychologist, 46*, 352-367.

Lazarus, R. S., & Folkman, S. (1984). *Stress, coping and adaptation.* New York: Springer.

Leff, J. P., & Vaughn, C. (1985). *Expressed emotion in families: Its significance for mental illness.* New York: Guilford Press.

Leinbenluft, E., Gardner, D. L., & Cowdry, R. W. (1987). The inner experience of the borderline self-mutilator. *Journal of Personality Disorders, 1*, 317-324.

Levenson, M. (1972). *Cognitive and perceptual factors in suicidal individuals.* Tese de doutorado não publicada, University of Kansas.

Levenson, M., & Neuringer, C. (1971). Problem-solving behavior in suicidal adolescents. *Journal of Consulting and Clinical Psychology, 37*, 433-436.

Leventhal, H., & Tomarken, A. J. (1986). Emotion: Today's problems. *Annual Review of Psychology, 37*, 565-610.

Levins, R., & Lewontin, R. (1985). *The dialectical biologist*. Cambridge, MA: Harvard University Press.

Levis, D. J. (1980). Implementing the technique of implosive therapy. In A. Goldstein & E. B. Foci (Eds.), *Handbook of behavioral interventions: A clinical guide* (pp. 92-151). New York: Wiley.

Lewis, M., Wolan-Sullivan, M., & Michalson, L. (1984). The cognitive-emotional fugue. In C. E. Izard, J. Kagen, & R. B. Zajonc (Eds.), *Emotions, cognitions, and behavior* (pp. 264-288). Cambridge, England: Cambridge University Press.

Linehan, M. M. (1979). A structured cognitive-behavioral treatment of assertion problems. In P. C. Kendall & S. D. Hollon (Eds.), *Cognitive-behavioral interventions: Theory, research and procedures* (pp. 205-240). New York: Academic Press.

Linehan, M. M. (1981). A social-behavioral analysis of suicide and parasuicide: Implications for clinical assessment and treatment. In H. Glaezer & J. F. Clarkin (Eds.), *Depression: Behavioral and directive intervention strategies* (pp. 29-294). New York: Garland.

Linehan, M. M. (1986). Suicidal people: One population or two? In J. J. Mann & M. Stanley (Eds.), *Psychobiology of suicidal behavior* (pp. 16-33). New York: New York Academy of Sciences.

Linehan, M. M. (1988). Perspectives on the interpersonal relationship in behavior therapy. *Journal of Integrative and Eclectic Psychotherapy, 7*, 278-290.

Linehan, M. M. (1989). Cognitive and behavior therapy for borderline personality disorder. In A. Tasman, R. E. Hales, & A. J. Frances (Eds.), *Review of psychiatry* (vol. 8, pp. 84-102). Washington, DC: American Psychiatric Press.

Linehan, M. M., Armstrong, H. E., Suarez, A., Allmon, D., & Heard, H. L. (1991). Cognitive-behavioral treatment of chronically parasuicidal borderline patients. *Archives of General Psychiatry, 48*, 1060-1064.

Linehan, M. M., Camper, P., Chiles, J. A., Strosahl, K., & Shearin, E. (1987). Interpersonal problem solving and parasuicide. *Cognitive Therapy and Research 11*, 1-12.

Linehan, M. M., & Egan, K. (1979). Assertion training for women. In A. S. Belleck & M. Hersen (Eds.), *Research and practice in social skills training* (pp. 237-271). New York: Plenum Press.

Linehan, M. M., Goldfried, M. R., & Goldfried, A. P. (1979). Assertation therapy: Skill training or cognitive restructuring. *Behavior Therapy, 10*, 372-388.

Linehan, M. M., & Heard, H. L. (1993). Impact of treatment accessibility on clinical course of parasuicidal patients: In reply to R. E. Hoffman [Letter to the editor]. *Archives of General Psychiatry, 50*, 157-158.

Linehan, M. M., Heard, H. L., & Armstrong, H. E. (1993). Standard dialectical behavior therapy compared to psychotherapy in the community for chronically parasuicidal borderline patients. Manuscrito inédito. University of Washington, Seattle, WA.

Linehan, M. M., Heard, H. E., & Armstrong, H. E. (no prelo). Naturalistic followup of a behavioral treatment for chronically suicidal borderline patients. *Archives of General Psychiatry*.

Linehan, M. M., & Shearin, E. N. (1988). Lethal stress: A social-behavioral model of suicidal behavior. In S. Fisher & J. Reason (Eds.), *Handbook of life stress, cognition and health* (pp.265-285). New York: Wiley.

Linehan, M. M., Tutek, D., & Heard, H. L. (1992, November). Interpersonal and social treatment outcomes for borderline personality disorder. Pôster apresentado no encontro da Association for the Advancement of Behavior Therapy, Boston, Mass.

Links, P. S., Steiner, M. & Huxley, G. (1988). The occurence of borderline personality disorder in the families of borderline patients. *Journal of Personality Disorders, 2*, 14-20.

Loranger, A. W., Oldham, J. M., & Tuhs, E. H. (1982). Familial transmission of DSM-III borderline personality disorder. *Archives of General Psychiatry, 39*, 795-799.

Lumsden, E. (1991). Possible role of impaired memory in the development and/or maintenance of borderline personality disorder. Manuscrito inédito, University of North Carolina at Greensboro.

Lykes, M. G. (1985). Gender and individualistic vs. collectivist based for notions about the self. *Journal of Personality, 53*, 356-383.

Maccoby, R., & Jacklin, E. (1978). *The psychology of sex differences*. Stanford, CA. Stanford University Press.

Mackenzie-Keating, S. E., & McDonald, L. (1990). Overcorrection: reviewed, revisited and revised. *The Behavior Analyst, 13*, 39-48.

MacLeod, C., Mathews, A., & Tata, F. (1986). Attentional bias in emotional disorders. *Journal of Abnormal Psychology, 95*, 15-20.

Maddison, D. C., & Viola, A. (1968). The health of widows in one year following bereavement. *Journal of Psychosomatic Research, 12*, 297-306.

Mahoney, M. J. (1991). *Human change processes: The scientific foundations of psychotherapy*. New York: Basic Books.

Main, T. F. (1957). The ailment. *British Journal of Medical Psychology, 30*, 129-145.

Malatesta, C. Z. (1990). The role of emotions in the development and organization of personality. In R. A. Thompson (Ed.), *Socioemotional development: Nebraska symposium on motivation, 1988* (pp. 1-56). Lincoln and London: University of Nebraska Press.

Malatesta, C. Z., & Haviland, J. M. (1982). Learning display rules: The socialization of emotion expression in infancy. *Child Development, 53*, 991-1003.

Malatesta, C. Z., & Izard, C. E. (1984). The ontogenesis of human social signals: From biological imperative to symbol utilization. In N. Fox & R. Davidson (Eds.), *The psychobiology of affective development* (pp. 161-206). Hillsdale, NJ: Erlbaum.

Mandler, G. (1975). *Mind and emotion.* New York: Wiley.

Manicas, P. T., & Secord, P. F. (1983). Implications for psychology of the new philosophy of science. *American Psychologist, 38,* 399-413.

Maris, R. W. (1981). *Pathways to suicide: A survey of self-destructive behaviors.* Baltimore: Johns Hopkins University Press.

Maris, R. W., Berman, A. L., Maksberger, J. T., & Yufit, R. I. (Eds.), 1992. *Assessment and prediction of suicide.* New York: Guilford Press.

Marlatt, G. A., & Gordon, J. R. (Eds.). (1985). *Relapse prevention: Maintenance strategies in the treatment of addictive behaviors.* New York: Guilford Press.

Martin, G., & Pear, J. (1192). *Behavior modification: What it is and how to do it* (4th ed.). *Part III. Basic behavioral principles and procedures.* Englewood Cliffs, NJ: Prentice-Hall.

Marx, K., & Engels, F. (1970). *Selected works* (Vol. 3). New York: International.

Marziali, E. A. (1984). Prediction of outcome of brief psychotherapy from therapist interpretive interventions. *Archives of General Psychiatry, 41,* 301-304.

Marziali, E. A., & Munroe-Blum, H. (1987). A group approach: The management of projective identification in group treatment of self-destructive borderline patients. *Journal of Personality Disorders, 1,* 340-343.

Masters, J. C., Burish, T. G. Hollon, S. D., & Rimm, D. C. (1987). *Behavior therapy: Techniques and empirical findings* (3rd ed.). New York: Harcourt Brace Jovanovich.

Masterson, J. F. (1972). *Treatment of the borderline adolescent.* New York, Wiley.

Masterson, J. F. (1976). *Psychotherapy of the borderline adult: A developmental approach.* New York: Brunner/hazel.

May, G. (1982). *Will and spirit.* San Francisco: Harper & Row.

McGlashen, T. H. (1983). The borderline syndrome: II. Is it a variant of schizophrenia or affective disorder? *Archives of General Psychiatry, 40,* 1319-1323.

McGlashen, T. H. (1986a). The Chestnut Lodge followup study: III. Long-term outcome of borderline personalities. *Archives of General Psychiatry, 43,* 20-30.

McGlashen, T. H. (1986b). Schizotypal personality disorder: Chestnut Lodge followup study, VI: Long-term follow-up perspectives. *Archives of General Psychiatry, 43,* 329-334.

McGlashen, T. H. (1987). Borderline personality disorder and unipolar affective disorder. *Journal of Nervous and Mental Disease 15S,* 467-473.

McGuire, W. J., & McGuire, C. V. (1982). Significant others in self-space: Sex differences and developmental trends in the social self. In J. Suls (Ed.), *Psychological perspectives on the self* (pp. 71-96). Hillsdale, NJ: Erlbaum.

McNamara, H., & Fisch, R. (1964). Effect of high and low motivation on two aspects of attention. *Perceptual and Motor Skills, 19,* 571-578.

Meichenbaum, D., & Turk, D. (1987). *Facilitating treatment adherence: A practitioner's guidebook.* New York: Plenum Press.

Meissner, W. W. (1984). *The borderline spectrum: Differential diagnosis and developmental issues.* New York: Aronson.

The Merriam Webster dictionary. 1977. Boston: G.K. Hall.

Metalsky, G. I., Halberstadt, L. J., & Abramson, L. Y. (1987). Vulnerability to depressive mood reactions: Toward a more powerful test of the diathesis-stress and causal mediation components of the reformulated theory of depression. *Journal of Personality and Social Psychology, 52,* 386-393.

Miklowitz, D. J., Strachan, A. M., Goldstein, M. J., Doane, J. A., Snyder, K. S., Hogarty, G. E., & Fallon, I. R. H. (1986). Expressed emotion and communication deviance in the families of schizophrenics. *Journal of Abnormal Psychology, 95,* 60-66.

Milgram, S. (1963). Behavioral study of obedience. *Journal of Abnormal and Social Psychology, 67,* 371-378.

Milgram, S. (1964), Issues in the study of obedience. *American Psychologist, 19,* 848-852.

Millenson, J. R., & Leslie, J. C. (1979). *Principles of behavioral analysis.* New York: Macmillan.

Miller, J. G. (1984). Culture and the development of everyday social explanation. *Journal of Personality and Social Psychology, 46,* 961-978.

Miller, M. (1990). *Developing a scale to measure individual's stress-proneness to behaviors of human service professionals.* Manuscrito inédito, University of Washington.

Miller, M. L., Chiles, J. A., & Barnes, V. E. (1982). Suicide attempters within a delinquent population. *Journal of Consulting and Clinical Psychology, 50,* 491-498.

Miller, S. M. (1979). Controllability and human stress: Method, evidence and theory. *Behaviour Research and Therapy, 17*, 287-304.

Miller, S. M., & Mangan, C. E. (1983). Interacting effects of information and coping style in adapting to gynecologic stress: Should the doctor tell all? *Journal of Personality and Social Psychology, 45*, 223-236.

Millon, T. (1981). *Disorders of personality DSM-III: Axis II*. New York: Wiley.

Millon, T. (1987a). On the genesis and prevalence of the borderline personality disorder: A social learning thesis. *Journal of Personality Disorders, 1*, 354-372.

Millon, T. (1987b). *Manual for the Millon Clinical Multiaxial Inventory II (MCMIII)*. Minnetonka, MN: National Computer Systems.

Mintz, R. S. (1968). Psychotherapy of the suicidal patient. In H. L. P. Resnik (Ed.), Su*icidal behaviors: Diagnosis and management* (pp. 271-296). Boston: Little, Brown.

Mischel, W. (1968). *Personality and assessment*. New York: Wiley.

Mischel, W. (1984). Convergences and challenges in the search for consistency. *American Psychologist, 39*, 351-364.

Morris, R. J., & Magrath, K. H. (1983). The therapeutic relationship in behavior therapy. In M. J. Lambert (Ed.), *Psychotherapy and patient relationships* (pp. 145-189). Homewood, IL: Dorsey Press.

Morris, W. (Ed.) (1979). *The American heritage dictionary of the English language*. Boston: Houghton Mifflin.

Munroe-Blum, H., & Marziali, E. (1987). *Randomized clinical trial of relationship management time-limited group treatment of borderline personality disorder*. Manuscrito inédito. Hamilton, Ontario Mental Health Foundation.

Munroe-Blum, H., & Marziali, E. (1989). Continuation *of a randomized control trial of group treatment for borderline personality disorder*. Manuscrito inédito. Hamilton, Canadian Department of Health and Human Services.

Murray, N., Sujan, H., Hirt, E. R., & Sujan, M. (1990). The influence of mood on categorization: A cognitive flexibility interpretation. *Journal of Personality and Social Psychology, 59*, 411-425.

Napalkov, A. V. (1963). Information process and the brain. In N. Wiener & J. P. Schade (Eds.), *Progress in brain research* (pp. 59-69). V. 2 Amsterdam: Elsevier.

Neill, J. R., & Kniskern, D. P. (Eds.). (1982). *From Psyche to System: The evolving therapy of Carl Whitaker*. New York: Guilford Press.

Nelson, V. L., Nielsen, E. C., & Checketts, K. T. (1977). Interpersonal attitudes of suicidal individuals. *Psychological Reports, 40*, 983-989.

Neuringer, C. (1964). Dichotomous evaluations in suicidal individuals. *Journal of Consulting Psychology, 25*, 445-449.

Neuringer, C. (1961). Rigid thinking in suicidal individuals. *Journal of Consulting and Clinical Psychology, 28*, 54-58.

Newton, R. W. (1988). Psychosocial aspects of pregnancy: The scope for intervention. *Journal of Reproductive and Infant Psychology, 6*, 23-29.

Nisbett, R. E., & Wilson, T. D. (1977). Telling more than we can know: Verbal reports on mental processes. *Psychological Review, 84*, 231-259.

Noble, D. (1951). A study of dreams in schizophrenia and allied states. *American Journal of Psychiatry, 107*, 612-616.

Nobbn-Hoeksema, S. (1987). Sex differences in unipolar depression: Evidence and theory. *Psychological Bulletin, 101*, 259-282.

Ogata, S. N., Silk, K. R., Goodrich, S., Lohr, N. E., & Westen, D. (1989). *Childhood sexual and clinical symptoms in borderline patients*. Manuscrito inédito.

O'Leary, K. D., & Wilson, G. T. (1987). *Behavior therapy Application and outcome*. Englewood Cliffs, NJ: Prentice-Hall.

The original Oxford English Dictionary on computer disc (version 4.10) [Computer File]. (1987). Fort Washington, PA: Tri Star.

Paerregaard, G. (1975). Suicide among attempted suicides: A 10-year-follow-up. Su*icide, and Life Threatening Behavior, 5*, 140-144.

Paris, J., Brown, R., & Nowlis, D. (1987). Long-term follow-up of borderline patients in a general hospital. *Comparative Psychiatry, 28*, 530-535.

Parkes, C. M. (1964). The effects of bereavement on physical and mental health: A study of the case records of widows. *British Medical Journal, ii*, 274-279.

Parloff, M. B., Waskow, l. E., & Wolfe, B. E. (1978). Research on therapist variables in relation to process and outcome. In S. L. Garfield & A. E. Bergin (Eds.), *Handbook of psychotherapy and behavior change: An empirical analysis* (2nd ed., pp. 233-282). New York: Wiley

Patsiokas, A., Clum, G., & Luscomb, R. (1979). Cognitive characteristics of suicide attempters. *Journal of Consulting and Clinical Psychology, 47*, 478-484.

Patterson, G. R. (1976). The aggressive child: Victim and architect of a coercive system. In E. J. Walsh, L. A. Hamerlynck, & L. C. Handy (Eds.), *Behavior modification and families* (pp. 267-316). New York: Brunner/hazel.

Patterson, G. R., & Stouthamer-Loeber, M. (1984). The correlation of family management practices and delinquency. *Child Development, 55*, 1299-1307.

Pennebaker, J. W. (1988). Confiding traumatic experiences and health. In S. Fisher & J. Reason (Eds.), *Handbook of Life stress, cognition and health* (pp. 669-682). New York: Wiley.

Parloff, R. (1987). Self-interest and personal responsibility redux. *American Psychologist, 42*, 3-11.

Perry, J. C., & Cooper, S. H. (1985). Psychodynamics, symptoms, and outcome in borderline and antisocial personality disorders and bipolar type II affective disorder. In T. H. McGlashan (Ed.), *The borderline: Current empirical research* (pp. 19-41). Washington, DC: American Psychiatric Press.

Pfeffer, C. R. (1986). *The suicidal child*. New York: Guilford Press.

Phipps, S., & Zinn, A. B. (1986). Psychological response to amniocentesis: II. Effects of coping style. *American Journal of Medical Genetics, 25*, 143-148.

Physicians' Desk Reference. (annual editions). Oradell, NJ: Medical Economics.

Polanyi, M. (1958). *Personal knowledge*. Chicago: University of Chicago Press.

Pope, H. G., Jonas, J. M., Hudson, J. I, Cohen, B. M., & Gunderson, J. G. (1983). The validity of DSM-III borderline personality disorder: A phenomenologic, family history, treatment response, and long term follow-up study. *Archives of General Psychiatry, 40*, 23-30.

Posner, M. I., Walker, J. A., Friedrich, F. J., & Rafal, R. D. (1984). Effects of parietal lobe injury on covert orienting of visual attention. *Journal of Neuroscience, 4*, 1863-1874.

Pratt, M. W., Pancer, M. Hunsberger, B., & Manchester, J. (1990). Reasoning about the self and relationships in maturity: An integrative complexity analysis of individual differences. *Journal of Personality and Social Psychology, 59*, 575-581.

Pretzer, J. (1990). Borderline personality disorder. *Clinical applications of cognitive therapy*. New York: Plenum Press.

Rado, S. (1956). *Psychoanalysis of behavior: Collected papers*. New York: Grune & Stratton.

Rando, T. A. (1984). *Grief, dying, and death: Clinical interventions for caregivers*. Champaign, IL: Research Press.

Rees, W. D. (1975). The bereaved and their hallucinations. In E. Schoenberg, I. Gerber, A. Wiener, A. H. Kutscher, D. Pertz, & A. C. Carr (Eds.), *Bereavement: Its psychological aspects* (pp. 66-71). New York: Columbia University Press.

Reich, J. (1992). Measurement of DSM-III and DSM-III-R Borderline Personality Disorder. In J. F. Clarkin, E. Marziali, & H. Munroe-Blum (Eds.), *Borderline personality disorder: Clinical and empirical perspectives* (pp. 116-148). New York: Guilford Press.

Rhodewalt, F., & Comer, R. (1979). Induced compliance attitude change: Once more with feeling. *Journal of Experimental Social Psychology, 15*, 35-47.

Richman, J., & Charles, E. (1976). Patient dissatisfaction and attempted suicide. *Community Mental Health journal, 12*, 301-305.

Rinsley, D. (1980a). The developmental etiology of borderline and narcissistic disorders. *Bulletin of the Menninger Clinic, 44*, 127-134.

Rinsley, D. (1980b). A thought experiment in psychiatric genetics. *Bulletin of the Menninger Clinic, 44*, 628-638.

Rogers, C. R., & Truax, C. B. (1967). The therapeutic conditions antecedent to change: A theoretical view. In C. R. Rogers (Ed.), *The therapeutic relationship and its impact*. Madison: University of Wisconsin Press.

Rose, Y., & Tryon, W. (1979). Judgments of assertive behavior as a function of speech loudness, latency, content, gestures, infection and sex. *Behavior Modification, 3*, 112-123.

Rosen, G. M. (1974). Therapy set: Its effects on subjects' involvement in systematic desensitization and treatment outcome. *Journal of Abnormal Psychology, 83*, 291-300.

Rosen, S. (Ed.). (1982). *My voice will go with you: The teaching tales of Milton H. Erickson, M.D.* New York: Norton.

Rosenbaum, M. (1980). A schedule for assessing self-control behaviors: Preliminary findings. *Behavior Therapy, 11*, 109-121.

Ross, C. A. (1989). *Multiple personality disorder: Diagnosis, clinical features and treatment*. New York: Wiley.

Rothbart, M. K., & Derryberry, D. (1981). Development of individual differences in temperament. In M. E. Lamb & A. L. Brown (Eds.), *Advances in developmental psychology* (pp. 37-86). Hillsdale, NJ: Erlbaum.

Russell, J. A., Lewicka, M., & Niit, T. (1989). A cross-cultural study of a circumplex model of affect. *Journal of Personality and Social Psychology, 57*, 848-856.

Sacks, C. H., & Bugental, D. B. (1987). Attributions as moderators of affective and behavioral responses to social failure. *Journal of Personality and Social Psychology, 53*, 939-947.

Safran, J. D., & Segal, Z. V. (1990). *Interpersonal process in cognitive therapy*. New York: Basic Books.

Sameroff, A. J. (1975). Early influences on development: "Fact or fancy?" *MerrillPalmer Quarterly, 20*, 275-301.

Sampson, E. E. (1977). Psychology and the American ideal. *Journal of Personality and Social Psychology, 35,* 767-782.

Sampson, E. E. (1988). The debate on individualism: Indigenous psychologies of the individual and their role in personal and societal functioning. *American Psychologist, 43* 15-22.

Saposnek, D. T. (1980). Aikido: A model for brief strategic therapy. *Family Process, 19,* 227-238.

Sarason, I. G., Sarason, B. R., & Shearin, E. N. (1986). Social support as an individual difference variable: Its stability, origins and relational aspects. *Journal of Personality and Social Psychology, 50,* 845-855.

Scarr, S., & McCartney, K. (1983). How people make their own environments: A theory of genotype-environmental effects. *Child Development, 54,* 424-435.

Schachter, S., & Singer, J. (1962). Cognitive, social, and physiological determinants of emotional state. *Psychological Review, 65,* 379-399.

Schaffer, N. D. (1986). The borderline patient and affirmative interpretation. *Bulletin of the Menninger Clinic, 50,* 148-162.

Sehmideberg, M. (1947). The treatment of psychopaths and borderline patients. *American Journal of Psychotherapy, 1,* 45-55.

Schotte, D. E., & Clum, G. A. (1982). Suicide ideation in a college population: A test of a model. *Journal of Consulting and Clinical Psychology, 50,* 690-696.

Schroyer, T. (1972). *The Critique of domination.* New York: George Braziller.

Schulz, P., Schulz, S., Goldberg, S., Ettigi, P. Resnick, R., & Hamer, R. (1986). Diagnoses of the relatives of schizotypal outpatients. *Journal of Nervous and Mental Disease, 174,* 457-463.

Schutz, B. M. (1982). *Legal liability in psychotherapy.* San Francisco: Jossey-Bass.

Schwartz, G. E. (1982). Psychophysiological patterning of emotion revisited: A systems perspective. In C. E. Izard (Ed.), *Measuring emotions in infants and children* (pp. 67-93). Cambridge, England: Cambridge University Press.

Sederer, L. I., & Thorbeck, J. (1986). First do no harm: Short-term inpatient psychotherapy of the borderline patient. *Hospital and Community Psychiatry, 37,* 692-697.

Seltzer, L. F. (1986). *Paradoxical strategies in psychotherapy: A comprehensive overview and guidebook.* New York: Wiley.

Selye, H. (1956). *The stress of life.* New York: McGraw-Hill.

Shaver, P., Schwartz, J., Kirson, D., & O'Connor, C. (1987). Emotion knowledge: Further exploration of a prototype approach. *Journal of Personality and Social Psychology, 52,* 1061-1086.

Shearer, S. L., Peters, C. P., Q'uaytman, M. S., & Ogden, R. L. (1990). Frequency and correlates of childhood sexual and physical abuse histories in adult female borderline inpatients. *American Journal of Psychiatry, 147,* 214-216.

Shearin, E. N., & Linehan, M. M. (1989). Dialectics and behavior therapy: A metaparadoxical approach to the treatment of borderline personality disorder. In L. M. Ascher (Ed.), *Therapeutic paradox: A behavioral model for implementation and change* (pp. 255-288). New York: Guilford Press.

Shelton, J. L., & Levy, R. L. (1981). *Behavioral assignments and treatment compliance: A handbook of clinical strategies.* Campaign, Il: Research Press.

Sherman, M. H. (1961). Siding with the resistance in paradigmatic psychotherapy. *Psychoanalysis and the Psychoanalytic Review, 48,* 43-59.

Shneidman, E. S. (1984). Aphorisms of suicide and some implications for psychotherapy. *American Journal of Psychotherapy, 38*(3), 319-328.

Shneidman, E. S. (1992). A conspectus of the suicidal scenario. In R. W. Maris, A. L. Berman, J. T. Maltsberger, & R. I. Yufit (Ed.), *Assessment and prediction of suicide* (pp. 50-64). New York: Guilford Press.

Shneidman, E. S., Farberow, N. L., & Litman, R. E. (1970). *The psychology of suicide.* New York: Science House.

Showers, C., & Cantor, N. (1985). Social cognition: A look at motivated strategies. *Annual Review of Psychology, 36,* 278-305.

Silverman, J. Siever, L. Coccaro, E., Mar, H., Greenwald, S., & Rubinstein, K. (1987, December). Risk for affective disorders in relatives of personality disordered patients. Pôster apresentado no encontro anual do American College of Neuropsychopharmacology, San Juan, Puerto Rico.

Simon, H. E. (1990). Invariants of human behavior. *Annual Review of Psychology, 41,* 1-20.

Sipe, R. B. (1986). Dialectics and method: Restructuring radical therapy. *Journal of Humanistic Psychology, 26,* 52-79.

Slater, J., & Depue, R. A. (1981). The contribution of environmental events and social support to serious suicide attempts in primary depressive disorder. *Journal of Abnormal Psychology, 90,* 275-285.

Smith, K., Conroy, R. W. & Ehler, B. D. (1984). Lethality of Suicide Attempt Rating Scale. *Suicide and Life Threatening Behavior, 14* (4), 215-242.

Snyder, S., & Pitts, W. M. (1984). Electroencephalography of DSM-III borderline personality disorder. *Acta Psychiatrica Scandinavica, 69,* 129.

Soloff, P. H., & Millward, J. (1983). Psychiatric disorders in the families of borderline patients. *Archives of General Psychiatry, 40,* 37-44.

Spitzer, R. L., & Williams, J. B. W. (1990). *Structured Clinical Interview for DSM-III-R Personality Disorders.* New York: Biometrics Research Department, New York State Psychiatric Institute.

Stem, A. (1938). Psychoanalytic investigation and therapy in the borderline group of neuroses. *Psychoanalytic Quarterly, 7,* 467-489.

Stone, M. H. (1980). *The borderline syndromes: Constitution, personality, and adaptation.* New York: McGraw-Hill.

Stone, M. H. (1981). Psychiatrically ill relatives of borderline patients: A family study. *Psychiatric Quarterly, 58,* 71-83.

Stone, M. H. (1987). Constitution and temperament in borderline conditions: Biological and genetic explanatory formulations. In J. S. Grotstein, M. F. Solomon, & J. A. Lang (Eds.), *The borderline patient. Emerging concepts in diagnosis, psychodynamics, and treatment* (pp. 253-287). Hillsdale, NJ: The Analytic Press.

Stone, M. H. (1989). The course of borderline personality disorder. In A. Tasman, R. E. Hales, & A. J. Frances (Eds.), *Review of psychiatry* (vol. 8, pp. 103-122). Washington, DC: American Psychiatric Press.

Stone, M. H., Hurt, S., & Stone, D. (1987a). The PI 500: Long-term follow-up of borderline inpatients meeting DSM-III criteria. I: Global outcome. *Journal of Personality Disorders, 1,* 291-298.

Stone, M. H., Stone, D. K., & Hurt, S. W. (19876). Natural history of borderline patients treated by intensive hospitalization. *Psychiatric Clinics of North America, 10,* 185-206.

Strongman, K. T. (1987). Theories of emotion. In K. T. Strongman (Ed.), *The psychology of emotion* (pp. 14-55). New York: Wiley.

Strelau, J., Farley, F. H., & Gale, A. (Ed.). (1986). *The biological bases of personality and behavior:* Vol. 2. *Psychophysiology: Performance and applications.* Washington, DC: Hemisphere.

Suler, J. R. (1989). Paradox in psychological transformations: The Zen koan and psychotherapy. *Psychologia, 32,* 221-229.

Taylor, E. A., & Stansfeld, S. A. (1984). Children who poison themselves: I. A clinical comparison with psychiatric controls. *British Journal of Psychiatry, 148,* 127-135.

Tellegen, A., Lykken, D. T., Bouchard, T. J., Jr., Wilcox, K. J., Segal, N. L., & Rich, S. (1988). Personality similarity in twins reared apart and together. *Journal of Personality and Social Psychology, 54,* 1031-1039.

Thomas, A., & Chess, S. (1977). *Temperament and development.* New York: Brunner/Mazel.

Thomas, A., & Chess, S. (1985). The behavioral study if temperament. In J. Strelau, F. H. Farley, & A. Gale (Eds.), *The biological bases of personality and behavior:* Vol. 1. *Theories, measurement techniques and development* (pp. 213-235). Washington, DC: Hemisphere.

Tomkins, S. S. (1982). Affect theory. In P. Ekman (Ed.), *Emotion in the human face* (pp. 353-395). Cambridge, England: Cambridge University Press.

Torgersen, S. (1984). Genetic and nosologic aspects of schizotypal and borderline personality disorders: A twin study. *Archives of General Psychiatry, 41,* 546-554.

Tsai, M. & Wagner, N. N. (1978). Therapy groups for woman sexually molested as children. *Archives of Sexual Behavior, 7,* 417-427.

Tuckman, J., & Youngman, W. (1968). Assessment of suicide risk in attempted suicides. In H. L. P. Resnick (Ed.), *Suicide behaviors.* Boston: Little Brown.

Turkat, I. D. (1990). *The personality disorders: A psychological approach to clinical management.* Elsmford, NY: Pergamon Press.

Turkat, I. D., & Brantley, P. J. (1981). On the therapeutic relationship in behavior therapy. *The Behavior Therapist, 47,* 16-17.

Turner, R. M. (1992, November). *An empirical investigation of the utility of psychodynamic technique in the practice of cognitive behavior therapy.* Artigo apresentado no 26° encontro anual da Association for the Advancement of Behavior Therapy, Boston, MA.

Van Egmond, M. & Diekstra, R. F. W. (1989). The predictability of suicidal behavior. In R. F. W. Diekstra, R. Maris, S., Platt, *The role of attitude and imitations.* Leiden, The Netherlands: E. J. Brill.

Vinoda, K. S. (1966). Personality characteristics of attempted suicides. *British Journal of Psychiatry, 112,* 1143-1150.

Volkan, V. D. (1983). Complicated mourning and the syndrome of established pathological mourning. In S. Akhtar (Ed.), *New psychiatric syndromes.* New York: Aronson.

Wagner, A. W., Linehan, M. M., & Wasson, E. J. (1989). *Parasuicide: Characteristics and relationship to childhood sexual abuse.* Pôster apresentado no encontro anual da Association for Advancement of Behavior Therapy, Washington, DC.

Wang, T. H., & Katsev, R. D. (1990). Group commitment and resource conservation: Two field experiments on promoting recycling. *Journal of Applied Psychology, 20,* 265-275.

Watts, A. W. (1961). *Psychotherapy East and West.* New York: Pantheon.

Watts, F. N. (1990). *The emotions: Theory and therapy*. Paper presented at British Psychology Society Conference, London.

Watzlawick, P. (1978). *The language of change: Elements of therapeutic interaction*. New York: Basic Books.

Weissman, M. M. (1974). The epidemiology of suicide attempts 1960 to 1974. *Archives of General Psychiatry, 30,* 737-746.

Weissman, M. M., Fox, K., & Klerman, G. L. (1973). Hostility and depression associated with suicide attempts. *American Journal of Psychiatry, 130,* 450-455.

Wender, P., & Klein, D. F. (1981). *Mind, mood, and medicine: A guide to the new biopsychiatry*. New York: Farrar, Strauss, Giroux.

Westen, D., Ludolph, P., Misle, B., Ruffins, S., & Block, J. (1990). Physical and sexual abuse in adolescent girls with borderline personality disorder. *American Journal of Orthopsychiatry, 55-66.*

Whitaker, C. A. (1975). Psychotherapy of the absurd: With a special emphasis on the psychotherapy of aggression. *Family Process, 14,* 1-16.

Whitaker, C. A., Felder, R. E., and Malone, T. P., & Warkentin, J. (1982). First-stage techniques in the experiential psychotherapy of chronic schizophrenic patients. In J. R. Neill & D. P. Kniskern (Eds.), *From psyche to system: The evolving therapy of Carl Whitaker* (pp. 90-104). New York: Guilford Press. (Original publicado em 1962).

Widiger, T. A., & Frances, A. J. (1989). Epidemiology, diagnosis, and comorbidity of borderline personality disorder. In A. Tasman, R. E. Hales, & A. J. Frances (Eds.), *Review of psychiatry* (vol. 8, pp. 8-24). Washington, DC: American Psychiatric Press.

Widiger, T. A., & Settle, S. A. (1987). Broverman et al. revisited: An artifactual sex bias. *Journal of Personality and Social Psychology, 53,* 463-469.

Williams, J. M. G. (1991). Autobiographical memory and emotional disorders. In S. A. Christianson (Ed.), *Handbook of emotion and memory*. Hillsdale, NJ: Erlbaum.

Williams J. M. G. (1993). *The psychological treatment of depression: A guide to the theory and practice of cognitive behavior therapy*. 2nd Ed. New York: Free Press.

Wilson, G. T. (1987). Clinical issues and strategies in the practice of behavior therapy. G. T. Wilson, C. M. Franks, F. C. Kendall, & J. P. Foreyt (Eds.), *Review of behavior therapy: Theory and practice* (vol. 11, pp. 288-317). New York: Guilford Press.

Woolfolk, R. L., & Messer, S. B. (1988). Introduction to hermeneutics. In S. B. Messer, L. A. Sass, & R. L. Woolfolk (Eds.), *Hermeneutics and psychological theory* (pp. 2-26). New Brunswick, NJ: Rutgers University Press.

Woollcott, P., Jr. (1985). Prognostic indicators in the psychotherapy of borderline patients. *American Journal of Psychotherapy, 39,* 17-29.

Worden, J. W. (1982). *Grief counselling and grief therapy*. London: Tavistock. Wortman, C. B. & Silver, R. C. (1989). The myths of coping with loss. *Journal of Consulting and Clinical Psychology, 57,* 349-357.

Young, J. (1987). *Schema focused cognitive therapy for personality disorders*. Manuscrito inédito, Cognitive Therapy Center of New York.

Young, J. (1988). *Schema focused cognitive therapy for personality disorders*. Artigo apresentaod para a Society for the Exploration of Psychotherapy Integration, Cambridge, MA, Abril.

Young, J. & Swift, W. (1988). Schema-focused cognitive therapy for personality disorders: Part I. *International Cognitive Therapy Newsletter, 4,* 13-14.

Zajonc, R. B. (1965). Social facilitation. *Science, 149,* 269-274.

Zanarini, M. C., Gunderson, J. G., Frankenburg, F. R., & Chauncey, D. L. (1989). The Revised Diagnostic Interview for Borderlines: Discriminating BPD from other Axis II disorders. *Journal of Personality Disorders, 3,* 10-18.

Zanarini, M. C., Gunderson, J. G., Marino, M. F., Schwartz, E. O., & Frankenburg, F. R. (1988). DSM-III disorders in the families of borderline outpatients. *Journal of Personality Disorders, 2,* 291-302.

Zuckerman, M. Klorman, R., Larrance, D. & Spiegel, N. (1981). Facial, autonomic, and subjective components of emotion: The facial feedback hypothesis versus the externalizer-internalizer distinction. *Journal of Personality and Social Psychology, 41,* 929-944.

ÍNDICE

Abandono, 82
   critério, 113-114
   efeito da consultoria pré-tratamento, 164-165
   efeito na terapia comportamental dialética, 34-35
Abordagem "eclética-descritiva", 18, 20-21, 23-25
Abordagem de "desenterrar", 165-166
Abordagens paradoxais
   como estratégia, 194-201
   e dialética, 39-41, 200
   e *koans*, 197-198
   efeito de procedimentos de extinção, 284-285
   tensões em, 200
"Abraços", 359-361
Abraços de despedida, 359-361
Abuso de drogas
   de medicamentos prescritos, 468-469
   e exclusão da terapia, 406-407
Abuso de substâncias (*ver* Abuso de drogas)
Abuso físico, 61-62
Abuso infantil, 60-63
Abuso sexual
   associação com abuso físico, 61-62
   como experiência invalidante, 60-63
   comportamentos relacionados, 152-156
   "dicotomia do abuso" no, 154-156
   e vergonha, 62-63
   estágio do tratamento, 165-168
   sequelas, 154
Aceitação
   desequilíbrio com a mudança, 137-138
   equilíbrio com mudança, 31-32, 100-102, 194-197

   habilidades do terapeuta, 110-112
   na relação terapêutica, 473-475
Acompanhar treinamento de habilidades, 314-316
Adesão da paciente
   como objetivo do tratamento, 131-132
   na terapia cognitivo-comportamental, 129-130
Admiração positiva incondicional, 132-133
Afeto (*ver* Emoções)
Afeto inibido
   e emoções, 54-55
   perturbação da identidade, 68-69
   validação de, 216-225
Agressividade (*ver também* Raiva)
   atribuições por homens, 76-77
Alienação, 45-46
Ambiente intrauterino, 56-57
Ambientes controladores, 65-67
Ambientes invalidantes
   características, 57-60
   consequências de, 59-61, 77-81
   e motivar, 235-236
   e terapeuta culpar a vítima, 69-71
   efeito do abuso sexual, 60-63
   falta de ajuste, 57-58
   na terapia, 82-84, 212-213
   sexismo como fator contribuinte, 60-64
   tipos de família, 63-66
Ameaças de suicídio
   aspectos operantes, 447-450
   avaliação, 439, 441-442, 444-445
   protocolo do terapeuta, 438-456
Amigos, consultoria a, 387-389

Amparo social
  e bem-estar em mulheres, 62-63
  e sentimentos de competência, 88-89
  importância no término do tratamento, 422-423
Análise de *cluster*, 23-26
Análise de solução
  comportamento suicida, 434-435
  estratégias, 259-265
  metas comportamentais, 175-176
Análise em cadeia, 240-250
  análise da dor emocional, 250-251
  comportamentos suicidas, 436-437
  cooperação da paciente na, 247-248
  de comportamentos emocionais antecedentes, 250-251
  de comportamentos que interferem na terapia, 455-457
  no esclarecimento das contingências, 337-339
  objetivo da, 246-247
Análises comportamentais, 102-103, 175-176, 240-251
  análise em cadeia em, 244-250
  como técnica de exposição, 328-330
  cooperação da paciente em, 247-248
  do comportamento suicida, 345-348
  e esclarecer contingências, 337-339
  e solução de problemas, 239-251
  objetivo, 246-247
  relação com procedimentos de mudança, 274-275
  versus estratégias de *insight*, 240-242, 251-252
Anormalidades eletroencefalográficas, 55-57
Anticonvulsivantes, 55-56
Antítese na dialética, 43-45
Aprendizagem específica da situação, 86-87
Aprendizagem implícita, 246-247
Ataques contra o terapeuta, 82-83
Atenção
  e excitação, 53-54
  regulação da, temperamento, 54-56
Atividades, agenda, 54-55
Atos autodestrutivos (ver também Comportamento parassuicida)
  associação com o diagnóstico *borderline*, 16-17
  como meta da terapia, 125-126
  diferenças de gênero, 16-17
  e definição de parassuicídio, 26-27
  protocolo do terapeuta, 450-451
Atribuições de culpa, 70-71
Autocontrole
  apresentação do raciocínio, 407-409
  e ambiente familiar, 64-65
Autoculpa, 154-155
Autofala, 312-313
Autoimagem, 25-26
Autoimagem instável, 30
Automutilação
  alívio do afeto negativo, 67-68
  como meta da terapia, 125-126
  e parassuicídio, 26-27
Auto-observação, 339-340
Autorrealização, 44-45
Autorregulação, 51-52
  e ambiente familiar, 64-65
  no treinamento de habilidades, 319-321
Autorrevelação (*ver* Autorrevelação do terapeuta)
Autorrevelação do terapeuta, 349-355
  como modelagem, 353-354
  consultoria à, 350
  e validação, 353-354
  e vulnerabilidade, 362-363
  formas de, 349-350
  informações pessoais na, 354-355
  no treinamento de habilidades, 353-354
Autovalidação, 157-158
Avaliação, 405-407
Avaliação de habilidades, 309-312
Avaliação diagnóstica, 405-407
Avaliação do risco de suicídio, 431-432, 439, 441-442, 444-445

Benzodiazepínicos, 468-469
Biofeedback, 313-314
Bloqueio da expressão emocional, 331-333
  efeitos da aprendizagem sobre, 78-79
  invalidação do, 78-80
  modulação do, 323-324
  proporcionar oportunidades para, 218-221
  técnicas de exposição, 323-324
  validação, 216-225
Brainstorming, 261-263

Capacidade de recordação, 248-249
Carbamazepina, 55-56
Cartões diários, 178-179, 181
  e metas da terapia, 178-179, 181
  função de monitoramento comportamental, 248-250
  importância de, 248-250
  na estrutura do tratamento, 416-417
  registro de atos parassuicidas, 178-179, 181
  revisão de, 416-417
Catarse, 54-55
Ciclos viciosos, 65-67
Classificação Internacional de Doenças, 37-38n
Clivagem
  efeito do abuso infantil, 154-156
  na personalidade *borderline*, 45-46
Competência (*ver* "Competência aparente")
Competência aparente, 85-90
  dilema dialético, 89-91
  e aprendizagem específica à situação, 86-88
Comportamento assertivo, 77-78, 263-264
Comportamento "carente", 30

Comportamento cooperativo, 130-132
Comportamento de evitação
　bloqueio do, 330-331
　reação à terapia, 82
Comportamento dependente do humor, 159-160
Comportamento impulsivo, 67-69
Comportamento manipulativo
　como descrição pejorativa, 28-30, 68-69
　e definição de parassuicídio, 26-27
　explicar à paciente, 407-408
　rótulo em manuais diagnósticos, 28-30
Comportamento parassuicida
　análise comportamental, 434-435
　análise de soluções, 434-435
　aspectos operantes, 447-452
　avaliação, 435-437, 439, 441-442, 444-445
　cartões diários, 30, 179, 181
　como meta da terapia, 125-127
　como regulação emocional, 67-69
　compromisso da paciente, 114-115
　conceito de, 25-28
　e abuso sexual na infância, 61-62
　e ligações telefônicas, 458-460
　efeitos do tratamento, 35-36
　estratégias de tratamento, 431-456
　interpretação, 253-254
　metáforas, 201-202
　modelo ambiente-pessoa, 49-51
　padrão de passividade ativa, 84-86
　prioridade do tratamento, 169-170
　procedimentos de extinção, 283-286
　protocolo do terapeuta, 450-456
　resistir à solução de problemas, 176-177
　responsabilidade do grupo de apoio, 185-186
　responsabilidade do terapeuta primário, 185-188
　validação de, 438-439
Comportamento suicida, 431-456 (ver também
　Comportamento parassuicida)
　ambientes de internação, 187-188
　análise comportamental, 434-435
　análise de soluções, 434-435
　análise em cadeia, 436-437
　aspectos operantes, 447-450
　avaliação, 435-437
　avaliação da letalidade, 476-481
　como meta da terapia, 123-128
　compromissos da paciente, 114-115
　e telefonemas, 458-460
　efeitos negativos, 437-438
　estratégias de tratamento, 431-456
　interpretação, 253-254
　metáforas, 201-202
　observar limites, 305-306
　prioridade de tratamento, 168-170
　procedimento de extinção, 283-286
　protocolo para terapeuta auxiliar, 452-456

　resistência à solução de problemas, 176-177
　responsabilidade do terapeuta primário, 185-187
　resposta do terapeuta, 432-453
　validação de, 438-439
Comportamento suicida operante, 447-450
Comportamentos coercitivos, 65-66
Comportamentos iatrogênicos, 171
Compromisso de coerência, 117-118
Compromisso de empatia fenomenológica, 118
Compromisso de falibilidade, 118
Compromisso de frequência, 114-115
Compromisso de tratamento renovável, 113-114
Compromissos da paciente
　duração do tratamento, 113-114
　na estrutura do tratamento, 405-407, 410-411
Compromissos do terapeuta, 115-119
　cumprimento de, 395-397
　importância de, 395-397
　na estrutura do tratamento, 410-411
　observar limites em, 118
Comunicações "irreverentes", 102-104, 364-369, 378-379
Comunicações recíprocas, 102-104, 345-364
　autorrevelação em, 349-356, 362-364
　contraste com estilo confrontacional, 345
　e diferencial de poder na terapia, 345-348
　e esclarecer contingências, 338-339
　e vulnerabilidade do terapeuta, 362-364
　erros do terapeuta, 138-139
　estratégias, 345-364
　lista, 347-349
　no modelo transacional, 48-50
　resposta ao comportamento suicida, 437-438
Confidencialidade
　compromisso do terapeuta, 116-117
　e ameaças de suicídio, 450-451
　em discussões da consultoria, 400-401
Conflitos, 187-189
Consultoria médica, 442, 444-445
Contar histórias, 200-204
Contato sexual, 360-361
Contratos (ver Compromissos da paciente; Compromissos do terapeuta; Contratos de tratamento)
Contratos de tempo limitado, 431-432
Contratos de tratamento, 405-414
　advertências, 413-414
　lista de estratégias, 405-407
　no controle de crise, 431-432
Contratransferência, 128-129
Controle das contingências
　como técnica de exposição, 329-330
　consultoria aos princípios da, 278-283
　e autorrevelação do terapeuta, 349-351
　procedimentos, 278-299
　treinamento de habilidades, 150-151
　versus observar limites, 276-278

Convulsões parciais complexas, 55-56
Correção-supercorreção, 288-291
Cortes, 67-68, 450-451
Costumes da psicoterapia, 389-390
"Criança difícil", 57-58, 64-65
Crises, 90-92
   e ruminação, 93
   e treinamento de habilidades, 145-146
   efeito do planejar tratamento, 92
   emoções em, 427, 430-431
   estratégias de tratamento, 426-432
   lista de estratégias de controle, 427
   precipitantes, 427-428
   resposta ao estresse, 91-92
   solução de problemas em, 428-431
   tarefa do terapeuta, 108-110, 124-126
   telefonemas, 459-461
   tolerância ao afeto, 430-431
   vantagem do tratamento em grupo, 92
Critérios diagnósticos, 22-26
Culpa, 79-80
   bloqueio da resposta de reparar, 331
   e uso da exposição, 325-326
"Culpar a vítima", 392-393
   como ambiente invalidante, 69-71
   efeitos iatrogênicos, 71
Cultura ocidental, 64-65

Dependência, 68-69
   conflito com valores culturais, 62-63
   dilema dialético da, 89-90
   passividade ativa, 85-86
Depressão
   pacientes parassuicidas, 27-29
   ruminação em mulheres, 55-56
Desamparo aprendido
   e o ambiente familiar, 66-67
   versus passividade ativa, 83-84
Desregulação cognitiva
   pacientes parassuicidas, 25-28
   teoria cognitiva, 47-48
Dessensibilização sistemática, 327-328
"Deveres"
   combater, 226-227
   identificar, 226-227
Diagnostic Interview for Borderlines-Revised, 21-22, 25-26
   no processo de avaliação, 405-407
Diferenças de gênero (*ver* Mulheres)
Dilemas dialéticos
   para o terapeuta, 82-84, 89-91, 97-98
   para pacientes *borderline*, 80-82, 89-90, 97-98
Diretrizes para toques físicos, 358-361
Disfarçar emoções, 323-324, 331-332
Disposição, 146
"Dissociação" da equipe, 398-400

Distimia, 28-29
Distúrbio de identidade, 45-46, 68-69
Domínio, 147-148
Dor emocional, 250-251
DSM-IV, 18, 20-22, 28-30
Duração das sessões, 104-105
Duração do tratamento, 113-114

Efeito de rotular, 146-147, 220-221
Efeitos culturais
   ambientes familiares, 64-66
   ideias para mulheres, 62-63
Elogios
   aplicação de *set point*, 296-297
   como reforçador, 294-296
   medo de, 294-296
Emoções
   análise em cadeia, 250-251
   como meta da terapia, 157-160
   comportamentos *borderline*, 66-69
   e comportamento impulsivo, 67-69
   e distúrbios da identidade, 68-69
   e vulnerabilidade, 52-54
   efeitos do abuso infantil, 61-62
   efeitos do ambiente invalidante sobre, 59-61, 65-67, 77-81
   em crises, 427
   em pacientes parassuicidas, 25-29
   habilidades de regulação, 146-149
   inibição de, 54-55, 68-69, 216-225
   modular, 54-56, 323-324
   rotular, 146-147, 220-221
   técnicas de exposição, 323-324
   teoria biossocial, 52-53
   validação de, 216-225
   visão sistêmica, 47-48
Emoções primárias, 217-218
   bloqueio de, 331-333
   definição, 217-218
   validação de, 223-224
Emoções secundárias, 217-218
   bloqueio de, 331-333
   definição, 217-218
   validação de, 223-224
Empatia, 129-130
Empoderamento, 362
Encaminhamentos (*ver também* Orientação à paciente)
   e término do tratamento, 423-424
   pacientes suicidas, 452-453
   para medicação, 468-469
"Enfrentamento voltado para emoções", 83-84
Ensaio comportamental
   no treinamento de habilidades, 313-315
   tarefas *in vivo*, 317-320
Ensaio comportamental explícito, 313-314

Ensaio comportamental *in vivo*, 317-320
"Ensembled individualism", 42-43
Equipe de tratamento
  consultoria à paciente, 377-379
  consultoria ao terapeuta, 393-396
Esclarecer contingências, 336-339
  e autorrevelação do terapeuta, 350-351
  na comunicação recíproca, 338-339
  procedimentos, 336-339
  relação com reestruturação cognitiva, 335-336
  uso de análise em cadeia, 337-339
  uso na situação terapêutica, 338-339, 342-343
Escolha, 305-307
Esgotamento, 131-136
Estabelecer limites, 133-135 (*ver também* Observar limites)
Estabelecer objetivos
  estágio do tratamento, 167-169, 173-174
  habilidade em, 150-151
  liberdade para escolher, 271-273
  na terapia comportamental dialética, 100-101 260-262
  tensão dialética, 261
Estigmatização, 154
Estilo de vida equilibrado, 123-124
Estilo de vida estruturado, 141-142
Estilo responsivo de comunicação, 346-350
Estratégia "de coração para coração", 351-353
Estratégia de monitorar com gravações, 316-318, 410-411, 419-420
Estratégias auxiliares de tratamento, 463-473
Estratégias de comprometimento, 267-273
  e moldagem, 272-273
  motivação, 272-273
  na estrutura do tratamento, 410-412
  níveis de, 267-268
  síntese, 267-273
Estratégias de *insight*, 250-257
  ênfase em, 254-255
  interpretação em, 251-255
  no esclarecimento das contingências, 337-339
  versus análise comportamental, 240-242, 251-252
Estratégias de manejo de caso, 370-401
Estratégias de motivação, 230-236, 396-398
  e comprometimento, 272-273
  e invalidação, 231-233
  estratégias para, 230-236
  uso do final da sessão,
Estratégias didáticas, 256-260
Estratégias estruturais, 404-425
Estresse, 91-92 (*ver também* Síndrome de estresse pós-traumático)
Estresse traumático (*ver* Síndrome de estresse pós-traumático)
Estruturalismo, 120-121
Estudo de gêmeos, 56-57

Estudos do histórico familiar, 56-57
Ética, 399-400
Evitação de estímulos, 151-152
Excitação
  e atenção, 53-54
  e vulnerabilidade, 74-75
  modulação da, 54-55
"Expandir", 204-206, 367-368
Exposição direta, 327-328
Exposição encoberta, 327-328
Exposição imaginária, 327-328
Expressão da raiva, 331-332
  em mulheres, 77-78
  treinamento em, 331
Expressão emocional, 58-59
Expressão facial, 323-324
  inibição das emoções, 78-79
  procedimento de relaxamento, 331-332
Expressão postural, 78-79, 323-324
  treinamento em, 331-332

Falta de adesão (*ver* Adesão da paciente)
"Falta de encaixe", 57-58
Família
  ambientes invalidantes, 63-66
  ciclos viciosos na, 65-67
  e pacientes suicidas, 454-455
  orientar, 387--389
Família "perfeita", 63-65
Famílias "caóticas", 63-64
Famílias "típicas", 64-66
Farmacoterapia, 465--469
Fatores biológicos, 23-25, 55-58
Fatores genéticos, 56-57
Fechamento, 418-420
Feedback negativo, 315-316
Feedback no treinamento de habilidades, 314-316
Feminilidade e preconceito, 63-64
Feminismo, 41-43
Fenômeno Napalkov, 95-96
Férias da terapia, 290-293
Ficha para crise, 441-445, 450-451
Foco da atenção, 55-56
Formular caso comportamental, 242-243
Fracasso do tratamento, 109-110

"Generalizar estímulos", 316-317
Generalizar habilidades, 315-322
  benefícios do reforço natural, 297-298
  e a relação terapêutica, 476-477
  hospitalização para terapia em meio social, 186-188
  lista, 316
  orientação por telefone como apoio, 182-184
  procedimentos, 315-322
  programação, 316-317
  sessões de família e casal, 320-321

"Generalizar respostas", 316
Gerar hipóteses, 249-251
Gravações de áudio, 316-318, 410-411, 419-420

Habilidades de aceitação, 146
Habilidades de atenção plena, 142-146
　como técnica de exposição, 330-331
　no controle de crises, 429-430
　síntese, 142-146
Habilidades de autocontrole, 149-151
Habilidades de foco, 144-146
Habilidades de observação, 143-144
Habilidades de tolerância a estresse, 145-146
Habilidades de tomada de decisões, 158-159
Habilidades descritivas, 143-144
Habilidades do tipo "como", 144-146, 345
Habilidades do tipo "o que", 142-145
Heurística crítica, 341-343
"Heurística da ancoragem", 342-343
"Heurística da disponibilidade", 342-343
"Heurística da representatividade", 342-343
Hospital-dia, 453-454
Hospitalização, 469-473
　aplicação da terapia dialética, 186-188
　e comportamento suicida, 448-450
　pacientes parassuicidas, 451-452
　papel primário do terapeuta, 469-471
　protocolo, 469-473
Hospitalização involuntária, 448-450, 469-471
　e comportamento suicida, 448-450
　pacientes parassuicidas, 451-452
Hostilidade, 76-79 (ver também Raiva)
　deficiência na terapia de grupo, 405-407
　pacientes parassuicidas, 26-28

Ideação suicida
　avaliação, 435-437
　como meta da terapia, 126
　resposta do terapeuta a, 435-436
Imagem da gangorra, 40-41, 199-200
Imitar, 62-63
Incesto (ver Abuso Sexual)
Incubação da resposta de pesar, 95-96
Indução a papéis, 265-266
Inibição emocional (ver Afeto inibido)
Insônia, 147-148
"Instabilidade afetiva", 27-28
Intenção, 305-307, 407-408
Interpretação
　diretrizes, 251-255
　momento, 254-255
Intervenção ambiental, 371-376
　condições que exigem, 372-375
　lista, 375-376
　papel da, 370-371
Intervenção póstuma, 454-456

Intimidade, 62-63
Intuição, 205-206
Inversão de papéis no relacionamento, 363-364
Koans, 197-199

Ler emoções, 221-224
Ler materiais, 258-259
Letalidade do comportamento suicida, 476-481
Ligações telefônicas
　agendamento de, 461-462
　controle de, 462-464
　e comportamento suicida, 458-460
　estratégias, 457-464
　hierarquia de metas comportamentais, 182-185
　lista de estratégias, 459
　na estrutura do tratamento, 410-411
　observar limites, 305-306
　para o terapeuta primário, 182-183
　regra das 24 horas, 458-460
　terapeutas auxiliares, 184-185
　visão geral, 106-107
Luto, 93-98
　dilemas dialéticos no, 97-98
　em pacientes *borderline*, 94-97
　inibição do, 93-94
　respostas normais, 93-95
　tarefa do terapeuta, 95-97
Luto inibido, 93-97
　como meta da terapia, 158-159

Manual Diagnóstico e Estatístico de Transtornos Mentais-IV, 18, 20-22, 28-30
Medicamentos psicotrópicos, 465-469
Medicamentos vendidos sob prescrição médica, 465-469
Meditação
　base da terapia comportamental dialética, 31-32
　treinamento em, 142-143
Meditação Zen (*ver* Meditação)
Medo, bloqueio da resposta de evitação, 330-331
Medo de elogios, 75-76
Medo do abandono, 76-77
Memória
　cartões diários, 248-249
　efeito da dialética, 248-249
　influência do estado afetivo, 53-54
Memória autobiográfica, 45-46
"Mente sábia", 205-207, 230-231
Mentir, 29-30
Metáfora, 200-204
Modelagem
　autorrevelação do terapeuta na, 353-354
　no treinamento de habilidades, 312-313
"Modelo da diátese ao estresse", 48-50
Modelo da inibição de respostas, 263-264
Modelo de déficit comportamental, 263-264

Modelo homeodinâmico, 48-50
Modelo médico, 389
Modelo transacional
  ambientes familiares, 65-67
  psicopatologia, 48-50
  síntese, 48-50
Modificação cognitiva, 333-344
  comprometimento com, 267
  consultoria para, 335-337
  relação com análise comportamental, 274-275
  tipos de, 335-336
  treinamento de habilidades, 342-344
  validação na, 334-336
Moldagem
  dificuldade com pacientes *borderline*, 79-80
  e comprometimento, 272-273
  em famílias, erros, 66-67
  no treinamento de habilidades, 315-316, 319-320
  princípios da, 297-299
Monitorar, 248-250
Motivar, 108-109
Mudança, 274-343
  equilíbrio com aceitação, 31-32, 100-102, 194-197
  habilidades de autocontrole, 149-151
  habilidades do terapeuta, 110-112
  na dialética, 43-45
  ocorrência natural da, 207-209
  persuasão na, 44-45
  procedimentos, 274-344
Mudança da atenção, 55-56
Mulheres
  atribuir culpa a, 70-71
  comportamento autodestrutivo,
  conflito em ideais culturais, 62-63
  necessidades interpessoais, 62-63
  padrão de passividade ativa, 85-86
  ruminação, 55-56
  viés de feminilidade, 63-64

Necessidades interpessoais
  diferenças de gênero, 62-63
  teoria do estabelecer limite, 296
Negação, 154-156
Nutrir, 112-113, 137-138

Observar limites, 298-307
  combinação com tranquilização/validação, 305
  diferença com controle das contingências, 276-278
  e autorrevelação do terapeuta, 351, 356-357, 363
  e vulnerabilidade do terapeuta, 363
  honestidade em, 303-304
  monitorar, 301-303
  no manejo de caso, 371-372
  prevenir a raiva do terapeuta, 357-359

raciocínio, 299-301
violações, 133-135
Ocultar, 331
Orientação à paciente
  ambientes de tratamento de internação, 470-472
  argumentos contra, 389-391
  compromisso de, 117-118
  consultoria, 378-381
  e discussões de caso, 387-388
  e famílias, 387-389
  e outros profissionais, 379-388
  e problemas com o modelo médico, 389-390
  fundamentação, 376-378
  lista, 379-381
  papel da, 370-371
  papel da rede social, 387-389
  questões ligadas à farmacoterapia, 467-469
  telefonemas em crises, 386-388
  treinamento de habilidades, 316-320
Orientação pré-tratamento, 164-165
Orientar
  como estágio pré-tratamento, 164-165
  estratégias, 264-267
  na estrutura do tratamento, 408-410
Orientar o terapeuta, 390-391
  compromissos na, 116-118, 395-397
  confidencialidade, 400-401
  e autorrevelação do terapeuta, 354-355
  e comportamento antiético, 399-400
  e dissociação da equipe, 398-400
  e técnicas de aversão, 293-294
  lista, 394-395
  necessidade de, 392-395
  papel da, 370-371
Overdose de drogas, 441-442, 444-445, 450-451, 469

Pacientes "apegadas", 128-129, 296-297
Pacientes "borboletas", 128-129, 296-297
Pacientes involuntárias, 405-407
Pacientes voluntárias, 405-407
Padrões comportamentais, 21-25
Pagamento, contrato da paciente, 115-116
Papel do ex-terapeuta, 423-424
Paradigma de fuga-aprendizado, 54-55
Passividade (*ver* Passividade ativa)
Passividade ativa, 83-86
  aprendizagem da, 84-85
  como meta da terapia, 158-160
  dilema dialético da paciente, 89-90
  dilema dialético do terapeuta, 89-91
  em mulheres, 85-86
  predisposição temperamental, 84-85
  versus desamparo aprendido, 83-84
Pensamento construtivo, 120-121
Pensamento dicotômico, 27-28 (*ver também* Dissociação)

Pensamento relativista, 120-122
Pensamento/comportamento dialético
    como meta da terapia, 161-162
    como objetivo da terapia, 120-123
    ensino do, 196-198
    incentivar a reestruturação cognitiva, 340-341
    versus pensamento relativista, 120-122
Pensamentos intrusivos, 154-156
"Personalidade cicloide", 21-23
Perspectiva comportamental, 43-45
Perspectiva contextual, 41-43
Pesquisa, compromisso da paciente, 115-116
Poder
    e invulnerabilidade do terapeuta, 362
    na relação terapêutica, 345-348, 362
    vulnerabilidade da paciente, 345-346
Postura acrítica, 144-145
Prática de resposta encoberta, 313-314
Prevenção de recaídas, 151-152
Princípio da mudança contínua, 43-45
Princípio da polaridade, 42-44
Procedimento de extinção, 283-287
    acalmar em, 285-287
    efeito paradoxal, 284-285
    estratégias, 284-286
    explicar para a paciente, 281-282
    versus reforço, raciocínio, 275-277
    versus técnicas de aversão, 286-287
Procedimentos de contingências, 274-307
    como técnica de exposição, 329-330
    comprometimento com, 267
    e relação terapêutica, 277-280
    fundamentos, 275-277
    observar limites em, 276-278
    procedimentos, 274-307
    relação com análise comportamental, 274-275
Protocolo de medicação, 465-469
Psicanálise, 17-18, 20-21, 23-25, 251-252
Psicodinâmica, e dialética, 43-45
Psicose, 406-407
"Psicoterapia analítica funcional", 130-131
Psicoterapia contextual, 32-33
Punição, 286-295
    diretrizes, 286-295
    e comportamento problemático, 246-247
    efeitos colaterais, 293-295
    equipe de consultoria na, 293-294
    explicação de princípios da, 281-283
    preferência por, 79-81
    versus extinção, 286-287
    versus reforço, raciocínio, 275-277

Quociente validação-mudança, 215-216

Raciocínio socrático, 407-408
Raiva, 76-79
    atribuições masculinas de, 76-77
    bloqueio de tendências da ação, 331-332
    eficácia do tratamento, 34-35
    modelo cognitivo-neoassociacionista, 77-78
    pacientes parassuicidas, 26-29
    para com o terapeuta, 392-393
    subexpressão da, 331-332
    técnicas de exposição para, 325-327
    teorias da, 76-77
Raiva para com paciente, 356-359
Reatividade
    e passividade ativa, 84-85
    meta da terapia, 157-158
    validação, 216-217
Reatividade autonômica, 84-85
Rede social
    e término do tratamento, 422-423
    orientação, 387-389
    orientação ao tratamento, 409-410
Redução gradual, 320-321
Reduzir estímulos, 151-152
Reestruturação cognitiva, 339-344
    auto-observação na, 339-340
    lista, 340
    pensamento dialético na, 340-341
    procedimentos, 339-344
    relação com esclarecer as contingências, 335-336
    técnica do advogado do diabo, 203-204
Reforço
    agendamento, 283
    e comportamento problemático, 246-247
    e comportamento suicida, 437-438
    elogio como, 294-296
    momento do, 282-283
    natural versus arbitrário, 296-298
    no treinamento de habilidades, 314-315
    orientação aos princípios do, 278-283
    raciocínio para, 275-277
    uso da relação terapêutica, 277-280
    uso de validação, 283
    versus punição, preferências, 79-80
Reforço imediato, 282-283
Reforço intermitente, 246-247
Reformular, 365-367
Registro diário, 248-250 (*ver também* Cartões diários)
Regra das 24 horas, 452-454, 458-460
Regressão, 171
Relação eu-tu, 361-362
Relação paciente/terapeuta (*ver* Relação terapêutica)
Relação terapêutica, 472-477
    aceitação na, 473-475
    crença na, 234-235
    desenvolver a, 412-413
    dialética na, 472-474
    e telefonemas, 374-375, 461-462

e vulnerabilidade do terapeuta, 362-363
estratégias de equilíbrio, 193-197
generalizar, 476-477
importância da, 32-33, 100-101, 472-477
interpretação de comportamentos na, 253
lista de estratégias, 474-475
poder na, 345-348, 362
uso de contingências, 277-280
Relacionamento de aconselhamento mútuo, 363-364
Relacionamentos de apoio, 88-89
Relacionamentos interpessoais
contingências, 296-297
e emoção, 68-70
ingrediente em sentimentos de incompetência, 88-89
pacientes parassuicidas, 25-28
teoria do "estabelecer limite", 296-297
término prematuro de, 149-150
treinamento em, 148-150
Relações "se...então", 337-339
Representar a paciente, 374-375
Resistência, 127-128, 175-178
à solução de problemas, 176-177
e culpar a vítima, 69-71
escala de avaliação, 129-130
no terapeuta, 177-179
pacientes parassuicidas, 176-177
redução da, 127-128
Responsabilidade e suicídio, 454-455
Responsabilidade legal, 454-455
Reuniões de caso, 387-388, 393-396 (ver também Orientação à paciente)
Reuniões de consultoria com colegas, 393-396
Role play, 312-315
Ruminação
diferenças de gênero, 55-56
resposta a crises, 93

Sala de emergência, 390-391, 450-451
Self individuado, 41-43
Self relacional, 41-43
Self social, 41-43
Sessões com a família
e consultoria, 388-389
e generalizar habilidades, 320-321
Sessões de casal, 320-321
"Sessões de reforço", 422-423
Sexismo, 60-64
Silêncio, uso pelo terapeuta do, 367-368
Síndrome de estresse pós-traumático
comportamentos relacionados, 152-156
"dicotomia do abuso" na, 154-156
estágio do tratamento, 165-168
fases de negação e intrusão, 155-156
redução, 165-168, 173-174
sintomas característicos, 153-154
técnicas de exposição, 166-168, 321-322

Síndrome do "sim, mas...", 262-263
Síntese na dialética, 43-45
Sistema ambiente-pessoa, 49-51
Sistema límbico, 55-56, 61-62
Solução de problemas, 237-273
análise comportamental na, 240-251
combinação com observação de limites, 305
como estratégia nuclear, 101-102, 95-96
como meta da terapia, 158-160
de comportamentos que interferem na terapia, 456-458
e autorrevelação do terapeuta, 350, 352-353
e humor, 237-240
em crises, 428-431
níveis de, 237-238
pacientes parassuicidas, 27-28
resistência a, 176-177
síntese de estratégias, 239-241
Structured Clinical Interview for DSM-III-R, 405-407
Supervisão (*ver* Consultoria ao terapeuta)

Tarefas de casa, 418-420
comprometimento com, 273
no treinamento estruturado de habilidades, 318-319
Taxas de suicídio, 16-17
Técnica da "porta na cara", 269-272
Técnica da confrontação, 252-253, 367-368
diretrizes para uso, 287-289
versus estilo de comunicação recíproca, 345
Técnica do "pé na porta", 269-272
controle das contingências, 281-282
Técnica do advogado do diabo
aumentar comprometimento, 268-270
como estratégia terapêutica, 203-205
Técnicas da *gestalt*, 33-34
Técnicas de aversão, 286-295
correção-supercorreção em, 288-290
diretrizes, 286-295
e férias da terapia, 287-293
efeitos colaterais, 293-295
término como último recurso, 292-294
uso da equipe de consultoria, 293-294
versus reforço, raciocínio, 275-277
Técnicas de controle ambiental, 150-152
Técnicas de exposição
combinação, 326-328
comprometimento com, 267, 322-324
consultoria para, 322-324
controle de, 332-333
critérios, 324-327
duração de, 328-329
forma estruturada, 333-334
lista, 325-326
modelo da inibição de respostas, 263-264

modular emoções, 54-55
raciocínio, 322-324
redução da culpa, 325-326
redução da raiva, 325-327
relação com análise comportamental, 274-275
tratamento de estresse pós-traumático, 166-168, 321-322
Temperamento
e "falta de encaixe", 57-58
e controle da atenção, 55-56
encaixe no ambiente familiar, 64-66
na passividade ativa, 84-85
Tendências bloqueio da ação, 330-332
Tendências de ação, 330-332
Tendências e vieses, 341-343
Tentativas de suicídio (ver também Comportamento parassuicida)
associação com diagnóstico *borderline*, 16-17
e abuso sexual da infância, 61-62
função de regulação emocional, 67-69
Teoria biossocial, 21-25
implicações para a terapia, 69-71
sistema de regulação emocional, 52-58
visão geral, 51-53
Teoria do *set point*, 296-297
Teorias cognitivas, 23-25
Terapeuta
ataques contra, 82-83
autorrevelação, 349-355
características do, 109-113
comportamentos iatrogênicos, 171
comportamentos que interferem na terapia, 129-130, 136-140, 177-179
comportamentos suicidas, 432-434
compromissos, 115--119, 395-397
credibilidade do, 412, 413
culpar a vítima, 69-71
dilema dialético, 82-84, 89-91, 97-98
diretrizes para toques físicos, 358-361
esgotamento, 131-136
estabelecer limites, 298-307
estilo de envolvimento afetivo, 355-361
fatores do estilo de comunicação, 345-369
genuinidade, 369-362
habilidades, 109-113
inversão de papéis, 363-364
invulnerabilidade do, 362-364
papel na hospitalização, 469-471
raiva para com paciente, 356-359
resistência do, 177-179
responsabilidade por suicídio, 454-455
supervisão de caso, 106-107, 116-118
tolerância a comportamentos que interferem na terapia, 170-171
tratamento do, 103-104

Terapeuta primário (ver também Terapeuta)
papel na hospitalização, 469-471
responsabilidades do, 163-164, 185-187
resposta a comportamentos suicidas, 432-453
Terapia centrada na cliente, 44-45
Terapia cognitivo-comportamental
comparar com a terapia comportamental dialética, 31-34, 46-47, 122-124
e comportamentos que interferem na terapia, 128-130
invalidar paciente, 82-83
metas, 122-124
modos comportamentais na, 46-47
Terapia comportamental (ver Terapia cognitivo-comportamental)
Terapia comportamental dialética
comparar com terapia cognitivo-comportamental, 31-34, 46-47, 122-124
comportamentos que interferem, 127-140
conflitos, 187-189
contratos, 100-101
e consultoria ao terapeuta, 397-398
eficácia de, 33-34
estabelecer objetivos, 100-101
estágios de, 163-169
estratégias, 192-211
estratégias de *insight*, 250-257
Estratégias nucleares, 101-103
metas comportamentais, 123-128, 161-189
metas primárias, hierarquia, 162-163
modos de, 103-107
relação terapêutica em, 32-33, 100-101, 472-474
síntese, 30-32, 100-118, 161-189
solução de problemas, 237-273
tensão central na, 100-102
validação na, 212-236
Terapia de apoio
formato de grupo, 105-107
hierarquia de metas de tratamento, 181-182
responsabilidade por comportamento parassuicida, 185-186, 452-454
"Terapia de chantagem", 100-101
Terapia de tempo limitado, 113-114
Terapia em meio social, 186-188
Terapia feminista, 362
Terapia psicoeducacional
e treinamento de habilidades, 105-106
intervenção para crise, 92
Término, 141-142, 421-424
como último recurso, 292-294
contratos, 113-115
e "sessões de reforço", 422-423
lista de estratégias, 422
papel da rede social, 422-423
versus férias da terapia, 291-292

Terminologia pejorativa, 28-30
Tese e antítese, 43-45
Tolerância ao afeto, 430-431
Toques
   abraços de despedida, 359-360
   diretrizes, 358-361
Trabalho de luto (*ver* Luto)
Tranquilizar, 285-287, 305, 500
"Transferência", 251-252, 361-362
Transtorno da personalidade dependente, 60-61
Tratamento com ordem judicial, 405-407
Tratamento de internação (*ver* Hospitalização)
Tratamento em grupo
   eficácia, 36-37
   estrutura do, 172-173
   formato psicoeducacional, 105-106
   função de apoio, 105-107, 181-182, 185-186, 452-453
   hierarquia de metas comportamentais, 179, 181-182
   membros hostis no grupo, 405-407
   responsabilidade por comportamento parassuicida, 185-186, 452-454
   síntese, 105-107
   vantagem no controle de crises, 92
Treinadores de habilidades
   consultoria à paciente, 381-383
   necessidade de consultoria à equipe, 383-387
   telefonemas, 183-185
Treinamento de habilidades, 308-322
   apresentação do raciocínio, 407-409
   avaliação no, 309-312
   como técnica de exposição, 329-330
   comprometimento com, 267
   compromisso da paciente, 115-116
   e autorrevelação do terapeuta, 350, 345
   e comportamento parassuicida, 452-454
   e fortalecer habilidades, 312-316
   e modificação cognitiva, 342-344
   e solução para crises, 428-430
   e telefonemas, 459-461
   eficácia, 35-36
   estrutura, 172-173
   formato de grupo, 105-106
   generalização, 315-322
   habilidades nucleares de atenção plena, 142-146
   hierarquia de metas, 179, 181
   modelagem, 312-313
   modelo de déficit comportamental, 263-264
   objetivos do, 142-143
   orientação para, 308-310, 407-409
   procedimentos de aquisição, 309-313
   reforço no, 314-315
   relação com análise comportamental, 274-275
   síntese, 105-106, 142-153
Treinamento de habilidades comportamentais (*ver* Treinamento de habilidades)

Validação, 212-236
   autorrevelação na, 349-350, 353-354
   como estratégia nuclear, 101-102, 212-236
   como reforço, 283
   contrato com observação de limites, 305
   da cognição, 227-231
   de emoções, 216-225
   definição, 212-216
   dificuldades com a personalidade *borderline*, 77-81
   do comportamento, 224-228
   do comportamento suicida, 438-439
   e motivação, 235-236
   equilíbrio com mudança, 212-213
   estratégias, 215-216
   importância para o terapeuta, 82-84
   na modificação cognitiva, 334-336
   observação ativa na, 213-214
   razões para, 215-217
   reflexão na, 214-215
   tipos de, 101-102
Validação cognitiva, 227-231
Validação normativa, 223-224
Valor de independência, 62-63
Vergonha
   bloqueio da resposta de ocultação, 331
   e abuso sexual, 62-63
   efeito de ambiente invalidante, 78-80
   estágio do tratamento, 168-169
   resultado do ambiente social, 51-52
   uso de exposição, 325-326
"Viés de confirmação", 342-343
"Viés de humor", 342-343
"Viés de visão tardia", 342-343
"Viés do resultado imaginado", 342-343
Visão holística, 41-42
Visitas domiciliares, 446-448
Vulnerabilidade (*ver* Vulnerabilidade emocional)
Vulnerabilidade emocional
   características, 73-76
   comunicação de, 87-88
   e desregulação emocional, 52-54
   efeito do poder do terapeuta, 345-348
   habilidades de redução da, 147-148
Vulnerabilidade recíproca, 362-364